07章 文字在平面设计中的应用
清新岛屿海报设计
视频位置：教学视频/第07章

HAPPY TRIP

24章 创意合成
小提琴的奇幻世界
视频位置：教学视频/第24章

09章 图层混合与图层样式
使用样式面板制作可爱按钮
视频位置：教学视频/第09章

本书精彩案例欣赏

13章 奇妙的滤镜
使用滤镜库制作欧美风格人像海报
视频位置：教学视频/第13章

04章 选区的编辑与应用
使用矩形选框工具制作奇异建筑
视频位置：教学视频/第04章

04章 选区的编辑与应用
使用模糊工具制作景深效果
视频位置：教学视频/第04章

02章 学习Photoshop的基本操作
使用移动工具调整图层位置
视频位置：教学视频/第02章

07章 文字在平面设计中的应用
制作杂志内页
视频位置：教学视频/第07章

11章 通道的应用
使用Lab模式制作复古青红调
视频位置：教学视频/第11章

13章 奇妙的滤镜
使用杂色滤镜制作怀旧老电影
视频位置：教学视频/第13章

12章 蒙版技术与合成
图层蒙版制作橘子苹果

05章 填充与绘画
调整画笔间距制作日历

07章 文字在平面设计中的应用
使用文字工具制作清新自然风艺术字

04章 选区的编辑与应用
利用多边形套索工具选择照片

本书精彩案例欣赏

24章

创意合成
果味饮品创意海报
视频位置：
教学视频/第21章

08章

钢笔工具与矢量对象
使用形状工具制作水晶标志
视频位置：
教学视频/第08章

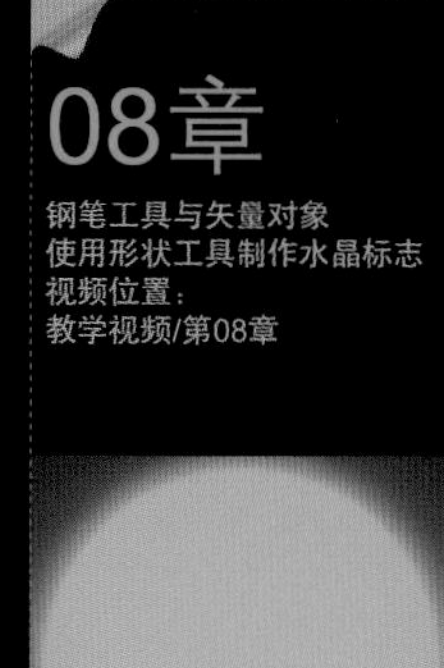

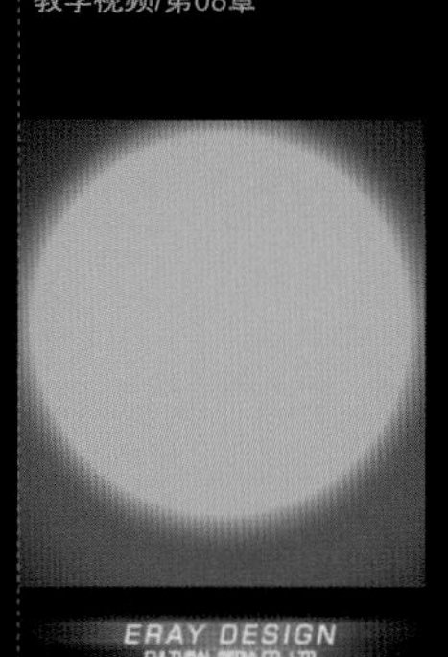

04章

选区的编辑与应用
制作简约海报
视频位置：
教学视频/第04章

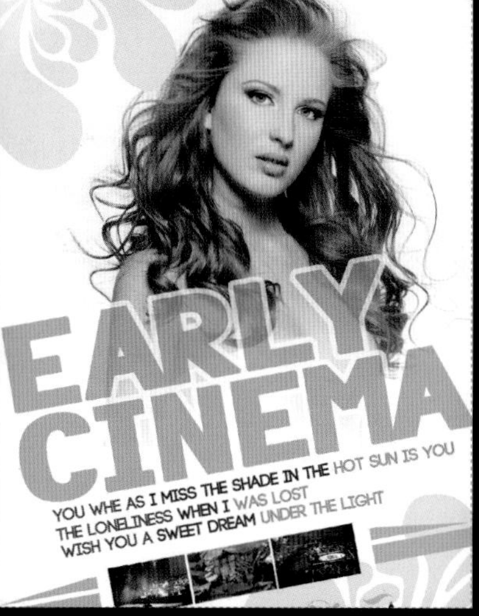

13章

奇妙的滤镜
利用查找边缘滤镜制作
彩色速写
视频位置：
教学视频/第13章

08章

钢笔工具与矢量对象
使用钢笔工具抠图合成
视频位置：
教学视频/第08章

03章

图像的基本操作
调整人像照片画面构图
视频位置：
教学视频/第03章

自学视频教程

Photoshop CC中文版平面设计自学视频教程

瞿颖健　编著

清华大学出版社
北　京

内容简介

本书共分为24章，在内容安排上基本涵盖了平面设计中所使用到的全部工具与命令，其中，第1~16章主要从平面设计的角度出发，介绍了Photoshop的核心功能与应用技巧；第17~24章则从平面设计中的实际应用出发，通过标志设计、企业VI设计、卡片设计、交互界面设计、海报招贴设计、版式与书籍设计、包装设计和创意合成8个方面，让读者进行有针对性和实用性的实战练习，不仅使读者巩固前面所学到的Photoshop操作技巧，更为读者以后的实际工作进行提前“练兵”。

本书适合于Photoshop的初学者，同时对具有一定Photoshop使用经验的读者也有很好的参考价值，还可作为学校、培训机构的教学用书，以及各类读者自学Photoshop的参考用书。

本书及其配套资源有以下显著特点：

1. 141节配套微视频，可扫码观看，如名师在侧。
2. 141个中小实例，循序渐进，从实例中学、边学边用更有兴趣。
3. 会用软件远远不够，会做商业案例才是硬道理，用本书案例积累实战经验。
4. 千余项配套资源，素材、效果一应俱全。6大类库文件、21类设计素材；104节Photoshop新手学视频精讲；《色彩设计搭配手册》、常用颜色色谱表，方便读者深入和拓展学习。

图书在版编目（CIP）数据

Photoshop CC中文版平面设计自学视频教程 / 瞿颖健编著. — 北京：清华大学出版社，2020.6
自学视频教程
ISBN 978-7-302-50715-4

Ⅰ. ①P… Ⅱ. ①瞿… Ⅲ. ①平面设计－图象处理软件－教材 Ⅳ. ①TP391.413

中国版本图书馆CIP数据核字(2018)第170782号

责任编辑：贾小红
封面设计：李志伟
版式设计：楠竹文化
责任校对：马军令
责任印制：杨 艳

出版发行：清华大学出版社
网 址：http://www.tup.com.cn，http://www.wqbook.com
地 址：北京清华大学学研大厦A座 **邮 编**：100084
社 总 机：010-62770175 **邮 购**：010-62786544
投稿与读者服务：010-62776969，c-service@tup.tsinghua.edu.cn
质量反馈：010-62772015，zhiliang@tup.tsinghua.edu.cn
印 装 者：三河市君旺印务有限公司
经 销：全国新华书店
开 本：203mm×260mm **印 张**：26 **插 页**：2 **字 数**：1093千字
版 次：2020年6月第1版 **印 次**：2020年6月第1次印刷
定 价：108.00元

产品编号：079126-01

Photoshop作为Adobe公司旗下最著名的图像处理软件，其应用范围覆盖平面设计、数码照片处理、视觉创意合成、数字插画创作、网页设计、交互界面设计等几乎所有设计方向，深受广大艺术设计人员和电脑美术爱好者喜爱。

本书内容编写特点

1. 完全从零开始

本书以入门者为主要读者对象，通过对基础知识细致入微的介绍，结合中小实例，辅以对比图示效果，同时给出技巧提示，确保读者零起点、轻松、快速入门。

2. 内容细致全面

本书内容涵盖了Photoshop CC绝大部分工具、命令的相关功能，是市场上内容最为全面的图书之一，可以说是入门者的百科全书，有基础者的参考手册。

3. 实例精美实用

本书的实例极为丰富，致力于边练边学。实例均经过精心挑选，确保在实用的基础上精美、漂亮，一方面熏陶读者朋友的美感，另一方面让读者在学习中享受美的世界。

4. 注重学习规律

本书在讲解过程中采用了“知识点+理论实践+实例练习+综合实例+技术拓展+技巧提示”的模式，符合学习规律，轻松易学。

5. 随时随地扫码

本书配套视频均可扫码观看，扫描封底刮刮卡绑定权限，即可随时观看书中视频。

本书显著特色

1. 同步视频讲解，让学习更轻松、更高效

141节高清同步微视频讲解，涵盖全书几乎所有实例，让学习更轻松、更高效。

2. 资深讲师编著，让图书质量更有保障

作者是专业设计师和资深讲师，在书中融入大量经验技巧，让读者少走弯路。

3. 大量中小实例，通过多动手加深理解

讲解极为详细，中小实例达到一百多个，目的是让读者深入理解、灵活应用。

4. 多种商业案例，让实战成为终极目的

本书给出不同类型的综合商业案例，以便积累实战经验，为工作就业搭桥。

本书配套资源

本书提供丰富的配套资源，请扫描封底二维码获取下载方式。配套资源主要包括如下内容：

（1）本书实例的视频教学、源文件、素材文件，可扫码看视频，调用素材，完全按照书中操作步骤进行操作。

（2）6大不同类型的笔刷、图案、样式等库文件以及21类经常用到的设计素材超过1100个，方便读者使用。

（3）104集Photoshop视频精讲，囊括Photoshop基础操作的所有知识。

（4）常用颜色色谱表和《色彩设计搭配手册》，使设计色彩搭配不再烦恼。

本书服务

1. Photoshop CC中文版软件获取方式

本书配套资源包括教学视频和素材等，不提供Photoshop CC软件，读者朋友需获取Photoshop CC软件并安装后，才可以进行图像图片处理等操作。可通过如下方式获取Photoshop CC简体中文版：

（1）购买正版或下载试用版：登录http://www.adobe.com/cn/网站。

（2）可到当地电脑城咨询，一般软件专卖店有售。

（3）可到网上咨询、搜索购买方式。

2. 留言或关注最新动态

读者在学习本书的过程中如果遇到任何问题，可扫描封底“文泉云盘”二维码查看是否已有相关勘误/解疑文档，如果没有，可在下方寻找作者联系方式，或直接单击“读者反馈”留下问题，我们会及时回复。

关于作者

本书由亿瑞设计工作室组织编写，瞿颖健和曹茂鹏参与了本书的主要编写工作。在编写过程中，得到了吉林艺术学院副院长郭春方教授的悉心指导，得到了吉林艺术学院设计学院院长宋飞教授的大力支持，在此向他们表示诚挚的感谢。

另外，由于本书工作量巨大，以下人员也参与了本书的编写及资料整理工作，他们是：瞿玉珍、张吉太、唐玉明、朱于凤、瞿学严、杨力、曹元钢、张玉华等，在此一并表示感谢。

由于时间仓促，加之水平有限，书中难免存在错误和不妥之处，敬请广大读者批评和指正。

编　者

目 录
Contents

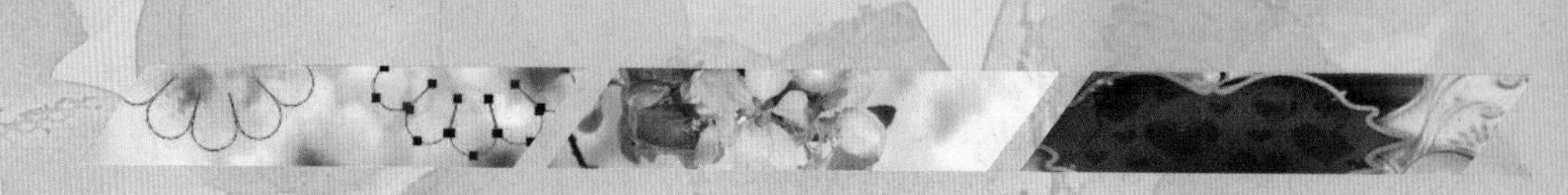

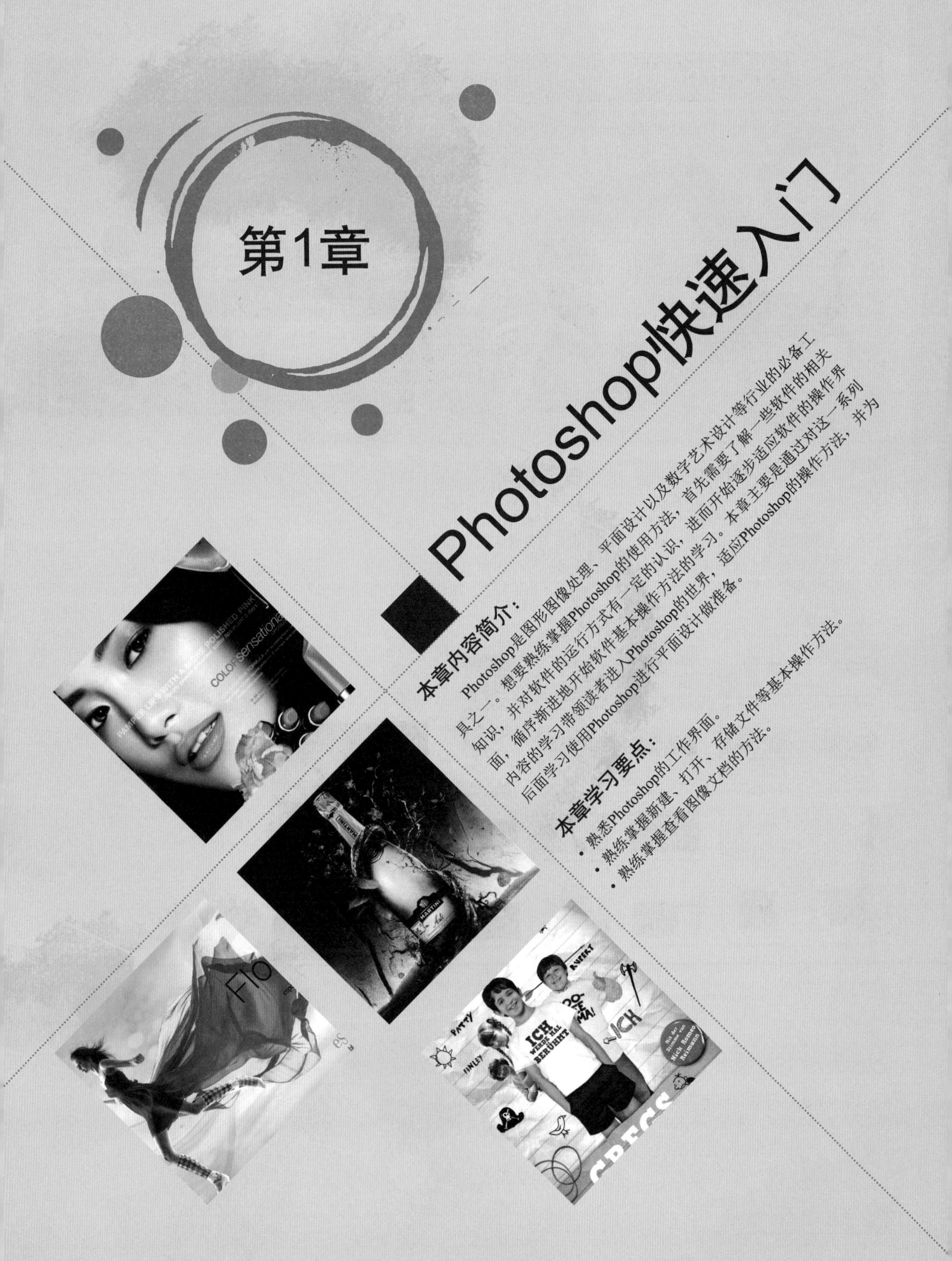

第1章

Photoshop快速入门

本章内容简介：

Photoshop是图形图像处理、平面设计以及数字艺术设计等行业的必备工具之一。想要熟练掌握Photoshop的使用方法，首先需要了解一些软件的相关知识，并对软件的运行方式有一定的认识，进而开始逐步适应软件的操作界面，循序渐进地开始软件基本操作方法的学习。本章主要是通过对这一系列内容的学习带领读者进入Photoshop的世界，适应Photoshop的操作方法，并为后面学习使用Photoshop进行平面设计做准备。

本章学习要点：

- 熟悉Photoshop的工作界面。
- 熟练掌握新建、打开、存储文件等基本操作方法。
- 熟练掌握查看图像文档的方法。

1.1 进入Photoshop的世界

数字时代的今天，设计行业早已不再是只能存在于笔尖和纸上，计算机辅助制图越来越多地被应用到各种各样的设计行业中。而Photoshop正是大多数设计从业人员的必备工具之一，它是集图像扫描、编辑修改、图像制作、广告创意、图像输入与输出于一体的图形图像处理软件，是Adobe公司旗下最为著名的图像处理与平面设计软件之一。在平面设计行业中使用Photoshop无疑是设计师表达创意的最好方式之一，图1-1~图1-4所示分别为使用Photoshop制作的平面广告作品、包装作品、网页设计作品以及播放器界面设计作品。

图 1-1　图 1-2　图 1-3　图 1-4

1.1.1 认识Photoshop

自1990年2月诞生了只能在苹果机（Mac）上运行的Photoshop 1.0直至Photoshop 面世，随着技术的不断更新，Photoshop早已成为图像处理行业中的绝对霸主。Photoshop 有众多版本，如图1-5所示。本书讲解和使用的是Adobe Photoshop CC 2018版本，所以也建议读者使用该版本进行学习和练习，当然使用与此版本接近的几个版本进行练习也是可以的，相近的几个版本之间可能会存在个别功能的差异，但总的来说，并不影响学习和使用，如图1-6所示。

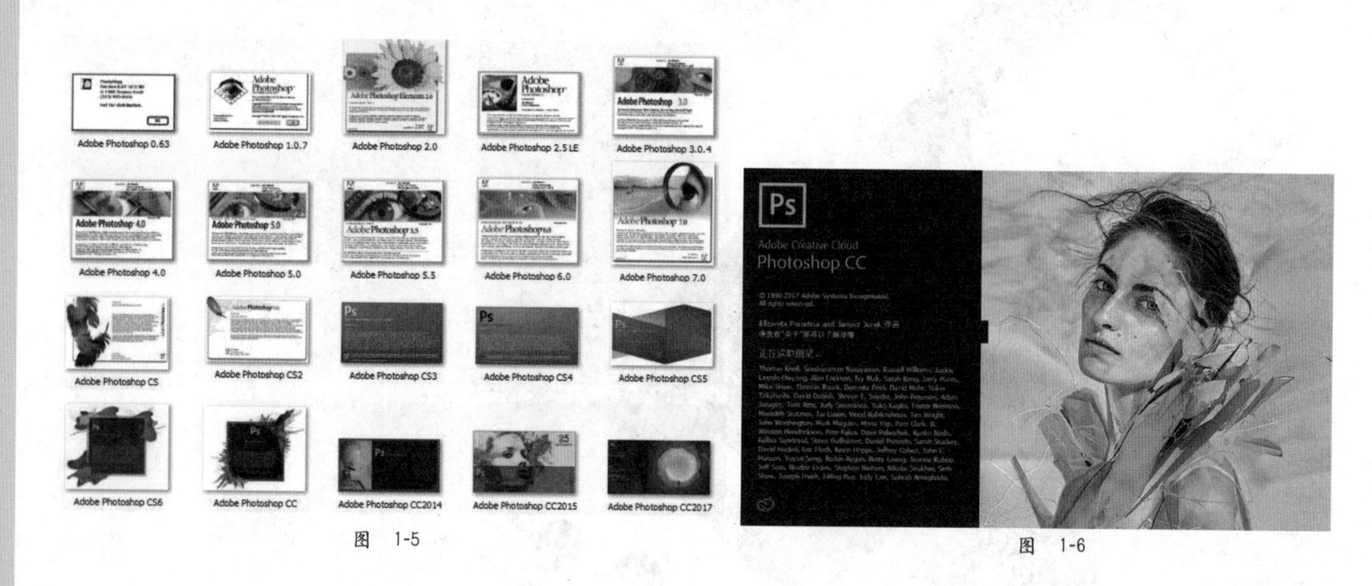

图 1-5　图 1-6

1.1.2 Photoshop在平面设计中的应用

Photoshop作为优秀的图像处理软件，不仅应用于图像处理，更多的是应用在平面设计的方方面面，例如平面广告设计、标志设计、VI设计、海报招贴设计、画册样本设计、报刊版式设计、杂志版式设计、书籍装帧设计、包装设计、网页设计、界面设计、文字设计、数字插画等。

- **平面广告设计**：平面广告设计在非媒体广告中占有重要的位置，也是学习平面设计必须要掌握的一门课程，不论在表现形式上还是表现内容上都十分宽泛，如图1-7和图1-8所示。

图 1-7

图 1-8

- **标志设计**：标志是表明事物特征的记号，具有象征功能和识别功能，是企业形象、特征、信誉和文化的浓缩，如图1-9和图1-10所示。

图 1-9

图 1-10

- **VI设计**：VI的全称是Visual Identity，即视觉识别，是企业形象设计的重要组成部分，如图1-11和图1-12所示。

图 1-11

图 1-12

- **海报招贴设计**：所谓招贴，又名海报或宣传画，属于户外广告，是广告艺术中比较大众化的一种体裁，用来完成一定的宣传鼓动任务，主要为报导、广告、劝喻和教育服务，如图1-13和图1-14所示。

图 1-13

图 1-14

- **画册样本设计**：如果说画册是企业公关交往中的广告媒体，那么画册设计就是当代经济领域里的市场营销活动。研究宣传册设计的规律和技巧，具有现实意义。画册按照用途和作用可分为形象画册、产品画册、宣传画册、年报画册和折页画册，如图1-15和图1-16所示。

图 1-15

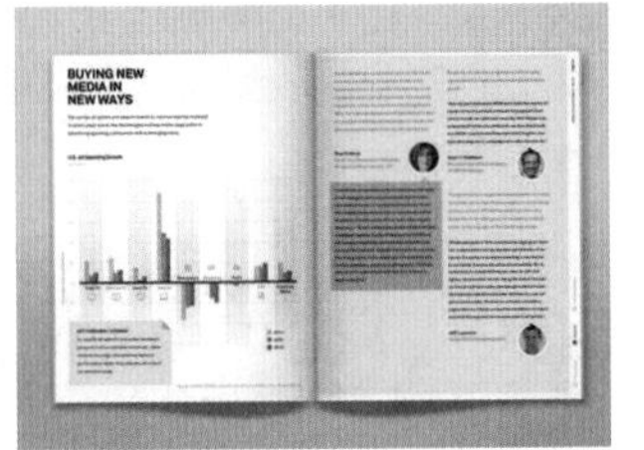

图 1-16

- **报刊版式设计**：报刊的全称是"报纸期刊"，报刊是发行量非常大、覆盖面非常广的印刷物。好的报刊版式设计会起到解释、宣传等作用，如图1-17和图1-18所示。

图 1-17

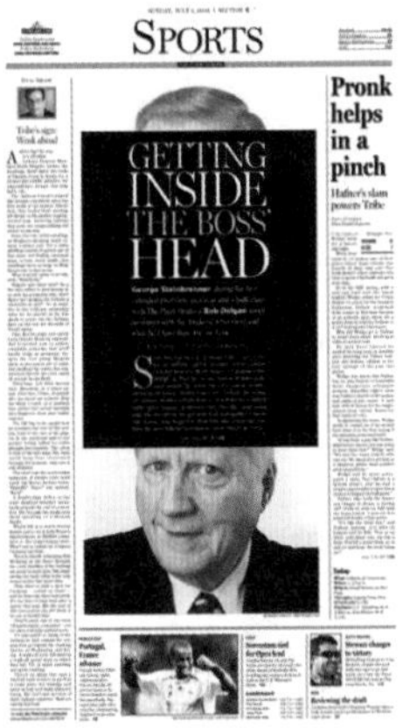

图 1-18

● 杂志版式设计：排版在杂志中是不可缺少的环节，时尚杂志中版式设计的应用更为灵活、丰富，如图1-19和图1-20所示。

图 1-19

图 1-20

● 书籍装帧设计：书籍装帧是书籍存在和视觉传递的重要形式，书籍装帧设计是指通过特有的形式、图像、文字色彩向读者传递书籍的思想、气质和精神的一门艺术。优秀的装帧设计都是通过充分发挥其各要素之间的关系，达到一种由表及里的完美，如图1-21和图1-22所示。

图 1-21

图 1-22

● 包装设计：包装设计即指选用合适的包装材料，运用巧妙的工艺手段，为包装商品进行的容器结构造型和包装的美化装饰设计，从而达到在竞争激烈的商品市场中提高产品附加值、促进销售、扩大产品宣传影响等目的，如图1-23和图1-24所示。

图 1-23

图 1-24

● 网页设计：在网页设计中除了著名的“网页三剑客”——Dreamweaver、Flash、Fireworks之外，网页中的很多元素也需要在Photoshop中进行制作。因此，Photoshop也是美化网页必不可少的工具，如图1-25和图1-26所示。

图 1-25

图 1-26

● 界面设计：界面设计也就是通常所说的UI（User Interface）。界面设计虽然是设计中的新兴领域，但也越来越受到重视。使用Photoshop进行界面设计制作是非常好的选择，如图1-27和图1-28所示。

图 1-27

图 1-28

● 文字设计：文字设计也是当今新锐设计师比较青睐的一种表现形态，利用Photoshop中强大的合成功能可以制作出各种质感、特效的文字，如图1-29和图1-30所示。

图 1-29

图 1-30

● 数字插画：Photoshop不仅可以针对已有图像进行处理，而且可以帮助艺术家创造新的图像。Photoshop中包含众多优秀的绘画工具，可以绘制各种风格的数字艺术作品，如图1-31和图1-32所示。

图 1-31

图 1-32

1.2 安装与启动Photoshop

1.2.1 安装Photoshop 的系统要求

由于Photoshop 是制图类设计软件，所以对硬件设备会有相应的配置需求。如果配置无法达到要求并且软件运行不流畅可以尝试升级计算机配置或使用较低的Photoshop版本。

Windows

- Intel® Core 2 或 AMD Athlon® 64 处理器；2GHz 或更快处理器。
- Microsoft Windows 7 Service Pack 1、Windows 8.1 或 Windows 10。
- 2GB 或更大 RAM（推荐使用 8GB）。
- 32 位安装需要 2.6GB 或更大可用硬盘空间；64 位安装需要 3.1GB 或更大可用硬盘空间；安装过程中会需要更多可用空间（无法在使用区分大小写的文件系统的卷上安装）。
- 1024 × 768 显示器（推荐使用 1280 × 800），带有 16 位颜色和 512MB 或更大的专用 VRAM；推荐使用 2GB。
- 支持 OpenGL 2.0 的系统。
- 必须具备 Internet 连接并完成注册，才能激活软件、验证订阅和访问在线服务。

Mac OS

- 具有 64 位支持的多核 Intel 处理器。
- macOS 版本 10.12 （Sierra）、Mac OS X 版本 10.11 （El Capitan） 或 Mac OS X 版本 10.10 （Yosemite）。
- 2GB 或更大 RAM（推荐使用 8GB）。
- 安装需要 4GB 或更大的可用硬盘空间；安装过程中会需要更多可用空间（无法在使用区分大小写的文件系统的卷上安装）。
- 1024 × 768 显示器（推荐使用 1280 × 800），带有 16 位颜色和 512MB 或更大的专用 VRAM；推荐使用 2GB。
- 支持 OpenGL 2.0 的系统。
- 必须具备 Internet 连接并完成注册，才能激活软件、验证会员资格和访问在线服务。

1.2.2 动手学：安装Photoshop

01 首先打开Adobe的官网（网址：www.adobe.com/cn/），然后单击右上角的“支持与下载”按钮，选择“下载和安装”，如图 1-33所示。在弹出的窗口中单击“Photoshop”按钮，如图 1-34所示。

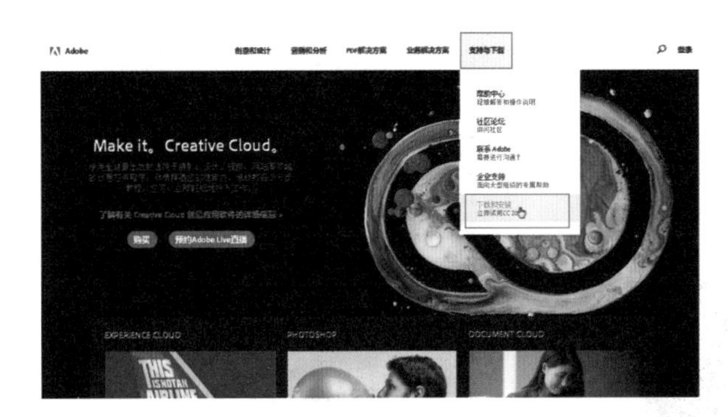

图 1-33

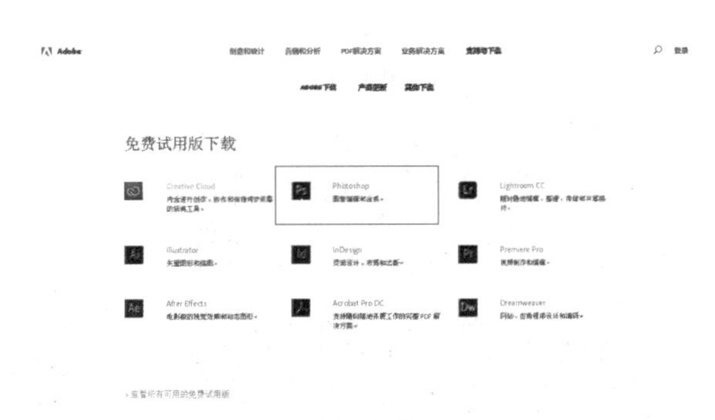

图 1-34

⑫ 接着单击“开始免费试用”按钮，如图1-35所示。接着在弹出的窗口中可以选择“登录”或“注册”Adobe ID，如图1-36所示。若已经注册过Adobe ID，可以单击“登录”按钮，然后进行登录的操作。如图1-37所示。如果没有注册过 Adobe ID 可以单击“注册”按钮，然后在注册页面输入基本信息，如图 1-38所示。

图 1-35　　图 1-36　　图 1-37　　图 1-38

⑬ 注册完成后可以登录 Adobe ID，接下来需要在窗口中选择自己的软件操作水平，如图 1-39所示。注册完成后可以登录 Adobe ID。接下来 Creative Cloud 会下载并安装到计算机上。如果系统没有成功安装 Adobe Creative Cloud，用户可以自行下载并安装，如图 1-40所示。双击安装程序进行安装，如图 1-41 所示。安装成功后，双击该程序快捷方式，启动 Adobe Creative Cloud，如图 1-42所示。

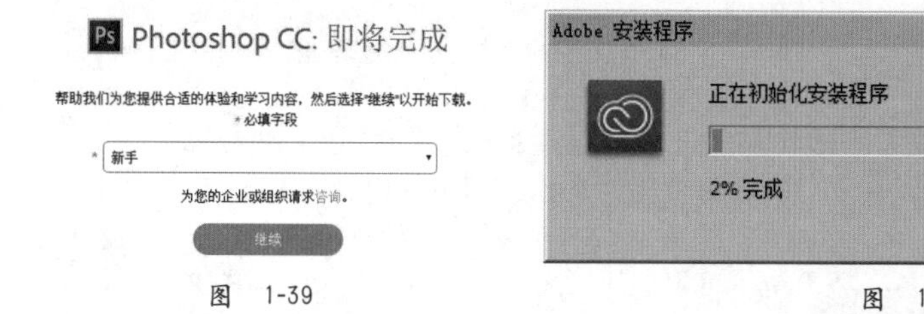

图 1-39　　图 1-40　　图 1-41　　图 1-42

⑭ 启动了 Adobe Creative Cloud 后，在出现的软件列表中找到想要安装的软件，然后单击后方的“安装”按钮，如图1-43所示。提示安装完成后可以在程序菜单中找到 Adobe Photoshop。如图 1-44所示。为了以后操作更加方便，也可以在该启动方式上右击执行“发送到 > 桌面快捷方式”命令，如图 1-45所示。桌面会出现软件的图标。

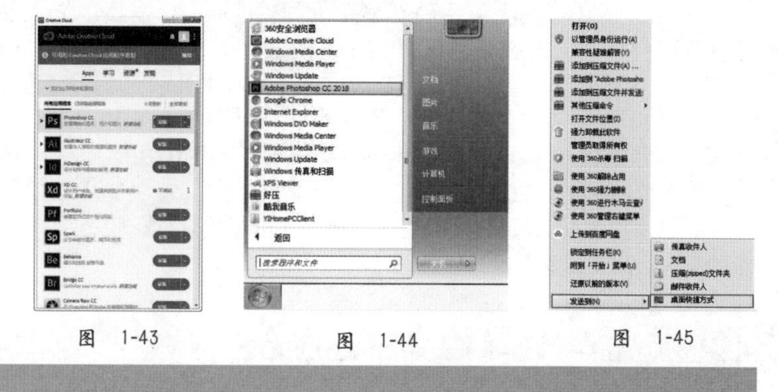

图 1-43　　图 1-44　　图 1-45

1.2.3　启动Photoshop

成功安装Photoshop 之后单击桌面左下角的“开始”按钮，打开程序菜单，选择Adobe Photoshop 选项即可启动Photoshop，如图1-46所示。也可以将Adobe Photoshop 的快捷方式发送到桌面，以便于经常使用，如图1-47所示。

若要退出Photoshop，可以像其他应用程序一样单击右上角的关闭按钮 ✕ ；执行“文件>退出”命令或使用退出快捷键Ctrl+Q同样可以快速退出，如图1-48所示。

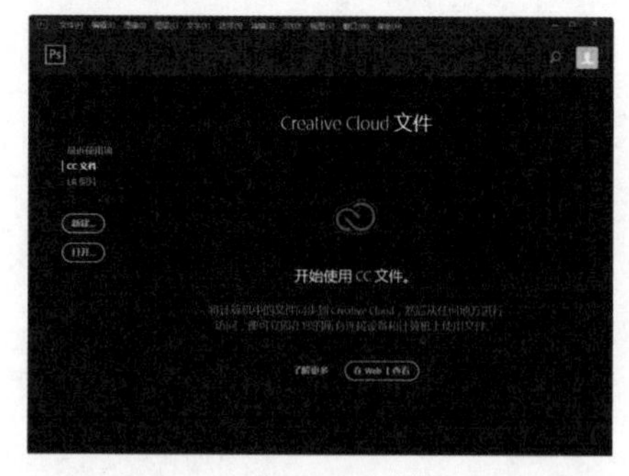

图 1-46

图 1-47

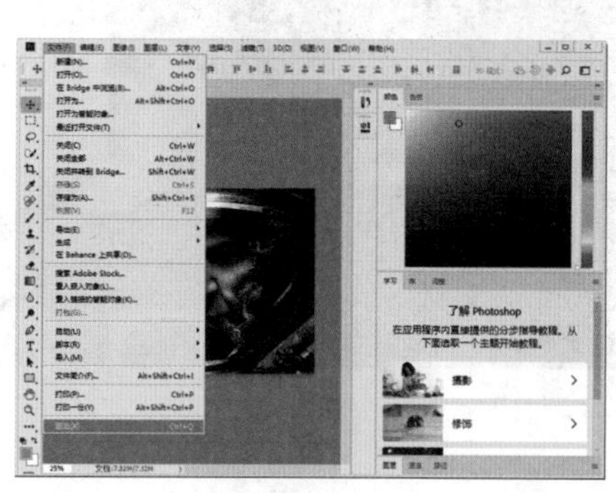

图 1-48

1.2.4 卸载Photoshop

卸载Photoshop 的方法很简单，在Windows下打开控制面板，然后单击“程序和功能”图标，如图1-49所示。在打开的窗口中右击Adobe Photoshop，单击“卸载/更改”按钮即可卸载Photoshop，如图1-50所示。当然也可以使用第三方软件进行卸载。

图 1-49

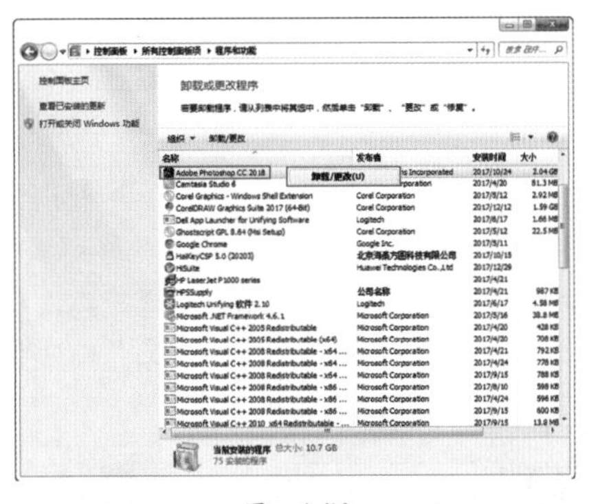

图 1-50

使用Photoshop 前的准备

● 视频精讲：Photoshop 新手学视频精讲课堂/熟悉Photoshop 的界面与工具.mp4

1.3.1 认识Photoshop 的工作界面

随着版本的不断升级，Photoshop 的工作界面布局也更加合理、更加人性化，如图1-51所示为Photoshop 的工作界面。Photoshop 的工作界面由菜单栏、选项栏、标题栏、工具箱、状态栏、文档窗口以及各式各样的面板组成。

● 菜单栏：与其他软件的菜单栏相同，单击Photoshop菜单栏中的菜单，即可打开该菜单下的命令。在菜单命令的右侧对应的即为该命令的快捷键，使用快捷键可以快速地进行相应命令的操作。

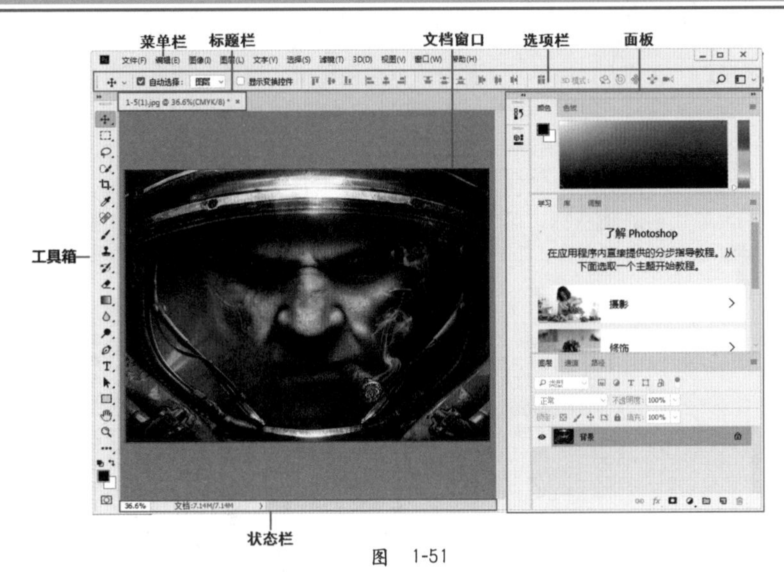

图 1-51

技巧提示

菜单栏中的命令很多时候是多层级的，例如单击菜单栏中的“图像”菜单，会弹出“图像”菜单的相应命令，此时可以观察到有些命令的右侧有一个向右的黑色箭头▶，这个箭头表明该命令下还有多个子命令，将光标移动到带有▶的命令上可以看到另外一个菜单出现在右侧，此时可以将光标移动到右侧子菜单下单击使用某项菜单命令。为了便于表达，本书中对于菜单命令的叙述通常采用如执行“图像>调整>曲线”命令的方式，如图1-52所示。

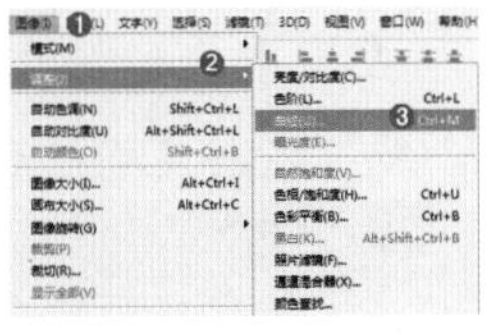

图 1-52

- **标题栏**：在标题栏中会显示这个文件的名称、格式、窗口缩放比例以及颜色模式等信息。打开一个文件以后，Photoshop会自动创建一个标题栏。如果只打开了一张图像，则只有一个文档窗口，如图1-53所示；如果打开了多张图像，则文档窗口会按选项卡的方式进行显示。单击一个文档窗口的标题栏即可将其设置为当前工作窗口，如图1-54所示。

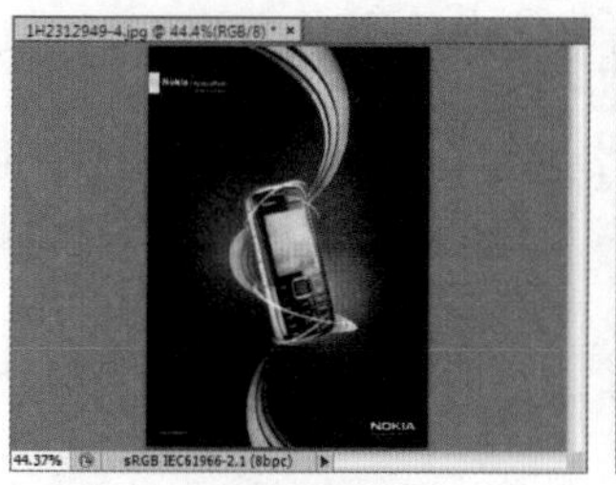

图　1-53

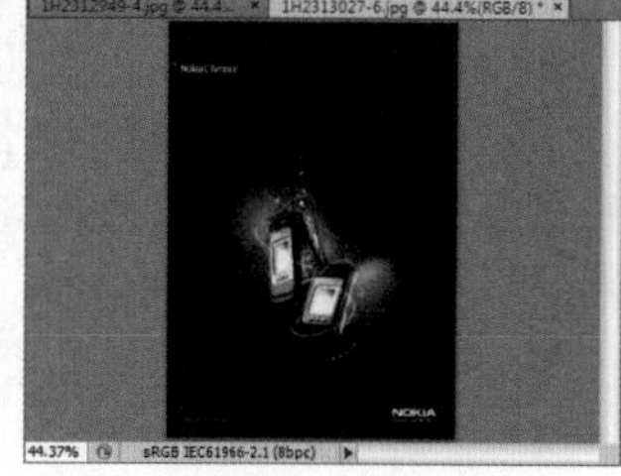

图　1-54

技巧提示

按住鼠标左键拖曳文档窗口的标题栏，可以将其设置为浮动窗口，如图1-55所示；按住鼠标左键将浮动文档窗口的标题栏拖曳到选项卡中，文档窗口会停放到选项卡中，如图1-56所示。

图　1-55

图　1-56

- **文档窗口**：文档窗口中显示了打开或创建的图像文档，文档窗口可以只显示一个图像文档，也可以同时显示多个图像文档，执行“窗口>排列”命令，即可切换文档窗口的显示方式。
- **工具箱**：工具箱中有很多个工具图标，在工具上单击即可选择该工具。其中工具的右下角带有三角形图标表示这是一个工具组，每个工具组中又包含多个工具，在工具组上右击，即可弹出隐藏的工具。工具箱可以折叠显示或展开显示。单击工具箱顶部的▶▶图标，可以将其折叠为双栏；单击◀◀图标即可还原回展开的单栏模式。将光标放置在▶▶图标上，然后使用鼠标左键进行拖曳，即可将工具箱设置为浮动状态，如图1-57所示。

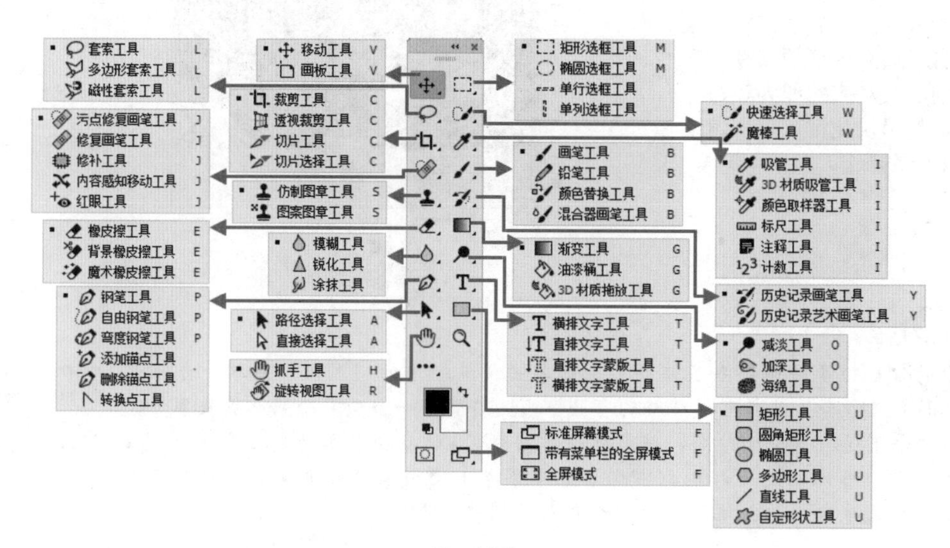

图　1-57

- **选项栏**：主要用来设置工具的参数选项，不同工具的选项栏也不同。例如，当选择移动工具时，其选项栏会显示如图1-58所示的内容。

图 1-58

- **状态栏**：位于工作界面的最底部，可以显示当前文档的大小、文档尺寸、当前工具和窗口缩放比例等信息，单击状态栏中的三角形图标›，可以设置要显示的内容，如图1-59所示。

图 1-59

- **面板**：主要用来配合图像的编辑、对操作进行控制以及设置参数等。每个面板的右上角都有一个≡图标，单击该图标可以打开该面板的菜单选项。如果需要打开某一个面板，可以单击菜单栏中的“窗口”菜单，在展开的菜单中单击即可打开该面板，如图1-60所示。

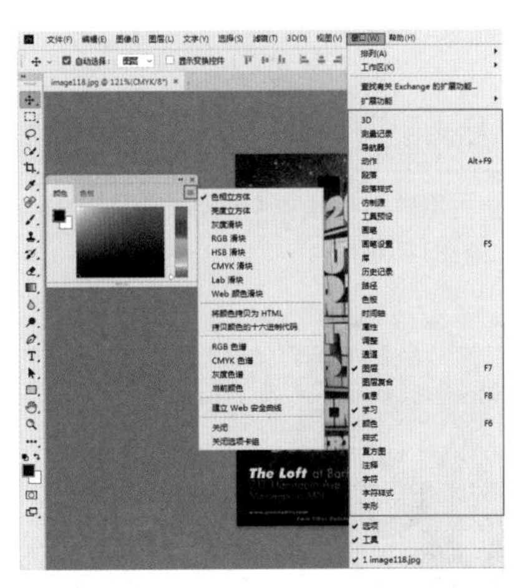

图 1-60

SPECIAL

技术拓展：展开与折叠面板

在默认情况下，面板都处于展开状态，如图1-61所示。单击面板右上角的“折叠”图标，可以将面板折叠起来，同时“折叠”图标会变成“展开”图标（单击该图标可以展开面板）。单击“关闭”图标，可以关闭面板，如图1-62所示。

图 1-61

图 1-62

1.3.2 动手学：更改界面颜色方案

Photoshop 默认的界面颜色为较暗的深色界面，如图1-63所示。如果想要更改界面的颜色方案，可以执行“编辑>首选项>界面”命令，在“外观”选项组中可以选择适合自己的颜色方案，本书所使用的是最后一种颜色方案，如图1-64所示。

图 1-63

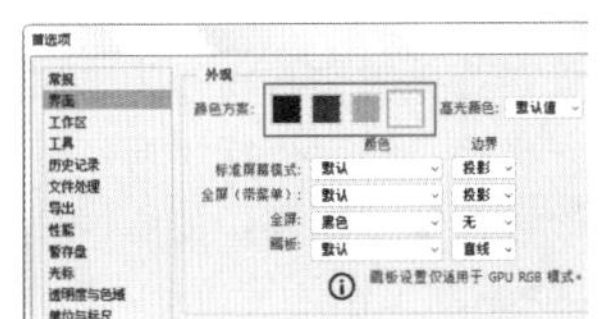

图 1-64

1.3.3　动手学：使用不同的工作区

视频精讲：Photoshop 新手学视频精讲课堂/设置工作区域.mp4

Photoshop中工作区界面虽然清晰明确，但是并不是所有的面板都会被经常使用到。Photoshop提供了适合不同任务的预设工作区：基本功能（默认）、新增功能、3D、动感、绘画、摄影等。不同的工作区显示出的面板不同，从名称上就能看出每种工作区适合的操作。执行“窗口>工作区”命令，在其子菜单下可以看到多个可以使用的工作区，如图1-65所示。也可以在选项栏的最右侧进行工作区的切换，如图1-66所示。

默认情况下，Photoshop使用的是“基本功能”工作区。在这个工作区中，包括了一些很常用的面板，如“颜色”面板、“学习”面板、“图层”面板等，如图1-67所示。如果在操作过程中发现工具箱、选项栏或者某个面板不见了，可以通过执行“窗口>工作区>复位基本功能”命令还原回初始的工作区状态，如图1-68所示。

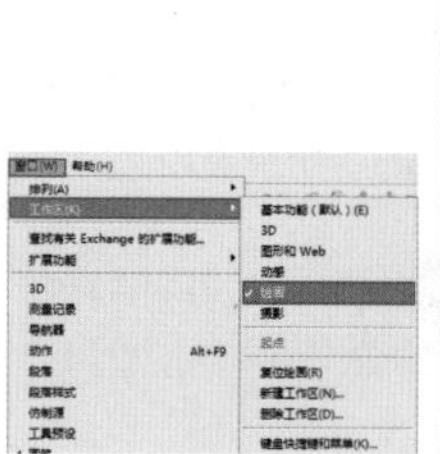

图　1-65

图　1-66

图　1-67

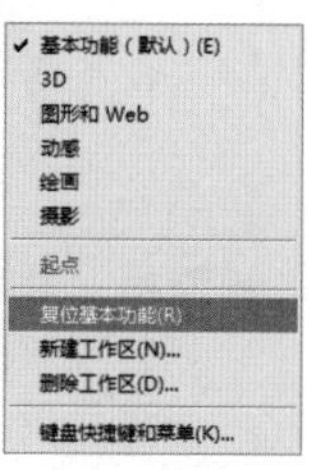

图　1-68

1.3.4　动手学：自定义适合自己的工作区

在进行一些操作时，部分面板几乎是用不到的，而操作界面中存在过多的面板会占用较多的操作空间，如图1-69所示。如果内置的几种工作区并不适合自己，那么就可以定义一个适合用户需要的工作区，如图1-70所示。

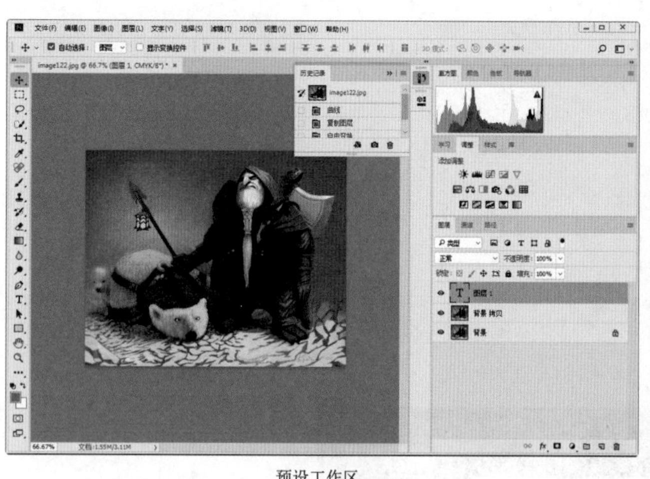

预设工作区

图　1-69

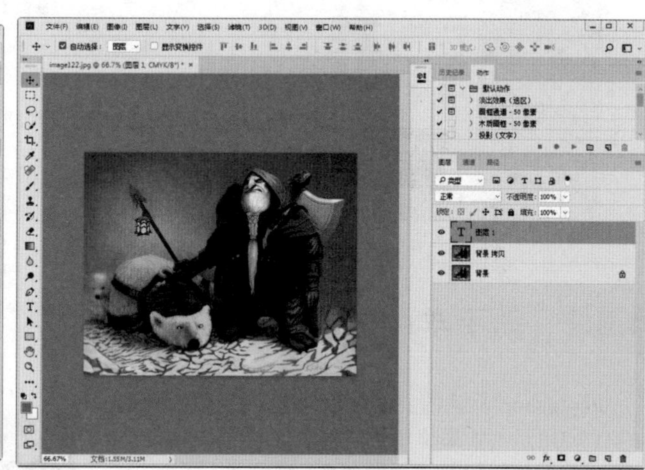

用户定义的工作区

图　1-70

首先需要将当前的工作区调整为适合自己的状态，也就是通过使用“窗口”菜单开启或关闭面板，或者更改面板的摆放方式等。然后执行“窗口>工作区>新建工作区”命令，在弹出的对话框中为工作区设置一个名称，接着单击“存储”按钮，即可存储工作区，如图1-71所示。在“窗口>工作区”菜单下就可以选择自定义的工作区，如图1-72所示。执行“窗口>工作区>删除工作区”命令，即可删除自定义的工作区。

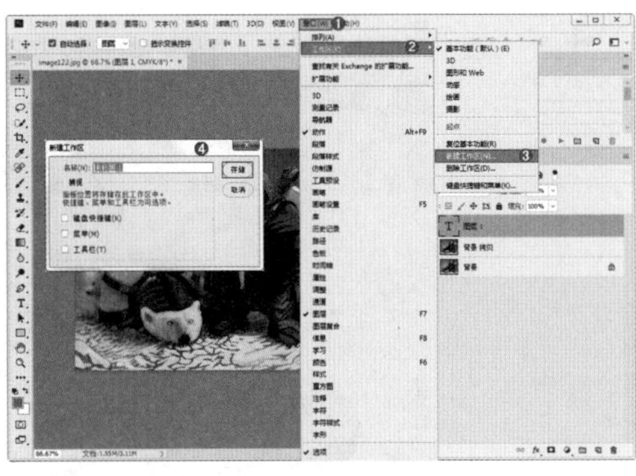

图 1-71

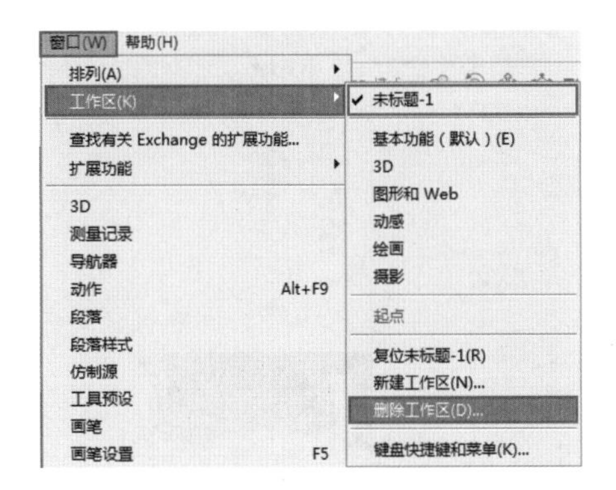

图 1-72

1.3.5 动手学：使用不同的屏幕模式进行操作

在工具箱中单击“更改屏幕模式”按钮，在弹出的菜单中可以选择屏幕模式，其中包括标准屏幕模式、带有菜单栏的全屏模式和全屏模式3种，如图1-73所示。标准屏幕模式可以显示菜单栏、标题栏、滚动条和其他屏幕元素，如图1-74所示。带有菜单栏的全屏模式可以显示菜单栏、50%的灰色背景、无标题栏和滚动条的全屏窗口，如图1-75所示。全屏模式只显示黑色背景和图像窗口，如图1-76所示。如果要退出全屏模式，可以按Esc键。如果按Tab键，将切换到带有面板的全屏模式。

图 1-74

图 1-75

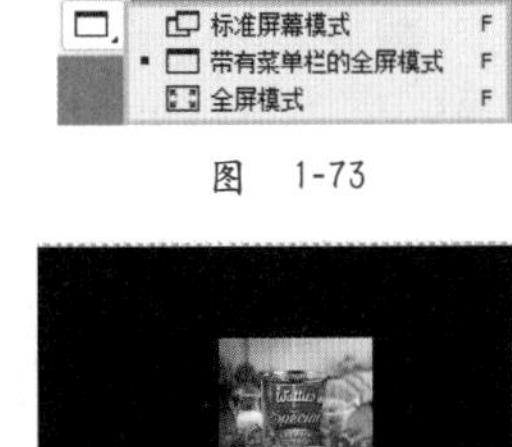

图 1-73

图 1-76

1.4 图像文件的基本操作

Photoshop中的编辑操作都是基于图像文件（也可称为图像文档），其基本操作无外乎新建、打开、编辑、存储、关闭这样的流程。在Photoshop中，可供编辑的图像文件可以是数码相机拍摄的数码照片，可以是扫描得到的数字图像，也可以是已有图像格式的工程文件。如果是对这些已有的文档进行处理，那么只需要在Photoshop中打开相应文档即可。如果要进行“从无到有”的平面设计作品制作，就需要创建一个新的空白文件。编辑制作完成后的“存储”也是必须使用到的操作，如果不进行存储，那么之前进行的所有操作都毫无意义。

1.4.1 动手学：打开文件

视频精讲：Photoshop 新手学视频精讲课堂/在Photoshop中打开文件.mp4

想要对已有的图像进行编辑操作，首先需要在Photoshop中打开该文件，在Photoshop中打开文件的方法有很多种，通过“文件”菜单中的命令可以打开文件。

01 执行“文件>打开”命令，在弹出的“打开”对话框中选择文件所在位置，然后单击需要打开的文件，接着单击“打开”按钮，如图1-77所示。此时该文件即可在Photoshop中打开，文档窗口中显示出图像文件的效果，如图1-78所示。在灰色的Photoshop程序窗口中双击或按Ctrl+O快捷键，都可以弹出“打开”对话框。

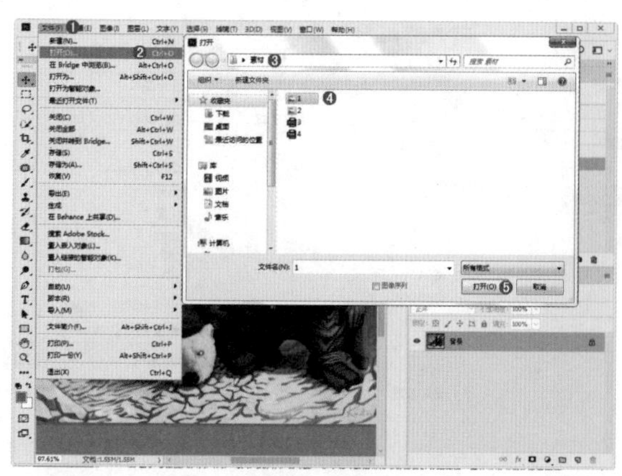

图　1-77

图　1-78

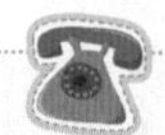

答疑解惑：为什么在打开文件时不能找到需要的文件？

如果发生这种现象，可能有两个原因：第一个原因是Photoshop不支持这个文件格式；第二个原因是“文件类型”没有设置正确，如设置“文件类型”为JPG格式，那么在“打开”对话框中就只能显示这种格式的图像文件，这时设置“文件类型”为“所有格式”，就可以查看到相应的文件（前提是计算机中存在该文件）。

02 执行“文件>打开”命令，打开“打开”对话框，在该对话框中可以选择需要打开的文件，并且可以设置所需要的文件格式，如图1-79所示。如果使用与文件的实际格式不匹配的扩展名文件（例如，用扩展名GIF的文件存储PSD文件），或者文件没有扩展名，则Photoshop可能无法打开该文件，选择正确的格式才能让Photoshop识别并打开该文件。

03 执行“文件>打开为智能对象”命令，然后在弹出的对话框中选择一个文件将其打开，此时该文件将以“智能对象”的形式被打开。“智能对象”是包含栅格图像或矢量图像的数据的图层。智能对象将保留图像的源内容及其所有原始特性，因此对该图层无法进行破坏性编辑，如图1-80所示。

图　1-79

图　1-80

04 Photoshop可以记录最近使用过的文件，执行“文件>最近打开文件”命令，在其下拉菜单中单击文件名，即可将其在Photoshop中打开，选择底部的“清除最近的文件列表”命令可以删除历史打开记录，如图1-81所示。

图　1-81

05 选择一个需要打开的文件，然后将其拖曳到Photoshop的应用程序图标上，如图1-82所示。或者在需要打开的文件上右击，接着在弹出的快捷菜单中选择"打开方式>Adobe Photoshop CC 2018"命令，如图1-83所示。

06 如果已经运行了Photoshop，这时可以直接在Windows资源管理器中将文件拖曳到Photoshop的窗口中，如图1-84所示。

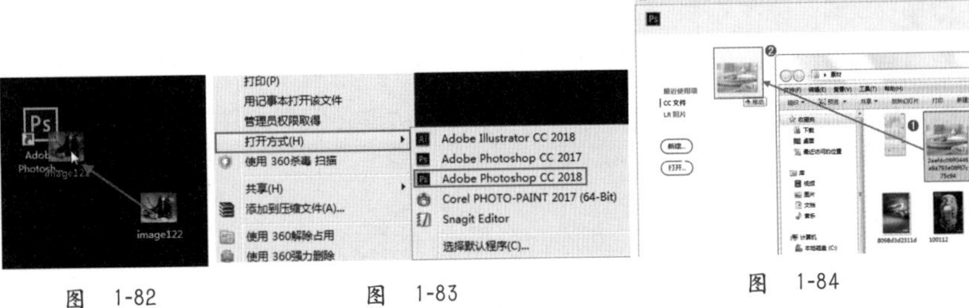

图 1-82　图 1-83　图 1-84

1.4.2 新建文件

● 视频精讲：Photoshop 新手学视频精讲课堂/使用Photoshop创建新文件.mp4

● 技术速查：如果需要制作一个新的文件，则需要执行"文件>新建"命令。

执行"文件>新建"命令，打开"新建文档"窗口。在新建文档窗口中既可以选择一些常见的预设尺寸，也可以设置特定的尺寸。如果需要选择系统内置的一些预设文档尺寸的选项，可以单击预设选项组的名称，然后单击选择一个合适的"预设"图标，单击"创建"按钮，即可完成新建，如图1-85所示。如果需要制作比较特殊的尺寸，就需要自己进行设置。直接在窗口右侧进行"宽度""高度"等参数的设置即可，如图1-86所示。

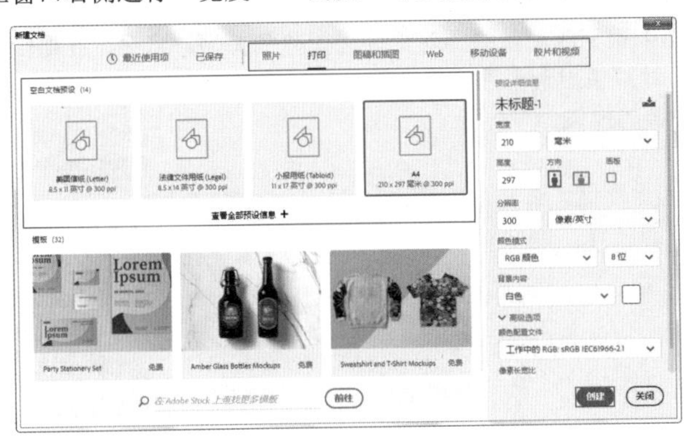

图 1-85

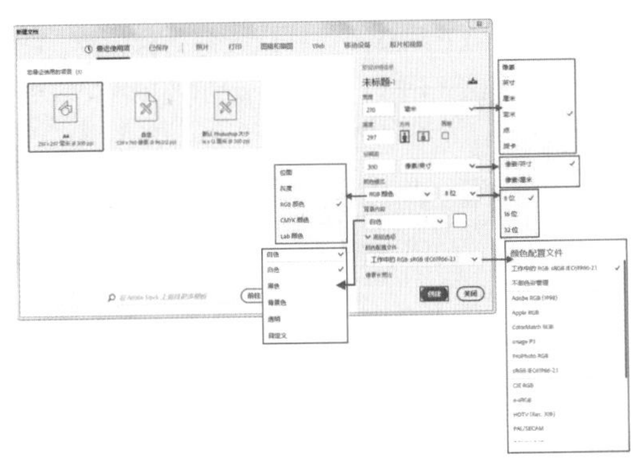

图 1-86

● 宽度/高度：设置文件的宽度和高度，其单位有"像素""英寸""厘米""毫米"和"点"等，设置文档尺寸时一定要注意单位是否设置正确。

● 分辨率：用来设置文件的分辨率大小，其单位有"像素/英寸"和"像素/厘米"两种。创建新文件时，文档的宽度与高度通常与实际印刷的尺寸相同（超大尺寸文件除外）。

SPECIAL 技术拓展："分辨率"的相关知识

其他行业中也经常会用到"分辨率"这样的概念，分辨率是衡量图像品质的一个重要指标，它有多种单位和定义。

● 图像分辨率：指的是一幅具体作品的品质高低，通常都用像素点的多少来加以区分。在图片内容相同的情况下，像素点越多品质就越高，但相应的记录信息量也成正比增加。

● 显示分辨率：表示显示器清晰程度的指标，通常是以显示器的扫描点像素多少来加以区分，如 800×600、1024×768、1280×1024、1920×1200等，它与屏幕尺寸无关。

● 扫描分辨率：指的是扫描仪的采样精度或采样频率，一般用PPI或 DPI来表示。PPI 值越高，图像的清晰度就越高。但扫描仪通常有光学分辨率和插值分辨率两个指标，光学分辨率是指扫描仪感光器件固有的物理精度；而插值分辨率仅表示扫描仪对原稿的放大能力。

● 打印分辨率：指的是打印机在单位距离上所能记录的点数，因此，一般也用 PPI 来表示分辨率的高低。

- 颜色模式：设置文件的颜色模式以及相应的颜色深度。
- 背景内容：设置文件的背景内容，有“白色”“黑色”“背景色”“透明”和“自定义”5个选项。
- 高级选项：展开该选项组，在其中可以进行“颜色配置文件”以及“像素长宽比”的设置。

技巧提示：如何选择合适的分辨率

创建新文件时，文档的宽度与高度需要与实际印刷的尺寸相同。而在不同情况下，分辨率需要进行不同的设置。通常来说，图像的分辨率越高，印刷出来的质量就越好。但也并不是任何时候都需要将分辨率设置为较高的数值，在这种情况下一般设备是无法进行正常操作的。

下面为常见的分辨率设置：一般印刷品分辨率为150～300，高档画册分辨率为350以上，大幅的喷绘广告1米以内分辨率为70～100，巨幅喷绘分辨率为25，多媒体显示图像为72。切记分辨率的数值并不是一成不变的，需要根据实际情况进行设置。

1.4.3 动手学：存储文件

- 视频精讲：Photoshop 新手学视频精讲课堂/文件的存储.mp4
- 技术速查：存储操作可以将新建文档的数据以独立图像文件的形式保留到计算机中，也可以是将对已有文档的编辑操作应用到原文档上的操作。与Word等软件相同，Photoshop文档编辑完成后就需要对文件进行存储关闭。当然，在编辑过程中也需要经常存储，以避免在Photoshop中出现程序错误、计算机出现程序错误以及发生断电等情况时，所有的操作丢失的现象。如果在编辑过程中及时存储，则会避免很多不必要的损失。

01 执行“文件>存储”命令或按Ctrl+S快捷键，可以对文件进行存储，如图1-87所示。对于已有的文件进行存储操作，可以保留所做的更改，并且会替换上一次存储的文件，同时会按照当前格式和名称进行存储。

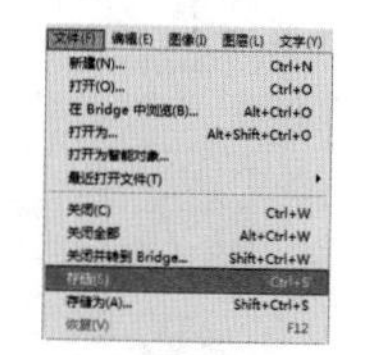

图　1-87

技巧提示

如果是新建的一个文件，那么在执行“文件>存储”命令时，系统会弹出“存储为”对话框。

02 执行“文件>存储为”命令或按Shift+Ctrl+S组合键，在弹出的“另存为 ”对话框中可以将文件存储到另一个位置或使用另一文件名或文件格式进行存储，如图1-88所示。

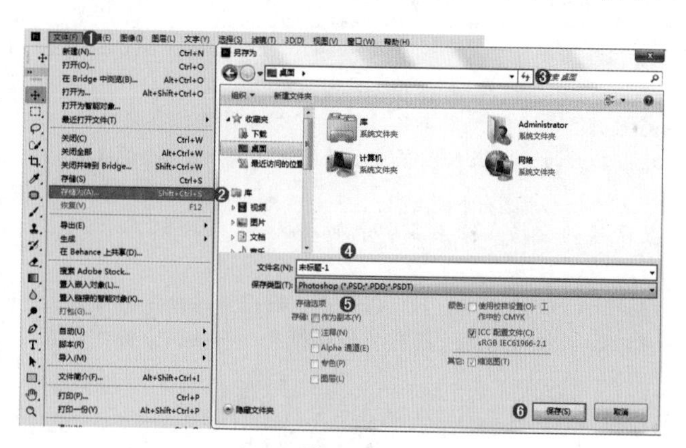

图　1-88

- 文件名：设置存储的文件名。
- 格式：选择文件的存储格式。
- 作为副本：选中该复选框时，可以另外存储一个副本文件。
- 注释/Alpha通道/专色/图层：可以选择是否存储注释、Alpha通道、专色和图层。
- 使用校样设置：将文件的存储格式设置为EPS或PDF时，该选项才可用。选中该复选框后可以存储打印用的校样设置。
- ICC配置文件：可以存储嵌入在文档中的ICC配置文件。
- 缩览图：为图像创建并显示缩览图。
- 使用小写扩展名：将文件的扩展名设置为小写。

03 使用“文件>签入”命令可以存储文件的不同版本以及各版本的注释。该命令可以用于Version Cue工作区管理的图像，如果使用的是来自Adobe Version Cue项目的文件，则文档标题栏会显示有关文件状态的其他信息。

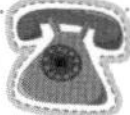

答疑解惑："存储"与"存储为"有什么差别？

"存储"命令主要用于正在编辑的已有文档，而"存储为"命令用于需要将文件存储到不同位置或以不同名称、格式进行存储的情况。例如，制作平面设计作品时，一般需要将文档存储为.PSD格式的工程文件，以便于日后更改；在制作完成后，就需要使用"存储为"命令存储一个格式为.jpg的方便预览、传输的图像。

技术拓展：熟悉常见的图像格式

存储图像时，可以在弹出的对话框中选择图像的存储格式，如图1-89所示。

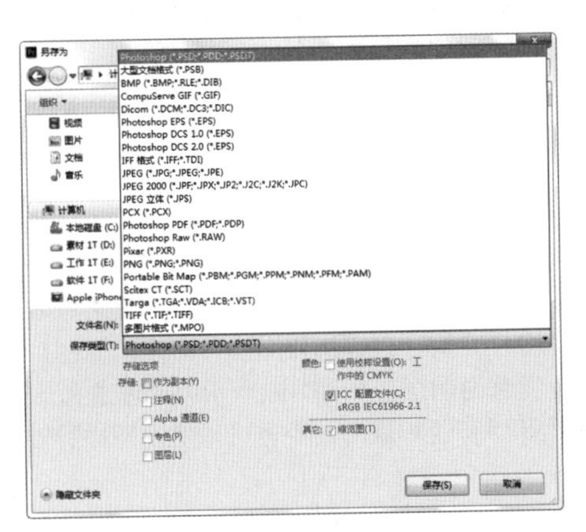

图 1-89

● PSD：是Photoshop的默认存储格式，能够存储图层、蒙版、通道、路径、未栅格化的文字、图层样式等。在一般情况下，存储文件都采用这种格式，以便随时进行修改。

● PSB：是一种大型文档格式，可以支持最高达到300000像素的超大图像文件。它支持Photoshop所有的功能，可以存储图像的通道、图层样式和滤镜效果，但是只能在Photoshop中打开。

● BMP：是微软开发的固有格式，这种格式被大多数软件所支持。BMP格式采用了一种叫RLE的无损压缩方式，对图像质量不会产生影响。

● GIF：是输出图像到网页最常用的格式。GIF格式采用LZW压缩，它支持透明背景和动画，被广泛应用在网络中。

● DICOM：通常用于传输和存储医学图像，如超声波和扫描图像。DICOM格式文件包含图像数据和标头，其中存储了有关医学图像的信息。

● EPS：为PostScript打印机上输出图像而开发的文件格式，是处理图像工作中最重要的格式，它被广泛应用在Mac和PC环境下的图形设计和版面设计中，几乎所有的图形、图表和页面排版程序都支持这种格式。

● IFF格式：是由Commodore公司开发的，由于该公司已退出计算机市场，因此IFF格式也将逐渐被废弃。

● DCS格式：是Quark开发的EPS格式的变种，主要在支持这种格式的QuarkXPress、PageMaker和其他应用软件上工作。DCS便于分色打印，Photoshop在使用DCS格式时，必须转换成CMYK颜色模式。

● JPEG：是平时最常用的一种图像格式。它是一个最有效、最基本的有损压缩格式，被绝大多数的图形处理软件所支持。

● PCX：是DOS格式下的古老程序PC PaintBrush固有格式的扩展名，目前并不常用。

● PDF：是由Adobe Systems创建的一种文件格式，允许在屏幕上查看电子文档。PDF文件还可被嵌入Web的HTML文档中。

● RAW：是一种灵活的文件格式，主要用于应用程序与计算机平台之间传输图像。RAW格式支持具有Alpha通道的CMYK、RGB和灰度模式，以及无Alpha通道的多通道、Lab、索引和双色调模式。

● PXR：是专门为高端图形应用程序设计的文件格式，它支持具有单个Alpha通道的RGB和灰度图像。

● PNG：是专门为Web开发的，它是一种将图像压缩到Web上的文件格式。是一种能够产生无锯齿状边缘的带有透明度的位图格式。

● SCT：支持灰度图像、RGB图像和CMYK图像，但是不支持Alpha通道，主要用于Scitex计算机上的高端图像处理。

● TGA：专用于使用Truevision视频板的系统，它支持一个单独Alpha通道的32位RGB文件，以及无Alpha通道的索引、灰度模式，并且支持16位和24位的RGB文件。

● TIFF：是一种通用的文件格式，所有的绘画、图像编辑和排版程序都支持该格式，而且几乎所有的桌面扫描仪都可以产生TIFF图像。TIFF格式支持具有Alpha通道的CMYK、RGB、Lab、索引颜色和灰度图像，以及没有Alpha通道的位图模式图像。Photoshop可以在TIFF文件中存储图层和通道，但是如果在另外一个应用程序中打开该文件，那么只有拼合图像才是可见的。

● PBM：便携位图格式PBM支持单色位图（即1位/像素），可以用于无损数据传输。因为许多应用程序都支持这种格式，所以可以在简单的文本编辑器中编辑或创建这类文件。

1.4.4 置入文件

- 视频精讲：Photoshop 新手学视频精讲课堂/置入素材文件.mp4
- 技术速查："置入嵌入对象"命令是将照片、图片或任何Photoshop支持的文件作为智能对象添加到当前操作的文档中。

执行"文件>置入嵌入对象"命令，在弹出的对话框中选择需要置入的文件，然后单击"置入"按钮即可将其置入Photoshop中。在置入文件时，置入的文件将自动放置在画布的中间，同时文件会保持其原始长宽比。但是如果置入的文件比当前编辑的图像大，那么该文件将被重新调整到与画布相同大小的尺寸，如图1-90所示。

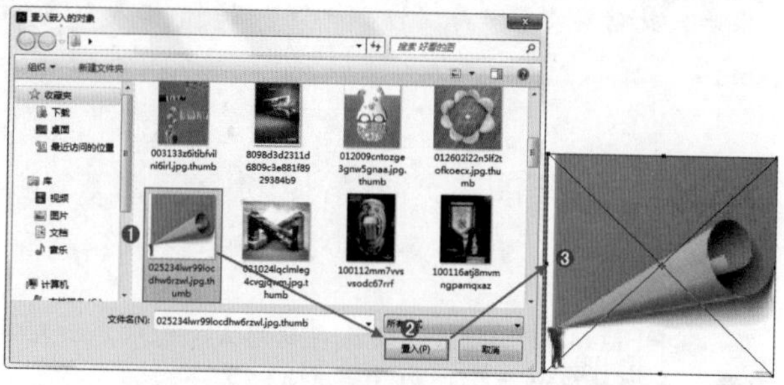

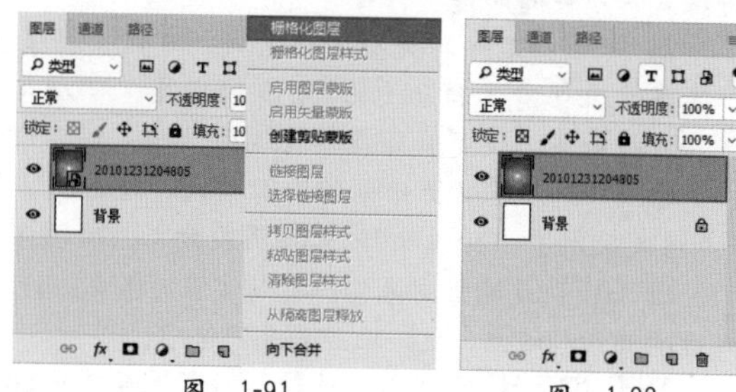

图 1-90

置入的对象将作为智能对象存在，无法直接对智能对象进行内容的编辑，需要将其"栅格化"为普通图层后，才可进行擦除、绘制、调色等操作。想要将智能对象栅格化，需要在该图层上右击，并执行"栅格化图层"命令，如图1-91所示。此时该图层变为普通图层，如图1-92所示。或者选择该图层，执行"图层>栅格化>智能对象"命令也可以实现同样的效果。

图 1-91

图 1-92

技巧提示

在置入文件之后，可以对作为智能对象的图像进行缩放、定位、斜切、旋转或变形操作，并且不会降低图像的质量。智能对象可以看作是嵌入当前文件的一个独立文件，它可以包含位图，也可以包含Illustrator中创建的矢量图形。而且在编辑过程中不会破坏智能对象的原始数据，因此对智能对象图层所执行的操作都是非破坏性操作。操作完成之后可以将智能对象栅格化，以减少硬件设备负担。

★ 案例实战——使用"置入嵌入对象"制作艺术效果

案例文件	案例文件\第1章\使用"置入嵌入对象"命令制作艺术效果.psd
视频教学	视频文件\第1章\使用"置入嵌入对象"命令制作艺术效果.mp4
难易指数	★★★★★
技术要点	"打开"命令、"置入嵌入对象"命令

扫码看视频

案例效果

本案例主要是使用"置入嵌入对象"命令为照片增加艺术效果，如图1-93所示。

图 1-93

操作步骤

01 打开人像照片素材作为背景，执行"文件>打开"命令，在弹出的"打开"对话框中选择素材文件所在位置，并单击人像素材"1.jpg"，单击"打开"按钮，如图1-94所示。将其在Photoshop中打开，如图1-95所示。

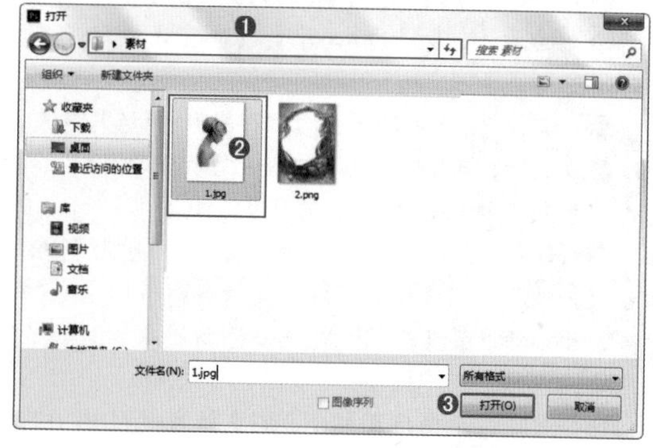

图 1-94

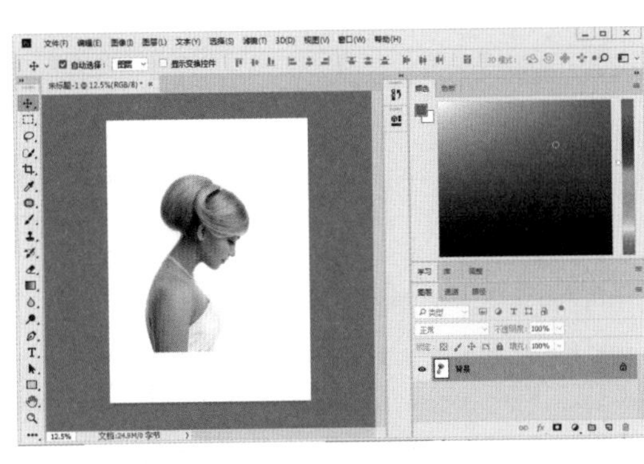

图 1-95

02 执行“文件>置入嵌入对象”命令，在弹出的“置入嵌入的对象”对话框中选择素材“2.png”，单击“置入”按钮，如图1-96所示。此时画面中出现了美丽的边框效果，如图1-97所示。

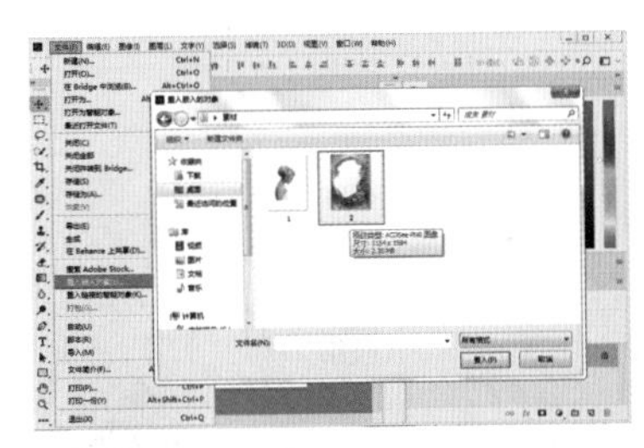

图 1-96

图 1-97

03 由于置入的边框素材当前处于变换状态，所以需要按Enter键将边框文件置入当前文件中。选择该图层，执行“图层>栅格化>智能对象”命令，此时该图层变为普通图层。效果如图1-98所示。

图 1-98

04 至此，完成文档的制作。下面需要进行工程文件的存储，执行“文件>存储”命令，由于之前文件没有进行过工程文件的存储，所以此时会弹出“另存为”对话框，选择合适的路径，设置格式为“.psd”，如图1-99所示。再次执行“文件>存储”命令，设置格式为“.jpg”，单击“保存”按钮，如图1-100所示。

图 1-99

图 1-100

☆ 视频课堂——制作混合插画

案例文件\第1章\视频课堂——制作混合插画.psd
视频文件\第1章\视频课堂——制作混合插画.mp4

思路解析：

01 打开背景素材。
02 置入前景矢量素材。

扫码看视频

1.4.5 动手学：关闭文件

● 视频精讲：Photoshop 新手学视频精讲课堂/文件的关闭与退出.mp4

当编辑完图像以后，需要将该文件进行存储，然后关闭文件。Photoshop中提供了4种关闭文件的方法，如图1-101所示。

01 执行“文件>关闭”命令，按Ctrl+W快捷键或者单击文档窗口右上角的“关闭”按钮☒，可以关闭当前处于激活状态的文件，如图1-102所示。使用这种方法关闭文件时，其他文件将不受任何影响。

02 执行“文件>关闭全部”命令或按Ctrl+Alt+W组合键，可以关闭所有的文件，如图1-103所示。

图 1-101

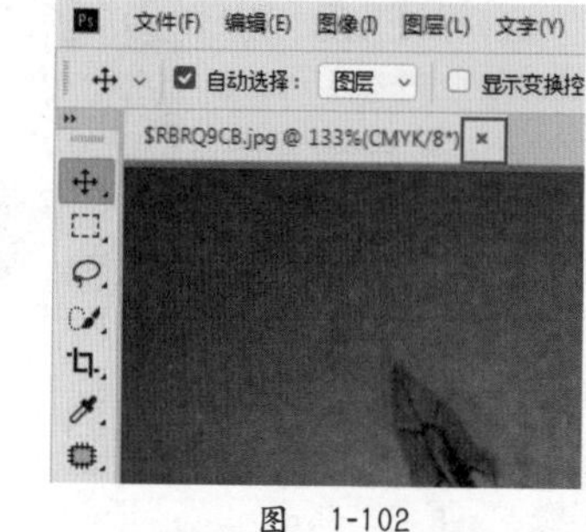

图 1-102

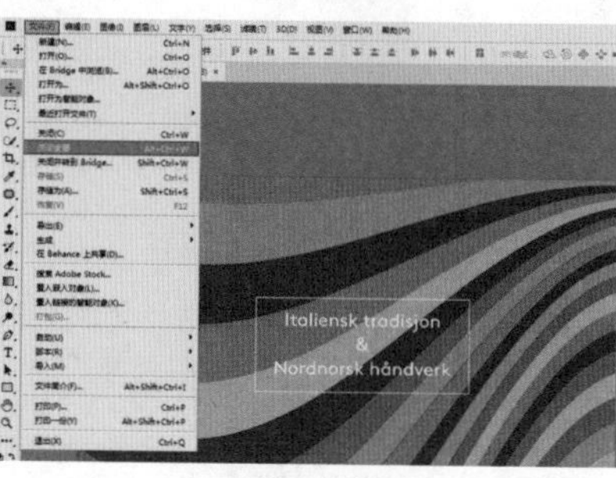

图 1-103

1.4.6 动手学：复制图像文件

● 视频精讲：Photoshop 新手学视频精讲课堂/.复制文件.mp4

● 技术速查：使用“复制”命令能够将当前文件的效果复制为独立文件。

执行“图像>复制”命令，在弹出的“复制图像”对话框中设置合适的文件名称，然后单击“确定”按钮，如图1-104所示。使用这种方法可以将当前画面效果复制为独立文件进行备份或作为操作中的参考效果，如图1-105所示。

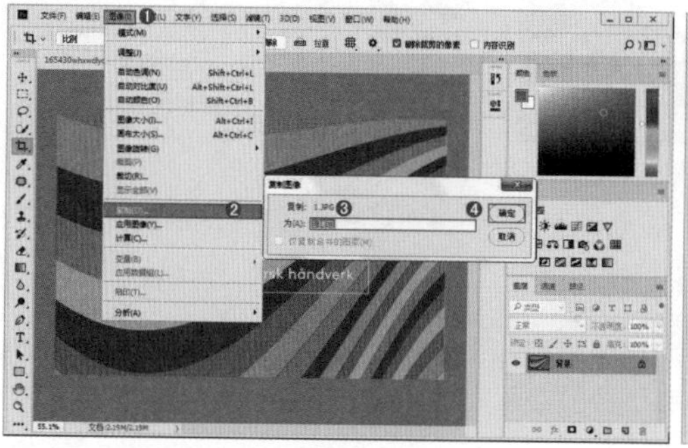
图 1-104

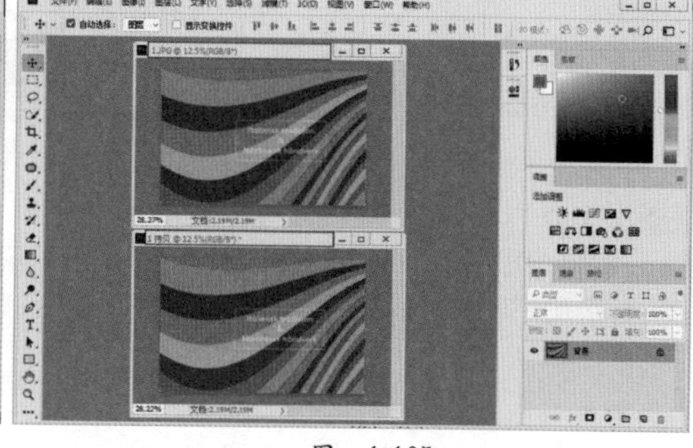
图 1-105

★ 案例实战——制作简单的平面设计作品

案例文件	案例文件\第1章\制作简单的平面设计作品.psd
视频教学	视频文件\第1章\制作简单的平面设计作品.mp4
难易指数	★★★★★
技术要点	“新建”命令、“打开”命令、“置入嵌入对象”命令、“存储为”命令、“关闭”命令

扫码看视频

案例效果

本案例通过使用“新建”命令、“打开”命令、“置入嵌入对象”命令、“存储为”命令、“关闭”命令等熟悉文件处理的基本流程，效果如图1-106所示。

图 1-106

操作步骤

01 执行“文件>打开”命令，在弹出的“打开”对话框中选择文件所在位置，选中素材“1.jpg”并单击“打开”按钮，如图1-107所示。用同样的方法打开素材“2.png”，如图1-108所示。

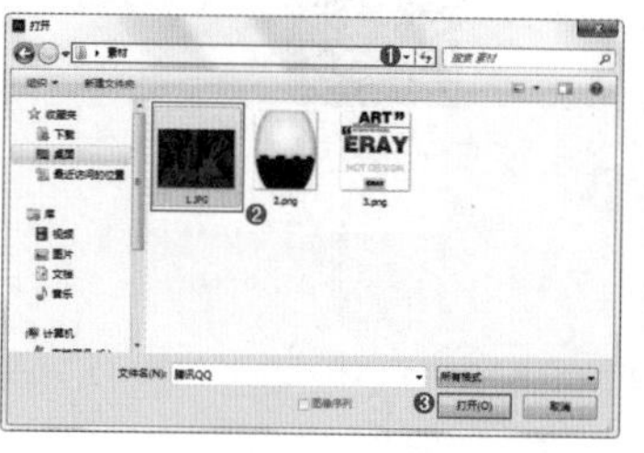
图 1-107

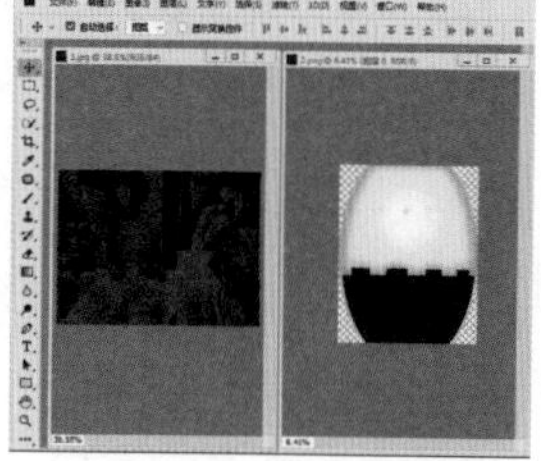
图 1-108

02 单击工具箱中的移动工具，在素材“2.png”文件上按住鼠标左键并向文件“1.jpg”上拖动，如图1-109所示。素材“2.png”中的内容出现在文档“1.jpg”中，继续使用移动工具将其移动到合适位置，如图1-110所示。

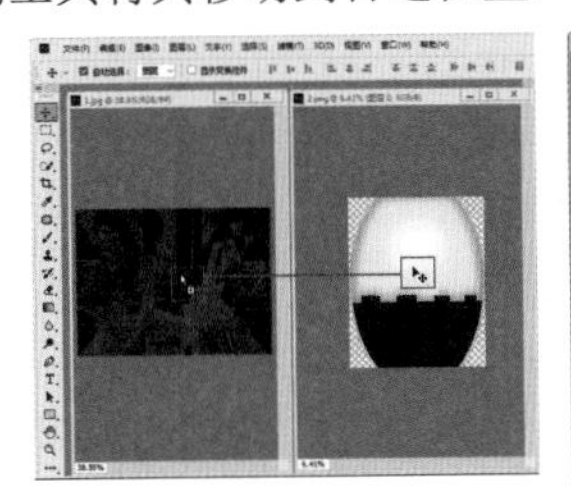
图 1-109

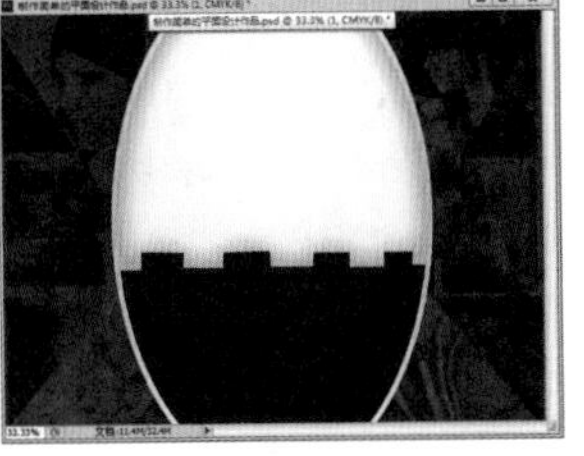
图 1-110

技术拓展

使用移动工具可以在文档中移动图层和选区中的图像，还可以将其他文档中的图像拖曳到当前文档中。使用方法非常简单，选择需要移动的图层，在画布中单击并拖曳即可移动选中的对象。具体参数将在“第3章 图像基本编辑操作”中进行讲解。

03 置入前景的装饰文字部分，执行“文件>置入嵌入对象”命令，在弹出的“置入嵌入的对象”对话框中选择素材“3.png”，单击“置入”按钮，如图1-111所示，素材“3.png”作为智能对象被置入文档中，在素材四周出现界定框，将光标定位到界定框的四角处，按住Shift键即可进行等比例缩放，然后将对象移动到画面中心位置，此时效果如图1-112所示。

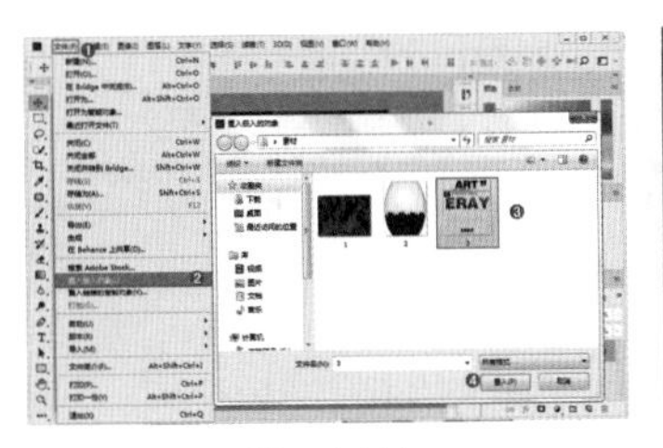
图 1-111

图 1-112

04 按Enter键确定图像的置入并将其栅格化，效果如图1-113所示。

05 进行工程文件的存储，执行“文件>存储为”命令或按Shift+Ctrl+S组合键，打开“另存为”对话框。在其中设置文件存储位置、名称以及格式。在此设置格式为可存储分层文件信息的“.PSD”格式，如图1-114所示。

图 1-113

图 1-114

06 再次执行“文件>存储为”命令或按Shift+Ctrl+S组合键，打开“另存为”对话框。选择格式为方便预览和上传至网络的“.jpg”格式。最后执行“文件>关闭”命令，关闭当前文件。

1.5 修改文档画布尺寸

- 视频精讲：Photoshop 新手学视频精讲课堂/调整画布大小.mp4
- 技术速查：使用“画布大小”命令可以增大或减小画布的尺寸。

执行“图像>画布大小”命令，打开“画布大小”对话框，在该对话框中可以对画布的宽度、高度、定位和扩展背景颜色进行调整，如图1-115所示。增大画布大小，原始图像大小不会发生变化，而增大的部分则使用选定的填充颜色进行填充；减小画布大小，图像则会被裁切掉一部分，如图1-116所示。

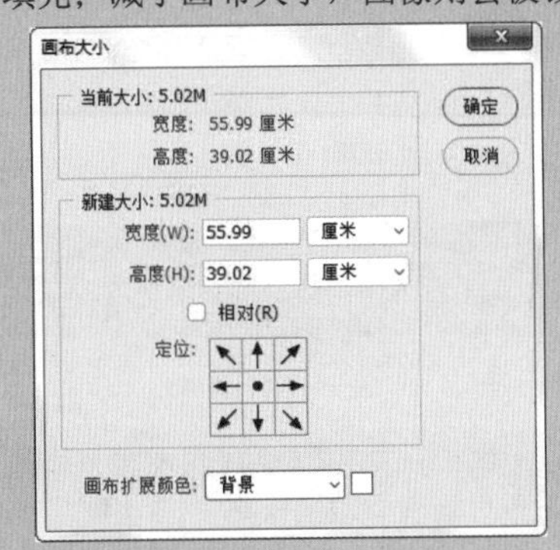

图 1-115

图 1-116

- **“当前大小”选项组**：显示的是文档的实际大小，以及图像的宽度和高度的实际尺寸，如图1-117所示。

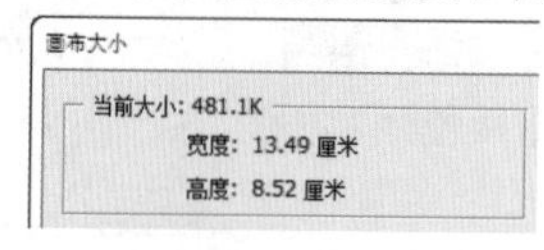

图 1-117

- **“新建大小”选项组**：是指修改画布尺寸后的大小。当输入的“宽度”和“高度”值大于原始画布尺寸时，会增加画布，如图1-118所示；当输入的“宽度”和“高度”值小于原始画布尺寸时，Photoshop会裁切超出画布区域的图像，如图1-119所示。
- **“相对”复选框**：选中该复选框时，“宽度”和“高度”数值将代表实际增加或减少的区域的大小，而不再代表整个文档的大小。输入正值表示增加画布，如设置“宽度”为10cm，那么画布就在宽度方向上增加了10cm，如图1-120所示；如果输入负值就表示减小画布，如设置“高度”为−5cm，那么画布就在高度方向上减小了5cm，如图1-121所示。

图 1-118

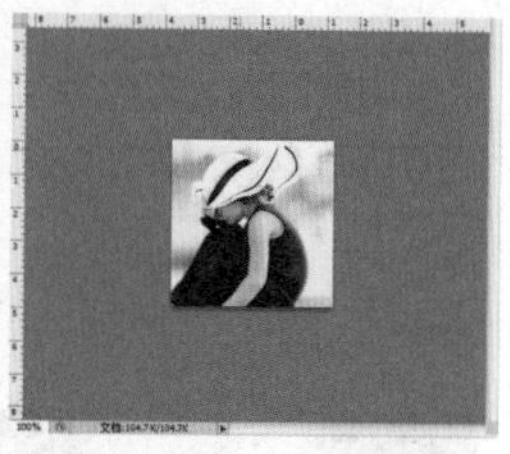

图 1-119

图 1-120

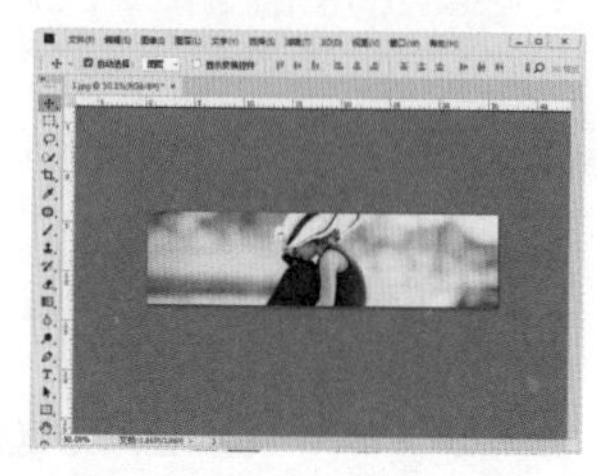

图 1-121

- **“定位”选项**：主要用来设置当前图像在新画布上的位置，如图1-122~图1-124所示（黑色背景为画布的扩展颜色）。

图 1-122

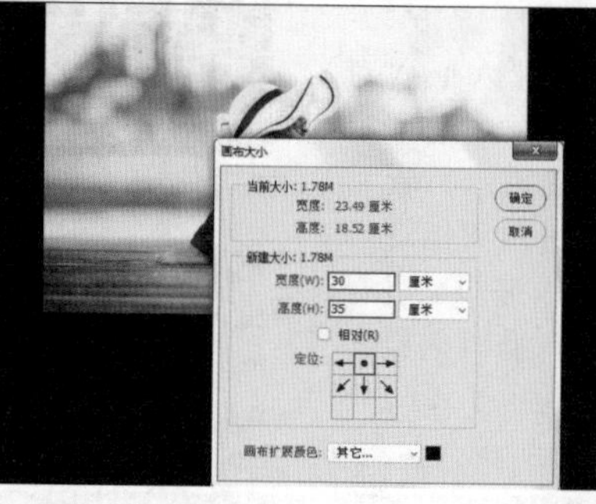

图 1-123

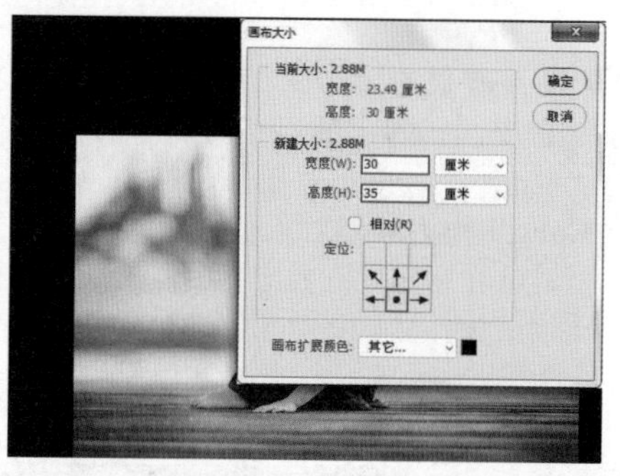

图 1-124

- **“画布扩展颜色”选项**：是设置填充新画布的颜色，如图1-125所示。如果图像的背景是透明的，那么“画布扩展颜色”选项将不可用，新增加的画布也是透明的，如图1-126所示。

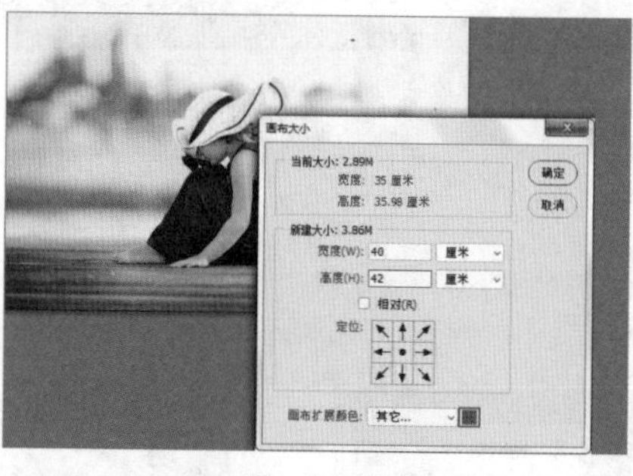

图 1-125

图 1-126

1.6 图像文档的查看方式

视频精讲：Photoshop 新手学视频精讲课堂/查看图像窗口.mp4

使用Photoshop进行文件编辑时，如果需要对细节进行编辑，就需要放大细节区域的显示比例；如果需要观察画面整体效果，则需要缩小画面整体的缩放比例，以便观察完整的画面效果；而如果当前显示的区域并非需要编辑的区域，那么就需要进行画面显示域的调整。在Photoshop中包含多种工具、面板以及命令可以用于实现以上操作，下面进行逐一讲解。

1.6.1 动手学：使用缩放工具调整图像缩放级别

技术速查：使用缩放工具可以将图像在屏幕上的显示比例进行放大和缩小，图像的真实大小是不会跟着发生改变的。

缩放工具位于工具箱的下半部分，单击该工具按钮，在选项栏中可以看到工具的选项设置，如图1-127所示。

技术拓展：缩放工具参数详解

● 实际像素：单击该按钮，图像将以实际像素的比例进行显示。也可以双击缩放工具来实现相同的操作。

● 适合屏幕：单击该按钮，可以在窗口中最大化显示完整的图像。

● 填充屏幕：单击该按钮，可以在整个屏幕范围内最大化显示完整的图像。

● 打印尺寸：单击该按钮，可以按照实际的打印尺寸来显示图像。

图 1-127

01 缩放工具的使用方法非常简单，在选项栏中设置“放大”或“缩小”选项，然后在画面中单击即可进行放大或缩小的操作，如图1-128所示。

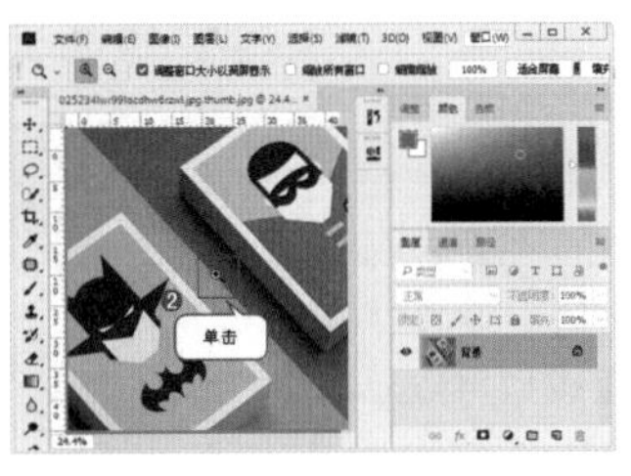

图 1-128

技巧提示

如果当前使用的是放大模式，那么按住Alt键可以切换到缩小模式；如果当前使用的是缩小模式，那么按住Alt键可以切换到放大模式。

02 如果想要对特定区域进行放大显示，那么可以使用缩放工具，在需要放大的区域，按住鼠标左键并拖动绘制出一个放大的区域（确保选项栏中的“细微缩放”未被启用），如图1-129所示。释放鼠标后该区域中的内容会被放大显示，如图1-130所示。

图 1-129　　图 1-130

03 选中“调整窗口大小以满屏显示”复选框可以在缩放窗口的同时自动调整窗口的大小，如图1-131和图1-132所示。

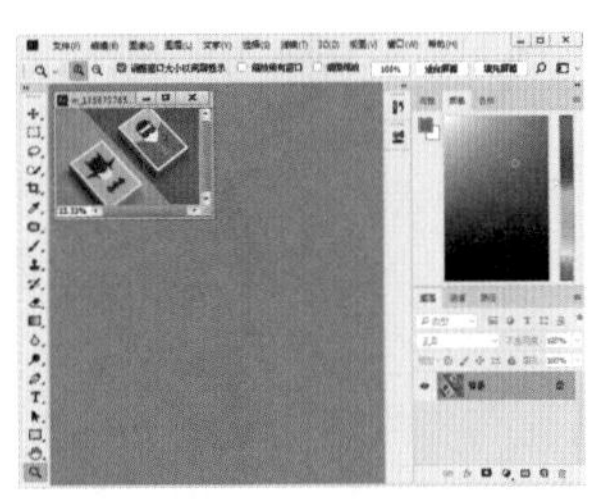

图 1-131　　图 1-132

04 选中“缩放所有窗口”复选框可以同时缩放所有打开的文档窗口，如图1-133所示。选中“细微缩放”复选框后，在画面中单击并向左侧或右侧拖曳鼠标，能够以平滑的方式快速放大或缩小窗口，如图1-134所示。

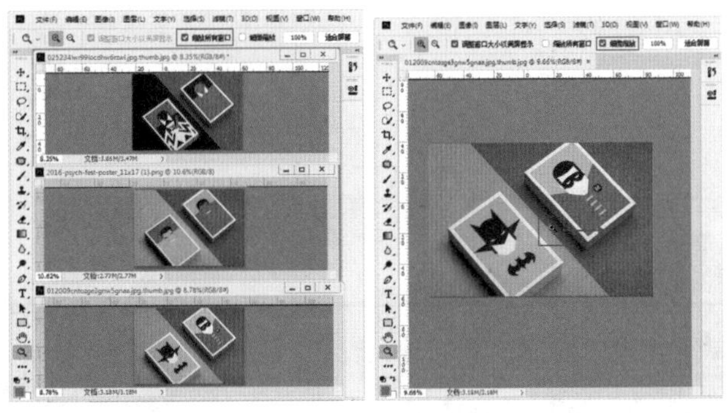

图 1-133　　图 1-134

技巧提示

按Ctrl++快捷键可以放大窗口的显示比例；按Ctrl+－快捷键可以缩小窗口的显示比例；按Ctrl+0快捷键可以自动调整图像的显示比例，使之能够完整地在窗口中显示出来；按Ctrl+1快捷键可以使图像按照实际的像素比例显示出来。

1.6.2 动手学：使用抓手工具平移画面

● 技术速查：使用抓手工具可以平移画面，以查看画面的局部。

当一个图像的显示比例过大而导致画面无法完整显示时，可以使用抓手工具将图像移动到特定的区域内查看图像。抓手工具与缩放工具一样，在实际工作中的使用频率相当高。在工具箱中单击“抓手工具”按钮，将光标定位到画面中，按住鼠标左键并拖动，如图1-135所示。随着拖动即可观察到画面显示的内容发生了变化，如图1-136所示。如果选中选项栏中的“滚动所有窗口”复选框时，当前平移操作可以同时应用到其他文档窗口中。

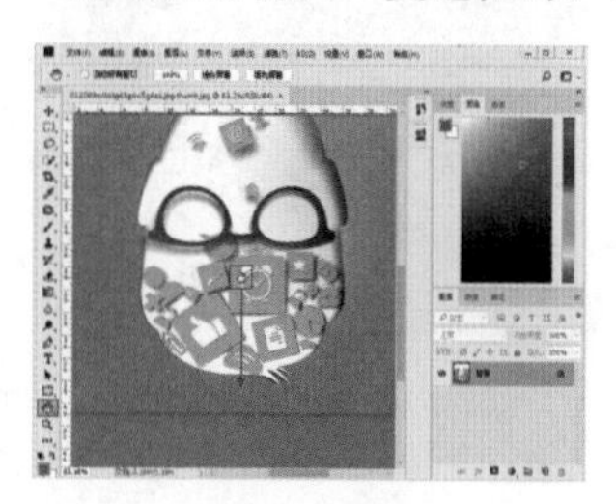

图 1-135

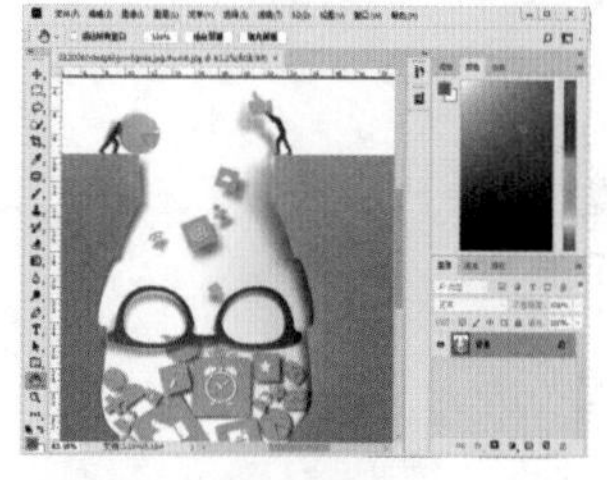

图 1-136

在使用其他工具编辑图像时，可以按住Space键（即空格键）切换到抓手状态，当松开Space键时，系统会自动切换回之前使用的工具。

1.6.3 使用旋转画布工具

如果在操作过程中需要将画布倾斜显示，可以单击工具箱中的“旋转画布工具”按钮，在画面中单击并拖动即可旋转画布，也可以在选项栏中设置特定的旋转数值。在这里旋转画布并不影响图像内容本身的角度，操作完成后可以单击选项栏中的“复位视图”按钮恢复到最初状态，如图1-137所示。

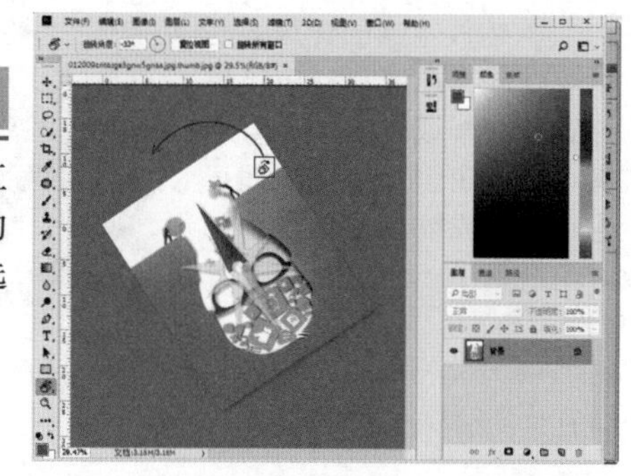

图 1-137

1.6.4 使用“导航器”画板查看画面

● 技术速查：在“导航器”面板中通过滑动鼠标可以查看图像的某个区域。

执行“窗口>导航器”命令，可以调出“导航器”面板，如果要在该面板中移动画面，可以将光标放置在缩览图上，当光标变成抓手形状时（只有图像的缩放比例大于全屏显示比例时，才会出现抓手图标），如图1-138所示，拖曳鼠标即可移动图像画面，如图1-139所示。

图 1-138

● 缩放数值输入框：如图1-140所示。在这里可以输入缩放数值，然后按Enter键确认操作，如图1-141所示。

图 1-139

图 1-140

图 1-141

● “缩小”按钮/“放大”按钮：单击“缩小”按钮可以缩小图像的显示比例，如图1-142所示；单击“放大”按钮可以放大图像的显示比例，如图1-143所示。

● 缩放滑块：拖曳缩放滑块可以放大或缩小窗口，如图1-144和图1-145所示。

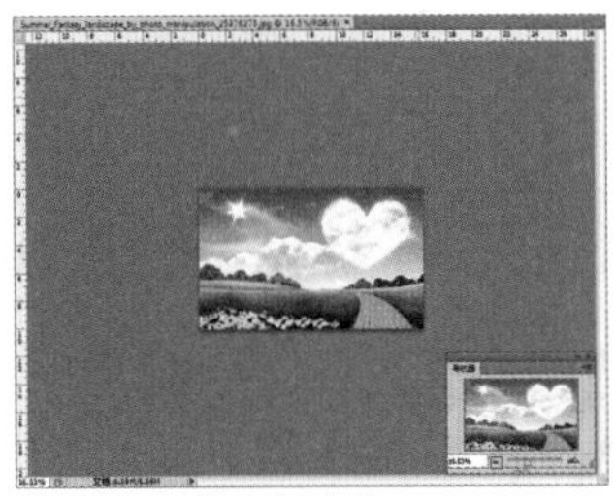

图 1-142

图 1-143

图 1-144

图 1-145

1.6.5 调整多文档的排布方式

在Photoshop中打开多个文件时，选择合理的方式查看图像窗口可以更好地对图像进行编辑，如图1-146所示。执行“窗口>排列”命令，用户可以方便地在子菜单下选择文档的排布方式、堆叠方式以及匹配方式，如图1-147所示。

图 1-146

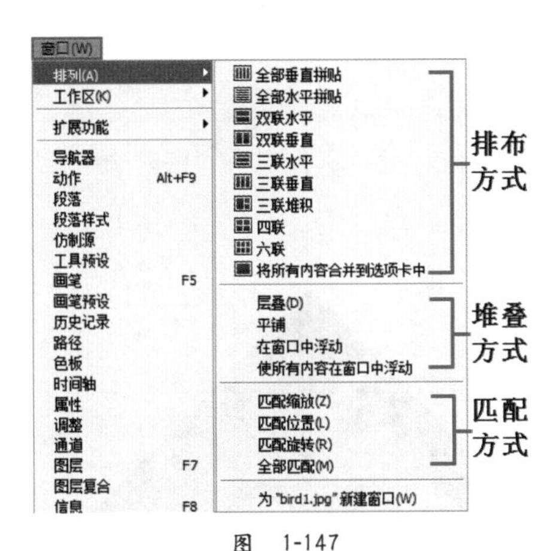

图 1-147

课后练习

【课后练习——DIY电脑壁纸】

思路解析：本例的原始素材是一张1700像素×1000像素的图片，这里需要将这张图片制作成一张1024像素×768像素大小的桌面壁纸。所以在创建文件时需要创建合适的尺寸，并通过置入文件、存储文件、关闭文件等步骤制作出电脑壁纸。

扫码看视频

本章小结

本章的内容虽然简单，但是这些技术大都是实际操作中经常会使用到的，尤其是图像文件的基本操作与图像文档的查看方式几乎是只要使用Photoshop就会用到的功能，熟练掌握这些常用操作的快捷方式能够大大节省操作时间。另外，合理的窗口配置同样能够为日常工作提供便利。

第2章 学习Photoshop的基本操作

本章内容简介：

在了解了Photoshop的基础知识后，本章将要进行基本操作方式的讲解，在进行实质操作之前，首先需要明确Photoshop的一切操作都是基于“图层”，所以首先学习Photoshop所特有的“图层”操作模式是非常必要的。掌握图层的基本操作方法后再进行图像内容基础编辑方法的讲解。由于本章是基础操作内容的讲解，学习难度不大，所以一定要熟练掌握本章知识。

本章学习要点：

- 掌握图层的操作方法。
- 移动图像的方法。
- 复制与粘贴图像内容的方法。
- 撤销错误操作的方法。
- 掌握标尺与参考线的使用方法。

2.1 认识图层

视频精讲：Photoshop新手学视频精讲课堂/图层的基本操作.mp4

在Photoshop中，图层是构成文档的基本单位，通过多个图层的层层叠叠制作出的设计作品如图2-1所示。就像由面包、蔬菜、肉饼、芝士等多个食物层构成的汉堡一样，如图2-2所示。在Photoshop中所有的画面内容都存在于图层中，所有操作都是基于图层，图层的出现不仅仅是为了方便操作不同的对象，更多的情况下图层之间还存在着如堆叠、混合的“互动”。

图 2-1

图 2-2

2.1.1 什么是图层

在刚开始学习使用Photoshop时，经常会出现所做的操作无法正确地体现在目标对象上的情况，造成这种情况的原因有很多，而选择了错误的图层则是最容易出现的情况。所以，使用Photoshop进行图像处理之前，一定要适应Photoshop的图层操作模式，在头脑中要明确“操作对象＝图层”的概念。也就是说，想要针对某个对象操作，就必须要对该对象所在图层进行操作，如果要对文档中的某个图层进行操作就必须先选中该图层。

图层的原理其实非常简单，就像分别在多个透明的玻璃上绘画一样，每层“玻璃”都可以进行独立的编辑，而不会影响其他“玻璃”中的内容，“玻璃”和“玻璃”之间可以随意地调整堆叠方式，将所有“玻璃”叠放在一起则显现出图像最终效果，如图2-3所示。

图层的优势在于每一个图层中的对象都可以单独进行处理。在编辑图层之前，首先需要在“图层”面板中单击选中图层，所选图层将成为当前图层被操作。既可以移动图层，如图2-4所示，也可以调整图层堆叠的顺序，而不会影响其他图层中的内容，如图2-5所示。

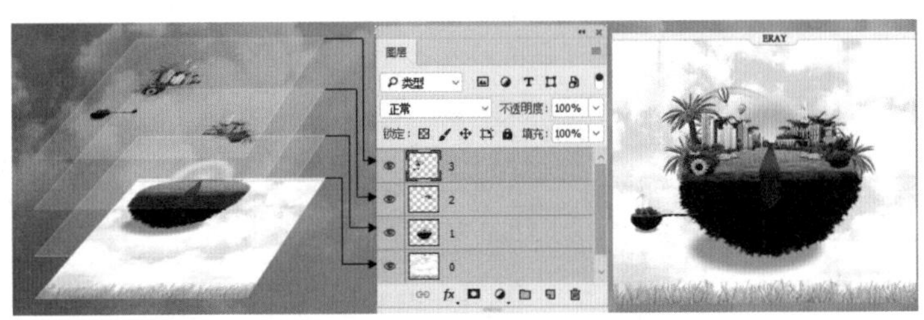

图 2-3

图 2-4

图 2-5

2.1.2 认识“图层”面板

一涉及图层就必须要认识一下“图层”面板，该面板可以说是图层的管理器，执行“窗口>图层”命令，可开启“图层”面板，该面板用于进行图层的新建、删除、编辑、管理等操作。也就是说，Photoshop中关于图层的大部分操作都需要在“图层”面板中进行，如图2-6所示。另外，菜单栏中“图层”菜单中的命令也可以对图层进行编辑，如图2-7所示。

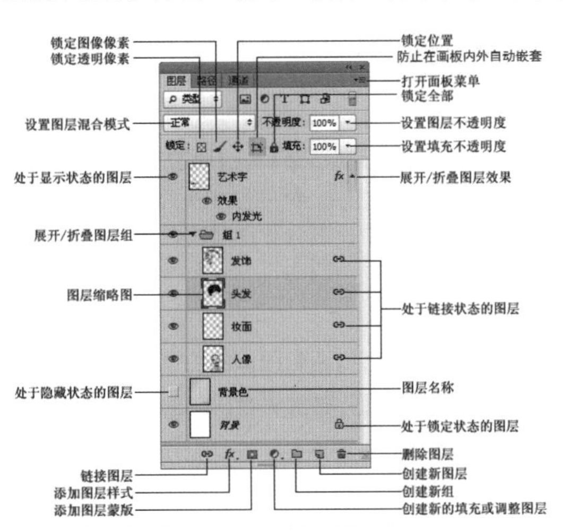

图 2-6

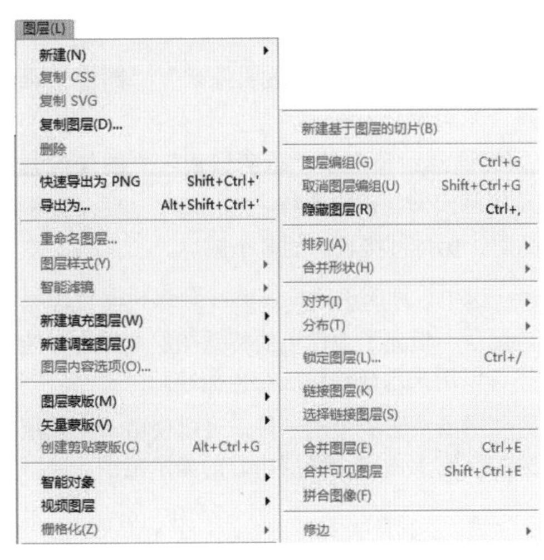

图 2-7

技术拓展：详解“图层”面板

- 图层过滤：从左侧列表中选择一种图层过滤方式，然后在右侧选择过滤条件，图层列表中将只显示满足条件的图层。
- 打开面板菜单：单击该图标，可以打开“图层”面板的面板菜单。
- 设置图层混合模式：用来设置当前图层的混合模式，使之与下面的图像产生混合。
- 设置图层不透明度：用来设置当前图层的不透明度。
- 设定图层的锁定方式：单击“锁定透明像素”按钮可以将编辑范围限制为只针对图层的不透明部分；单击“锁定图像像素”按钮可以防止使用绘画工具修改图层的像素；单击“锁定位置”按钮可以防止图层的像素被移动；单击“防止在画板内外自动嵌套”按钮，在包含多个画板的文档中移动图层时，不会将图层移动到其他画板中；单击“锁定全部”按钮可以锁定透明像素、图像像素和位置，处于这种状态下的图层将不能进行任何操作。
- 设置填充不透明度：用来设置当前图层的填充不透明度。该选项与“不透明度”选项类似，但是不会影响图层样式效果。
- 处于显示/隐藏状态的图层：当该图标显示为眼睛形状时表示当前图层处于可见状态，而显示为空白状态时则处于不可见状态。单击该图标可以在显示与隐藏之间进行切换。
- 链接图层：用来链接当前选择的多个图层，选中多个图层时，该图标变为可使用状态。
- 添加图层样式：单击该按钮，在弹出的菜单中选择一种样式，可以为当前图层添加一个图层样式。
- 添加图层蒙版：单击该按钮，可以为当前图层添加一个蒙版。
- 创建新的填充或调整图层：单击该按钮，在弹出的菜单中选择相应的命令即可创建填充图层或调整图层。
- 创建新组：单击该按钮可以新建一个图层组，也可以使用快捷键Ctrl+G。
- 创建新图层：单击该按钮可以新建一个图层，也可以使用组合键Shift+Ctrl+N创建新图层。将选中的图层拖曳到“创建新图层”按钮上，可以为当前所选图层创建出相应的副本图层。
- 删除图层：单击该按钮可以删除当前选择的图层或图层组，也可以直接在选中图层或图层组的状态下按Delete键进行删除。

2.1.3 认识不同种类的图层

Photoshop中有很多种类型的图层，如“视频图层”“智能图层”和“3D图层”等，而每种图层都有不同的功能和用途；也有处于不同状态的图层，如“选中状态”“锁定状态”和“链接状态”等，当然它们在“图层”面板中的显示状态也不相同，如图2-8所示。

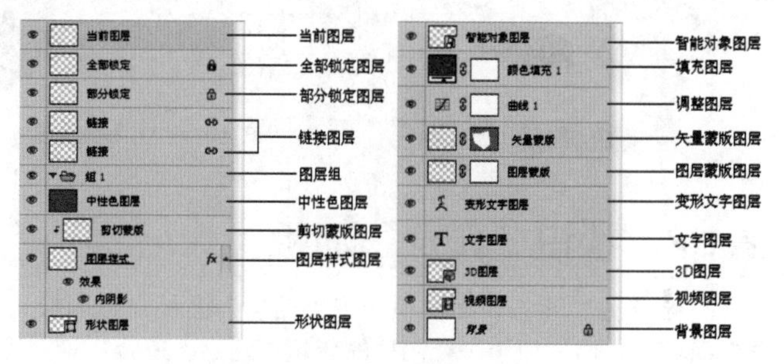

图 2-8

- 当前图层：当前所选择的图层。
- 全部锁定图层：锁定了“透明像素”“图像像素”和“位置”全部属性。
- 部分锁定图层：锁定了“透明像素”“图像像素”和“位置”其中的一种或两种。
- 链接图层：保持链接状态的多个图层。
- 图层组：用于管理图层，以便随时查找和编辑图层。
- 中性色图层：填充了中性色的特殊图层，结合特定的混合模式可以用来承载滤镜或在上面绘画。
- 剪贴蒙版图层：蒙版中的一种，可以使用一个图层中的图像来控制它上面多个图层内容的显示范围。
- 图层样式图层：添加了图层样式的图层，双击图层样式可以进行样式参数的编辑。
- 形状图层：使用形状工具或钢笔工具可以创建形状图层。形状中会自动填充当前的前景色，也可以很方便地改用其他颜色、渐变或图案来进行填充。
- 智能对象图层：包含智能对象的图层。
- 填充图层：通过填充纯色、渐变或图案来创建的具有特殊效果的图层。
- 调整图层：可以调整图像的色调，并且可以重复调整。
- 矢量蒙版图层：带有矢量形状的蒙版图层。
- 图层蒙版图层：添加了图层蒙版的图层，蒙版可以控制图层中图像的显示范围。

- 变形文字图层：进行了变形处理的文字图层。
- 文字图层：使用文字工具输入文字时所创建的图层。
- 3D图层：包含置入的3D文件的图层。
- 视频图层：包含视频文件帧的图层。
- 背景图层：新建文档时创建的图层。背景图层始终位于面板的最底部，名称为“背景”两个字，且为斜体。

2.2 图层的基本操作

“图层”对象作为Photoshop文档的组成部分可以进行多种操作，如选择、新建、复制、粘贴、删除等，本小节主要对这些基础操作方式进行讲解。

2.2.1 动手学：选择图层

想要对某一部分进行操作就必须选择该图层。在Photoshop中可以选择单个图层，也可以选择连续或非连续的多个图层。当想要进行某些操作却发现该操作不可用时就需要确认是否未在“图层”面板中选中任何图层或同时选中了多个图层。

01 在“图层”面板中单击图层即可将其选中，如图2-9所示。选择一个图层后，按Alt+]快捷键可以将当前图层切换为与之相邻的上一个图层，按Alt+[快捷键可以将当前图层切换为与之相邻的下一个图层。

图 2-9

技巧提示

绘画以及色调调整只能在一个图层中进行，而移动、对齐、变换或应用“样式”面板中的样式等可以一次性对多个图层进行操作。

02 如果要选择多个连续的图层，可以先选择位于顶端的图层，然后按住Shift键单击位于底端的图层，即可选择这些连续的图层，如图2-10所示。

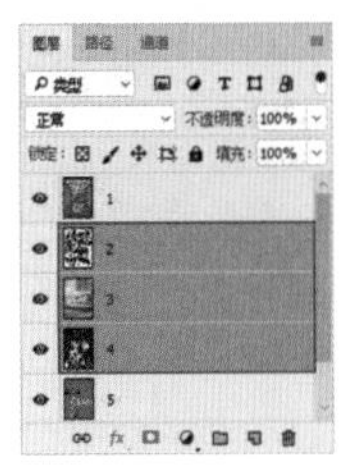

图 2-10

技巧提示

在选中多个图层时，可以对多个图层进行删除、复制、移动、变换等，但是很多类似绘画以及调色等操作是不能够进行的。

03 如果要选择多个非连续的图层，可以先选择其中一个图层，然后按住Ctrl键单击其他图层的名称，如图2-11所示。

图 2-11

技巧提示

如果使用Ctrl键连续选择多个图层，只能单击其他图层的名称，绝对不能单击图层缩览图，否则会载入图层的选区。

04 当画布中包含很多相互重叠的图层，难以在“图层”面板中辨别某一图层时，使用移动工具，在画面中图像所在位置右击，在显示出的当前重叠图层列表中选择需要的图层即可，如图2-12所示。

图 2-12

技巧提示

在使用其他工具状态下可以按住Ctrl键暂时切换到移动工具状态下，并右击，同样可以显示当前位置重叠的图层列表。

05 如果要选择链接的图层，先选择一个链接图层，然后执行“图层>选择链接图层”命令即可。

06 如果要选择所有图层（不包括“背景”图层），可以执行“选择>所有图层”命令或按Ctrl+Alt+A组合键。

07 如果不想选择任何图层，执行“选择>取消选择图层”命令。另外，也可以在“图层”面板最下面的空白处单击，取消选择所有图层，如图2-13所示。

图 2-13

2.2.2 动手学：新建图层

创建了新的文件，或打开一张照片素材后，“图层”面板都会出现一个“背景”图层，如图2-14所示。想要在画面中绘制一些内容，如果直接选择背景图层进行操作不仅会破坏原始的图像内容，而且绘制的内容也不能够进行独立移动和编辑。所以在要绘制新对象时尽量新建图层进行操作，这样可以避免不同对象之间的相互影响，如图2-15所示。

01 新建图层的方法有很多种，在“图层”面板底部单击“创建新图层”按钮，即可在当前图层上一层新建一个图层，如图2-16所示。新建的图层在缩览图中以灰白格子的透明状态显示，也可以执行“图层>新建>图层”命令。

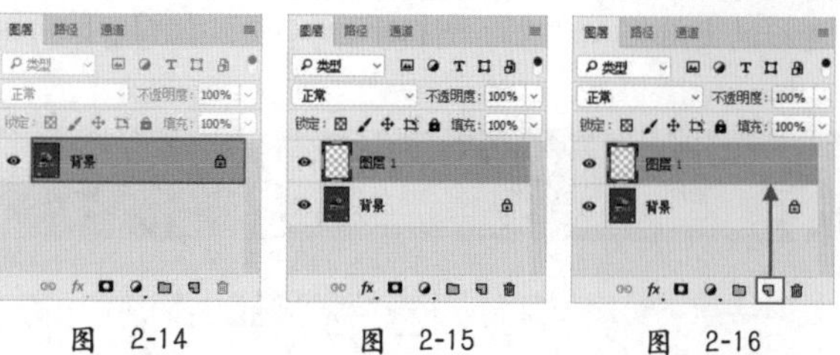

图 2-14　　图 2-15　　图 2-16

技巧提示

如果要在当前图层的下一层新建一个图层，可以按住Ctrl键单击“创建新图层”按钮。“背景”图层永远处于“图层”面板的最下方，即使按住Ctrl键也不能在其下方新建图层。

02 如果需要新建填充图层，可以执行“图层>新建填充图层”命令，在子菜单中选择需要创建的填充图层的类型，如图2-17所示。如果需要创建新的调整图层，可以执行“图层>新建调整图层”命令，在子菜单中选择需要创建的调整图层的类型，如图2-18所示。

03 单击“图层”面板下面的“创建新的填充或调整图层”按钮，在弹出的菜单中也可以创建填充或调整图层，如图2-19所示。

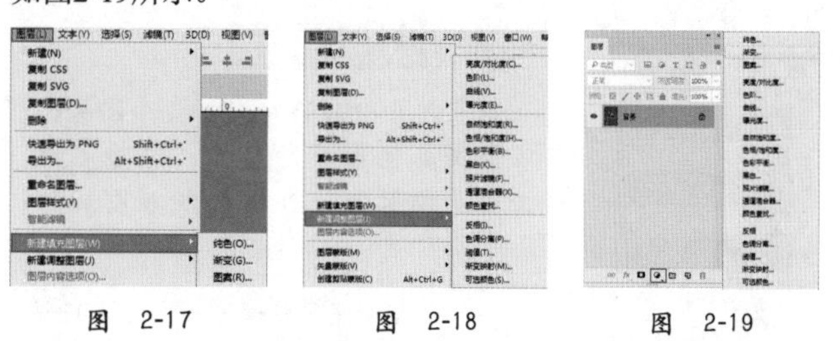

图 2-17　　图 2-18　　图 2-19

04 纯色填充图层可以用一种颜色填充图层，并带有一个图层蒙版。执行“图层>新建填充图层>纯色”命令，可以打开“新建图层”对话框，在该对话框中可以设置纯色填充图层的名称、颜色、混合模式和不透明度，并且可以为下一图层创建剪贴蒙版，如图2-20和图2-21所示。

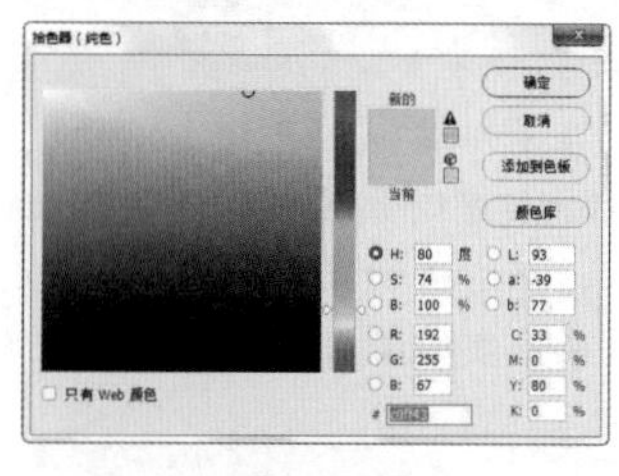

图 2-20

图 2-21

05 渐变填充图层可以用一种渐变色填充图层，并带有一个图层蒙版，如图2-22和图2-23所示。

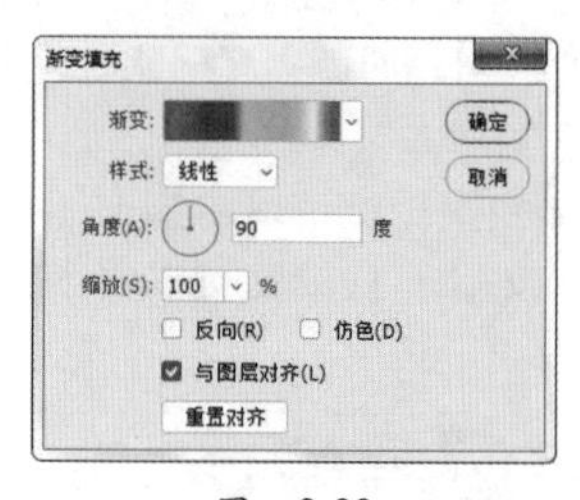

图 2-22

图 2-23

06 图案填充图层可以用一种图案填充图层，并带有一个图层蒙版，如图2-24和图2-25所示。

图 2-24

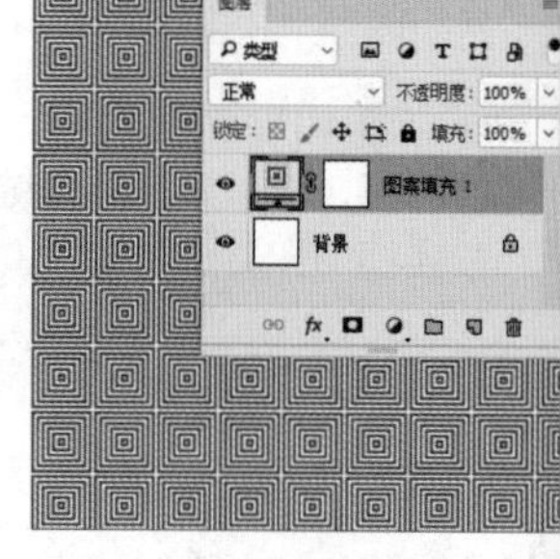

图 2-25

2.2.3 动手学：复制图层

复制图层有多种办法，可以通过图层菜单命令复制图层，也可以在“图层”面板中右击进行复制，或者使用快捷键。复制图层操作非常常用，例如在对数码照片进行处理时经常会复制一个背景图层，并对得到的背景副本图层进行操作，这样做是为了避免破坏原图像，在必要时可以快速地还原初始效果。

01 选择要进行复制的图层，然后在其名称上右击，接着在弹出的快捷菜单中选择“复制图层”命令，如图2-26所示，此时弹出“复制图层”对话框，单击“确定”按钮即可，如图2-27所示。也可以执行“图层>复制图层”命令。

图 2-26

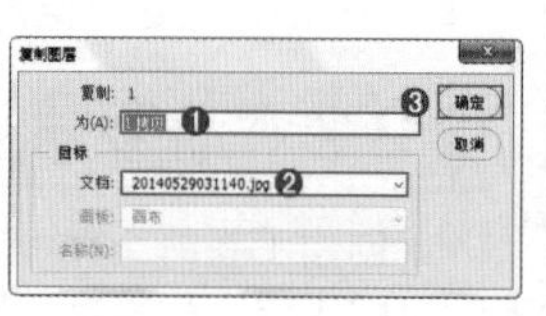

图 2-27

02 将需要复制的图层拖曳到“创建新图层”按钮上，即可复制出该图层的副本，如图2-28所示。

03 选择需要进行复制的图层，然后直接按Ctrl+J快捷键即可复制出所选图层，如图2-29和图2-30所示。

04 也可以在“图层”面板中选中某一图层，并按住Alt键向其他两个图层交界处移动，当光标变为双箭头时松开鼠标即可快捷复制出所选图层，如图2-31和图2-32所示。

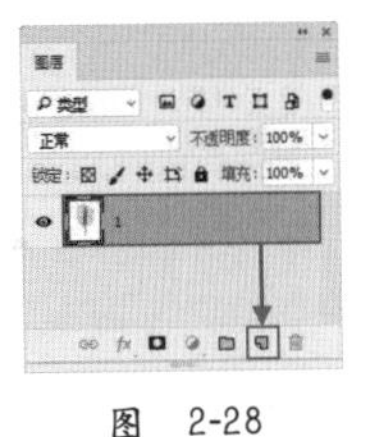

图 2-28

图 2-29

图 2-30

图 2-31

图 2-32

2.2.4 动手学：删除图层

如果要删除图层，可以单击图层并将其拖曳到“删除图层”按钮上，也可以直接按Delete键，如图2-33所示。执行“图层>删除图层>隐藏图层”命令，可以删除所有隐藏的图层。

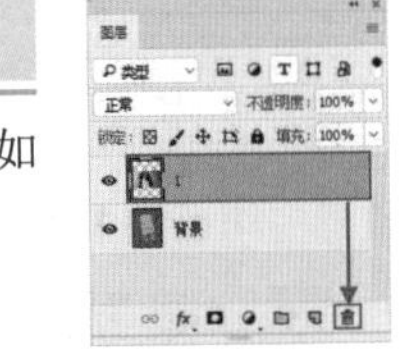

图 2-33

2.2.5 更改图层的显示与隐藏

图层缩览图左侧的方形区域用来控制图层的可见性。单击该方块区域可以在图层的显示与隐藏之间进行切换。在图层缩览图的前方图标出现时，该图层则为可见，如图2-34所示。图标出现时，该图层为隐藏，如图2-35所示。执行“图层>隐藏图层”命令，可以将选中的图层隐藏起来。

图 2-34

图 2-35

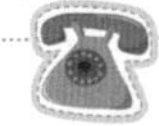

答疑解惑：如何快速隐藏多个图层？

将光标放在一个图层的眼睛图标上，然后按住鼠标左键垂直向上或垂直向下拖曳，可以快速隐藏多个相邻的图层，这种方法也可以快速显示隐藏的图层，如图2-36所示。

如果文档中存在两个或两个以上的图层，按住Alt键单击眼睛图标，可以快速隐藏该图层以外的所有图层，按住Alt键再次单击眼睛图标，可以显示被隐藏的图层。

图 2-36

2.2.6 调整图层的排列顺序

在“图层”面板中排列着很多图层，排列位置靠上的图层优先显示，而排列在下方的图层则可能被遮盖住。在操作的过程中经常需要调整“图层”面板中图层的顺序以配合操作需要，如图2-37和图2-38所示。

图 2-37

图 2-38

如果要改变图层的排列顺序，单击该图层并拖曳到另外一个图层的上面或下面即可，如图2-39和图2-40所示。

也可以选择一个图层，然后执行“图层>排列”菜单下的子命令，调整图层的排列顺序，如图2-41所示。

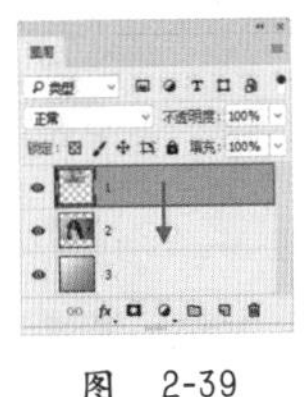

图 2-39

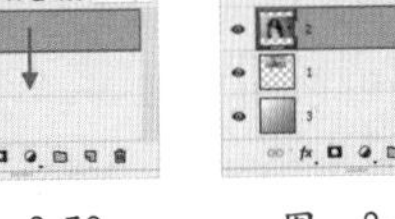

图 2-40

图 2-41

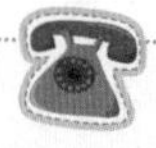

答疑解惑：如果图层位于图层组中，排列顺序会是怎样？

如果所选图层位于图层组中，执行“前移一层”“后移一层”和“反向”命令时，与图层不在图层组中没有区别，但是执行“置为顶层”和“置为底层”命令时，所选图层将被调整到当前图层组的最顶层或最底层。

2.2.7 动手学：背景和图层的转换

对于“背景”图层，相信大家并不陌生，在Photoshop中打开一张数码照片时，“图层”面板通常只显示着一个“背景”图层，如图2-42所示。而且“背景”图层不含有透明像素，并且无法进行移动、添加样式等操作。因此，如果要对“背景”图层进行移动操作，就需要将其转换为普通图层，如图2-43所示。

图 2-42  图 2-43

01 选择背景图层，执行“图层>新建>背景图层”命令，如图2-44所示。在弹出的对话框中可以设置转换为普通图层后的属性，如图2-45所示。设置完毕后单击“确定”按钮，可以将“背景”图层转换为普通图层。

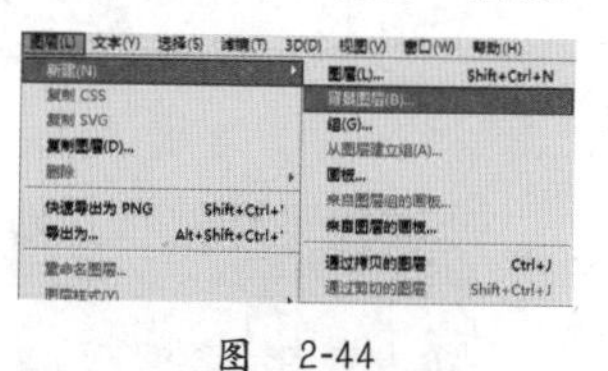

图 2-44

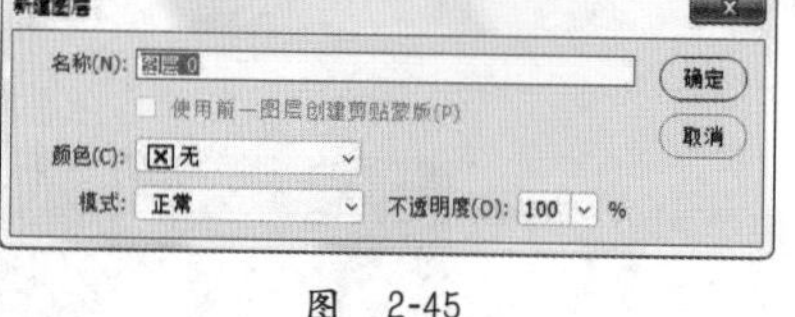

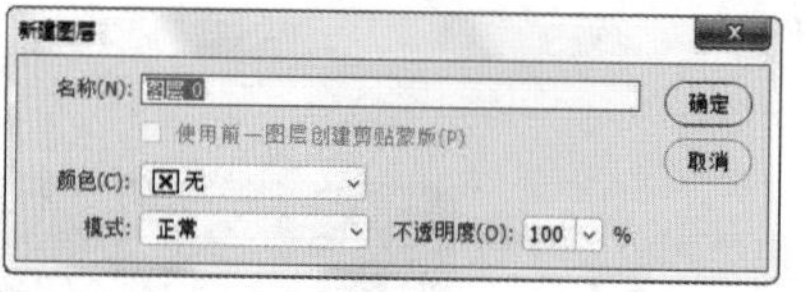

图 2-45

技巧提示

在将图层转换为背景时，图层中的任何透明像素都会被转换为背景色，并且该图层将放置到图层堆栈的最底部。

02 按住Alt键的同时双击“背景”图层，可以将“背景”图层直接转换为普通图层，如图2-46所示。

03 也可以将普通图层转换为背景图层。执行“图层>新建>背景图层”命令，普通图层将转换为“背景”图层，如图2-47所示。

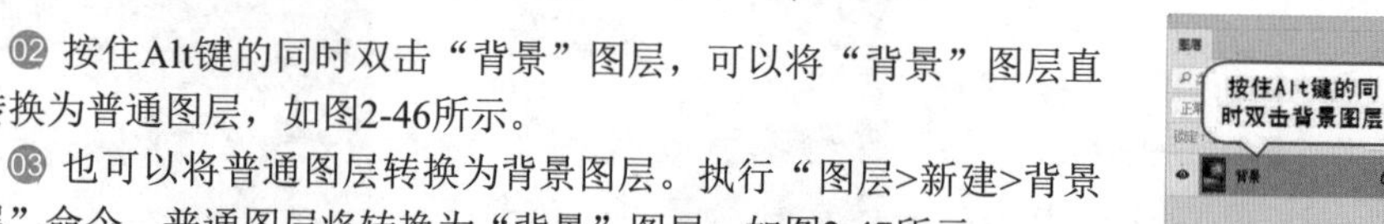

图 2-46

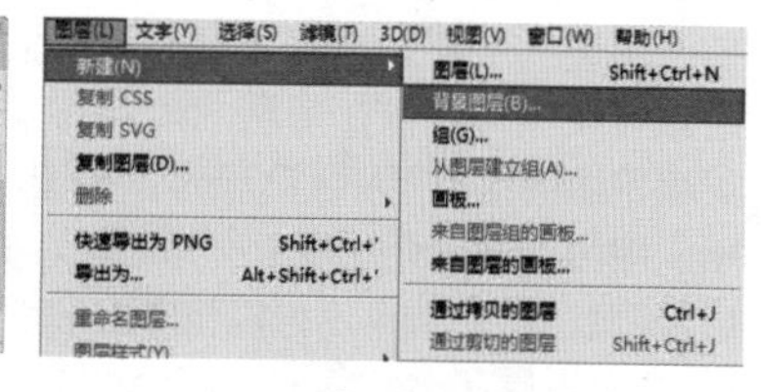

图 2-47

2.2.8 修改图层的名称与颜色

● 技术速查：在图层较多的文档中，修改图层名称及其颜色有助于快速找到相应的图层。

选择一个图层，执行“图层>重命名图层”命令，或在图层名称上双击，激活“名称”输入框，然后输入名称也可以修改图层名称，如图2-48所示。更改图层颜色也是一种便于快速找到图层的方法，在图层上右击，在快捷菜单的下半部分可以看到多种颜色名称，单击其中一种即可更改当前图层前方的色块效果，选择“无颜色”命令即可去除颜色效果，如图2-49所示。

图 2-48

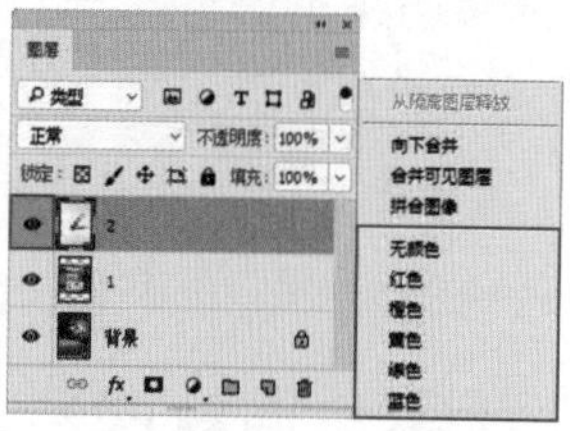

图 2-49

2.3 移动图像内容

将画面中的图像移动位置是非常常用的功能之一，在Photoshop中要进行移动操作，就需要使用到工具箱中的移动工具，使用移动工具不仅可以移动单个或多个图层，还可以移动图层中的部分内容，以及在不同文档中移动内容，如图2-50和图2-51所示。

图 2-50 图 2-51

2.3.1 认识移动工具

● 技术速查：使用移动工具可以在文档中移动图层和选区中的图像，还可以将其他文档中的图像拖曳到当前文档中。

移动工具位于工具箱的最顶端，是最常用的工具之一。移动工具的使用方法非常简单，选中图层后在画面中按住鼠标左键并拖动光标，松开鼠标后所选内容位置即发生变化。而且移动工具不仅仅用于移动对象，在选项栏中还可以进行多个图层的对齐与分布的设置。如图2-52所示是移动工具的选项栏。

图 2-52

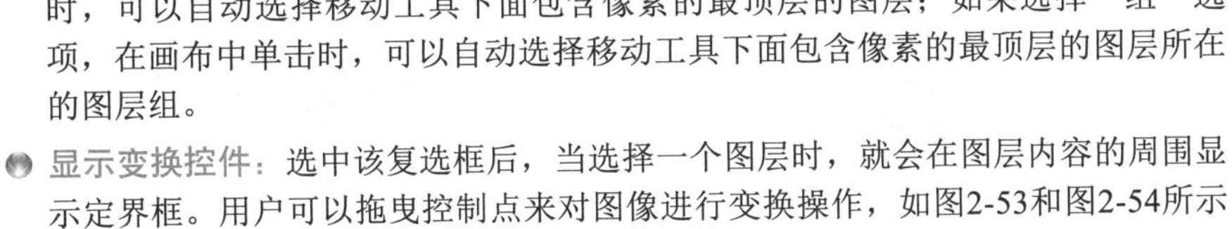

- **自动选择**：如果文档中包含了多个图层或图层组，可以在其下拉列表中选择要移动的对象。如果选择“图层”选项，使用移动工具在画布中单击时，可以自动选择移动工具下面包含像素的最顶层的图层；如果选择“组”选项，在画布中单击时，可以自动选择移动工具下面包含像素的最顶层的图层所在的图层组。
- 显示变换控件：选中该复选框后，当选择一个图层时，就会在图层内容的周围显示定界框。用户可以拖曳控制点来对图像进行变换操作，如图2-53和图2-54所示为显示变换控件、变换图像。

图 2-53

图 2-54

- **对齐图层**：当同时选择了两个或两个以上的图层时，单击相应的按钮可以将所选图层进行对齐。对齐方式包括“顶对齐”、“垂直居中对齐”、“底对齐”、“左对齐”、“水平居中对齐”和“右对齐”。
- 分布图层：如果选择了3个或3个以上的图层时，单击相应的按钮可以将所选图层按一定规则进行均匀分布排列。分布方式包括“按顶分布”、“垂直居中分布”、“按底分布”、“按左分布”、“水平居中分布”和“按右分布”。

2.3.2 在同一个文档中移动图像

在“图层”面板中选择要移动的对象所在的图层，然后在工具箱中单击“移动工具”按钮，接着在画布中按住鼠标左键并拖曳鼠标即可移动选中的对象，如图2-55和图2-56所示。

如果需要移动图层中的部分内容，首先绘制选区，然后在包含选区的状态下将光标放置在选区内，如图2-57所示。按住鼠标左键并拖曳鼠标即可移动选中的图像，如图2-58所示。

图 2-55

图 2-56

图 2-57

图 2-58

2.3.3 在不同的文档间移动图像

若要在不同的文档间移动图像，首先需要使用移动工具将光标放置在其中一个画布中，按住鼠标左键并拖曳到另外一个文档的标题栏上，停留片刻后即可切换到目标文档。接着将图像移动到画面中释放鼠标左键即可将图像拖曳到文档中，如图2-59所示。松开鼠标后图层即可被移动到另一文档中，如图2-60所示。

图 2-59

图 2-60

2.3.4 移动复制

移动工具还有一个非常实用的小技巧：移动复制。移动复制，顾名思义就是一边移动一边复制对象。在使用移动工具移动图像的同时按住Alt键，可以快速切换为移动复制状态，如图2-61所示。将鼠标移动到其他位置时可以看到出现一个相同的图像，松开鼠标后即可完成移动复制，而且在“图层”面板中同时会生成一个新的图层，如图2-62所示。当画面中需要大量分布在不同位置的相同对象时，使用“移动复制”功能再合适不过。

图 2-61

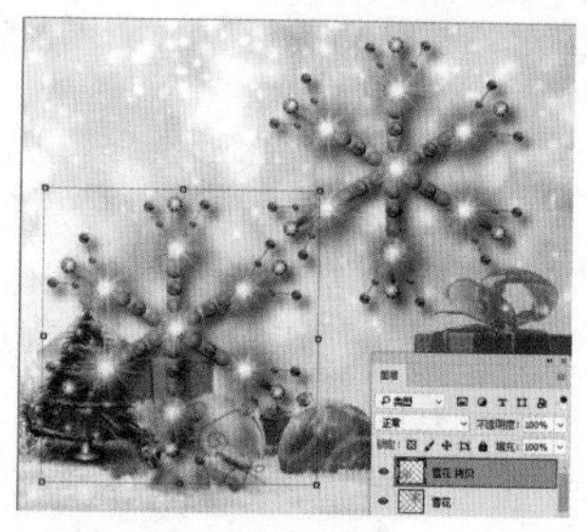

图 2-62

技巧提示

如果在移动复制时画面中包含选区，那么移动复制的内容将为选区中的内容，而且复制出的内容仍会位于原图层中。

★ 案例实战——使用移动工具调整图层位置

案例文件	案例文件\第2章\使用移动工具调整图层位置.psd
视频教学	视频文件\第2章\使用移动工具调整图层位置.mp4
难易指数	★★★★★
技术要点	选择图层、移动工具

扫码看视频

案例效果

本案例是通过使用移动工具调整图层位置，如图2-63所示。

操作步骤

01 执行“文件>打开”命令，打开素材文件“1.psd”，可以看到页面中的功能区分布得非常乱，如图2-64所示。执行“窗口>图层”命令开启“图层”面板，在该面板中可以看到多个图层，需要调整的图层为图层1、2、3、4，如图2-65所示。

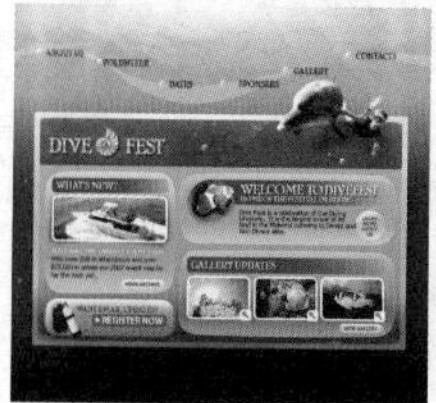

图 2-63

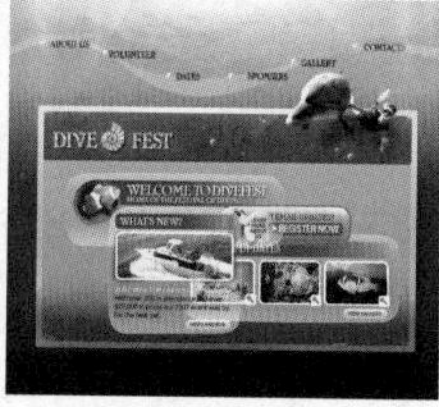

图 2-64

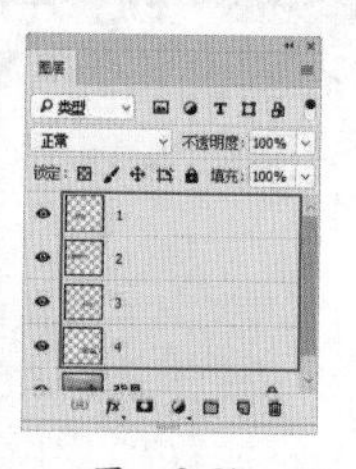

图 2-65

02 选择工具箱中的移动工具，在“图层”面板中单击选中图层1，如图2-66所示。然后将光标移动到画面中按住鼠标左键并向画面左上区域移动，移动到合适的位置后松开鼠标，效果如图2-67所示。

03 用同样方法继续选择其他图层，并使用移动工具将其他的图层内容移动到合适位置，效果如图2-68所示。

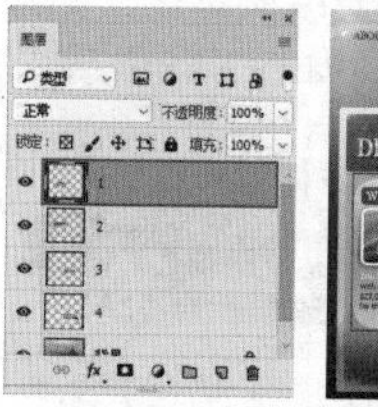

图 2-66

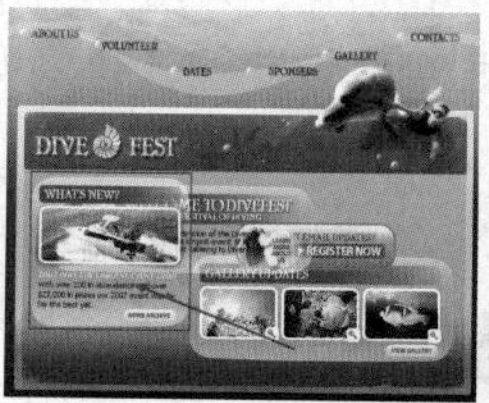

图 2-67

图 2-68

2.4 图像的基础操作

● 视频精讲：Photoshop新手学视频精讲课堂/剪切、拷贝、粘贴、清除.mp4

与Windows下的剪切、拷贝、粘贴命令相似，Photoshop中的剪切、拷贝、粘贴命令可以对图像内容进行相应操作。而且Photoshop中还可以对图像进行原位置粘贴、合并拷贝等特殊操作。

2.4.1 动手学：剪切与粘贴

● 技术速查：“剪切”图像是将选中的内容从原始部分删除，并保存到剪贴板中以供调用。而“粘贴”图像则是通过调用剪贴板中的内容，使其出现在画面中。

01 “剪切”命令需要针对图像的局部进行操作，所以需要创建选区。单击工具箱中的“矩形选框工具”按钮，在画面中按住鼠标左键并拖动绘制出选区，如图2-69所示。然后执行“编辑>剪切”命令或按Ctrl+X快捷键，可以将选区中的内容剪切到剪贴板上，选区内的部分被删除，如图2-70所示。

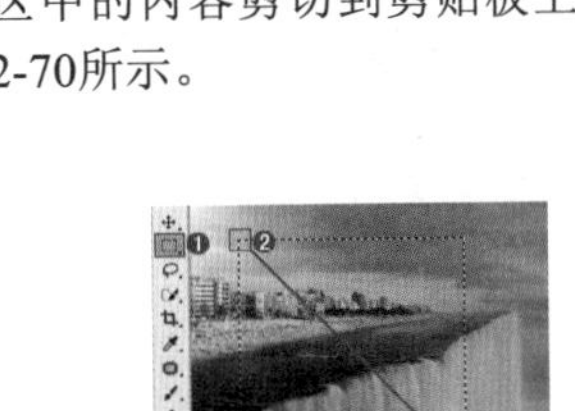

图 2-69

图 2-70

02 继续执行“编辑>粘贴”命令或按Ctrl+V快捷键，可以将剪切的图像粘贴到画布中，并生成一个新的图层，如图2-71所示。

图 2-71

技巧提示

由于当前图层为背景图层，而背景图层是不能包含透明像素的，所以对于背景图层的删除或剪切都将使用“背景色”进行填充。如果想要剪切或删除到透明像素，就需要将背景图层转换为普通图层。

☆ 视频课堂——剪切并粘贴图像

扫码看视频

案例文件\第2章\视频课堂——剪切并粘贴图像.psd
视频文件\第2章\视频课堂——剪切并粘贴图像.mp4

思路解析：

01 制作需要剪切部分的选区。
02 执行“编辑>剪切”命令，剪切这部分区域。
03 执行“编辑>粘贴”命令，将区域中的内容粘贴为独立图层。

2.4.2 拷贝与合并拷贝

创建选区后，执行“编辑>拷贝”命令或按Ctrl+C快捷键，如图2-72所示，可以将选区中的图像拷贝到剪贴板中，然后执行“编辑>粘贴”命令或按Ctrl+V快捷键，可以将拷贝的图像粘贴到画布中，并生成一个新的图层，如图2-73所示。

图 2-72

图 2-73

当文档中包含很多图层时，如图2-74所示，执行“选择>全部”命令或按Ctrl+A快捷键全选当前图像，然后执行“编辑>合并拷贝”命令或按Shift+Ctrl+C组合键，将所有可见图层拷贝并合并到剪贴板中。最后按Ctrl+V快捷键可以将合并拷贝的图像粘贴到当前文档或其他文档中，如图2-75所示。

图 2-74

图 2-75

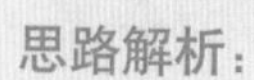

技巧提示

在工作中经常会涉及制作一些并不是正规开数的印刷品，例如包装盒小卡片等。为了节约成本，就需要在拼版时尽可能把成品放在合适的纸张开度范围内，如图2-76所示。这就需要使用到复制与粘贴命令，如图2-77所示。

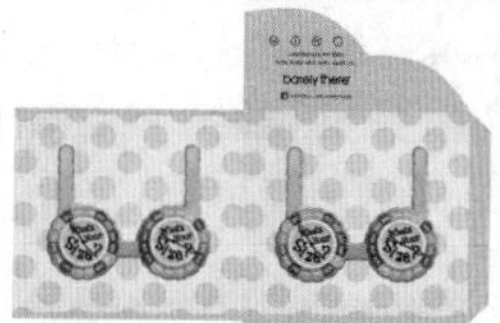

图 2-76

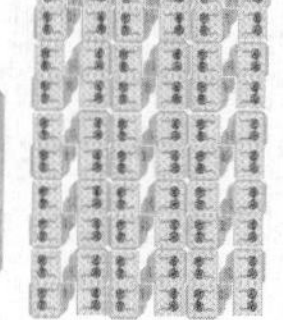

图 2-77

☆ 视频课堂——从Illustrator中复制元素到Photoshop

案例文件\第2章\视频课堂——从Illustrator中复制元素到Photoshop.psd
视频文件\第2章\视频课堂——从Illustrator中复制元素到Photoshop.mp4

扫码看视频

思路解析：

01 在Photoshop中打开背景素材。
02 在Illustrator中打开矢量素材。选择需要使用的元素，并进行复制。
03 回到Photoshop中进行粘贴。

2.4.3 清除图像

技术速查："清除"命令可以清除选中区域内的图像。

当选中图层为包含选区状态的"背景"图层时，如图2-78所示，执行"编辑>清除"命令，被清除的区域将填充背景色，如图2-79所示。当选中的图层为包含选区的普通图层，可以清除选区中的图像，并呈现出透明状态，如图2-80所示。

图 2-78

图 2-79

图 2-80

2.5 撤销/返回操作与恢复

视频精讲：Photoshop新手学视频精讲课堂/撤销、返回与恢复文件.mp4

在传统的绘画过程中，出现错误的操作时只能选择擦除或覆盖。而在Photoshop中进行数字化编辑时，出现错误操作则可以撤销或返回所做的步骤，然后重新编辑图像，这也是数字编辑的优势之一。

2.5.1 动手学：还原与重做

执行"编辑>还原"命令或使用Ctrl+Z快捷键，如图2-81所示，可以撤销最近的一次操作，将其还原到上一步操作状态；如果想要取消还原操作，可以执行"编辑>重做"命令，如图2-82所示。

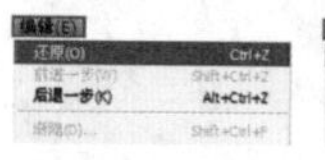

图 2-81

图 2-82

2.5.2 前进一步与后退一步

由于“还原”命令只可以还原一步操作，而实际操作中经常需要还原多个操作，就需要使用到“编辑>后退一步”命令，或连续使用Ctrl+Alt+Z组合键来逐步撤销操作；如果要取消还原的操作，可以连续执行“编辑>前进一步”命令，或连续按Shift+Ctrl+Z组合键来逐步恢复被撤销的操作，如图2-83所示。

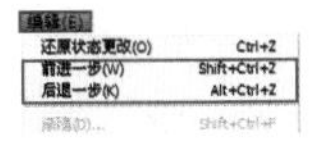

图 2-83

2.5.3 恢复

执行“文件>恢复”命令，可以直接将文件恢复到最后一次保存时的状态，或返回到刚打开文件时的状态。

技巧提示

“恢复”命令只能针对已有图像的操作进行恢复。如果是新建的空白文件，“恢复”命令将不可用。

2.5.4 动手学：使用“历史记录”面板还原操作

视频精讲：Photoshop新手学视频精讲课堂/“历史记录”面板的使用.mp4

“历史记录”面板是用于记录编辑图像过程中所进行的操作步骤。也就是说，通过“历史记录”面板可以恢复到某一步的状态，同时也可以再次返回到当前的操作状态。执行“窗口>历史记录”命令，打开“历史记录”面板，如图2-84所示。

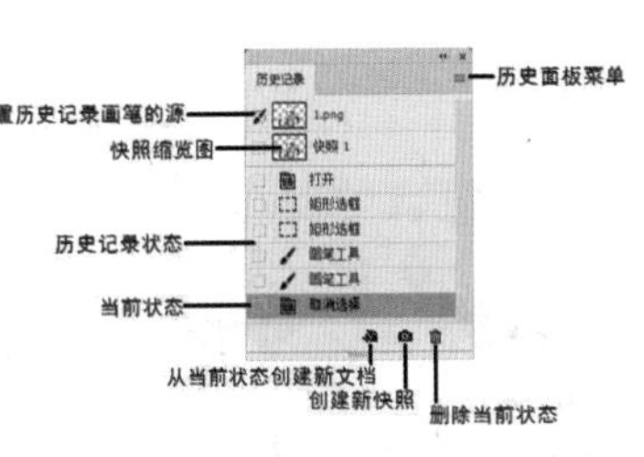

图 2-84

技术拓展：详解“历史记录”面板

- “设置历史记录画笔的源”图标：使用历史记录画笔时，该图标所在的位置代表历史记录画笔的源图像。
- 快照缩览图：被记录为快照的图像状态。
- 历史记录状态：Photoshop记录的每一步操作的状态。
- “从当前状态创建新文档”按钮：以当前操作步骤中图像的状态创建一个新文档。
- “创建新快照”按钮：以当前图像的状态创建一个新快照。
- “删除当前状态”按钮：选择一个历史记录后，单击该按钮可以将记录以及后面的记录删除。

01 在实际工作中，经常会遇到操作失误的情况，这时就可以在“历史记录”面板中恢复到想要的状态。如果想要回到使用“色相/饱和度”命令调色后的效果，可以单击该历史记录条目，图像就会返回到该步骤的效果，如图2-85所示。

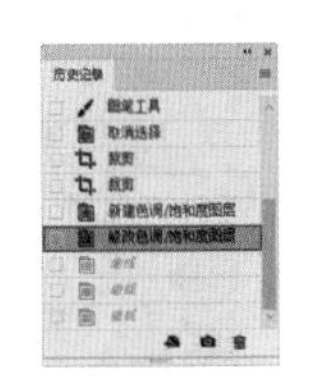

图 2-85

02 在“历史记录”面板中，默认状态下可以记录20步操作，超过限定数量的操作将不能够返回。通过创建“快照”可以在图像编辑的任何状态创建副本，也就是说可以随时返回到快照所记录的状态。在“历史记录”面板中选择需要创建快照的状态，然后单击“创建新快照”按钮，此时Photoshop会自动为其命名，如图2-86所示。

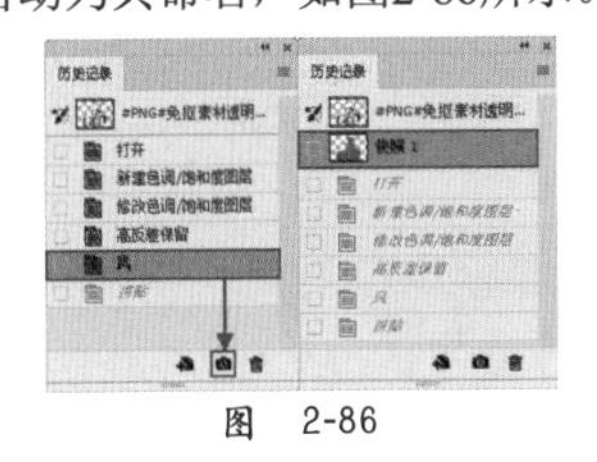

图 2-86

03 在“历史记录”面板中选择需要删除的快照，然后单击“删除当前状态”按钮或将快照拖曳到该按钮上，接着在弹出的对话框中单击“是”按钮，如图2-87所示。

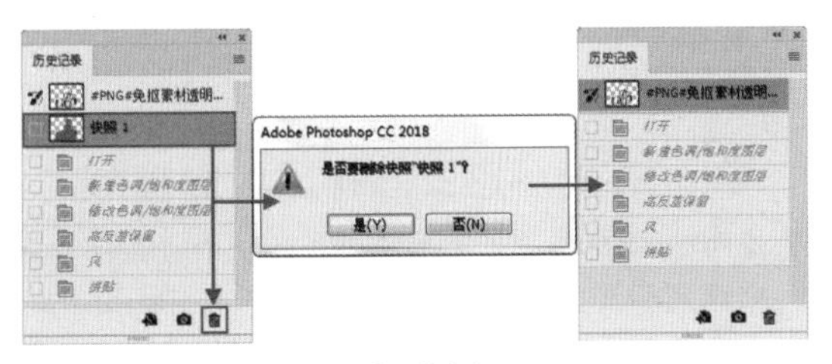

图 2-87

2.6 使用常用的辅助工具

视频精讲：Photoshop新手学视频精讲课堂/使用Photoshop辅助工具.mp4

辅助工具是指在操作过程中可以起到辅助作用，从而使操作更加便捷的工具。在Photoshop中有很多种辅助工具，例如可以用于测量的标尺，可以用于确定位置的参考线，使制图更为标准的网格，使移动位置更加精准的对齐等。

2.6.1 动手学：标尺与参考线

技术速查：参考线是以浮动的状态显示在图像上方，可以帮助用户精确地定位图像或元素，并且在输出和打印图像时，参考线都不会显示出来。同时可以移动、删除以及锁定参考线。

01 执行“视图>标尺”命令或按Ctrl+R快捷键，可以看到窗口顶部和左侧会出现标尺，如图2-88所示。

02 默认情况下，标尺的原点位于窗口的左上方，用户可以修改原点的位置，如图2-89所示。将光标放置在原点上，然后使用鼠标左键拖曳原点，画面中会显示出十字线，释放鼠标左键以后，释放处便成了原点的新位置，并且此时的原点数值也会发生变化，如图2-90所示。

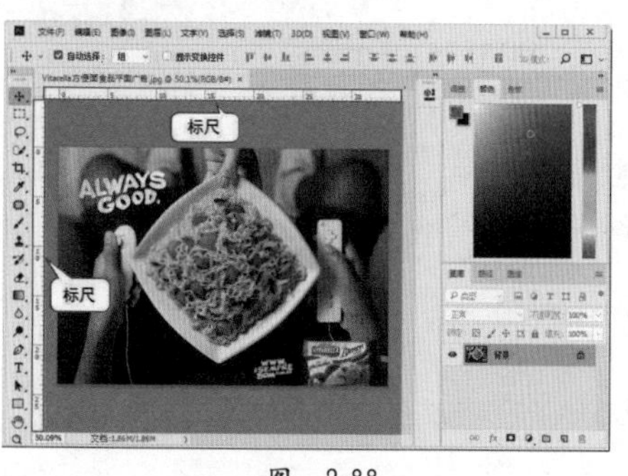

图 2-88

图 2-89

图 2-90

03 将光标放置在水平标尺上，然后使用鼠标左键向下拖曳即可拖出水平参考线。将光标放置在左侧的垂直标尺上，然后使用鼠标左键向右拖曳即可拖出垂直参考线，如图2-91所示。有了参考线，移动其他图层到参考线附近时会自动“吸附”到参考线上，非常方便，如图2-92所示。

04 如果要移动参考线，可以在工具箱中单击“移动工具”按钮，然后将光标放置在参考线上，当光标变成分隔符形状时，使用鼠标左键即可移动参考线，如果使用移动工具将参考线拖曳出画布之外，如图2-93所示，那么可以删除这条参考线。

图 2-91

图 2-92

图 2-93

05 如果要隐藏参考线，可以执行“视图>显示额外内容”命令，或按Ctrl+H快捷键。执行“视图>清除参考线”命令，可以删除画布中的所有参考线。

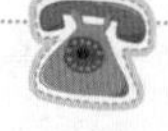

答疑解惑：怎样显示出隐藏的参考线？

在Photoshop中，如果菜单下面带有一个勾选符号✔，则说明这个命令可以顺逆操作。

以隐藏和显示参考线为例，执行一次“视图>显示>参考线”命令可以将参考线隐藏，那么再次执行该命令即可将参考线显示出来。按Ctrl+H快捷键也可以切换参考线的显示与隐藏。

2.6.2 智能参考线

● 技术速查：智能参考线可以帮助对齐形状、切片和选区。

执行“视图>显示>智能参考线”命令，可以启用智能参考线，如图2-94所示粉色线条为智能参考线。启用智能参考线后，当绘制形状、创建选区或切片时，智能参考线会自动出现在画布中。

图 2-94

答疑解惑：如何显示隐藏额外内容？

Photoshop中的辅助工具都可以进行显示隐藏的控制，执行“视图>显示额外内容”命令（使该选项处于选中状态），然后再执行“视图>显示”菜单下的命令，可以在画布中显示出图层边缘、选区边缘、目标路径、网格、参考线、数量、智能参考线、切片等其他内容。

2.6.3 网格

● 技术速查：网格主要用来对称排列图像。

作为辅助工具，网格是无法打印与输出的。执行“视图>显示>网格”命令，可以在画布中显示出网格，如图2-95和图2-96所示。显示出网格后，可以执行“视图>对齐到>网格”命令，启用对齐功能，此后在进行创建选区或移动图像等操作时，对象将自动对齐到网格上。

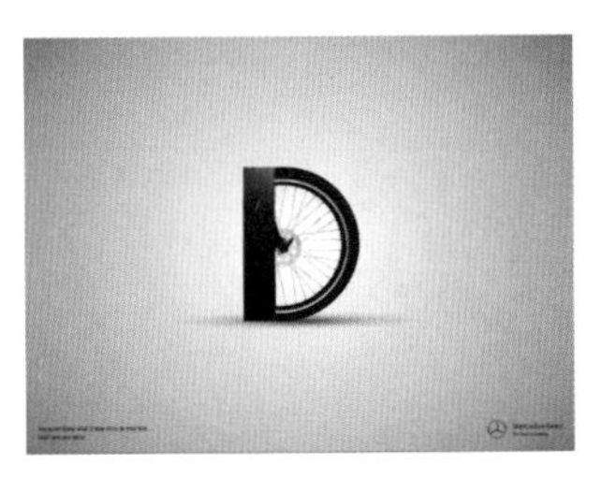

图 2-95

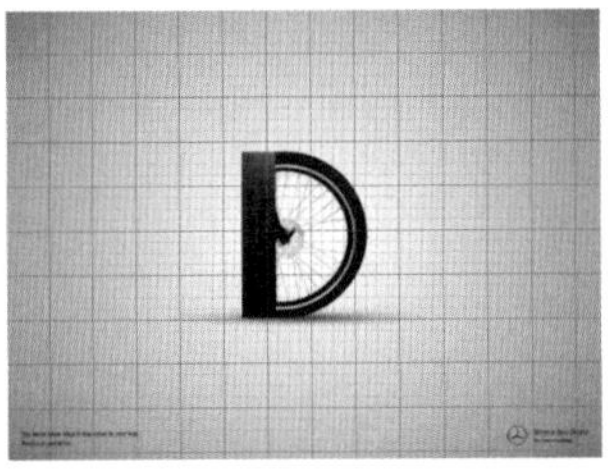

图 2-96

2.6.4 对齐

● 技术速查：“对齐”功能有助于精确地放置选区、裁剪选框、切片、形状和路径等。

想要使用“对齐”功能，首先需要执行“视图>对齐”命令启用“对齐”功能，然后在“视图>对齐到”菜单下可以选择需要对齐的对象，其中包含参考线、网格、图层、切片、文档边界，也可以选择全部或无，如图2-97所示。

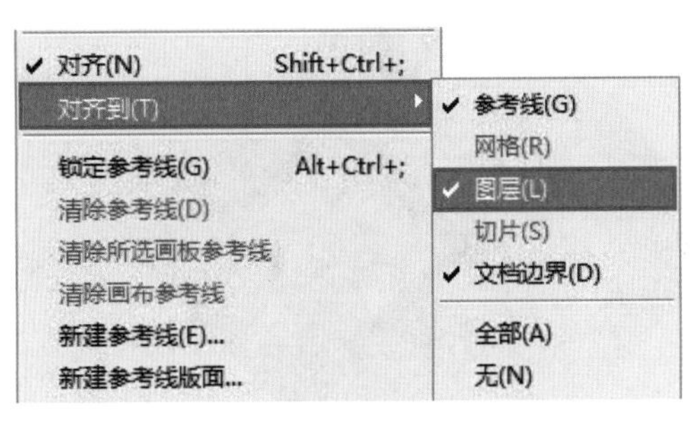

图 2-97

课 后 练 习

【课后练习——合并拷贝全部图层】

思路解析：通过使用“合并拷贝”命令复制整个画面效果，然后使用“粘贴”命令将画面粘贴为独立图层。

扫码看视频

本 章 小 结

本章作为基础章节虽然内容简单，但是对于学习Photoshop的使用方法至关重要，尤其是对于“图层”的理解与掌握关乎后面章节内容的学习和使用。错误操作的撤销方法也是特别常用的功能，所以一定要牢记撤销、重做操作的快捷键。

第3章

图像基本编辑操作

本章内容简介：

在前面的章节中学习了Photoshop的基本操作方法，本章将从调整图像尺寸、方向及多种变换方式几个方面进行讲解，全面学习图像常用的编辑方法。

本章学习要点：

- 掌握画面尺寸的调整方法。
- 熟练掌握剪切、拷贝、粘贴的方法。
- 熟练掌握自由变换的使用方法。

3.1 修改图像大小

视频精讲：Photoshop 新手学视频精讲课堂/修改图像大小.mp4

技术速查："图像大小"命令的使用可以根据用户需要进行尺寸、大小、分辨率等参数的更改。

对图像进行处理时，经常需要对图像的尺寸、大小及分辨率进行调整，如图3-1所示为像素尺寸分别是600×600像素与200×200像素的同一图片的对比效果。尺寸大的图像所占计算机空间也要相对大一些，如图3-2所示。

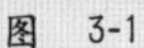

图 3-1

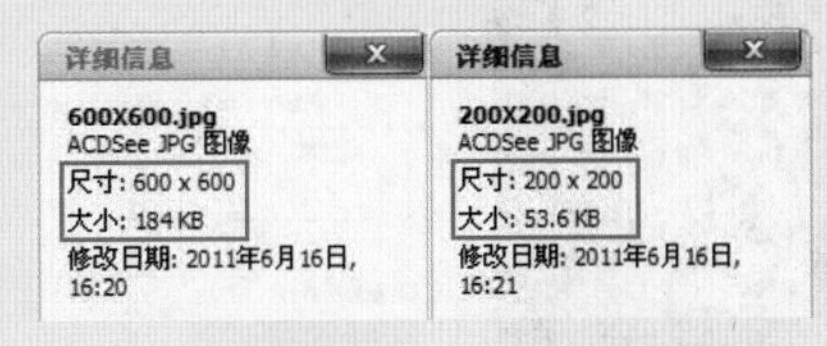

图 3-2

3.1.1 动手学："图像大小"命令

执行"图像>图像大小"命令或按Ctrl+Alt+I组合键，可打开"图像大小"对话框，如图3-3所示。

图 3-3

- "缩放样式"按钮：单击按钮，可以选中"缩放样式"。当文档中的某些图层包含图层样式时，选中"缩放样式"复选框，可以在调整图像的大小时自动缩放样式效果，如图3-4和图3-5所示。

图 3-4

图 3-5

- 调整为：在该下拉菜单中包含预设的像素比例供用户快速选择。
- 宽度/高度：该选项组中的参数主要用来设置图像的尺寸。按下"约束比例"按钮时，可以在修改图像的宽度或高度时，保持宽度和高度的比例不变。
- 分辨率：该选项可以改变图像的分辨率大小。
- 重新采样：修改图像的像素大小在Photoshop中称为重新取样。当减少像素的数量时，就会从图像中删除一些信息；当增加像素的数量或增加像素取样时，则会增加一些新的像素。在"图像大小"对话框底部的"重新采样"下拉列表中提供了多种插值方法来确定添加或删除像素的方式。

3.1.2 动手学：修改图像尺寸

很多时候图像素材的尺寸与需要的尺寸不符，例如制作计算机桌面壁纸、个性化虚拟头像或传输到个人网络空间等，都需要对图像的尺寸进行特定的修改，以适合不同的要求。

修改图像尺寸的具体操作如下：

01 打开一张图片，执行“图像>图像大小”命令或按Ctrl+Alt+I组合键，打开“图像大小”对话框，从该对话框中可以观察到图像的宽度为1200像素，高度为800像素，如图3-6所示。

02 在“图像大小”对话框中设置图像的“宽度”为800像素，“高度”为400像素，确定操作后在图像窗口中可以明显观察到图像变小了，如图3-7所示。

图 3-6

图 3-7

3.1.3 动手学：修改图像分辨率

分辨率是指位图图像中的细节精细度，测量单位是像素/英寸（PPI），每英寸的像素越多，分辨率越高。一般来说，图像的分辨率越高，印刷出来的质量就越好，当然所占设备空间也更大。需要注意的是，凭空增大分辨率数值，图像并不会变得更精细。

01 打开一张图片文件，在“图像大小”对话框中可以观察到图像默认的“分辨率”为300，如图3-8所示。

02 在“图像大小”对话框中将“分辨率”更改为150，此时可以观察到像素大小也会随之而减小，如图3-9所示。

图 3-8

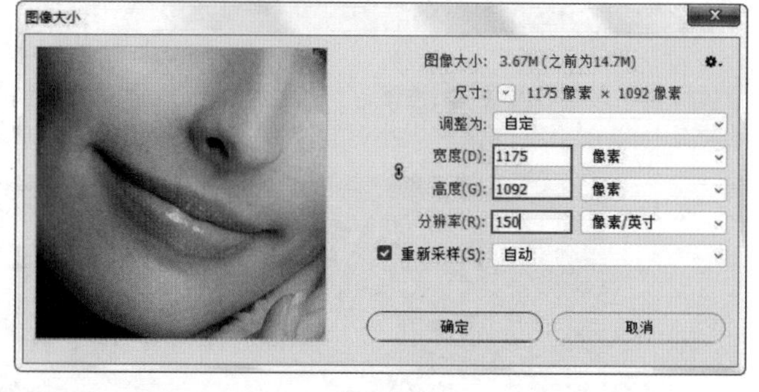

图 3-9

03 按 Ctrl+Z 或 Ctrl+Alt+Z 组合键，返回到修改分辨率之前的状态，然后在“图像大小”对话框中将“分辨率”更改为600，此时可以观察到像素大小也会随之而增大，如图 3-10 所示。虽然分辨率数值被增大，但是画面清晰度并不会增加。

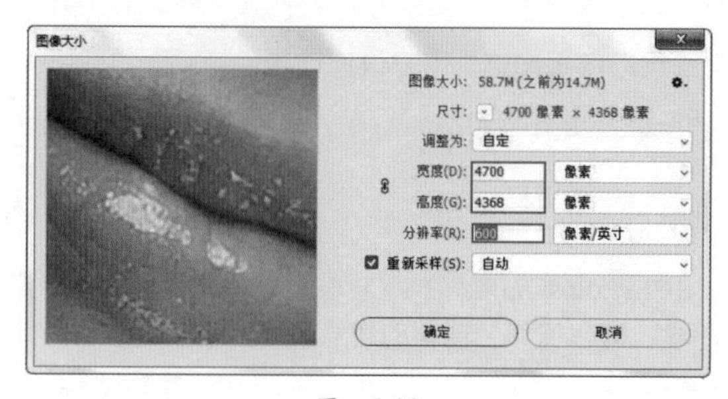

图 3-10

3.2 调整画面显示区域

视频精讲：Photoshop 新手学视频精讲课堂/裁切与裁剪图像.mp4

在进行平面设计时，经常会对作品进行画面显示区域的调整。而在摄影后期也经常需要对画面中多余的区域进行裁剪，以实现重新构图的目的，如图3-11所示。在Photoshop中可以通过工具箱中的裁剪工具、透视裁剪工具以及“图像”菜单中的“裁剪”命令、“裁切”命令、“显示全部”命令非常轻松地调整画面显示的区域。

图 3-11

3.2.1 详解裁剪工具

技术速查：使用裁剪工具可以划定保留区域，将区域以外部分裁剪掉，起到重新定义画布大小的作用。

裁剪是指移去部分图像，以突出或加强构图效果的过程。单击工具箱中的“裁剪工具”按钮，选项栏中显示出相应的设置，如图3-12所示。

图 3-12

- 约束方式：在下拉列表中可以选择多种裁切的约束比例。
- 约束比例：在这里可以输入自定的约束比例数值。
- 清除：当设置了特定的裁剪比例或数值时，单击该按钮，可以清除此类参数设置。
- 拉直：通过在图像上画一条直线来拉直图像。
- 设置裁剪工具的叠加选项：在下拉列表中可以选择裁剪的参考线的方式，例如“三等分”“网格”“对角”“三角形”“黄金比例”“金色螺线”。也可以设置参考线的叠加显示方式。
- 设置其他裁切选项：在这里可以对裁切的其他参数进行设置，例如可以使用经典模式，或设置裁剪屏蔽的颜色、透明度等参数。
- 删除裁剪的像素：确定是否保留或删除裁剪框外部的像素数据。如果取消选中该复选框，多余的区域可以处于隐藏状态，如果想要还原裁切之前的画面，只需要再次选择裁剪工具，然后随意操作即可看到原文档。

3.2.2 动手学：使用裁剪工具调整画面构图

01 单击工具箱中的“裁剪工具”按钮，画面四周出现了裁切框，如图3-13所示。将光标定位到裁切框四角的控制点上，按住鼠标左键并拖动即可缩小裁剪范围，如图3-14所示。

图 3-13

图 3-14

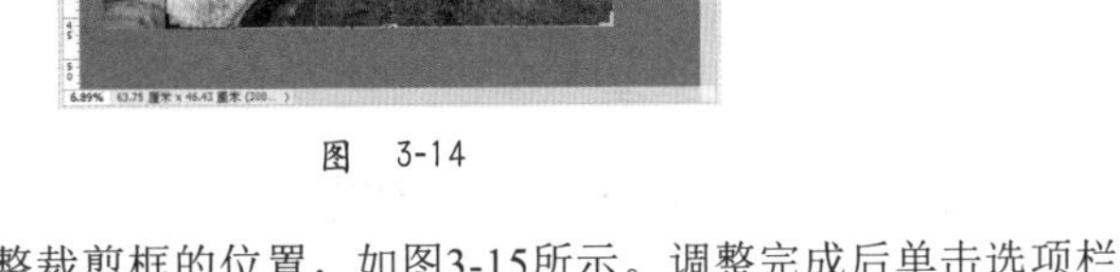

02 也可以将光标定位到图片上，按住鼠标左键并拖动调整裁剪框的位置，如图3-15所示。调整完成后单击选项栏中的“提交当前裁剪操作”按钮✓，如图3-16所示。按Enter键或双击也可完成裁剪，效果如图3-17 所示。

03 也可以直接单击工具箱中的“裁剪工具”按钮，在裁切起点处按住鼠标左键，然后拖曳出一个新的裁切区域，以确定需要保留的部分，如图3-18所示。

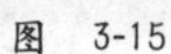
图 3-15

图 3-16

图 3-17

图 3-18

★ 案例实战——调整人像照片画面构图

案例文件	案例文件\第3章\调整人像照片画面构图.psd
视频教学	视频文件\第3章\调整人像照片画面构图.mp4
难易指数	★★★★★
技术要点	裁剪工具

扫码看视频

案例效果

本案例主要通过裁剪工具去除画面中多余的部分，使人像主体更加突出。对比效果如图3-19和图3-20所示。

图 3-19

图 3-20

操作步骤

01 打开背景照片素材“1.jpg”，单击工具箱中的“裁剪工具”按钮，在选项栏中设置“视图”为“三等分”，如图3-21所示。

图 3-21

02 本案例将利用构图中的“三分法”对画面进行裁剪，首先使用裁剪工具在画面中绘制一个裁切框，如图3-22所示。然后调整裁切框的大小和位置，使右上侧的交接点位于人像右侧的眼睛处，如图3-23所示。

图 3-22

图 3-23

03 按Enter键完成裁剪。执行“文件>置入嵌入对象”命令，置入光效素材“2.jpg”并栅格化，在“图层”面板中选中该图层，设置其混合模式为“滤色”，如图3-24所示。最终效果如图3-25所示。

图 3-24

图 3-25

3.2.3 动手学：使用透视裁剪工具裁剪出透视效果

技术速查：使用透视裁剪工具可在对图像裁剪的同时制作出带有透视感的效果。

01 打开一张图像，如图3-26所示。单击工具箱中的“透视裁剪工具”按钮，在画面中绘制一个裁剪框（绘制方法与使用裁剪工具绘制裁切框相同），如图3-27所示。

02 使用透视裁剪工具可以在需要裁剪的图像上制作出带有透视感的裁剪框。下面将光标定位到裁剪框的一个控制点上，按住鼠标左键并向内拖动，可以看到裁切框形状发生了变化，如图3-28所示。

03 以同样的方法调整其他的控制点，如图3-29所示。调整完成后单击控制栏中的“提交当前裁剪操作”按钮✓，即可得到带有透视感的画面效果，如图3-30所示。

图 3-26

图 3-27

图 3-28

图 3-29

图 3-30

3.2.4 使用“裁剪”命令去除图像多余部分

案例文件	案例文件\第3章\使用“裁剪”命令去除图像多余部分.psd
视频教学	视频文件\第3章\使用“裁剪”命令去除图像多余部分.mp4
难易指数	★★★★★
技术要点	对齐、分布

扫码看视频

案例效果

使用“裁剪”命令能够以用户绘制的选区为边界裁剪掉选区以外的部分，并重新定义画布的大小。对比效果如图3-31和图3-32所示。

图 3-31

图 3-32

操作步骤

01 打开照片素材文件“1.jpg”，单击工具箱中的“矩形选框工具”按钮，在画面中绘制一个矩形选区，如图3-33所示。

02 执行“图像>裁剪”命令，随着命令的执行可以看到选区以外的部分被自动删除，而选区依然保留，如图3-34所示。

03 使用取消选区快捷键Ctrl+D取消选区，如图3-35所示。然后执行“文件>置入嵌入对象”命令，置入素材文件“2.png”，摆放在合适位置并栅格化，最终效果如图3-36所示。

图 3-33

图 3-34

图 3-35

图 3-36

3.2.5 动手学：使用“裁切”命令去除图像留白

技术速查：使用“裁切”命令可以基于像素的颜色来裁剪图像。

打开一张带有明显留白的图像，如图3-37所示。执行“图像>裁切”命令，打开“裁切”对话框，在这里可以设置裁切的选项，如图3-38所示。设置完成后单击“确定”按钮，画面两侧的留白区域被快速去除，如图3-39所示。

图 3-37　　图 3-38

图 3-39

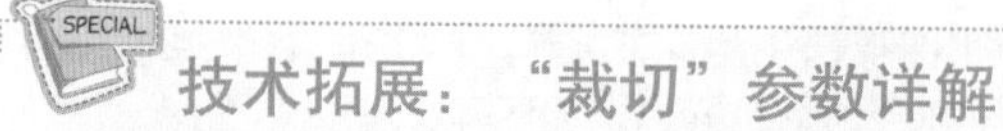

技术拓展："裁切"参数详解

● 透明像素：可以裁剪掉图像边缘的透明区域，只将非透明像素区域的最小图像保留下来。该选项只有图像中存在透明区域时才可用。

● 左上角像素颜色：从图像中删除左上角像素颜色的区域。

● 右下角像素颜色：从图像中删除右下角像素颜色的区域。

● 顶/底/左/右：设置修正图像区域的方式。

思维点拨：了解纸张的基础知识

1.纸张的构成

印刷用纸张是由纤维、填料、胶料、色料4种主要原料混合制浆、抄造而成的。印刷使用的纸张按形式可分为平板纸和卷筒纸两大类。平板纸适用于一般印刷机，卷筒纸一般用于高速轮转印刷机。

图 3-40

2.印刷常用纸张

纸张根据用处的不同，可以分为工业用纸、包装用纸、生活用纸、文化用纸等几类，在印刷用纸中，根据纸张的性能和特点分为新闻纸、凸版印刷纸、胶版印刷涂料纸、字典纸、地图及海图纸、凹版印刷纸、画报纸、周报纸、白板纸、书面纸等，如图3-40和图3-41所示。

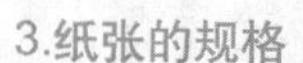

3.纸张的规格

纸张一般都要按照国家制定的标准生产。印刷、书写及绘图类用纸原纸尺寸是：卷筒纸宽度分为1575mm、1092mm、880mm、787mm 4种；平板纸的原纸尺寸按大小分为880mm × 1230mm、850mm × 1168mm、880mm × 1092mm、787mm × 1092mm、787mm × 960mm、690mm × 960mm等6种。

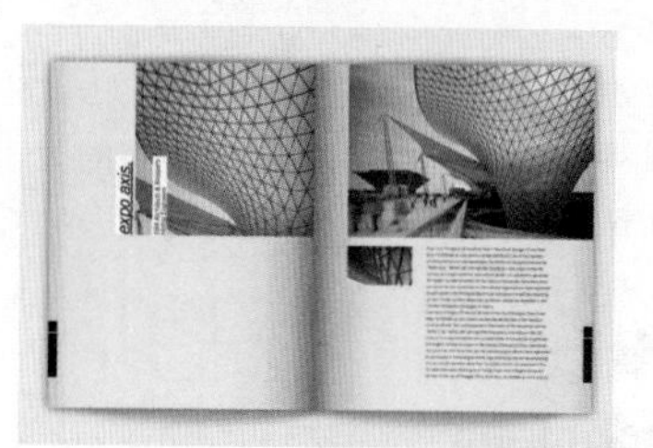

图 3-41

4.纸张的重量、令数换算

纸张的重量是以定量和令重表示的。一般是以定量来表示，即日常俗称的"克重"。定量是指纸张单位面积的质量关系，用g/m^{2}表示。如150g的纸是指该种纸每平方米的单张重量为150g。凡纸张的重量在200g/m^{2}以下（含200g/m^2）的纸张称为"纸"，超过200g/m^{2}重量的纸则称为"纸板"。

3.3 动手学：旋转图像

视频精讲：Photoshop 新手学视频精讲课堂/旋转图像.mp4

执行"图像>图像旋转"命令，在该菜单下提供了6种旋转图像的命令，如图3-42所示。包含"180度""顺时针90度""逆时针90度""任意角度""水平翻转画布"和"垂直翻转画布"，在执行这些命令时，可以旋转或翻转整个图像。

图像旋转(G) ▸	180 度(1)
裁剪(P)	顺时针 90 度(9)
裁切(R)...	逆时针 90 度(0)
显示全部(V)	任意角度(A)...
复制(D)...	水平翻转画布(H)
应用图像(Y)...	垂直翻转画布(V)

图 3-42

01 打开一张图像，如图3-43所示。执行“图像>图像旋转>逆时针90度”命令，此时图像内容发生了旋转，如图3-44所示。

图 3-43

图 3-44

02 在“图像>图像旋转”菜单下提供了一个“任意角度”命令，这个命令主要用来以任意角度旋转画布。在执行“任意角度”命令时，系统会弹出“旋转画布”对话框，在该对话框中可以设置旋转的角度和旋转的方式（顺时针和逆时针），如图3-45所示。将图像顺时针旋转60°后的效果如图3-46所示。

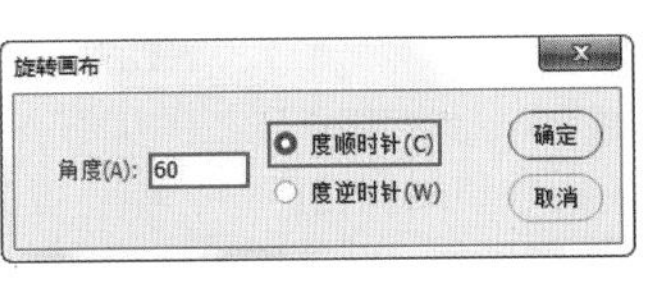

图 3-45

图 3-46

3.4 案例实战——裁剪并拉直扫描照片

案例文件	案例文件\第3章\裁剪并拉直扫描照片.psd
视频教学	视频文件\第3章\裁剪并拉直扫描照片.mp4
难易指数	★★★★★
技术要点	“裁剪并拉直图片”命令

扫码看视频

操作步骤

01 打开背景照片素材“1.jpg”，如图3-47所示。“裁剪并拉直图片”命令有助于将一次扫描的多个图像分成多个单独的图像文件，该命令最适合于外形轮廓十分清晰的图像。执行“文件>自动>裁剪并拉直图片”命令，如图3-48所示。

02 为了获得最佳结果，在要扫描的图像之间保持 1/8 英寸的间距，而且背景（通常是扫描仪的台面）应该是没有什么杂色的均匀颜色。随着命令的使用，分离出的照片将在其各自的窗口中打开每个图像，如图3-49所示。

图 3-47

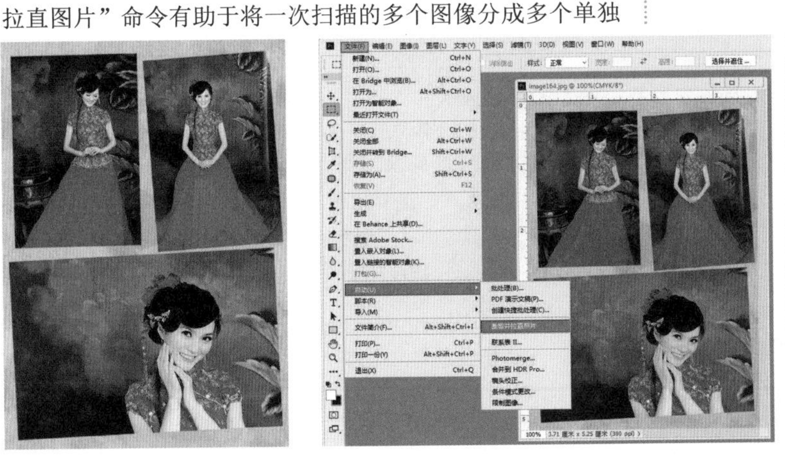

图 3-48

图 3-49

3.5 变换与变形

在Photoshop中提供了多种用于变换的命令，如“编辑”菜单下的“变换”“自由变换”“内容识别缩放”和“操控变形”等，如图3-50所示。通过这些命令的使用可以对图像进行缩放、旋转、斜切、扭曲、透视、变形、智能缩放、多点式操控变形等操作，如图3-51所示。

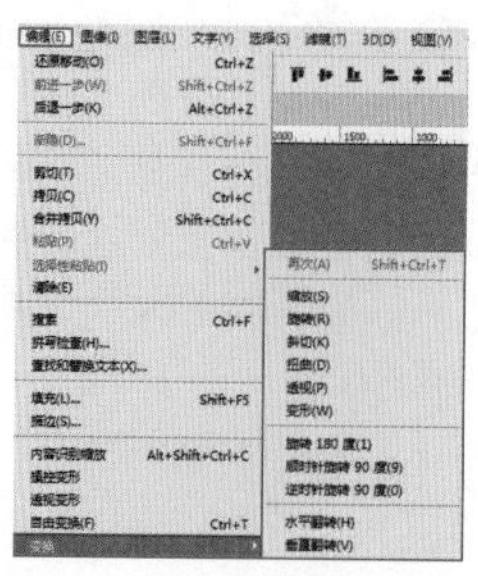
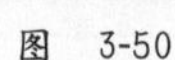

图 3-50

图 3-51

3.5.1 使用“变换”命令对图像进行变换

- 视频精讲：Photoshop 新手学视频精讲课堂/变换与自由变换.mp4
- 技术速查：使用“变换”命令可以对图层、路径、矢量图形、矢量蒙版、Alpha通道以及选区中的图像进行变换操作。

在“编辑>变换”菜单中提供了多种变换命令，从命令的名称上很容易看出每个命令所产生的效果，如图3-52所示。执行某项变换命令后，对象的周围会出现一个变换定界框，定界框的中间有一个中心点，四周还有控制点，将光标移动到界定框上按住鼠标左键并拖动可以进行变换操作，如图3-53所示。

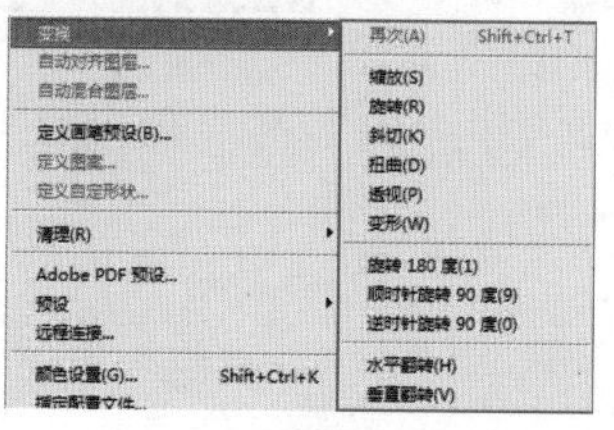

图 3-52

图 3-53

技巧提示

在默认情况下，中心点位于变换对象的中心，用于定义对象的变换中心，将光标定位到中心点上，按住鼠标左键并拖动光标可以移动中心点的位置。以旋转为例，当中心点位于对象中心的位置时旋转是围绕对象中心进行的，如图3-54所示。而将中心点移动到界定框的左下角，则旋转是围绕左下角进行的，如图3-55所示。

图 3-54

图 3-55

缩放

- 技术速查：使用“缩放”命令可以相对于变换对象的中心点对图像进行缩放。

执行“编辑>变换>缩放”命令，将光标定位到界定框的边缘线上按住鼠标左键并拖动光标，即可沿水平/垂直方向进行缩放，如图3-56所示。如果将光标定位到四角处按住鼠标左键并拖动，则可以同时缩放两个轴向，如图3-57所示。想要等比例缩放对象，可以按住Shift键并将光标定位到四角处的控制点上按住鼠标左键拖动，如图3-58所示。

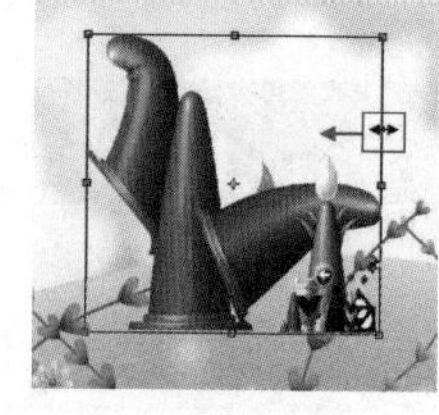

图 3-56

图 3-57

图 3-58

技巧提示

在缩放中配合Alt键可以以中心点为基准进行缩放，也可以配合Alt+Shift快捷键进行以中心点为基准的等比例缩放。

旋转

- 技术速查：使用“旋转”命令可以围绕中心点转动变换对象。

执行“编辑>变换>旋转”命令，将光标移动到界定框以外的位置，此时光标变为↰形状，如图3-59所示。按住鼠标左键并拖动光标即可以任意角度旋转图像，如图3-60所示；如果按住Shift键，可以以15°为单位旋转图像。

图 3-59

图 3-60

斜切

技术速查：使用“斜切”命令可以在任意方向、垂直方向或水平方向上倾斜图像。

执行“编辑>变换>斜切”命令，将光标定位到界定框边缘线上，此时光标变为形状，如图3-61所示。按住鼠标左键并拖动，即可看到图像沿移动的方向产生斜切效果，如图3-62所示。也可以将光标定位到控制点上进行斜切，如图3-63所示。

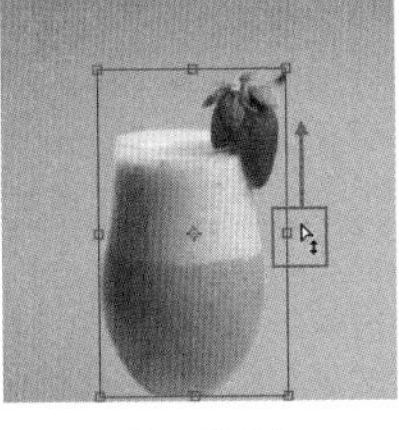

图 3-61

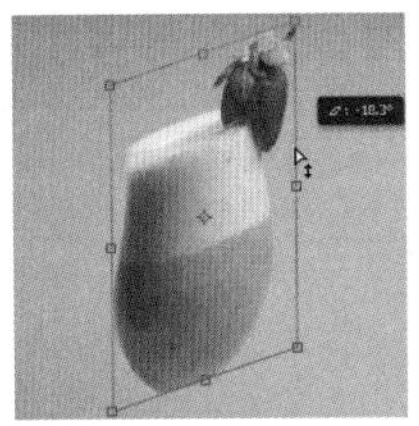

图 3-62

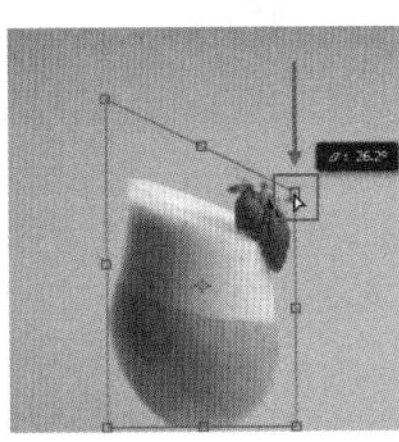

图 3-63

扭曲

技术速查：使用“扭曲”命令可以在各个方向上扭曲变换对象。

执行“编辑>变换>扭曲”命令，将光标移动到控制点处，如图3-64所示。按住鼠标左键并拖动可以在任意方向上扭曲图像，如图3-65所示。

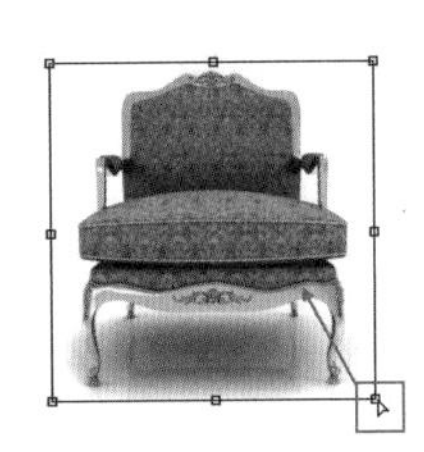

图 3-64

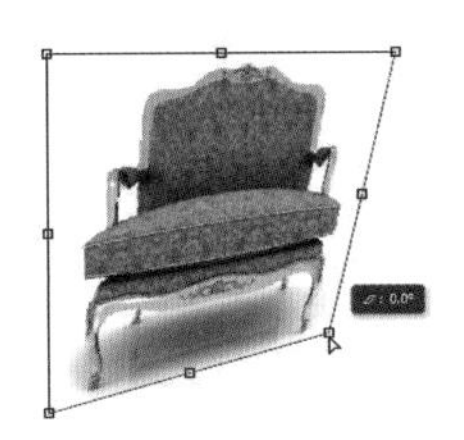

图 3-65

透视

技术速查：使用“透视”命令可以对变换对象应用单点透视。

执行“编辑>变换>透视”命令，拖曳定界框4个角上的控制点，可以在水平或垂直方向上对图像应用透视，如图3-66和图3-67所示分别为应用水平透视和垂直透视的效果。

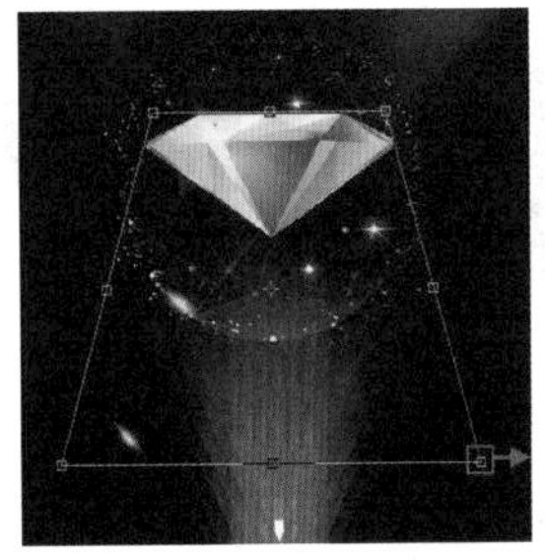

图 3-66

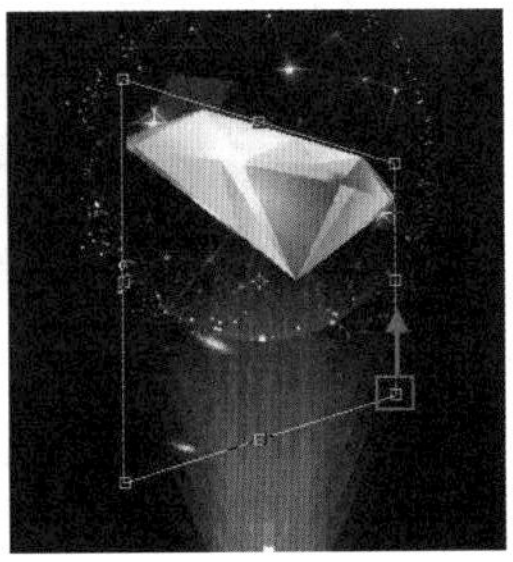

图 3-67

变形

技术速查：如果要对图像的局部内容进行扭曲，可以使用“变形”命令来操作。

执行“编辑>变换>变形”命令时，图像上将会出现变形网格和锚点，拖曳锚点或调整锚点的方向线可以对图像进行更加自由和灵活的变形处理，如图3-68和图3-69所示。

图 3-68

图 3-69

旋转特定角度

在变换的子菜单中包含多个特定角度旋转的命令，如“旋转180度”“顺时针旋转90度”和“逆时针旋转90度”。这3个命令非常简单，执行“旋转180度”命令，可以将图像旋转180°；执行“顺时针旋转90度”命令，可以将图像顺时针旋转90°；执行“逆时针旋转90度”命令，可以将图像逆时针旋转90°，如图3-70~图3-72所示分别为旋转180°、顺时针旋转90°、逆时针旋转90°后的效果。

图 3-70

图 3-71

图 3-72

水平/垂直翻转

“水平翻转”和“垂直翻转”这两个命令也非常简单，执行“水平翻转”命令，可以将图像在水平方向上进行翻转，如图3-73所示；执行“垂直翻转”命令，可以将图像在垂直方向上进行翻转，如图3-74所示。

图 3-73

图 3-74

☆ 视频课堂——利用“缩放”和“扭曲”命令制作书籍包装

扫码看视频

案例文件\第3章\视频课堂——利用“缩放”和“扭曲”命令制作书籍包装.psd
视频文件\第3章\视频课堂——利用“缩放”和“扭曲”命令制作书籍包装.mp4

思路解析：

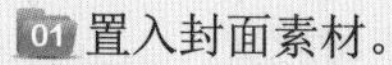

01 置入封面素材。
02 执行“编辑>变换>缩放”命令调整封面大小。
03 执行“编辑>变换>扭曲”命令调整封面形态。
04 同样的方法处理书脊部分。

3.5.2 动手学：使用“自由变换”命令

- 视频精讲：Photoshop 新手学视频精讲课堂/变换与自由变换.mp4
- 技术速查：“自由变换”命令可以在一个连续的操作中应用旋转、缩放、斜切、扭曲、透视和变形。

01 自由变换其实也是变换中的一种，“自由变换”命令与“变换”命令非常相似。执行“编辑>自由变换”命令或按Ctrl+T快捷键，可以使所选图层或选区内的图像进入自由变换状态，如图3-75所示。

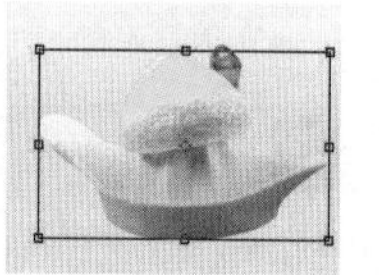
图 3-75

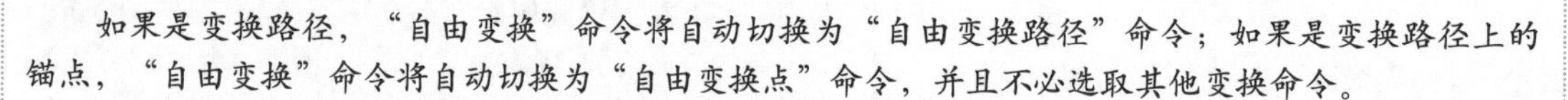
技巧提示

如果是变换路径，“自由变换”命令将自动切换为“自由变换路径”命令；如果是变换路径上的锚点，“自由变换”命令将自动切换为“自由变换点”命令，并且不必选取其他变换命令。

02 如果不选择任何变换方式，并且在没有按住任何快捷键的情况下，按住鼠标左键并拖曳定界框4个角上的控制点，可以形成以对角不变的自由矩形方式进行缩放操作，如图3-76所示。也可以反向拖动形成翻转变换。按住鼠标左键并拖曳定界框边上的控制点，可以形成以对边不变的形式进行等高或等宽的缩放操作，如图3-77所示。

图 3-76

图 3-77

03 在定界框外时按住鼠标左键并拖曳可以自由旋转图像，也可以直接在选项栏中定义旋转角度，如图3-78所示。在画面中右击即可看到其他可供选择的变换方式，如图3-79所示。

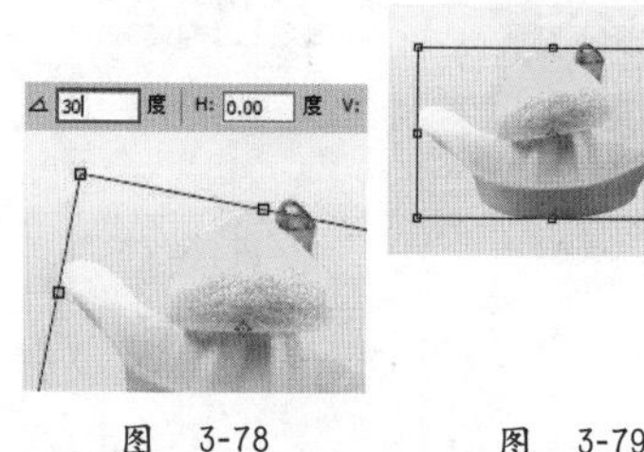

图 3-78　图 3-79

3.5.3 配合快捷键使用自由变换

熟练掌握自由变换可以大大提高工作效率，在自由变换状态下，Shift键、Ctrl键和Alt键这3个快捷键将经常一起搭配使用。Shift键主要用来控制方向、旋转角度和等比例缩放；Ctrl键可以使变换更加自由；Alt键主要用来控制中心对称。

- 按住Shift键：按住鼠标左键并拖曳定界框4个角上的控制点，可以等比例放大或缩小图像，如图3-80和图3-81所示。将光标定位到定界框以外，当光标变为带有弧度的双箭头时按住鼠标左键并拖动，能够以15°为单位顺时针或逆时针旋转图像，如图3-82所示。

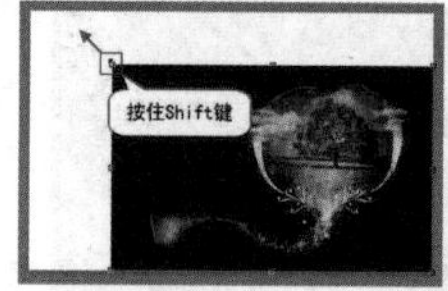

图 3-80

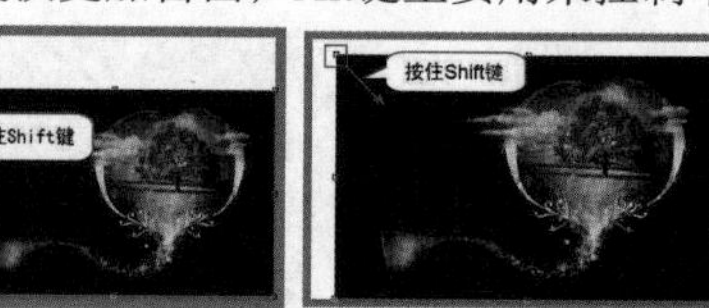

图 3-81

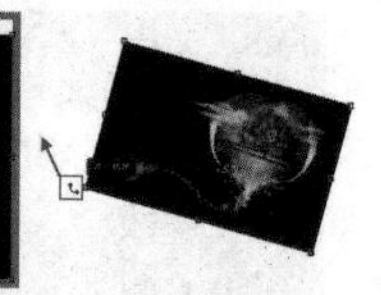
图 3-82

- 按住Ctrl键：按住鼠标左键并拖曳定界框4个角上的控制点，可以形成以对角为直角的自由四边形方式变换，如图3-83所示。按住鼠标左键并拖曳定界框边上的控制点，可以形成以对边不变的自由平行四边形方式变换，如图3-84所示。
- 按住Alt键：按住鼠标左键并拖曳定界框4角上的控制点，可以形成以中心对称的自由矩形方式变换，如图3-85所示。按住鼠标左键并拖曳定界框边上的控制点，可以形成以中心对称的等高或等宽的自由矩形方式变换，如图3-86所示。

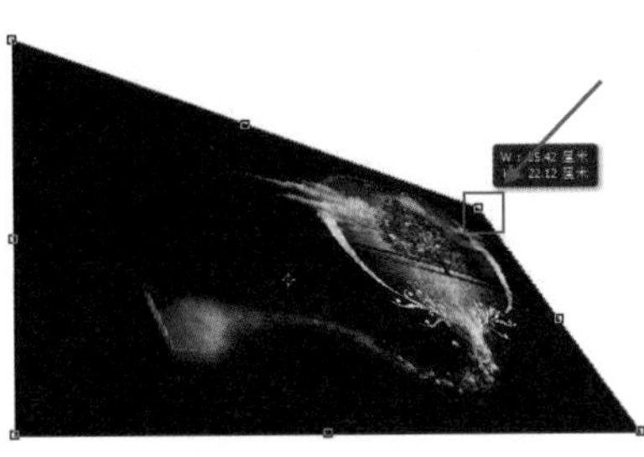

图 3-83

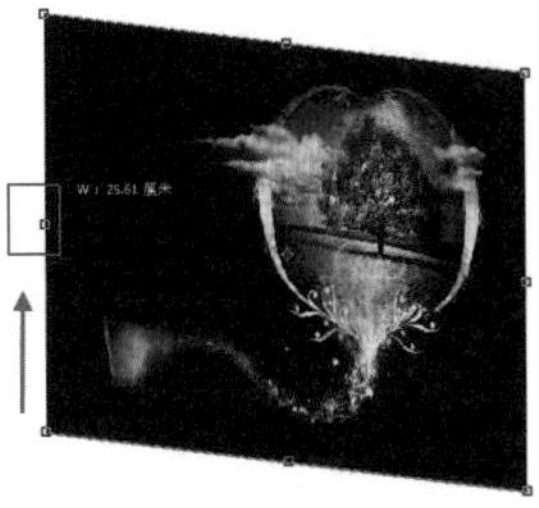

图 3-84

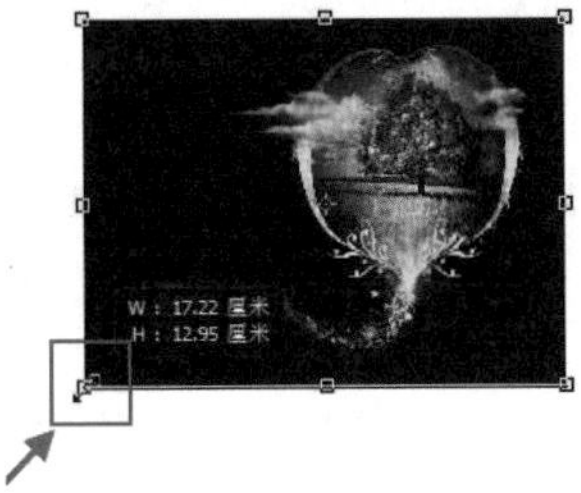

图 3-85

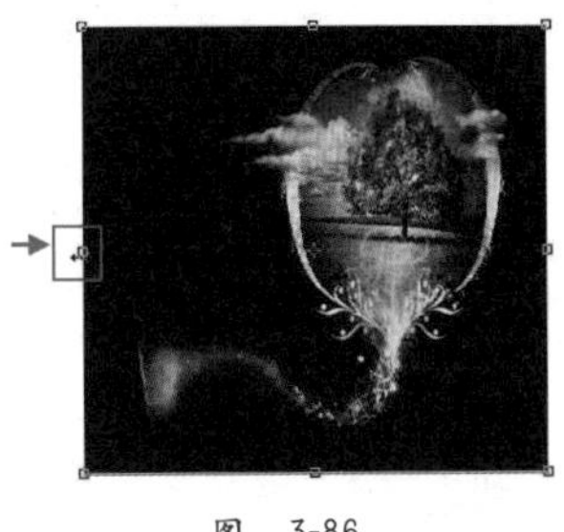

图 3-86

- **按住Shift +Ctrl快捷键**：按住鼠标左键并拖曳定界框4个角上的控制点，可以形成以对角为直角的直角梯形方式变换，如图3-87所示。按住鼠标左键并拖曳定界框边上的控制点，可以形成以对边不变的等高或等宽的自由平行四边形方式变换，如图3-88所示。

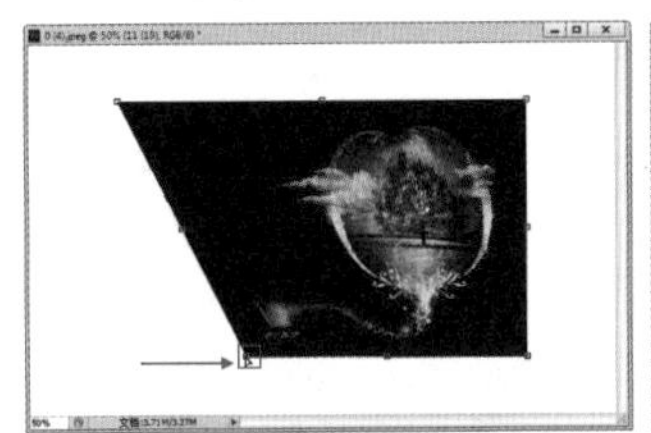

图 3-87

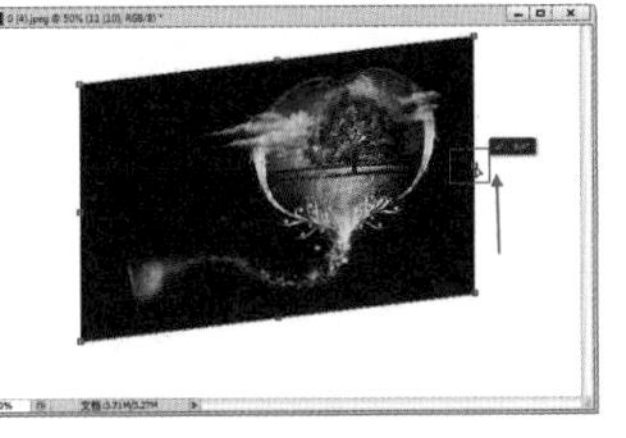

图 3-88

- **按住Ctrl+Alt快捷键**：按住鼠标左键并拖曳定界框4个角上的控制点，可以形成以相邻两角位置不变的中心对称自由平行四边形方式变换，如图3-89所示。按住鼠标左键并拖曳定界框边上的控制点，可以形成以相邻两边位置不变的中心对称自由平行四边形方式变换，如图3-90所示。

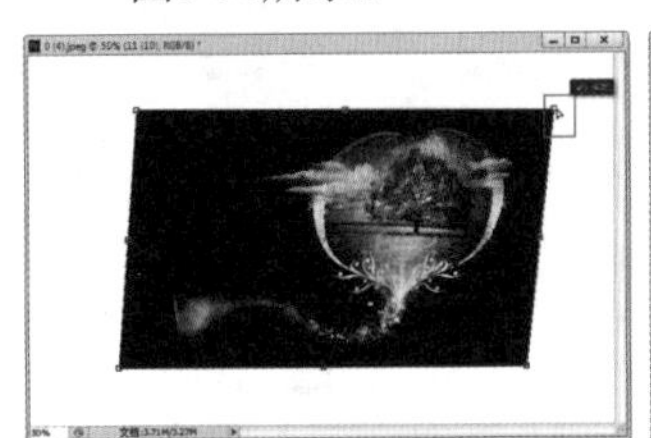

图 3-89

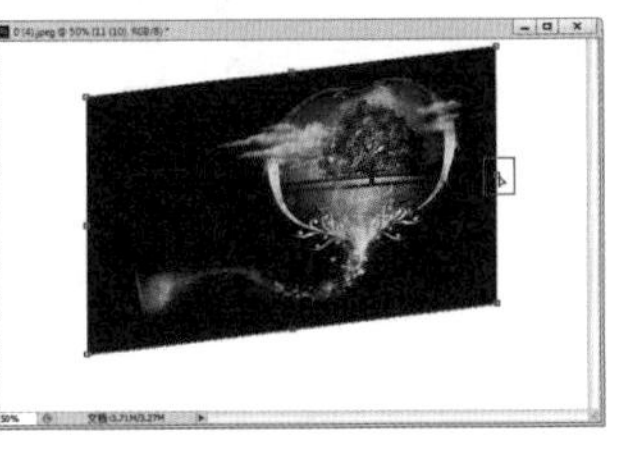

图 3-90

- **按住Shift+Alt快捷键**：按住鼠标左键并拖曳定界框4个角上的控制点，可以形成以中心对称的等比例放大或缩小的矩形方式变换，如图3-91和图3-92所示。按住鼠标左键并拖曳定界框边上的控制点，可以形成以中心对称的对边不变的矩形方式变换，如图3-93所示。

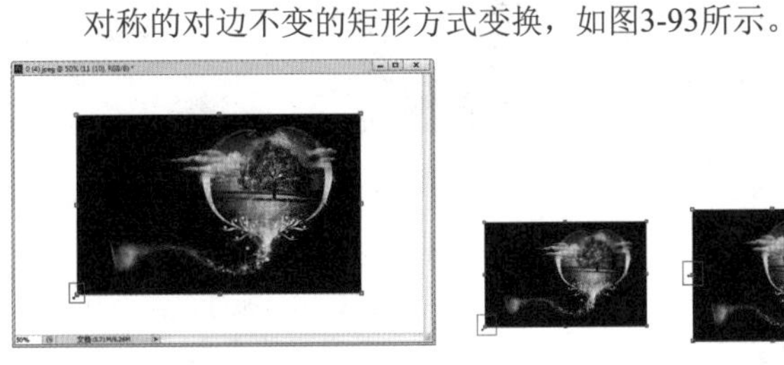

图 3-91

图 3-92

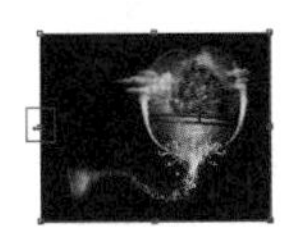

图 3-93

- **按住Shift+Ctrl+ Alt组合键**：按住鼠标左键并拖曳定界框4个角上的控制点，可以形成以等腰梯形、三角形或相对等腰三角形方式变换，如图3-94所示。按住鼠标左键并拖曳定界框边上的控制点，可以形成中心对称等高或等宽的自由平行四边形方式变换，如图3-95所示。

图 3-94

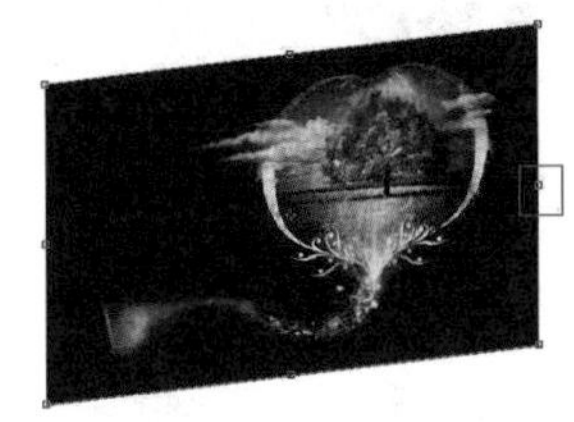

图 3-95

3.5.4 动手学：自由变换并复制图像

在Photoshop中，可以边变换图像边复制图像，这个功能在实际工作中的使用频率非常高。

01 选中需要变换的图层后，按Ctrl+Alt+T组合键进入自由变换并复制状态，将中心点定位在右上角，如图3-96所示，然后将其缩小并移动一段距离，接着按Enter键确认操作，如图3-97所示。通过这一系列的操作制定了一个变换规律，同时Photoshop会生成一个新的图层，如图3-98所示。

02 确定了变换规律以后，就可以按照这个规律继续变换并复制图像。如果要继续变换并复制图像，可以连续按Shift+Ctrl+Alt+T组合键，直到达到要求为止，如图3-99所示。

图 3-96

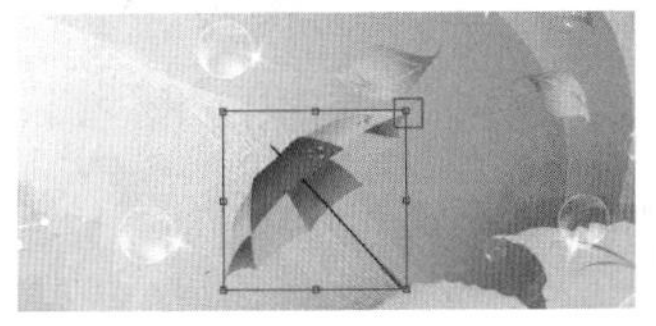

图 3-97

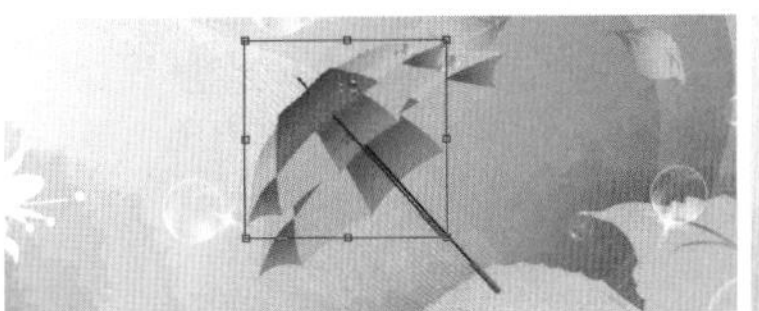

图 3-98

图 3-99

★ 案例实战——使用“自由变换”命令将照片放到合适位置

案例文件	案例文件\第3章\使用“自由变换”命令将照片放到合适位置.psd
视频教学	视频文件\第3章\使用“自由变换”命令将照片放到合适位置.mp4
难易指数	★★★★★
技术要点	自由变换

扫码看视频

案例效果

本案例通过使用“自由变换”命令将照片形状进行变换并放到合适位置，如图3-100~图3-102所示。

图 3-100

图 3-101

图 3-102

操作步骤

01 执行“文件>打开”命令，打开素材“1.jpg”，接着执行“文件>置入嵌入对象”命令，将素材“2.jpg”置入文档内并将其栅格化。选择照片素材图层，按Ctrl+T快捷键对其执行“自由变换”命令，将光标定位到一角处，按住Shift键的同时按住鼠标左键并拖曳控制点，将其等比例缩放到合适大小，如图3-103所示。然后将光标移动到界定框以外的区域，此时光标呈现出旋转的状态，按住鼠标左键并拖动将照片进行适当旋转，如图3-104所示。

图 3-103

图 3-104

02 为了便于观察，可以在“图层”面板中选中该图层，并适当降低照片的不透明度，如图3-105所示。在画面中右击，在弹出的快捷菜单中执行“扭曲”命令，然后拖曳照片四周的控制点，将其拖曳到与底片背景相吻合的位置，如图3-106所示。调整完成后按Enter键确认自由变换操作，并将照片的不透明度恢复到100%，效果如图3-107所示。

图 3-105

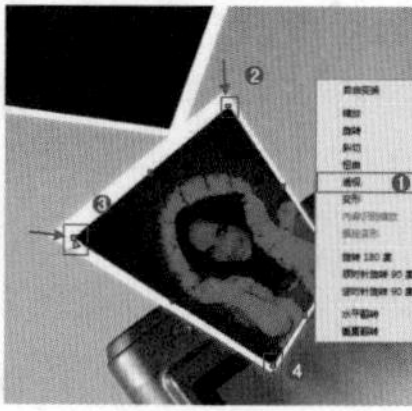
图 3-106

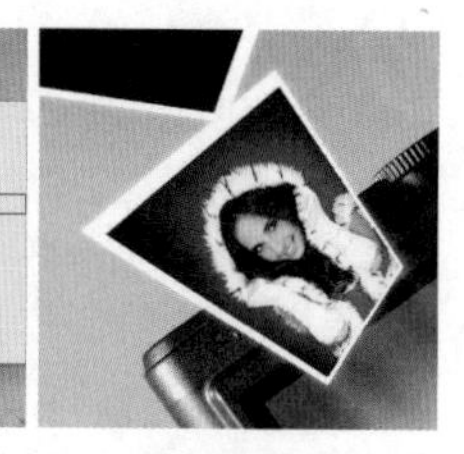
图 3-107

03 用同样的方法继续置入其他照片素材，将素材栅格化并进行自由变换操作，此时可以看到照片发生重叠的效果，如图3-108所示。

04 去除重叠的部分。单击工具箱中的“多边形套索工具”按钮，在照片重叠的部分绘制选区，然后按Delete键删除选区内的部分，如图3-109所示。按Ctrl+D快捷键取消选区，最终效果如图3-110所示。

图 3-108

图 3-109

图 3-110

3.5.5 使用“内容识别缩放”命令进行智能缩放

◎ 视频精讲：Photoshop 新手学视频精讲课堂/内容识别缩放.mp4

◎ 技术速查：“内容识别缩放”命令可以在不更改重要可视内容（如人物、建筑、动物等）的情况下缩放图像大小。

常规缩放在调整图像大小时会统一影响所有像素，而“内容识别缩放”命令可以智能地识别出重要的可视内容区域，而对非重要区域的像素进行压缩。如图3-111所示为原图、使用“自由变换”命令进行常规缩放以及使用“内容识别缩放”命令缩放的对比效果。可以看到，通过“自由变换”命令缩放后主体物被压缩的变形程度较大，而通过“内容识别缩放”命令进行缩放的效果则几乎保持主体物的形态。

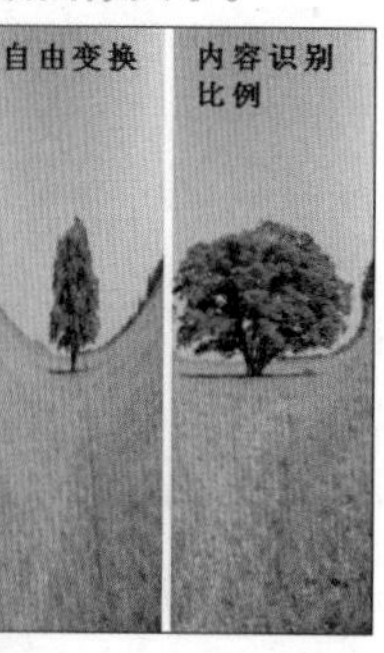

图 3-111

选择需要处理的图层后（非背景图层），执行“编辑>内容识别缩放”命令，在选项栏中进行该命令的参数设置，如图3-112所示。图层四周出现与“自由变换”状态下相同的定界框，通过调整控制点的位置即可对图层进行调整，如图3-113和图3-114所示。

图 3-112

图 3-113

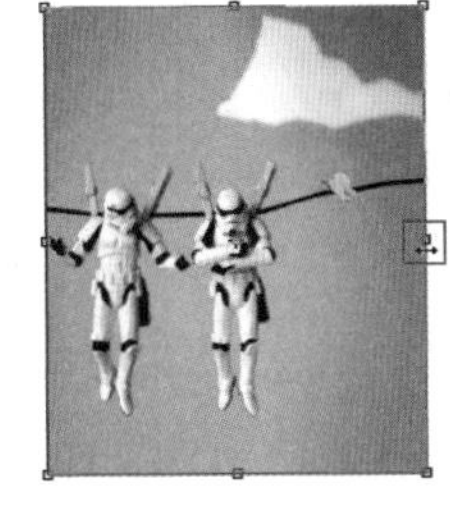

图 3-114

- “参考点位置”按钮：单击其他的灰色方块，可以指定缩放图像时要围绕的固定点。在默认情况下，参考点位于图像的中心。
- “使用参考点相对定位”按钮：单击该按钮，可以指定相对于当前参考点位置的新参考点位置。
- X/Y：设置参考点的水平和垂直位置。
- W/H：设置图像按原始大小的缩放百分比。
- 数量：设置内容识别缩放与常规缩放的比例。在一般情况下，都应该将该值设置为100%。
- 保护：选择要保护的区域的Alpha通道。如果要在缩放图像时保留特定的区域，“内容识别缩放”允许在调整大小的过程中使用Alpha通道来保护内容。
- “保护肤色”按钮：激活该按钮后，在缩放图像时，可以保护人物的肤色区域。

技巧提示

“内容识别缩放”命令适用于处理图层和选区，图像可以是RGB、CMYK、Lab和灰度颜色模式以及所有位深度。“内容识别缩放”命令不适用于处理调整图层、图层蒙版、通道、智能对象、3D图层、视频图层、图层组，或者同时处理多个图层。

★ 案例实战——利用“内容识别缩放”命令缩放图像

案例文件	案例文件\第3章\利用“内容识别缩放”命令缩放图像.psd
视频教学	视频文件\第3章\利用“内容识别缩放”命令缩放图像.mp4
难易指数	★★★★★
技术要点	“内容识别缩放”命令

扫码看视频

案例效果

“内容识别缩放”命令可以很好地保护图像中的重要内容，如图3-115和图3-116所示分别是原始素材与使用“内容识别缩放”命令缩放后的效果。

图 3-115

图 3-116

操作步骤

01 按Ctrl+O快捷键，打开本书配套资源中的素材，双击背景图层将其转化为普通图层，如图3-117所示。然后使用矩形选框工具，在合适的位置绘制出选区，如图3-118所示。

图 3-117

图 3-118

02 切换到“通道”面板，单击“将选区存储为通道”按钮，“通道”面板底部出现了一个Alpha1通道，如图3-119所示，此时图像效果如图3-120所示。

03 回到“图层”面板中，然后执行“编辑>内容识别缩放”命令，图像周围出现定界框，效果如图3-121所示。

图 3-119

图 3-120

图 3-121

04 在选项栏中设置“保护”为Alpha1通道，单击“保护肤色”按钮，如图3-122所示。接着向右拖曳定界框右侧中间的控制点，此时可以发现无论怎么缩放图像，人像的形态和之前绘制的选区中的内容始终都保持不变，效果如图3-123所示。

05 调整完成后按Enter键完成操作，最终效果如图3-124所示。

图 3-122

图 3-123

图 3-124

3.5.6 使用“操控变形”命令调整人物形态

视频精讲：Photoshop 新手学视频精讲课堂/操控变形.mp4

技术速查：操控变形是一种可视网格，借助该网格可以随意地扭曲特定图像区域，并保持其他区域不变。

“操控变形”命令通常用来修改人物的动作、发型等。如图3-125所示为一幅带有人像的图像文档，选择人像图层，执行“编辑>操控变形”命令，图像上将会布满网格，如图3-126所示。

图 3-125　　图 3-126

通过在网格的关键点上添加“图钉”，然后使用鼠标左键按住并拖动图钉的位置，此时图像也会随之发生变形，如图3-127所示。按Enter键关闭“操控变形”命令，最终效果如图3-128所示。

图 3-127　　图 3-128

技巧提示

除了图像图层、形状图层和文字图层之外，还可以对图层蒙版和矢量蒙版应用操控变形。如果要以非破坏性的方式变形图像，需要将图像转换为智能对象。

3.5.7 透视变形

“透视变形”命令可以根据对图像现有的透视关系进行调整，从而实现图像的变形。首先打开一张图片，如图3-129所示。接着执行“编辑>透视变形”命令，然后在画面中单击或者按住鼠标左键拖曳绘制透视变形网格，如图3-130所示。

图 3-129

图 3-130

接着根据透视关系拖曳控制点，调整控制框的形状，如图3-131所示。继续对控制点进行调整，如图3-132所示。

再接着单击选项栏中的“变形”按钮，然后拖曳控制点进行变形。随着控制点的调整，画面中的透视也在发生着变化，如图3-133所示。变形完成后按Enter键确定变形操作。

图 3-131

图 3-132

图 3-133

3.6 图层的对齐与分布

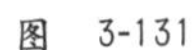

Photoshop中的对象都是以图层的方式存在，图层之间可以是位于不同层次的堆叠，也可以位于同一视觉平面进行排列。在Photoshop中可以对多个图层进行对齐与分布的设置，使用“对齐”命令可以对多个图层所处位置进行调整，以制作出秩序井然的画面效果，如图3-134~图3-136所示。

图 3-134

图 3-135

图 3-136

3.6.1 动手学：对齐多个图层

01 在Photoshop中除了“视图”菜单中的“对齐到”命令之外，还有一种是“图层”菜单中的“对齐”命令。如果想要对文档中的多个图层按照一定的方式进行排列或对齐，首先需要在“图层”面板中选择这些图层，如图3-137所示。然后执行“图层>对齐”菜单下的子命令，可以将多个图层进行对齐，如图3-138所示。

图 3-137

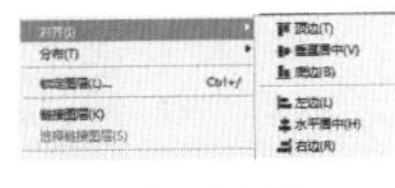

图 3-138

02 如图3-139所示为执行“图层>对齐>顶边”命令的效果。如图3-140所示为执行“图层>对齐>左边”命令的效果。

03 在使用移动工具的状态下，选项栏中有一排对齐按钮分别与“图层>对齐”菜单下的子命令相对应，同样是选择多个图层并单击相应按钮即可进行对齐操作，如图3-141所示。

图 3-139

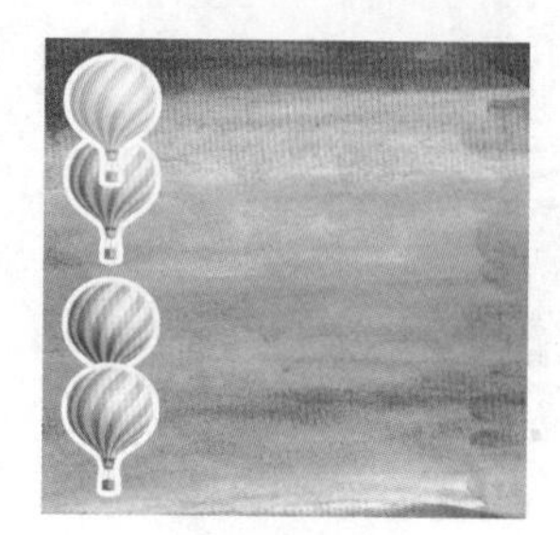

图 3-140

图 3-141

3.6.2 动手学：以某个图层为基准来对齐图层

如果要以某个图层为基准来对齐图层，首先要链接好这些需要对齐的图层，如图3-142所示。然后选择需要作为基准的图，接着执行“图层>对齐”菜单下的子命令，如图3-143所示是执行“图层>对齐>底边”命令后的对齐效果。

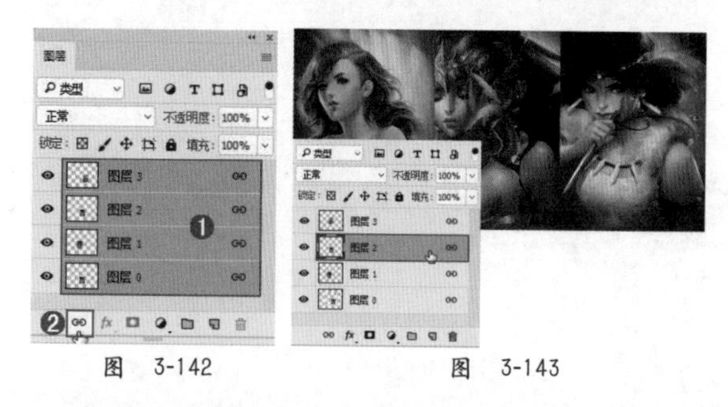

图 3-142　　图 3-143

3.6.3 动手学：将图层与选区对齐

当画面中存在选区时，选择一个图层，执行“图层>将图层与选区对齐”命令，在子菜单中即可选择一种对齐方法，如图3-144所示。所选图层即可以选择的方法进行对齐，如图3-145所示。

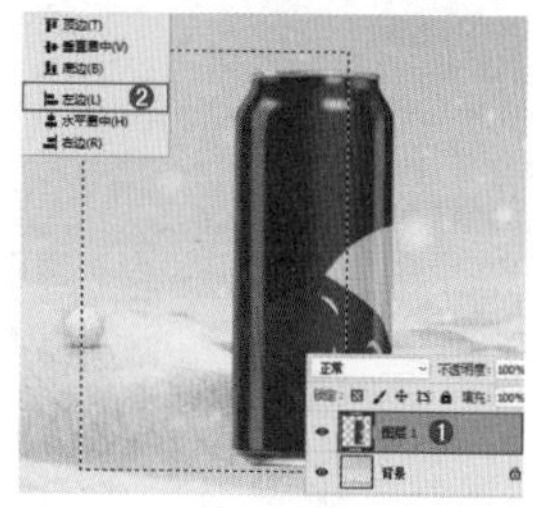

图 3-144

图 3-145

3.6.4 动手学：将多个图层均匀分布

技术速查：在Photoshop中可以使用“分布”命令对多个图层的分布方式进行调整，以制作出秩序井然的画面效果。

01 选中文档中的多个图层（至少3个图层，且“背景”图层除外），如图3-146所示。执行“图层>分布”菜单下的子命令，如图3-147所示。

图 3-146

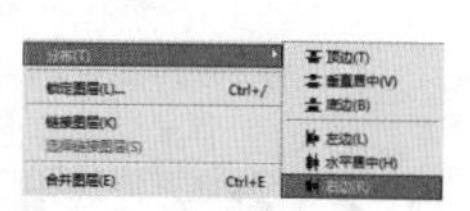

图 3-147

02 这些图层将按照一定的规律均匀分布，如图3-148所示。与“对齐”命令相同，在使用移动工具的状态下，选项栏中有一排分布按钮分别与“图层>分布”菜单下的子命令相对应，如图3-149所示。

图 3-148

图 3-149

★ 案例实战——使用“对齐”与“分布”命令调整网页版式

案例文件	案例文件\第3章\使用“对齐”与“分布”命令调整网页版式.psd
视频教学	视频文件\第3章\使用“对齐”与“分布”命令调整网页版式.mp4
难易指数	★★★★★
技术要点	对齐、分布

扫码看视频

案例效果

本案例主要使用“对齐”和“分布”命令将网页上的不同区域工整地排列在页面中，效果如图3-150所示。

图 3-150

操作步骤

01 打开PSD格式的分层素材文件“1.psd”，可以看到网页左侧和右下方的区域模块分布非常不美观，如图3-151和图3-152所示。

图 3-151

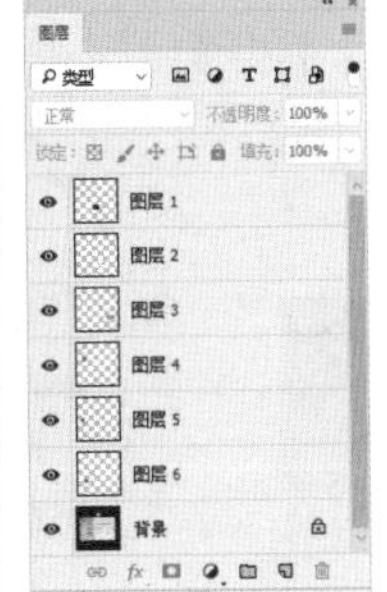

图 3-152

02 首先处理底部的模块，在“图层”面板中按住Shift键单击选择“图层1”“图层2”和“图层3”，如图3-153所示。执行“图层>对齐>水平居中”命令，此时3个模块处于同一水平线上，如图3-154所示。

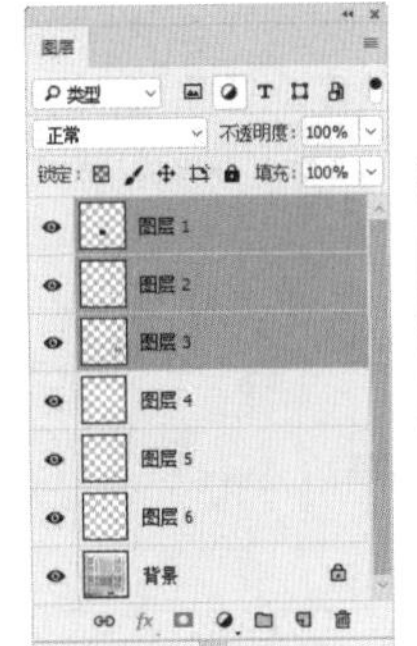

图 3-153

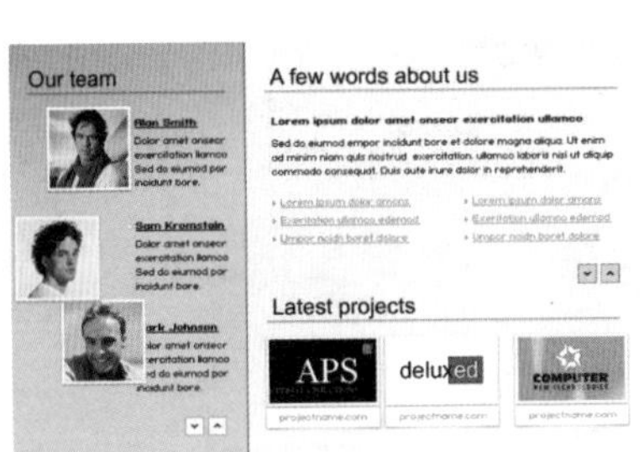

图 3-154

03 执行“图层>分布>垂直居中”命令，使3个模块之间的间距相等，如图3-155所示。然后使用移动工具适当调整图片位置，如图3-156所示。

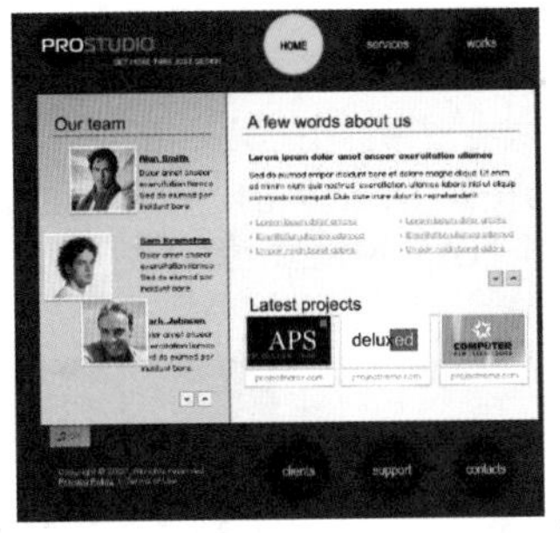

图 3-155

图 3-156

04 同样方法选择左侧的3个模块的图层，并执行“图层>对齐>左边”命令以及“图层>分布>垂直居中”命令，摆放在合适位置，最终效果如图3-157所示。

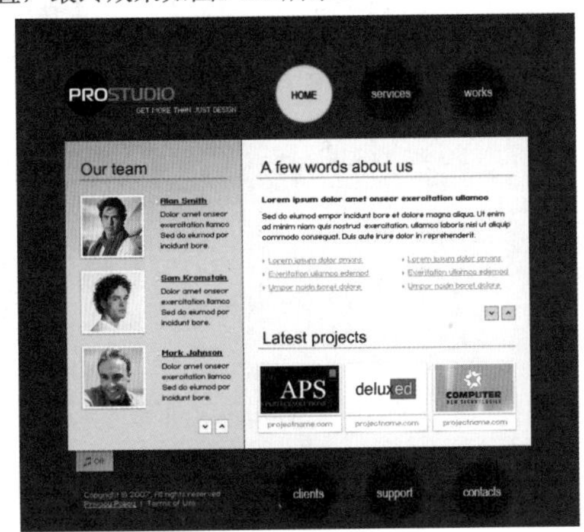

图 3-157

3.6.5 自动对齐图层

视频精讲：Photoshop 新手学视频精讲课堂/自动对齐图层.mp4

技术速查：很多时候为了节约成本，拍摄全景图像时经常需要拍摄多张后在后期软件中进行拼接。使用“自动对齐图层”命令可以根据不同图层中的相似内容（如角和边）自动对齐图层。

在“图层”面板中选择两个或两个以上的图层，如图3-158所示。然后执行“编辑>自动对齐图层”命令，在打开的“自动对齐图层”对话框中选择合适的方式，如图3-159所示。可以指定一个图层作为参考图层，也可以让Photoshop自动选择参考图层，其他图层将与参考图层对齐，以使匹配的内容能够自动进行叠加，效果如图3-160所示。

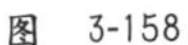

图 3-158

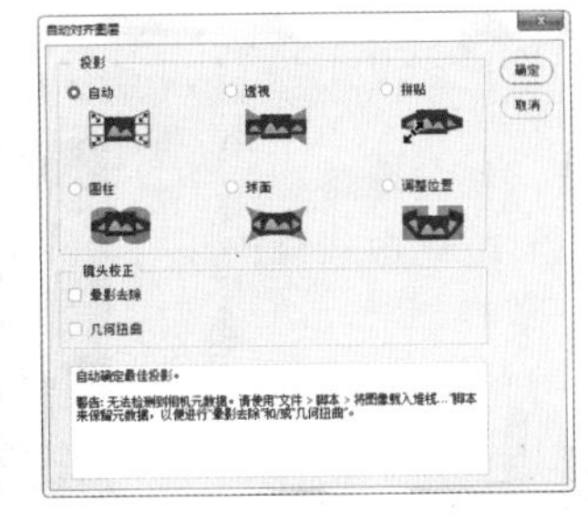

图 3-159

图 3-160

3.6.6 自动混合图层

视频精讲：Photoshop 新手学视频精讲课堂/自动混合图层.mp4

技术速查：使用“自动混合图层”命令可以缝合或者组合图像，从而在最终图像中获得平滑的过渡效果。

“自动混合图层”功能是根据需要对每个图层应用图层蒙版，以遮盖过度曝光或曝光不足的区域或内容差异。“自动混合图层”功能仅适用于RGB或灰度图像，不适用于智能对象、视频图层、3D图层或“背景”图层。选择两个或两个以上的图层，然后执行“编辑>自动混合图层”命令，打开“自动混合图层”对话框，如图3-161所示。其中包含两种混合方式：“全景图”是将重叠的图层混合成全景图，效果如图3-162所示。“堆叠图像”可以混合每个相应区域中的最佳细节，适合用于已对齐的图层，效果如图3-163所示。

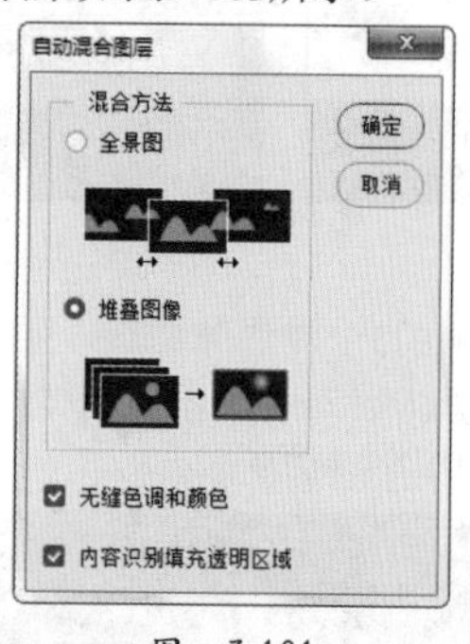

图 3-161

图 3-162

图 3-163

★ 案例实战——使用“自动混合图层”功能制作全幅风景

案例文件	案例文件\第3章\使用“自动混合图层”功能制作全幅风景.psd
视频教学	视频文件\第3章\使用“自动混合图层”功能制作全幅风景.mp4
难易指数	★★★★★
技术要点	掌握“自动混合图层”功能的使用方法

扫码看视频

案例效果

本案例使用“自动混合图层”功能将多张图片混合为一张全景图，如图3-164所示。

操作步骤

01 按Ctrl+N快捷键新建一个文档，具体参数设置如图3-165所示。

图 3-164

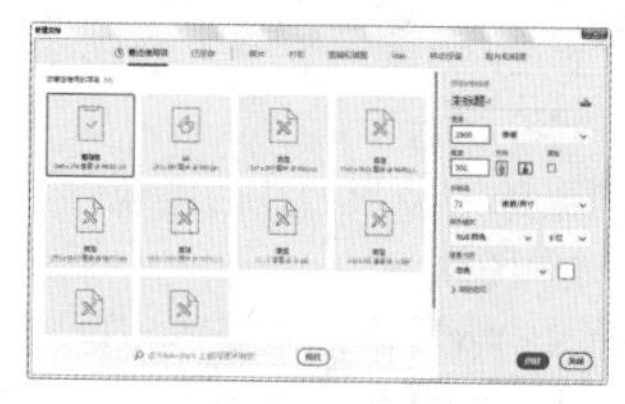

图 3-165

02 打开本书配套资源中的“1.jpg”文件，然后将其拖曳到当前文档中，使用自由变换工具快捷键Ctrl+T调整大小，将其栅格化并放置在画布的最左侧，如图3-166所示。

03 用同样的方法依次置入另外几张图像，将其栅格化后摆放在合适的位置，此时可以看到多张图像衔接处有明显的痕迹，如图3-167所示。

图 3-166

图 3-167

04 在“图层”面板中选中这5个图层，执行“编辑>自动混合图层”命令，设置混合方法为“全景图”，如图3-168和图3-169所示。

图 3-168

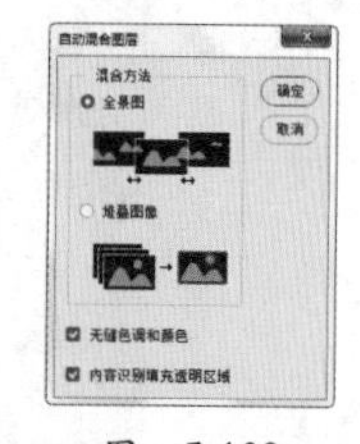

图 3-169

05 单击“确定”按钮后即可得到混合效果，如图3-170所示。

图 3-170

06 使用裁剪工具裁剪掉多余区域，最终效果如图3-171所示。

图 3-171

课后练习

扫码看视频

【课后练习1——利用“自由变换”命令制作飞舞的蝴蝶】

思路解析：本案例主要通过“自由变换”命令改变蝴蝶的形状，并通过复制、粘贴命令的使用制作出多个飞舞的蝴蝶。

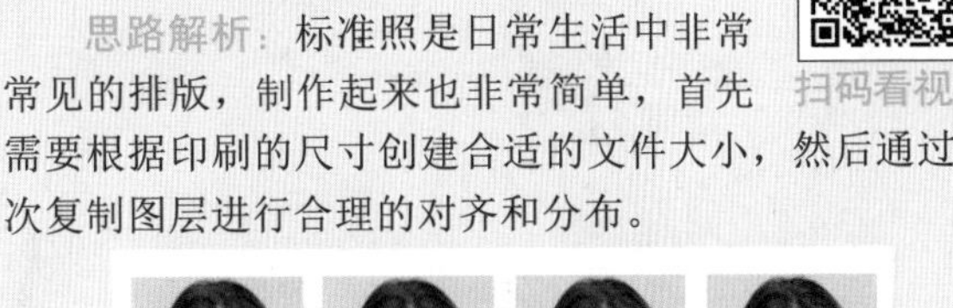

扫码看视频

【课后练习2——使用“对齐”与“分布”命令制作标准照】

思路解析：标准照是日常生活中非常常见的排版，制作起来也非常简单，首先需要根据印刷的尺寸创建合适的文件大小，然后通过多次复制图层进行合理的对齐和分布。

本章小结

本章所涉及的知识点均为实际操作中最常用到的功能。例如，从调整“图像大小”以及使用“裁切”命令的多个方面讲解了调整大小的方法。图像的变形也是本章的重点内容，熟练掌握“自由变换”“内容识别缩放”“操控变形”命令的快捷使用方法，对提高设计效率有非常大的帮助。

读书笔记

第4章

选区的编辑与应用

本章内容简介：

在学习选区的操作之前首先需要了解选区是做什么的，掌握获取选区的基本方法和思路。本章介绍了多种使用选区工具获取选区的方法，以及得到选区后的编辑、存储、调用、填充、描边等操作的使用。

本章学习要点：

- 掌握选区工具的使用方法。
- 掌握常用抠图工具与技巧。
- 掌握选区的编辑方法。
- 掌握填充与描边选区的应用。

4.1 认识选区

在Photoshop中处理图像时，经常需要针对局部效果进行调整。通过选择特定区域，可以对该区域进行编辑并保持，而未选定区域不会被改动。这时就需要为图像指定一个有效的编辑区域，这个区域就是选区。无论是进行平面设计、照片处理或是创意合成都离不开选区，下面就来领略一下选区强大的功能吧。如图4-1和图4-2所示为使用选区技术制作的作品。

图 4-1

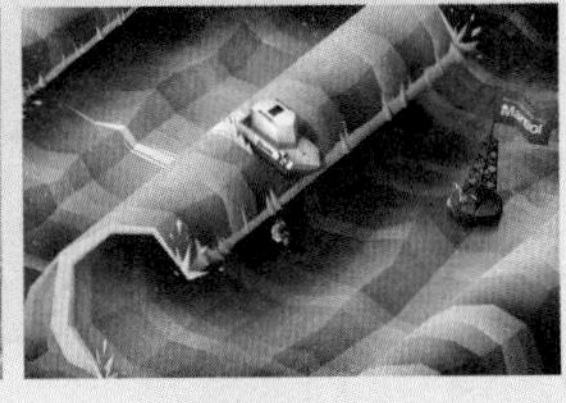

图 4-2

4.1.1 选区的基本功能

选区可以应用在平面设计的各个环节中，而选区的基本功能无外乎“限制作用区域”以及“抠图”这两项。以图4-3为例，需要改变中间柠檬的颜色，这时就可以使用磁性套索工具或钢笔工具绘制出需要调色的区域选区。然后对这些区域进行单独调色即可，如图4-4所示。

图 4-3

图 4-4

选区的另外一项重要功能是图像局部的分离，也就是抠图。以图4-5为例，要将图中的前景物体分离出来，可以使用快速选择工具或磁性套索工具制作主体部分选区。接着将选区中的内容复制粘贴到其他合适的背景文件中，并添加其他合成元素即可完成一个合成作品，如图4-6所示。

图 4-5

图 4-6

在Photoshop中包含多种选区工具以及选区编辑调整命令，主要分布于工具箱的上半部分以及菜单栏的“选择”菜单中，如图4-7和图4-8所示。

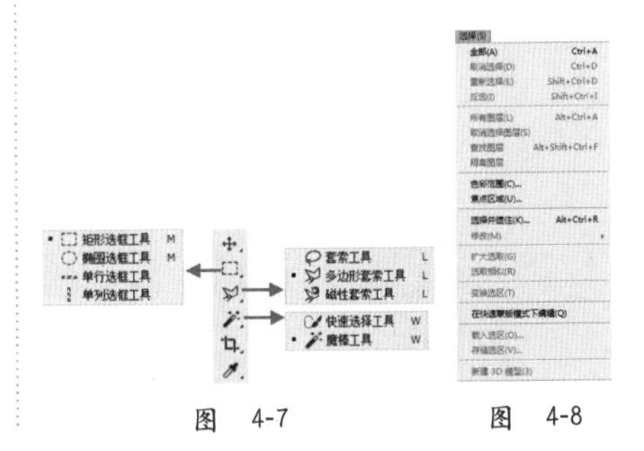

图 4-7　　图 4-8

4.1.2 选区与抠图

“抠图”也叫“去背”，是指将主体物（需要保留的部分）从画面中分离出来的过程。“抠图”是Photoshop的核心功能之一，从字面意义上“抠图”可以理解为从图像中“抠”出部分内容，也就是将需要保留与需要删除的图形区分开。但是“抠图”的意义却不仅仅在于提取图像内容，更多的是服务于图像的修饰以及画面的合成等操作，如图4-9所示。

图 4-9

技巧提示

“抠图”作为Photoshop最常用的操作之一，并非是单一的工具或是命令操作。想要进行抠图几乎可以使用到Photoshop的大部分工具命令，例如擦除工具、修饰绘制工具、选区工具、选区编辑命令、蒙版技术、通道技术、图层操作、调色技术以及滤镜等。虽然看起来抠图操作纷繁复杂，实际上大部分工具命令都是用于辅助用户进行更快捷、更容易地抠图，而制作“选区”才是抠图真正的核心所在。

想要实现“抠图”，可以“去除背景”或“提取主体”。“去除背景”很好理解，在Photoshop中想要轻松随意地擦除背景部分，可以使用橡皮擦工具。但是，要进行精确的去除背景或者提取部分主体物就需要制作出一个“特定的区域”，这个区域就是选区，如图4-10所示。

图 4-10

4.1.3 抠图常用技法

除了可以通过使用默认的选区工具进行抠图外，在Photoshop中还有其他的抠图技法，例如“基于颜色的抠图”“通道抠图”“蒙版抠图”“边缘检测抠图”和“外挂滤镜抠图”等。不同的抠图技法适用于不同的情况，熟练掌握这些常用抠图技法并且交互使用才能更好、更快地实现抠图操作。

制作规则选区

圆形和方形是经常会使用到的选区，使用工具箱中的选框工具组[]可以轻松地制作圆形和方形选区。选框工具组是Photoshop中最常用的选区工具，适合制作圆形、椭圆形、正方形、长方形的选区，如图4-11和图4-12所示分别为典型的矩形选区和圆形选区。

图 4-11

图 4-12

制作不规则选区

在实际设计制作中不规则选区也是非常常见的，绘制简单的、并不需要特别精确的不规则的选区时可以使用工具箱中的套索工具组。对于转折处比较强烈的图案，可以使用多边形套索工具来进行选择，对于转折比较柔和的可以使用套索工具，如图4-13和图4-14所示分别为转折处比较强烈的选区和转折处比较柔和的选区。

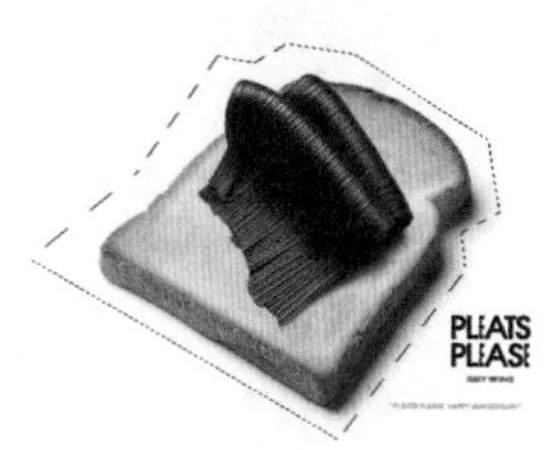

图 4-13

图 4-14

制作精确选区

在提取人像、产品或画面中某些形状复杂的元素时，精确的选区是必不可少的。此时精确的抠图工具就非钢笔工具莫属了。钢笔工具属于典型的矢量工具，通过钢笔工具可以绘制出平滑或者尖锐的任何形状的路径，绘制完成后可以将其转换为相同形状的选区，从而进行抠图，如图4-15和图4-16所示。

图 4-15

图 4-16

基于色调制作选区

基于色调进行抠图主要是利用主体物以及背景之间的色调、亮度等颜色上的差异进行选区的制作，也是Photoshop抠图的常用途径。如果需要选择的对象与背景之间的色调差异比较明显，那么使用魔棒工具、快速选择工具、磁性套索工具和“色彩范围”命令可以快速地将对象分离出来。如图4-17和图4-18所示是使用快速选择工具将前景对象抠选出来，并更换背景后的效果。

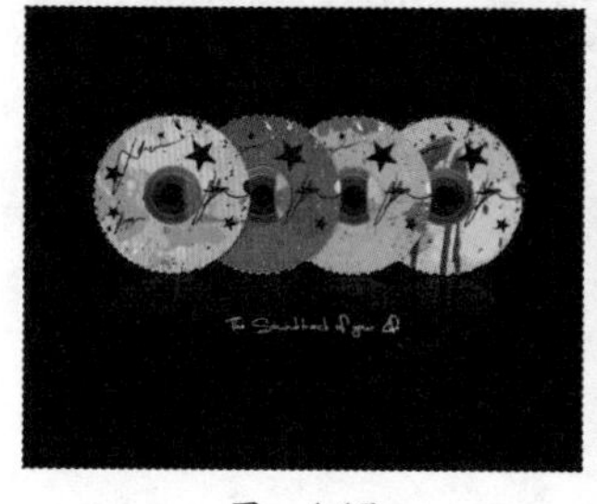

图 4-17

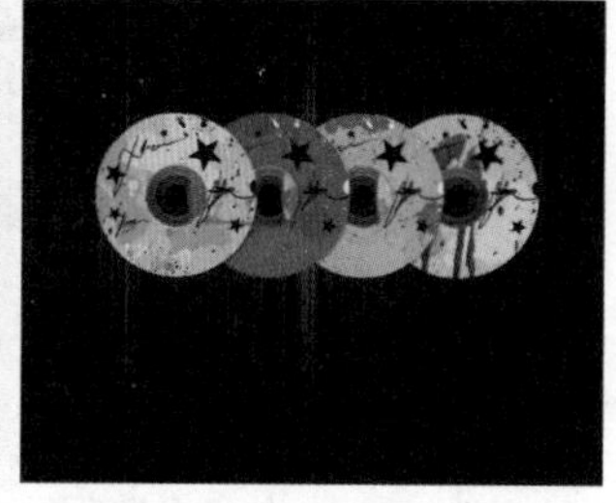

图 4-18

通道抠图

通道抠图是利用通道与选区的互通性，通过图像通道的明度差别建立特殊选区，例如毛发、婚纱、烟雾、玻璃以及具有运动模糊的物体等抠图的“疑难杂症”都可以交给通道抠图。如图4-19和图4-20所示为半透明的婚纱抠图和杂乱的毛发抠图。

图 4-19

图 4-20

快速蒙版选择法

快速蒙版是一种可以通过绘制的方法创建或编辑选区的工具。在快速蒙版状态下，可以使用各种绘画工具和滤镜对选区进行细致的处理。例如，如果要将图中的前景对象抠选出来，如图4-21所示。就可以进入快速蒙版状态，然后使用画笔工具在快速蒙版中的背景部分进行绘制（绘制出的选区为红色状态），如图4-22所示。绘制完成后按Q键退出快速蒙版状态，Photoshop会自动创建选区，这时就可以删除背景，如图4-23所示。也可以为前景对象重新添加背景，如图4-24所示。

图 4-21

图 4-22

图 4-23

图 4-24

4.2 轻松制作简单选区

视频精讲：Photoshop 新手学视频精讲课堂/使用选框工具.mp4

选框工具组位于工具箱的上半部分，右击该按钮即可弹出该工具组的其他工具，如图4-25所示。通过这些工具可以轻松绘制矩形选区、正方形选区、椭圆选区、正圆选区、单行选区、单列选区，如图4-26所示。

选择选框工具组中的工具后在选项栏中会出现相应的选项设置，以椭圆选框工具为例，如图4-27所示。

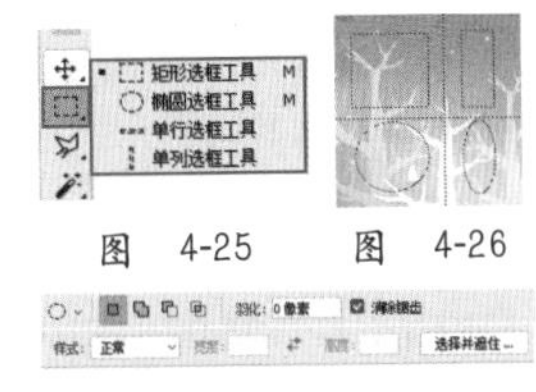

图 4-25　图 4-26

图 4-27

- 选区运算：可以将多个选区进行“相加”“相减”“交叉”以及“排除”等操作从而获得新的选区。
- 羽化：0像素：主要用来设置选区边缘的虚化程度。羽化值越大，虚化范围越宽；羽化值越小，虚化范围越窄；如图4-28所示为羽化数值分别为0像素与20像素时的边界效果。

图 4-28

- 消除锯齿：通过柔化边缘像素与背景像素之间的颜色过渡效果，来使选区边缘变得平滑，如图4-29所示是未选中“消除锯齿”复选框时的图像边缘效果，如图4-30所示是选中“消除锯齿”复选框时的图像边缘效果。由于“消除锯齿”只影响边缘像素，因此不会丢失细节，在剪切、拷贝和粘贴选区图像时非常有用。只有在使用椭圆选框工具时“消除锯齿”选项才可用。

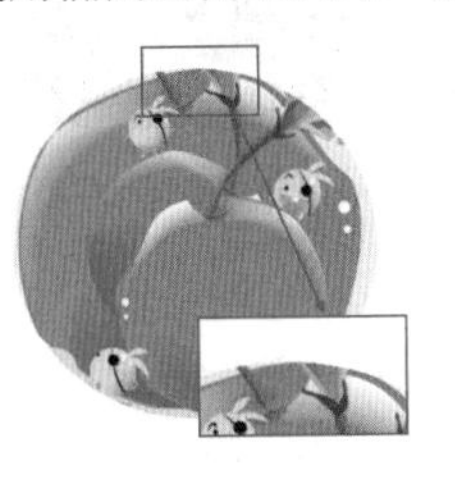

图 4-29

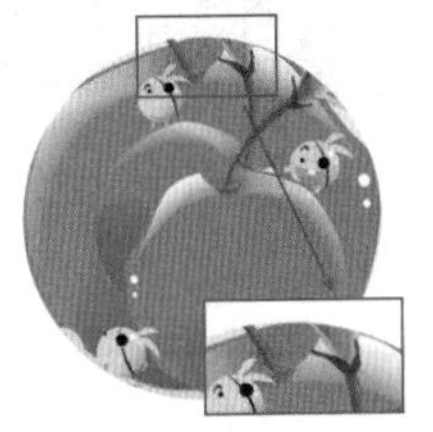

图 4-30

技巧提示

当设置的“羽化”数值过大，以至于任何像素都不大于50%时，Photoshop会弹出一个警告对话框，提醒用户羽化后的选区将不可见（选区仍然存在），如图4-31所示。

图 4-31

- 样式: 正常 宽度: 高度: ：用来设置矩形选区的创建方法。当选择“正常”选项时，可以创建任意大小的矩形选区；当选择“固定比例”选项时，可以在“右侧”的“宽度”和“高度”文本框中输入数值，以创建固定比例的选区。例如，设置“宽度”为1、“高度”为2，那么创建出来的矩形选区的高度就是宽度的2倍；当选择“固定大小”选项时，可以在右侧的“宽度”和“高度”文本框中输入数值，然后单击即可创建一个固定大小的选区（单击“高度和宽度互换”按钮可以切换“宽度”和“高度”的数值）。
- 选择并遮住...：与执行“选择>选择并遮住”命令相同，单击该按钮，进入“选择并遮住”的调整状态，在该状态下可以对选区进行平滑、羽化等处理。

4.2.1 矩形选框工具

矩形选框工具主要用于创建矩形选区与正方形选区。单击工具箱中的“矩形选框工具”按钮，在页面中单击，并按住鼠标左键向右下角拖曳，即可绘制选区，如图4-32 所示。在绘制时按住Shift键可以绘制正方形选区，如图4-33所示。

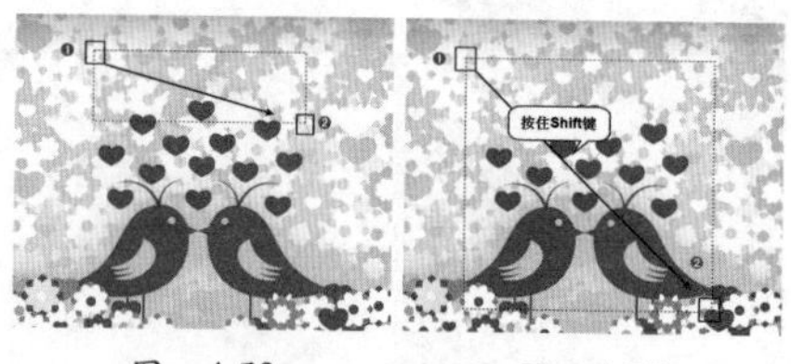

图 4-32　　图 4-33

★ 案例实战——使用矩形选框工具制作奇异建筑

案例文件	案例文件\第4章\使用矩形选框工具制作奇异建筑.psd
视频教学	视频文件\第4章\使用矩形选框工具制作奇异建筑.mp4
难易指数	★★★★★
技术要点	矩形选框工具

扫码看视频

案例效果

本案例主要是通过使用矩形选框工具制作创意广告招贴海报，如图4-34所示。

操作步骤

01 打开本书配套资源中的“1.jpg”文件，如图4-35所示。

图 4-34　　图 4-35

02 使用矩形选框工具在主体建筑上端的边缘处单击，并向右下拖动光标，绘制合适的选区，如图4-36所示。然后按Ctrl+J快捷键将选区内容复制并粘贴到新选区，并使用移动工具将其向右移到合适的位置，效果如图4-37所示。

图 4-36　　图 4-37

03 用同样的方法绘制建筑左侧的天空部分的矩形选区，如图4-38所示。选择“背景”图层，并复制选区中的天空部分，向右移动遮挡住原始建筑，如图4-39所示。

图 4-38　　图 4-39

04 为了增强画面效果，执行“文件>置入嵌入对象”命令，置入前景素材文件“2.png”并将其栅格化，效果如图4-40所示。在“图层”面板中新建图层3，执行“编辑>填充”命令，将图层填充为蓝色，如图4-41所示。

图 4-40　　图 4-41

05 设置图层3的混合模式为“柔光”，“不透明度”为35%，如图4-42所示。最终效果如图4-43所示。

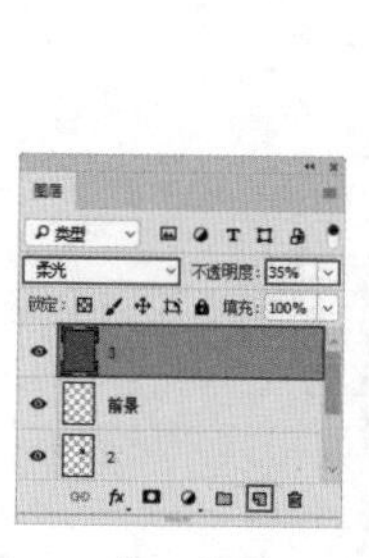

图 4-42　　图 4-43

4.2.2 椭圆选框工具

椭圆选框工具〇主要用来制作椭圆选区和正圆选区。该工具的使用方式与矩形选框工具相同，单击工具箱中的"椭圆选框工具"按钮，在画布中按住鼠标左键并拖动，即可绘制椭圆选区，如图4-44所示。按住Shift键可以创建正圆选区，如图4-45所示。按住Alt键可以以起点作为圆心进行绘制，如图4-46所示。

图 4-44

图 4-45

图 4-46

★ 案例实战——制作活泼的圆形标志

案例文件	案例文件\第4章\制作活泼的圆形标志.psd
视频教学	视频文件\第4章\制作活泼的圆形标志.mp4
难易指数	★★★★★
技术要点	椭圆选框工具、自由变换、渐变工具

扫码看视频

案例效果

本案例主要使用椭圆选框工具、自由变换和渐变工具等制作活泼的圆形标志，如图4-47所示。

图 4-47

操作步骤

01 新建文件，设置前景色为暗红色，使用椭圆选框工具，按住Shift键绘制正圆选区，如图4-48所示。使用填充前景色快捷键Alt+Delete对选区进行填充，如图4-49所示。

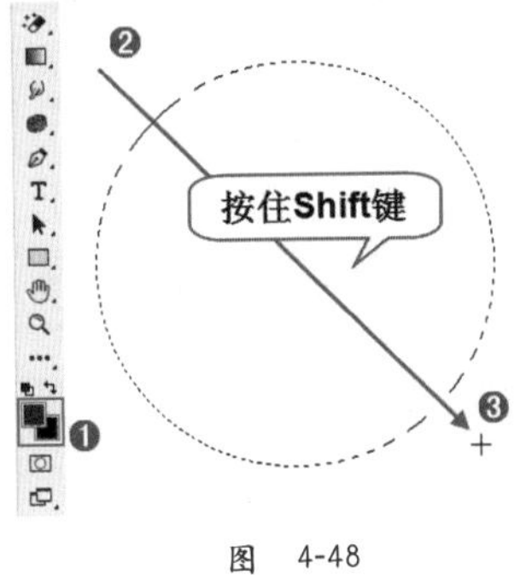

图 4-48

图 4-49

02 继续新建图层"白圆"，用同样的方法制作白色正圆，如图4-50所示。在"图层"面板中按住Ctrl键单击"白圆"图层缩览图，载入白色正圆图层的选区，如图4-51所示。

图 4-50

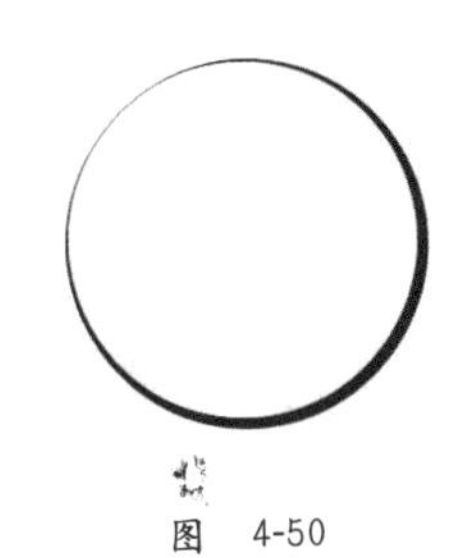

图 4-51

03 在选区上右击，在弹出的快捷菜单中执行"变换选区"命令，将光标定位到界定框的上方和下方，按住鼠标左键并向圆心的位置进行移动，如图4-52所示。变换完成后按Enter键完成操作，新建图层。单击工具箱中的渐变工具，在选项栏中编辑黄色系的渐变，设置"绘制模式"为径向，在选区中心按住鼠标左键并向右下拖动光标填充渐变，如图4-53所示。

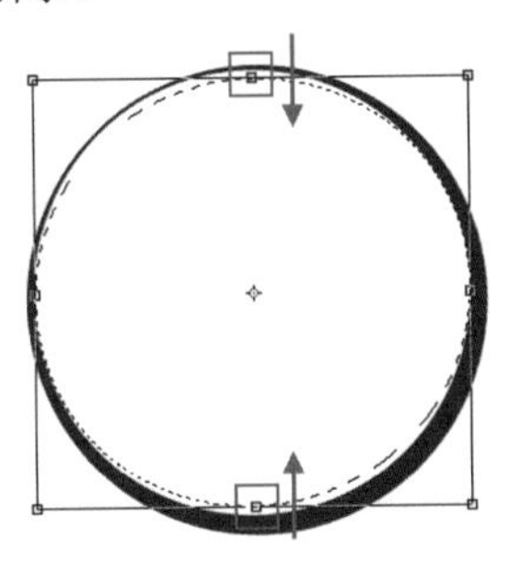

图 4-52

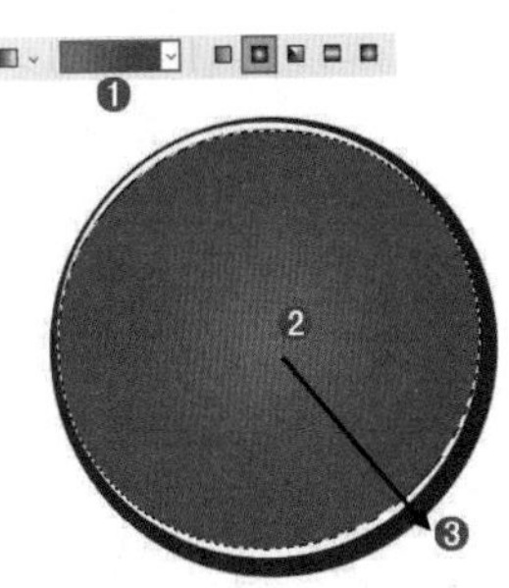

图 4-53

04 添加文字部分"1.png"并将其栅格化，最终效果如图4-54所示。

图 4-54

4.2.3 单行/单列选框工具

单行选框工具▭、单列选框工具▯主要用来创建高度或宽度为1像素的选区，常用来制作网格效果，如图4-55所示。单行选框工具、单列选框工具的使用方法非常简单，只需在画面中单击即可创建选区。

图 4-55

4.3 选区的基本操作

在4.2节中学习了简单选区的创建方法，本节将要进行选区基本操作的讲解。选区虽然是一种不能够打印呈现在纸张上的“虚拟对象”，但是它也可以进行多种操作，例如移动、变换、选区之间的运算、全选与反选、取消选择与重新选择、存储与载入等。

4.3.1 取消选择与重新选择

01 执行“选择>取消选择”命令或按Ctrl+D快捷键，可以取消选区状态。

02 如果要恢复被取消的选区，可以执行“选择>重新选择”命令。

4.3.2 全选

技术速查：“全选”命令顾名思义即选择画面的全部范围。

执行“选择>全选”命令或按Ctrl+A快捷键，可以选择当前文档边界内的所有区域，选区边界位于画面的四周，如图4-56所示。

图 4-56

4.3.3 选择反向的选区

创建选区以后，执行“选择>反向选择”命令或按Shift+Ctrl+I组合键，可以选择反相的选区，也就是选择图像中没有被选择的部分，如图4-57和图4-58所示。

图 4-57

图 4-58

4.3.4 载入图层选区

如果要载入单个图层的选区，可以按住Ctrl键的同时单击该图层的缩览图，如图4-59所示。此时图层内容的外轮廓即可作为选区被载入，如图4-60所示。

图 4-59

图 4-60

技巧提示

在“通道”面板或“路径”面板中使用同样的方法也可以载入通道或路径的选区。

4.3.5 动手学：移动选区

01 将光标放置在选区内，当光标变为▷形状时，拖曳光标即可移动选区，如图4-61和4-62所示。

02 使用选框工具创建选区时，在松开鼠标左键之前，按住Space键（即空格键）拖曳光标，可以移动选区，如图4-63和图4-64所示。

03 在包含选区的状态下，按→、←、↑、↓键可以1像素的距离移动选区。

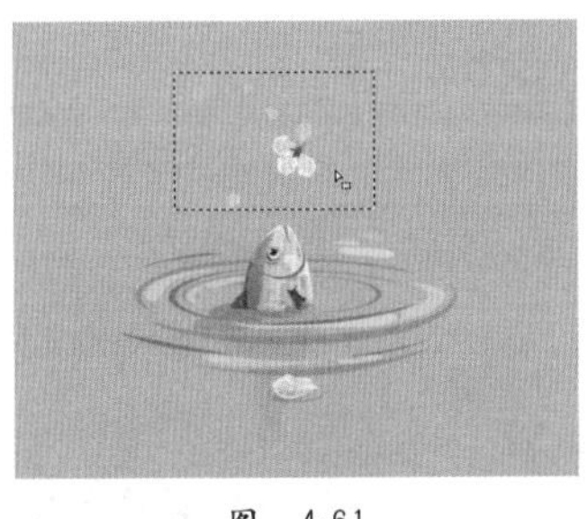

图　4-61

图　4-62

图　4-63

图　4-64

4.3.6　选区的显示与隐藏

- 技术速查：选择“视图>显示>选区边缘”命令可以切换选区的显示与隐藏。

创建选区以后，执行“视图>显示>选区边缘”命令或按Ctrl+H快捷键，可以隐藏选区（注意，隐藏选区后，选区仍然存在）；如果要将隐藏的选区显示出来，可以再次执行“视图>显示>选区边缘”命令或按Ctrl+H快捷键。

4.3.7　选区的运算

- 视频精讲：Photoshop 新手学视频精讲课堂/选区运算.mp4
- 技术速查：选区的运算可以将多个选区进行“相加”“相减”“交叉”以及“排除”等操作从而获得新的选区。

如果想制作图4-65所示的选区A和选区B，直接使用内置的选区工具可能难以绘制，但是通过观察能够看出选区A似乎是由一个圆形选区与一个方形选区“相加”得到的。而选区B则像是从一个方形的选区中“减去”一个圆形的选区。实际上也的确是通过对选区的“加加减减”制作出的，也就是本小节将要讲解的“选区运算”。

如果当前图像中包含选区，在使用任何选框工具、套索工具等选区工具创建选区时，选项栏中就会出现选区运算的相关设置，如图4-66所示。选区运算方式需要在绘制选区前进行设置，例如对于图4-67中的两个圆形选区，首先绘制了第一个较大的圆形选区，然后需要设置选区运算方式，之后才能绘制第二个选区。

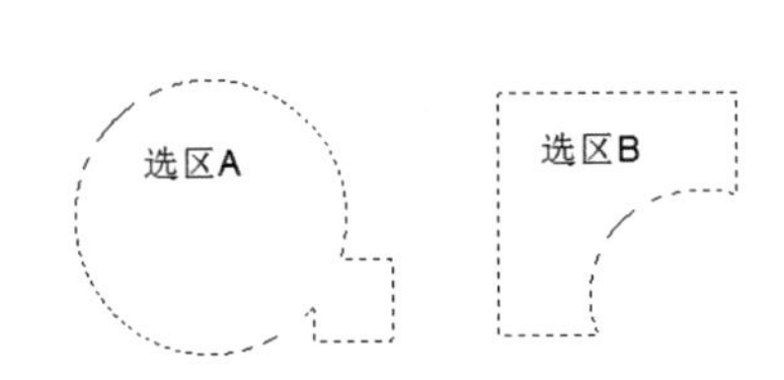

图　4-65

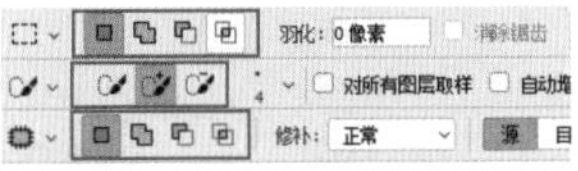

图　4-66

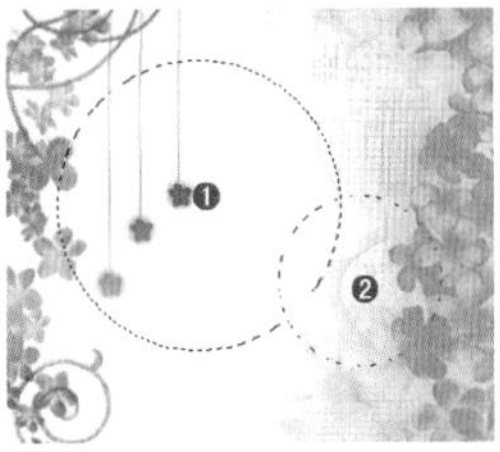

图　4-67

- “新选区”按钮：单击激活该按钮以后，可以创建一个新选区，如图4-68所示。如果已经存在选区，那么新创建的选区将替代原来的选区。
- “添加到选区”按钮：单击激活该按钮以后，可以将当前创建的选区添加到原来的选区中（按住Shift键也可以实现相同的操作），如图4-69所示。
- “从选区减去”按钮：单击激活该按钮以后，可以将当前创建的选区从原来的选区中减去（按住Alt键也可以实现相同的操作），如图4-70所示。
- “与选区交叉”按钮：单击激活该按钮以后，新建选区时只保留原有选区与新创建的选区相交的部分（按住Shift+Alt组合键也可以实现相同的操作），如图4-71所示。

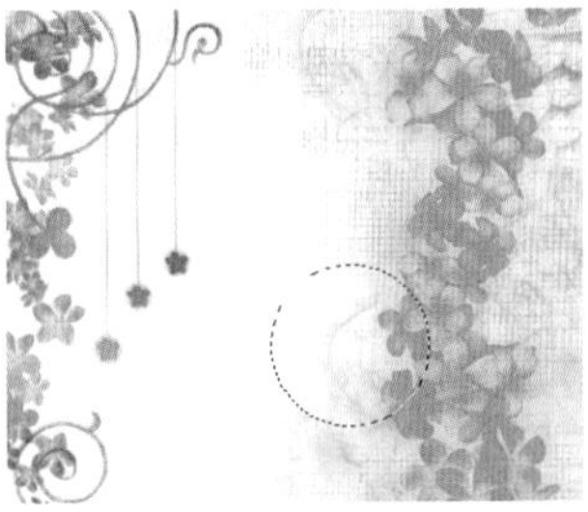

图　4-68

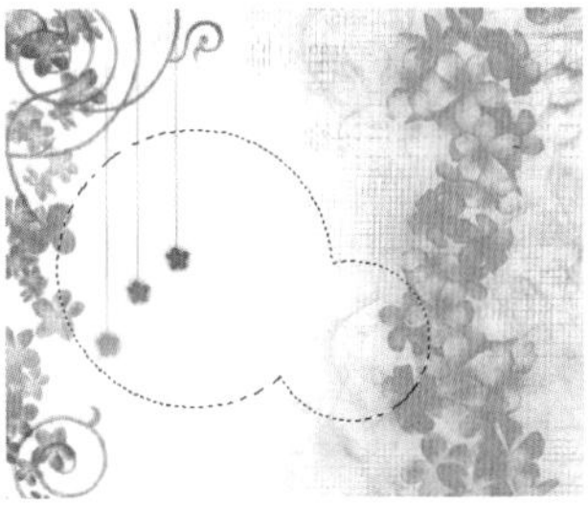

图　4-69

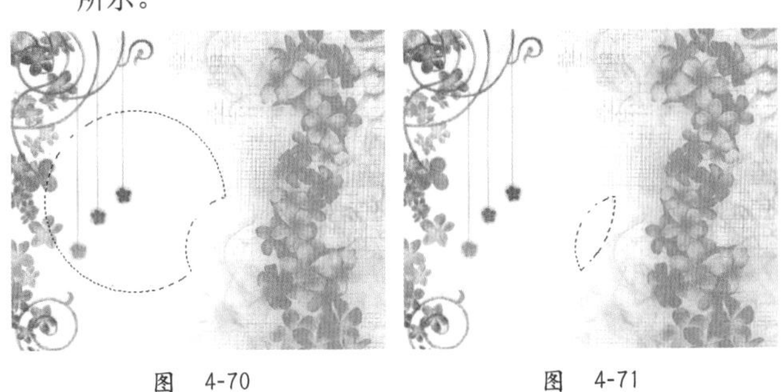

图　4-70

图　4-71

4.3.8 动手学：变换选区

选区的变换与图像的“变换”操作非常接近，在进行变换时都会出现界定框，通过调整界定框上控制点的位置即可调整选区的形态。

01 使用矩形选框工具绘制一个长方形选区，如图4-72所示。对创建好的选区执行“选择>变换选区”命令或按Alt+S+T组合键，选区周围出现界定框，如图4-73所示。

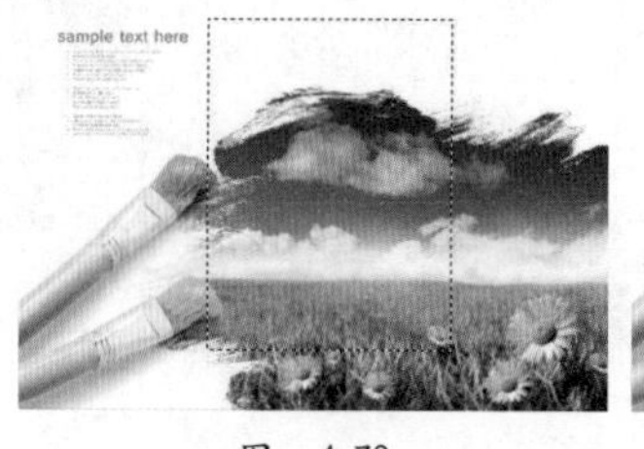

图 4-72

图 4-73

02 在选区变换状态下，在画布中右击，还可以选择其他变换方式，如图4-74和图4-75所示。按Enter键即可完成变换。

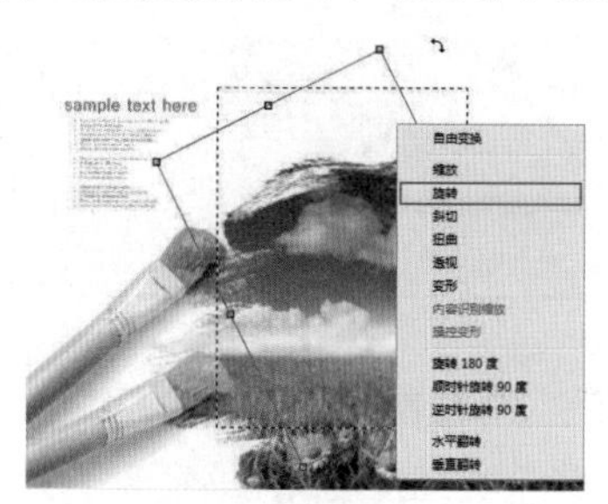

图 4-74

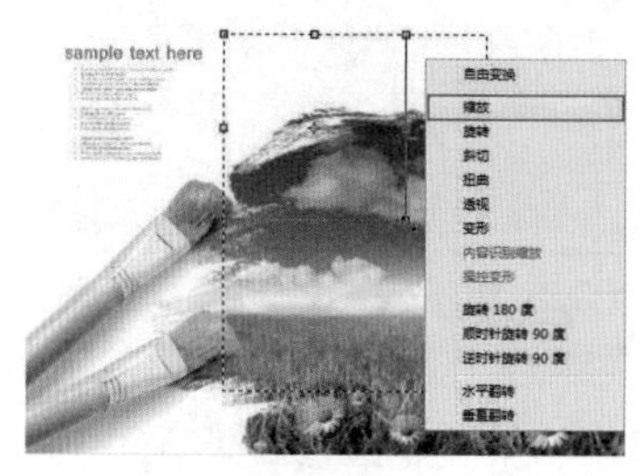

图 4-75

技巧提示

在缩放选区时，按住Shift键可以等比例缩放选区；按住Shift+Alt组合键可以以中心点为基准等比例缩放选区。

4.3.9 为选区描边

- 视频精讲：Photoshop 新手学视频精讲课堂/描边.mp4
- 技术速查：使用“描边”命令可以在选区、路径或图层周围创建彩色或者花纹边框效果。

创建选区，如图4-76所示。然后执行“编辑>描边”命令或按Alt+E+S组合键，打开“描边”对话框，如图4-77所示。当画面中存在选区时执行“描边”操作可以在选区的周边进行操作，在没有选区的状态下使用“描边”命令可以对所选图层中内容的边缘进行描边。

图 4-76

图 4-77

- 描边：主要用来设置描边的宽度和颜色，如图4-78和图4-79所示是不同“宽度”和“颜色”的描边效果。

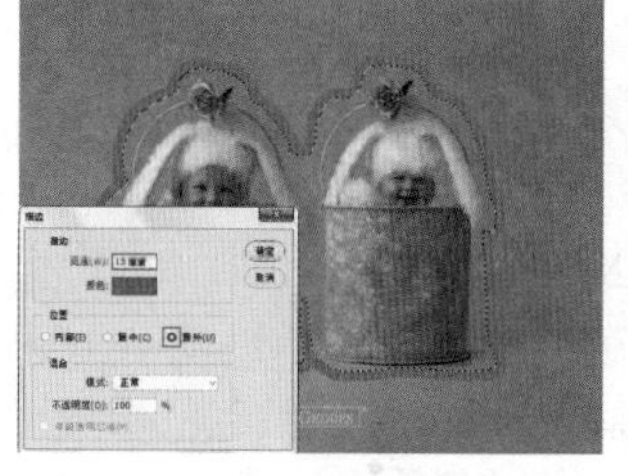

图 4-78

图 4-79

技巧提示

文字图层、智能图层、形状图层等特殊图层不能直接进行描边操作，如果想要对这些图层进行描边，可以使用“图层>图层样式>描边”命令。

- 位置：设置描边相对于选区的位置，包括“内部”“居中”和“居外”3个选项。
- 混合：用来设置描边颜色与底图的混合模式和不透明度。如果选中“保留透明区域”复选框，则只对包含像素的区域进行描边。

☆ 视频课堂——制作简约海报

扫码看视频

案例文件\第4章\视频课堂——制作简约海报.psd
视频文件\第4章\视频课堂——制作简约海报

思路解析：

01 使用钢笔工具绘制花朵形状并转换为选区。
02 填充花朵选区为蓝色。
03 使用多边形套索工具绘制两侧多边形选区，并填充颜色。
04 输入主体文字，栅格化后进行描边操作。
05 置入其他素材。

4.4 常用的创建选区的工具与命令

在Photoshop中获得选区的方法有很多，通过工具进行选区创建可以说是最基本的方法。而这些选区工具也是日常工作中最为常用的工具，在工具箱的上半部分就能够看到两个选区工具组：套索工具组与快速选择工具组，如图4-80所示。通过套索工具组可以创建随意的选区，而通过快速选择工具组则可以以颜色的差异创建选区，如图4-81所示。

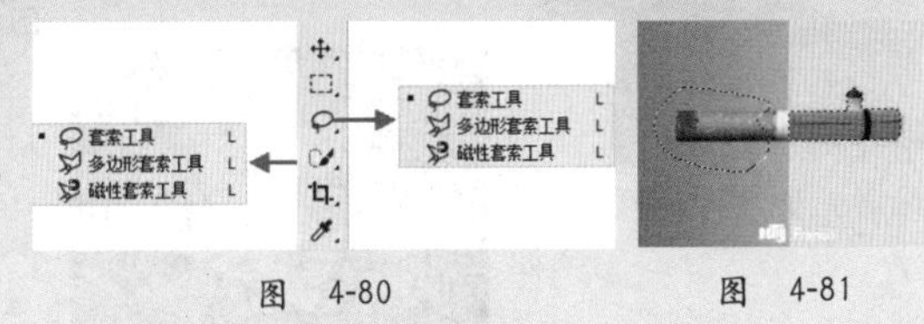

图 4-80　　图 4-81

4.4.1 套索工具

- 视频精讲：Photoshop 新手学视频精讲课堂/使用套索工具.mp4
- 技术速查：使用套索工具可以非常自由地绘制出形状不规则的选区，如图4-82所示。

套索工具位于工具箱中的套索工具组中，右击工具箱中的“套索工具组”按钮，在弹出的快捷菜单中单击“套索工具”，如图4-83所示。

图 4-82

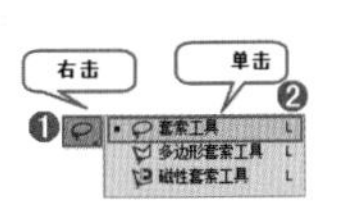

图 4-83

在图像上单击，确定起点位置，接着拖曳光标绘制选区，如图4-84所示。结束绘制时松开鼠标左键，选区会自动闭合并变为如图4-85所示的效果。如果在绘制中途松开鼠标左键，Photoshop会在该点与起点之间建立一条直线以封闭选区。

技巧提示

当使用套索工具绘制选区时，如果在绘制过程中按住Alt键，松开鼠标左键以后（不松开Alt键），Photoshop会自动切换到多边形套索工具。

图 4-84

图 4-85

4.4.2 多边形套索工具

- 视频精讲：Photoshop 新手学视频精讲课堂/使用套索工具.mp4
- 技术速查：多边形套索工具适合于随意地创建一些转角比较强烈的选区。

多边形套索工具与套索工具的使用方法类似，单击工具箱中的“多边形套索工具”按钮，在画面中单击确定起点，拖动光标向其他位置移动并多次单击确定选区转折的位置。最后需要将光标定位到起点处，完成路径的绘制，如图4-86所示。得到多边形选区，如图4-87所示。

技巧提示

在使用多边形套索工具绘制选区时，按住Shift键，可以在水平方向、垂直方向或45°方向上绘制直线。另外，按Delete键可以删除最近绘制的直线。

图 4-86

图 4-87

★ 案例实战——使用多边形套索工具将照片合成到画面中

案例文件	案例文件\第4章\使用多边形套索工具将照片合成到画面中.psd
视频教学	视频文件\第4章\使用多边形套索工具将照片合成到画面中.mp4
难易指数	★★★★★
技术要点	多边形套索工具

扫码看视频

案例效果

本案例主要通过使用多边形套索工具绘制选区，并删除多余的部分，使照片合成到画面中，如图4-88所示。

图 4-88

操作步骤

01 执行“文件>打开”命令，打开背景素材照片“1.jpg”，如图4-89所示。然后执行“文件>置入嵌入对象”命令，置入人像照片素材“2.jpg”并将其栅格化，如图4-90所示。

图 4-89

图 4-90

技巧提示

置入到当前文档中的照片文件为“智能对象”，需要执行“图层>栅格化>图层”命令，转换为普通图层后即可进行删除等操作。

02 绘制选区，为了便于观察，将人像图层隐藏。在工具箱中单击“多边形套索工具”按钮，在选项栏中设置“绘制模式”为新选区，设置“羽化”为0像素，选中“消除锯齿”复选框，如图4-91所示。在画面中单击确定选区起点，然后将光标移动到下一点处再次单击，如图4-92所示。依次在转折处单击确定绘制转折点，如图4-93所示。

图 4-91

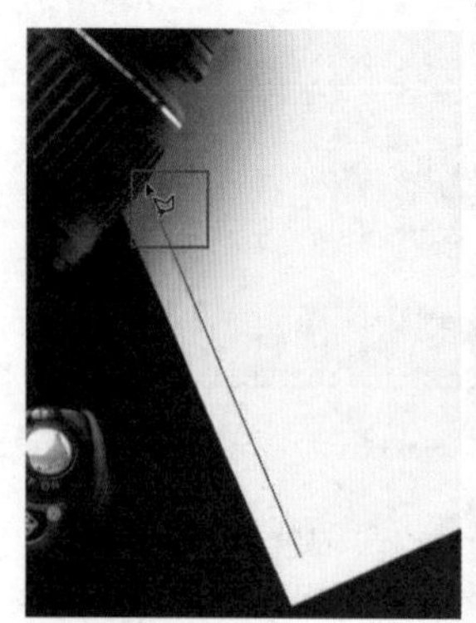
图 4-92

图 4-93

03 绘制完成后需要将光标定位到起始点，如图4-94所示。单击闭合选区，选区效果如图4-95所示。

图 4-94

图 4-95

04 在当前选区右击，在弹出的快捷菜单中执行“选择反向”命令，然后在“图层”面板中显示出人像素材图层，并按Delete键删除多余部分，如图4-96所示。

05 在“图层”面板中选中该图层，设置其混合模式为“正片叠底”，如图4-97所示。最终效果如图4-98所示。

图 4-96

图 4-97

图 4-98

☆ 视频课堂——利用多边形套索工具选择照片

扫码看视频

案例文件\第4章\视频课堂——利用多边形套索工具选择照片.psd
视频文件\第4章\视频课堂——利用多边形套索工具选择照片.mp4

思路解析：

01 置入照片素材，降低图层不透明度。
02 设置绘制模式为添加到选区，使用多边形套索工具绘制照片选区。
03 选择反向，删除多余部分。

4.4.3 磁性套索工具

- 视频精讲：Photoshop 新手学视频精讲课堂/使用套索工具.mp4
- 技术速查：磁性套索工具能够以颜色上的差异自动识别对象的边界并创建选区。

磁性套索工具是套索工具组中唯一一个基于颜色创建选区的工具，特别适合于主体物与背景颜色对比强烈且边缘复杂的对象的抠图与选区的绘制，如图4-99和图4-100所示。

图 4-99

图 4-100

单击工具箱中的“磁性套索工具”按钮，将光标定位到要绘制选区的起点处并单击，然后沿要绘制的对象移动光标，磁性套索工具会自动对齐图像的边缘并创建路径，如图4-101所示。绘制完毕后需要将光标移动回起点处并单击起点得到选区，如图4-102所示。

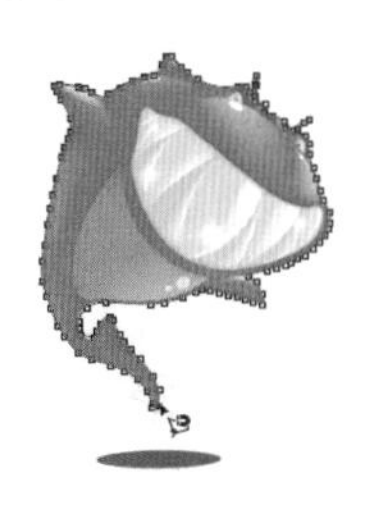

图 4-101

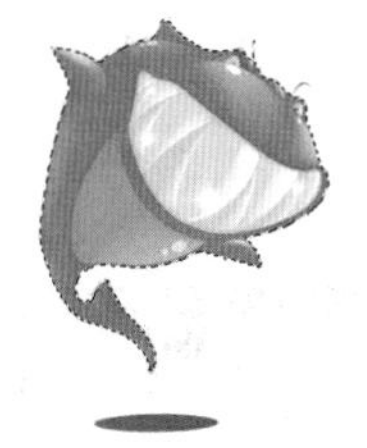

图 4-102

技巧提示

使用磁性套索工具时按住Alt键可以切换到多边形套索工具，以勾选转角比较强烈的边缘。

单击工具箱中的“磁性套索工具”按钮，在选项栏中显示了磁性套索工具的设置选项。其中宽度、对比度与频率控制着磁性套索工具绘制选区的精准度，如图4-103所示。

图 4-103

- 宽度：“宽度”值决定了以光标中心为基准，光标周围有多少个像素能够被磁性套索工具检测到，如果对象的边缘比较清晰，可以设置较大的值；如果对象的边缘比较模糊，可以设置较小的值，如图4-104和图4-105所示分别是“宽度”值为20和200时检测到的边缘。
- 对比度：主要用来设置磁性套索工具感应图像边缘的灵敏度。如果对象的边缘比较清晰，可以将该值设置得高一些；如果对象的边缘比较模糊，可以将该值设置得低一些。
- 频率：在使用磁性套索工具勾画选区时，Photoshop会生成很多锚点，“频率”选项就是用来设置锚点的数量。数值越高，生成的锚点越多，捕捉到的边缘越准确，但是可能会造成选区不够平滑，如图4-106和图4-107所示分别是“频率”为10和100时生成的锚点。

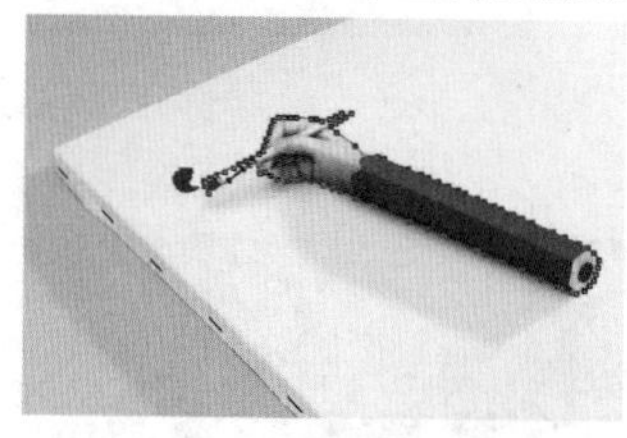

图 4-104

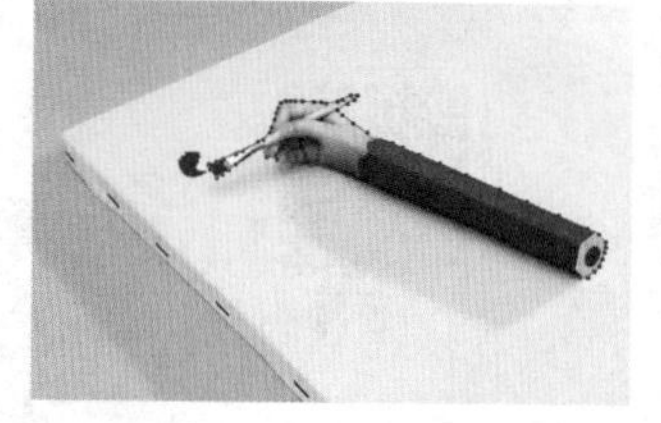

图 4-105

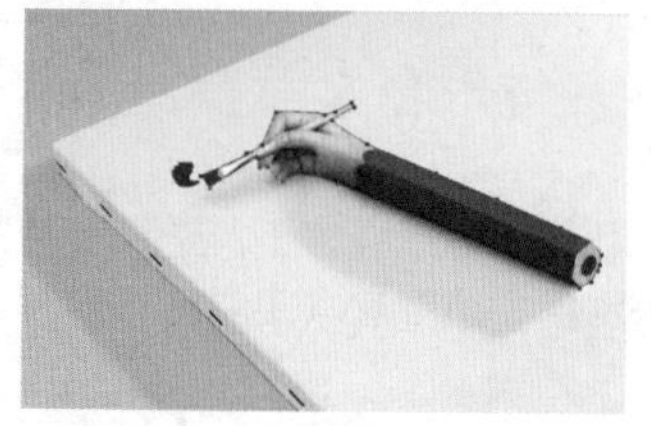

图 4-106

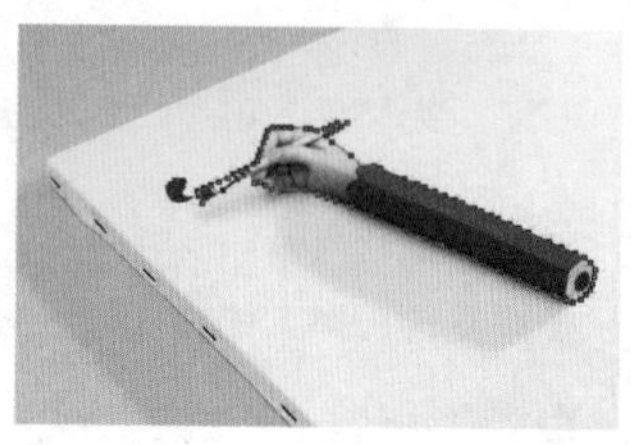

图 4-107

技巧提示

在使用磁性套索工具勾画选区时，按住Caps Lock键，光标会变成⊙形状，圆形的大小就是该工具能够检测到的边缘宽度。另外，按↑键和↓键可以调整检测宽度。

★ 案例实战——使用磁性套索工具制作选区

案例文件	案例文件\第4章\使用磁性套索工具制作选区.psd
视频教学	视频文件\第4章\使用磁性套索工具制作选区.mp4
难易指数	★★★★★
技术要点	磁性套索工具制作选区

扫码看视频

案例效果

本案例主要通过使用磁性套索工具配合选区运算方式，绘制人像选区并进行抠图操作，效果如图4-108所示。

操作步骤

01 打开人像照片素材“1.jpg”，从图中可以看到人像主体部分与背景部分的颜色反差非常大，适合磁性套索工具的使用，如图4-109所示。

图 4-108

图 4-109

02 在工具箱中选择磁性套索工具，在选项栏中设置“绘制模式”为“新选区”，设置“羽化”为“0像素”，如图4-110所示。在画面中单击，确定起始绘制点，如图4-111所示。

图 4-110

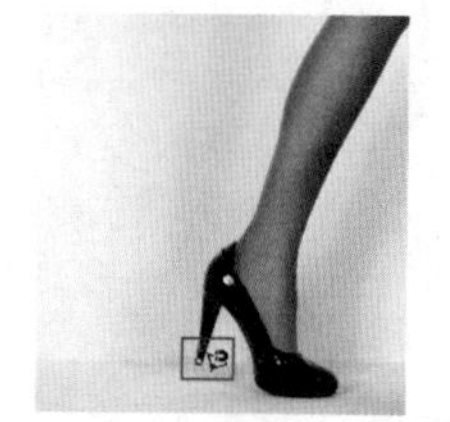

图 4-111

03 沿着人像与背景的边缘进行绘制，如图4-112所示。闭合绘制选区出现，如图4-113所示。绘制完毕后选区效果如图4-114所示。

图 4-112

图 4-113

图 4-114

04 通过观察发现头发部分有部分没有完全选中，因此在选项栏中设置“绘制模式”为“添加到选区”，如图4-115所示。在画面中拖曳绘制人物的头发部分，如图4-116所示。绘制完毕后效果如图4-117所示。

05 用同样的方法制作右侧的头发选区，如图4-118所示。

图 4-115

图 4-116

图 4-117

图 4-118

06 在选项栏中设置“绘制模式”为“从选区减去”，如图4-119所示。在左侧手臂内侧进行拖曳绘制，如图4-120和图4-121所示。绘制完毕后选区效果如图4-122所示。

图 4-119

图 4-120　图 4-121　图 4-122

07 用同样的方法绘制右侧手臂内部的选区部分，得到了完整的人像选区，如图4-123所示。选区绘制完毕后，按Ctrl+J快捷键将选区内容复制并粘贴到新图层，如图4-124所示。

图 4-123

图 4-124

08 置入素材背景“2.jpg”，将其栅格化并置于图层1的下方，最终效果如图4-125所示。

图 4-125

☆ 视频课堂——使用磁性套索工具换背景制作卡通世界

扫码看视频

案例文件\第4章\视频课堂——使用磁性套索工具换背景制作卡通世界.psd
视频文件\第4章\视频课堂——使用磁性套索工具换背景制作卡通世界.mp4

思路解析：

01 打开人像素材。
02 使用磁性套索工具沿人像边缘处绘制背景选区。
03 得到背景选区后进行删除。
04 添加新的前景和背景素材。

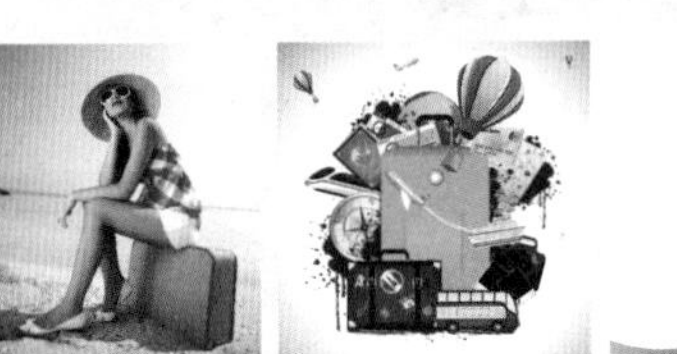

4.4.4 快速选择工具

- 视频精讲：Photoshop 新手学视频精讲课堂/快速选择工具与魔棒工具.mp4
- 技术速查：使用快速选择工具能够以可调整的圆形笔尖的形式迅速地绘制出画面颜色相似区域的选区，如图4-126和图4-127所示。

快速选择工具的使用方法非常简单，单击工具箱中的“快速选择工具” 按钮，在画面背景部分按住鼠标左键并拖曳光标，如图4-128所示。当拖曳笔尖时，选取范围不但会向外扩张，而且还可以自动寻找并沿着图像的边缘来描绘边界，如图4-129所示。

图 4-126

图 4-127

图 4-128

图 4-129

快速选择工具的选项栏如图4-130所示。

图 4-130

- 选区运算按钮：激活“新选区”按钮，可以创建一个新的选区；激活“添加到选区”按钮，可以在原有选区的基础上添加新创建的选区；激活“从选区减去”按钮，可以在原有选区的基础上减去当前绘制的选区。
- “画笔”选择器：单击倒三角按钮，可以在弹出的“画笔”选择器中设置画笔的大小、硬度、间距、角度以及圆度，如图4-131所示。在绘制选区的过程中，可以按]键和[键增大或减小画笔的大小。

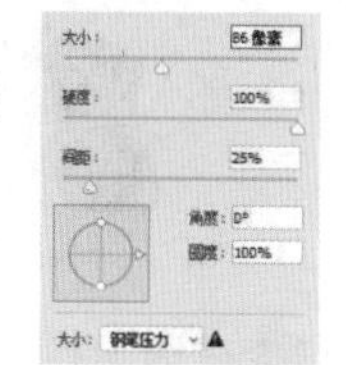

图 4-131

- 对所有图层取样：如果选中该复选框，Photoshop会根据所有的图层建立选取范围，而不仅是只针对当前图层，如图4-132和图4-133所示分别是未选中该复选框与选中该复选框时的选区效果。

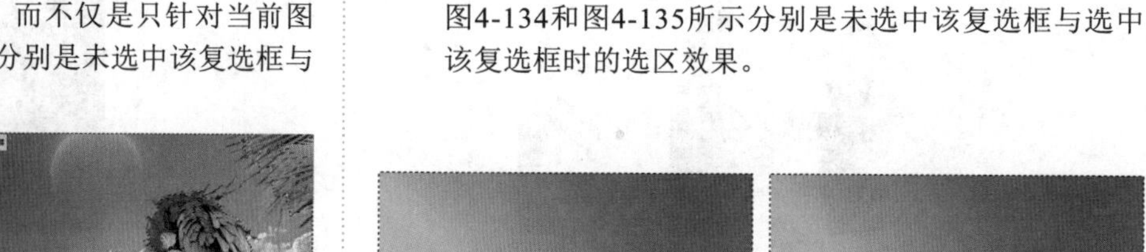

图 4-132

图 4-133

- 自动增强：降低选取范围边界的粗糙度与区块感，如图4-134和图4-135所示分别是未选中该复选框与选中该复选框时的选区效果。

图 4-134

图 4-135

4.4.5 魔棒工具

- 视频精讲：Photoshop 新手学视频精讲课堂/快速选择工具与魔棒工具.mp4
- 技术速查：使用魔棒工具在图像中单击即可选取颜色差别在容差值范围之内的区域。

魔棒工具在实际工作中的使用频率相当高，单击工具箱中的“魔棒工具”按钮，在选项栏中可以设置选区运算方式、取样大小、容差值等参数，其选项栏如图4-136所示。

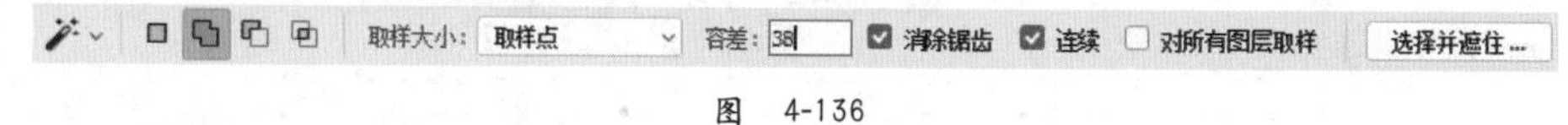

图 4-136

- 取样大小：用来设置魔棒工具的取样范围。选择“取样点”选项可以只对光标所在位置的像素进行取样；选择“3×3平均”选项可以对光标所在位置3个像素区域内的平均颜色进行取样；其他的以此类推。
- 容差：决定所选像素之间的相似性或差异性，其取值范围为0~255。数值越低，对像素的相似程度的要求越高，所选的颜色范围就越小；数值越高，对像素的相似程度的要求越低，所选的颜色范围就越广，如图4-137和图4-138所示分别为30和60时的选区效果。
- 连续：当选中该复选框时，只选择颜色连接的区域；当取消选中该复选框时，可以选择与所选像素颜色接近的所有区域，当然也包含没有连接的区域，如图4-139和图4-140所示分别为选中和取消选中“连续”复选框的效果。

图 4-137

图 4-138

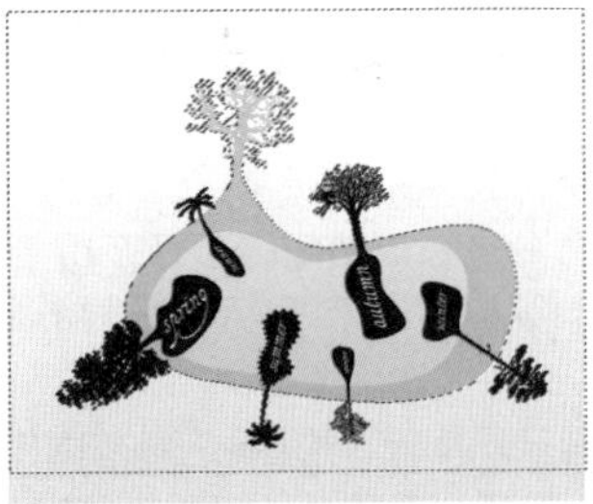

图 4-139

图 4-140

- 对所有图层取样：如果文档中包含多个图层，如图4-141所示，当选中该复选框时，可以选择所有可见图层上颜色相近的区域，如图4-142所示；当取消选中该复选框时，仅选择当前图层上颜色相近的区域，如图4-143所示。

图 4-141

图 4-142

图 4-143

★ 案例实战——使用魔棒工具去除背景

案例文件	案例文件\第4章\使用魔棒工具去除背景.psd
视频教学	视频文件\第4章\使用魔棒工具去除背景.mp4
难易指数	★★★★★
技术要点	魔棒工具

扫码看视频

案例效果

本案例主要通过使用魔棒工具制作背景选区并去除背景，如图4-144所示。

操作步骤

01 打开素材照片“1.jpg”，在画面中可以看到人像背景颜色非常接近，很适合使用魔棒工具进行抠取，如图4-145所示。

图 4-144

图 4-145

02 在工具箱中选择魔棒工具，在选项栏中设置“绘制模式”为“添加到选区”（由于使用魔棒工具很难一次性选中整个区域，所以需要多次选取），设置“容差”为32像素，选中“消除锯齿”复选框，取消选中“连续”复选框，如图4-146所示。在画面背景部分单击，如图4-147所示。在画面背景未选取部分继续多次单击，获得整个背景选区，如图4-148所示。

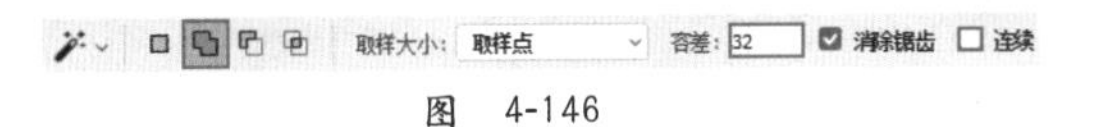

图 4-146

图 4-147

图 4-148

03 按 Shift+Ctrl+I组合键进行反选，如图4-149所示。按Ctrl+J快捷键将选区内容复制并粘贴到新图层，如图4-150所示。

图 4-149

图 4-150

04 置入照片素材“2.jpg”，将其栅格化并置于人像素材的下方，最终效果如图4-151所示。

图 4-151

4.4.6 使用“色彩范围”命令制作选区

- 视频精讲：Photoshop 新手学视频精讲课堂/色彩范围.mp4
- 技术速查：“色彩范围”命令是根据图像的颜色范围创建选区，而且“色彩范围”命令提供了多个参数控制选项，可以通过精细的颜色区域选择制作精度较高的选区。

打开一张图像，如图4-152所示。执行“选择>色彩范围”命令，打开“色彩范围”对话框，如图4-153所示。需要注意的是，“色彩范围 ”命令不可用于 32 位/通道的图像。

图 4-152　　图 4-153

- 选择：用来设置选区的创建方式。选择“取样颜色”选项时，光标会变成✐形状，将光标放置在画布中的图像上，或在“色彩范围”对话框的预览图像上单击，可以对颜色进行取样；选择“红色”“黄色”“绿色”“青色”等选项时，可以选择图像中特定的颜色；选择“高光”“中间调”和“阴影”选项时，可以选择图像中特定的色调；选择“肤色”选项时，会自动检测皮肤区域；选择“溢色”选项时，可以选择图像中出现的溢色，如图4-154所示。
- 本地化颜色簇：选中“本地化颜色簇”复选框后，拖曳“范围”滑块可以控制要包含在蒙版中的颜色与取样点的最大和最小距离，如图4-155所示。

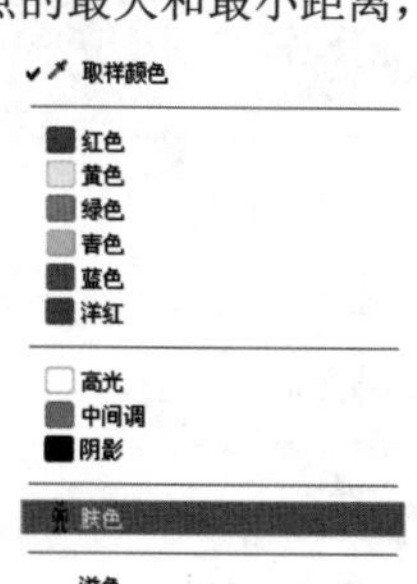

图 4-154　　图 4-155

- 颜色容差：用来控制颜色的选择范围。数值越高，包含的颜色越广；数值越低，包含的颜色越窄，如图4-156和图4-157所示分别为较低的颜色容差和较高的颜色容差。

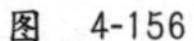

图 4-156　　图 4-157

- 选区预览图：选区预览图下面包含“选择范围”和“图像”两个选项。当选中“选择范围”单选按钮时，预览区域中的白色代表被选择的区域，黑色代表未选择的区域，灰色代表被部分选择的区域（即有羽化效果的区域）；当选中“图像”单选按钮时，预览区内会显示彩色图像，如图4-158和图4-159所示分别为选择范围、彩色图像对比效果。

图 4-158　　图 4-159

- 选区预览：用来设置文档窗口中选区的预览方式。选择“无”选项时，表示不在窗口中显示选区，如图4-160所示；选择“灰度”选项时，可以按照选区在灰度通道中的外观来显示选区，如图4-161所示；选择“黑色杂边”选项时，可以在未选择的区域上覆盖一层黑色，如图4-162所示；选择“白色杂边”选项时，可以在未选择的区域上覆盖一层白色，如图4-163所示；选择“快速蒙版”选项时，可以显示选区在快速蒙版状态下的效果，如图4-164所示。

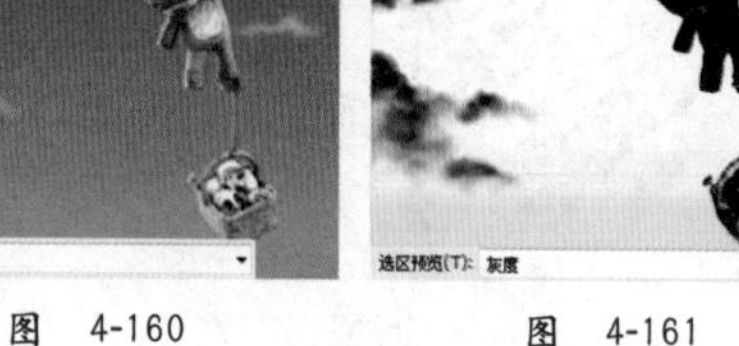

图 4-160　　图 4-161　　图 4-162　　图 4-163　　图 4-164

- **存储/载入：** 单击“存储”按钮，可以将当前的设置状态保存为选区预设；单击“载入”按钮，可以载入存储的选区预设文件。
- **添加到取样/从取样中减去：** 当选择“取样颜色”选项时，可以对取样颜色进行添加或减去。如果要添加取样颜色，可以单击“添加到取样”按钮，然后在预览图像上单击，以取样其他颜色，如图4-165所示。如果要减去取样颜色，可以单击“从取样中减去”按钮，然后在预览图像上单击，以减去其他取样颜色，如图4-166所示。
- **反相：** 将选区进行反转，也就是说创建选区以后，相当于执行了“选择>反向”命令。

图 4-165

图 4-166

思维点拨：色域

色域是另一种形式上的色彩模型，它具有特定的色彩范围。例如，RGB色彩模型就有好几个色域，即Adobe RGB、sRGB和ProPhoto RGB等。在现实世界中，自然界中可见光谱的颜色组成了最大的色域空间，该色域空间中包含了人眼所能见到的所有颜色。

为了能够直观地表示色域这一概念，CIE国际照明协会制定了一个用于描述色域的方法，即CIE-xy色度图，如图4-167所示。在这个坐标系中，各种显示设备能表现的色域范围用RGB三点连线组成的三角形区域来表示，三角形的面积越大，表示这种显示设备的色域范围越大。

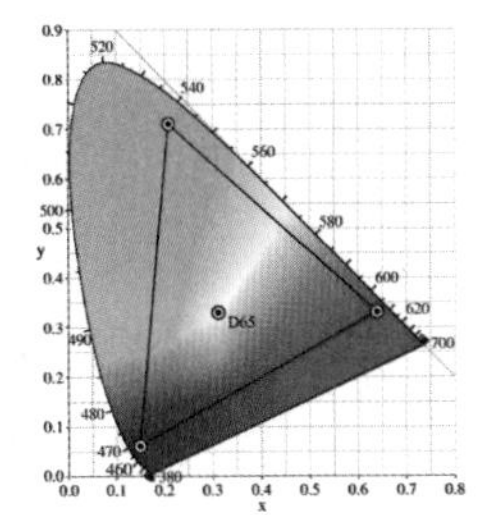

图 4-167

★ 案例实战——使用色彩范围提取选区

案例文件	案例文件\第4章\使用色彩范围提取选区.psd
视频教学	视频文件\第4章\使用色彩范围提取选区.mp4
难易指数	★★★★★
技术要点	“色彩范围”命令

扫码看视频

案例效果

本案例主要通过使用“色彩范围”命令提取画面中的背景选区，并为照片背景换颜色，对比效果如图4-168和图4-169所示。

图 4-168

图 4-169

操作步骤

01 打开素材照片“1.jpg”，在这里可以看到主体人像位于绿色的草地上，而草地的颜色又比较统一，使用“色彩范围”命令很容易获得背景部分的选区，如图4-170所示。

图 4-170

02 执行“选择>色彩范围”命令，在弹出的对话框中单击“取样颜色工具”按钮，单击画面中的草地部分，然后调整“颜色容差”为150，此时从“色彩范围”命令的黑白预览图中可以看到草地部分变为白色，人像部分变为黑色，白色的部分将作为选区，如图4-171所示。单击“确定”按钮即可得到背景部分选区，如图4-172所示。

图 4-171

图 4-172

技巧提示

在使用取样颜色工具吸取颜色时，如果无法一次性获取全部范围，可以使用添加到取样工具在需要选择的区域进行单击。如果出现选择区域过多的情况可以使用从取样中减去工具。

03 得到选区后可以执行“图层>新建调整图层>色相/饱和度”命令，设置“色相”为87，“饱和度”为34，如图4-173所示。此时选区中的区域颜色发生了变化，画面效果如图4-174所示。

04 置入前景装饰素材“4.png”，摆放在画面右下角并栅格化，如图4-175所示。

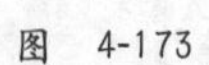
图 4-173

图 4-174

图 4-175

4.5 编辑选区的形态

选区形态的编辑从视觉上来看也就是对已有选区的边界的编辑，可以对选区边界进行扩张或收缩，也可以使选区边界更加平滑或者更加粗糙。在“选择”菜单下就有多个用于选区编辑的命令，如图4-176所示。通过选区的调整可以制作出多种多样丰富的效果，如图4-177和图4-178所示。

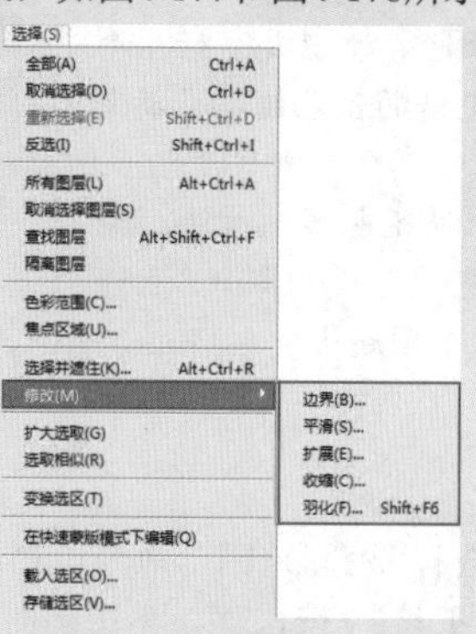

图 4-176

图 4-177

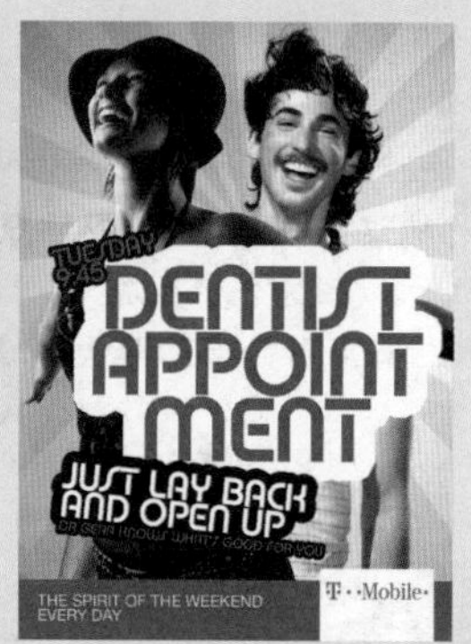

图 4-178

4.5.1 选择并遮住

- 视频精讲：Photoshop 新手学视频精讲课堂/选择并遮住.mp4
- 技术速查：“选择并遮住”命令可以对选区的半径、平滑度、羽化、对比度、边缘位置等属性进行调整，从而提高选区边缘的品质，并且可以在不同的背景下查看选区。

首先使用快速选择工具创建选区。然后执行“选择>选择并遮住”菜单命令，此时Photoshop界面发生了改变。左侧为一些用于调整选区以及视图的工具，左上方为所选工具的选项，右侧为选区编辑选项，如图4-179所示。

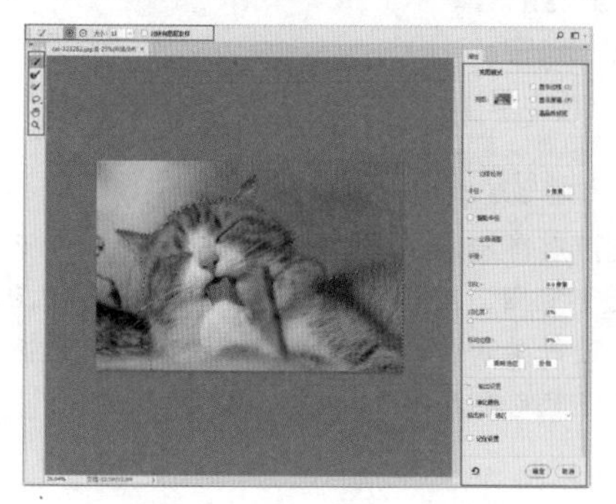
图 4-179

- 快速选择工具：通过按住鼠标左键拖曳涂抹，软件会自动查找和跟随图像颜色的边缘创建选区。
- 调整半径工具：精确调整发生边缘调整的边界区域。制作头发或毛皮选区时可以使用调整半径工具柔化区域以增加选区内的细节。
- 画笔工具：通过涂抹的方式添加或减去选区。单击“画笔工具”，在选项栏中单击“添加到选区”按钮，单击按钮在下拉面板中设置笔尖的“大小”“硬度”和“距离”选项，接着在画面中按住鼠标左键拖曳进行涂抹，涂抹的位置就会显示出像素，也就是在原来选区的基础上添加了选区。若单击“从选区减去”按钮，在画面中涂抹，即可进行减去。
- 套索工具组：在该工具组中有“套索工具”和“多边形套索工具”两种工具。使用该工具可以在选项栏中设置选区运算的方式。
- 视图：在该下拉列表中可以选择不同的显示效果。
- 显示边缘：显示以半径定义的调整区域。
- 显示原稿：可以查看原始选区。

- 高品质预览：选中该复选框，能够以更好的效果预览选区。
- 半径：该选项确定发生边缘调整的选区边界的大小。对于锐边，可以使用较小的半径；对于较柔和的边缘，可以使用较大的半径。
- 智能半径：自动调整边界区域中发现的硬边缘和柔化边缘的半径。
- 平滑：减少选区边界中的不规则区域，以创建较平滑的轮廓。
- 羽化：模糊选区与周围的像素之间的过渡效果。
- 对比度：锐化选区边缘并消除模糊的不协调感。在通常情况下，配合“智能半径”选项调整出来的选区效果会更好。
- 移动边缘：当设置为负值时，可以向内收缩选区边界；当设置为正值时，可以向外扩展选区边界。
- 清除选区：单击该按钮可以取消当前选区。
- 反向：单击该选项，即可得到反向的选区。
- 净化颜色：将彩色杂边替换为附近完全选中的像素颜色。颜色替换的强度与选区边缘的羽化程度是成正比的。
- 输出到：设置选区的输出方式，单击“输出到”按钮，在下拉列表中可以选择相应的输出方式。
- 记住设置：选中该选项，在下次使用该命令时会默认显示上次使用的参数。
- 复位工作区：单击该按钮可以使当前参数恢复默认效果。

4.5.2 创建边界选区

- 视频精讲：Photoshop 新手学视频精讲课堂/修改选区.mp4
- 技术速查：“边界”命令可以将选区的边界向内或向外进行扩展，扩展后的选区边界将与原来的选区边界形成新的选区。

对已有的选区执行“选择>修改>边界”命令，如图4-180所示。在“边界选区”对话框中设置“宽度”数值，如图4-181所示。如图4-182和图4-183所示分别是在“边界选区”对话框中设置“宽度”为20像素和70像素时的效果。

图 4-180

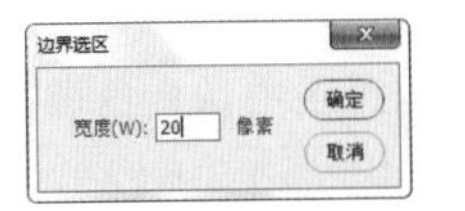

图 4-181

图 4-182

图 4-183

4.5.3 平滑选区

- 视频精讲：Photoshop 新手学视频精讲课堂/修改选区.mp4
- 技术速查：“平滑”选区命令可以将选区边缘进行平滑处理。

对一个矩形选区执行“选择>修改>平滑”命令，如图4-184和图4-185所示分别是设置“取样半径”为10像素和100像素时的选区效果。

图 4-184

图 4-185

4.5.4 扩展选区

- 视频精讲：Photoshop 新手学视频精讲课堂/修改选区.mp4
- 技术速查：“扩展”选区命令可以将选区向外进行扩展。

如图4-186所示为原始选区。对选区执行“选择>修改>扩展”命令，设置“扩展量”为100像素，效果如图4-187所示。

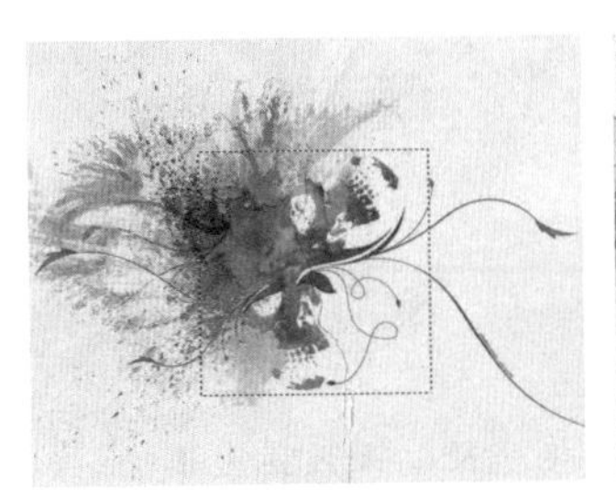

图 4-186

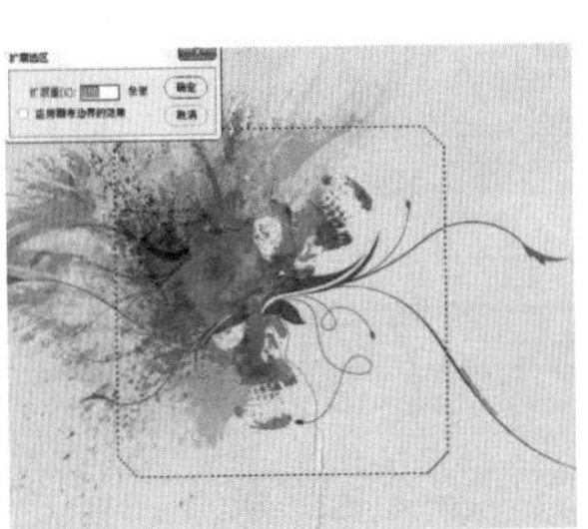

图 4-187

4.5.5 收缩选区

- 视频精讲：Photoshop 新手学视频精讲课堂/修改选区.mp4
- 技术速查："收缩"选区命令可以向内收缩选区。

执行"选择>修改>收缩"命令，设置"收缩量"为100像素，如图4-188所示为原始选区，如图4-189所示为收缩后的选区效果。

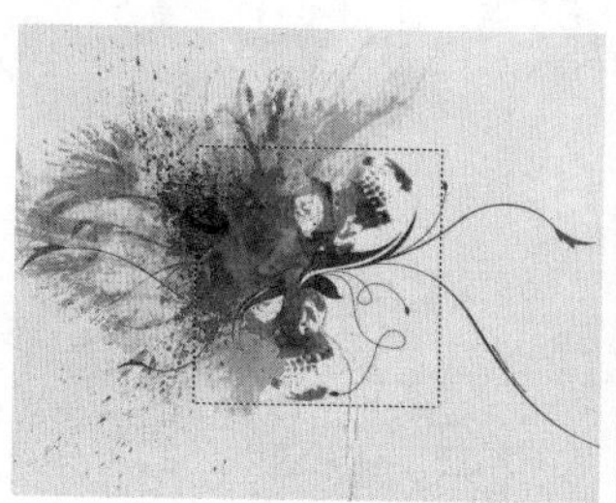

图 4-188

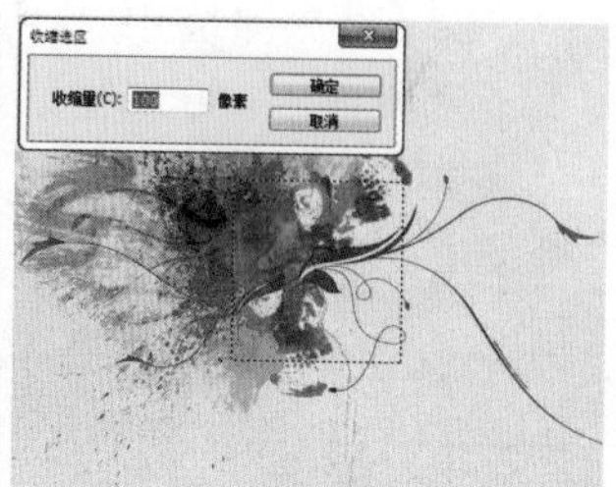

图 4-189

4.5.6 羽化选区

- 视频精讲：Photoshop 新手学视频精讲课堂/修改选区.mp4
- 技术速查："羽化"选区是通过建立选区和选区周围像素之间的转换边界来模糊边缘，这种模糊方式将丢失选区边缘的一些细节。

对选区执行"选择>修改>羽化"命令或按Shift+F6快捷键，如图4-190所示。接着在弹出的"羽化选区"对话框中定义选区的"羽化半径"，如图4-191所示是设置"羽化半径"为50像素后的图像效果（这里将背景部分删除是为了便于观察边界的羽化效果。）。

图 4-190

图 4-191

技巧提示

如果选区较小，而"羽化半径"又设置得很大，Photoshop会弹出一个警告对话框。单击"确定"按钮以后，确认当前设置的"羽化半径"，此时选区可能会变得非常模糊，以至于在画面中观察不到，但是选区仍然存在，如图4-192所示。

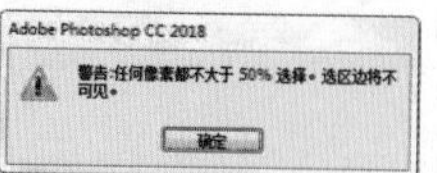

图 4-192

4.5.7 扩大选取

- 技术速查："扩大选取"命令是基于"魔棒工具"选项栏中指定的"容差"范围来决定选区的扩展范围。

如图4-193所示，只选择了一部分粉色背景。执行"选择>扩大选取"命令后，Photoshop会查找并选择那些与当前选区中像素色调相近的像素，从而扩大选择区域，如图4-194所示。

图 4-193

图 4-194

4.5.8 选取相似

- 技术速查："选取相似"命令与"扩大选取"命令相似，都是基于"魔棒工具"选项栏中指定的"容差"范围来决定选区的扩展范围。

如图4-195所示，其中只选择了一部分区域，执行"选择>选取相似"命令后，Photoshop同样会查找并选择那些与当前选区中像素色调相近的像素，从而扩大选择区域，如图4-196所示。

图 4-195

图 4-196

读书笔记

答疑解惑：“扩大选取”和“选取相似”有什么差别？

“扩大选取”和“选取相似”这两个命令的最大共同之处就在于它们都是扩大选区区域。但是“扩大选取”命令只针对当前图像中连续的区域，非连续的区域不会被选择；而“选取相似”命令针对的是整张图像，意思就是说该命令可以选择整张图像中处于“容差”范围内的所有像素。

如果执行一次“扩大选取”和“选取相似”命令不能达到预期的效果，可以多执行几次这两个命令来扩大选区范围。

课后练习

【课后练习——时尚插画风格人像】

扫码看视频

思路解析：本案例通过使用魔棒工具将人像从背景中提取出来，并通过使用矩形选框工具、椭圆选框工具、多边形套索工具绘制选区，并配合选区运算、选区的储存与调用制作复杂选区，得到选区后进行多次填充，制作出丰富的画面效果。

本章小结

“选区技术”的使用几乎存在于Photoshop的各种应用中，无论是进行平面设计、数码照片处理或是创意合成，选区无一例外都会被多次使用到。选区提取效果的好坏，很大程度上会影响画面效果，所以精通选区技术也是为制作各种复杂合成效果做准备。

读书笔记

第5章

填充与绘画

本章内容简介：

数字绘画是Photoshop的重要用途之一，在Photoshop中也提供了多种用于颜色设置、画面填充以及绘制擦除的工具。在Photoshop这个数字操作平台上可以随意选择各种颜色，使用多种多样的工具进行轻松地绘画。

本章学习要点：

- 掌握前景色、背景色的设置方法。
- 熟练掌握画笔工具与擦除工具的使用方法。
- 掌握多种画笔设置与应用。

5.1 颜色的设置与管理

◉ 视频精讲：Photoshop 新手学视频精讲课堂/颜色的设置.mp4

色彩不仅仅是光线在物体上的反射，更是平面设计作品的灵魂。在Photoshop中，色彩被应用在方方面面，无论是画笔、文字、渐变、填充、蒙版、描边等工具还是修饰图像时，都需要设置相应的颜色。为了便于用户使用，Photoshop也提供了多种多样的色彩设置方法。熟练地掌握颜色的设置与管理方式更加有利于平面设计的操作，如图5-1和图5-2所示为色彩艳丽的平面设计作品。

图 5-1

图 5-2

思维点拨

色彩作为商品最显著的外貌特征，能够首先引起消费者的关注。色彩表达着人们的信念、期望和对未来生活的预测。“色彩就是个性”“色彩就是思想”，色彩在包装设计中作为一种设计语言，在某种意义上可以说是包装的“包装”。在竞争激烈的商品市场上,要使某一商品具有明显区别于其他商品的视觉特征，且更富有诱惑消费者的魅力,达到刺激和引导消费的目的，这都离不开色彩的运用。仅仅通过色彩，就能实现令人欣喜的视觉感受，如图5-3所示。

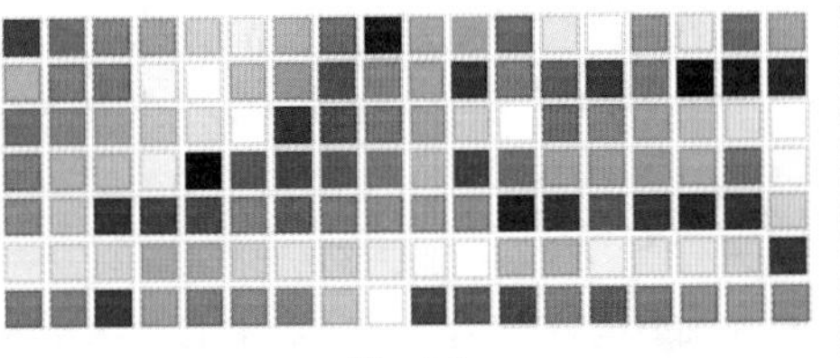

图 5-3

5.1.1 前景色与背景色

◉ 技术速查：在Photoshop工具箱的底部有一组前景色和背景色设置按钮，通过该组按钮可以观察到当前使用的前景色/背景色，也可以通过该组按钮的使用来设置前景色/背景色。

前景色通常用于绘制图像、填充和描边选区等，背景色常用于生成渐变填充和填充图像中已抹除的区域。一些特殊滤镜也需要使用前景色和背景色，例如“纤维”滤镜和“云彩”滤镜等。如图5-4所示为使用前景色绘制的涂抹效果，如图5-5所示为使用背景色生成的渐变色效果背景。

图 5-4

图 5-5

> **技巧提示**
>
> 设置前景色/背景色还可以从“色板”面板、“颜色”面板中获取。

在Photoshop工具箱的底部有一组前景色和背景色设置按钮。在默认情况下，前景色为黑色，背景色为白色。前景色/背景色的设置是常使用到的操作，单击前景色/背景色的图标即可在弹出的“拾色器”对话框中选取一种颜色作为前景色/背景色，如图5-6所示。

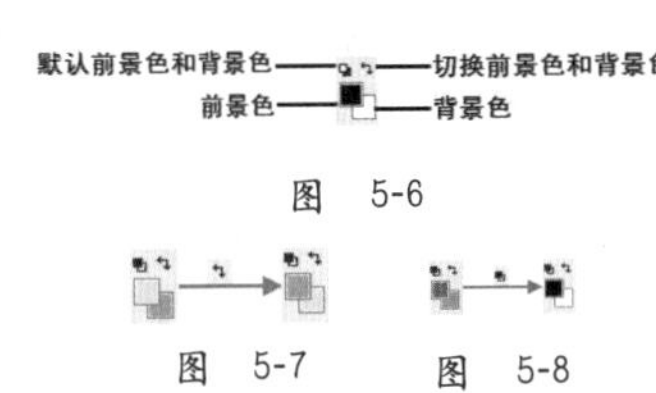

图 5-6

单击“切换前景色和背景色” 图标可以切换所设置的前景色和背景色（快捷键为X键），如图5-7所示。单击“默认前景色和背景色”图标可以恢复默认的前景色和背景色（快捷键为D键），如图5-8所示。

图 5-7　　图 5-8

5.1.2 使用拾色器选取颜色

◉ 技术速查：使用拾色器可以精确地选择需要的色彩。

在Photoshop中经常会使用拾色器来设置颜色。在拾色器中，可以选择用HSB、RGB、Lab和CMYK 4种颜色模式来指定颜色。其使用方法非常简单，首先需要在“颜色滑块”中确定当前颜色的可选范围，然后在“色域”中单击即可选定颜色，单击“确定”按钮即可完成选择。如果想要精确地设置颜色，直接在“颜色值”区域输入数值即可，如图5-9所示。

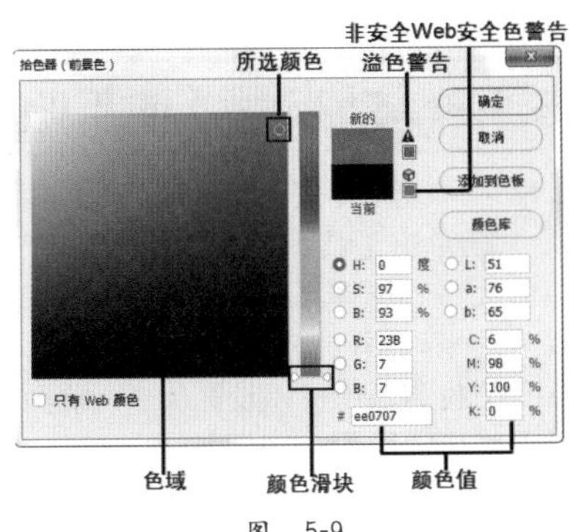

图 5-9

◉ 色域/所选颜色：在色域中拖曳鼠标可以改变当前拾取的颜色。

- 新的/当前：“新的”颜色块中显示的是当前所设置的颜色；“当前”颜色块中显示的是上一次使用过的颜色。
- 溢色警告▲：由于HSB、RGB以及Lab颜色模式中的一些颜色在CMYK印刷模式中没有等同的颜色，所以无法准确印刷出来，这些颜色就是常说的“溢色”。出现警告以后，可以单击警告图标下面的小颜色块，将颜色替换为CMYK颜色中与其最接近的颜色。
- 非安全Web安全色警告：这个警告图标表示当前所设置的颜色不能在网络上准确显示出来。单击警告图标下面的小颜色块，可以将颜色替换为与其最接近的Web安全色。

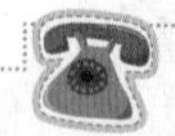

答疑解惑：什么是“Web安全色”？

不同的平台（Mac、PC等）有不同的调色板，不同的浏览器也有自己的调色板。这就意味着对于一幅图，显示在Mac上的Web浏览器中的图像，与它在PC上相同浏览器中显示的效果可能差别很大。为了解决Web调色板的问题，人们一致通过了一组在所有浏览器中都类似的Web安全颜色。

- 颜色滑块：拖曳颜色滑块可以更改当前可选的颜色范围。在使用色域和颜色滑块调整颜色时，对应的颜色数值会发生相应的变化。
- 颜色值：显示当前所设置颜色的数值。可以通过输入数值来设置精确的颜色。
- 只有Web颜色：选中该复选框以后，只在色域中显示Web安全色，如图5-10所示。
- 添加到色板：单击该按钮，可以将当前所设置的颜色添加到“色板”面板中。
- 颜色库：单击该按钮，可以打开“颜色库”对话框。

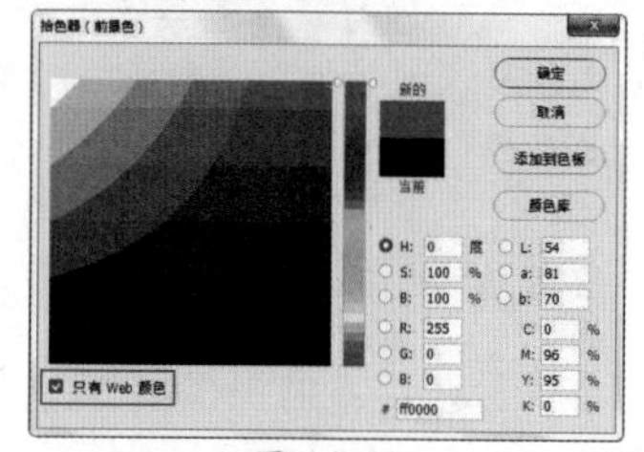

图　5-10

思维点拨：认识“颜色库”

“颜色库”对话框中提供了多种内置的色库供用户进行选择，如图5-11所示。不同的印刷厂商可能使用不同的打印色彩库，在进行平面设计时使用与印刷厂商相同的颜色库可以最大限度地保证印刷的质量，减少偏色情况的发生。下面简单介绍一下这些内置色库。

- ANPA颜色：通常应用于报纸。
- DIC颜色参考：在日本通常用于印刷项目。
- FOCOLTONE：由763种CMYK颜色组成，通常显示补偿颜色的压印。FOCOLTONE颜色有助于避免印前陷印和对齐问题。
- HKS色系：这套色系主要应用在欧洲，通常用于印刷项目。每种颜色都有指定的CMYK颜色。可以从HKS E（适用于连续静物）、HKS K（适用于光面艺术纸）、HKS N（适用于天然纸）和 HKS Z（适用于新闻纸）中选择。

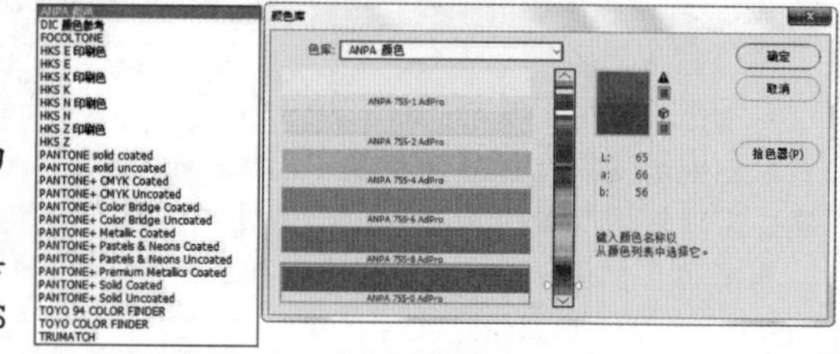

图　5-11

- PANTONE色系：这套色系用于专色重现，可以渲染1114种颜色。PANTONE颜色参考和样本簿会印在涂层、无涂层和哑面纸样上，以确保精确显示印刷结果并更好地进行印刷控制。可在CMYK下印刷PANTONE纯色。
- TOYO COLOR FINDER：由基于日本最常用的印刷油墨的1000多种颜色组成。
- TRUMATCH：提供了可预测的CMYK颜色。这种颜色可以与2000多种可实现的、计算机生成的颜色相匹配。

5.1.3　动手学：使用吸管工具选取颜色

- 技术速查：使用吸管工具可以拾取图像中的任意颜色作为前景色/背景色。

01 单击工具箱中的“吸管工具”按钮，在吸管工具的选项栏中，可以在“取样大小”下拉列表中设置吸管取样范围的大小。选择“取样点”选项时，可以选择像素的精确颜色；选择“3×3 平均”选项时，可以选择所在位置3个像素区域以内的平均颜色；选择“5×5平均”选项时，可以选择所在位置5个像素区域以内的平均颜色。其他选项以此类推。在“样本”下拉列表中可以设置从“当前图层”或“所有图层”中采集颜色。选中“显示取样环”复选框后，可以在拾取颜色时显示取样环，如图5-12所示。

图　5-12

02 在画面中单击即可将当前颜色设置为前景色，如图5-13所示。按住Alt键单击拾取可将当前颜色设置为背景色，如图5-14所示。

图 5-13　　图 5-14

技巧提示

（1）如果在使用绘画工具时需要暂时使用吸管工具拾取前景色，可以按住Alt键将当前工具切换到吸管工具，松开Alt键后即可恢复到之前使用的工具。

（2）使用吸管工具采集颜色时，按住鼠标左键并将光标拖曳出画布之外，可以采集Photoshop的界面和界面以外的颜色信息。

5.1.4 动手学：利用“颜色”面板设置前景色/背景色

01 “颜色”面板中显示了当前设置的前景色和背景色，可以在该面板中设置前景色和背景色。执行“窗口>颜色”命令，打开“颜色”面板，如图5-15所示。

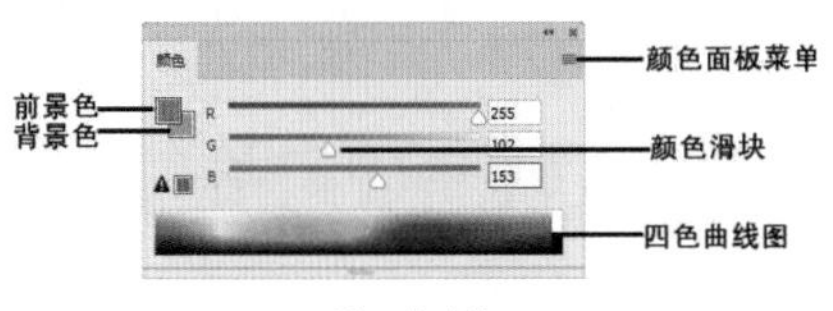

图 5-15

02 执行“窗口>颜色”命令，打开“颜色”面板。如果要在四色曲线图上拾取颜色，将光标放置在四色曲线图上，当光标变成吸管形状时，单击即可拾取颜色，此时拾取的颜色将作为前景色，如图5-16所示。如果按住Alt键拾取颜色，此时拾取的颜色将作为背景色，如图5-17所示。

03 如果要通过颜色滑块来设置颜色，可以分别拖曳R、G、B这3个颜色滑块，如图5-18所示。如果要设置精确的颜色，先单击前景色或背景色图标，然后在R、G、B后面的文本框中输入相应的数值即可，如图5-19所示。

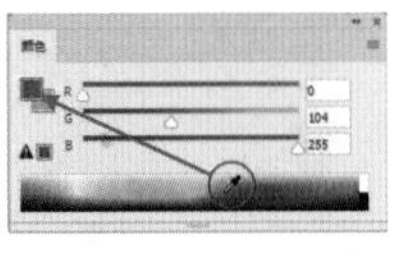

图 5-16

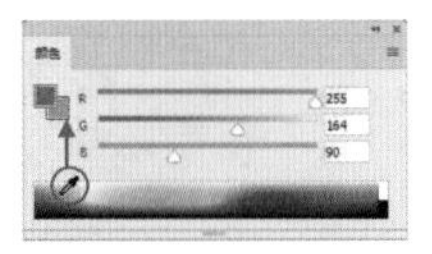

图 5-17

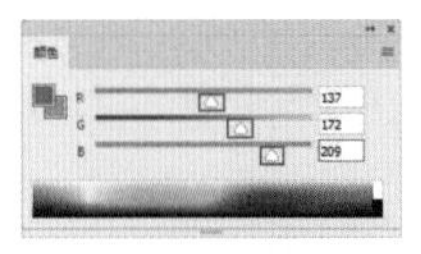

图 5-18

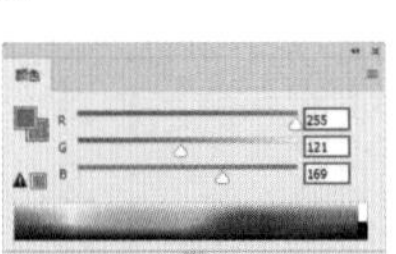

图 5-19

技巧提示

如果要通过“拾色器”对话框进行设置，则双击前景色/背景色色块即可弹出该对话框。

5.1.5 动手学：使用“色板”面板管理颜色

● 技术速查：“色板”面板可以用于调用颜色、存储颜色、管理颜色。

01 执行“窗口>色板”命令，打开“色板”面板，默认情况下该面板中包含一些系统预设的颜色，单击相应的颜色即可将其设置为前景色。按住Ctrl键单击即可设置为背景色。单击“创建前景色的新色板”按钮可以将当前前景色添加到“色板”面板中。如果要删除一个色板，按住鼠标左键的同时将其拖曳到“删除色板”按钮上即可，如图5-20所示。

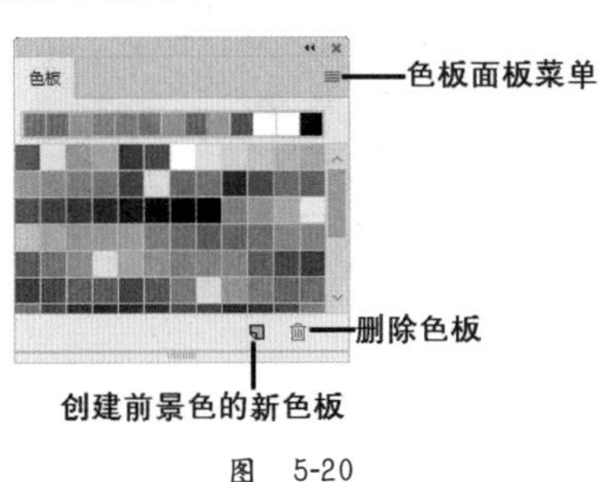

图 5-20

02 单击图标，打开“色板”面板的菜单。“色板”面板的菜单命令非常多，但是可以将其分为六大类，如图5-21所示。“色板基本操作”命令组主要是对色板进行基本操作，其中“复位色板”命令可以将色板复位到默认状态；“储存色板以供交换”命令是将当前色板储存为.ase的可共享格式，并且可以在Photoshop、Illustrator和InDesign中调用。

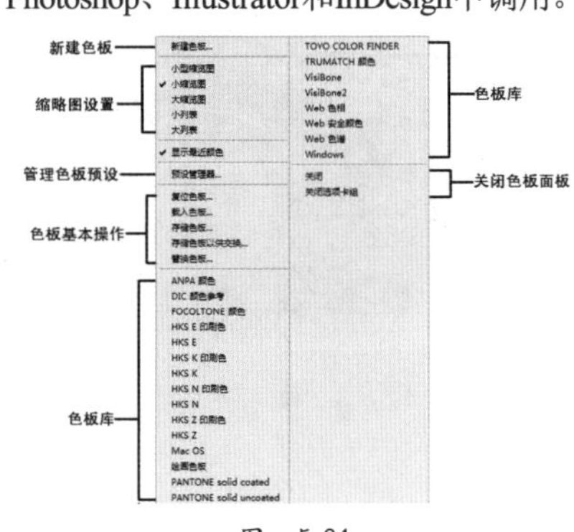

图 5-21

03 “色板库”命令组是一组系统预设的色板。执行这些命令时，Photoshop会弹出一个提示对话框，如图5-22所示。如果单击“确定”按钮，载入的色板将替换到当前的色板；如果单击“追加”按钮，载入的色板将追加到当前色板的后面，如图5-23所示。

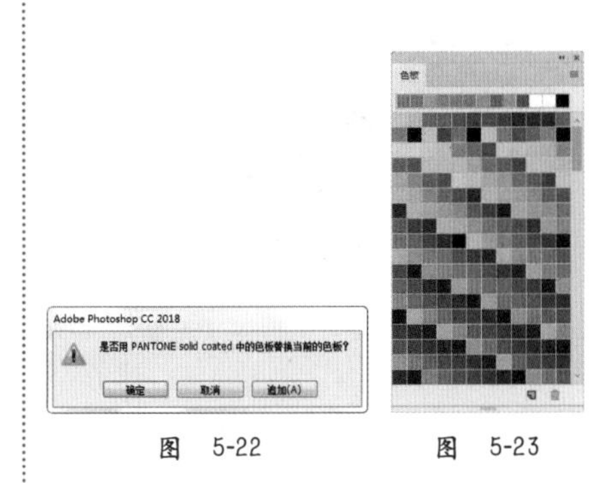

图 5-22　　图 5-23

5.2 填充画面

Photoshop提供了两种图像填充工具，分别是渐变工具和油漆桶工具。通过这两种填充工具可在指定区域或整个图像中填充纯色、渐变或者图案，如图5-24~图5-26所示。而执行“编辑>填充”命令还能够以内容识别或历史记录进行填充。

图 5-24

图 5-25

图 5-26

5.2.1 快速使用前景色/背景色进行填充

如果想要直接填充前景色可以使用快捷键Alt+Delete。

如果想要直接填充背景色可以使用快捷键Ctrl+Delete。

5.2.2 使用“填充”命令

- 技术速查：使用“填充”命令可为整个图层或是图层中的一个区域进行填充，如图5-27和图5-28所示。

执行“编辑>填充”命令，在弹出的“填充”对话框中首先需要设置填充的内容，然后可以设置当前填充内容与该图层上像素的混合，如图5-29所示。

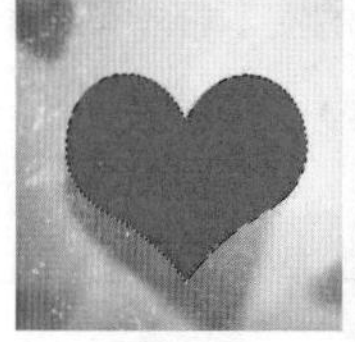

图 5-27

图 5-28

技巧提示

使用快捷键Shift+F5，或在建立选区之后右击，在弹出的快捷菜单中执行“填充”命令，都可以打开“填充”对话框。另外，未被栅格化的文字图层、智能图层、3D图层是不能够执行填充命令的，隐藏的图层也不可以。

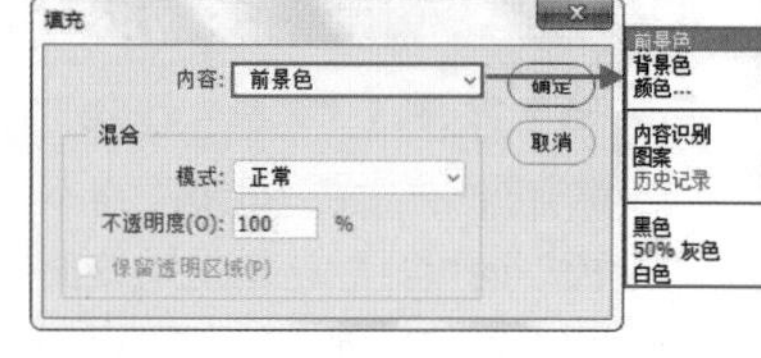

图 5-29

- 前景色、背景色、黑色、50% 灰色或白色：使用指定颜色填充选区。如图5-30~图5-32所示为原图、使用“前景色”填充和使用“颜色”填充的对比效果。

图 5-30

图 5-31

图 5-32

- 颜色：使用从拾色器中选择的颜色填充。

- 图案：使用图案填充选区。单击图案样本旁边的倒箭头，并从弹出式面板中选择一种图案。可以使用弹出式面板菜单载入其他图案，如图5-33和图5-34所示。

- 历史记录：将选定区域恢复为在“历史记录”面板中设置为源的图像的状态或快照。
- 模式：用来设置填充内容的混合模式。如图5-35和图5-36所示为正常模式和线性加深模式的对比效果。

- 不透明度：用来设置填充内容的不透明度。如图5-37和图5-38所示分别为不透明度为100%和50%的填充效果。
- 保留透明区域：用来设置保留透明的区域。

图 5-33

图 5-34

图 5-35

图 5-36

图 5-37

图 5-38

5.2.3 使用油漆桶工具填充纯色或图案

- 视频精讲：Photoshop 新手学视频精讲课堂/渐变工具与油漆桶工具.mp4
- 技术速查：使用油漆桶工具可以在图像中填充前景色或图案，如图5-39和图5-40所示。

图 5-39

图 5-40

图 5-41

右击工具箱中的“渐变工具”按钮，在弹出的子菜单中单击“油漆桶工具”按钮，如图5-41所示。在油漆桶工具的选项栏中，首先需要在填充模式的下拉列表中选择“前景”或“图案”选项，如果选择“前景”选项则使用当前的前景色进行填充；如果选择 “图案”选项，则可以从右侧的图案列表中选择一个合适图案，如图5-42所示。

图 5-42

- 模式：用来设置填充内容的混合模式。
- 不透明度：用来设置填充内容的不透明度。
- 容差：用来定义必须填充的像素的颜色的相似程度。设置较低的“容差”值会填充颜色范围内与鼠标单击处像素非常相似的像素；设置较高的“容差”值会填充更大范围的像素，如图5-43所示。
- 消除锯齿：平滑填充选区的边缘。

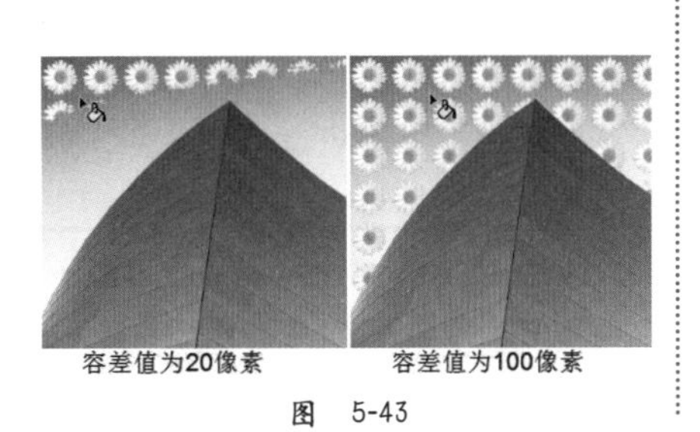

图 5-43

- 连续的：选中该复选框后，只填充图像中处于连续范围内的区域；取消选中该复选框后，可以填充图像中的所有相似像素，如图5-44所示。
- 所有图层：选中该复选框后，可以对所有可见图层中的合并颜色数据填充像素；取消选中该复选框后，仅填充当前选择的图层。

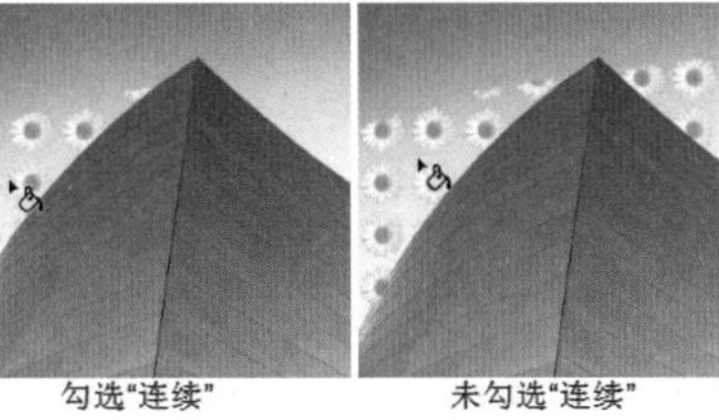

图 5-44

在画面中单击即可填充。如果对空图层进行填充，那么填充的为整个画面，如图5-45所示。对于有内容的图层，填充的就是与鼠标单击处颜色相近的区域，如图5-46所示。

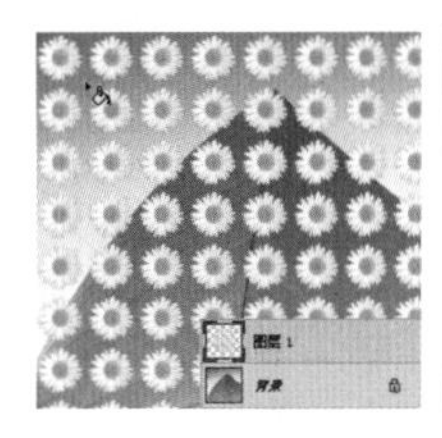

图 5-45

图 5-46

5.2.4 填充渐变效果

- 视频精讲：Photoshop 新手学视频精讲课堂/渐变工具与油漆桶工具.mp4
- 技术速查：渐变工具可以在整个文档或选区内填充渐变色，并且可以创建多种颜色间的混合效果，如图5-47和图5-48所示。

图 5-47

图 5-48

渐变工具的应用非常广泛，它不仅可以填充图像，还可以用来填充图层蒙版、快速蒙版和通道等。单击工具箱中的“渐变工具”按钮，其选项栏如图5-49所示。首先需要在选项栏中单击“渐变颜色条”，编辑一种渐变颜色；然后设置合适的渐变类型；接着设置混合模式、不透明度等参数；设置完毕后在画面中按住鼠标左键并拖动光标即可进行填充，如图5-50所示。

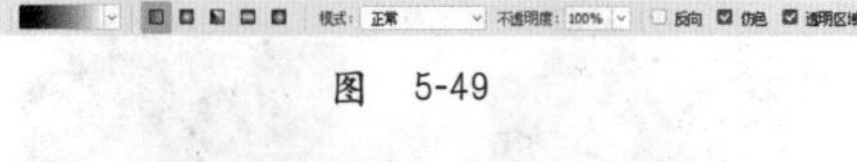

图 5-49

图 5-51

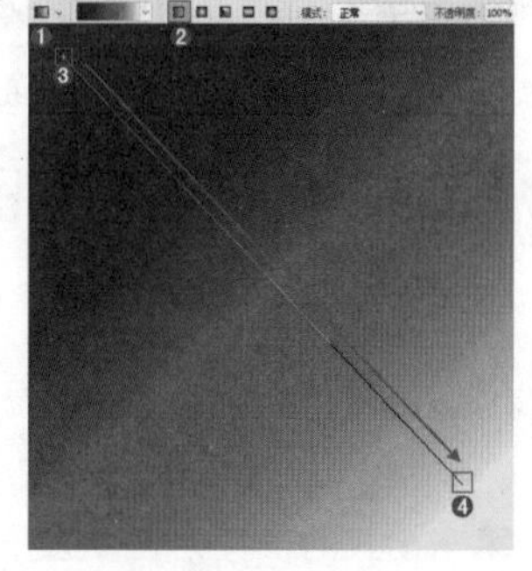

图 5-50

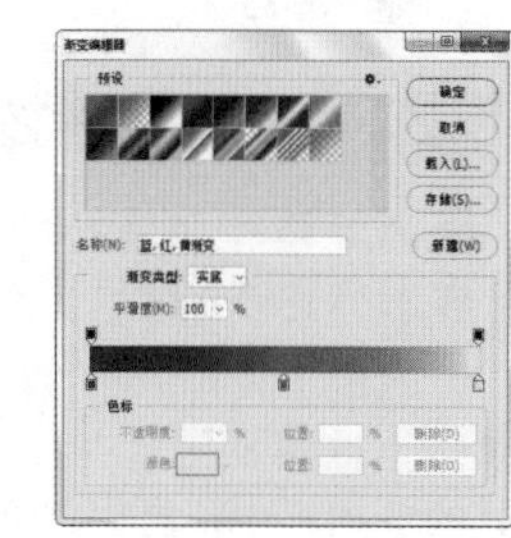

图 5-52

- 渐变颜色条：显示了当前的渐变颜色，单击右侧的倒三角图标，打开“渐变”拾色器，如图5-51所示。如果直接单击渐变颜色条，则会弹出“渐变编辑器”对话框，在该对话框中可以编辑渐变颜色，或者保存渐变等，如图5-52所示。
- 渐变类型：激活“线性渐变”按钮，可以以直线方式创建从起点到终点的渐变，如图5-53所示；激活“径向渐变”按钮，可以以圆形方式创建从起点到终点的渐变，如图5-54所示；激活“角度渐变”按钮，可以创建围绕起点以逆时针扫描方式的渐变，如图5-55所示；激活“对称渐变”按钮，可以使用均衡的线性渐变在起点的任意一侧创建渐变，如图5-56所示；激活“菱形渐变”按钮，可以以菱形方式从起点向外产生渐变，终点定义菱形的一个角，如图5-57所示。

图 5-53

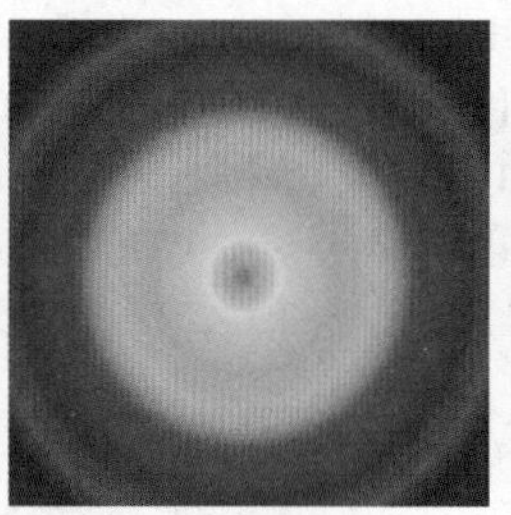

图 5-54

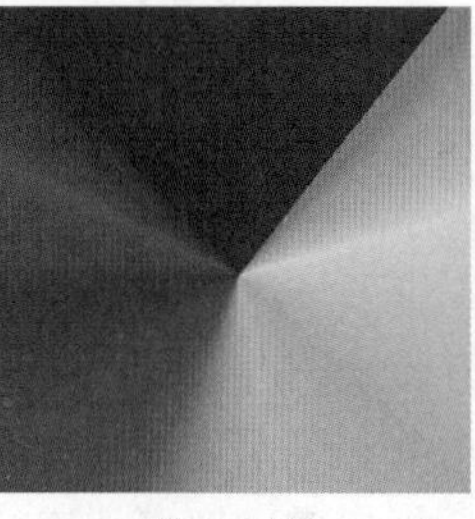

图 5-55

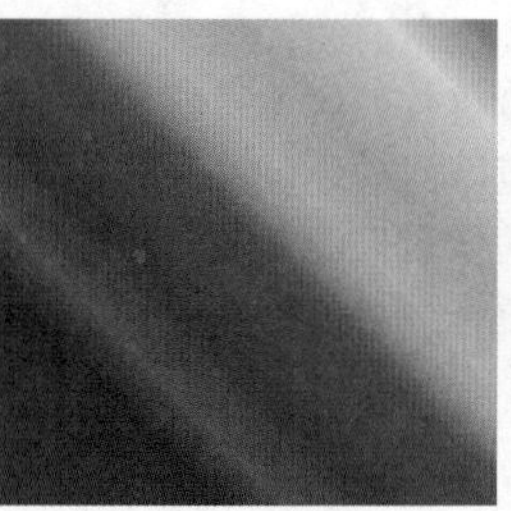

图 5-56

图 5-57

- 模式：用来设置应用渐变时的混合模式。
- 不透明度：用来设置渐变色的不透明度。
- 反向：转换渐变中的颜色顺序，得到反方向的渐变结果，如图5-58和图5-59所示分别为正常渐变和反向渐变效果。
- 仿色：选中该复选框时，可以使渐变效果更加平滑。主要用于防止打印时出现条带化现象，但在计算机屏幕上并不能明显地体现出来。
- 透明区域：选中该复选框时，可以创建包含透明像素的渐变，如图5-60所示。

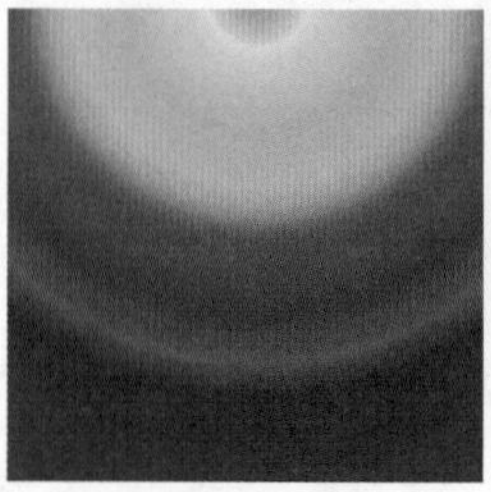

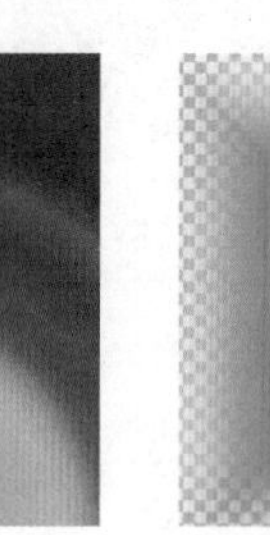

图 5-58

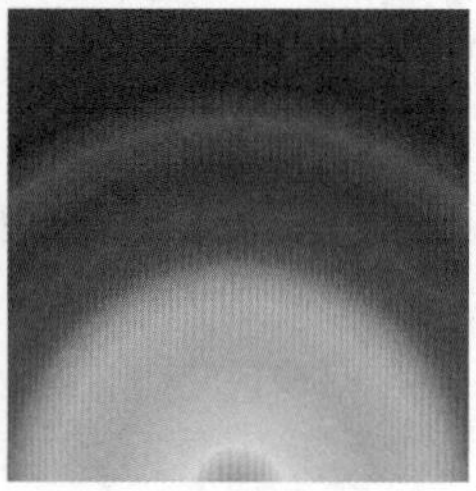

图 5-59

图 5-60

技巧提示

渐变工具不能用于位图或索引颜色图像中。在切换颜色模式时，有些方式观察不到任何渐变效果，此时就需要将图像再切换到可用模式下进行操作。

5.2.5 详解渐变编辑器

渐变编辑器除了在使用渐变工具时能够使用到之外，在“渐变叠加”图层样式以及形状图层的填充描边设置中也能使用到。渐变编辑器主要用来创建、编辑、管理、删除渐变。打开渐变编辑器后首先可以在“预设”中选择合适的渐变预设，如果不满意可以通过调整色标改变渐变效果，如图5-61所示。

在“预设”选项组中显示Photoshop预设的渐变效果。单击菜单按钮，可以载入Photoshop预设的一些渐变效果，单击“载入”按钮可以载入外部的渐变资源；单击“存储”按钮可以将当前选择的渐变存储起来，以备以后调用，如图5-62所示。

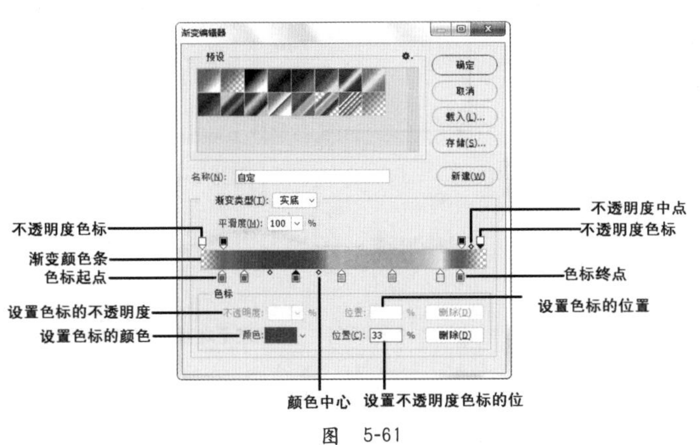

图 5-61

图 5-62

“渐变类型”包含“实底”和“杂色”两种。“实底”渐变是默认的渐变色，如图5-63所示。“杂色”渐变包含了在指定范围内随机分布的颜色，其颜色变化效果更加丰富，如图5-64所示。

“实底”渐变是非常常用的渐变方式，其中“平滑度”用于设置渐变色的平滑程度，拖曳不透明度色标可以移动它的位置。在“色标”选项组下可以精确设置色标的不透明度和位置，如图5-65所示。

“不透明度中点”是用来设置当前不透明度色标的中心点位置。也可以在“色标”选项组下进行设置，如图5-66所示。拖曳“色标”可以移动它的位置。在“色标”选项组下可以精确设置色标的颜色和位置，如图5-67所示。

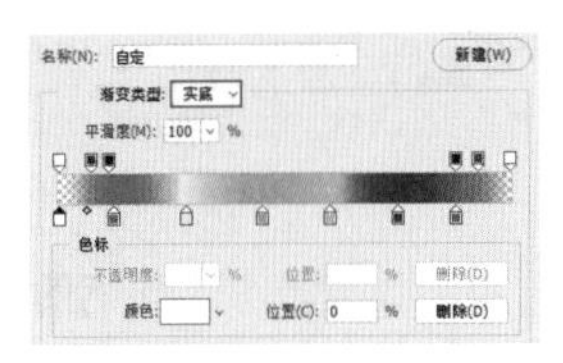

图 5-63

图 5-64

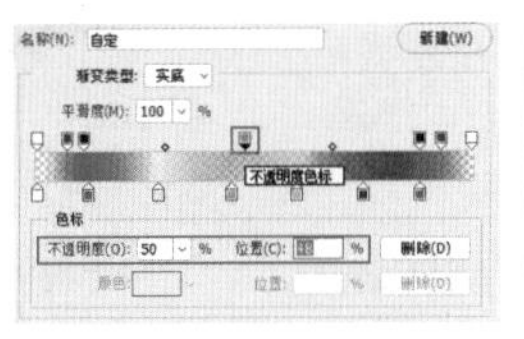

图 5-65

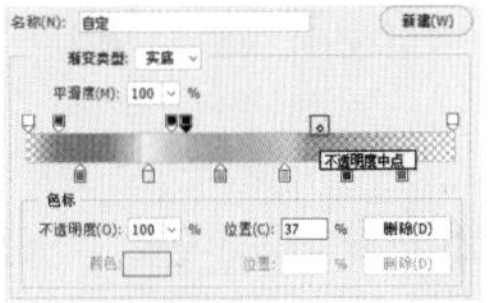

图 5-66

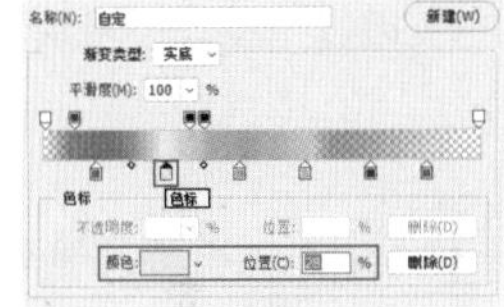

图 5-67

5.3 设置画笔类工具的笔尖属性

在Photoshop的工具箱中有多种像画笔一样进行绘画模式操作的工具，例如画笔工具、铅笔工具、仿制图章工具、历史记录画笔工具、橡皮擦工具、加深工具、模糊工具等。这类工具都有一个共同的特性，就是都需要对画笔笔尖进行设置。试想如果使用圆形笔尖的画笔进行绘制，那么绘制出的笔触起始和终点都是圆形的；而使用方形的笔尖绘制的线条则是方形的起点和终点；如果使用不同类型的画笔（如使用毛笔和炭笔）绘制出的效果也会大不相同，Photoshop中的笔尖属性设置也是相同的道理。画笔笔尖可以通过“画笔预设”面板与“画笔设置”面板进行设置，这也是本节重点讲解的内容。通过“画笔预设”面板和“画笔设置”面板的使用能够使画笔类工具的笔触更加丰富，从而制作出奇妙的画面效果，如图5-68和图5-69所示。

图 5-68

图 5-69

5.3.1 “画笔设置”面板

与“画笔预设”面板相似，“画笔设置”面板也是用于选择、编辑、管理画笔笔尖的面板。但是“画笔设置”面板可以设置的画笔属性更加丰富，如画笔的形状动态、散布、纹理、双重画笔、颜色动态、传递、画笔笔势等。执行“窗口>画笔”命令，打开“画笔设置”面板，在该面板左侧的列表中显示着可供设置的画笔选项，选中即可启用该设置，然后单击该选项的名称使其处于高亮显示的状态，即可进行该选项的设置，如图5-70所示。

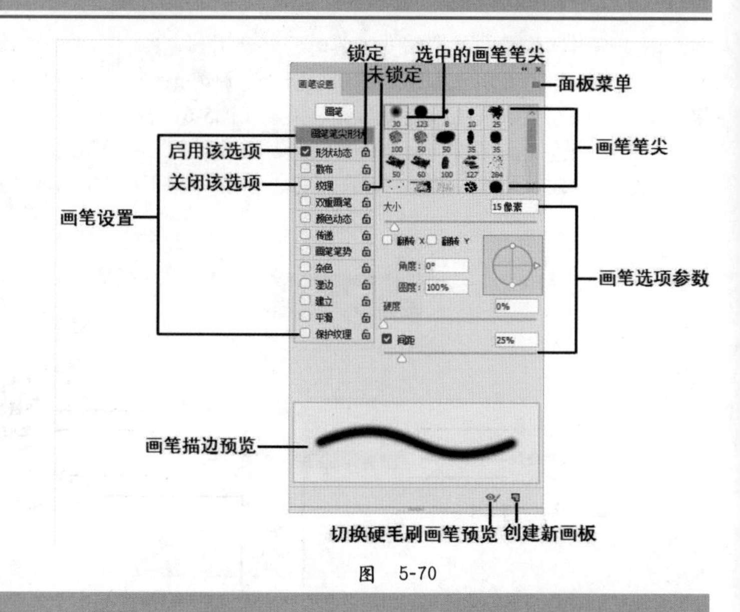

图 5-70

5.3.2 笔尖形状设置

- 视频精讲：Photoshop 新手学视频精讲课堂/画笔笔尖形状设置.mp4

“画笔笔尖形状”选项是“画笔设置”面板中默认显示的页面，如图5-71所示。在“画笔笔尖形状”中可以设置画笔的形状、大小、硬度和间距等基本属性，如图5-72所示。

- 大小：控制画笔的大小，可以直接输入像素值，也可以通过拖曳大小滑块来设置画笔大小，如图5-73所示。

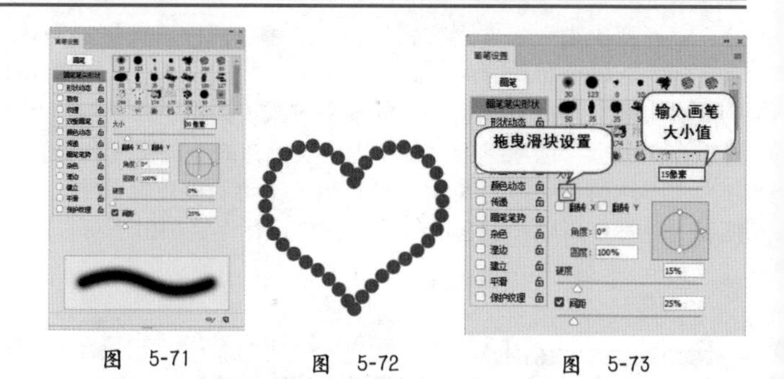

图 5-71　　图 5-72　　图 5-73

- 翻转X/Y：将画笔笔尖在其X轴或Y轴上进行翻转，如图5-74和图5-75所示。
- 角度：指定椭圆画笔或样本画笔的长轴在水平方向旋转的角度，如图5-76所示。

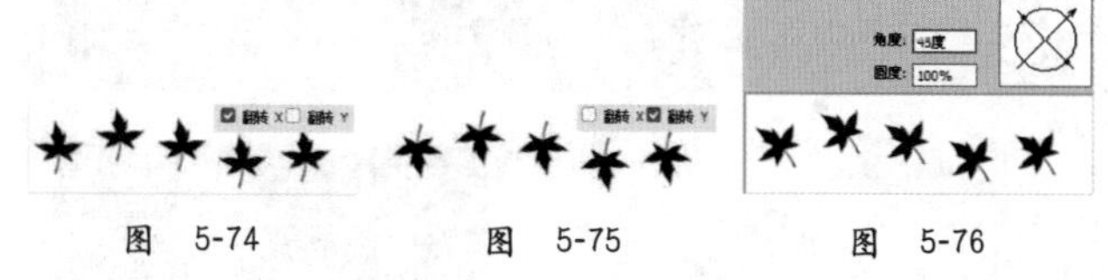

图 5-74　　图 5-75　　图 5-76

- 圆度：设置画笔短轴和长轴之间的比率。当“圆度”为100%时，表示圆形画笔；当“圆度”为0%时，表示线性画笔；介于0%~100%之间的“圆度”，表示椭圆画笔（呈“压扁”状态），如图5-77~图5-79所示。

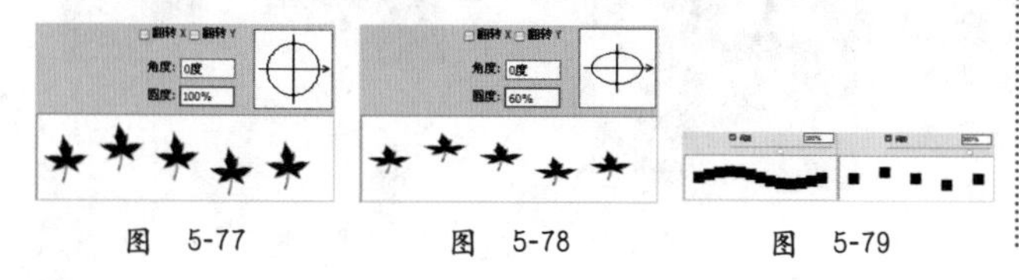

图 5-77　　图 5-78　　图 5-79

- 硬度：控制画笔硬度中心的大小。数值越小，画笔的柔和度越高，如图5-80所示。

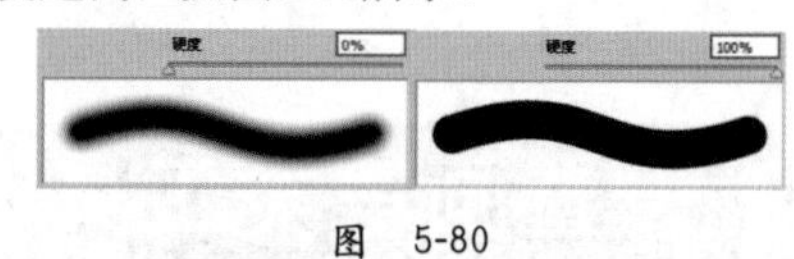

图 5-80

- 间距：控制描边中两个画笔笔迹之间的距离。数值越大，笔迹之间的间距越大，如图5-81所示。

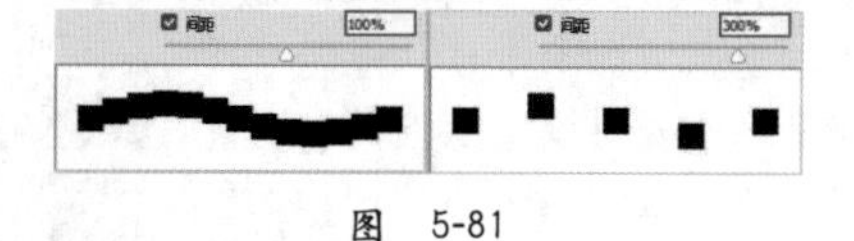

图 5-81

读书笔记

5.3.3 形状动态

- 视频精讲：Photoshop 新手学视频精讲课堂/画笔形状动态的设置.mp4
- 技术速查：形状动态可以决定描边中画笔笔迹的变化，它可以使画笔的大小、圆度等产生随机变化的效果。

选中“形状动态”复选框，并单击“形状动态”进入其设置页面，如图5-82所示。如图5-83所示为启用“形状动态”设置制作出的效果。

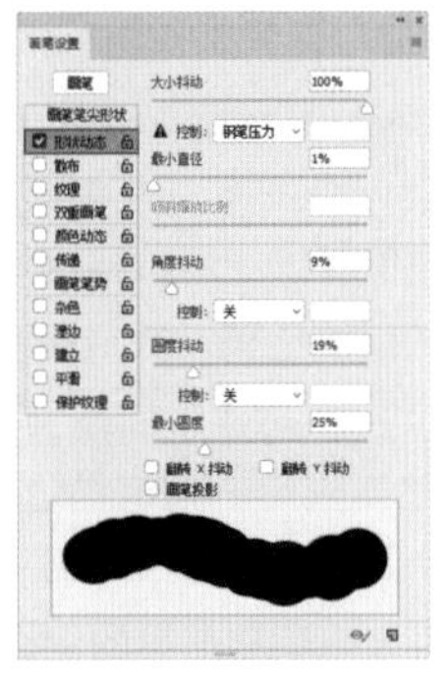

图 5-82

图 5-83

- 大小抖动/控制：指定描边中画笔笔迹大小的改变方式。数值越高，图像轮廓越不规则，如图5-84所示。

“控制”下拉列表中可以设置“大小抖动”的方式，其中“关”选项表示不控制画笔笔迹的大小变换；“渐隐”选项是按照指定数量的步长在初始直径和最小直径之间渐隐画笔笔迹的大小，使笔迹产生逐渐淡出的效果；如果计算机配置有绘图板，可以选择“钢笔压力”“钢笔斜度”“光笔轮”或“旋转”选项，然后根据钢笔的压力、斜度、钢笔位置或旋转角度来改变初始直径和最小直径之间的画笔笔迹大小，如图5-85所示。

- 最小直径：当启用“大小抖动”选项以后，通过该选项可以设置画笔笔迹缩放的最小缩放百分比。数值越高，笔尖的直径变化越小，如图5-86所示。

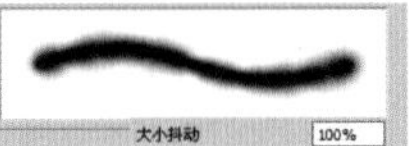

图 5-84

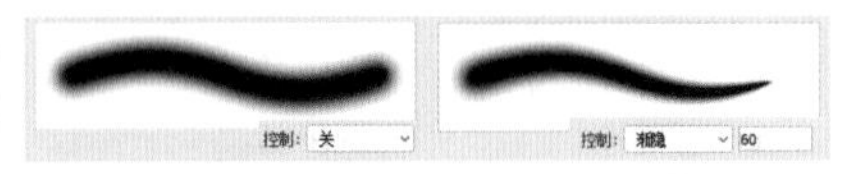

图 5-85

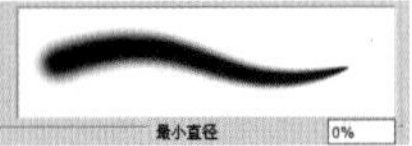

图 5-86

- 倾斜缩放比例：当“大小抖动”设置为“钢笔斜度”选项时，该选项用来设置在旋转前应用于画笔高度的比例因子。
- 角度抖动/控制：用来设置画笔笔迹的角度，如图5-87所示。如果要设置“角度抖动”的方式，可以在下面的“控制”下拉列表中进行选择。

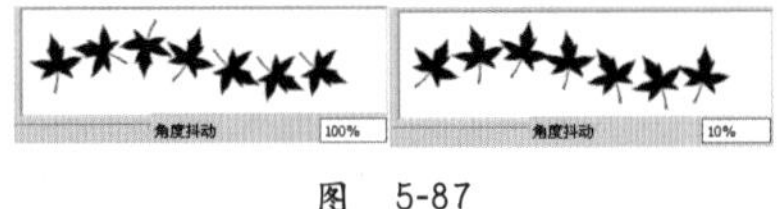

图 5-87

- 圆度抖动/控制/最小圆度：用来设置画笔笔迹的圆度在描边中的变化方式。如果要设置“圆度抖动”的方式，可以在下面的“控制”下拉列表中进行选择。另外，“最小圆度”选项可以用来设置画笔笔迹的最小圆度，如图5-88所示。

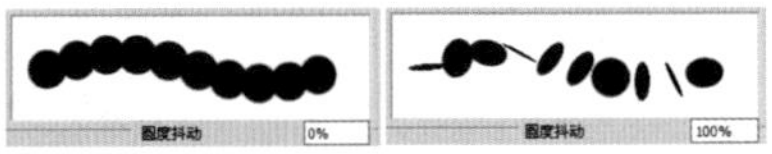

图 5-88

- 翻转X/Y抖动：将画笔笔尖在其X轴或Y轴上进行翻转。

5.3.4 散布

- 视频精讲：Photoshop 新手学视频精讲课堂/画笔散布选项的设置.mp4
- 技术速查：在“散布”选项中可以设置描边中笔迹的数目和位置，使画笔笔迹沿着绘制的线条扩散。

选中“散布”复选框，并单击“散布”进入其设置页面，如图5-89所示。如图5-90所示为启用“散布”设置制作出的效果。

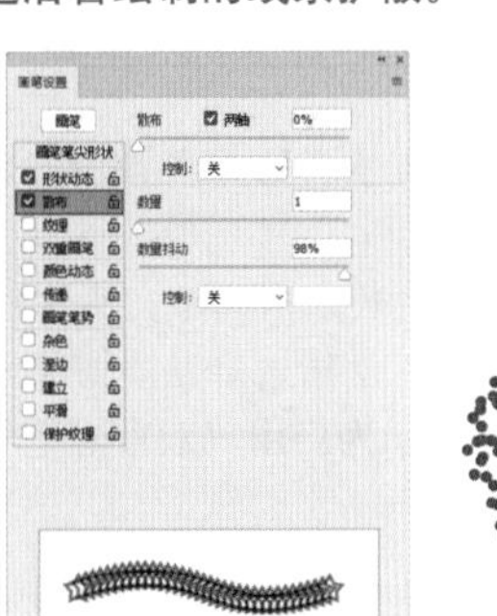

图 5-89

图 5-90

- 散布/两轴/控制：指定画笔笔迹在描边中的分散程度，该值越高，分散的范围越广。当选中“两轴”复选框时，画笔笔迹将以中心点为基准，向两侧分散。如果要设置画笔笔迹的分散方式，可以在下面的“控制”下拉列表中进行选择，如图5-91所示。
- 数量：指定在每个间距间隔应用的画笔笔迹数量。数值越高，笔迹重复的数量越大，如图5-92所示。
- 数量抖动/控制：指定画笔笔迹的数量如何针对各种间距间隔产生变化，如图5-93所示。如果要设置“数量抖动”的方式，可以在下面的“控制”下拉列表中进行选择。

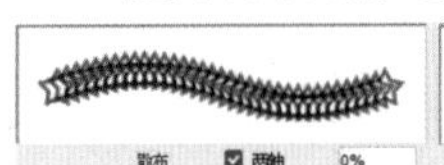

图 5-91

图 5-92

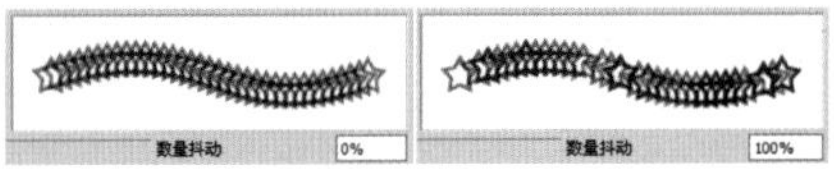

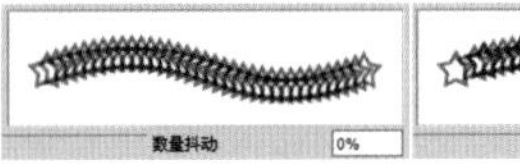

图 5-93

5.3.5 纹理

- 视频精讲：Photoshop 新手学视频精讲课堂/画笔纹理设置.mp4
- 技术速查：使用“纹理”选项可以绘制出带有纹理质感的笔触，例如在带纹理的画布上绘制效果等。

选中“纹理”复选框，并单击“纹理”进入其设置页面，如图5-94所示。如图5-95所示为启用“纹理”设置制作出的效果。

- 设置纹理/反相：单击图案缩览图右侧的倒三角图标，可以在弹出的“图案”拾色器中选择一个图案，并将其设置为纹理。如果选中“反相”复选框，可以基于图案中的色调来反转纹理中的亮点和暗点，如图5-96所示。
- 缩放：设置图案的缩放比例。数值越小，纹理越多，如图5-97所示。
- 为每个笔尖设置纹理：将选定的纹理单独应用于画笔描边中的每个画笔笔迹，而不是作为整体应用于画笔描边。如果取消选中“为每个笔尖设置纹理”复选框，下面的“深度抖动”选项将不可用。
- 模式：设置用于组合画笔和图案的混合模式，如图5-98所示分别是“正片叠底”和“线性高度”模式。

图 5-94

图 5-95

图 5-96

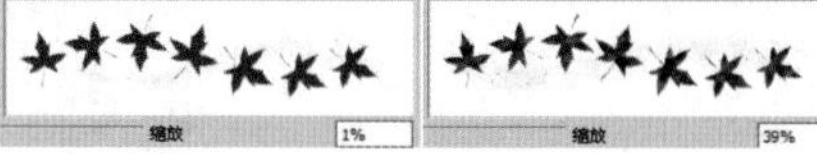

图 5-97

图 5-98

- 深度：设置油彩渗入纹理的深度。数值越大，渗入的深度越大，如图5-99所示。
- 最小深度：当“深度抖动”下面的“控制”选项设置为“渐隐”“钢笔压力”“钢笔斜度”或“光笔轮”选项，并且选中“为每个笔尖设置纹理”复选框时，“最小深度”选项用来设置油彩可渗入纹理的最小深度。
- 深度抖动/控制：当选中“为每个笔尖设置纹理”复选框时，“深度抖动”选项用来设置深度的改变方式，如图5-100所示。然后要指定如何控制画笔笔迹的深度变化，可以从下面的“控制”下拉列表中进行选择。

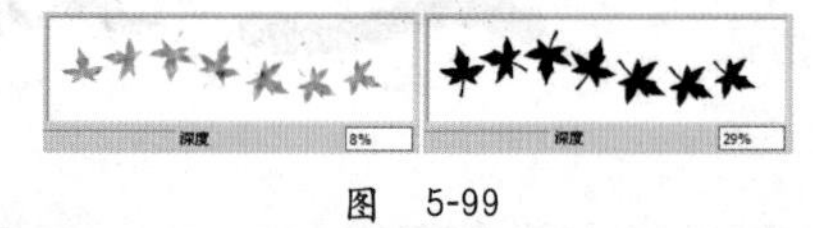

图 5-99

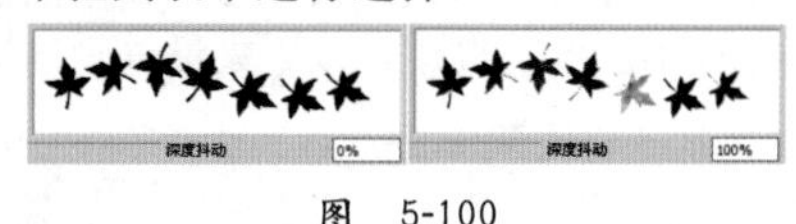

图 5-100

5.3.6 双重画笔

- 视频精讲：Photoshop 新手学视频精讲课堂/使用双重画笔.mp4
- 技术速查：选中“双重画笔”复选框可以使绘制的线条呈现出两种画笔的效果。

想要制作“双重画笔”效果，首先需要设置“画笔笔尖形状”主画笔参数属性，然后选中“双重画笔”复选框，并从“双重画笔”选项中选择另外一个笔尖（即双重画笔）。其参数非常简单，大多与其他选项中的参数相同，如图5-101所示。最顶部的“模式”是指选择从主画笔和双重画笔组合画笔笔迹时要使用的混合模式。如图5-102所示为启用“双重画笔”制作出的效果。

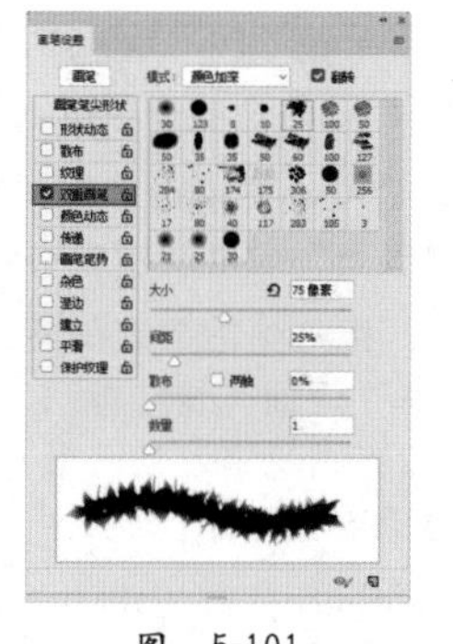

图 5-101

图 5-102

5.3.7 颜色动态

- 视频精讲：Photoshop 新手学视频精讲课堂/画笔颜色动态设置.mp4
- 技术速查：选中“颜色动态”复选框，可以通过设置选项绘制出颜色变化的效果。

选中“颜色动态”复选框，并单击“颜色动态”进入其设置页面，如图5-103所示。如图5-104所示为启用“颜色动态”设置制作出的效果。

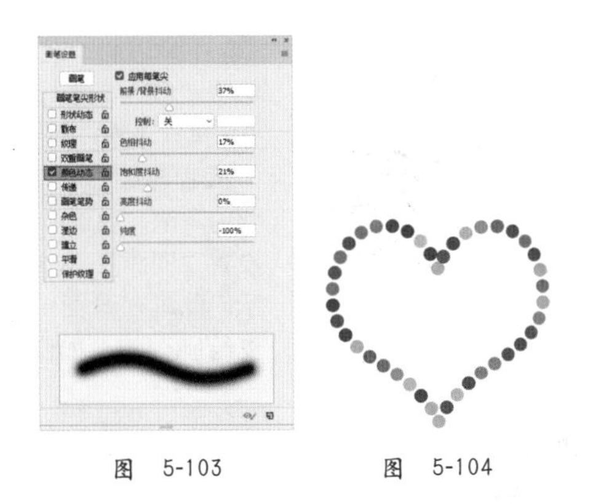

图 5-103　　图 5-104

图 5-105　　图 5-106

- 前景/背景抖动/控制：用来指定前景色和背景色之间的油彩变化方式。数值越小，变化后的颜色越接近前景色；数值越大，变化后的颜色越接近背景色。如果要指定如何控制画笔笔迹的颜色变化，可以在下面的“控制”下拉列表中进行选择，如图5-105和图5-106所示。
- 色相抖动：设置颜色变化范围。数值越小，颜色越接近前景色；数值越大，色相变化越丰富，如图5-107所示。
- 饱和度抖动：设置颜色的饱和度变化范围。数值越小，饱和度越接近前景色；数值越大，色彩的饱和度越高，如图5-108所示。
- 亮度抖动：设置颜色的亮度变化范围。数值越小，亮度越接近前景色；数值越大，颜色的亮度值越大，如图5-109所示。
- 纯度：用来设置颜色的纯度。数值越小，笔迹的颜色越接近于黑白色；数值越大，颜色饱和度越高，如图5-110和图5-111所示。

图 5-107

图 5-108

图 5-109

图 5-110

图 5-111

思维点拨

色彩的混合有加色混合、减色混合和中性混合3种形式，如图5-112～图5-114所示。

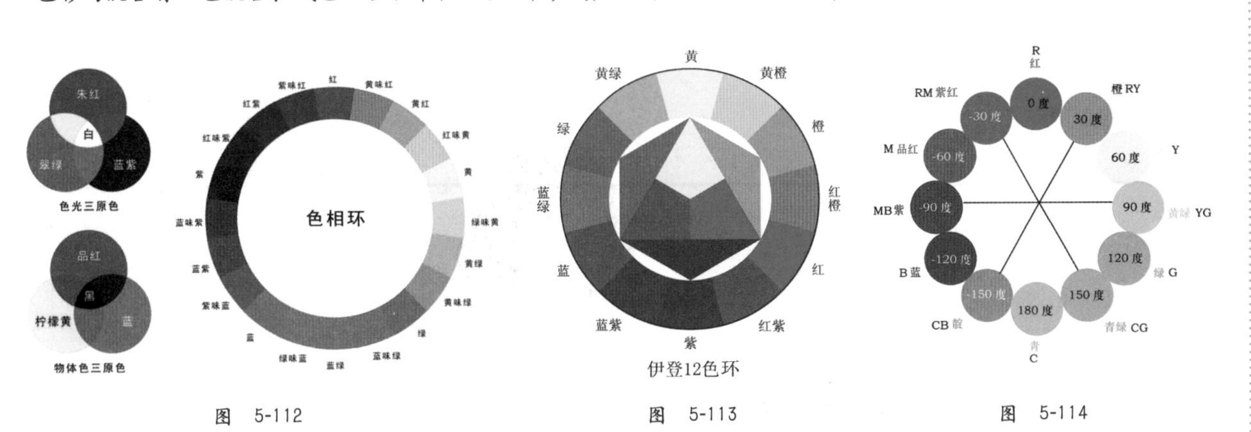

图 5-112　　图 5-113　　图 5-114

★ 案例实战——使用“颜色动态”选项制作多彩花朵

案例文件	案例文件\第5章\使用“颜色动态”选项制作多彩花朵.psd
视频教学	视频文件\第5章\使用“颜色动态”选项制作多彩花朵.mp4
难易指数	★★★★★
技术要点	“颜色动态”选项的使用

扫码看视频

案例效果

本案例主要使用“颜色动态”选项制作多彩的花朵效果，如图5-115和图5-116所示。

图 5-115

图 5-116

操作步骤

01 打开本书配套资源中的素材文件“1.jpg”，使用吸管工具吸取花瓣的颜色为前景色，吸取花蕊的颜色为背景色，如图5-117所示。单击工具箱中的“画笔工具”按钮，在其选项栏的“画笔预设选取器”菜单中执行“导入画笔”命令，如图5-118所示。

图 5-117

图 5-118

02 在弹出的“载入”窗口中单击选择素材“2.abr”，接着单击“载入”按钮，如图5-119所示。

03 执行“窗口>画笔设置”命令，打开“画笔设置”面板，在“画笔笔尖形状”中选择一个花朵形状的画笔，设置“大小”为70像素，设置“间距”为182%，如图5-120所示。此时在画面中按住鼠标左键拖曳绘制，效果如图5-121所示。

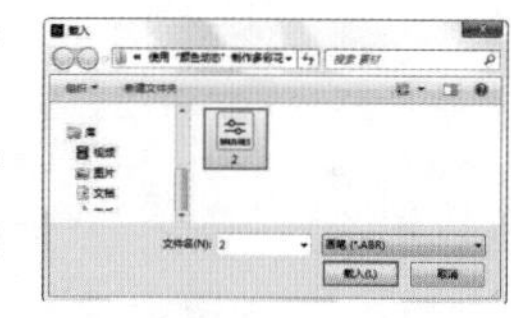

图 5-119

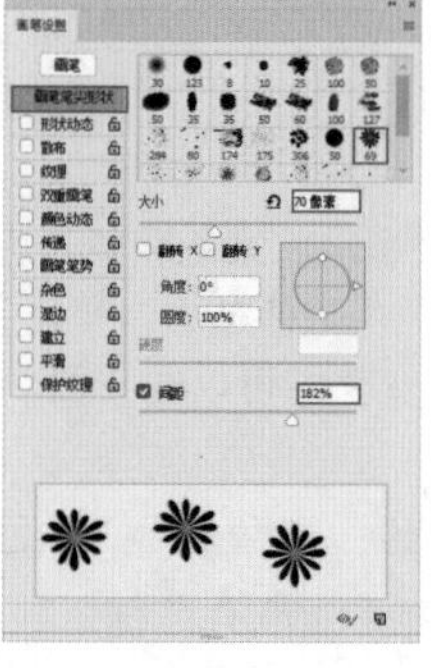

图 5-120

图 5-121

04 选中画笔样式列表中的“颜色动态”复选框，并单击进入设置页面，设置“前景/背景抖动”为100%，如图5-122所示。此时再次绘制可以看到花朵的颜色在前景色以及背景色之间变化，如图5-123所示。

图 5-122

图 5-123

05 如果想要绘制出多种颜色的花朵，可以适当设置“色相抖动”数值，此处设置为50%，如图5-124所示。此时再次绘制可以看到多种颜色的花朵，如图5-125所示。

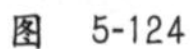

图 5-124

图 5-125

5.3.8 传递

- 视频精讲：Photoshop 新手学视频精讲课堂/画笔传递的设置.mp4
- 技术速查：使用“传递”选项可以确定油彩在描边路线中的改变方式。

选中“传递”复选框，并单击“传递”进入其设置页面，如图5-126所示。“传递”选项中包含不透明度、流量、湿度、混合等抖动的控制，如图5-127所示为启用“传递”设置制作出的效果。

- 不透明度抖动/控制：指定画笔描边中油彩不透明度的变化方式，最高值是选项栏中指定的不透明度值。如果要指定如何控制画笔笔迹的不透明度变化，可以从下面的“控制”下拉列表中进行选择。
- 流量抖动/控制：用来设置画笔笔迹中油彩流量的变化程度。如果要指定如何控制画笔笔迹的流量变化，可以从下面的“控制”下拉列表中进行选择。
- 湿度抖动/控制：用来控制画笔笔迹中油彩湿度的变化程度。如果要指定如何控制画笔笔迹的湿度变化，可以从下面的“控制”下拉列表中进行选择。
- 混合抖动/控制：用来控制画笔笔迹中油彩混合的变化程度。如果要指定如何控制画笔笔迹的混合变化，可以从下面的“控制”下拉列表中进行选择。

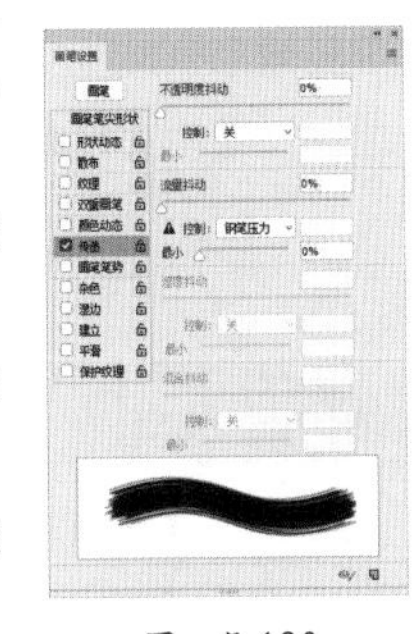
图 5-126

图 5-127

★ 案例实战——使用“传递”选项制作飘雪效果

案例文件	案例文件\第5章\使用“传递”选项制作飘雪效果.psd
视频教学	视频文件\第5章\使用“传递”选项制作飘雪效果.mp4
难易指数	★★★★★
技术要点	“传递”选项的使用

扫码看视频

案例效果

本案例主要使用“传递”选项绘制飘雪效果，如图5-128所示。

操作步骤

01 打开本书配套资源中的人像素材文件，设置前景色为白色，如图5-129所示。

图 5-128

图 5-129

02 单击工具箱中的“画笔工具”按钮，按F5键快速打开“画笔预设”面板，单击“画笔笔尖形状”，选择一种圆形的画笔，设置“大小”为50像素，“间距”为85%，如图5-130所示。选中“形状动态”复选框，设置其“大小抖动”为56%，“角度抖动”为100%，“圆度抖动”为61%，“最小圆度”为25%，如图5-131所示。

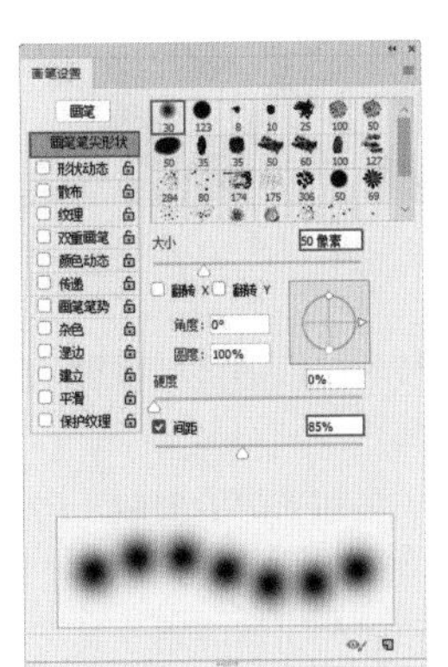
图 5-130

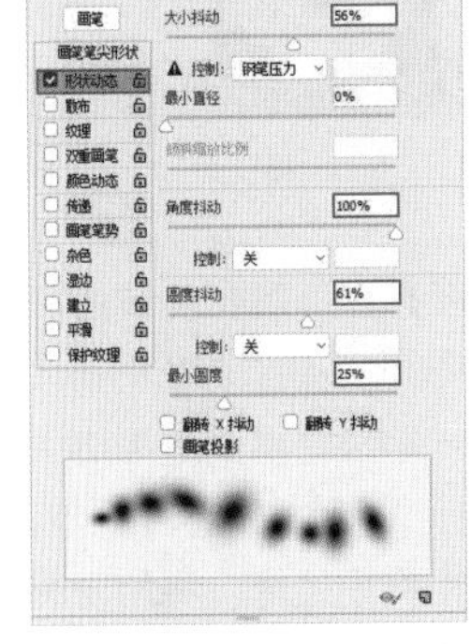
图 5-131

03 选中“散布”复选框，选中“两轴”复选框并设置其数值为1000%，设置“数量抖动”为100%，如图5-132所示。选中“传递”复选框，设置其“不透明度抖动”为100%，新建图层1，如图5-133所示。

04 设置完毕后，将光标移动到画面中按住鼠标左键，拖曳绘制出飘雪的效果，最终效果如图5-134所示。

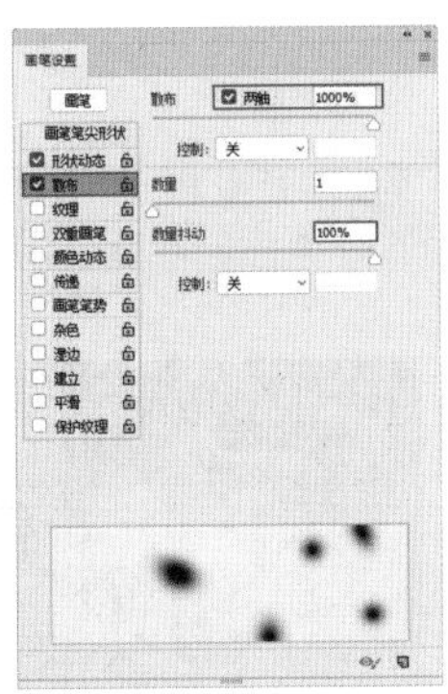
图 5-132

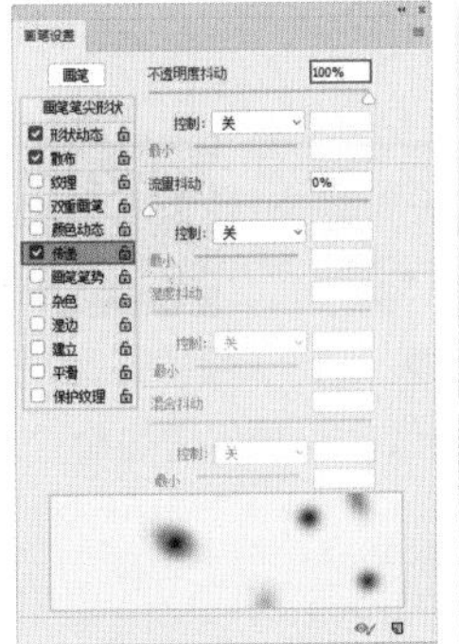
图 5-133

图 5-134

5.3.9 画笔笔势

- 视频精讲：Photoshop 新手学视频精讲课堂/画笔笔势的设置.mp4
- 技术速查："画笔笔势"选项用于调整毛刷画笔笔尖、侵蚀画笔笔尖的角度。
  选中"画笔笔势"复选框，并单击"画笔笔势"进入其设置页面，如图5-135所示。
- 倾斜X/倾斜Y：使笔尖沿X轴或Y轴倾斜。
- 旋转：设置笔尖旋转效果。
- 压力：压力数值越高，绘制速度越快，线条效果越粗犷。

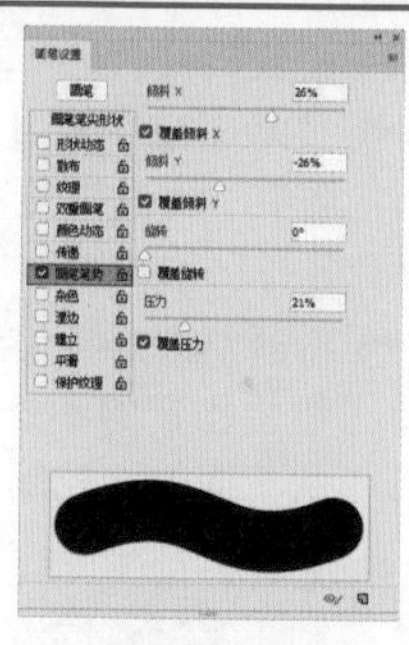

图 5-135

5.3.10 其他选项

- 视频精讲：Photoshop 新手学视频精讲课堂/画笔其他选项的设置.mp4

"画笔设置"面板中还有"杂色""湿边""建立""平滑"和"保护纹理"这5个选项。这些选项不能调整参数，如果要启用其中某个选项，将其选中即可，如图5-136所示。

- 杂色：为个别画笔笔尖增加额外的随机性，如图5-137和图5-138所示分别是取消选中与选中"杂色"复选框时的笔迹效果。当使用柔边画笔时，该选项最能出效果。
- 湿边：沿画笔描边的边缘增大油彩量，从而创建出水彩效果，如图5-139和图5-140所示分别是取消选中与选中"湿边"复选框时的笔迹效果。

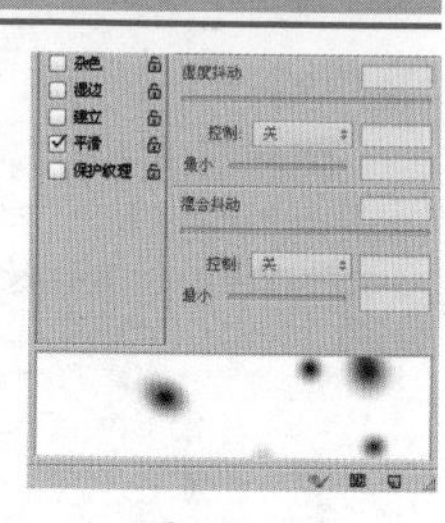

图 5-136

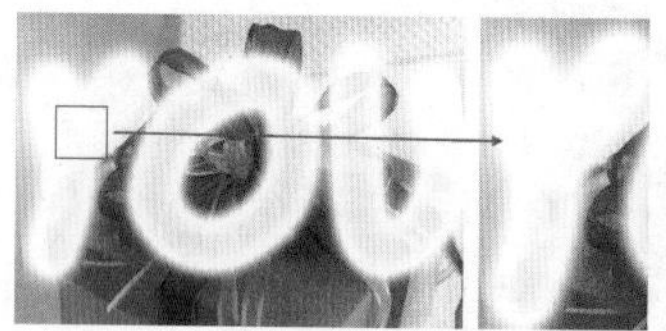

图 5-137

图 5-138

图 5-139　　图 5-140

- 建立：模拟传统的喷枪技术，根据鼠标按键的单击程度确定画笔线条的填充数量。
- 平滑：在画笔描边中生成更加平滑的曲线。当使用压感笔进行快速绘画时，该选项最有效。
- 保护纹理：将相同图案和缩放比例应用于具有纹理的所有画笔预设。选中该复选框后，在使用多个纹理画笔绘画时，可以模拟出一致的画布纹理。

读书笔记

★ 案例实战——使用多种画笔设置制作散景效果

案例文件	案例文件\第5章\使用多种画笔设置制作散景效果.psd
视频教学	视频文件\第5章\使用多种画笔设置制作散景效果.mp4
难易指数	★★★★★
技术要点	"画笔设置"面板的使用

扫码看视频

案例效果

本案例主要使用形状动态、散布、颜色动态和传递等命令制作唯美的散景效果，如图5-141所示。

操作步骤

01 打开素材文件，如图5-142所示。设置合适的前景色以及背景色，如图5-143所示。

图 5-141

图 5-142

图 5-143

02 单击工具箱中的“画笔工具”按钮，选择常规画笔组下的硬边圆画笔，设置其“不透明度”为80%，“流量”为80%，设置前景色为浅紫色，背景色为深紫色，按F5键快速打开“画笔预设”面板，单击“画笔笔尖形状”，选择一种圆形的花纹，设置“大小”为240像素，“硬度”为100%，“间距”为240%，如图5-144所示。选中“形状动态”复选框，设置“大小抖动”为4%，如图5-145所示。选中“散布”复选框，设置为340%，如图5-146所示。选中“传递”复选框，设置“不透明度抖动”为90%，“流量抖动”为66%，如图5-147所示。

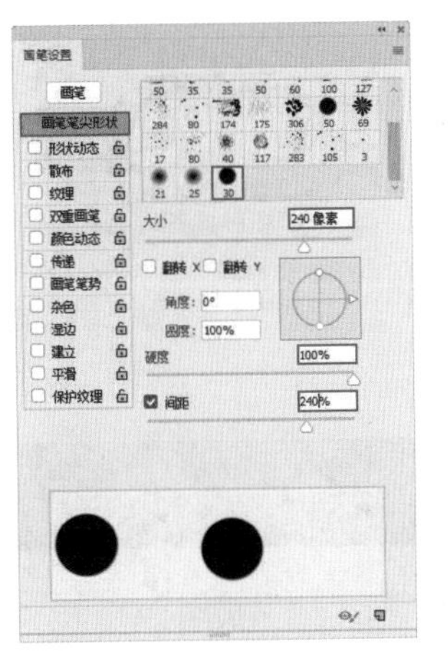

图 5-144

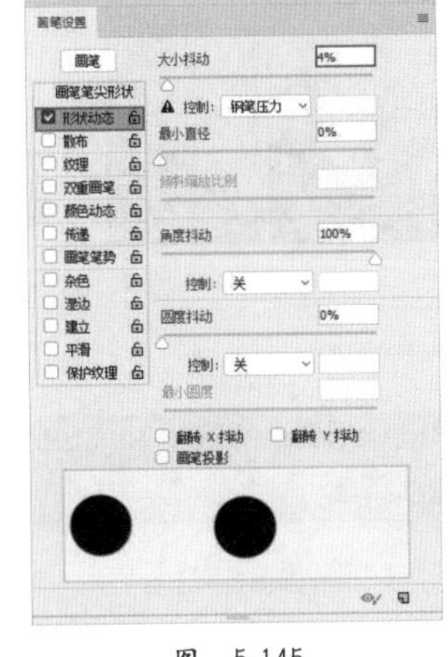

图 5-145

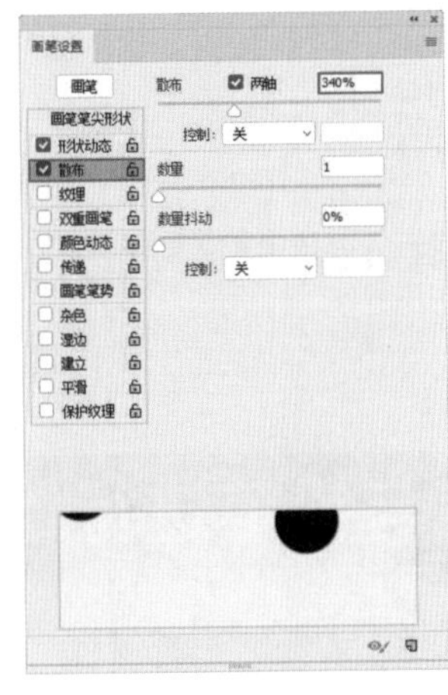

图 5-146

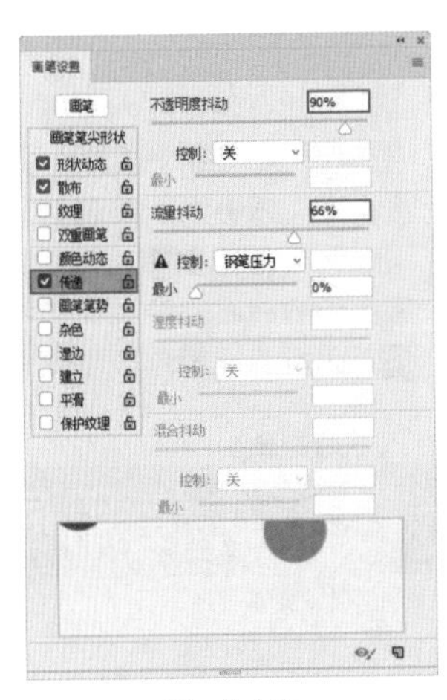

图 5-147

03 新建图层1，在画面中按住鼠标左键并拖动光标绘制出分散的圆形效果，如图5-148所示。

04 新建图层2，设置前景色为深紫色，在画面中进行绘制，设置图层2的混合模式为“滤色”，如图5-149所示。新建图层3，继续使用画笔工具，适当增大画笔大小，降低画笔硬度，在画面中绘制，同样设置图层3的混合模式为“滤色”，如图5-150所示。

05 设置较小的画笔大小，在画面中单击绘制，如图5-151所示。置入光效素材，将其栅格化并置于画面中合适的位置，设置其混合模式为“滤色”，如图5-152所示，最终效果如图5-153所示。

图 5-148

图 5-149

图 5-150

图 5-151

图 5-152

图 5-153

思维点拨：散景

散景也称为“焦外成像”的摄影手法，利用失焦或是正确对焦交叉的效果来呈现，营造出温暖柔和的氛围。所谓散景，最简单的说法是主体与背景之间那种前清后蒙的效果。

以单反相机镜头而言，一般人都会说镜头光圈越大，散景越明显，这在大部分情况下是对的。大光圈容易有散景是因为光圈越大，景深越浅，失焦的范围越多，散景效果也越强。相反，光圈越细，景深越长，失焦的范围越细，散景就显得弱。

焦距也是散景的关键，比较广角镜与长焦镜的景深范围，广角镜是景深较长，而长焦镜的景深较浅，如图5-154和图5-155所示。

图 5-154

图 5-155

☆ 视频课堂——海底创意葡萄酒广告

扫码看视频

案例文件\第5章\视频课堂——海底创意葡萄酒广告.psd
视频文件\第5章\视频课堂——海底创意葡萄酒广告.mp4

思路解析：

01 打开背景，置入素材。
02 使用画笔绘制光束，并进行变换操作。
03 定义锁链形状的画笔。
04 调用锁链笔刷，使用“画笔设置”面板调整笔刷属性。
05 在酒瓶底部绘制锁链效果。
06 适当调整颜色，完成操作。

5.4 使用画笔与铅笔进行绘画

● 技术速查：使用绘画工具不仅能够绘制出传统意义上的插画，还能够对数码相片进行美化处理，同时还能够对数码相片制作各种特效。

在Photoshop的工具箱中右击“画笔工具组”按钮，可以看到隐藏工具中包含画笔工具、铅笔工具两种非常常用的绘制工具。无论是进行数字绘画、平面设计还是照片编修都离不开画笔工具，而铅笔工具则主要用作绘制像素画，如图5-156和图5-157所示分别为使用颜色替换工具和混合器画笔工具制作的作品。

图 5-156

图 5-157

5.4.1 画笔工具

● 视频精讲：Photoshop 新手学视频精讲课堂/画笔工具的使用方法.mp4
● 技术速查：使用画笔工具和前景色可以绘制出各种线条以及笔触，同时也可以利用它来修改通道和蒙版，如图5-158和图5-159所示。

画笔工具是使用频率最高的工具之一，在工具箱中单击“画笔工具”按钮即可打开画笔工具。使用画笔工具进行绘制之前不仅需要设置好前景色，还需要在选项栏中设置画笔大小、模式、不透明度以及流量等属性。如图5-160所示是画笔工具的选项栏。

图 5-158

图 5-159

图 5-160

● “画笔预设”选取器：单击该图标，打开“画笔预设”选取器，在这里面可以选择笔尖、设置画笔的大小和硬度。

技巧提示

在英文输入法状态下，可以按[键和]键来减小或增大画笔笔尖的大小。

● 模式：设置绘画颜色与下面现有像素的混合方法，如图5-161和图5-162所示分别是使用“正片叠底”模式和“强光”模式绘制的笔迹效果。可用模式将根据当前选定工具的不同而变化。

● 不透明度：设置画笔绘制出来的颜色的不透明度。数值越大，笔迹的不透明度越高，如图5-163所示；数值越小，笔迹的不透明度越低，如图5-164所示。

图 5-161

图 5-162

图 5-163

图 5-164

技巧提示

在使用画笔工具绘画时，可以按数字键0～9来快速调整画笔的不透明度，数字1代表10%的“不透明度”，数值9则代表90%的“不透明度”，0代表100%。

- 流量：设置当将光标移到某个区域上方时应用颜色的速率。在某个区域上方进行绘画时，如果一直按住鼠标左键，颜色量将根据流动速率增大，直至达到“不透明度”设置。

技巧提示

流量也有自己的快捷键，按住Shift+0～9的数字键即可快速设置流量。

- 启用喷枪模式按钮：激活该按钮以后，可以启用喷枪功能，Photoshop会根据鼠标左键的单击程度来确定画笔笔迹的填充数量。例如，关闭喷枪功能时，每单击一次会绘制一个笔迹，如图5-165所示；而启用喷枪功能以后，按住鼠标左键不放，即可持续绘制笔迹，如图5-166所示。
- 平滑：用于设置所绘制的线条的流畅程度，数值越大，线条越流畅。
- “绘图板压力控制大小”按钮：使用压感笔压力可以覆盖“画笔设置”面板中的“不透明度”和“大小”设置。

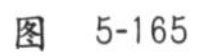

图 5-165

图 5-166

技巧提示

如果使用绘图板绘画，则可以在“画笔设置”面板和选项栏中通过设置钢笔压力、角度、旋转或光笔轮来控制应用颜色的方式。

★ 案例实战——调整画笔间距制作日历

案例文件	案例文件\第5章\调整画笔间距制作日历.psd
视频教学	视频文件\第5章\调整画笔间距制作日历.mp4
难易指数	★★★★★
技术要点	画笔工具、“画笔设置”面板

扫码看视频

案例效果

本案例主要使用画笔工具和“画笔设置”面板制作日历效果，如图5-167所示。

图 5-167

操作步骤

01 打开本书配套资源中的素材文件“1.jpg”，如图5-168所示。设置前景色为绿色，单击工具箱中的“画笔工具”按钮，在常规画笔组中选择硬边圆画笔，设置画笔“大小”为60像素，“硬度”为100%，如图5-169所示。

图 5-168

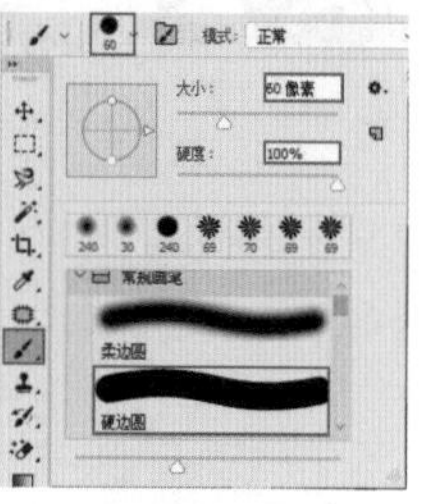

图 5-169

02 按F5键调出预设面板，设置其“间距”为220%，如图5-170所示。新建图层，将画笔移动到左上角，按住鼠标左键并按住Shift键向右拖曳鼠标，此时可以看到图像顶端出现绿色的不连续的圆形点，如图5-171所示。

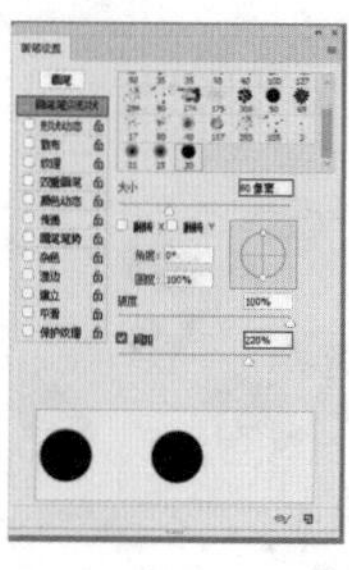

图 5-170

图 5-171

03 选择画笔绘制图层，为其添加图层样式，执行“图层>图层样式>内阴影”命令，设置“混合模式”为“正片叠底”，颜色为黑色，“不透明度”为75%，“角度”为124度，“距离”为5像素，“阻塞”为0%，“大小”为5像素，如图5-172所示，效果如图5-173所示。

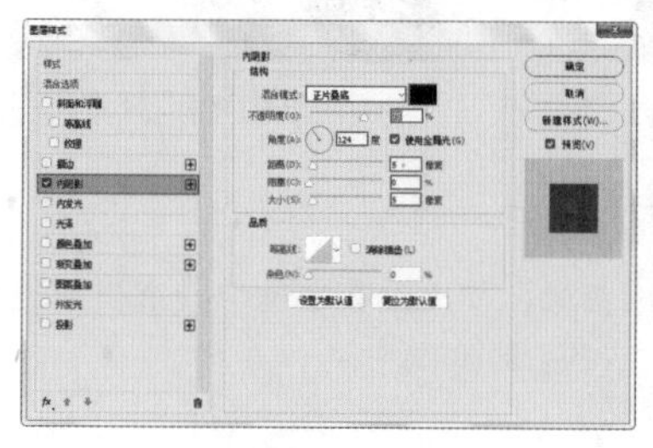

图 5-172

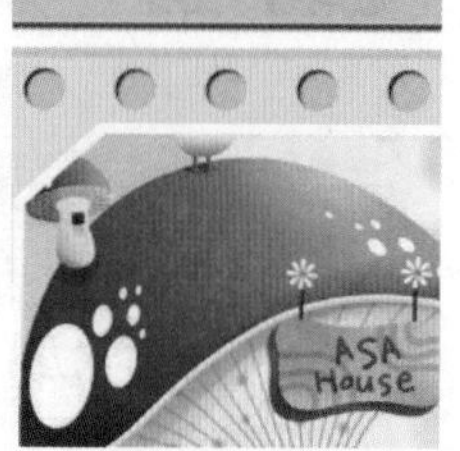

图 5-173

04 用同样的方法绘制出顶部的白色圆点，继续置入铁环素材“2.png”，将其栅格化并置于画面中合适位置，最终制作效果如图5-174所示。

技巧提示

使用画笔工具时，按住Shift键可以绘制出水平或垂直的直线。

图 5-174

5.4.2 铅笔工具

- 视频精讲：Photoshop 新手学视频精讲课堂/铅笔工具的使用方法.mp4
- 技术速查：使用铅笔工具更易于绘制出硬边线条。

铅笔工具与画笔工具的使用方法非常相似，例如近年来比较流行的像素画以及像素游戏都可以使用铅笔工具进行绘制，如图5-175和图5-176所示。

图 5-175

图 5-176

思维点拨：像素画

画像素画也属于点阵式图像，但它是一种图标风格的图像，更强调清晰的轮廓、明快的色彩，几乎不用混叠方法来绘制光滑的线条，所以常常采用.gif格式，同时它的造型比较卡通，得到很多朋友的喜爱。

我们这里说的“像素画”并不是和矢量图对应的点阵式图像，其实像素画的应用范围相当广泛，从小时候玩的家用红白机的画面直到今天的GBA手掌机，从黑白的手机图片直到今天全彩的掌上电脑，包括我们天天面对的电脑中也到处能看到各类软件的像素图标，更有现在大家熟悉的QQshow形象、手机背景、QQ表情、泡泡表情等。

右击工具箱中的“画笔工具组”按钮，在弹出的菜单中选择铅笔工具，如图5-177所示。在选项栏中可以看到相关选项，如图5-178所示。

图 5-177

图 5-178

选中“自动抹除”复选框后，如果将光标中心放置在包含前景色的区域上，可以将该区域涂抹成背景色，如图5-179所示；如果将光标中心放置在不包含前景色的区域上，则可以将该区域涂抹成前景色，如图5-180所示。

技巧提示

“自动抹除”选项只适用于原始图像，也就是只能在原始图像上才能绘制出设置的前景色和背景色。如果是在新建的图层中进行涂抹，则“自动抹除”选项不起作用。

图 5-179

图 5-180

5.5 使用橡皮擦工具擦除图像

视频精讲：Photoshop 新手学视频精讲课堂/擦除工具的使用方法.mp4

Photoshop提供了3种擦除工具，其位于工具箱中的橡皮擦工具组中，分别是橡皮擦工具、背景橡皮擦工具和魔术橡皮擦工具，如图5-181所示。这3种工具都用于擦除，在普通图层中进行擦除则擦除的像素将变成透明，在“背景”图层或锁定了透明像素的图层中进行擦除，则擦除的像素将变成背景色，如图5-182和图5-183所示。

图 5-181

图 5-182

图 5-183

5.5.1 橡皮擦工具

技术速查：使用橡皮擦工具可以根据用户需要对画面进行不同程度的擦除，如图5-184和图5-185所示。

橡皮擦工具可以像使用橡皮一样随意地将像素更改为背景色或透明，单击工具箱中的橡皮擦工具，在选项栏中需要设置橡皮擦工具笔尖的大小等属性，在“模式”下拉列表中可以选择橡皮擦的种类。选择“画笔”选项时，可以创建柔边擦除效果；选择“铅笔”选项时，可以创建硬边擦除效果；选择“块”选项时，擦除的效果为块状，如图5-186所示。设置完毕后，在画面中按住鼠标左键并拖动光标即可擦除像素。

图 5-184

图 5-185

图 5-186

- 不透明度：用来设置橡皮擦工具的擦除强度。设置为100%时，可以完全擦除像素。当设置“模式”为“块”时，该选项将不可用。
- 流量：用来设置橡皮擦工具的涂抹速度。
- 抹到历史记录：选中该复选框以后，橡皮擦工具的作用相当于历史记录画笔工具。

5.5.2 背景橡皮擦工具

技术速查：背景橡皮擦工具是一种基于色彩差异的智能化擦除工具。

背景橡皮擦工具的功能非常强大，可以智能地识别前景与背景的差异，抹除背景的同时保留前景对象的边缘。除了可以使用它来擦除图像以外，最重要的方面运用在抠图中，如图5-187所示。

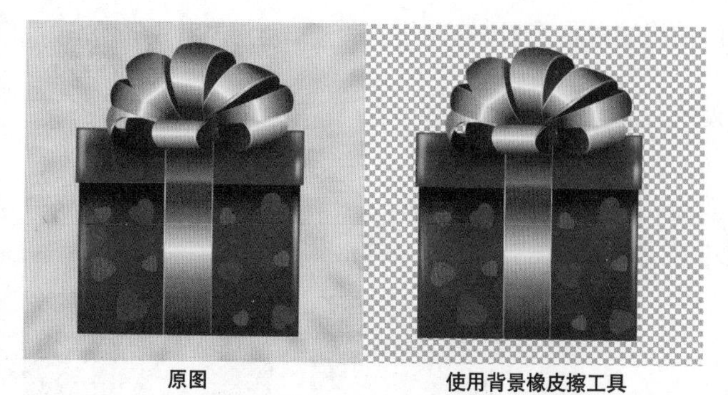

图 5-187

单击工具箱中的“背景橡皮擦工具”按钮，首先需要在选项栏中进行取样模式的设置，不同的取样模式其擦除方法也不相同。然后进行“限制”以及“容差”的设置，如图5-188所示为工具选项栏。

图 5-188

- 取样：用来设置取样的方式。激活“取样：连续”按钮，在拖曳鼠标时可以连续对颜色进行取样，凡是出现在光标中心十字线以内的图像都将被擦除，如图5-189所示；激活“取样：一次”按钮，只擦除包含第一次单击处颜色的图像，如图5-190所示；激活“取样：背景色板”按钮，只擦除包含背景色的图像，如图5-191所示。
- 限制：设置擦除图像时的限制模式。选择“不连续”选项时，可以擦除出现在光标下任何位置的样本颜色；选择“连续”选项时，只擦除包含样本颜色并且相互连接的区域；选择“查找边缘”选项时，可以擦除包含样本颜色的连接区域，同时更好地保留形状边缘的锐化程度。
- 容差：用来设置颜色的容差范围。
- 保护前景色：选中该复选框后，可以防止擦除与前景色匹配的区域。

图 5-189

图 5-190

图 5-191

★ 案例实战——使用背景橡皮擦工具擦除背景

案例文件	案例文件\第5章\使用背景橡皮擦工具擦除背景.psd
视频教学	视频文件\第5章\使用背景橡皮擦工具擦除背景.psd
难易指数	★★★★
技术要点	背景橡皮擦工具

扫码看视频

案例效果

本案例主要是使用背景橡皮擦工具为牛奶菠萝照片换背景，对比效果如图5-192和图5-193所示。

图 5-192

图 5-193

操作步骤

01 打开素材文件“1.jpg”，按住Alt键双击背景图层，将其转换为普通图层。单击工具箱中的“吸管工具”按钮，单击采集红色背景的颜色为背景色，并按住Alt键单击黄色的菠萝部分作为前景色，如图5-194和图5-195所示。

图 5-194

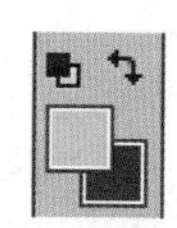

图 5-195

02 单击工具箱中的“背景橡皮擦工具”按钮，单击选项栏中画笔预设下拉箭头，设置“大小”为296像素，“硬度”为100%，单击“取样：背景色板”按钮，设置其“容差”为50%，选中“保护前景色”复选框，如图5-196所示。

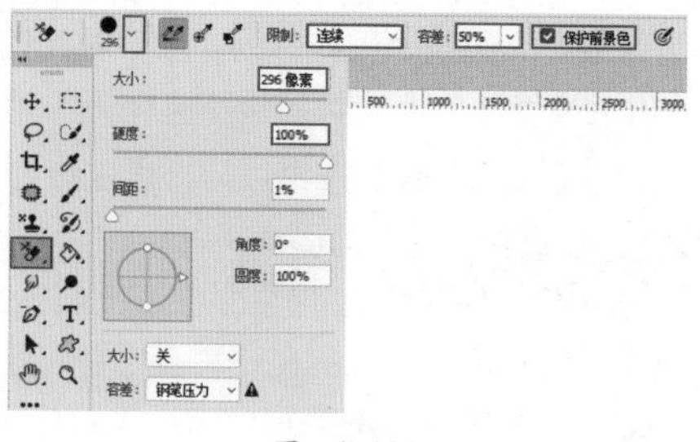

图 5-196

03 回到图像中，从背景部分到菠萝边缘区域开始涂抹，可以看到背景部分变为透明，而菠萝部分完全被保留下来，如图5-197所示。继续使用同样的方法进行涂抹，为了避免牛奶部分被擦除，可以更换前景色为牛奶边缘的颜色，如图5-198所示。

图 5-197

图 5-198

04 为了擦除叶子缝隙中的背景部分，更换前景色为菠萝的叶子颜色继续擦除。如图5-199所示为置入背景素材，将其栅格化并置于菠萝图层下方，最终效果如图5-200所示。

图 5-199

图 5-200

5.5.3 魔术橡皮擦工具

● 技术速查：使用魔术橡皮擦工具在图像中单击时，可以将所有相似的像素更改为透明。如果在已锁定了透明像素的图层中工作，这些像素将更改为背景色。

单击工具箱中的“魔术橡皮擦工具”按钮，首先在选项栏中调整“容差”数值以控制可擦除的颜色范围。然后确定是否要选中“连续”复选框，选中该复选框时只擦除与单击点像素邻近的像素，取消选中该复选框时可以擦除图像中所有相似的像素。选中“消除锯齿”复选框可以使擦除区域的边缘变得平滑。其选项栏如图5-201所示。

设置完毕后在画面中单击，相似颜色的区域会自动被擦除，如图5-202和图5-203所示。

图 5-202

图 5-203

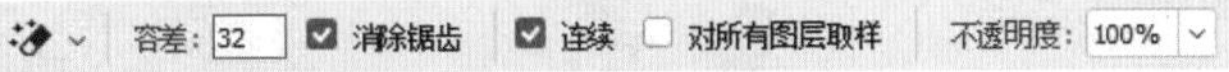

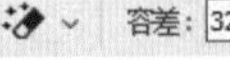

容差: 32 ☑ 消除锯齿 ☑ 连续 ☐ 对所有图层取样 不透明度: 100%

图 5-201

★ 案例实战——使用魔术橡皮擦工具去除背景天空

案例文件	案例文件\第5章\使用魔术橡皮擦工具去除背景天空.psd
视频教学	视频文件\第5章\使用魔术橡皮擦工具去除背景天空.mp4
难易指数	★★★★★
技术要点	魔术橡皮擦工具

扫码看视频

案例效果

本案例主要是使用魔术橡皮擦工具去除背景天空，如图5-204和图5-205所示。

图 5-204

图 5-205

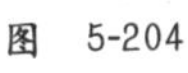

操作步骤

01 打开素材文件“1.jpg”，从图中可以看出天空部分颜色非常接近，如图5-206所示。

图 5-206

02 复制背景图层并隐藏原图层，单击工具箱中的“魔术橡皮擦工具”按钮，在选项栏中设置“容差”为15，选中“消除锯齿”和“连续”复选框，如图5-207所示。在图像顶部单击，可以看到顶部的天空被去除，如图5-208所示。

图 5-207

图 5-208

03 用同样的方法依次向下进行单击可以顺利擦除，如图5-209所示。由于效果的边缘颜色稍微复杂，所以可以将“容差”值增大为30左右，取消选中“连续”复选框，并继续单击擦除剩余部分，如图5-210所示。

图 5-209

图 5-210

04 置入背景素材“2.jpg”，将该图层放在最底层，并将其栅格化，最终效果如图5-211所示。

图 5-211

课后练习

【课后练习——为婚纱照换背景】

思路解析：拍摄数码照片时，画面的背景经常并不理想，这时就可以通过抠图换背景的方法美化照片。本案例的天空部分颜色比较单一，可以使用魔术橡皮擦工具进行擦除，并更换为新的背景。

扫码看视频

本章小结

本章学习的内容虽然都是数字绘画的工具，但是这些工具并非只能使用在插画绘制中，在照片修饰、画面合成、调色等操作中都能够使用到画笔以及橡皮擦工具，而填充更是应用在平面设计的方方面面。

读书笔记

第6章

数码照片编修

本章内容简介：

图像处理是Photoshop的一个非常重要的功能，拍摄的数码照片或设计中用到的素材有时难免会有些瑕疵，图像的数字化处理则解决了这个问题。Photoshop提供了多种绘画工具以及图像修饰工具，使用这些工具能够方便快捷地制作出丰富多彩的绘画效果，更能够有效地解决图片中的瑕疵，例如人像面部的斑点、皱纹、红眼，环境中多余的人以及不合理的杂物等问题。

本章学习要点：

- 掌握多种修复工具的特性与使用方法。
- 掌握图像润饰工具的使用方法。
- 掌握数码照片常见问题及矫正滤镜的使用方法。

6.1 修复照片局部瑕疵

数码照片处理中Photoshop是最常用的软件之一，通过使用Photoshop可以轻松地去除画面中的瑕疵。在Photoshop工具箱中就包含大量的用于画面局部修复的工具，例如污点修复画笔工具、修复画笔工具、修补工具、内容感知移动工具、红眼工具、仿制图章工具等。如图6-1和图6-2所示为优秀的平面设计作品。

图 6-1

图 6-2

6.1.1 仿制图章工具

- 视频精讲：Photoshop 新手学视频精讲课堂/仿制图章工具与图案图章工具.mp4
- 技术速查：使用仿制图章工具可以将图像的一部分作为样本，以绘制的模式填充到图像上的另一个位置上。

仿制图章工具对于复制对象或修复图像中的缺陷非常有用，单击“仿制图章工具”按钮，在画面中按住Alt键单击即可进行样本的拾取，如图6-3所示。然后将光标移动到其他位置，按住鼠标左键进行绘制，即可以之前拾取的样本位置像素进行绘制，如图6-4所示。

图 6-3

按住鼠标左键涂抹

图 6-4

★ 案例实战——使用仿制图章工具修补草地

案例文件	案例文件\第6章\使用仿制图章工具修补草地.psd
视频教学	视频文件\第6章\使用仿制图章工具修补草地.mp4
难易指数	★★★★★
技术要点	仿制图章工具

扫码看视频

案例效果

本案例主要使用仿制图章工具去除草地上的花朵，对比效果如图6-5和图6-6所示。

图 6-5

图 6-6

操作步骤

01 打开素材文件“1.jpg”，可以看到草地上散落着一些花朵，如图6-7所示。单击工具箱中的“仿制图章工具”按钮，在常规画笔组中选择柔边圆画笔，设置其“大小”为100像素，“模式”为正常，“不透明度”为100%，“流量”为100%，选中“对齐”复选框，如图6-8所示。

图 6-7

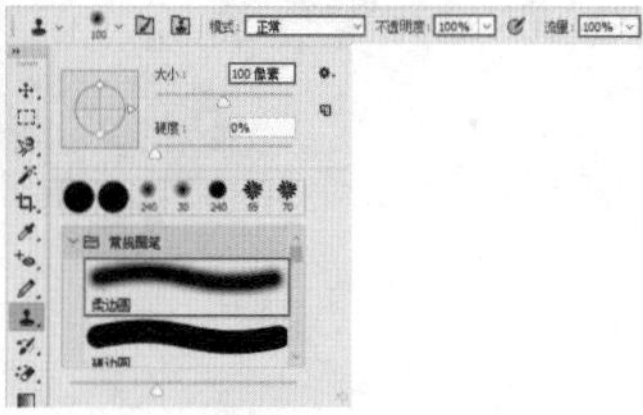

图 6-8

02 按住Alt键单击草地部分进行取样，松开鼠标后在右侧的花朵上涂抹，如图6-9所示。随着涂抹花朵部分逐渐被草地代替，如图6-10所示。

图 6-9

图 6-10

03 在草地的部分多次取样，并在花朵上涂抹去除花朵，最终效果如图6-11所示。

图 6-11

☆ 视频课堂——使用仿制图章工具修补天空

扫码看视频

案例文件\第6章\视频课堂——使用仿制图章工具修补天空.psd
视频文件\第6章\视频课堂——使用仿制图章工具修补天空.mp4

思路解析：

01 单击工具箱中的“仿制图章工具”按钮，设置合适的画笔属性。
02 在空白天空处按住Alt键单击进行取样。
03 在需要去除的地方进行涂抹。

6.1.2 图案图章工具

- 视频精讲：Photoshop 新手学视频精讲课堂/仿制图章工具与图案图章工具.mp4
- 技术速查：图案图章工具可以像使用画笔一样在画面中绘制图案。

单击“图章工具组”中的“图案图章工具” 按钮，在选项栏中单击“图案拾色器”按钮，在列表中选择一个图案，如图6-12所示。然后在画面中进行涂抹，即可以画笔的形式用所选图案进行绘制，如图6-13所示。

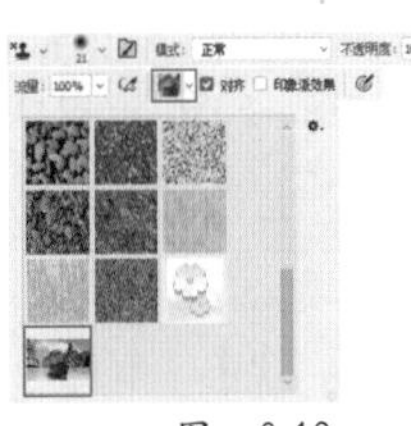

图 6-12

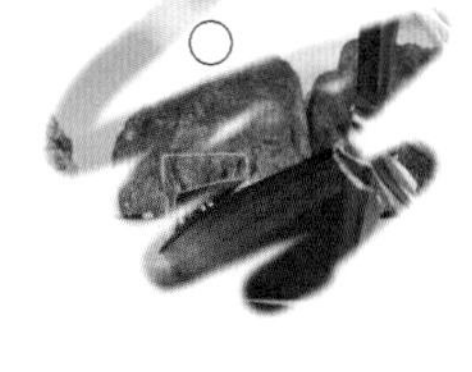

图 6-13

- 对齐：选中该复选框后，可以保持图案与原始起点的连续性，即使多次单击也不例外，如图6-14所示；取消选中该复选框时，则每次单击都重新应用图案，如图6-15所示。
- 印象派效果：选中该复选框后，可以模拟出印象派效果的图案，如图6-16所示。

图 6-14

图 6-15

图 6-16

6.1.3 污点修复画笔工具

- 视频精讲：Photoshop 新手学视频精讲课堂/使用污点修复画笔.mp4
- 技术速查：使用污点修复画笔工具可以快速地消除图像中的污点和某个对象。

污点修复画笔工具不需要设置取样点，因为它可以自动从所修饰区域的周围进行取样。例如，在斑点处单击即可快速去除点状的瑕疵，按住鼠标左键涂抹也可去除区域较大的瑕疵，如图6-17和图6-18所示。其选项栏如图6-19所示。

图 6-17

图 6-18

图 6-19

- 模式：用来设置修复图像时使用的混合模式。除“正常”“正片叠底”等常用模式以外，还有一个“替换”模式，该模式可以保留画笔描边的边缘处的杂色、胶片颗粒和纹理。
- 类型：用来设置修复的方法。选中“近似匹配”单选按钮时，可以使用选区边缘周围的像素来查找要用作选定区域修补的图像区域；选中“创建纹理”单选按钮时，可以使用选区中的所有像素创建一个用于修复该区域的纹理；选中“内容识别”单选按钮时，可以使用选区周围的像素进行修复。

6.1.4 修复画笔工具

- 视频精讲：Photoshop 新手学视频精讲课堂/修复画笔工具的使用.mp4
- 技术速查：使用修复画笔工具可以用图像中的像素作为样本进行绘制。

修复画笔工具的使用方法与仿制图章工具相同，在画面中按住Alt键单击进行取样，然后在其他区域进行涂抹，不同的是修复画笔工具可将样本像素的纹理、光照、透明度和阴影与所修复的像素进行匹配，从而使修复后的像素不留痕迹地融入图像的其他部分。对比效果如图6-20和图6-21所示。其选项栏如图6-22所示。

图 6-22

- 源：设置用于修复像素的源。选中“取样”按钮时，可以使用当前图像的像素来修复图像；选中“图案”按钮时，可以使用某个图案作为取样点。
- 对齐：选中该复选框后，可以连续对像素进行取样，即使释放鼠标也不会丢失当前的取样点；取消选中该复选框后，则会在每次停止并重新开始绘制时使用初始取样点中的样本像素。

图 6-20

图 6-21

★ 案例实战——使用修复画笔工具去皱纹

案例文件	案例文件\第6章\使用修复画笔工具去皱纹.psd
视频教学	视频文件\第6章\使用修复画笔工具去皱纹.mp4
难易指数	★★★★★
技术要点	修复画笔工具

扫码看视频

案例效果

本案例主要使用修复画笔工具去除人像眼部的细纹以及嘴部的皱纹，效果如图6-23和图6-24所示。

图 6-23

图 6-24

操作步骤

01 打开素材文件，可以看到人像面部有很多皱纹，可以使用修复画笔工具进行去除，如图6-25所示。

02 单击工具箱中的“修复画笔工具”按钮，在选项栏中设置画笔大小为31，在人像眼部皱纹附近的区域按住Alt键进行单击取样，然后在皱纹处涂抹，如图6-26所示。可以看到皱纹被完美地去除了，效果如图6-27所示。

图 6-25

图 6-26

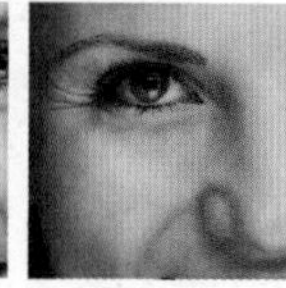

图 6-27

03 当去除眼部睫毛附近的皱纹时，在“修复画笔工具”选项栏中设置画笔大小为19，如图6-28所示。按住Alt键单击眼部附近的部分设置取样点，如图6-29所示。松开Alt键，在需要修复的眼睫毛附近的皮肤处单击进行修复，如图6-30所示。修复完毕后，效果如图6-31所示。

图 6-28

图 6-29

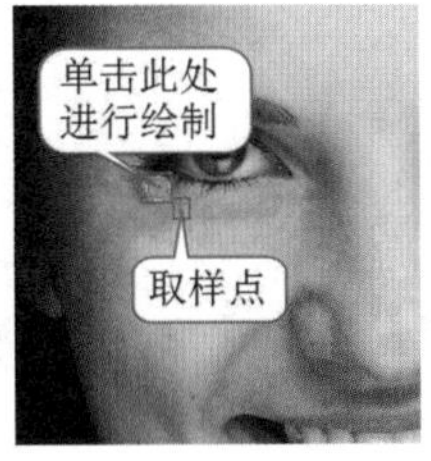

图 6-30

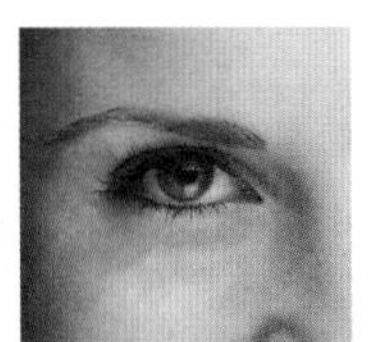

图 6-31

04 使用同样的方法去除其他区域的皱纹，效果如图6-32所示。

图 6-32

05 为了使人像皮肤看起来更加光滑美观，可以使用外挂滤镜为其进行适当的磨皮，如图6-33所示。

图 6-33

06 执行“图层>新建调整图层>曲线”命令，调整曲线形状，如图6-34所示。适当调节曲线，最终制作效果如图6-35所示。

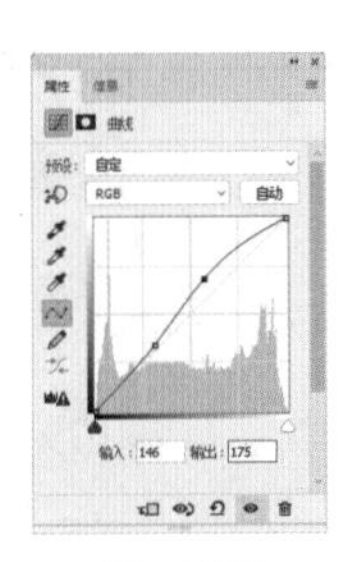

图 6-34

图 6-35

6.1.5 修补工具

- 视频精讲：Photoshop 新手学视频精讲课堂/修补工具的使用.mp4
- 技术速查：修补工具可以利用样本或图案来修复所选图像区域中不理想的部分。

打开需要进行处理的图像，如图6-36所示。单击工具箱中的“修补工具”按钮，在需要去除的区域绘制轮廓，如图6-37所示。

图 6-36

图 6-37

松开鼠标后即可得到选区，将光标定位到选区中，按住鼠标左键并向其他区域拖动，随着拖动可以看到拖动到的区域会覆盖到需要修复的区域上，如图6-38所示。松开鼠标后即可进行自动修复，最终效果如图6-39所示。如图6-40所示为修补工具的选项栏。

图 6-38

图 6-39

图 6-40

- 选区创建方式：选择绘制选区的方式，功能与选区工具相同。
- 修补：创建选区，选中“源”按钮时，将选区拖曳到要修补的区域以后，松开鼠标左键就会用当前选区中的图像修补原来选中的内容；选中“目标”按钮时，则会将选中的图像复制到目标区域。
- 透明：选中该复选框后，可以使修补的图像与原始图像产生透明的叠加效果，该选项适用于修补具有清晰分明的纯色背景或渐变背景的图像。
- 使用图案：使用修补工具创建选区后，单击“使用图案”按钮，可以使用图案修补选区内的图像。

6.1.6　内容感知移动工具

- 视频精讲：Photoshop 新手学视频精讲课堂/内容感知移动工具的使用.mp4
- 技术速查：使用内容感知移动工具可以在无须复杂图层或慢速精确地选择选区的情况下快速地重构图像。

内容感知移动工具的选项栏与修补工具的用法相似，如图6-41所示。首先单击工具箱中的“内容感知移动工具”按钮，在图像上绘制区域，如图6-42所示，并将影像任意地移动到指定的区块中，如图6-43所示。这时Photoshop就会自动将影像与四周的环境融合在一块，而原始的区域则会进行智能填充，如图6-44所示。

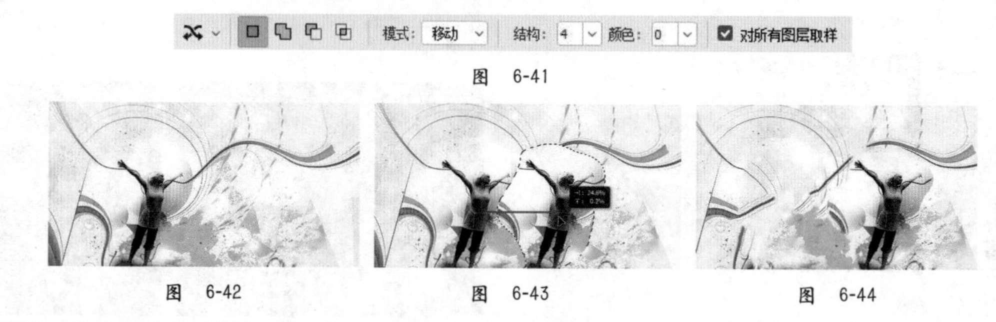

图　6-41

图　6-42　　图　6-43　　图　6-44

6.1.7　红眼工具

- 视频精讲：Photoshop 新手学视频精讲课堂/红眼工具的使用.mp4
- 技术速查：使用红眼工具可以去除由闪光灯导致的红色反光。

在光线较暗的环境中照相时，由于主体的虹膜张开得很宽，经常会出现“红眼”现象。此时可以用红眼工具将红眼去除。方法非常简单，单击工具箱中的“红眼工具”按钮，在选项栏中设置“瞳孔大小”数值，并调整“变暗量”以控制瞳孔的暗度，如图6-45所示。然后在红眼的位置单击即可去除由闪光灯导致的红色反光，如图6-46和图6-47所示。

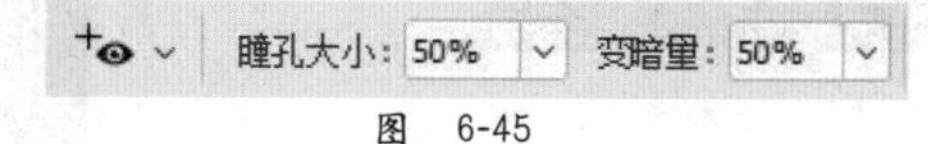

图　6-45

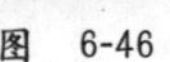

图　6-46　　图　6-47

- 瞳孔大小：用来设置瞳孔的大小，即眼睛暗色中心的大小。
- 变暗量：用来设置瞳孔的暗度。

答疑解惑：“红眼”还有哪些处理方法？

“红眼”是由于相机闪光灯在主体视网膜上反光引起的。为了避免出现红眼，除了可以在Photoshop中进行矫正以外，还可以使用相机的红眼消除功能来消除红眼。

6.1.8　历史记录画笔工具

- 视频精讲：Photoshop 新手学视频精讲课堂/历史记录画笔工具组的使用.mp4
- 技术速查：使用历史记录画笔工具可以将标记的历史记录状态或快照用作源数据对图像进行修改。

历史记录画笔工具需要配合“历史记录”面板使用。历史记录画笔工具可以理性、真实地还原某一区域的某一步操作，历史记录画笔工具的选项与画笔工具的选项基本相同，因此这里不再进行讲解。如图6-48所示为原始图像，如图6-49所示为进行了滤镜操作的效果，如图6-50所示为使用历史记录画笔工具还原局部画面的效果图像。

图　6-48

图　6-49

图　6-50

★ 案例实战——使用历史记录画笔工具还原局部效果

案例文件	案例文件\第6章\使用历史记录画笔工具还原局部效果.psd
视频教学	视频文件\第6章\使用历史记录画笔工具还原局部效果.mp4
难易指数	★★★★★
技术要点	历史记录画笔工具

扫码看视频

案例效果

本案例主要使用历史记录画笔工具还原图像局部效果，如图6-51所示。

操作步骤

01 打开素材文件，复制背景素材文件将其置于图层面板顶部，如图6-52所示。

图 6-51

图 6-52

02 执行“图像>调整>色相/饱和度”命令，在弹出的“色相/饱和度”对话框中设置“色相”为－120，如图6-53和图6-54所示。

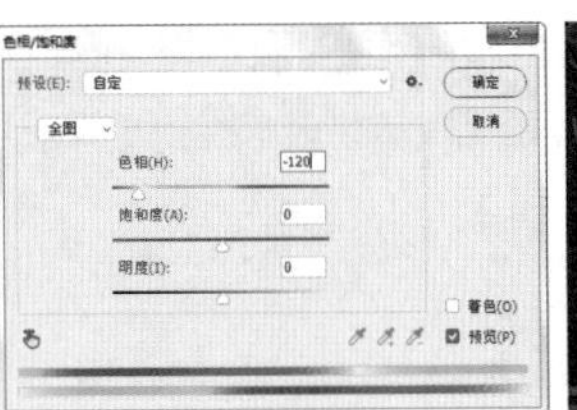

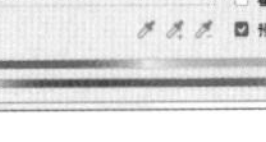

图 6-53

图 6-54

03 进入“历史记录”面板，选中“色相/饱和度”复选框，标记该步骤，并选择上一个步骤，如图6-55所示。回到图像中，此时可以看到图像还原到原始效果，单击工具箱中的“历史记录画笔工具”按钮，调整画笔大小，对衣服部分进行适当涂抹，最终效果如图6-56所示。

图 6-55

图 6-56

6.1.9 历史记录艺术画笔工具

- 视频精讲：Photoshop 新手学视频精讲课堂/历史记录画笔工具组的使用.mp4
- 技术速查：使用历史记录艺术画笔工具也可以将标记的历史记录状态或快照用作源数据对图像进行艺术化的修改。

历史记录艺术画笔工具的使用方法与历史记录画笔工具相同，都需要在“历史记录”面板中标记需要还原的步骤。不同的是，历史记录艺术画笔工具在使用原始数据的同时，还可以为图像创建不同的颜色和艺术风格，如图6-57和图6-58所示。

图 6-57

图 6-58

> **技巧提示**
>
> 历史记录艺术画笔工具在实际工作中的使用频率并不高。因为它属于任意涂抹工具，很难有规整的绘画效果，不过它提供了一种全新的创作思维方式，可以创作出一些独特的效果。

在其选项栏中可以设置历史记录艺术画笔艺术化的参数，如图6-59所示。

图 6-59

- 样式：选择一个选项来控制绘画描边的形状，包括“绷紧短”“绷紧中”和“绷紧长”等，如图6-60和图6-61所示分别是“绷紧短”和“绷紧卷曲”效果。
- 区域：用来设置绘画描边所覆盖的区域。数值越高，覆盖的区域越大，描边的数量也越多。
- 容差：限定可应用绘画描边的区域。低容差可以用于在图像中的任何地方绘制无数条描边；高容差会将绘画描边限定在与源状态或快照中的颜色明显不同的区域。

图 6-60

图 6-61

6.2 常用的图像润饰工具

视频精讲：Photoshop 新手学视频精讲课堂/模糊、锐化、涂抹、加深、减淡、海绵.mp4

图像润饰工具组包括两组共6个工具：模糊工具、锐化工具和涂抹工具可以对图像进行模糊、锐化和涂抹处理；减淡工具、加深工具和海绵工具可以对图像局部的明暗、饱和度等进行处理。如图6-62和图6-63所示为优秀的设计作品。

图 6-62

图 6-63

6.2.1 模糊工具

技术速查：使用模糊工具可柔化硬边缘或减少图像中的细节。

模糊工具的使用方法与画笔工具非常相似，使用模糊工具在某个区域上方绘制的次数越多，该区域就越模糊，如图6-64和图6-65所示。

图 6-64

图 6-65

模糊工具的选项栏如图6-66所示。

- 模式：用来设置模糊工具的混合模式，包括“正常”“变暗”“变亮”“色相”“饱和度”“颜色”和“明度”。
- 强度：用来设置模糊工具的模糊强度。

图 6-66

技巧提示

在Photoshop中可以使用模糊工具制作景深效果，同时也可以在摄影时拍摄景深效果。一般来说，在进行拍摄时，调节相机镜头，使距离相机一定距离的景物清晰成像的过程，叫作对焦，而景物所在的点，称为对焦点，因为“清晰”并不是一种绝对的概念，所以，对焦点前后一定距离内的景物的成像都可以是清晰的，这个前后范围的总和，就叫作景深。如图6-67和图6-68所示为带有景深效果的数码照片。

图 6-67

图 6-68

★ 案例实战——使用模糊工具制作景深效果

案例文件	案例文件\第6章\使用模糊工具制作景深效果.psd
视频教学	视频文件\第6章\使用模糊工具制作景深效果.mp4
难易指数	★★★★★
技术要点	模糊工具

扫码看视频

案例效果

本案例主要使用模糊工具制作出景深效果，如图6-69和图6-70所示。

图 6-69

图 6-70

操作步骤

01 打开本书配套资源中的素材文件，如图6-71所示。

02 单击工具栏中的“模糊工具”按钮，在选项栏中选择比较大的圆形柔角笔刷，设置强度为100%，在图像中按住鼠标左键并拖动绘制较远处的天空与远山部分，如图6-72所示。

图 6-71

图 6-72

03 为了模拟真实的景深效果，降低选项栏中的强度为50%，然后绘制近处的人物部分，此时可以看到前景的人像显得非常的突出，如图6-73所示。

图 6-73

思维点拨：景深的作用与形成原理

景深就是指拍摄主体前后所能在一张照片上成像的空间层次的深度。简单地说，景深就是聚焦清晰的焦点前后“可接受的清晰区域”。景深在实际工作中的使用频率非常高，常用于突出画面重点。以图6-74为例，背景非常模糊，则显得前景的鸟和花朵非常突出。

景深可以很好地突出画面的主体，不同的景深效果也是不相同的，如图6-75所示突出的是右边的人物，而图6-76突出的就是左边的人物。

图 6-74

图 6-75

图 6-76

6.2.2 锐化工具

● 技术速查：锐化工具可以增强图像中相邻像素之间的对比，以提高图像的清晰度。

锐化工具与模糊工具的大部分选项相同，如图6-77所示。选中“保护细节”复选框后，在进行锐化处理时，将对图像的细节进行保护，如图6-78和图6-79所示。

图 6-77

图 6-78

图 6-79

6.2.3 涂抹工具

● 技术速查：使用涂抹工具可以模拟手指划过湿油漆时所产生的效果。

涂抹工具的使用方法与画笔工具相似，选项栏中的“强度”用来设置涂抹工具的涂抹强度。选中“手指绘画”复选框后，可以使用前景颜色进行涂抹绘制，如图6-80所示。设置完毕后使用该工具在画面中按住鼠标左键并拖动即可拾取鼠标单击处的颜色，并沿着拖曳的方向展开这种颜色，如图6-81所示。

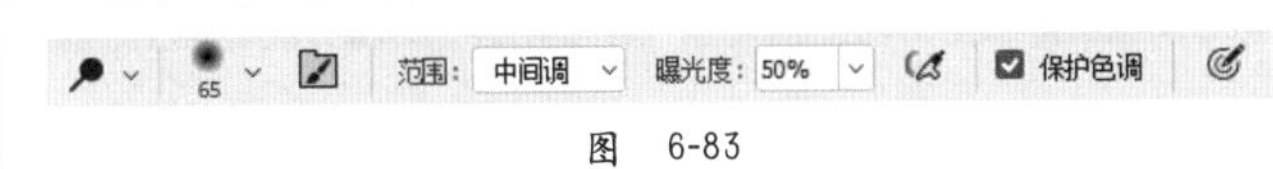

图 6-80

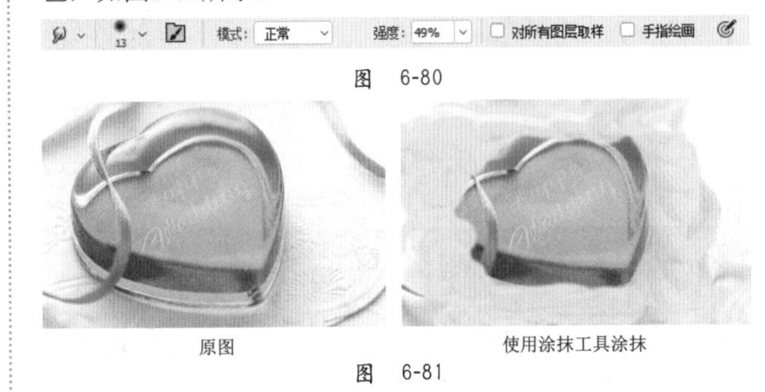

图 6-81

6.2.4 减淡工具

● 技术速查：使用减淡工具可以对图像“亮部”“中间调”和“暗部”分别进行减淡处理。

减淡工具的使用方法非常简单，只需在画面中涂抹即可减淡涂抹的区域，在某个区域上方绘制的次数越多，该区域就会变得越亮，如图6-82所示。

图 6-82

其选项栏如图6-83所示。

范围：中间调　曝光度：50%　保护色调

图 6-83

● 范围：选择要修改的色调。选择“中间调”选项时，可以更改灰色的中间范围；选择“阴影”选项时，可以更改暗部区域；选择“高光”选项时，可以更改亮部区域，如图6-84所示。

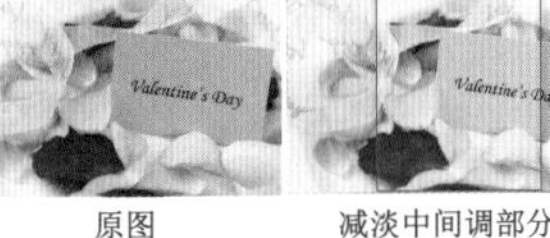

图 6-84

- 曝光度：用于设置减淡的强度。
- 保护色调：可以保护图像的色调不受影响，如图6-85所示。

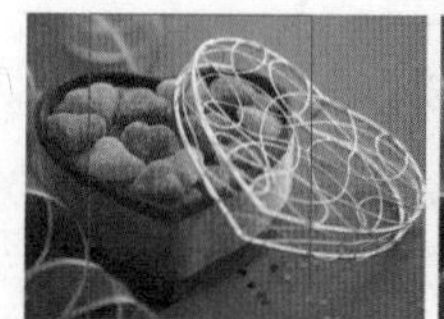
原图

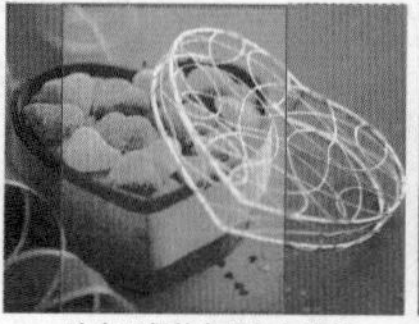
选中“保护色调”复选框

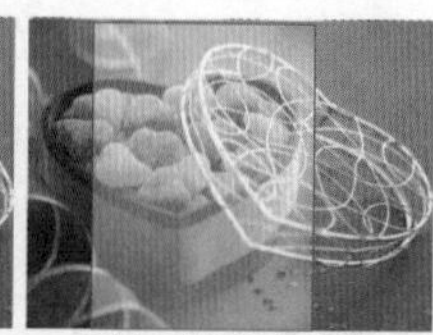
未选中“保护色调”复选框

图 6-85

6.2.5 加深工具

- 技术速查：使用加深工具可以对图像进行加深处理。

加深工具与减淡工具正好相反，可以对图像进行加深处理，其选项栏与减淡工具相同。在某个区域上方绘制的次数越多，该区域就会变得越暗，如图6-86和图6-87所示。

技巧提示

加深工具的选项栏与减淡工具的选项栏完全相同，因此这里不再讲解，如图6-88所示。

图 6-88

原图像

加深主体

图 6-86　　图 6-87

★ 案例实战——使用减淡/加深工具美化人像

案例文件	案例文件\第6章\使用减淡/加深工具美化人像.psd
视频教学	视频文件\第6章\使用减淡/加深工具美化人像.mp4
难易指数	
技术要点	减淡工具、加深工具、颜色替换工具

扫码看视频

案例效果

本案例主要是使用减淡工具、加深工具、颜色替换工具美化人像，对比效果如图6-89和图6-90所示。

图 6-89 　　图 6-90

操作步骤

01 打开背景素材，从画面中可以看到女孩的面部受光不足，产生大面积的阴影，如图6-91所示。

02 复制背景图层，选择工具箱中的减淡工具，在选项栏中选择圆形柔边圆画笔，设置画笔大小为300，“曝光度”为40%，如图6-92所示。在人像面部暗部的区域进行涂抹绘制，效果如图6-93所示。

图 6-91

图 6-92

图 6-93

03 随着减淡操作，人像面部中央区域出现偏色情况，如图6-94所示。复制当前图层并命名为“颜色替换工具”，按住Alt键吸取人像面部亮部的颜色为前景色。在工具箱中选择颜色替换工具，在选项栏中设置画笔“大小”为400，“模式”为颜色，“容差”为50%，在人像面部继续绘制，效果如图6-95所示。

图 6-94

图 6-95

04 更改颜色替换工具图层“不透明度”为50%，如图6-96所示。效果如图6-97所示。

05 按Shift+Ctrl+Alt+E组合键盖印当前图像效果，选择加深工具，在选项栏中设置“范围”为阴影，“曝光度”为30%，取消选中“保护色调”复选框，在人像眉毛部分进行涂抹绘制，使人像更加具有神采，如图6-98所示。最终制作效果如图6-99所示。

图 6-96

图 6-97

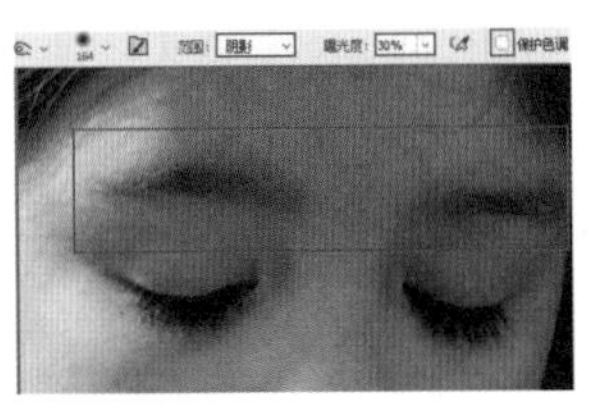

图 6-98

图 6-99

6.2.6 海绵工具

技术速查：使用海绵工具可以增加或降低图像中某个区域的饱和度。

单击“海绵工具”按钮，在选项栏中设置工具模式，如图6-100所示。模式选择“加色”选项时，可以增加色彩的饱和度；选择“去色”选项时，可以降低色彩的饱和度。如果是灰度图像，该工具将通过灰阶远离或靠近中间灰色来增加或降低对比度，如图6-101所示。“流量”数值越高，“海绵工具”的强度越大，效果越明显，如图6-102所示。选中“自然饱和度”复选框后，可以在增加饱和度的同时防止颜色过度饱和而产生溢色现象。

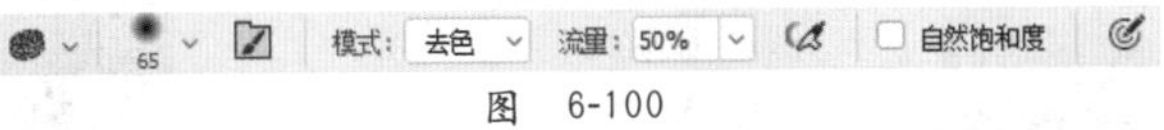

图 6-100

原图像

“饱和”模式

“降低饱和度”模式

图 6-101

流量为30%

流量为80%

图 6-102

6.2.7 颜色替换工具

视频精讲：Photoshop 新手学视频精讲课堂/颜色替换工具的使用方法.mp4

技术速查：颜色替换工具可以将选定的颜色替换为其他颜色。

图 6-103

颜色替换工具位于画笔工具组中，在选项栏中可以进行参数设置，如图6-103所示。首先需要设置合适的前景色，然后单击该工具按钮，在选项栏中首先需要设置“模式”，也就是使用前景色替换画面颜色的方式。继续设置“取样”“限制”“容差”等参数，如图6-104所示。设置完成后在画面中进行涂抹即可替换颜色，如图6-105所示。

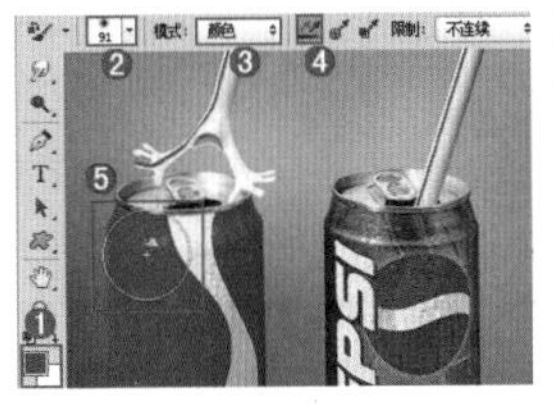

图 6-104

图 6-105

- 模式：选择替换颜色的模式，包括“色相”“饱和度”“颜色”和“明度”。当选择“颜色”模式时，可以同时替换色相、饱和度和明度。
- 取样：用来设置颜色的取样方式。激活“取样：连续”按钮以后，在拖曳光标时，可以对颜色进行取样；激活“取样：一次”按钮以后，只替换包含第一次单击的颜色区域中的目标颜色；激活“取样：背景色板”按钮以后，只替换包含当前背景色的区域。
- 限制：当选择“不连续”选项时，可以替换出现在光标下任何位置的样本颜色；当选择“连续”选项时，只替换与光标下的颜色接近的颜色；当选择“查找边缘”选项时，可以替换包含样本颜色的连接区域，同时保留形状边缘的锐化程度。

- 容差：用来设置“颜色替换工具”的容差，如图6-106所示分别是“容差”为20%和100%时的颜色替换效果。
- 消除锯齿：选中该复选框以后，可以消除颜色替换区域的锯齿效果，从而使图像变得平滑。

图 6-106

6.2.8 混合器画笔工具

- 视频精讲：Photoshop 新手学视频精讲课堂/混合器画笔的使用方法.mp4
- 技术速查：混合器画笔工具可以像传统绘画过程中混合颜料一样混合像素。

混合器画笔工具位于画笔工具组中，使用混合器画笔工具可以轻松模拟真实的绘画效果，并且可以混合画布颜色和使用不同的绘画湿度，对比效果如图6-107和图6-108所示。在“混合器画笔工具”选项栏中可以设置画笔的混合属性，如图6-109所示。

- 潮湿：控制画笔从画布拾取的油彩量。较高的设置会产生较长的绘画条痕，如图6-110和图6-111所示分别是“潮湿”为100%和0%时的条痕效果。

图 6-107

图 6-108

图 6-109

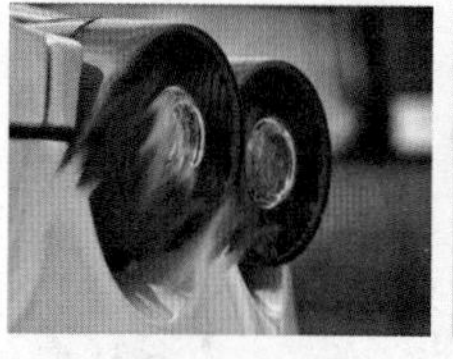

图 6-110

图 6-111

- 载入：指定储槽中载入的油彩量。载入速率较低时，绘画描边干燥的速度会更快。
- 混合：控制画布油彩量与储槽油彩量的比例。当混合比例为100%时，所有油彩将从画布中拾取；当混合比例为0%时，所有油彩都来自储槽。
- 流量：控制混合画笔的流量大小。

6.3 数码照片处理常用滤镜

6.3.1 动手学：使用“自适应广角”滤镜校正广角畸变

- 视频精讲：Photoshop 新手学视频精讲课堂/“自适应广角”滤镜.mp4
- 技术速查：“自适应广角”滤镜可以对广角、超广角及鱼眼效果进行变形校正。

使用广角镜头拍摄照片经常会出现畸变，在图6-112中可以观察到沙滩与海平面衔接的位置呈弯曲状。下面就使用“自适应广角”滤镜调整畸变。执行“滤镜>自适应广角”命令，打开滤镜窗口。在校正下拉列表中可以选择校正的类型，包含鱼眼、透视、自动、完整球面，如图6-113所示。

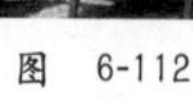

图 6-112

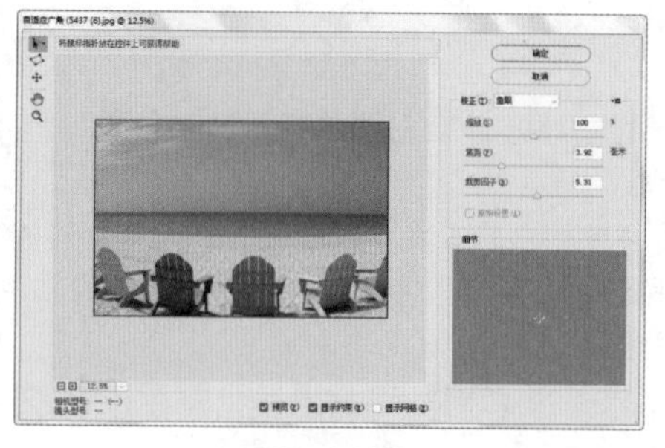

图 6-113

单击窗口左侧的“约束工具”按钮，将光标移动至左侧沙滩边缘，单击定位起点。然后向右侧拖动鼠标，光标会拖曳出一条青色的约束线，如图6-114所示。然后在右侧相应的位置进行单击，完成约束线的建立。此时，弯曲的沙滩被拉直，如图6-115所示。

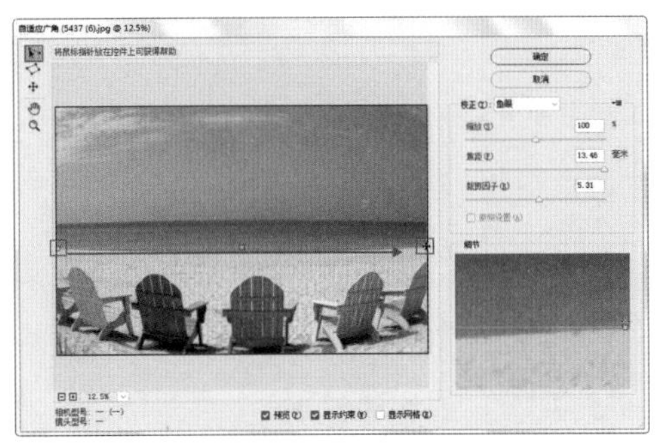

图 6-114

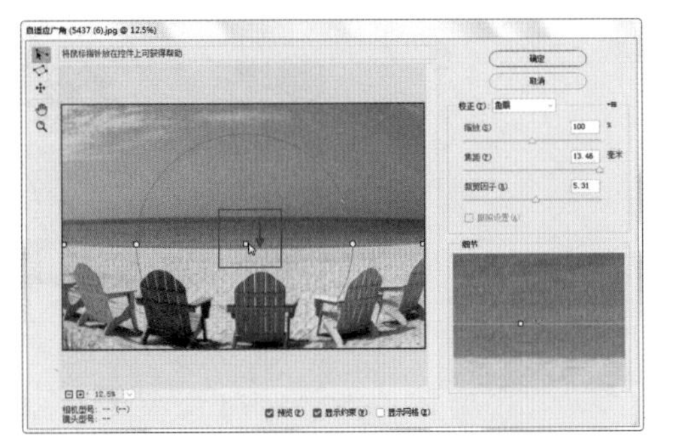
图 6-115

再次在海水与天空的交界处绘制约束线，如图6-116所示。可以看到海天相接处也变得水平了。单击“确定”按钮，提交当前操作。画面效果如图6-117所示。

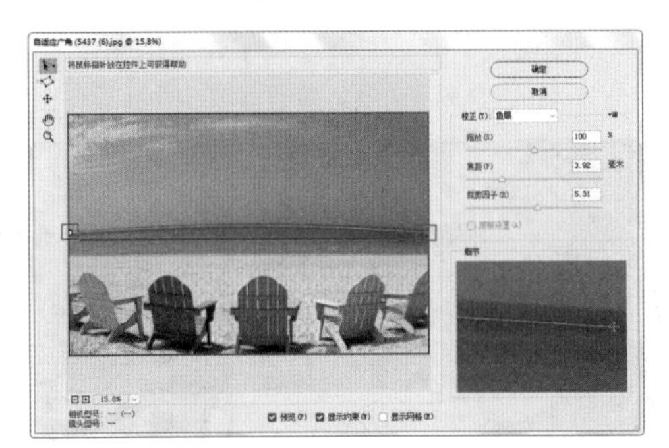
图 6-116

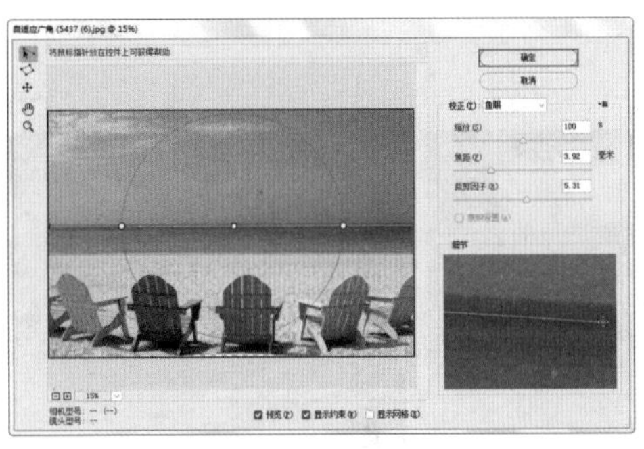
图 6-117

技术拓展：详解“自适应广角”滤镜

- 约束工具：单击图像或拖动端点可添加或编辑约束。按住Shift键单击可添加水平/垂直约束。按住Alt键单击可删除约束。
- 多边形约束工具：单击图像或拖动端点可添加或编辑约束。按住Shift键单击可添加水平/垂直约束。按住Alt键单击可删除约束。
- 移动工具：拖动以在画布中移动内容。
- 抓手工具：放大窗口的显示比例后，可以使用该工具移动画面。
- 缩放工具：单击即可放大窗口的显示比例，按住Alt键单击即可缩小显示比例。

6.3.2 使用“镜头校正”滤镜修复常见镜头瑕疵

- 视频精讲：Photoshop 新手学视频精讲课堂/镜头校正滤镜.mp4
- 技术速查：“镜头校正”滤镜可以快速修复常见的镜头瑕疵，也可以用来旋转图像，或修复由于相机在垂直或水平方向上倾斜而导致的图像透视错误现象（该滤镜只能处理 8位/通道和16位/通道的图像）。

执行“滤镜>镜头校正”命令，打开“镜头校正”对话框，如图6-118所示。

- 移去扭曲工具：使用该工具可以校正镜头桶形失真或枕形失真。
- 拉直工具：绘制一条直线，以将图像拉直到新的横轴或纵轴。
- 移动网格工具：使用该工具可以移动网格，以将其与图像对齐。

- **抓手工具** /**缩放工具** ：这两个工具的使用方法与工具箱中的相应工具完全相同。

下面讲解“自定”面板中的参数选项，如图6-119所示。

图 6-118

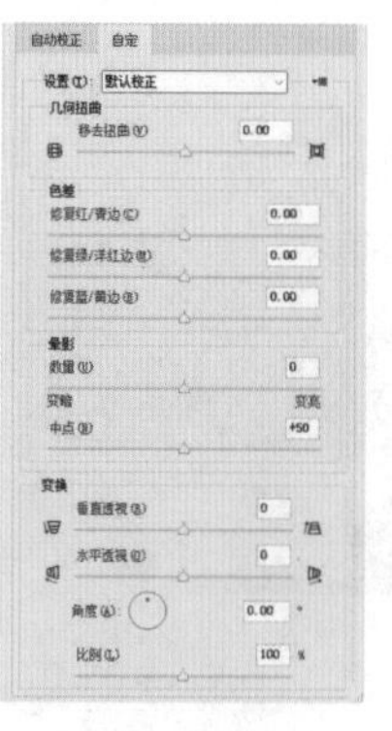

图 6-119

- **几何扭曲**：该选项主要用来校正镜头桶形失真或枕形失真。数值为正时，图像将向外扭曲，如图6-120所示；数值为负时，图像将向中心扭曲，如图6-121所示。
- **色差**：用于校正色边。在进行校正时，放大预览窗口的图像，可以清楚地查看色边校正情况。
- **晕影**：校正由于镜头缺陷或镜头遮光处理不当而导致边缘较暗的图像。“数量”选项用于设置沿图像边缘变亮或变暗的程度，如图6-122所示；“中点”选项用来指定受“数量”数值影响的区域的宽度，如图6-123所示。

图 6-120

图 6-121

图 6-122

图 6-123

- **变换**：“垂直透视”选项用于校正由于相机向上或向下倾斜而导致的图像透视错误，如图6-124所示是一张正常透视的图像。设置“垂直透视”为–100时，可以将其变换为俯视效果，如图6-125所示。设置“垂直透视”为100时，可以将其变换为仰视效果，如图6-126所示；“水平透视”选项用于校正图像在水平方向上的透视效果，如图6-127和图6-128所示；“角度”选项用于旋转图像，以针对相机歪斜加以校正，如图6-129所示；“比例”选项用来控制镜头校正的比例。

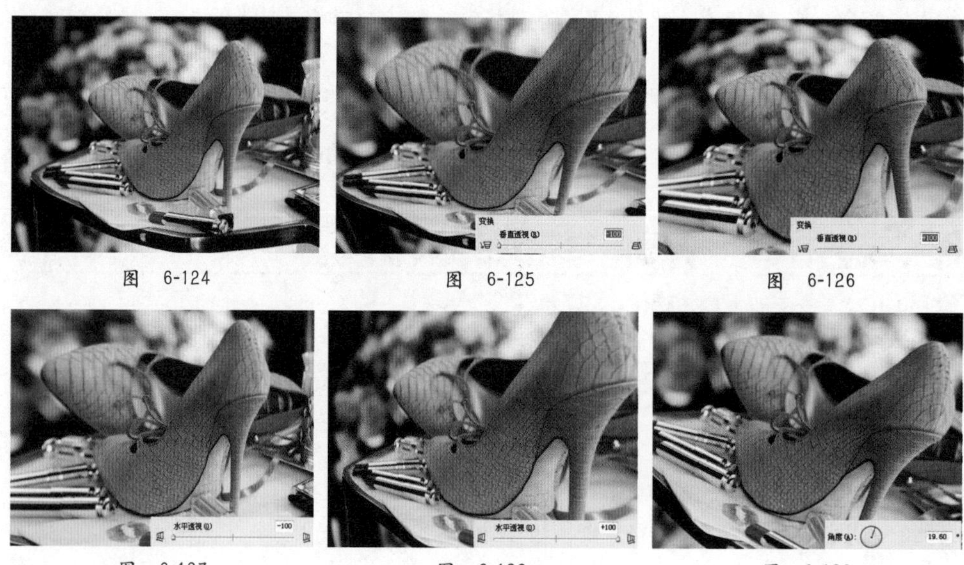

图 6-124　图 6-125　图 6-126

图 6-127　图 6-128　图 6-129

6.3.3 使用“液化”滤镜轻松扭曲图像

- 视频精讲：Photoshop 新手学视频精讲课堂/液化滤镜的使用.mp4
- 技术速查：“液化”滤镜是修饰图像和创建艺术效果的强大工具，常用于数码照片修饰，例如人像身型调整、面部结构调整等。

“液化”命令的使用方法比较简单，但功能相当强大，可以创建推、拉、旋转、扭曲和收缩等变形效果。执行“滤镜>液化”命令，打开“液化”对话框，默认情况下“液化”窗口以简洁的基础模式显示，很多功能处于隐藏状态。选中右侧面板中的“高级模式”复选框可以显示出完整的功能，如图6-130所示。

在“液化”滤镜窗口的左侧排列着多种工具，其中包括变形工具、蒙版工具、缩放工具等。

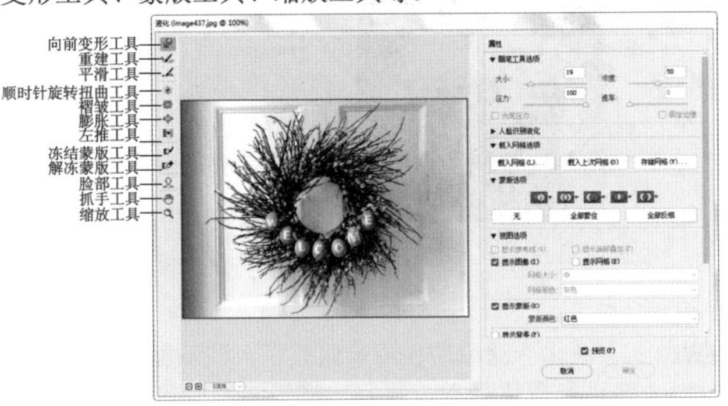

图 6-130

- 向前变形工具：可以向前推动像素，如图6-131所示。

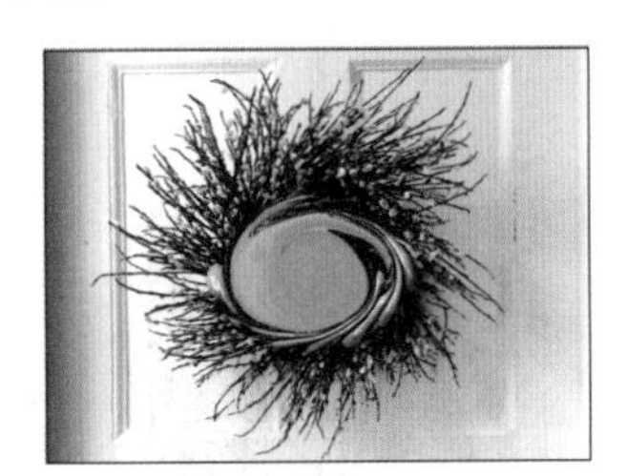

图 6-131

- 重建工具：用于恢复变形的图像。在变形区域单击或拖曳鼠标进行涂抹时，可以使变形区域的图像恢复到原来的效果。
- **平滑工具**：可以对变形的像素进行平滑处理。
- 顺时针旋转扭曲工具：拖曳鼠标可以顺时针旋转像素，如图6-132所示。如果按住Alt键进行操作，则可以逆时针旋转像素，如图6-133所示。
- 褶皱工具：可以使像素向画笔区域的中心移动，使图像产生内缩效果，如图6-134所示。

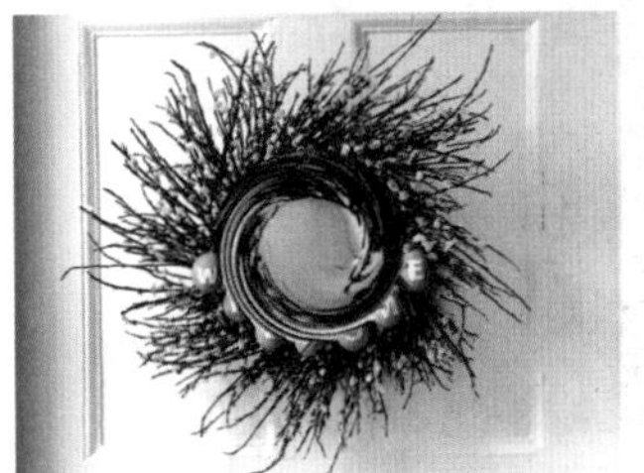

图 6-132

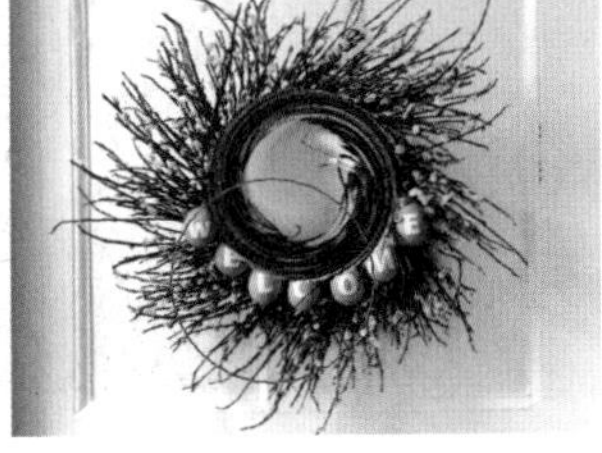

图 6-133

- 膨胀工具：可以使像素向画笔区域中心以外的方向移动，使图像产生向外膨胀的效果，如图6-135所示。

图 6-134

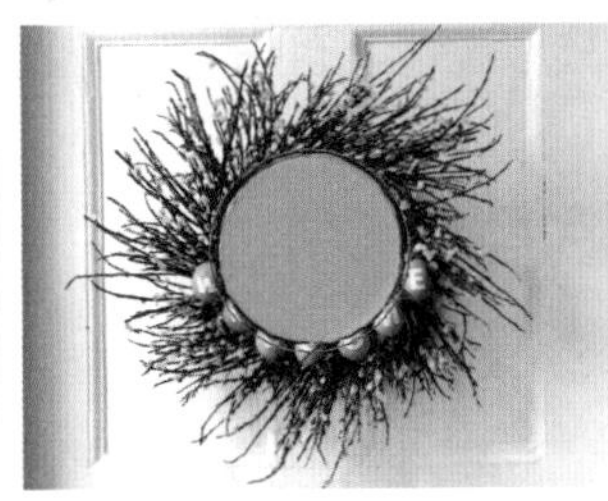

图 6-135

- 左推工具：当向上拖曳鼠标时，像素会向左移动；当向下拖曳鼠标时，像素会向右移动，如图6-136所示；按住Alt键向上拖曳鼠标时，像素会向右移动；按住Alt键向下拖曳鼠标时，像素会向左移动，如图6-137所示。

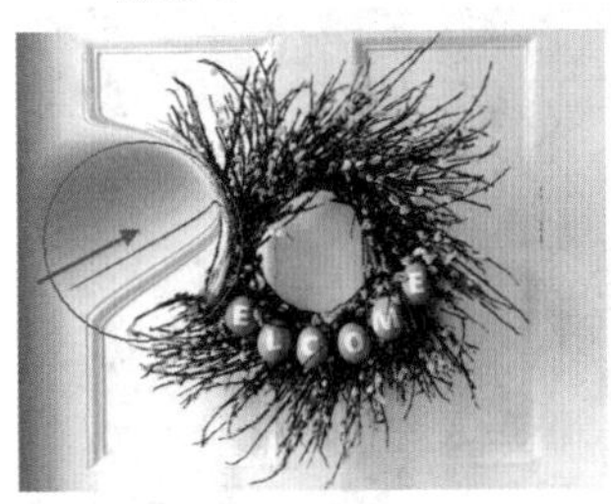

图 6-136

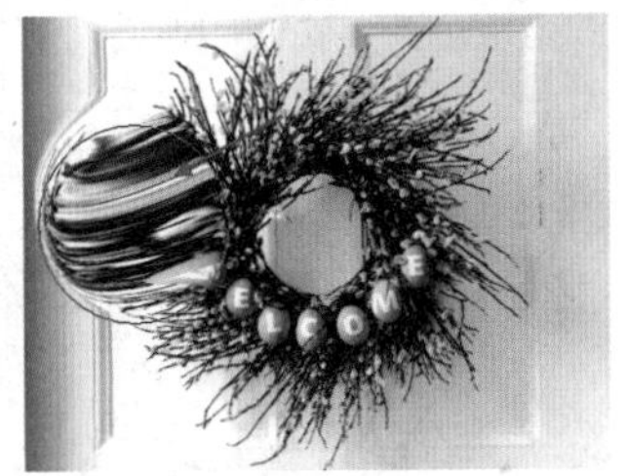

图 6-137

- 冻结蒙版工具：如果需要对某个区域进行处理，并且不希望操作影响到其他区域，可以使用该工具绘制出冻结区域（该区域将受到保护而不会发生变形），如图6-138所示。
- 解冻蒙版工具：使用该工具在冻结区域涂抹，可以将其解冻，如图6-139所示。

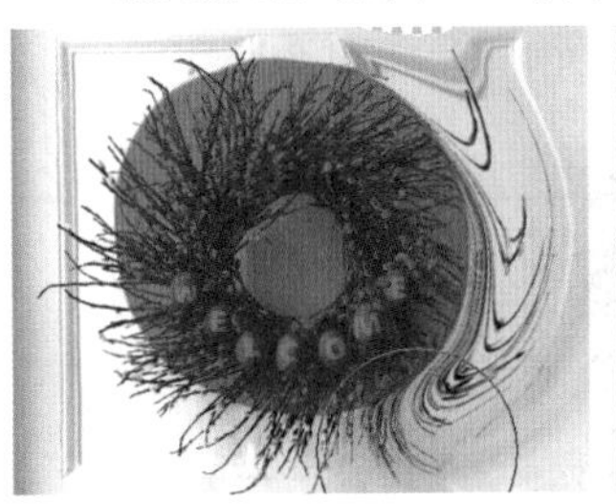

图 6-138

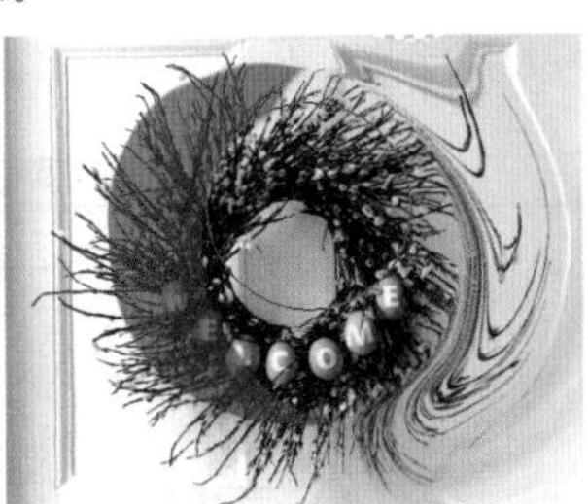

图 6-139

- 脸部工具：单击选择该工具后能够智能识别人物面部，并且可以通过调整面部周围的控制线，对人物脸型、眼睛、鼻子、嘴巴进行形态的调整。

- 抓手工具/缩放工具：这两个工具的使用方法与工具箱中的相应工具完全相同。

在“液化”滤镜窗口的右侧包含多种选项设置，分别介绍如下。

- **画板工具选项**：在该选项组下，可以设置当前使用的工具的大小、密度、压力、速率等各种属性。
- **画笔重建选项**：该选项组下的参数主要用来设置重建方式以及如何撤销所执行的操作。
- 蒙版选项：如果图像中包含选区或蒙版，可以通过该选项组来设置蒙版的保留方式。
- 视图选项：该选项组主要用来显示或隐藏图像、网格和背景。另外，还可以设置网格大小和颜色、蒙版颜色、背景模式和不透明度。

★ 案例实战——使用“液化”滤镜为美女瘦身

案例文件	案例文件\第6章\使用“液化”滤镜为美女瘦身.psd
视频教学	视频文件\第6章\使用“液化”滤镜为美女瘦身.mp4
难易指数	★★★★★
技术要点	“液化”滤镜

扫码看视频

案例效果

使用“液化”滤镜中的工具对画面进行变形，从而达到为人像瘦身的目的，原图与效果图如图6-140和图6-141所示。

操作步骤

01 打开配套素材文件“1.jpg”，如图6-142所示。

图 6-140

图 6-141

图 6-142

02 执行“滤镜>液化”命令，在弹出的液化窗口中单击“向前变形工具”按钮，接着在右侧设置“大小”为300，“浓度”为50，使用向前变形工具对人物手臂部分沿箭头所指的方向进行调整，如图6-143所示。然后更改“大小”为60，调整人像肩颈处以及面部的区域，调整完成后单击“确定”按钮提交液化操作，如图6-144所示。

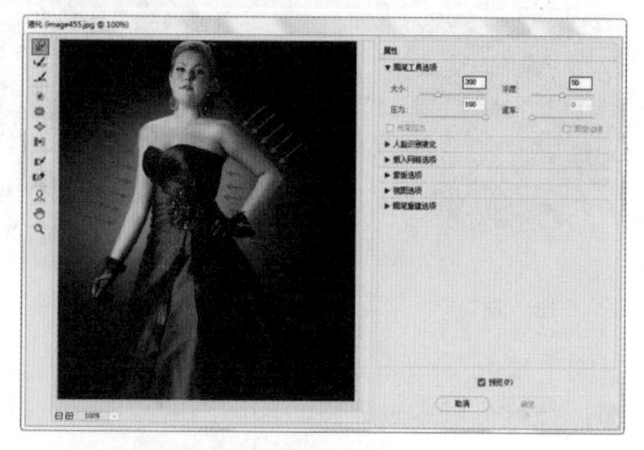
图 6-143

图 6-144

03 由于“液化”滤镜的使用，丢失了一些画面的细节，所以对人像进行锐化处理，执行“滤镜>锐化>智能锐化”命令，设置“数量”为50%，“半径”为1.5像素，单击“确定”按钮，如图6-145所示。最终效果如图6-146所示。

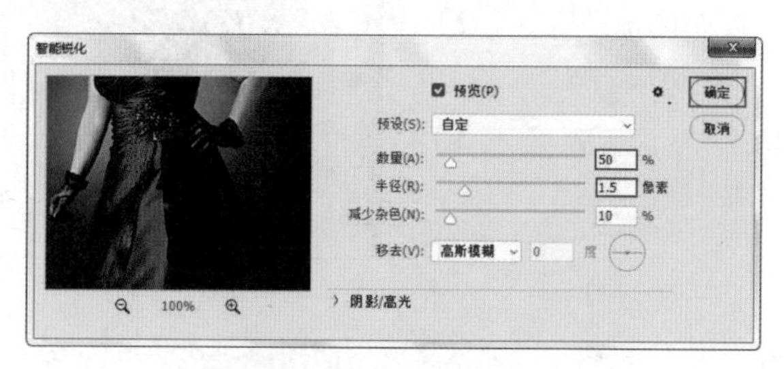

图 6-145

图 6-146

6.3.4 动手学：使用“消失点”滤镜修复透视画面

● 视频精讲：Photoshop 新手学视频精讲课堂/“消失点”滤镜.mp4

“消失点”滤镜可以在包含透视平面（如建筑物的侧面、墙壁、地面或任何矩形对象）的图像中进行透视校正操作。在修饰、仿制、复制、粘贴或移去图像内容时，Photoshop可以准确确定这些操作的方向。

01 使用“消失点”滤镜为带有透视感的画面添加窗户，如图6-147所示。执行“滤镜>消失点”命令，打开“消失点”窗口，如图6-148所示。

图 6-147

图 6-148

技术拓展：详解“消失点”滤镜

● 编辑平面工具：用于选择、编辑、移动平面的节点以及调整平面的大小。

● 创建平面工具：用于定义透视平面的4个角节点。创建好4个角节点以后，可以使用该工具对节点进行移动、缩放等操作。如果按住Ctrl键拖曳边节点，可以拉出一个垂直平面。另外，如果节点的位置不正确，可以按Backspace键删除该节点。

● 选框工具：使用该工具可以在创建好的透视平面上绘制选区，以选中平面上的某个区域。建立选区以后，将光标放置在选区内，按住Alt键拖曳选区，可以复制图像。如果按住Ctrl键拖曳选区，则可以用源图像填充该区域。

● 图章工具：使用该工具时，按住Alt键在透视平面内单击，可以设置取样点。

● 画笔工具：该工具主要用来在透视平面上绘制选定的颜色。

● 变换工具：该工具主要用来变换选区，其作用相当于执行“编辑>自由变换”命令。

● 吸管工具：可以使用该工具在图像上拾取颜色，以用作画笔工具的绘画颜色。

● 测量工具：使用该工具可以在透视平面中测量项目的距离和角度。

● 抓手工具：在预览窗口中移动图像。

● 缩放工具：在预览窗口中放大或缩小图像的视图。

02 单击该窗口左侧的“创建平面工具”按钮，使用该工具可以绘制出带有4个节点的透视平面。沿着左侧窗户边缘单击生成节点，创建透视网格。若觉得节点位置不满意，可以单击面板左侧的“编辑平面工具”按钮，调整节点位置，如图6-149所示。

图 6-149

03 单击面板左侧的“选框工具”按钮，该工具可以在创建好的透视平面上绘制出带有透视感的选区，如图6-150所示。选区绘制完成后，按住Alt键将选中的内容向右移动并复制，如图6-151所示。随着移动可以发现，复制的对象也具有透视效果。移动到相应位置后，松开鼠标。

图 6-150

图 6-151

技巧提示

若要删除节点，可以按Backspace键。若要结束对角节点的创建，不能按Esc键，否则会直接关闭“消失点”对话框，所做的一切操作都将丢失。

04 此时右侧出现新增的窗户，并使透视感与画面相吻合，单击“确定”按钮结束操作。效果如图6-152所示。

图 6-152

课后练习

【课后练习——去除皱纹还原年轻态】

思路解析：拍摄数码照片时，画面中经常会出现瑕疵，例如环境中的杂物、多余的人影或者人像面部的瑕疵，在Photoshop中可以使用多种修复工具对画面中的瑕疵进行去除。

扫码看视频

本章小结

本章学习了多种修饰修复工具，通过这些工具的使用可以去除数码照片中大部分的常见瑕疵。需要注意的是，在修饰数码照片时，不要局限于只用某一个工具，不同的工具适用的情况各不相同，所以配合多种工具使用更有利于解决问题。

读书笔记

第7章

文字在平面设计中的应用

本章内容简介：

平面设计作品不仅需要有图像，文字信息也是至关重要的。Photoshop中提供了多种文字工具，创建出的文字对象也具有部分矢量图形所特有的属性，例如，对已有的文字对象进行编辑时，任意缩放文字或调整文字大小都不会产生锯齿现象。

本章学习要点：

- 掌握文字工具的使用方法。
- 掌握点文字、段落文字、路径文字与变形文字的制作方法。
- 掌握段落格式的设置方法。

7.1 使用文字工具创建文字

视频精讲：Photoshop 新手学视频精讲课堂/文字的创建、编辑与使用.mp4

右击Photoshop工具箱中的文字工具组按钮，可以看到该工具组中4种创建文字的工具，如图7-1所示。横排文字工具T和直排文字工具IT主要用来创建实体的文字对象，如图7-2所示。而横排文字蒙版工具T和直排文字蒙版工具IT主要用来创建文字选区，如图7-3所示。

图 7-1

图 7-2

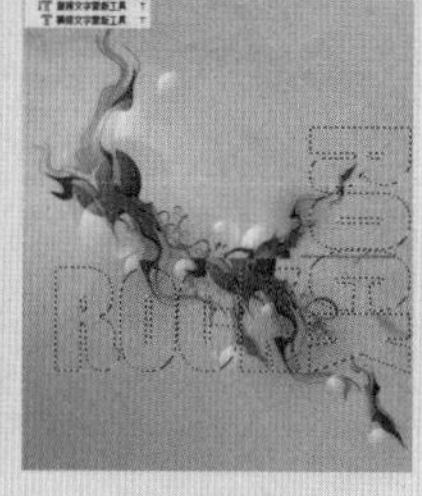

图 7-3

在设计中经常需要使用到多种版式类型的文字，在Photoshop中将文字分为几个类型，如点文字、段落文字、路径文字和变形文字等。如图7-4~图7-7所示为一些包含多种文字类型的作品。

图 7-4

图 7-5

图 7-6

图 7-7

思维点拨

字体是文字的表现形式，不同的字体给人的视觉感受和心理感受不同，这就说明字体具有强烈的感情色彩，设计者要充分利用字体的这一特性，选择正确的字体，有助于主题内容的表达；美的字体可以使读者感到愉悦，帮助阅读和理解。

7.1.1 动手学：文字工具创建点文字

Photoshop中包括两种文字工具，分别是横排文字工具T和直排文字工具IT。横排文字工具T可以用来输入横向排列的文字；直排文字工具IT可以用来输入竖向排列的文字，如图7-8和图7-9所示。

图 7-8

图 7-9

01 单击工具箱中的“横排文字工具”按钮T，在选项栏中可以设置字体的系列、样式、大小、颜色和对齐方式等，“横排文字工具”与“直排文字工具”的选项栏参数基本相同，如图7-10所示。

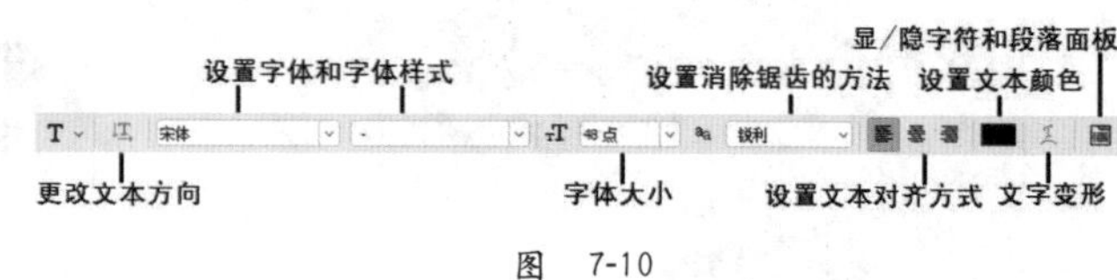

图 7-10

技术拓展

● 切换文本取向：如果当前文字为横排文字，单击该按钮，可将其转换为直排文字；如果是直排文字，则可将其转换为横排文字。

● 设置字体：在该下拉列表中可以选择字体。

● 设置字体样式：用来为字符设置样式，该选项只对部分英文字体有效。

● 设置字体大小：可以选择字体的大小，或者直接输入数值来进行调整。

● 设置消除锯齿的方法：可以为文字消除锯齿选择一种方法，Photoshop会通过部分地填充边缘像素来产生边缘平滑的文字，使文字的边缘混合到背景中而看不出锯齿。

● 设置文本对齐方式：文本对齐方式是根据输入字符时光标的位置来设置的。在文字工具的选项栏中提供了3种设置文本段落对齐方式的按钮，选择文本以后，单击所需要的对齐按钮，就可以使文本按指定的方式对齐。

● 设置文本颜色：单击颜色块，可以在打开的拾色器中设置文字的颜色。

● 创建文字变形：单击该按钮，可在打开的"变形文字"对话框中为文本添加变形样式，创建变形文字。

● 切换字符和段落面板：单击该按钮，可以显示或隐藏"字符"和"段落"面板。

02 文字工具选项设置完毕后可以在画面中输入文字，不同的输入方法可以输入不同的文字。在画面中单击即可输入文字，此时输入的文字为"点文字"，如图7-11所示。点文字是一个水平或垂直的文本行，每行文字都是独立的。行的长度随着文字的输入而不断增加，不会进行自动换行，需要手动使用Enter键进行换行，如图7-12所示。输入完毕后单击选项栏中的"提交所有当前编辑"按钮，如图7-13所示。

图 7-11

图 7-12

图 7-13

03 文字输入完成后可以在"图层"面板中看到新增的文字图层，如果需要更改整个文字的属性，可以选择文字图层并在文字工具的选项栏中进行修改，如图7-14所示。如果要修改部分字符的属性，则需要使用文字工具在要更改的字符前单击并向后拖曳，选中需要更改的字符后进行设置，如图7-15所示。

图 7-14

图 7-15

7.1.2 动手学：制作段落文字

技术速查：段落文字是一种以文本框进行控制，具有自动换行、可调整文字区域大小等优势的文字。所以常用于大量的文本排版中，如海报、画册等，如图7-16和图7-17所示。

01 单击工具箱中的“横排文字工具”按钮T，设置合适的字体及大小，在操作界面按住鼠标左键并拖曳创建出文本框，如图7-18所示。输入字符，完成后选择该文字图层，可以在“段落”面板中设置合适的对齐方式，如图7-19所示。

02 创建段落文本以后，再次使用文字工具在段落文本中单击即可显示出界定框。可以根据实际需求来调整文本框的大小，文字会自动在调整后的文本框内重新排列。另外，调整文本框与自由变换有些相似，都可以进行移动、旋转、缩放和斜切等操作，如图7-20所示。当定界框较小而不能显示全部文字时，它右下角的控制点会变为⊞形状，如图7-21所示。

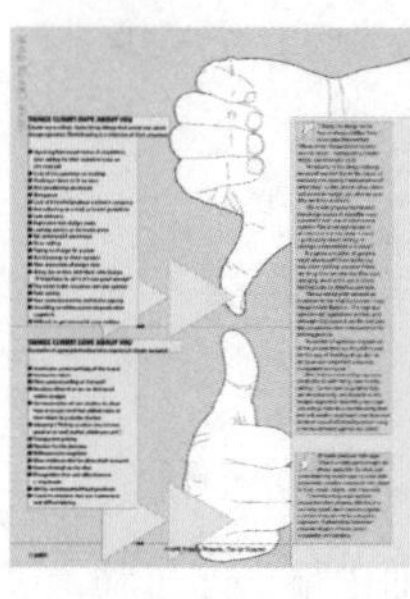

图 7-16

图 7-17

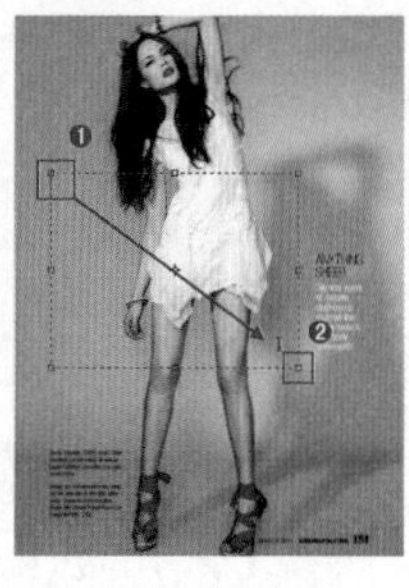

图 7-18

图 7-19

图 7-20

图 7-21

技术拓展：点文本和段落文本的转换

如果当前选择的是点文本，执行“文字>转换为段落文本”命令，可以将点文本转换为段落文本；如果当前选择的是段落文本，执行“文字>转换为点文本”命令，可以将段落文本转换为点文本。

★ 案例实战——使用点文字、段落文字制作杂志版式

案例文件	案例文件\第7章\使用点文字、段落文字制作杂志版式.psd
视频教学	视频文件\第7章\使用点文字、段落文字制作杂志版式.mp4
难易指数	★★★★★
知识掌握	点文字、段落文字

扫码看视频

案例效果

本案例主要通过使用点文字、段落文字制作杂志版式，效果如图7-22所示。

图 7-22

操作步骤

01 执行“文件>新建”命令，设置“宽度”为2670像素，“高度”为2000像素，如图7-23所示。

图 7-23

02 置入人像素材“1.jpg”，将其栅格化并调整合适大小，如图7-24所示。单击工具箱中的“钢笔工具”按钮，在画面左侧绘制一个合适形状的闭合路径，如图7-25所示。

图 7-24

图 7-25

03 右击，在弹出的快捷菜单中执行“建立选区”命令，将闭合路径转换为选区，如图7-26所示。选中人像照片图层，单击“图层”面板中的“添加图层蒙版”按钮，隐藏多余部分，如图7-27所示。

图 7-26

图 7-27

04 单击工具箱中的“文字工具”按钮，在选项栏上设置合适字体及大小，在画面右下角的位置按住鼠标左键拖曳绘制文本框，如图7-28所示。在文本框中单击并输入文字，完成段落文字的制作，如图7-29所示。

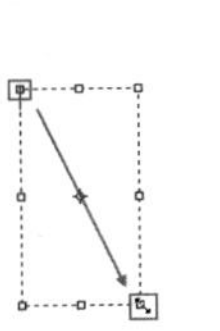

图 7-28

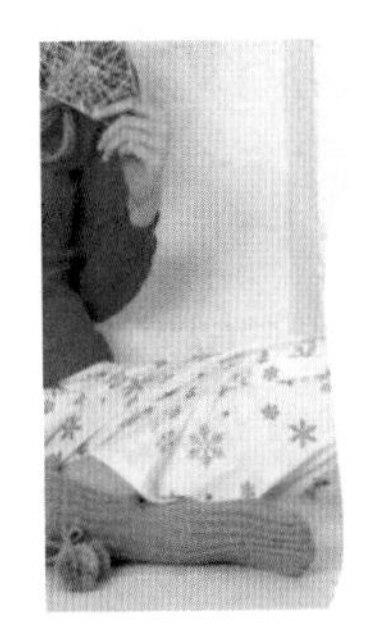

图 7-29

技巧提示

这里可以看到文本的两端对齐得非常工整，这是由于在“段落面板”中设置了“全部对齐”方式，如图7-30所示。

图 7-30

05 用同样的方法制作另外两组文字，如图7-31所示。继续使用横排文字工具，在选项栏中设置不同的字体，设置较大的字号，设置颜色为粉色，在顶部单击输入标题文字，如图7-32所示。

图 7-31

图 7-32

06 执行“图层>图层样式>内阴影”命令，设置“不透明度”为45%，“距离”为3像素，“大小”为3像素，如图7-33和图7-34所示。

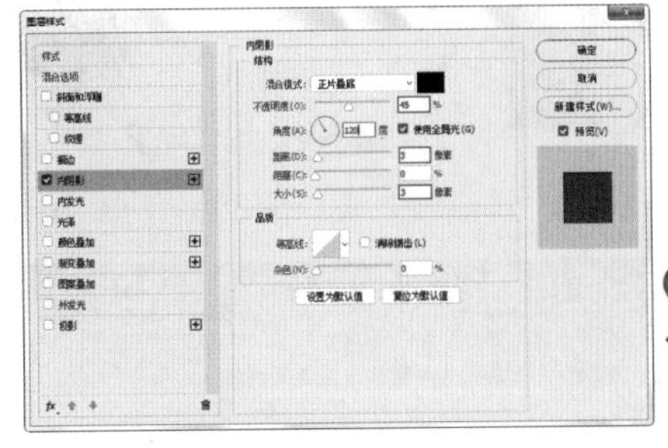

图 7-33

SIPLY

图 7-34

07 再次使用文字工具，在画面中其他位置输入点文字，最终效果如图7-35所示。

图 7-35

☆ 视频课堂——使用文字工具制作时尚杂志

案例文件\第7章\视频课堂——使用文字工具制作时尚杂志.psd
视频文件\第7章\视频课堂——使用文字工具制作时尚杂志.mp4

扫码看视频

思路解析：

01 置入素材，使用形状工具绘制画面中的彩色形状。
02 使用文字工具在画面中单击输入标题文字。
03 使用文字工具在画面中拖动光标绘制出段落文本框，并在其中输入段落文字。

7.1.3 路径文字

技术速查：路径文字是一种可以沿规定路径排列的文字，如图7-36和图7-37所示。

路径文字常用于创建走向不规则的文字行。在Photoshop中为了制作路径文字需要先绘制路径，然后将文字工具指定到路径上，如图7-38所示。创建的文字会沿着路径排列，如图7-39所示。改变路径形状时，文字的排列方式也会随之发生改变，如图7-40所示。

图 7-36

图 7-37

图 7-38

图 7-39

图 7-40

★ 案例实战——使用路径文字制作文字招贴

案例文件	案例文件\第7章\使用路径文字制作文字招贴.psd
视频教学	视频文件\第7章\使用路径文字制作文字招贴.mp4
难易指数	★★★★★
技术要点	文字工具、钢笔工具

案例效果

本案例主要通过使用文字工具、钢笔工具制作创意文字招贴，效果如图7-41所示。

操作步骤

01 打开背景素材文件“1.jpg”，如图7-42所示。单击工具箱中的“文字工具”按钮，在选项栏中设置一种合适的字体及大小，在画面中心单击并输入一个较大的字母，如图7-43所示。

图 7-41

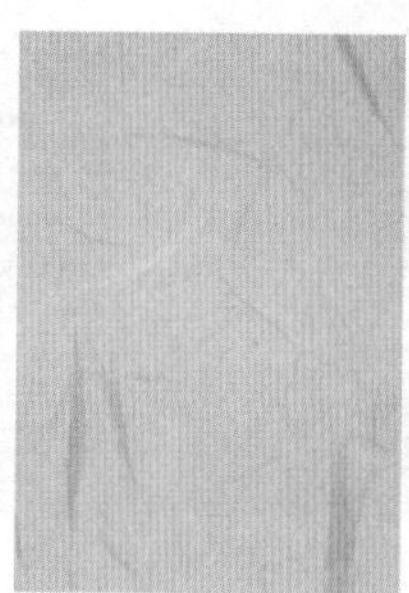
图 7-42

图 7-43

02 执行“图层>图层样式>渐变叠加”命令，设置一种红色系渐变，如图7-44和图7-45所示。

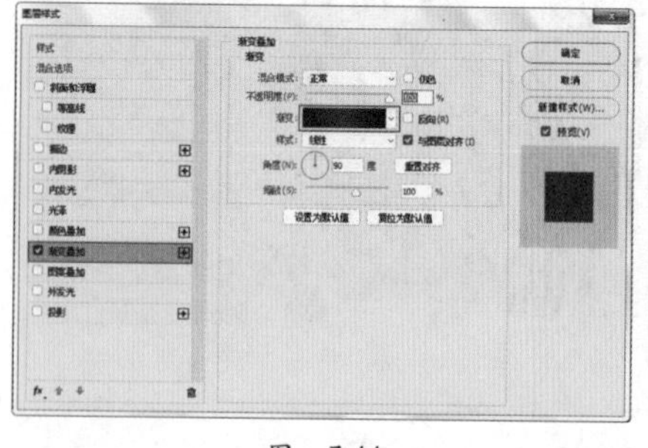
图 7-44

图 7-45

03 单击工具箱中的“钢笔工具”按钮，在字母上方单击并绘制一个曲线路径，如图7-46所示。使用文字工具，将鼠标移至路径前，当光标变为如图7-47所示的形状时单击路径并输入文字，效果如图7-48所示。

图 7-46

图 7-47

图 7-48

04 右击字母图层“g”，在弹出的快捷菜单中执行“拷贝图层样式”命令，如图7-49所示。回到路径文字图层上右击，在弹出的快捷菜单中执行“粘贴图层样式”命令，为文字添加渐变效果，如图7-50所示。

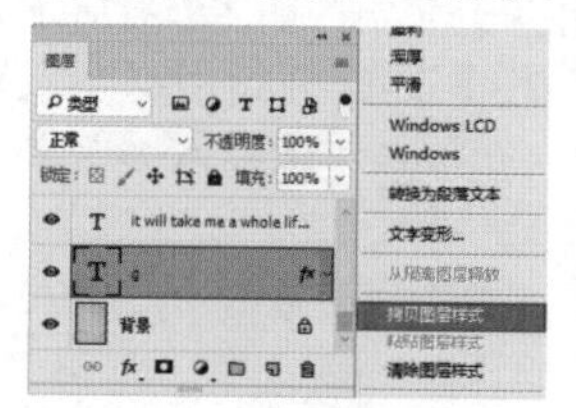

图 7-49

图 7-50

05 用同样的方法输入另外两组路径文字，如图7-51所示。使用文字工具在字母中单击，输入单词，制作点文字，粘贴渐变图层样式，如图7-52所示。

06 使用文字工具输入剩余的文字，并赋予相同的渐变叠加图层样式，最终效果如图7-53所示。

图 7-51

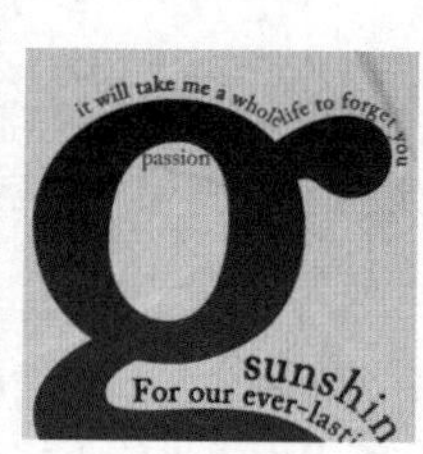

图 7-52

图 7-53

7.1.4　制作区域文字

技术速查：区域文字是使用文字工具在闭合路径中创建出的位于闭合路径内的文字，如图7-54和图7-55所示。

首先在画面中绘制封闭路径，单击工具箱中的“横排文字工具”按钮T，在选项栏中设置合适文字、大小、颜色。将光标移至路径内，光标会变为状态，如图7-56所示。接着左击，此时路径四周出现了区域文字的界定框，如图7-57所示。输入文字，可以观察到，文字只在圆形路径内排列，单击选项栏中的✔按钮完成文字的输入。完成本案例的制作。如图7-58所示。

图　7-54

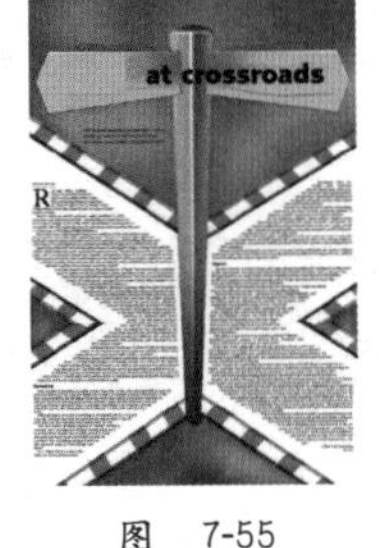

图　7-55

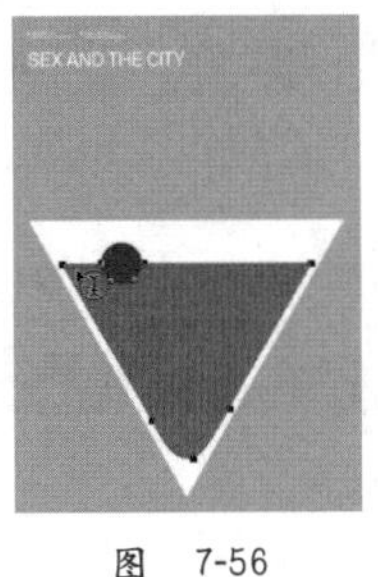

图　7-56

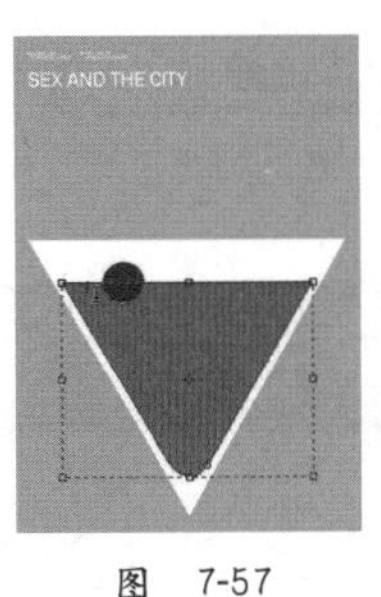

图　7-57

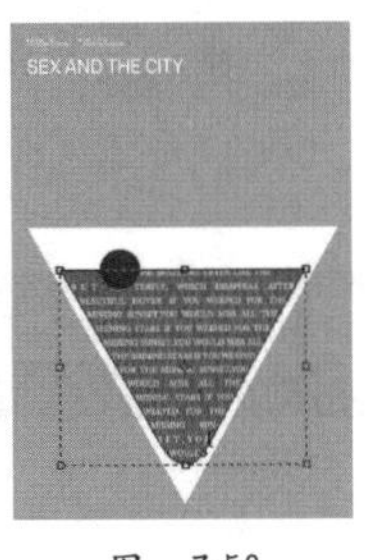

图　7-58

7.1.5　变形文字

技术速查：在Photoshop中，文字对象可以进行一系列内置的变形效果，通过这些变形操作可以在不栅格化文字图层的状态下制作多种变形文字，如图7-59和图7-60所示。

图　7-59

图　7-60

输入文字以后，在文字工具的选项栏中单击“创建文字变形”按钮，打开“变形文字”对话框，在该对话框中可以选择变形文字的方式，如图7-61所示。如图7-62所示是这些变形文字的效果。

图　7-61

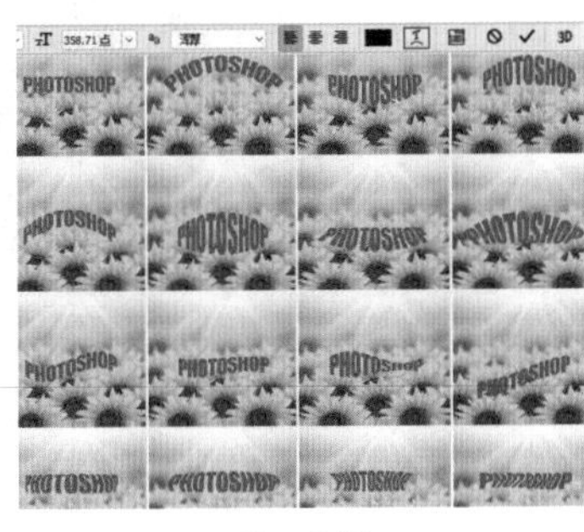

图　7-62

技巧提示

对带有“仿粗体”样式的文字进行变形会弹出如图7-63所示的窗口，单击“确定”按钮将去除文字的“仿粗体”样式，并且经过变形操作的文字不能够添加“仿粗体”样式。

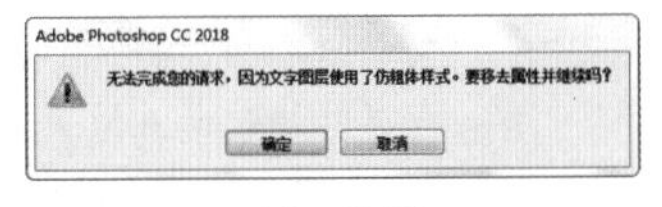

图　7-63

创建变形文字后，可以调整其他参数选项来调整变形效果。每种样式都包含相同的参数选项，下面以“鱼形”样式为例来介绍变形文字的各项功能，如图7-64和图7-65所示。

图　7-64

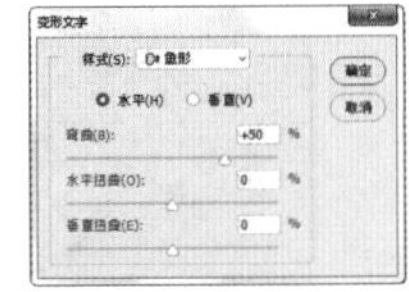

图　7-65

水平/垂直：选中“水平”单选按钮时，文本扭曲的方向为水平方向，如图7-66所示；选中“垂直”单选按钮时，文本扭曲的方向为垂直方向，如图7-67所示。

弯曲：用来设置文本的弯曲程度，如图7-68和图7-69所示分别是“弯曲”为－50%和100%时的效果。

- **水平扭曲**：设置水平方向的透视扭曲变形的程度，如图7-70和图7-71所示分别是“水平扭曲”为−66%和86%时的扭曲效果。
- **垂直扭曲**：用来设置垂直方向的透视扭曲变形的程度，如图7-72和图7-73所示分别是“垂直扭曲”为−60%和60%时的扭曲效果。

图 7-66

图 7-67

图 7-68

图 7-69

图 7-70

图 7-71

图 7-72

图 7-73

7.2 使用文字蒙版工具创建文字选区

技术速查：使用文字蒙版工具能够以创建文字的方法创建文字选区。

在文字工具组中包含横排文字蒙版工具和直排文字蒙版工具。单击“横排文字蒙版工具”按钮，首先仍然需要在选项栏中设置字符属性，然后在画面中单击，此时画面被覆盖上了半透明的红色效果，使用文字蒙版工具输入文字，文字区域为正常画面效果，如图7-74所示。输入完毕后在选项栏中单击“提交当前编辑”按钮✓后文字将以选区的形式出现，如图7-75所示。得到文字选区后即可进行进一步编辑，如图7-76所示。

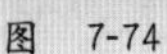
图 7-74

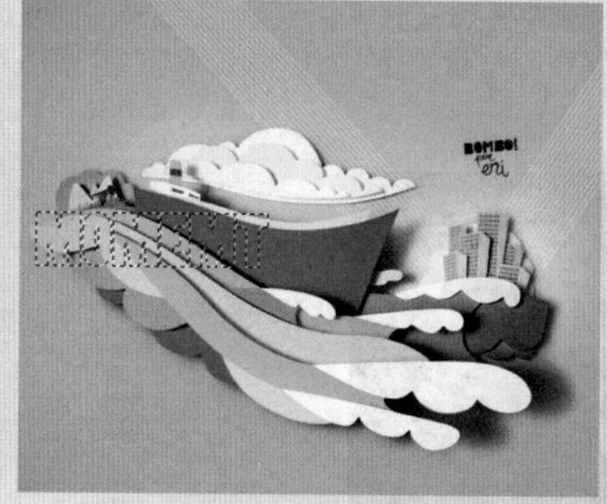
图 7-75

图 7-76

技巧提示：文字蒙版的变换

在使用文字蒙版工具输入文字后且鼠标移动到文字以外区域时，光标会变为移动状态，这时按住鼠标左键并拖曳可以移动文字蒙版的位置，如图7-77所示。

按住Ctrl键，文字蒙版四周会出现类似自由变换的界定框，如图7-78所示。可以对该文字蒙版进行移动、旋转、缩放、斜切等操作，如图7-79~图7-81所示分别为旋转、缩放和斜切效果。

图 7-77

图 7-78

图 7-79

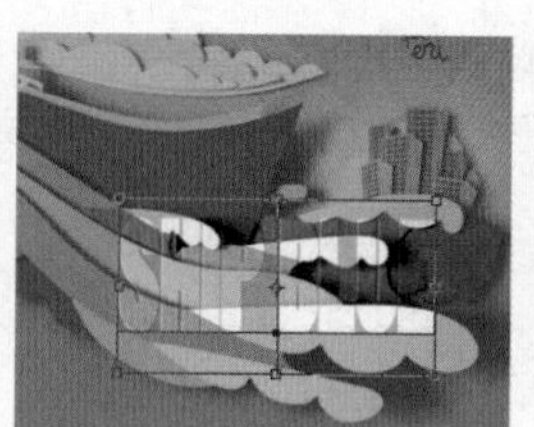
图 7-80

图 7-81

7.3 编辑字符属性

在平面设计作品中所用到的文字经常是多种多样的，为了制作不同的文字效果可以通过选项栏进行字体、大小、对齐、颜色等参数的快速设置。如果要对文本进行更多的设置，就需要使用到“字符”面板和“段落”面板。如图7-82和图7-83所示为优秀的平面设计作品。

图 7-82

图 7-83

7.3.1 “字符”面板

技术速查：“字符”面板中提供了比文字工具选项栏更多的调整选项。

文字在画面中占有重要的位置。文字本身的变化及文字的编排、组合对画面来说极为重要。文字不仅是信息的传达，也是视觉传达最直接的方式，在画面中运用好文字，首先要掌握的是字体、字号、字距、行距等参数的设置，这也就需要使用到“字符”面板。执行“窗口>字符”命令，打开“字符”面板，在该面板中，除了包括常见的字体系列、字体样式、字体大小、文字颜色和消除锯齿等设置，还包括如行距、字距等常见设置，如图7-84所示。

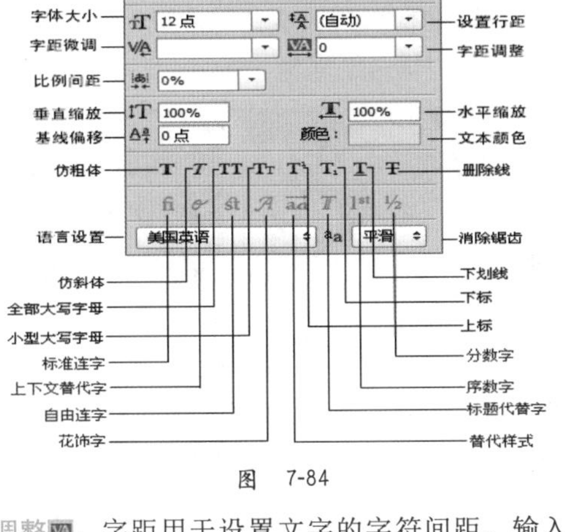

图 7-84

设置字体大小：在该下拉列表中选择预设数值，或者输入自定义数值即可更改字符大小。

设置行距：行距就是上一行文字基线与下一行文字基线之间的距离。选择需要调整的文字图层，然后在“设置行距”下拉列表中输入行距数值或选择预设的行距值，接着按Enter键即可，如图7-85和图7-86所示分别是行距值为30点和60点时的文字效果。

图 7-85

图 7-86

字距微调：用于设置两个字符之间的字距微调。在设置时先要将光标插入需要进行字距微调的两个字符之间；然后在下拉列表中输入所需的字距微调数量。输入正值时，字距会扩大；输入负值时，字距会缩小，如图7-87~图7-89所示为插入光标以及字距为200与－100时的对比效果。

图 7-87

图 7-88

图 7-89

字距调整：字距用于设置文字的字符间距。输入正值时，字距会扩大；输入负值时，字距会缩小，如图7-90和图7-91所示为正字距与负字距。

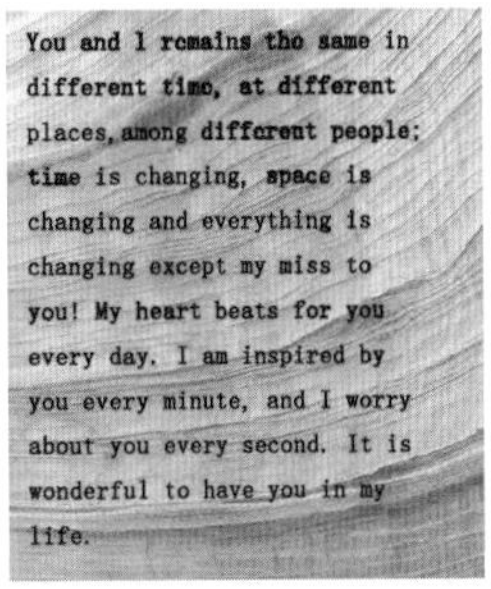

图 7-90

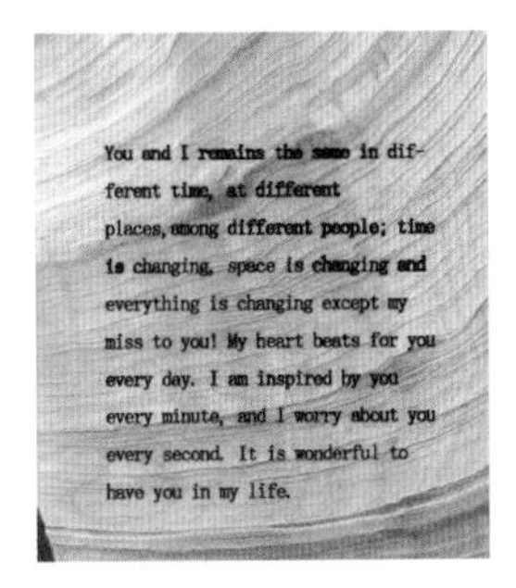

图 7-91

比例间距：是按指定的百分比来减少字符周围的空间。因此，字符本身并不会被伸展或挤压，而是字符之间的间距被伸展或挤压了，如图7-92和图7-93所示是比例间距分别为0%和100%时的字符效果。

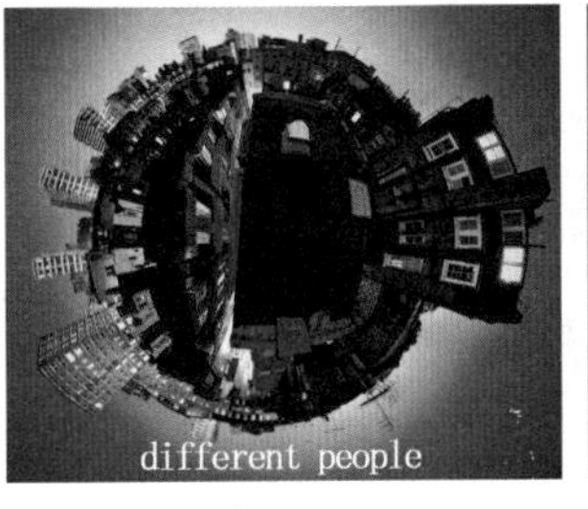

图 7-92

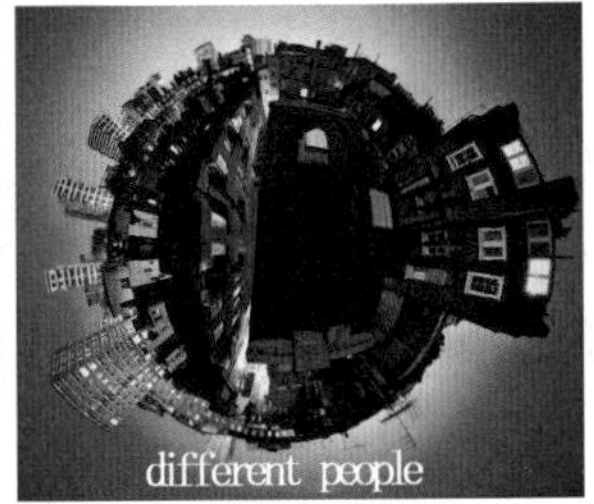

图 7-93

- 垂直缩放IT/水平缩放T：用于设置文字的垂直或水平缩放比例，以调整文字的高度或宽度，如图7-94~图7-96所示分别为100%垂直和水平缩放、300%垂直、120%水平以及80%垂直的文字效果。

图 7-94

图 7-95

图 7-96

- 基线偏移A：用来设置文字与文字基线之间的距离。输入正值时，文字会上移；输入负值时，文字会下移，如图7-97和图7-98所示为基线偏移为50点与－50点时的文字效果。

图 7-97

图 7-98

- 颜色：单击色块，即可在弹出的拾色器中选取字符的颜色。

- 文字样式 T T TT Tt T¹ T₁ T T：设置文字的效果，共有仿粗体、仿斜体、全部大写字母、小型大写字母、上标、下标、下划线和删除线8种，如图7-99所示。

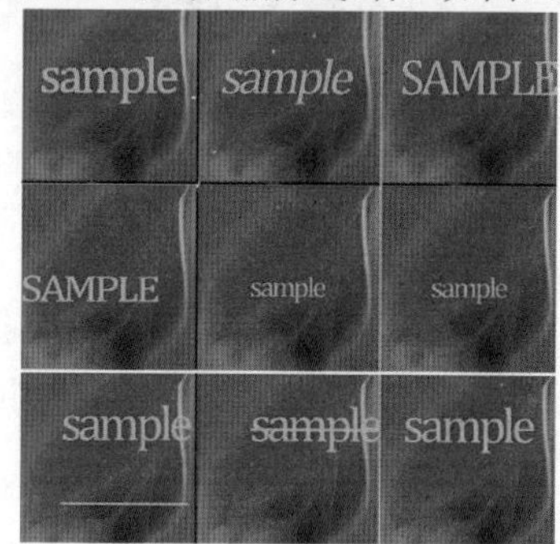

图 7-99

- Open Type功能 fi ℴ st A ad T 1st ½：包括标准连字fi、上下文替代字ℴ、自由连字st、花饰字A、文体替代字ad、标题替代字T、序数字1st和分数字½共8种。
- 语言设置：用于设置文本连字符和拼写的语言类型。
- 消除锯齿方式：输入文字以后，可以在选项栏中为文字指定一种消除锯齿的方式。

7.3.2 动手学：修改文本属性

使用文字工具输入文字以后，在"图层"面板中单击选中文字图层，对文字的大小、大小写、行距、字距、水平/垂直缩放等进行设置。

01 使用横排文字工具T在操作区域中输入字符，如图7-100所示。

02 如果要修改文本内容，可以在"图层"面板中双击文字图层，此时该文字图层的文本处于全部选中的状态，如图7-101和图7-102所示。

图 7-100

图 7-101

图 7-102

03 将光标放置在要修改的内容的前面，按住鼠标左键并向后拖曳，选中需要更改的字符，如将WER修改为YOU，需要将光标放置在WER前单击并向后拖曳选中WER，接着输入YOU即可，如图7-103~图7-105所示。

图 7-103

图 7-104

图 7-105

技巧提示

在文本输入状态下，单击3次可以选择一行文字；单击4次可以选择整个段落的文字；按Ctrl+A快捷键可以选择所有的文字。

04 如果要修改字符的颜色，可以选择要修改颜色的字符，如图7-106所示，然后在“字符”面板中修改字号以及颜色，如图7-107所示，可以看到只有选中的文字发生了变化，如图7-108所示。

05 用同样的方法修改其他文字的属性，效果如图7-109所示。

图 7-106

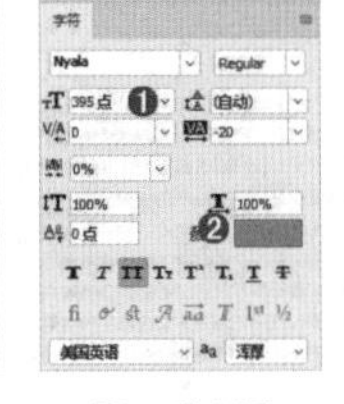
图 7-107

图 7-108

图 7-109

☆ 视频课堂——使用文字工具制作多彩花纹立体字

扫码看视频

案例文件\第7章\视频课堂——使用文字工具制作多彩花纹立体字.psd
视频文件\第7章\视频课堂——使用文字工具制作多彩花纹立体字.mp4

思路解析：

01 使用文字工具依次输入单个文字。
02 将文字栅格化后进行变形操作。
03 复制每个字符，放置在后面并更改颜色，模拟出立体效果。
04 置入花纹素材，并赋予文字表面。

7.3.3 “段落”面板

技术速查：“段落”面板提供了用于设置段落编排格式的所有选项。

在文字排版中经常会用到“段落”面板，通过该面板可以设置段落文本的对齐方式和缩进量等参数，如图7-110所示。

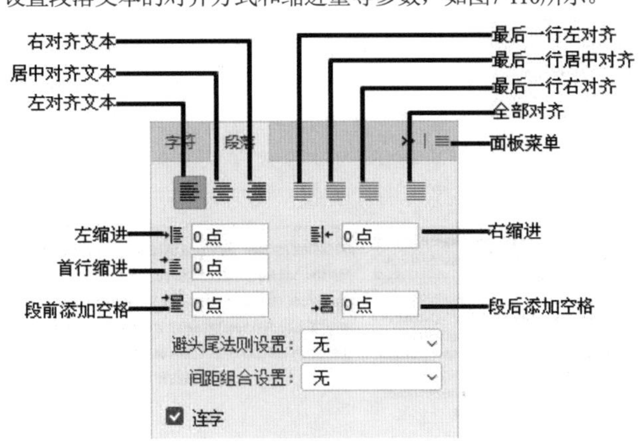

图 7-110

- 左对齐文本：文字左对齐，段落右端参差不齐，如图7-111所示。
- 居中对齐文本：文字居中对齐，段落两端参差不齐，如图7-112所示。
- 右对齐文本：文字右对齐，段落左端参差不齐，如图7-113所示。
- 最后一行左对齐：最后一行左对齐，其他行左右两端强制对齐，如图7-114所示。

图 7-111

图 7-112

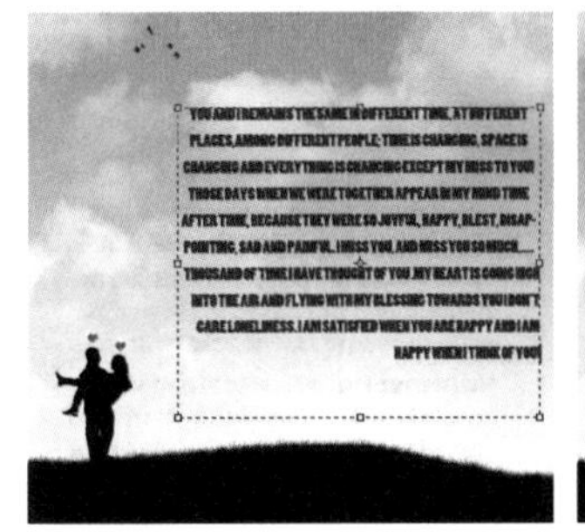
图 7-113

图 7-114

- 最后一行居中对齐：最后一行居中对齐，其他行左右两端强制对齐，如图7-115所示。
- 最后一行右对齐：最后一行右对齐，其他行左右两端强制对齐，如图7-116所示。
- 全部对齐：在字符间添加额外的间距，使文本左右两端强制对齐，如图7-117所示。

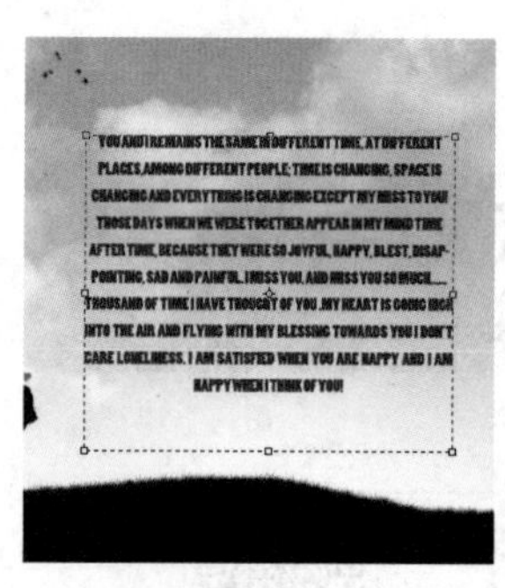

图 7-115

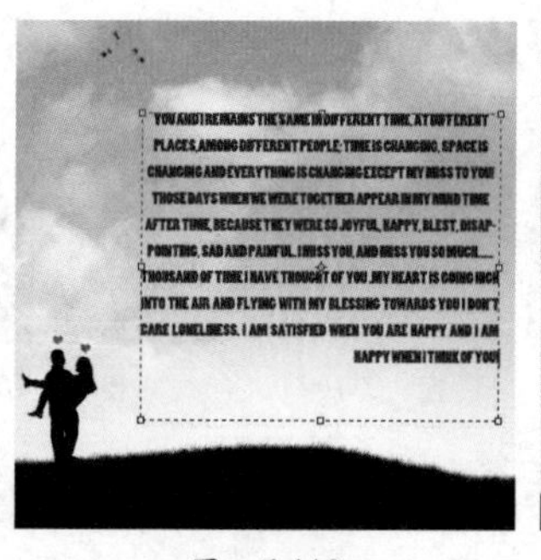

图 7-116

图 7-117

技巧提示

当文字字为直排列方式时，对齐按钮会发生一些变化，如图7-118所示。

图 7-118

- 左缩进：用于设置段落文本向右（横排文字）或向下（直排文字）的缩进量，如图7-119所示是设置“左缩进”为150点时的段落效果。
- 右缩进：用于设置段落文本向左（横排文字）或向上（直排文字）的缩进量，如图7-120所示是设置“右缩进”为150点时的段落效果。

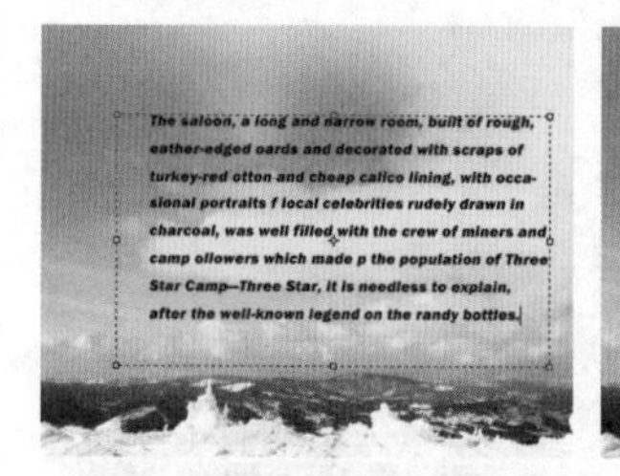

图 7-119

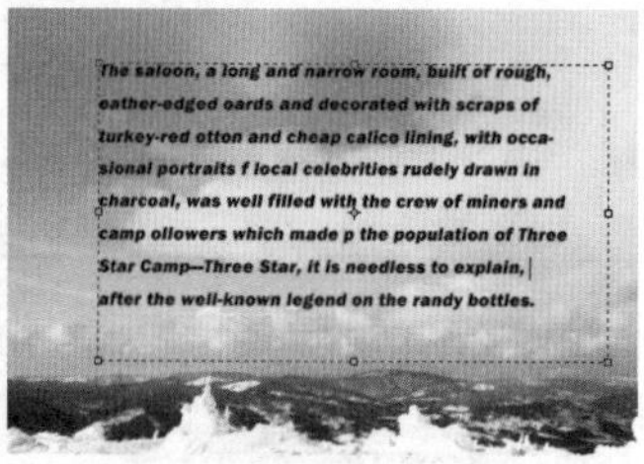

图 7-120

- 首行缩进：用于设置段落文本中每个段落的第1行向右（横排文字）或第1列文字向下（直排文字）的缩进量，如图7-121所示是设置“首行缩进”为10点时的段落效果。
- 段前添加空格：设置光标所在段落与前一个段落之间的间隔距离，如图7-122所示是设置“段前添加空格”为10点时的段落效果。

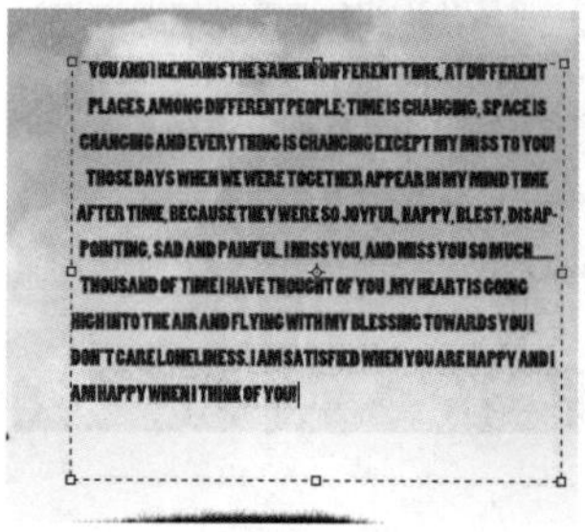

图 7-121

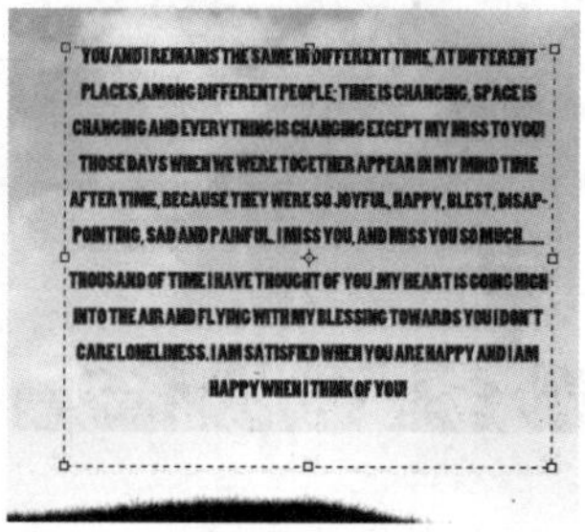

图 7-122

- 段后添加空格：设置当前段落与另外一个段落之间的间隔距离，如图7-123所示是设置“段后添加空格”为10点时的段落效果。
- 避头尾法则设置：不能出现在一行的开头或结尾的字符称为避头尾字符，Photoshop提供了基于标准JIS的宽松和严格的避头尾集，宽松的避头尾设置忽略长元音字符和小平假名字符。选择“JIS宽松”或“JIS严格”选项时，可以防止在一行的开头或结尾出现不能使用的字母。
- 间距组合设置：间距组合用于设置日语字符、罗马字符、标点和特殊字符在行开头、行结尾和数字的间距文本编排方式。选择“间距组合1”选项，可以对标点使用半角间距；选择“间距组合2”选项，可以对行中除最后一个字符外的大多数字符使用全角间距；选择“间距组合3”选项，可以对行中的大多数字符和最后一个字符使用全角间距；选择“间距组合4”选项，可以对所有字符使用全角间距。
- 连字：选中“连字”复选框后，在输入英文单词时，如果段落文本框的宽度不够，英文单词将自动换行，并在单词之间用连字符连接起来，如图7-124所示。

图 7-123

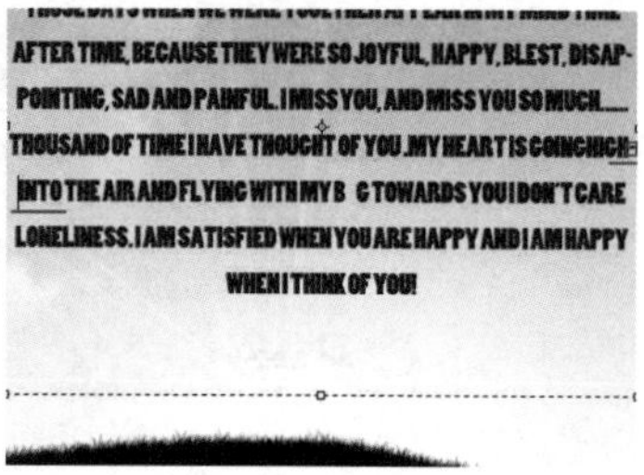

图 7-124

7.3.4 “字符样式”面板

- 技术速查：在“字符样式”面板中可以创建字符样式，更改字符属性，并将字符属性储存在“字符样式”面板中。

在进行如书籍、报纸杂志等包含大量文字排版的任务时，经常需要为多个文字图层赋予相同的样式，而在Photoshop 中提供的“字符样式”面板功能为此类操作提供了便利。在需要使用时，只需要选中文字图层，并单击相应字符样式即可，如图7-125所示。

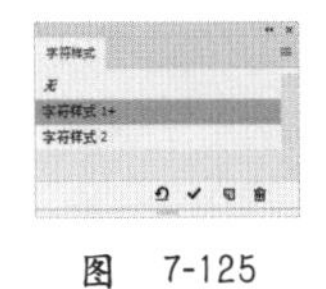

图 7-125

- 清除覆盖：单击即可清除当前字体样式。
- 通过合并覆盖重新定义字符样式：单击该按钮，即可以所选文字合并覆盖当前字符样式。
- 创建新样式：单击该按钮，可以创建新的样式。
- 删除选项样式/组：单击该按钮，可以将当前选中的新样式或新样式组删除。

在"字符样式"面板中单击"创建新样式" 按钮，然后双击新创建出的字符样式，即可弹出"字符样式选项"对话框，在这里包含三组设置页面："基本字符格式""高级字符格式"和"OpenType功能"，可以对字符样式进行详细的编辑，如图7-126所示。"字符样式选项"对话框中的选项与"字符"面板中的设置选项基本相同，这里不做重复讲解，如图7-127和图7-128所示。

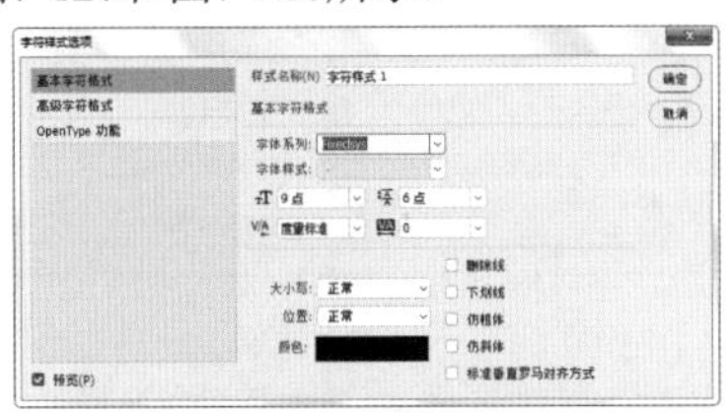

图 7-126

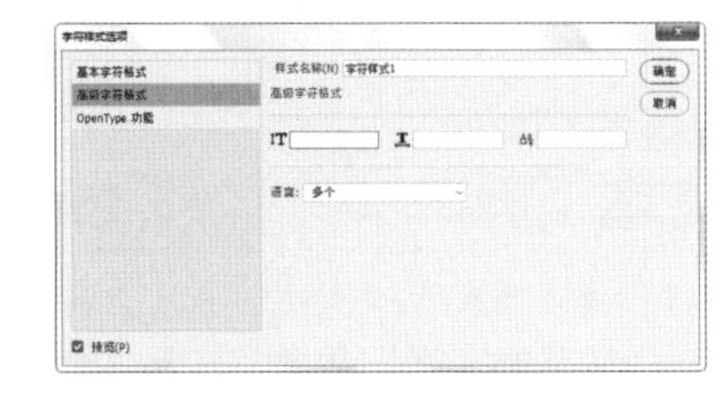

图 7-127

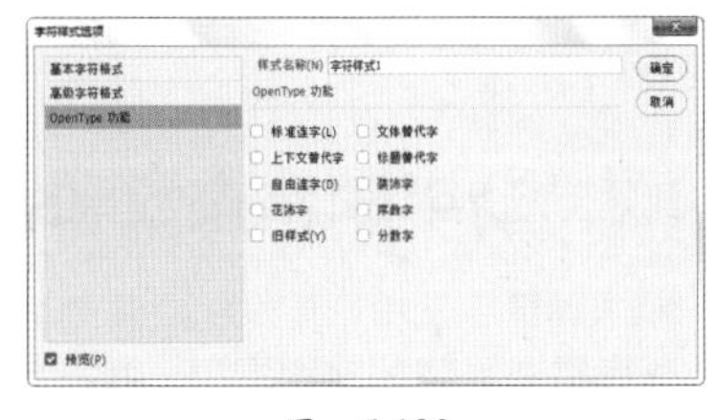

图 7-128

如果需要将当前文字样式定义为可以调用的"字符样式"，那么可以在"字符样式"面板中单击"创建新样式"按钮，创建一个新的样式，如图7-129所示。选中所需文字图层，并在"字符样式"面板中选中新建的样式，在该样式名称的后方会出现"+"，单击"通过合并覆盖重新定义字符样式" 按钮即可，如图7-130所示。

如果需要为某个文字使用新定义的字符样式，则选中该文字图层，并在"字符样式"面板中单击所需样式即可，如图7-131和图7-132所示。

如果需要去除当前文字图层的样式，选中该文字图层，并单击"字符样式"面板中的"无"即可，如图7-133所示。

可以将另一个PSD文档的字符样式置入当前文档中。打开"字符样式"面板，在其菜单中选择"载入字符样式"命令，弹出"载入"对话框，找到需要置入的素材，双击即可将该文件包含的样式置入当前文档中，如图7-134所示。

如果需要复制或删除某一字符样式，只需在"字符样式"面板中选中某一项，并在菜单栏中执行"复制样式"或"删除样式"命令即可，如图7-135所示。

图 7-129　图 7-130　图 7-131　图 7-132　图 7-133　图 7-134　图 7-135

7.3.5 "段落样式"面板

技术速查："段落样式"面板与"字符样式"面板的使用方法相同，都可以进行样式的定义、编辑与调用。

字符样式主要用于类似标题文字的较少文字的排版，而段落样式的设置选项多应用于类似正文的大段文字的排版，如图7-136所示。

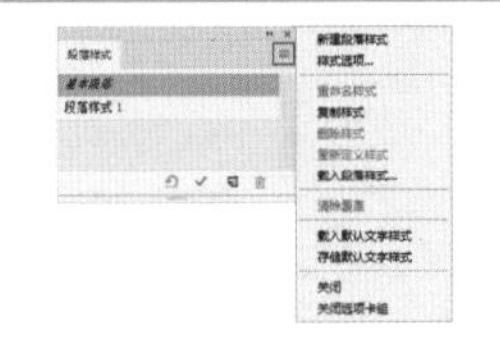

图 7-136

7.4 文本对象的编辑操作

平面设计作品中经常需要添加大量的文案。在Photoshop中可以对文字对象进行错误检查、更正拼写、查找和替换文本等操作，这些功能在大量文字排版的作品制作中十分常用，如图7-137和图7-138所示。

图 7-137　图 7-138

7.4.1 拼写检查

技术速查：拼写检查可以检查当前文本中的英文单词拼写是否有错误。

选择需要处理的文本图层，然后执行“编辑>拼写检查”命令，打开“拼写检查”对话框，Photoshop会提供修改建议，如需更改单击“更改”按钮即可，单击“忽略”按钮可以忽略当前查找到的字符，如图7-139和图7-140所示。

图 7-139

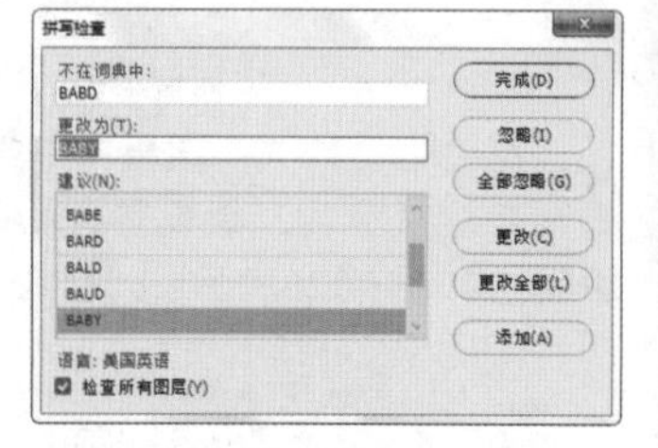

图 7-140

7.4.2 动手学：查找和替换文本

技术速查：使用“查找和替换文本”命令能够快速地查找和替换指定的文字。

选择需要处理的文本图层，执行“编辑>查找和替换文本”命令，打开“查找和替换文本”对话框，在这里设置“查找内容”和“更改为”的内容，然后单击“查找下一个”按钮即可进行查找，如图7-141所示。如需更改查找到的文本，可以单击“更改”按钮。

图 7-141

答疑解惑：如何为Photoshop添加其他的字体？

在实际工作中，为了达到特殊效果，经常需要使用各种各样的字体，这时就需要用户自己安装额外的字体。Photoshop中所使用的字体其实是调用操作系统中的系统字体，所以用户只需要把字体文件安装在操作系统的字体文件夹下即可。安装好字体以后，重新启动Photoshop就可以在选项栏的字体系列中查找到安装的字体。目前比较常用的字体安装方法有以下几种。

- 光盘安装：打开光驱，放入字体光盘，光盘会自动运行安装字体程序，选中你所需要安装的字体，按照提示即可安装到指定目录下。
- 自动安装：很多时候我们使用到的字体文件是EXE格式的可执行文件，这种字库文件安装比较简单，双击运行并按照提示进行操作即可。
- 手动安装：当遇到没有自动安装程序的字体文件时，需要执行“开始>设置>控制面板”命令，打开控制面板，然后双击“字体”项目，接着将外部的字体复制到打开的“字体”文件夹中。

7.5 将文字图层转换为其他图层

文字图层作为一种特殊图层是无法直接进行扭曲变形、调色以及滤镜等操作的，如果想要对文字的形态进行更改，制作出艺术字效果或者进行滤镜操作，就需要将文字转换为普通图层或是形状图层等。如图7-142和图7-143所示为使用文字工具制作出的丰富效果。

图 7-142

图 7-143

7.5.1 将文字图层转换为普通图层

Photoshop中的文字图层不能直接应用滤镜或进行涂抹绘制等变换操作，若要对文本应用这些滤镜或变换，就需要将其转换为普通图层，使矢量文字对象变成像素对象。在“图层”面板中选择文字图层，然后在图层名称上右击，在弹出的快捷菜单中选择“栅格化文字”命令，就可以将文字图层转换为普通图层，如图7-144所示。

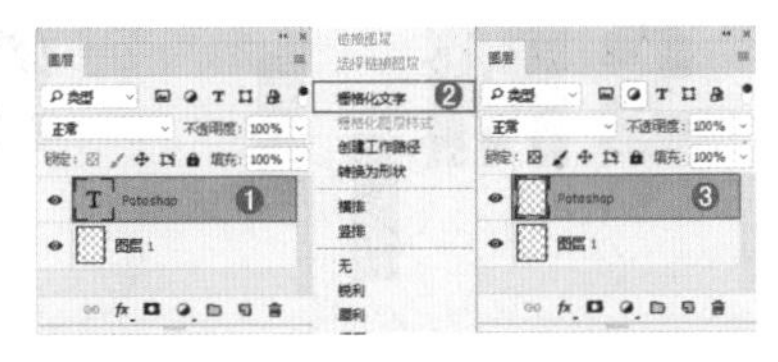

图 7-144

★ 案例实战——栅格化文字制作文字招贴

案例文件	案例文件\第7章\栅格化文字制作文字招贴.psd
视频教学	视频文件\第7章\栅格化文字制作文字招贴.mp4
难易指数	
技术要点	文字工具、矩形选框工具

扫码看视频

案例效果

本案例主要通过使用文字工具、矩形选框工具等命令制作文字招贴，效果如图7-145所示。

图 7-145

操作步骤

01 执行“文件>新建”命令，设置“宽度”为2290像素，“高度”为1550像素，如图7-146所示。

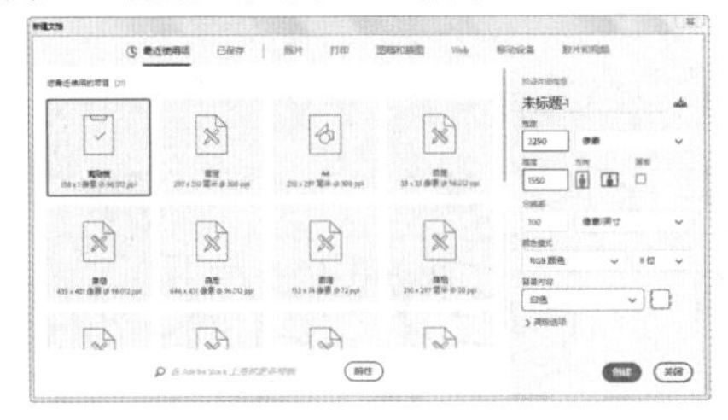

图 7-146

02 单击工具箱中的“渐变工具”按钮，在选项栏中设置一种灰色系渐变，单击“径向渐变”按钮，如图7-147所示。在背景图层上从中心到四周进行拖曳填充，如图7-148所示。

图 7-147

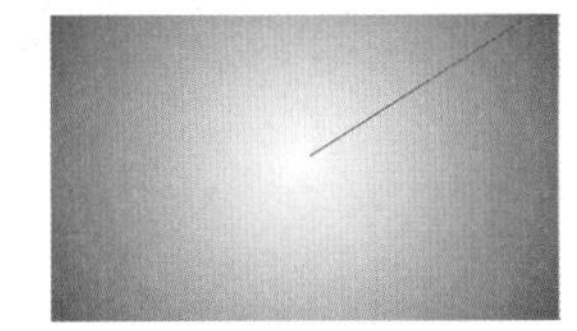

图 7-148

03 单击工具箱中的“矩形选框工具”按钮，在画面中心位置绘制一个合适大小的矩形选区，如图7-149所示。新建图层，填充浅灰色，按Ctrl+D快捷键取消选区，如图7-150所示。

图 7-149

图 7-150

04 单击工具箱中的“文字工具”按钮，在选项栏中设置合适的字体及大小，在画面中输入字母，如图7-151所示。输入其他字母，并调整不同字母的大小，如图7-152所示。

图 7-151

图 7-152

05 合并文字和灰色矩形，使用矩形选框工具在文字左侧绘制一个合适大小的矩形选区，如图7-153所示。按Ctrl+J快捷键复制选区，为了方便观察，可以隐藏文字图层，如图7-154所示。

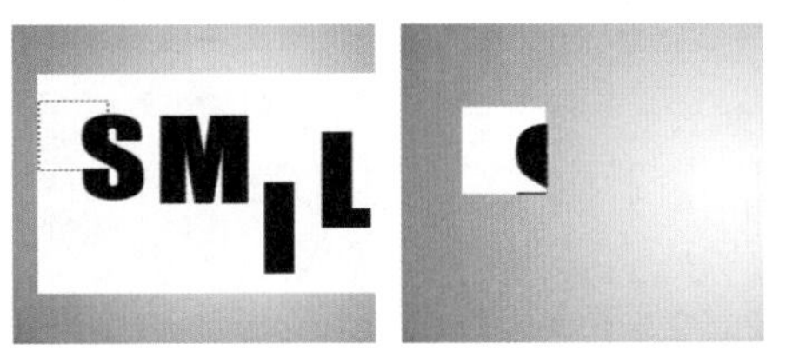

图 7-153　　图 7-154

06 执行“图层>图层样式>投影”命令，设置“不透明度”为50%，“角度”为101度，“距离”为21像素，“大小”为40像素，如图7-155和图7-156所示。

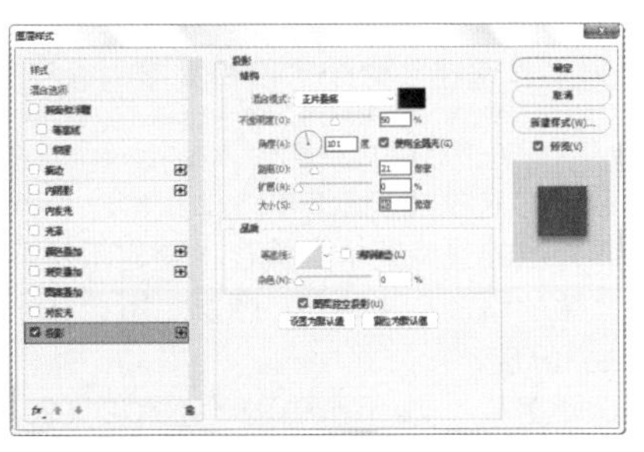

图 7-155

图 7-156

07 显示文字图层，继续使用矩形选框工具在文字上方绘制合适大小的矩形选区（选区之间要保留间距），如图7-157所示。按Ctrl+J快捷键复制选区内容，复制S选区图层的图层样式，在新复制的选区图层上粘贴图层样式，如图7-158所示。

图 7-157

图 7-158

08 用同样的方法复制出其他文字选区，粘贴阴影图层样式，适当调整位置，隐藏原始的文字图层，如图7-159所示。

09 新建图层，使用黑色柔边圆画笔在四角处涂抹制作暗角效果，最终效果如图7-160所示。

图 7-159

图 7-160

7.5.2 将文字转换为形状

技术速查："转换为形状"命令可以将文字转换为矢量的形状图层。

选择文字图层，然后在图层名称上右击，在弹出的快捷菜单中选择"转换为形状"命令，执行该命令以后不会保留原始文字属性，如图7-161所示。

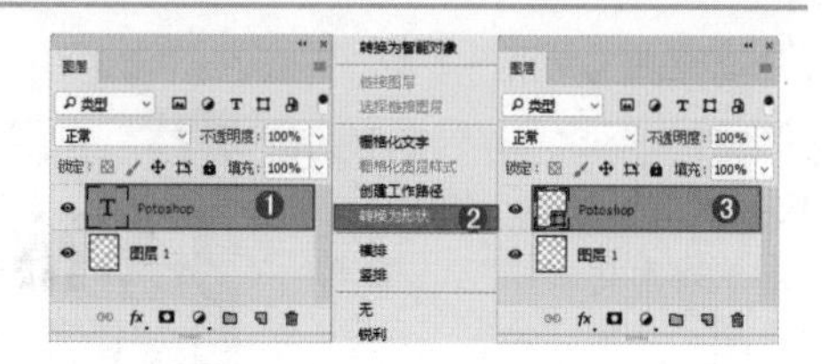

图 7-161

☆ 视频课堂——使用文字工具制作清新自然风艺术字

案例文件\第7章\视频课堂——使用文字工具制作清新自然风艺术字.psd
视频文件\第7章\视频课堂——使用文字工具制作清新自然风艺术字.mp4

思路解析：

01 使用横排文字工具分别输入4个文字。
02 转换为形状后，调整文字形态。
03 将所有文字合并为一个图层，并添加描边和外发光样式。
04 置入风景素材，对文字合并图层创建剪贴蒙版。
05 置入前景素材。

扫码看视频

7.5.3 创建文字的工作路径

技术速查："创建工作路径"命令可以将文字的轮廓转换为工作路径。

选中文字图层，执行"文字>创建工作路径"命令，或在文字图层上右击，在弹出的快捷菜单中执行"创建工作路径"命令，即可得到文字的路径，原始文字图层也不会被删除，如图7-162和图7-163所示。

图 7-162

图 7-163

★ 案例实战——创建工作路径制作云朵文字

案例文件	案例文件\第7章\创建工作路径制作云朵文字.psd
视频教学	视频文件\第7章\创建工作路径制作云朵文字.mp4
难易指数	★★★★★
技术要点	文字工具、画笔工具、钢笔工具

扫码看视频

案例效果

本案例主要通过使用文字工具、画笔工具、钢笔工具等命令创建工作路径，制作云朵文字，效果如图7-164所示。

图 7-164

操作步骤

01 打开背景素材“1.jpg”，如图7-165所示。单击工具箱中的“文字工具”按钮，在选项栏中设置一种合适的字体及大小，在画面中合适的位置输入文字，如图7-166所示。

图 7-165

图 7-166

02 选择文字图层，在“图层”面板上右击，在弹出的快捷菜单中执行“创建工作路径”命令，如图7-167所示。隐藏文字图层，画面中只显示路径，如图7-168所示。

图 7-167

图 7-168

03 单击工具箱中的“画笔工具”按钮，按F5键打开“画笔设置”面板，选择常规画笔组下的柔边圆画笔，设置“大小”为40像素，“间距”为35%，如图7-169所示。选中“形状动态”复选框，设置“大小抖动”为100%，如图7-170所示。

04 选中“散布”复选框，设置“散布”为235%，“数量”为5，如图7-171所示。选中“传递”复选框，设置“不透明度抖动”为20%，“流量抖动”为20%，如图7-172所示。

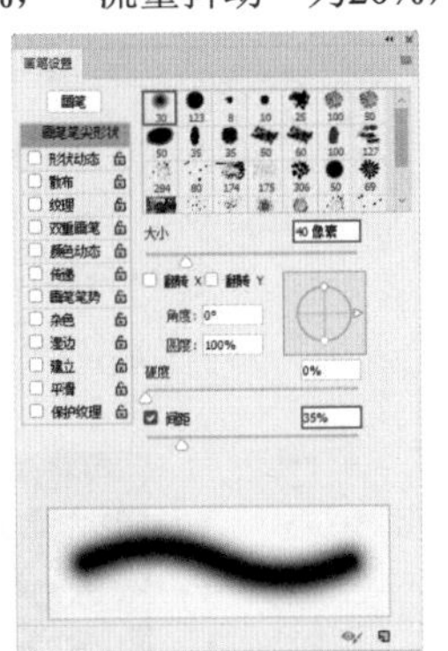

图 7-169

图 7-170

图 7-171

图 7-172

05 单击工具箱中的“路径选择工具”按钮，框选画面中的路径，如图7-173所示。新建图层，右击，在弹出的快捷菜单中执行“描边路径”命令，在“描边路径”对话框中设置“工具”为“画笔”，如图7-174所示。

图 7-173

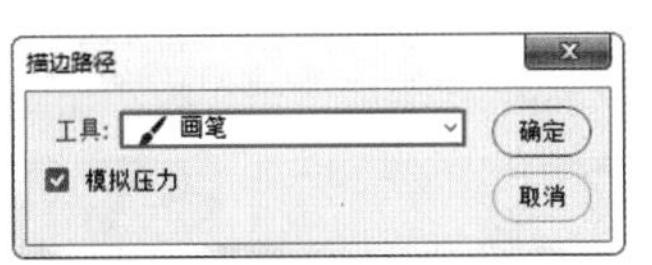

图 7-174

06 单击“确定”按钮完成描边，如图7-175所示。右击，在弹出的快捷菜单中执行“删除路径”命令，如图7-176所示。

图 7-175

图 7-176

思维点拨

在进行一些真实存在的事物的模拟时，为了达到“以假乱真”的目的，通常需要找到大量的实拍素材进行参考。例如，本案例中模拟的是云朵的效果，那么就需要使用云朵的照片进行参考，在图像中能够看到云朵具有形态不规则、薄厚不均匀、边缘较柔和、颜色为白色等特征。掌握了这些特征后在进行制图时就可以更好地进行模拟。当然以此类推，想要模拟雪天的效果就需要参考真实的雪景，想要模拟沙漠效果就需要参考真实的沙漠图片。

07 单击工具箱中的“钢笔工具”按钮，在飞机与文字中间绘制一条曲线路径，如图7-177所示。新建图层，再次右击，在弹出的快捷菜单中执行“描边路径”命令，最后删除路径，效果如图7-178所示。

图 7-177

图 7-178

☆ 视频课堂——电影海报风格金属质感文字

扫码看视频

案例文件\第7章\视频课堂——电影海报风格金属质感文字.psd
视频文件\第7章\视频课堂——电影海报风格金属质感文字.mp4

思路解析：

01 使用横排文字工具在画面中单击并输入标题文字。
02 在标题文字下方输入四行文字，并在“字符”面板中设置对齐方式。
03 为标题文字设置图层样式。
04 复制标题文字的图层样式并粘贴到底部文字图层上。

★ 综合实战——清新岛屿海报设计

案例文件	案例文件\第7章\清新岛屿海报设计.psd
视频教学	视频文件\第7章\清新岛屿海报设计.mp4
难易指数	
技术要点	文字工具、图层样式

扫码看视频

案例效果

本案例主要是利用文字工具和图层样式制作清新岛屿海报，如图7-179所示。

操作步骤

01 打开背景素材文件“1.jpg”，如图7-180所示。

图 7-179

图 7-180

02 置入树木1素材“2.jpg”，将其栅格化并置于画面中合适的位置，设置其“混合模式”为深色，如图7-181所示，效果如图7-182所示。

03 再次置入素材“3.png”，将其栅格化并置于画面中合适的位置。单击工具箱中的“横排文字工具”按钮，设置合适的字号以及字体，在画面中输入数字3，如图7-183所示。

图 7-181

图 7-182

图 7-183

04 执行“图层>图层样式>渐变叠加”命令，编辑一种黄色系的渐变，设置“样式”为线性，如图7-184所示。选中“外发光”复选框，设置“不透明度”为90%，颜色为黄色，“方法”为“柔和”，“扩展”为35%，“大小”为8像素，如图7-185所示。效果如图7-186所示。

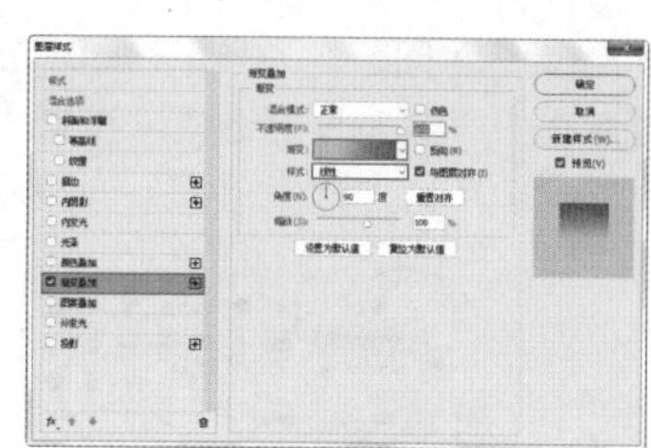
图 7-184

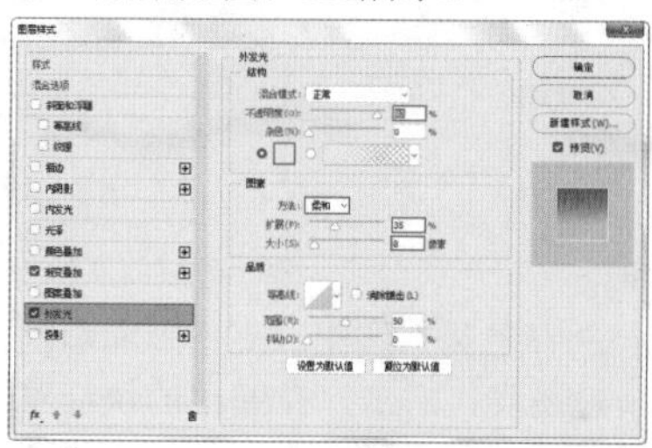
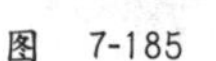
图 7-185

图 7-186

05 使用同样的方法制作其他的文字，并再次置入素材“4.png”，将其栅格化，如图7-187所示。

06 选中顶部的文字，按Ctrl+T快捷键对其执行“自由变换”命令，将其旋转到合适的角度，按住Ctrl键，按住鼠标左键并拖曳四角控制点，调整文字形状，如图7-188所示。按Enter键完成自由变换，如图7-189所示。

图 7-187

图 7-188

图 7-189

07 选中除背景外的所有图层，将其置于同一图层组中，并将其命名为小岛，为其添加图层蒙版，隐藏合适的部分，如图7-190所示。效果如图7-191所示。

08 使用横排文字工具，设置合适的字体以及字号，在画面中输入文字，如图7-192所示。

图 7-190

图 7-191

图 7-192

09 对其执行“图层>图层样式>渐变叠加”命令，编辑一种黄绿色系的渐变颜色，设置“样式”为“线性”，如图7-193所示。选中“内发光”复选框，设置“混合模式”为“滤色”，设置颜色为黄色，“方法”为“柔和”，选中“边缘”单选按钮，设置“大小”为10像素，如图7-194所示。效果如图7-195所示。

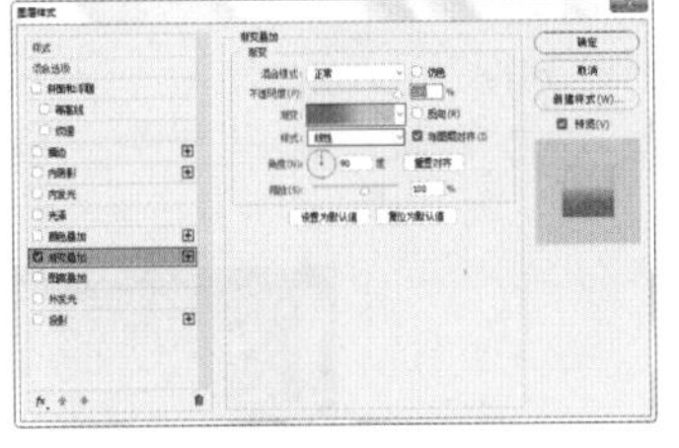

图 7-193

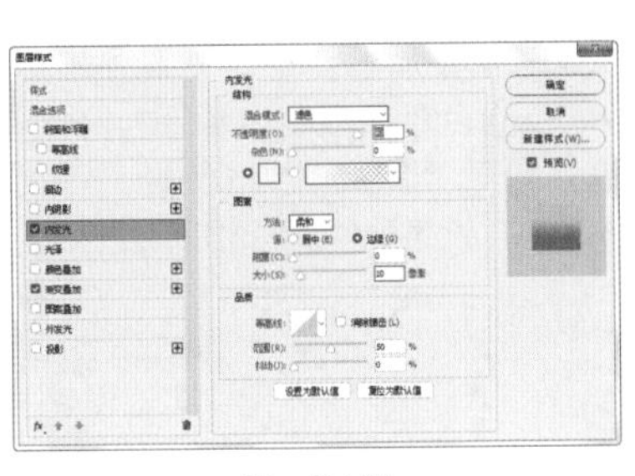

图 7-194

图 7-195

10 置入水花素材“5.png”，将其栅格化并置于文字上方，设置其混合模式为“滤色”，如图7-196所示。效果如图7-197所示。用同样的方法制作底部的文字，如图7-198所示。

图 7-196

图 7-197

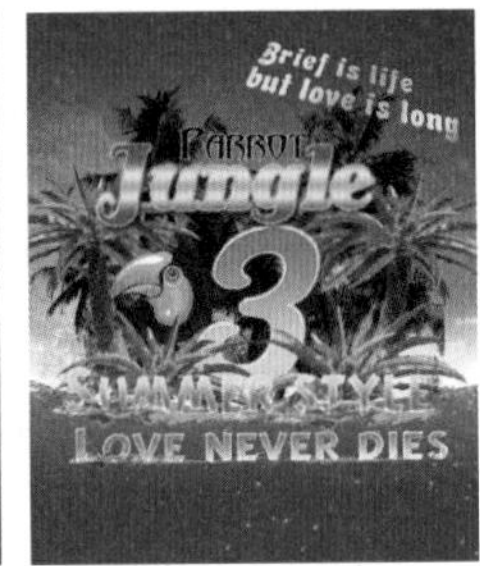

图 7-198

11 再次使用横排文字工具，设置合适的前景色，设置合适的字号以及字体，设置颜色为黄绿色，对齐方式为居中对齐，在画面中输入多行文字，效果如图7-199所示。用同样的方法输入其他文字，如图7-200所示。

图 7-199

图 7-200

12 选中白色标题文字图层，执行“图层>图层样式>内发光”命令，设置其“不透明度”为100%，颜色为黄色，“大小”为16像素，如图7-201所示。选中“渐变叠加”复选框，编辑一种黄绿渐变，设置“样式”为“线性”，如图7-202所示。效果如图7-203所示。

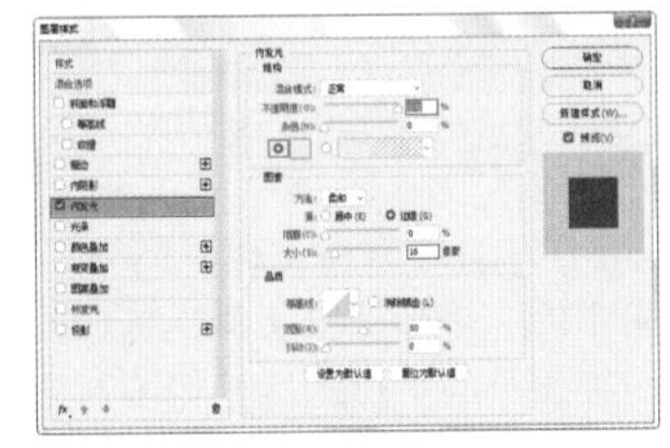

图 7-201

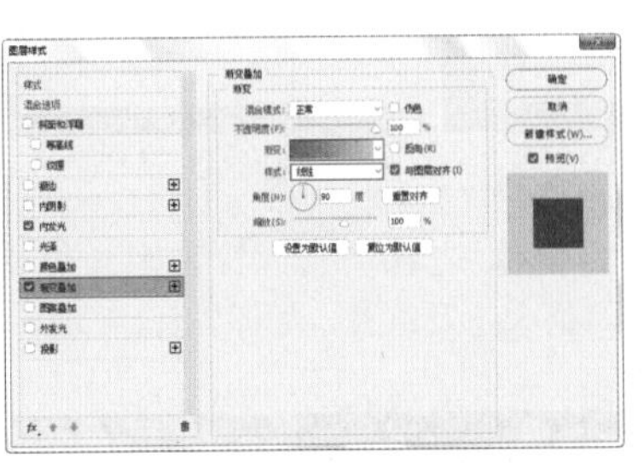

图 7-202

图 7-203

13 选中底部的红色文字图层，对其执行“图层>图层样式>外发光”命令，设置其“不透明度”为75%，颜色为黄色，“方法”为“柔和”，“扩展”为5%，“大小”为4像素，如图7-204和图7-205所示。

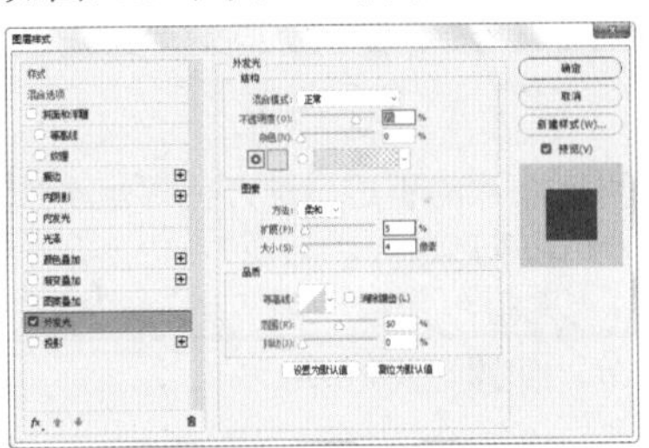

图 7-204

图 7-205

14 置入前景素材“6.png”，将其栅格化并置于画面中，效果如图7-206所示。

图 7-206

★ 综合实战——制作杂志内页

案例文件	案例文件\第7章\制作杂志内页.psd
视频教学	视频文件\第7章\制作杂志内页.mp4
难易指数	★★★★★
技术要点	文字工具、矩形选框工具、圆角矩形工具

扫码看视频

案例效果

本案例主要通过矩形选框工具、圆角矩形工具、文字工具等命令的使用制作杂志内页，效果如图7-207所示。

图 7-207

操作步骤

01 打开背景素材文件“1.jpg”，如图7-208所示。单击工具箱中的“矩形选框工具”按钮，在画面右侧绘制一个同书面一样大小的矩形选区，如图7-209所示。

图 7-208

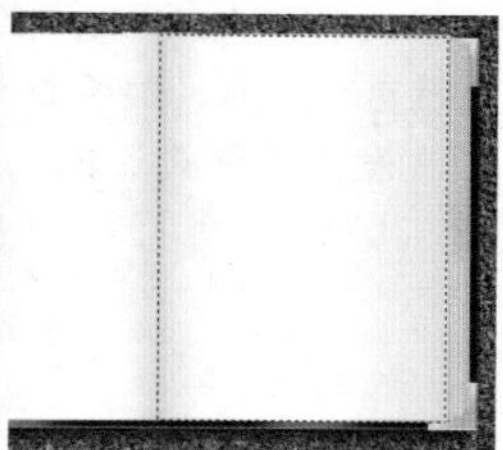
图 7-209

02 新建图层并填充白色，如图7-210所示。置入图片素材“2.jpg”，将其栅格化并调整大小及位置，如图7-211所示。

图 7-210

图 7-211

03 为了方便观察，可以降低图片的不透明度，使用矩形选框工具绘制出左侧书页大小的矩形选区，如图7-212所示。选择图片素材图层，单击“图层”面板中的“添加图层蒙版”按钮，隐藏多余部分，如图7-213所示。

图 7-212

图 7-213

04 使用矩形选框工具在选项栏上单击“添加到选区”按钮，绘制两个小的矩形选区，新建图层，填充浅灰色，如图7-214所示。用同样的方法制作横向的黑色分割线，如图7-215所示。

图 7-214

图 7-215

05 单击工具箱中的“圆角矩形工具”按钮，在选项栏中设置“工具模式”为“形状”，“填充”为蓝色，“半径”为25像素，如图7-216所示。在画面中绘制合适大小的圆角矩形，如图7-217所示。

图 7-216

图 7-217

06 执行“图层>图层样式>渐变叠加”命令，设置“不透明度”为20%，调整一种黑色到白色的渐变，如图7-218所示。选中“投影”复选框，设置“距离”为5像素，“大小”为15像素，如图7-219所示。效果如图7-220所示。

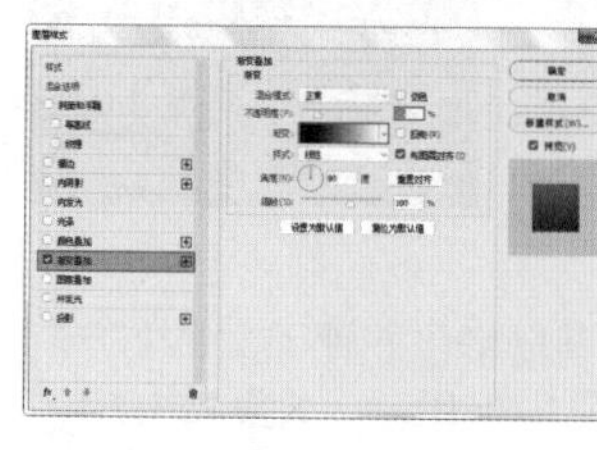
图 7-218

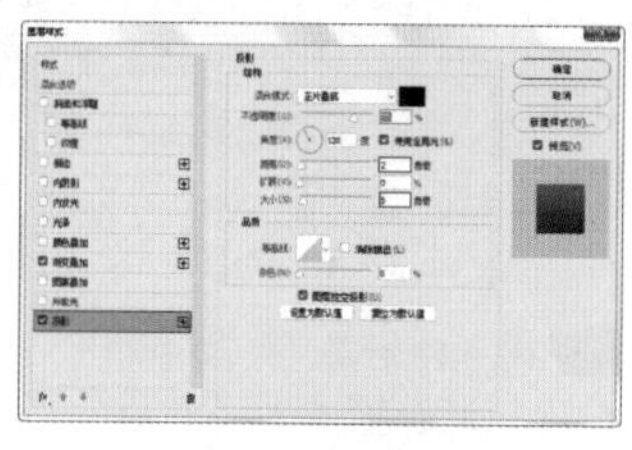
图 7-219

图 7-220

07 置入素材“3.png”，将其栅格化并调整合适的大小，将其放置在圆角矩形左上角，如图7-221所示。继续使用圆角矩形工具，在蓝色圆角矩形上绘制一个小一点的白色圆角矩形，如图7-222所示。

图 7-221

图 7-222

08 选择该图层，使用矩形选框工具在白色圆角矩形上绘制一个合适大小的矩形选框，如图7-223所示。按Delete键删除多余部分，如图7-224所示。

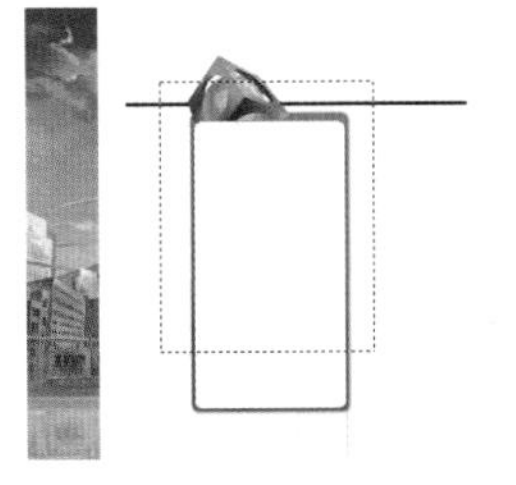

图 7-223

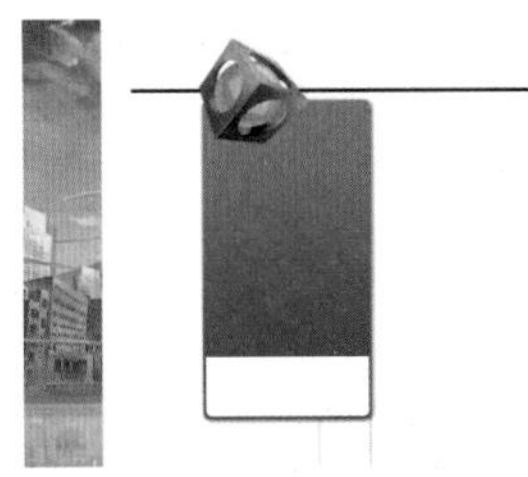

图 7-224

09 使用矩形选框工具在蓝色圆角矩形左侧绘制一个合适大小的矩形选区，新建图层并填充粉色，如图7-225所示。执行“图层>图层样式>投影”命令，设置“距离”为2像素，“大小”为5像素，如图7-226和图7-227所示。

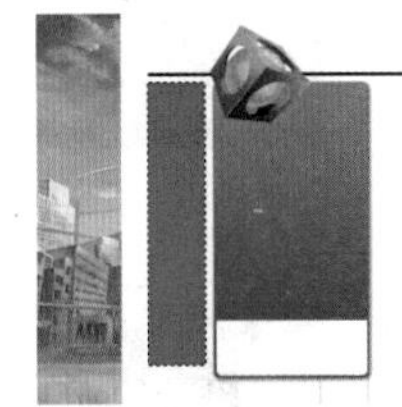

图 7-225

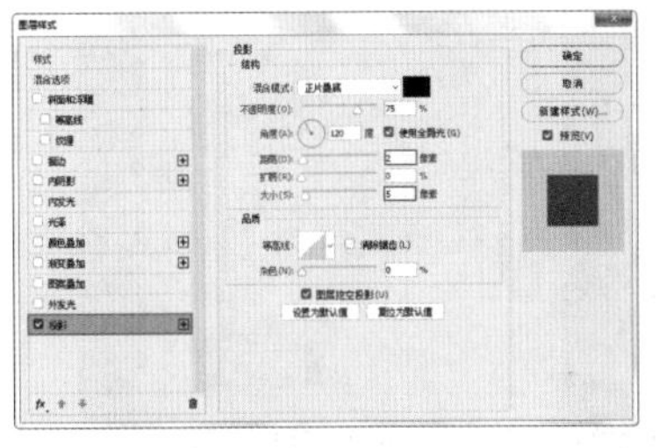

图 7-226

图 7-227

10 在粉色矩形上绘制一个小一点的矩形选框，新建图层并填充白色，如图7-228所示。设置白色矩形“不透明度”为15%，如图7-229所示。

图 7-228

图 7-229

11 继续使用圆角矩形工具在蓝色矩形右上角绘制一个小一点的圆角矩形，填充任意颜色，如图7-230所示。执行“图层>图层样式>渐变叠加”命令，设置“不透明度”为100%，调整一种黄色系渐变，“角度”为22度，如图7-231所示。

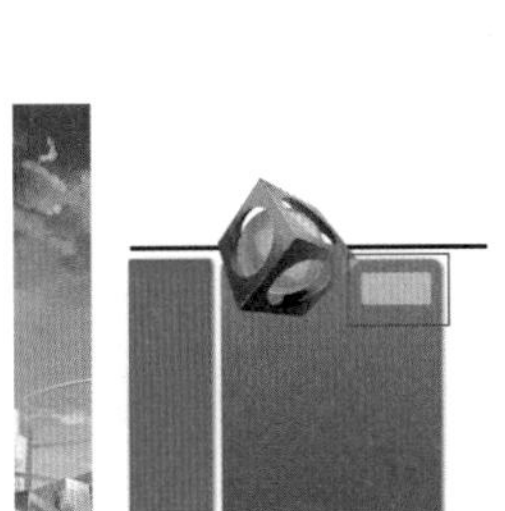

图 7-230

图 7-231

12 选中“投影”复选框，设置“距离”为2像素，“大小”为2像素，如图7-232和图7-233所示。

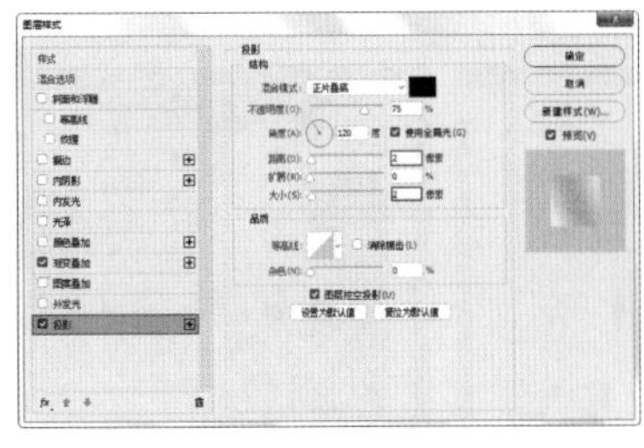

图 7-232

图 7-233

13 置入图像素材文件“4.jpg”，将其栅格化并调整合适大小，将其放置在书页右下角，如图7-234所示。置入图像素材文件“5.jpg”，将其栅格化并调整大小，将其放置在白色圆角矩形右侧，如图7-235所示。

图 7-234

图 7-235

14 单击工具箱中的“文字工具”按钮，在选项栏中设置合适的字体及大小，在粉色矩形上方单击并输入文字，如图7-236所示。

15 继续使用文字工具，在粉色矩形上按住左键并拖曳，绘制一个合适大小的文字选框，如图7-237所示。在选项栏中设置合适的大小及字体，单击选项栏中的“右对齐文本”按钮，在文字框中单击并输入文字，如图7-238所示。

图 7-236

图 7-237

图 7-238

16 用同样的方法输入其他不同颜色及字体的文字，如图7-239所示。新建图层组，命名为“平面”，将制作的书页内容放置在图层组中，如图7-240所示。

图 7-239

图 7-240

17 设置该图层组的“混合模式”为“正片叠底”，如图7-241所示。使用矩形选框工具在左侧书页上绘制一个合适大小的选区，如图7-242所示。

图 7-241

图 7-242

18 单击工具箱中的“渐变工具”按钮，在选项栏中单击渐变编辑器，在编辑器中编辑一种黑色到透明的渐变。新建图层，在选区内从左到右拖曳填充，制作书页的阴影效果，如图7-243所示。设置该渐变图层的“混合模式”为“正片叠底”，“不透明度”为50%，如图7-244所示。

图 7-243

图 7-244

19 用同样的方法在合适位置制作白色到透明的渐变，如图7-245所示。设置白色图层的“混合模式”为“柔光”，最终效果如图7-246所示。

图 7-245

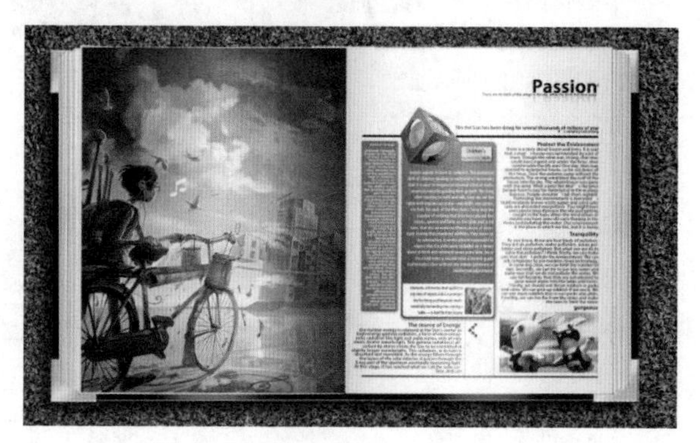

图 7-246

课后练习

扫码看视频

【课后练习——使用文字工具制作欧美风海报】

思路解析：本案例主要使用到了文字工具，通过对创建的文字进行属性与样式的更改，制作出丰富的文字海报效果。

本章小结

本章主要讲解了文字工具的使用方法，通过“字符/段落”面板更改文字属性，以及使用“文字”菜单中的命令对文字进行编辑。但是文字的应用却不仅仅局限在图像上的说明，更多的时候文字的出现是为了丰富和增强画面效果。所以这就需要我们将文字工具与其他知识相结合使用，例如文字与图层样式的结合可以制作出多种多样的特效文字，文字与矢量工具结合可以制作出变化万千的艺术字，文字与图像的结合则能够制作出丰富多彩的设计作品。

第8章

钢笔工具与矢量对象

本章内容简介：

矢量图形因其缩放数倍不会变虚的特性而被广泛使用在平面设计中，而且矢量图形所特有的视觉效果也备受追捧。比较有代表性的矢量软件有Adobe Illustrator、CorelDraw、CAD等。在Photoshop中也有两组专门用于绘制和编辑矢量对象的工具组：钢笔工具组和形状工具组。通过这两组工具的使用不仅仅可以制作矢量风格的广告，还可以为位图的设计作品添加矢量元素以增强画面美感。更重要的是钢笔工具不仅仅用于绘制矢量图形，更多的时候还被用在精确抠图中。

本章学习要点：

- 熟练掌握钢笔工具的使用方法。
- 掌握路径的操作与编辑方法。
- 掌握形状工具的使用方法。
- 掌握“路径”面板的使用方法。

8.1 矢量对象相关知识

矢量图像也称为矢量形状或矢量对象，在数学上定义为一系列由线连接的点。与位图图像不同，矢量文件中的图形元素称为矢量图像的对象，每个对象都是一个自成一体的实体，它具有颜色、形状、轮廓、大小和屏幕位置等属性，所以矢量图形与分辨率无关，任意移动或修改矢量图形都不会丢失细节或影响其清晰度。如图8-1和图8-2所示为矢量作品。

技巧提示

当调整矢量图形的大小、将矢量图形打印到任何尺寸的介质上、在PDF文件中保存矢量图形或将矢量图形置入基于矢量的图形应用程序中时，矢量图形都将保持清晰的边缘。

图 8-1

图 8-2

钢笔工具主要用于绘制不规则的图形，而形状工具则是通过选取内置的图形样式绘制较为规则的图形。在使用Photoshop中的钢笔工具和形状工具绘图前，首先要了解使用这些工具可以绘制出什么对象，也就是通常所说的绘图模式。而在了解了绘图模式之后，就需要了解路径与锚点之间的关系，因为在使用钢笔工具等矢量工具绘图时，基本上都会涉及它们。

8.1.1 了解绘图模式

Photoshop的矢量绘图工具包括钢笔工具和形状工具。在使用钢笔工具和形状工具绘图前首先要在工具选项栏中选择合适的绘图模式，在选项栏中单击“绘图模式”按钮，在弹出的菜单中可以看到形状、路径和像素3种类型，如图8-3所示。不同的绘制模式需要设置的内容不同，例如“形状”模式需要设置填充以及描边的内容，“路径”则无须设置，而“像素”只需要设置前景色即可。分别使用这3种绘图模式绘制的效果如图8-4所示。

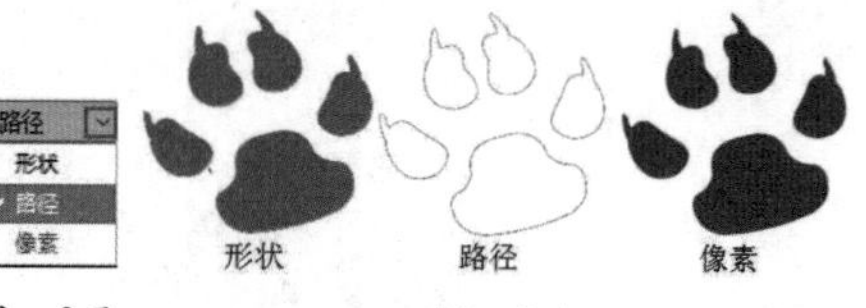

图 8-3　　图 8-4

- **形状**：使用该模式可以创建出带有矢量路径以及填充描边属性的“形状”图层。
- **路径**：路径是由线段和锚点组成的，锚点标记路径上每一条线段的两个端点，锚点可以控制曲线。在曲线段上，每个选中的锚点显示一条或两条方向线，方向线以方向点结束。
- **像素**：使用当前设置的形状工具类型在画面中绘制出像素图像，而不包含矢量路径。

创建形状

01 在工具箱中单击“自定义形状工具”按钮，然后设置绘制模式为“形状”后，可以在选项栏中单击填充或描边，在弹出的窗口中设置渐变或填充的类型，可以从“无颜色”“纯色”“渐变”和“图案”4个类型中选择一种。然后单击按钮，在弹出的“描边选项”对话框中设置形状描边的类型，也可以单击“描边选项”对话框底部的“更多选项”按钮，在弹出的“描边”对话框中进行进一步的设置，如图8-5所示。

02 设置了合适的选项后，在画布中进行拖曳即可出现形状，此时在“图层”面板中出现一个形状图层，在“路径”面板中显示了这一形状的路径，如图8-6所示。

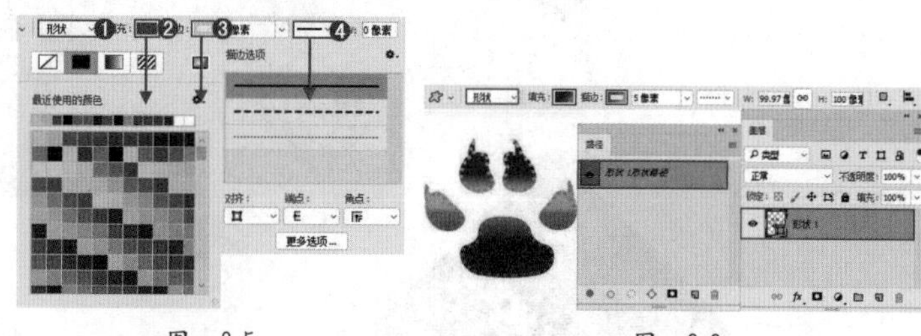

图 8-5　　图 8-6

技巧提示

在“描边选项”对话框中可以选择预设的描边类型，还可以对描边的对齐方式、端点类型以及角点类型进行设置，如图8-7所示。单击“更多选项”按钮，在弹出的“描边”对话框中创建新的描边类型，如图8-8所示。

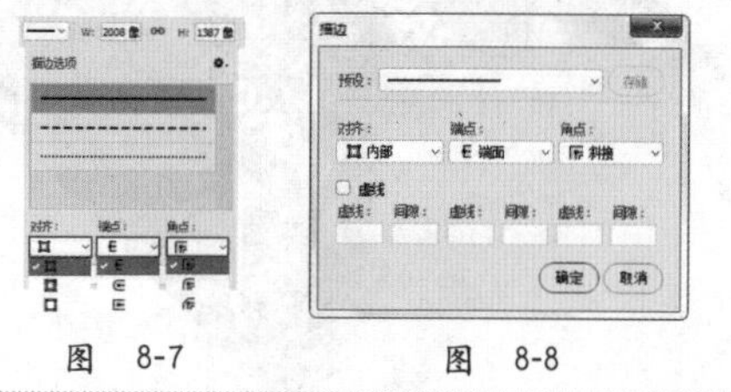

图 8-7　　图 8-8

创建路径

单击工具箱中的形状工具，然后在选项栏中选择“路径”选项，可以创建工作路径。工作路径不会出现在“图层”面板中，只出现在“路径”面板中。绘制完毕后可以在选项栏中快速地将路径转换为选区、蒙版或形状，如图8-9所示。

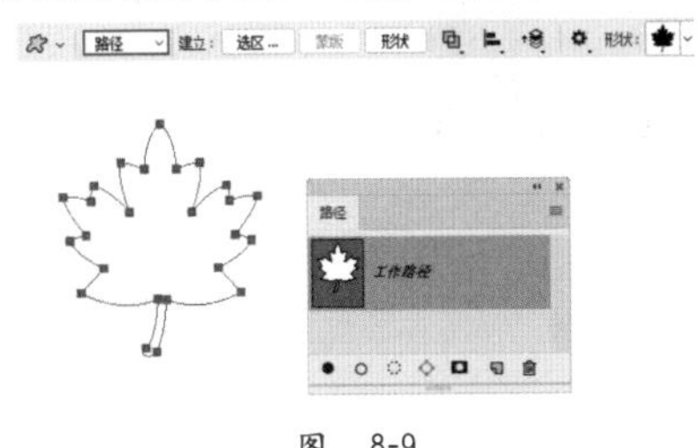

图 8-9

创建像素

在使用形状工具的状态下可以选择“像素”方式，在选项栏中设置绘制模式为“像素”，设置合适的混合模式与不透明度。这种绘图模式会以当前前景色在所选图层中进行绘制，如图8-10所示。

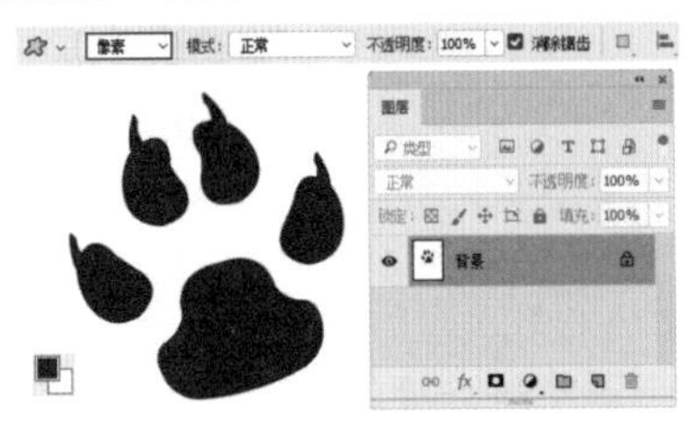

图 8-10

8.1.2 认识路径与锚点

在矢量工具的3种绘制模式中，“路径”模式与“形状”模式绘制出的对象都包含矢量路径，那么路径是什么呢？路径上的点又是什么呢？如图8-11所示。

路径

路径是一种轮廓，虽然路径不包含像素，但是可以使用颜色填充或描边路径。路径可以作为矢量蒙版来控制图层的显示区域。为了方便随时使用，可以将路径保存在“路径”面板中，并且路径可以转换为选区。

路径可以使用钢笔工具和形状工具来绘制，绘制的路径可以是开放式、闭合式和复合式，如图8-12所示。

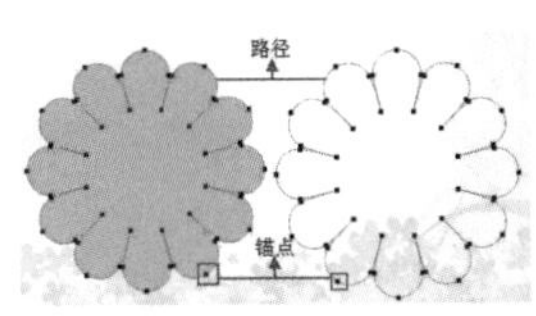

图 8-11

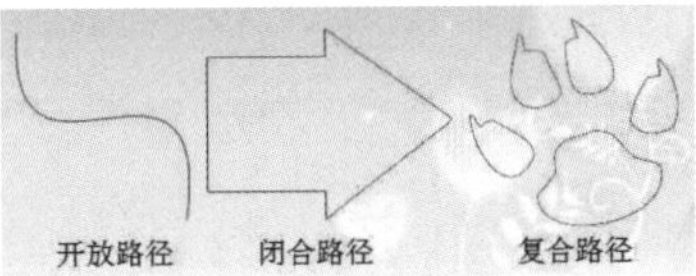

图 8-12

锚点

路径由一个或多个直线段或曲线段组成，锚点标记路径段的端点。在曲线段上，每个选中的锚点显示一条或两条方向线，方向线以方向点结束，方向线和方向点的位置共同决定了曲线段的大小和形状（A：曲线段，B：方向点，C：方向线，D：选中的锚点，E：未选中的锚点），如图8-13所示。

锚点分为平滑点和角点两种类型。由平滑点连接的路径段可以形成平滑的曲线，如图8-14所示；由角点连接起来的路径段可以形成直线或转折曲线，如图8-15所示。

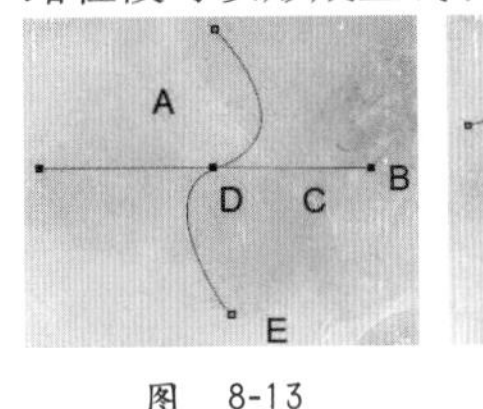

图 8-13

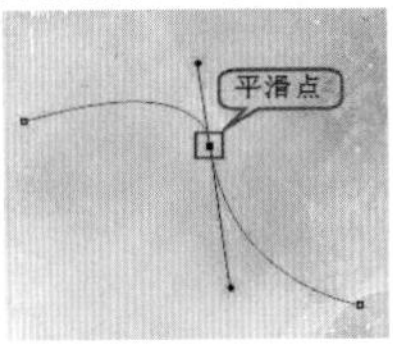

图 8-14

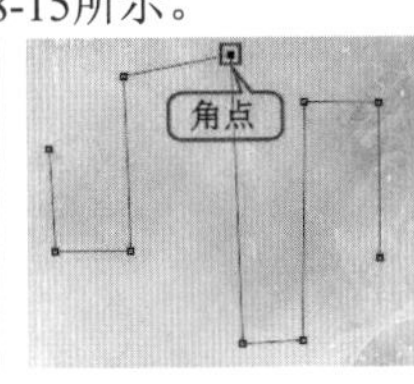

图 8-15

8.1.3 路径与抠图

钢笔工具作为矢量工具可以绘制出矢量的路径，如图8-16所示。而路径可以转换成选区，如图8-17所示。得到选区后即可将主体分离出来，如图8-18所示。也就是说钢笔工具可以间接地制作选区，这也就达到了抠图的目的。

图 8-16

图 8-17

图 8-18

8.2 使用钢笔工具绘制矢量对象

在Photoshop中有两种钢笔工具，即钢笔工具和自由钢笔工具，都位于钢笔工具组中。右击钢笔工具组按钮，在弹出的菜单中可以看到这两个工具，如图8-19所示。另外，从自由钢笔工具还能够延伸出磁性钢笔工具，常用于抠图合成中。如图8-20和图8-21所示为使用钢笔工具制作的作品。

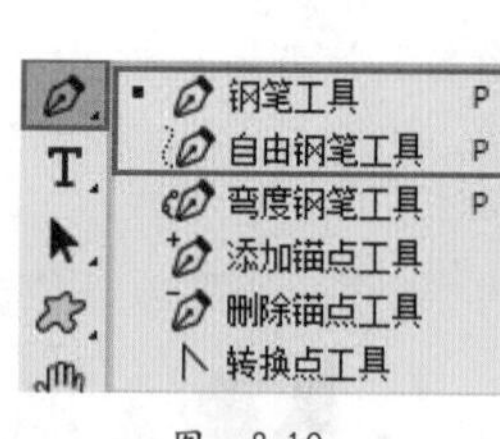

图 8-19

图 8-20

图 8-21

8.2.1 钢笔工具

● 视频精讲：Photoshop 新手学视频精讲课堂/使用钢笔工具.mp4

● 技术速查：使用钢笔工具可以绘制任意形状的直线或曲线路径。

钢笔工具是最基本、最常用的路径绘制工具，钢笔工具的使用方法非常简单，在画面中单击即可创建锚点，再次单击创建出第二个锚点，两点之间即可出现路径。在选项栏中可以看到钢笔工具智能绘制出“形状”与“路径”两种类型的对象，其选项栏如图8-22所示。另外，钢笔工具的选项栏中有一个“橡皮带”选项，选中该复选框后，可以在绘制路径的同时观察到路径的走向。

图 8-22

8.2.2 动手学：使用钢笔工具绘制直线路径

01 单击工具箱中的“钢笔工具”按钮，然后在选项栏中单击“路径”按钮，将光标移至画面中，单击可创建一个锚点，如图8-23所示。

02 松开鼠标，将光标移至下一处位置，单击创建第2个锚点，两个锚点会连接成一条由角点定义的直线路径，如图8-24所示。继续绘制出第3个点，如图8-25所示。

03 将光标放在路径的起点时光标会变为，单击即可得到闭合路径，如图8-26所示。如果要结束一段开放式路径的绘制，可以按住Ctrl键并在画面的空白处单击，单击其他工具，或者按Esc键也可以结束路径的绘制，如图8-27所示。

按住Shift键可以绘制水平、垂直或以45°角为增量的直线。

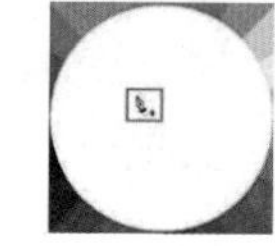

图 8-23

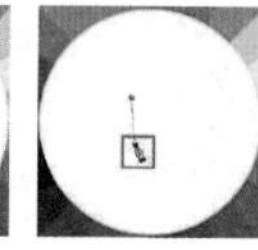

图 8-24

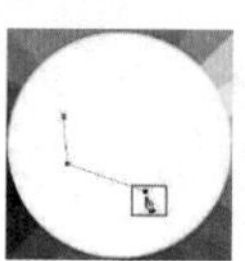

图 8-25

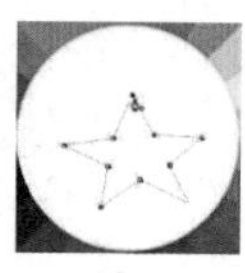

图 8-26

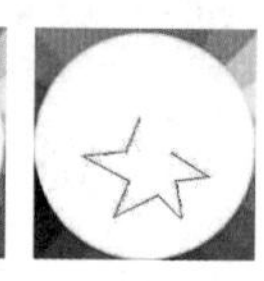

图 8-27

8.2.3 动手学：使用钢笔工具绘制曲线路径

01 单击工具箱中的“钢笔工具”按钮，然后在选项栏中单击“路径”按钮，接着在画布中单击创建出第一个锚点，然后将光标移动到另外的位置按住鼠标左键并拖曳光标即可创建一个平滑点，如图8-28所示。

02 将光标放置在下一个位置，再次按住鼠标左键并拖曳光标创建第2个平滑点，注意要控制好曲线的走向，如图8-29所示。继续绘制出其他的平滑点，如图8-30所示。

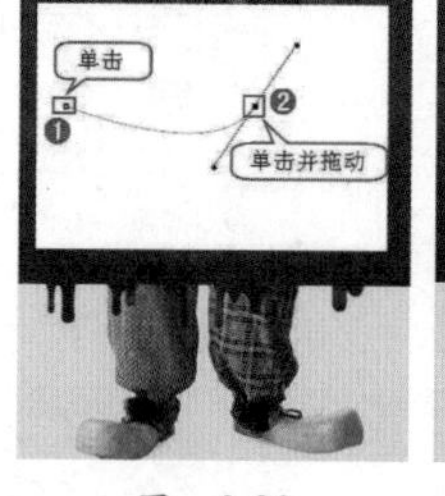

图 8-28

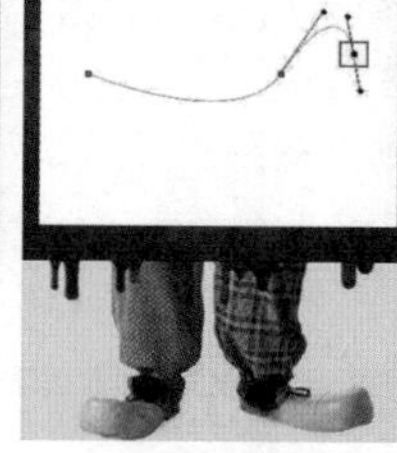

图 8-29

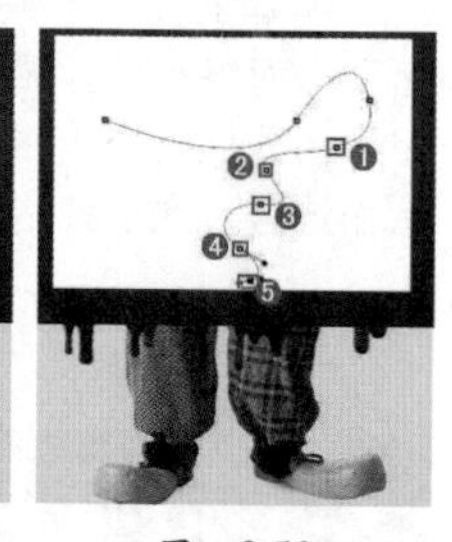

图 8-30

初次使用钢笔工具绘制曲线路径时可能很难控制绘制曲线的走向，如果绘制的曲线与预期不符，或创建的锚点为尖角的点，可以通过使用转换锚点工具以及直接选择工具进行路径形态的调整。

★ 案例实战——城市主题设计感招贴

案例文件	案例文件\第8章\城市主题设计感招贴.psd
视频教学	视频文件\第8章\城市主题设计感招贴.mp4
难易指数	★★★★★
技术要点	钢笔工具、形状、文字工具

扫码看视频

案例效果

本案例主要使用钢笔工具、形状工具和文字工具等制作城市主题设计感招贴，如图8-31所示。

操作步骤

01 打开素材文件“1.jpg”，如图8-32所示。

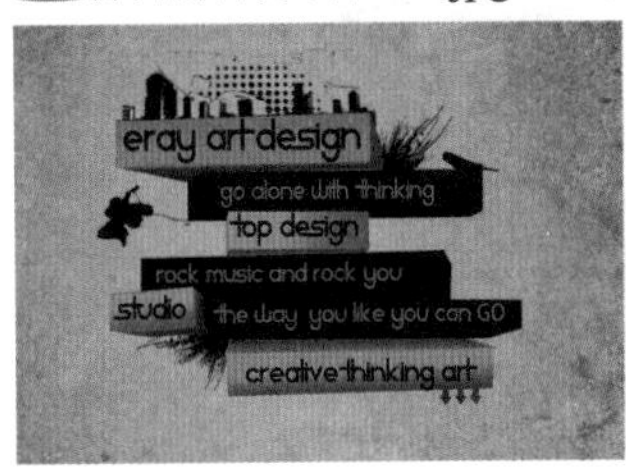

图　8-31

图　8-32

02 单击工具箱中的“钢笔工具”按钮，在选项栏中设置绘制模式为“形状”，设置填充类型为渐变，编辑一种粉色系渐变，设置描边颜色为深一些的粉色，设置描边宽度为1点，如图8-33所示。

03 在画面中绘制一个四边形，如图8-34所示。

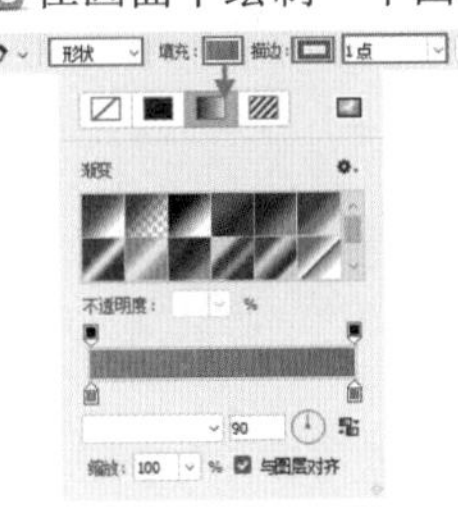

图　8-33

图　8-34

04 用同样的方法再次使用钢笔工具在底部绘制多边形形状，设置合适的填充色以及描边颜色，如图8-35所示。

05 继续在侧面绘制形状，设置填充颜色为紫红色，此时一个立方体绘制完成，如图8-36所示。

图　8-35

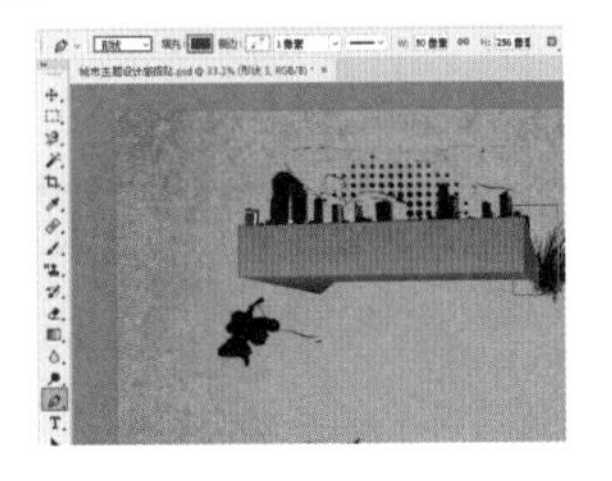

图　8-36

06 用同样的方法制作其他的立方体，效果如图8-37所示。

07 继续使用钢笔工具，在选项栏中设置填充颜色为黑色，在画面中绘制黑色区域，如图8-38所示。

图　8-37

图　8-38

技巧提示

如果想要使绘制的两部分作为一个形状图层，那么就需要在绘制第二部分之前在选项栏中设置绘制模式为“合并形状”，如图8-39所示。

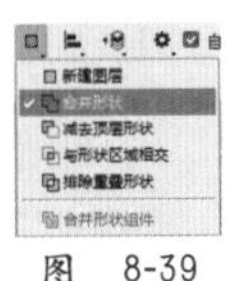

图　8-39

08 使用横排文字工具在画面中合适的位置单击输入文字，效果如图8-40所示。

图　8-40

答疑解惑：矢量图像主要应用在哪些领域？

矢量图像在设计中应用得比较广泛。例如，常见的室外大型喷绘，为了保证放大数倍后的喷绘质量，又需要在设备能够承受的尺寸内进行制作，所以使用矢量软件进行制作非常合适。另一种是网络中比较常见的Flash动画，因其独特的视觉效果以及较小的空间占用量而广受欢迎。矢量图像的每一点都有自己的属性，因此放大后不会失真，而位图由于受到像素的限制，因此放大后会失真模糊。

8.2.4 自由钢笔工具

● 视频精讲：Photoshop 新手学视频精讲课堂/自由钢笔工具的使用.mp4

● 技术速查：使用自由钢笔工具可以绘制出比较随意的路径以及矢量形状。

单击工具箱中的“自由钢笔工具”按钮，在路径的起点处按住鼠标左键并拖动光标，光标移动经过的路径将自动添加锚点。无须确定锚点的位置，就像用铅笔在纸上随意地绘图一样，完成路径后可进一步对其进行调整，如图8-41所示。

单击控制栏中的按钮，在下拉菜单中可以设置“曲线拟合”的控制参数，该数值越高，创建的路径锚点越少，路径越简单，如图8-42所示为曲线拟合数值为10像素；该数值越低，创建的路径锚点越多，路径细节越多，如图8-43所示为曲线拟合数值为1像素。

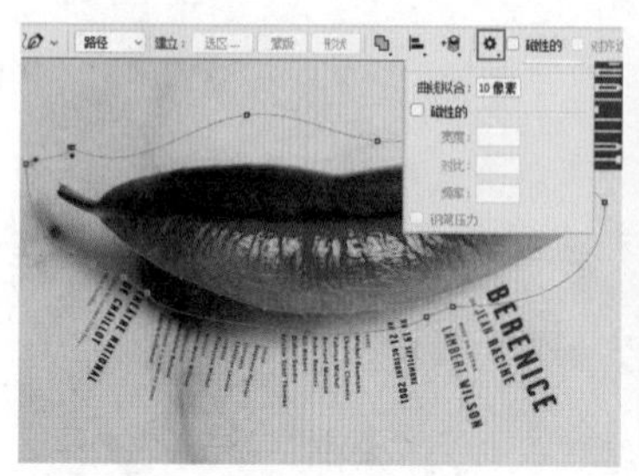
图 8-41

图 8-42

图 8-43

8.2.5 磁性钢笔工具

● 技术速查：磁性钢笔工具可以自动识别颜色差异并创建路径，常用于抠图操作中。

在自由钢笔工具的选项栏中有一个“磁性的”复选框，选中该复选框将切换为磁性钢笔工具。使用磁性钢笔工具在起点处单击，然后移动光标，随着光标的移动，光标会沿着不同颜色之间的交接处自动创建锚点，使用该工具可以像使用磁性套索工具一样快速勾勒出对象轮廓的路径，如图8-44所示。

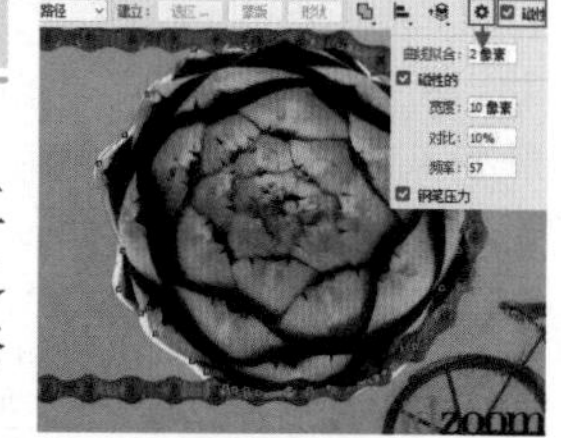
图 8-44

☆ 视频课堂——使用钢笔工具抠图合成

案例文件\第8章\视频课堂——使用钢笔工具抠图合成.psd
视频文件\第8章\视频课堂——使用钢笔工具抠图合成.mp4

思路解析：

01 打开人像素材，使用钢笔工具绘制需要保留的人像部分的路径。

02 将路径转换为选区。

03 以人像选区为人像图层添加图层蒙版，使背景隐藏。

04 置入新的前景背景素材。

扫码看视频

8.2.6 弯度钢笔工具

使用弯度钢笔工具能够更加方便地绘制出平滑、精准的曲线路径。

01 单击工具箱中的“弯度钢笔工具”，然后在画面中单击，如图8-45所示。接着移动到下一个位置单击，如图8-46所示。

图 8-45

图 8-46

❷ 移动光标位置（无须按住鼠标左键），此时会显示一段曲线，如图8-47所示。在曲线形态调整完成后，单击即可完成这段曲线的绘制，如图8-48所示。

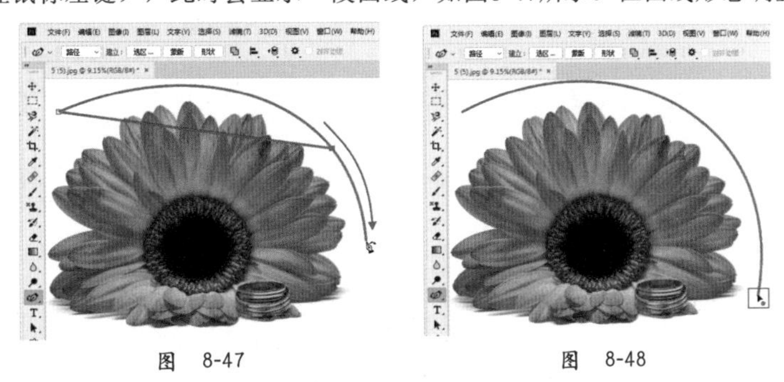

图　8-47　　　　图　8-48

❸ 继续通过单击、移动光标位置绘制曲线，如果要绘制一段开放的路径，可以按一下Esc 键终止路径的绘制，如图8-49和图8-50所示。

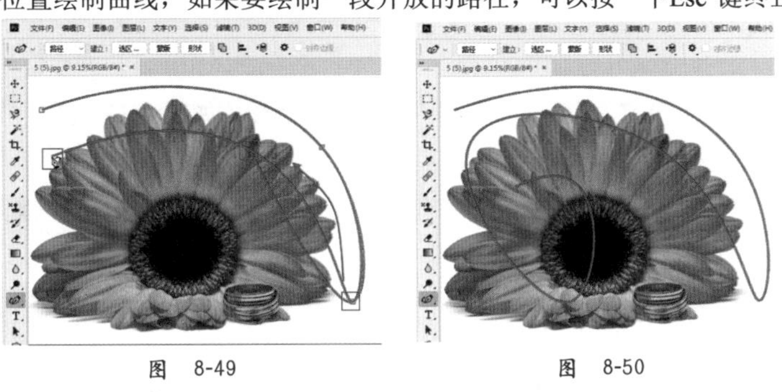

图　8-49　　　　图　8-50

❹ 使用弯度钢笔工具绘制曲线的过程中，在锚点处按住Alt键单击，即可绘制角点，如图8-51所示。在光标锚点处，按住鼠标左键拖曳可以移动锚点的位置，如图8-52和图8-53所示。单击一个锚点，按Delete键即可将其删除。

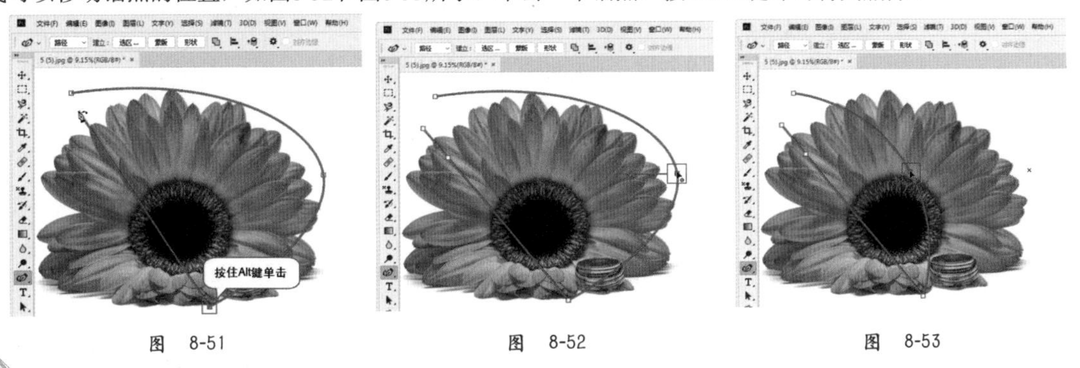

图　8-51　　　　图　8-52　　　　图　8-53

8.3 路径形状编辑

创建了路径之后，如果对创建出的路线形态不满意，则可以通过使用“路径选择工具”、“直接选择工具”、“添加锚点工具”、“删除锚点工具”以及“转换点工具”进行调整。如图8-54和图8-55所示为使用路径形状工具制作的作品。

图　8-54　　　　图　8-55

8.3.1 使用路径选择工具选择并移动路径

- 技术速查：想要移动图像内容可以使用工具箱中的移动工具，而想要选择或移动矢量路径对象则需要使用工具箱中的路径选择工具。

使用路径选择工具单击路径上的任意位置可以选择单个的路径，如图8-56所示。按住Shift键单击可以选择多个路径，如图8-57所示。

选中某个路径后，按住鼠标左键并拖动即可移动路径，如图8-58和图8-59所示。如果移动时按住Alt键可实现移动复制，如图8-60所示。

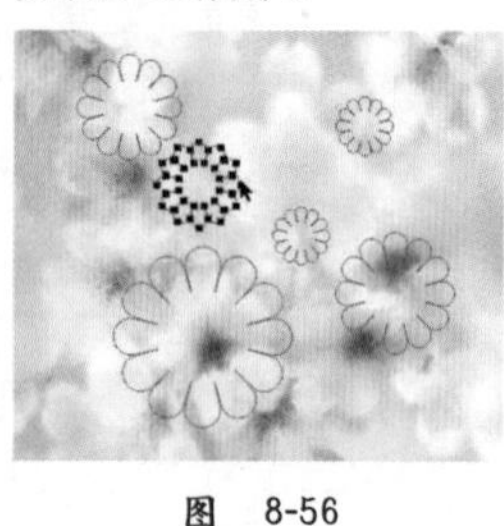
图 8-56

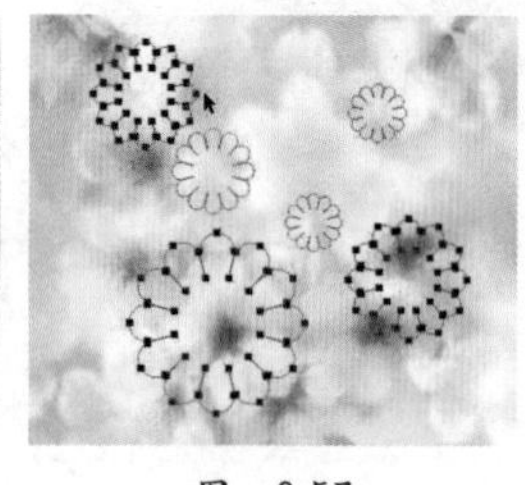
图 8-57

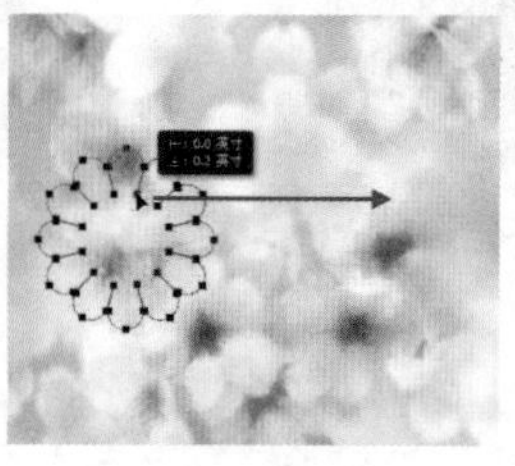
图 8-58

图 8-59

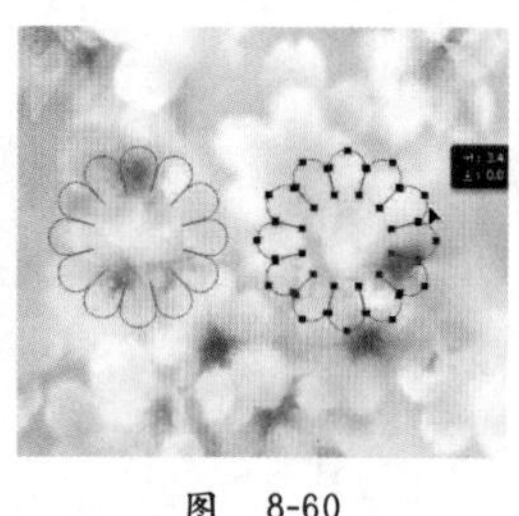
图 8-60

还可以通过路径选择工具的选项来组合、对齐和分布路径。其选项栏如图8-61所示。

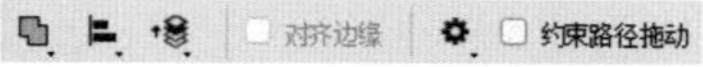

对齐边缘　约束路径拖动

图 8-61

- 路径操作：选择两个或多个路径时，在工具选项栏中单击“运算”按钮，会产生相应的交叉结果。
- 路径对齐方式：设置路径对齐与分布的选项。
- 路径排列方式：设置路径的层级排列关系。

> 技巧提示
>
> 使用路径选择工具时，按住Ctrl键可以将当前工具转换为直接选择工具。

8.3.2 使用直接选择工具选择并移动锚点

- 技术速查：直接选择工具用来选择路径上的单个或多个锚点，可以移动锚点或调整方向线。

使用直接选择工具单击可以选中其中某一个锚点，如图8-62所示。框选可以选中多个锚点，如图8-63所示。按住Shift键单击可以选择多个锚点，如图8-64所示。

在选中一个锚点或方向线时按住鼠标左键并拖动光标即可调整锚点或方向线的位置，从而达到调整对象形态的目的，如图8-65和图8-66所示。

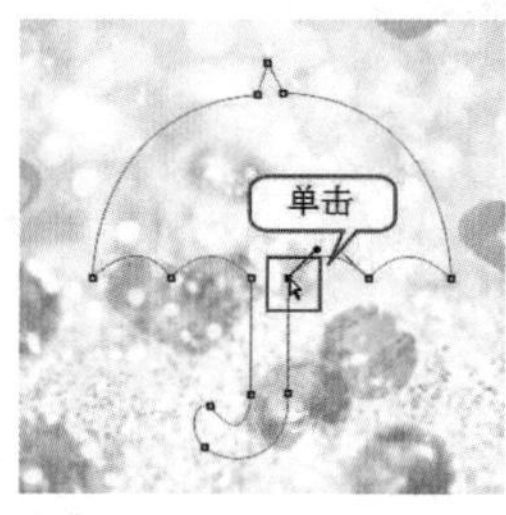

图 8-62

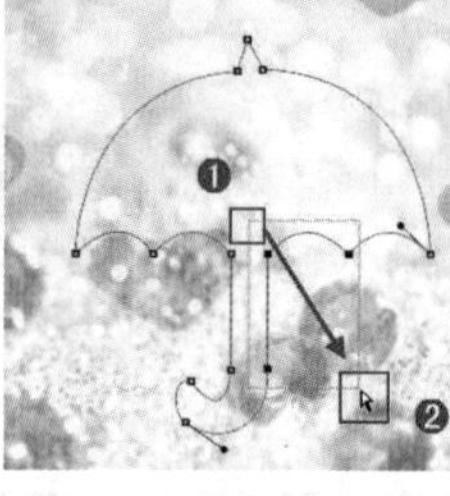
图 8-63

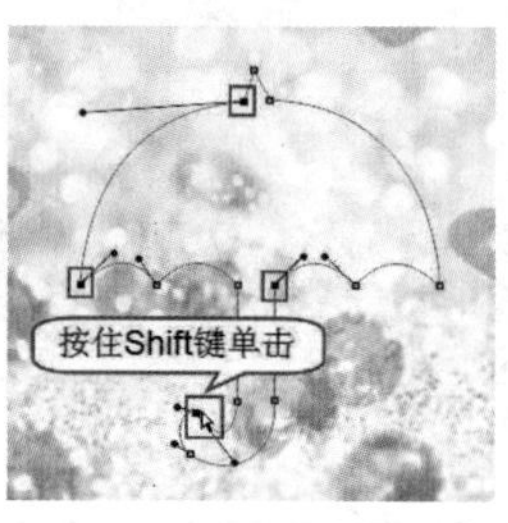

图 8-64

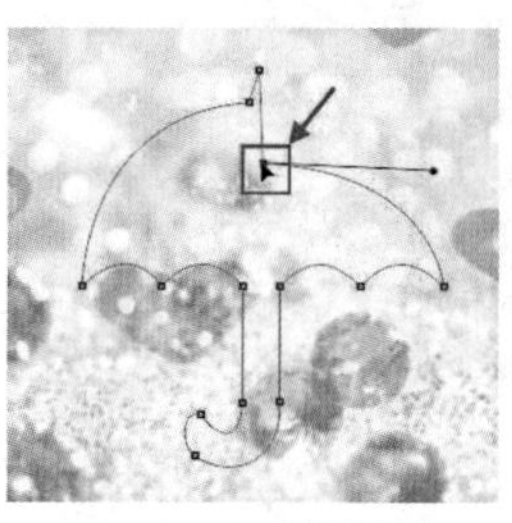
图 8-65

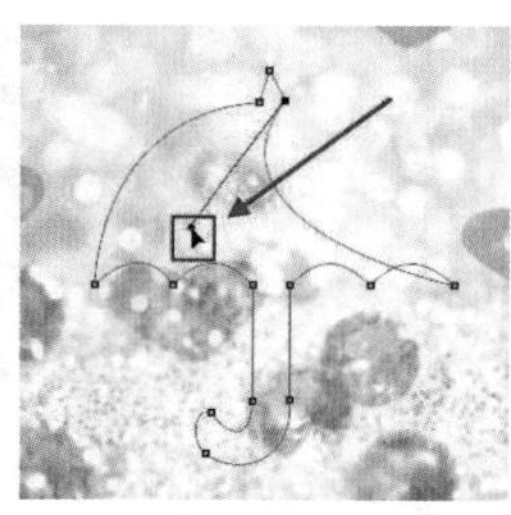
图 8-66

> 技巧提示
>
> 使用直接选择工具时，按住Ctrl键并单击可以将当前工具转换为路径选择工具。

8.3.3 在路径上添加锚点工具

当路径上的锚点数量不足时，经常会造成路径细节度不够而无法进行进一步编辑。使用钢笔工具组中的添加锚点工具可以直接在路径上单击以添加新的锚点。在使用钢笔工具的状态下，将光标放在路径上，光标变成形状，在路径上单击也可添加一个锚点，如图8-67和图8-68所示。

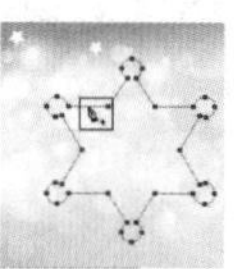
图 8-67

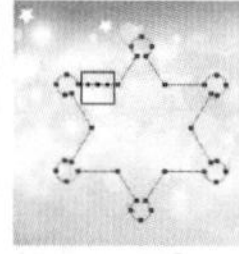
图 8-68

8.3.4 在路径上删除锚点工具

使用删除锚点工具可以删除路径上的锚点。将光标放在锚点上，当光标变成-形状时，单击即可删除锚点。如图8-69所示，锚点被删除后路径会发生变化，如图8-70所示。在使用钢笔工具的状态下直接将光标移动到锚点上，光标也会变为-形状。

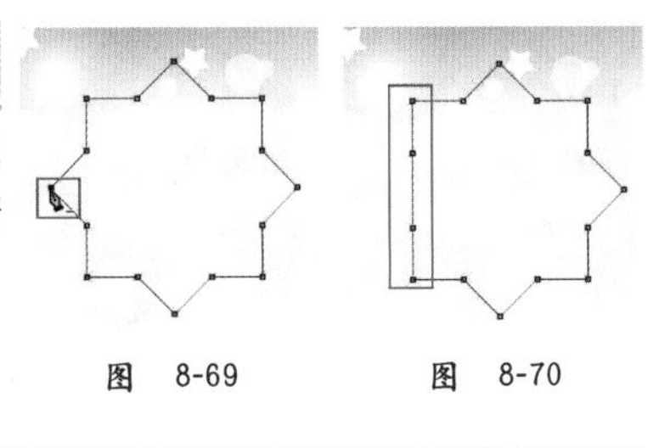

图 8-69　　图 8-70

8.3.5 动手学：使用转换点工具调整路径弧度

● 技术速查：使用转换点工具可以转换锚点的类型。

01 使用转换点工具在角点上按住鼠标左键并拖动，可以将角点转换为平滑点，如图8-71和图8-72所示。

02 使用转换点工具在平滑点上单击，可以将平滑点转换为角点，如图8-73和图8-74所示。

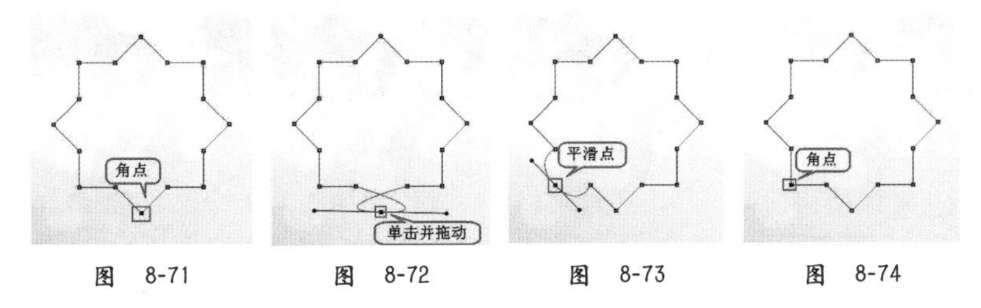

图 8-71　　图 8-72　　图 8-73　　图 8-74

★ 案例实战——使用钢笔工具制作质感按钮

实例文件	案例文件\第8章\使用钢笔工具制作质感按钮.psd
视频教学	视频文件\第8章\使用钢笔工具制作质感按钮.mp4
难易指数	★★★★★
技术要点	钢笔工具的使用

扫码看视频

案例效果

本案例主要使用钢笔工具制作质感按钮，效果如图8-75所示。

图 8-75

操作步骤

01 新建文件，执行“文件>新建”命令，设置“宽度”为3500像素，“高度”为2400像素，如图8-76所示。单击工具箱中的“渐变填充工具”按钮，设置一种由浅蓝到深蓝色的渐变，单击选项栏中的“径向渐变”按钮，在画面中进行拖曳填充，如图8-77所示。

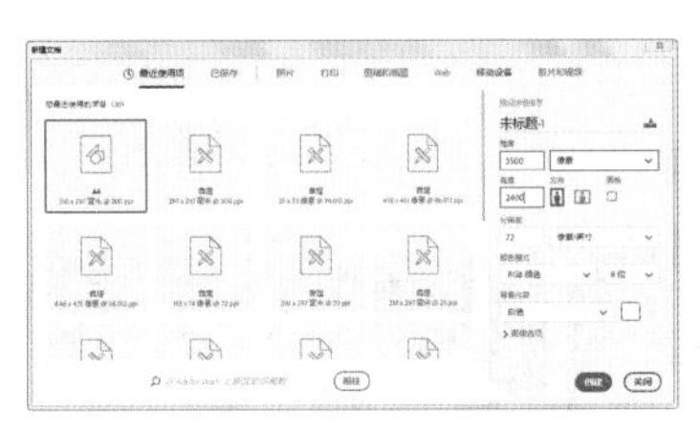

图 8-76

图 8-77

02 单击工具箱中的“钢笔工具”按钮，在选项栏中设置绘制模式为“形状”，填充类型为渐变，编辑一种橙色系的渐变，设置“描边”为无，然后将光标定位到画面中，从起点处单击创建锚点，接着依次在其他位置单击创建多个锚点，最后将光标定位到起点处，封闭路径，如图8-78所示。

03 调整按钮的形状，单击工具箱中的“转换点工具”按钮，在尖角的点上按住鼠标左键进行拖动，使其变为圆角的点，如图8-79所示。用同样的方法处理另外一侧的锚点，如图8-80所示。继续处理其他位置的锚点，此时按钮的形状变得非常圆润，如图8-81所示。

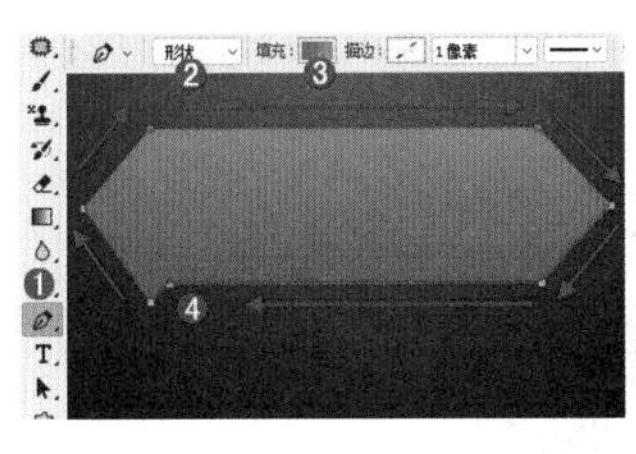

图 8-78　　图 8-79

图 8-80

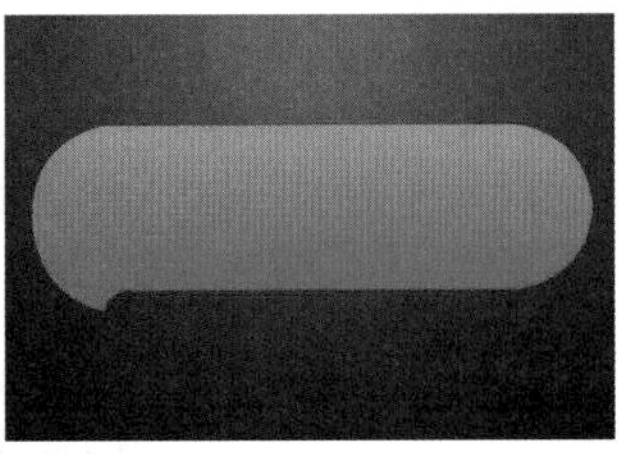

图 8-81

04 执行“文件>置入嵌入对象”命令，置入条纹图案素材文件“1.png”。将其栅格化并摆放在按钮的上方，在“图层”面板中右击该图层，在弹出的快捷菜单中执行“创建剪贴蒙版”命令，如图8-82所示。此时按钮表面呈现出条纹效果，如图8-83所示。

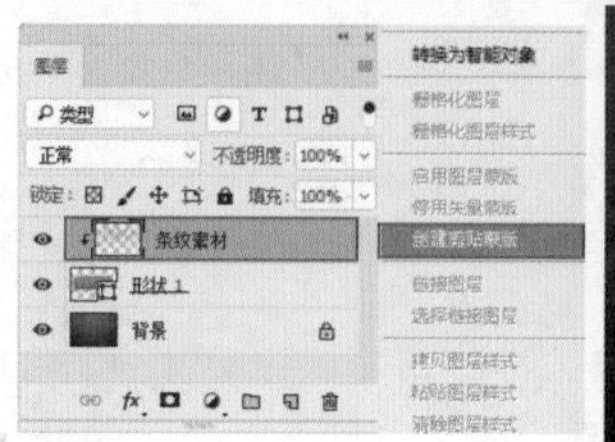

图 8-82

图 8-83

05 继续使用钢笔工具，在选项栏中设置绘制模式为“路径”，在按钮下方绘制一个合适形状的闭合路径，如图8-84所示。按Ctrl+Enter快捷键将路径转换为选区，新建图层，为选区填充橙色，如图8-85所示。

图 8-84

图 8-85

06 按住Ctrl键单击按钮图层“形状1”的缩览图，载入按钮选区。新建图层“高光1”，对选区进行适当缩放后填充为白色。然后使用椭圆选区工具绘制椭圆选区，如图8-86所示。按Delete键删除选区内的部分，如图8-87所示。

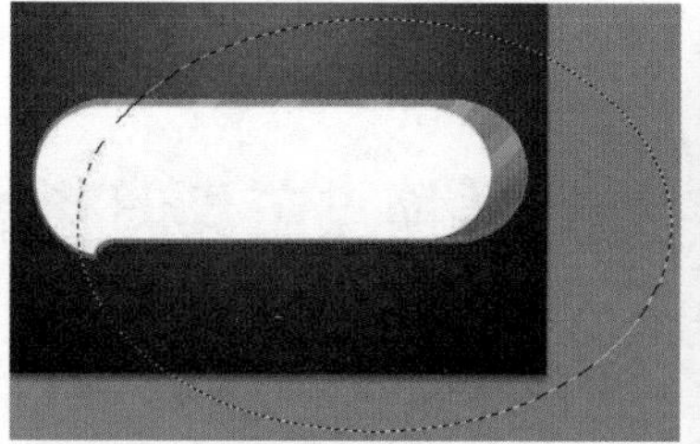

图 8-86

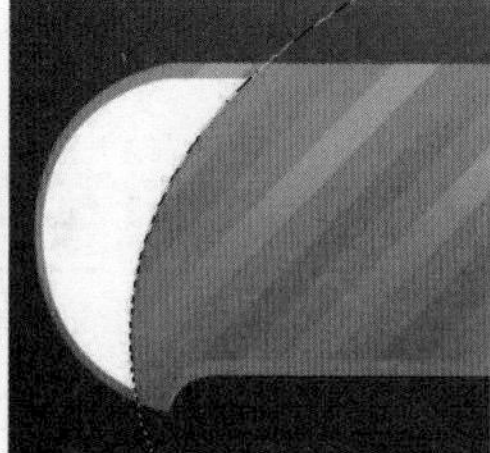

图 8-87

07 继续使用柔角橡皮擦工具擦除顶部区域，如图8-88所示。设置“不透明度”为35%，效果如图8-89所示。

图 8-88

图 8-89

08 用同样的方法制作其他部分的光泽效果，如图8-90所示。

09 单击工具箱中的“文字工具”按钮T，设置合适的字体及大小，在按钮上输入白色的文字，如图8-91所示。执行“图层>图层样式>斜面和浮雕”命令，设置“大小”为10像素，“角度”为－42度，设置阴影的“不透明度”为25%，如图8-92和图8-93所示。

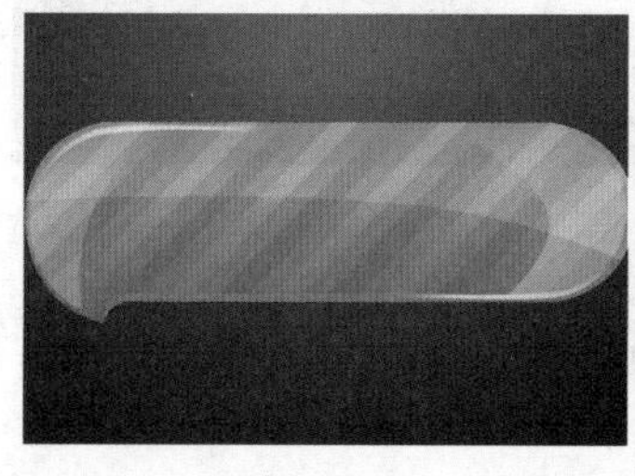

图 8-90

图 8-91

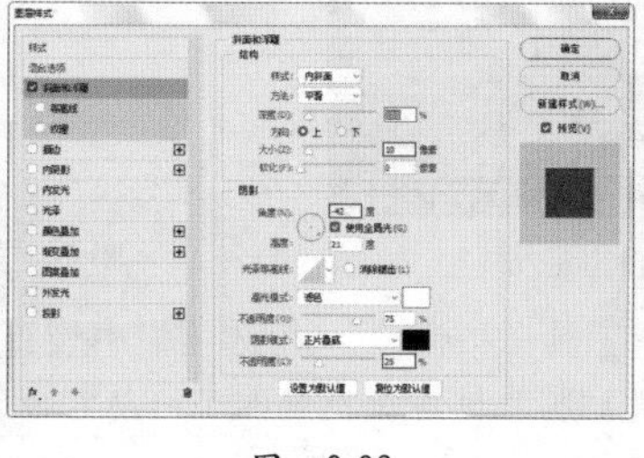

图 8-92

图 8-93

10 新建图层“丝带”，继续使用钢笔工具在按钮右侧绘制丝带的闭合路径，右击，在弹出的快捷菜单中执行“建立选区”命令，将其填充为白色，如图8-94所示。设置“丝带”图层的“不透明度”为35%，如图8-95所示。

11 载入“丝带”图层选区，右击，在弹出的快捷菜单中执行“羽化”命令，设置“羽化”为20像素，如图8-96所示。新建图层“阴影”，为选区填充灰色并放置在白色图层下，如图8-97所示。设置“阴影”图层的“不透明度”为10%，完成阴影效果的制作，如图8-98所示。

图 8-94

图 8-95

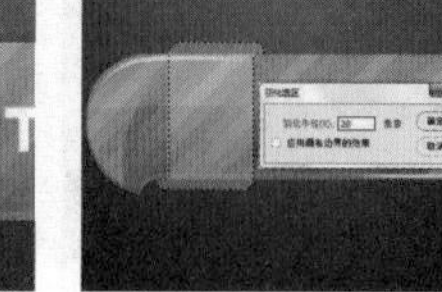

图 8-96

图 8-97

图 8-98

12 新建图层“高光”，使用较小的白色柔边圆画笔在丝带周围绘制白色光泽，如图8-99所示。

13 新建图层“暗面”，使用钢笔工具在丝带右上方绘制一个阴影的闭合路径，建立选区后填充黑色，如图8-100所示。设置“暗面”图层的“不透明度”为40%，添加图层蒙版，隐藏多余部分，完成阴影效果的制作，如图8-101所示。用同样的方法制作出左下角的阴影效果，如图8-102所示。

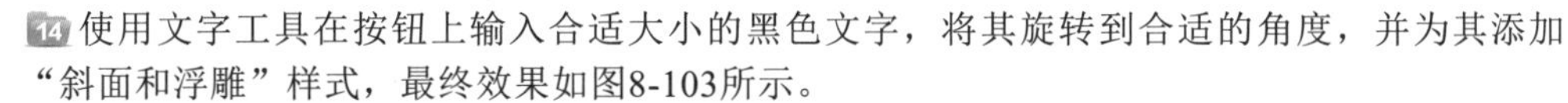
14 使用文字工具在按钮上输入合适大小的黑色文字，将其旋转到合适的角度，并为其添加“斜面和浮雕”样式，最终效果如图8-103所示。

图 8-99

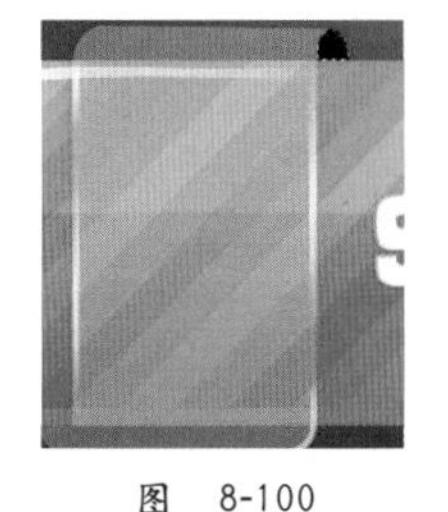
图 8-100

图 8-101

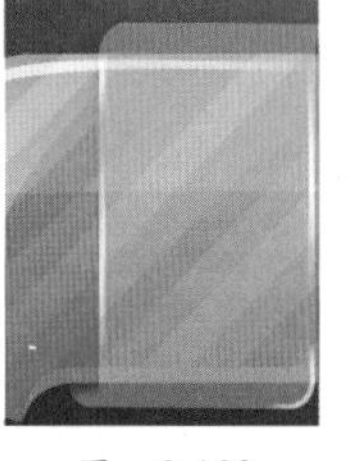
图 8-102

图 8-103

8.4 矢量对象的基本操作

路径对象作为矢量对象也可以进行“排列”“对齐”和“分布”等常规的操作，还可以进行路径之间的“运算”，也可以将路径定义为“自定义形状”以便于随时调用。另外，作为抠图的重要手段之一的“钢笔路径抠图法”，路径与选区之间也有着密不可分的关系。如图8-104和图8-105所示为可以使用矢量工具制作的作品。

图 8-104

图 8-105

8.4.1 使用“路径”面板管理路径

- 技术速查：“路径”面板主要用来存储、管理以及调用路径，在面板中显示了存储的所有路径、工作路径和矢量蒙版的名称和缩览图。

执行“窗口>路径”命令，打开“路径”面板，其面板菜单如图8-106所示。

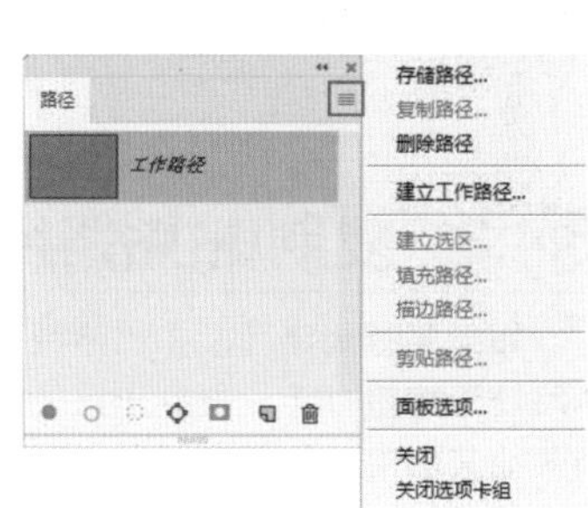

图 8-106

- 用前景色填充路径●：单击该按钮，可以用前景色填充路径区域。
- 用画笔描边路径○：单击该按钮，可以用设置好的画笔工具对路径进行描边。
- 将路径作为选区载入：单击该按钮，可以将路径转换为选区。
- 从选区生成工作路径：如果当前文档中存在选区，单击该按钮，可以将选区转换为工作路径。
- 添加图层蒙版：单击该按钮，即可以当前选区为图层添加图层蒙版。
- 创建新路径：单击该按钮，可以创建一个新的路径。按住Alt键的同时单击“创建新路径”按钮，可以弹出“新建路径”对话框，并进行名称的设置。拖曳需要复制的路径到“路径”面板下的“创建新路径”按钮上，可以复制出路径的副本。
- 删除当前路径：将路径拖曳到该按钮上，可以将其删除。

8.4.2 动手学：路径与选区的相互转换

将路径转换为选区有以下几种方式：

01 当绘制模式为“路径”时，在选项栏上单击“路径”按钮，或者在路径上右击，在弹出的快捷菜单中执行“建立选区”命令，如图8-107所示，都可以弹出“建立选区”对话框，如图8-108所示。

图 8-107

图 8-108

羽化半径用于控制路径转换为选区时，选区边缘的羽化程度。数值为0时，可以建立出边缘锐利的选区，而羽化数值越大，边缘越模糊。

操作选项组主要用于设置当前选区与已有选区之间的运算方式，如果当前画面中没有选区，那么“新建选区”以外的选项不可用。如果当前画面中有选区，那么可以选择一种方式使路径转换的选区与已有选区进行运算。

02 执行“窗口>路径”命令，打开“路径”面板，单击“将路径作为选区载入”按钮载入路径的选区，如图8-109所示。效果如图8-110所示。

图 8-109

图 8-110

使用快捷键Ctrl+Enter可以快速地将路径转换为选区。

03 如果想要将已有的选区转换为路径，可以在选区工具状态下右击，在弹出的快捷菜单中执行“建立工作路径”命令，接着弹出“建立工作路径”对话框，在这里设置合适的容差值，如图8-111所示。可以看到选区转换为路径，如图8-112所示。

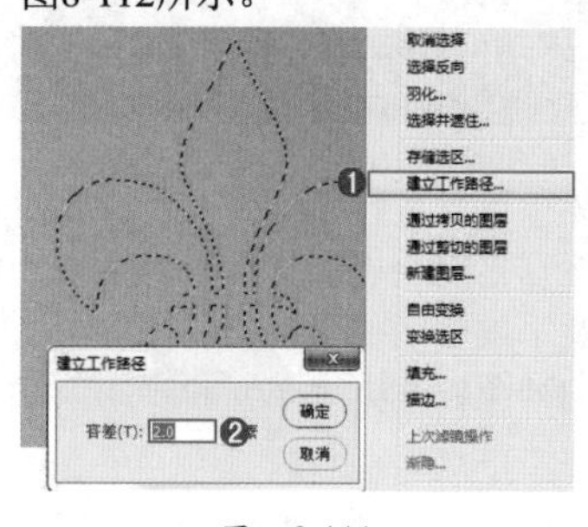

图 8-111

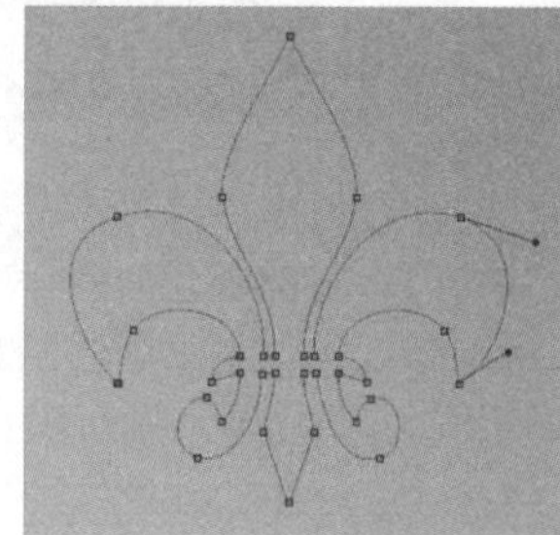

图 8-112

容差数值越小，建立的路径与原始选区越相似，锚点数量越多，路径也就越复杂。相反，容差值越大，建立的路径越平滑，与原始路径差异越大，锚点数量越少，路径相对也越简单。

8.4.3 复制/粘贴路径

如果要复制路径，在“路径”面板中拖曳需要复制的路径到“路径”面板下的“创建新路径”按钮上，复制出路径的副本，如图8-113所示。如果要将当前文档中的路径复制到其他文档中，执行“编辑>拷贝”命令，然后切换到其他文档，接着执行“编辑>粘贴”命令即可，如图8-114所示。

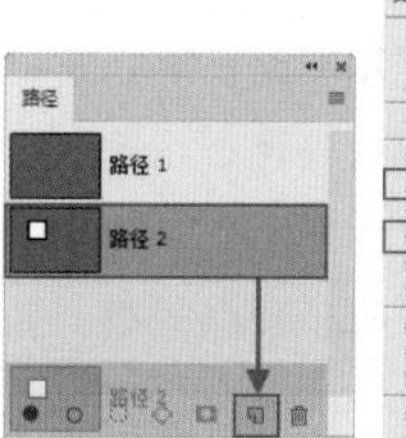

图 8-113

图 8-114

8.4.4 隐藏/显示路径

在“路径”面板中单击路径以后，文档窗口中就会始终显示该路径，如果不希望它妨碍我们的操作，在“路径”面板的空白区域单击，即可取消对路径的选择，将其隐藏起来，如图8-115所示。如果要将路径在文档窗口中显示出来，可以在“路径”面板中单击该路径，如图8-116所示。

图 8-115

图 8-116

按Ctrl+H快捷键也可以切换路径显示与隐藏的状态。

8.4.5 矢量对象的运算

创建多个路径或形状时，可以在工具选项栏中单击相应的运算按钮，设置子路径的重叠区域的交叉结果，如图8-117所示。下面通过以下两个形状来讲解路径的运算方法。如图8-118和图8-119所示为即将进行运算的两个图形。

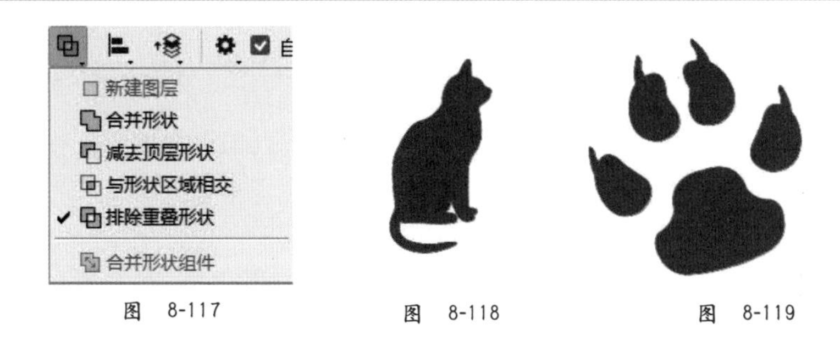

图 8-117　　图 8-118　　图 8-119

- 合并形状：单击该按钮，新绘制的图形将添加到原有的图形中，如图8-120所示。
- 减去顶层形状：单击该按钮，可以从原有的图形中减去新绘制的图形，如图8-121所示。
- 与形状区域相交：单击该按钮，可以得到新图形与原有图形的交叉区域，如图8-122所示。
- 排除重叠形状：单击该按钮，可以得到新图形与原有图形重叠部分以外的区域，如图8-123所示。

图 8-120

图 8-121

图 8-122

图 8-123

8.4.6 路径的自由变换

如果需要对路径进行自由变换，首先在“路径”面板中选择路径，然后执行“编辑>变换路径”菜单下的命令即可对其进行相应的变换。变换路径与对图像使用自由变换的方法完全相同，这里不再进行重复讲解，如图8-124所示。

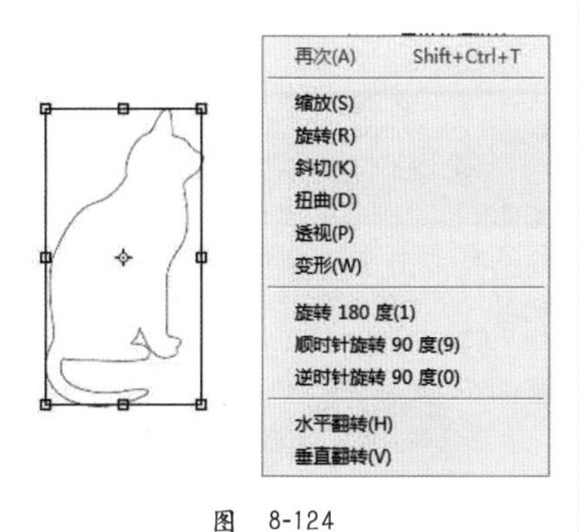

图 8-124

8.4.7 对齐、分布与排列路径

使用路径选择工具选择多个路径，在选项栏中单击“路径对齐方式”按钮，在弹出的菜单中执行相应命令即可对所选路径进行对齐、分布操作，如图8-125所示。

当文件中包含多个路径时，选择路径，单击选项栏中的“路径排列方法”按钮，在下拉列表中单击并执行相关命令，可以将选中路径的层级关系进行相应的排列，如图8-126所示。

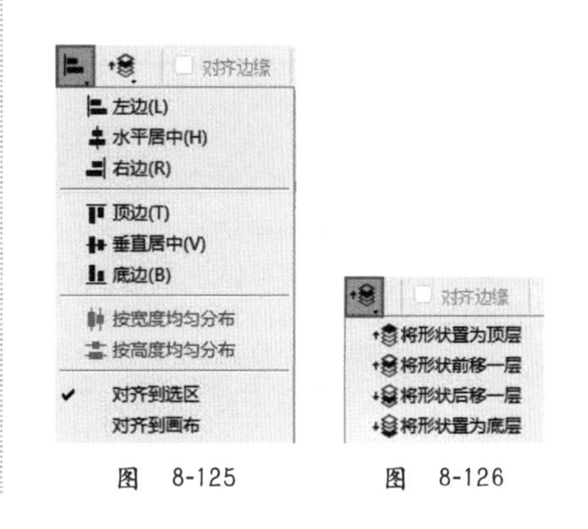

图 8-125　　图 8-126

8.4.8 动手学：存储工作路径

01工作路径是临时路径，是在没有新建路径的情况下使用钢笔等工具绘制的路径，一旦重新绘制了路径，原有的路径将被当前路径所替代。

02如果不想工作路径被替换掉，可以双击其缩览图，打开“存储路径”对话框，将其保存起来，如图8-127和图8-128所示。

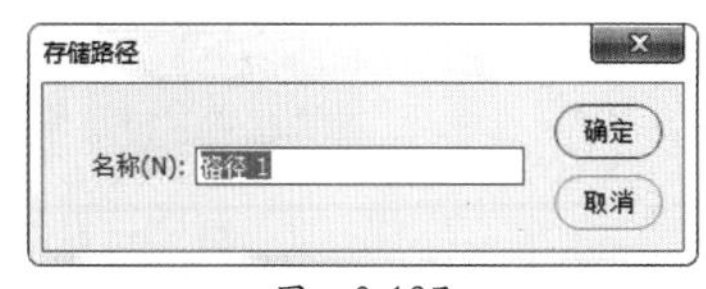

图 8-127

图 8-128

8.5 形状工具组

视频精讲：Photoshop 新手学视频精讲课堂/使用形状工具.mp4

形状工具组包含6种工具：矩形工具、圆角矩形工具、椭圆工具、多边形工具、直线工具和自定形状工具。而通过自定形状工具还可以创建出更多的不规则形状，如图8-129所示。

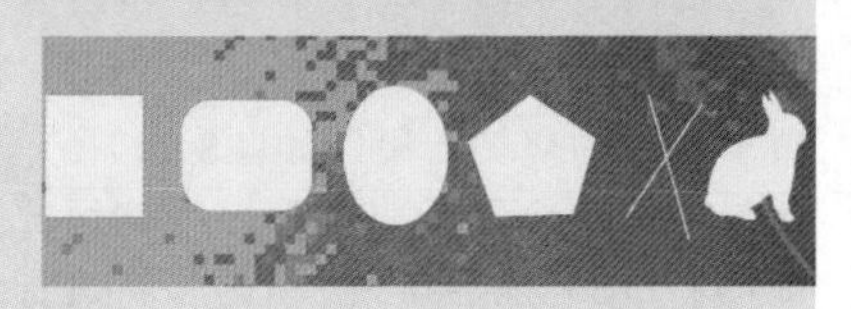

图 8-129

8.5.1 矩形工具

技术速查：矩形工具可以绘制出正方形和矩形。

矩形工具的使用方法与矩形选框工具类似，在画面中的一点按住鼠标左键并向其他位置拖曳即可绘制出矩形形状，绘制时按住Shift键可以绘制出正方形，如图8-130所示。在选项栏中单击图标，打开矩形工具的设置选项，在其中可以定义绘制形状的比例，如图8-131所示。

图 8-130

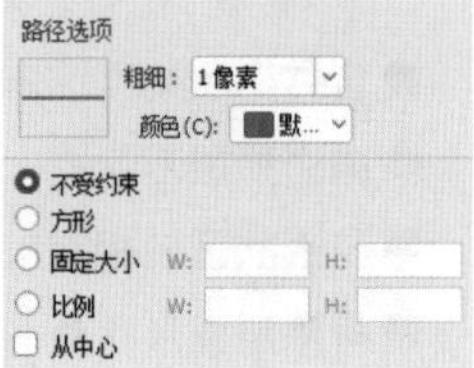

图 8-131

- 不受约束：选中该单选按钮，可以绘制出任何大小的矩形。
- 方形：选中该单选按钮，可以绘制出任何大小的正方形。
- 固定大小：选中该单选按钮，可以在其后面的文本框中输入宽度（W）和高度（H），然后在图像上单击即可创建出矩形，如图8-132所示。
- 比例：选中该单选按钮，可以在其后面的文本框中输入宽度（W）和高度（H）比例，此后创建的矩形始终保持这个比例，如图8-133所示。
- 从中心：以任何方式创建矩形时，选中该复选框，鼠标单击点即为矩形的中心。

图 8-132

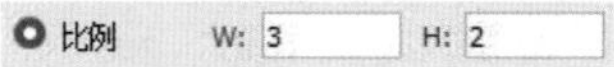

图 8-133

8.5.2 圆角矩形工具

技术速查：圆角矩形工具可以创建出具有圆角效果的矩形，其创建方法与选项与矩形完全相同。

使用圆角矩形工具绘制图形时首先需要在选项栏中对“半径”数值进行设置，“半径”选项用来设置圆角的半径，数值越大，圆角越大，如图8-134所示。

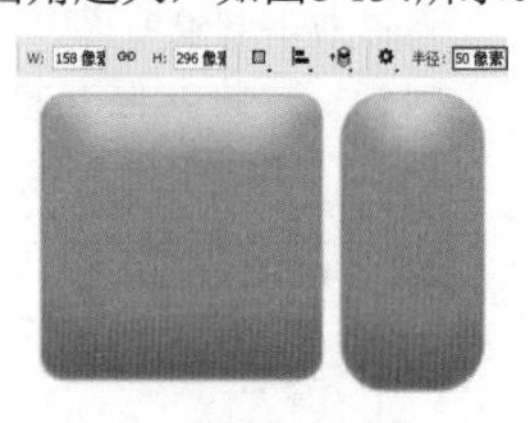

图 8-134

8.5.3 椭圆工具

技术速查：使用椭圆工具可以创建出椭圆和圆形。

如果要使用椭圆工具创建椭圆，可以在画面中按住鼠标左键并拖曳鼠标进行创建；如果要创建正圆形，可以按住Shift键或Shift+Alt快捷键（以鼠标单击点为中心）进行创建，如图8-135所示。

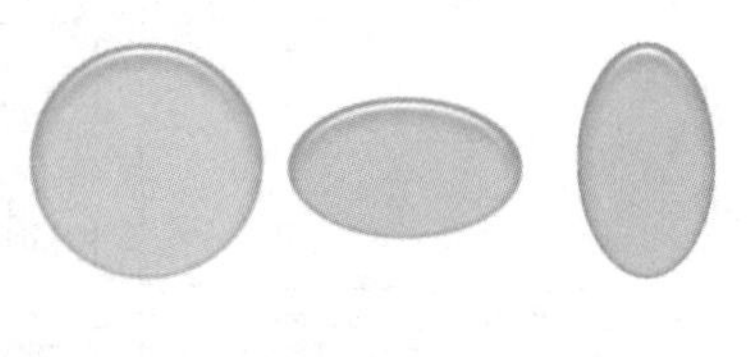

图 8-135

8.5.4 多边形工具

技术速查：使用多边形工具可以创建出正多边形（最少为3条边）和星形。

单击形状工具组中的“多边形工具”按钮，在选项栏中可以设置边数，单击按钮，可以设置形状的半径以及其他的属性，如图8-136所示。

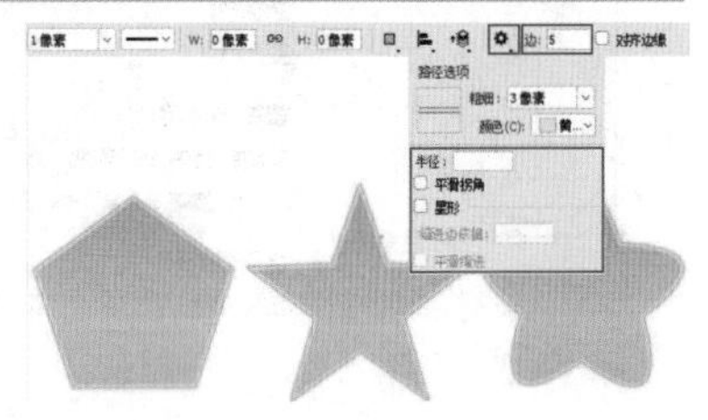

图 8-136

- 边：设置多边形的边数，设置为3时，可以创建出正三角形；设置为4时，可以绘制出正方形；设置为5时，可以绘制出正五边形，如图8-137所示。

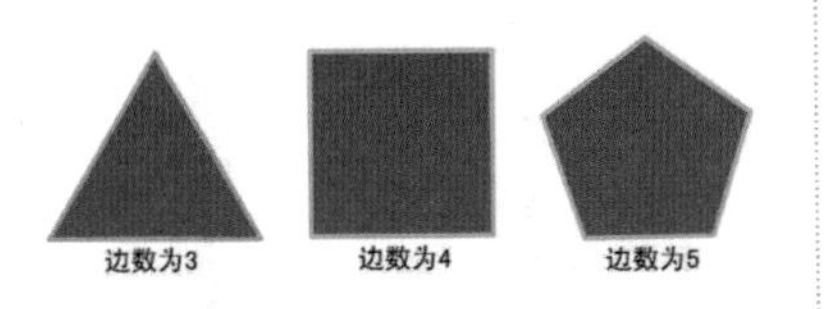

图 8-137

- 半径：用于设置多边形或星形的半径长度（单位为cm），设置好半径以后，在画面中拖曳鼠标即可创建出相应半径的多边形或星形。

- 平滑拐角：选中该复选框后，可以创建出具有平滑拐角效果的多边形或星形，如图8-138所示。

图 8-138

- 平滑缩进：选中该复选框后，可以使星形的每条边向中心平滑缩进，如图8-139所示。

图 8-139

- 星形：选中该复选框后，可以创建星形，下面的“缩进边依据”文本框主要用来设置星形边缘向中心缩进的百分比，数值越高，缩进量越大，如图8-140所示分别是设置为20%、50%和80%的缩进效果。

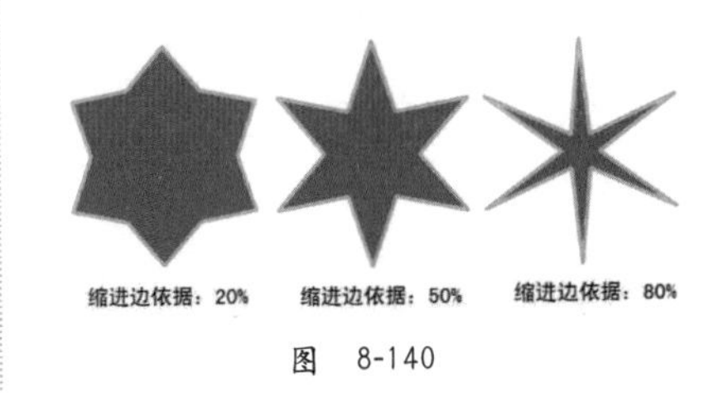

图 8-140

☆ 视频课堂——使用矢量工具进行交互界面设计

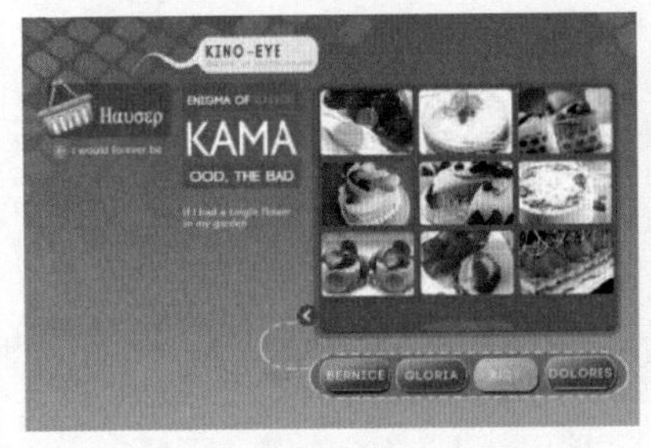

扫码看视频

案例文件\第8章\视频课堂——使用矢量工具进行交互界面设计.psd

视频文件\第8章\视频课堂——使用矢量工具进行交互界面设计.mp4

思路解析：

01 使用圆角矩形工具制作右侧屏幕主体。

02 使用圆角矩形工具制作底部按钮。

03 使用钢笔工具绘制左上角不规则形态。

8.5.5 直线工具

- 技术速查：使用直线工具可以创建出直线和带有箭头的路径。

直线工具的使用方法非常简单，首先可以在选项栏中设置绘制直线的粗细。如果想要为线条添加箭头，可以单击按钮，在弹出的直线工具选项中进行设置，如图8-141所示。

- 粗细：设置直线或箭头线的粗细，单位为“像素”，如图8-142所示。
- 起点/终点：选中“起点”复选框，可以在直线的起点处添加箭头；选中“终点”复选框，可以在直线的终点处添加箭头；选中“起点”和“终点”复选框，则可以在两头都添加箭头，如图8-143所示。

图 8-141

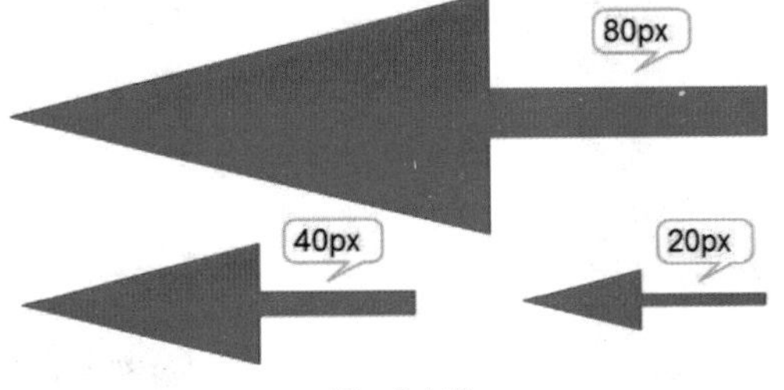

图 8-142

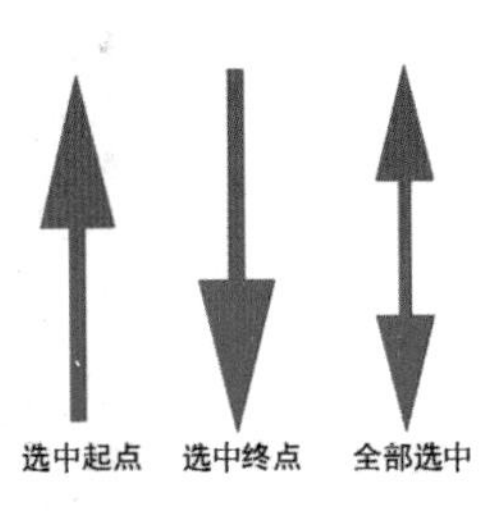

图 8-143

- **宽度**：用来设置箭头宽度与直线宽度的百分比，范围为10%~1000%，如图8-144所示分别为使用200%、800%和1000%创建的箭头。

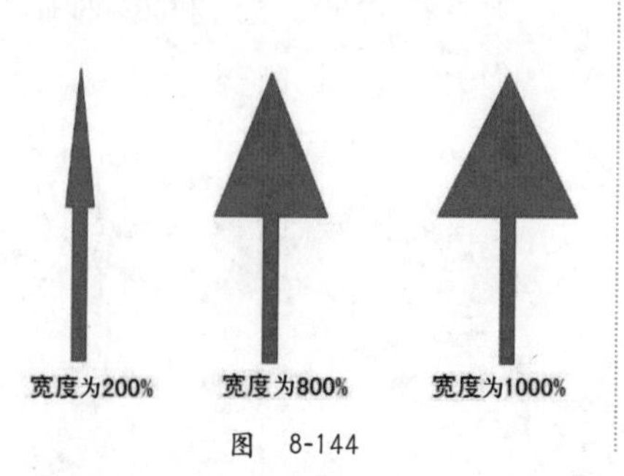

图 8-144

- **长度**：用来设置箭头长度与直线宽度的百分比，范围为10%~5000%，如图8-145所示分别为使用100%、500%、1000%创建的箭头。

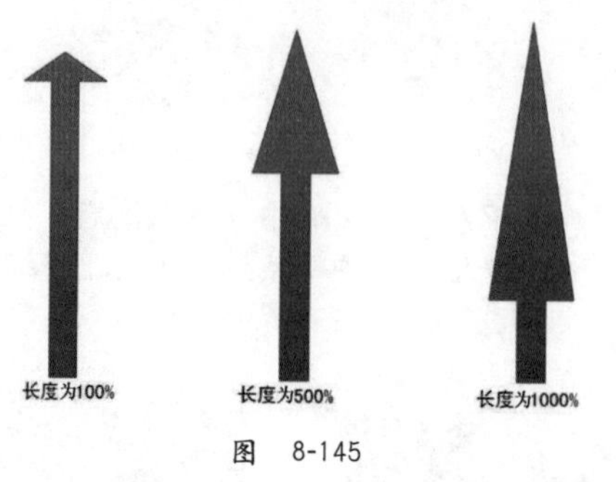

图 8-145

- **凹度**：用来设置箭头的凹陷程度，范围为−50%~50%。值为0%时，箭头尾部平齐；值大于0%时，箭头尾部向内凹陷；值小于0%时，箭头尾部向外凸出，如图8-146所示。

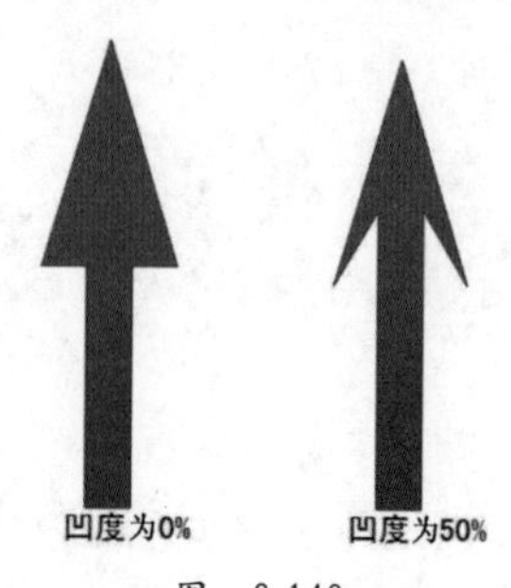

图 8-146

8.5.6 自定形状工具

使用自定形状工具可以创建出非常多的形状，其选项设置如图8-147所示。这些形状既可以是Photoshop的预设，也可以是我们自定义或加载的外部形状，如图8-148所示。

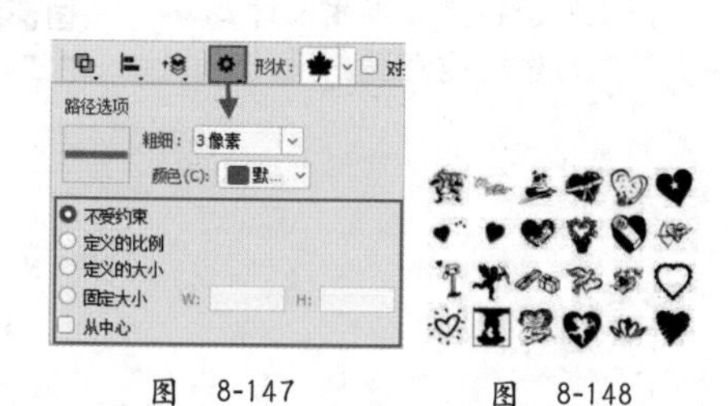

图 8-147　　图 8-148

8.5.7 定义为自定形状

对路径执行“编辑>定义自定形状”命令，在弹出的对话框中设置名称，即可将其定义为自定义形状，如图8-150和图8-151所示。

定义的形状可以保存到自定形状工具的形状预设中，以后如果需要绘制相同的形状，可以直接调用自定的形状，如图8-152所示。

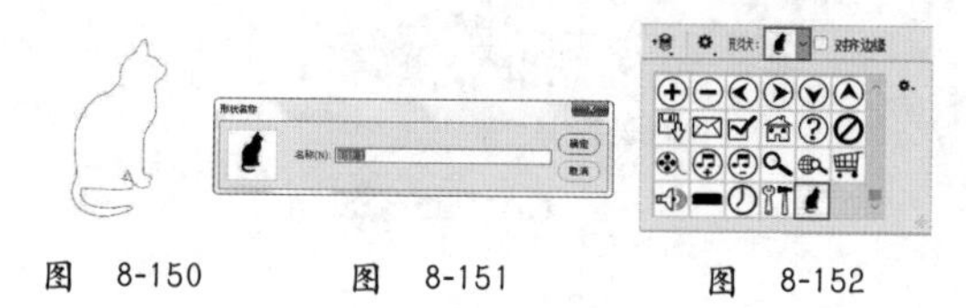
图 8-150　　图 8-151　　图 8-152

★ 案例实战——使用形状工具制作水晶标志

案例文件	案例文件\第8章\使用形状工具制作水晶标志.psd
视频教学	视频文件\第8章\使用形状工具制作水晶标志.mp4
难易指数	★★★★★
技术要点	钢笔工具、椭圆选框工具以及图层样式

扫码看视频

案例效果

本案例主要使用钢笔工具和椭圆选框工具等制作出水晶质感的标志，效果如图8-149所示。

图 8-149

操作步骤

01 执行“文件>打开”命令，打开背景素材“1.jpg”，如图8-153所示。单击工具箱中的“椭圆工具”按钮，在选项栏中设置绘制模式为“形状”，单击填充按钮，设置填充方式为“渐变”，编辑一种蓝色系渐变，设置渐变模式为“径向”，设置完毕后按住Shift键绘制正圆形状，如图8-154所示。

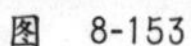
图 8-153

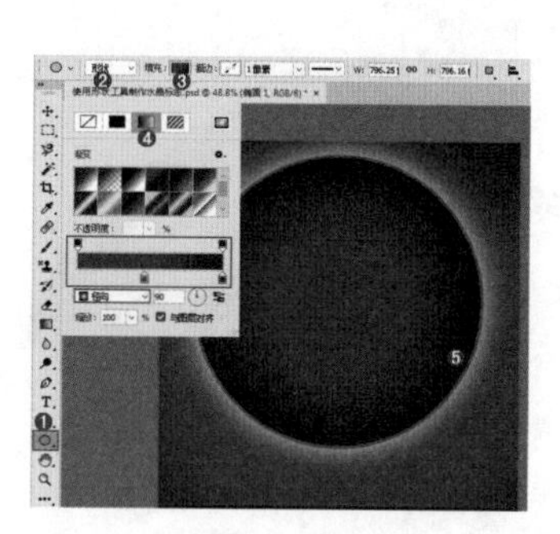
图 8-154

02 新建图层“阴影”，使用画笔工具，在画笔预设选取器中选择常规画笔组下的柔边缘画笔，在画面中圆形底部绘制阴影效果，如图8-155所示。

图 8-155

03 再次单击工具箱中的“椭圆工具”按钮，在选项栏中设置一种蓝灰色的渐变，并在圆形顶部绘制椭圆形状，如图8-156所示。在“图层”面板中设置该图层的“不透明度”为70%，如图8-157所示，效果如图8-158所示。

图 8-156

图 8-157

图 8-158

04 用同样的方法绘制顶部的另一个椭圆形，如图8-159所示。新建图层，载入正圆选区，设置前景色为青色，在圆形底部绘制反光效果，如图8-160所示。

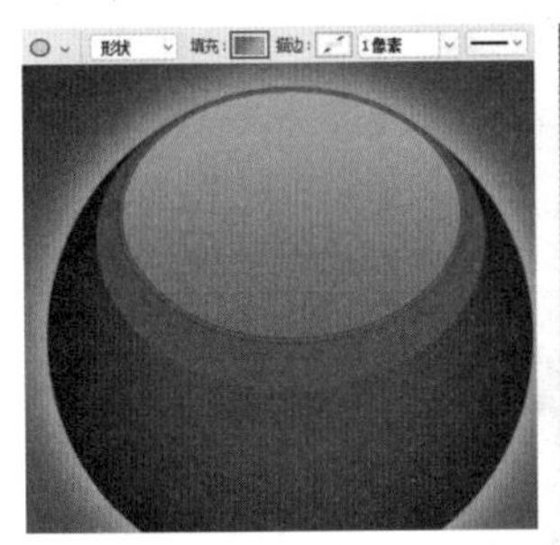

图 8-159

图 8-160

05 绘制按钮表面的标志部分，使用钢笔工具，设置“绘制模式”为路径，在画面中绘制如图8-161所示的路径。按Ctrl+Enter快捷键将路径转换为选区，新建图层，并为其填充任意颜色，如图8-162所示。

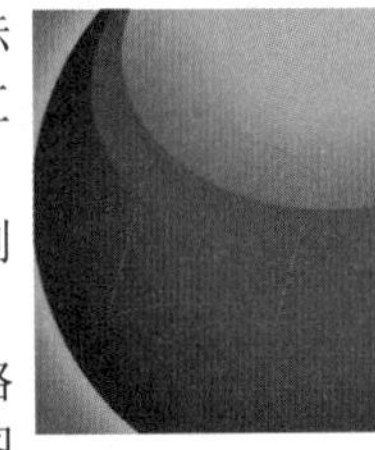

图 8-161

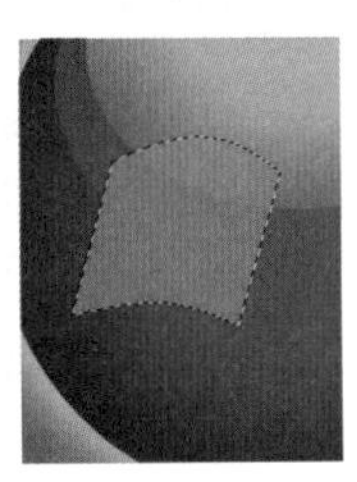

图 8-162

06 对其执行“图层>图层样式>内阴影”命令，设置“混合模式”为“正片叠底”，颜色为蓝色，“角度”为132度，“距离”为12像素，“阻塞”为0%，“大小”为66像素，如图8-163所示。选中“投影”复选框，设置投影颜色为青色，“角度”为132度，“距离”为2像素，“扩展”为0%，“大小”为2像素，如图8-164所示。

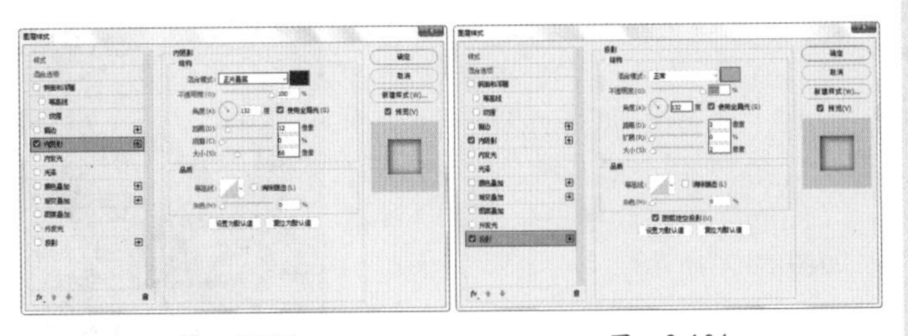

图 8-163　　图 8-164

07 设置图层的“填充”为0%，如图8-165所示。效果如图8-166所示。

08 复制该图层并摆放在合适位置上，如图8-167所示。

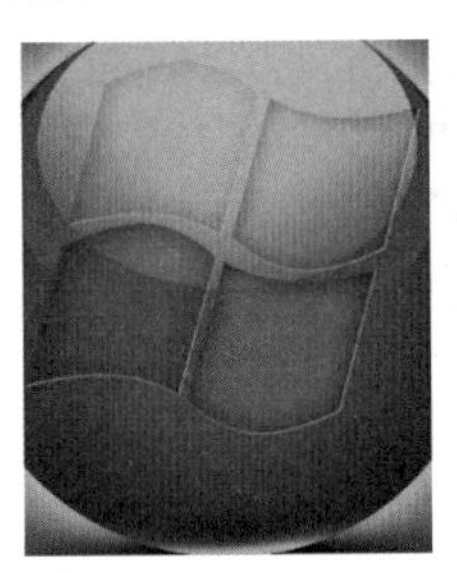

图 8-165

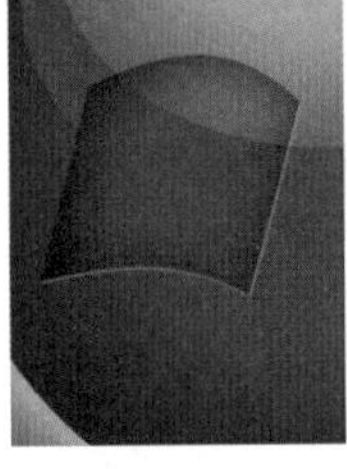

图 8-166

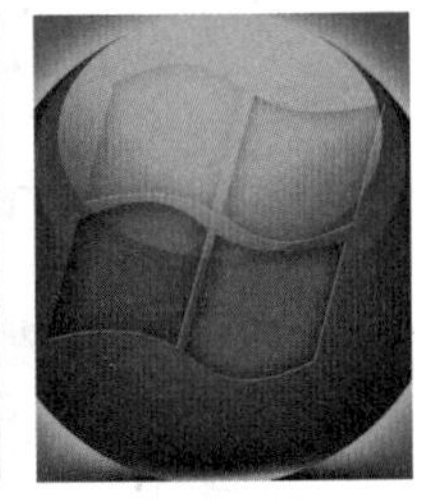

图 8-167

09 制作标志光泽部分。新建图层，在此使用钢笔工具继续在画面中绘制合适的路径，如图8-168所示。按Ctrl+Enter快捷键将路径转换为选区，为其填充蓝色，并设置该图层的“不透明度”为90%，如图8-169所示。

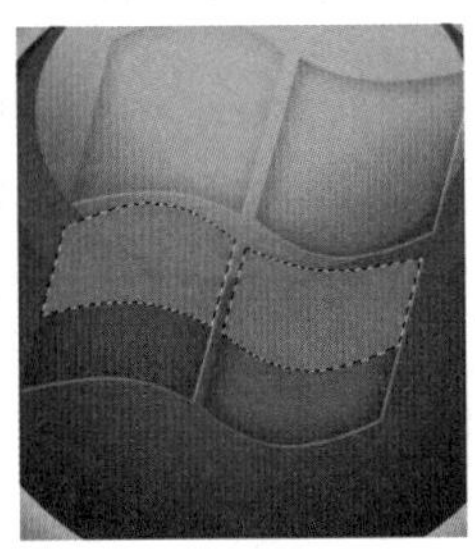

图 8-168　　图 8-169

10 设置前景色为青色，新建图层，选择常规画笔组下的柔边缘画笔，在画面中心位置单击进行绘制，如图8-170所示。载入标志部分选区，为其添加图层蒙版，设置其“混合模式”为“颜色减淡”，如图8-171所示，效果如图8-172所示。

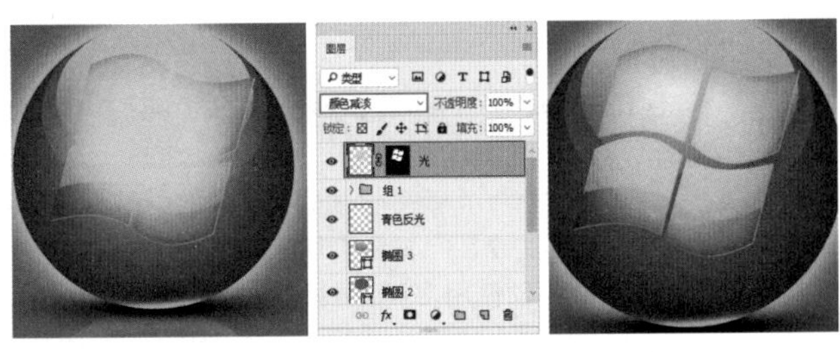

图 8-170　　图 8-171　　图 8-172

⑪ 设置前景色为深蓝色，新建图层，选择常规画笔组下的柔边圆画笔，在画面四角进行绘制，制作暗角效果，最后置入前景素材“1.jpg”并将其栅格化，最终效果如图8-173所示。

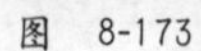
图 8-173

8.6 填充路径与描边路径

视频精讲：Photoshop 新手学视频精讲课堂/填充路径与描边路径.mp4

路径对象可以不通过转换为选区即可进行填充或描边的设置，使用方法非常简单，可以通过在快捷菜单中执行“填充路径/描边路径”命令，或通过“路径”面板进行相应操作，如图8-174和图8-175所示为使用“路径描边”以及“路径填充”制作的效果。

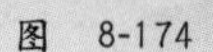
图 8-174

图 8-175

8.6.1 动手学：填充路径

① 使用钢笔工具或形状工具（自定形状工具除外），在绘制完成的路径上右击，在弹出的快捷菜单中执行“填充路径”命令，打开“填充路径”对话框，如图8-176所示。

② 在“填充路径”对话框中可以对填充内容进行设置，这里包含多种类型的填充内容，并且可以设置当前填充内容的混合模式以及不透明度等属性，如图8-177所示。

③ 可以尝试使用“颜色”与“图案”填充路径，效果如图8-178和图8-179所示。

图 8-176

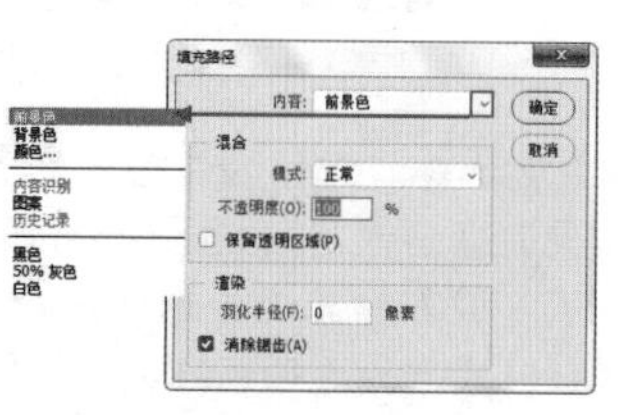

图 8-177

图 8-178

图 8-179

8.6.2 动手学：描边路径

视频精讲：Photoshop 新手学视频精讲课堂/填充路径与描边路径.mp4

技术速查：“描边路径”命令能够以设置好的绘画工具沿任何路径创建描边。

在Photoshop中可以使用多种工具进行描边路径，例如画笔、铅笔、橡皮擦、仿制图章等，如图8-180所示。选中“模拟压力”复选框可以模拟手绘描边效果，取消选中该复选框，描边为线性、均匀的效果。如图8-181和图8-182所示分别为未选中和选中“模拟压力”复选框的效果。

图 8-180

图 8-181

图 8-182

01 在描边之前需要先设置好描边所使用工具的参数，例如本案例使用画笔进行描边，那么就需要在“画笔”面板中设置合适的类型、大小，并设置合适的前景色。使用钢笔工具或形状工具绘制出路径，如图8-183所示。

02 在路径上右击，在弹出的快捷菜单中选择“描边路径”命令，打开“描边子路径”对话框，在该对话框中可以选择描边的工具，如图8-184所示。如图8-185所示是使用画笔描边路径的效果。

图 8-183

图 8-184

图 8-185

技巧提示

设置好画笔的参数以后，在使用画笔状态下按Enter键可以直接为路径描边。

☆ 视频课堂——制作儿童主题网站设计

案例文件\第8章\视频课堂——制作儿童主题网站设计.psd
视频文件\第8章\视频课堂——制作儿童主题网站设计.mp4

扫码看视频

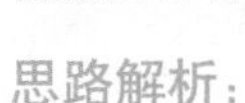

思路解析：

01 首先使用矩形工具制作背景以及顶部导航栏。
02 使用钢笔工具绘制导航栏上的五边形。
03 使用椭圆工具绘制页面上的多彩圆形。
04 使用自定形状工具绘制底部的图标。
05 使用圆角矩形工具制作底部粉色按钮。
06 置入素材并输入文字。

★ 综合实战——使用矢量工具制作简单VI

案例文件	案例文件\第8章\使用矢量工具制作简单VI.psd
视频教学	视频文件\第8章\使用矢量工具制作简单VI.mp4
难易指数	★★★★★
技术要点	钢笔工具、形状工具、图层样式以及图层蒙版

扫码看视频

案例效果

本案例主要使用钢笔工具和形状等工具制作简单的VI，效果如图8-186所示。

操作步骤

01 新建文件，将画面背景填充为黑色。首先制作标志部分，然后使用横排文字工具设置前景色为橘色，设置合适的字号以及字体，在画面顶部合适位置单击输入合适的文字，效果如图8-187所示。

02 单击工具箱中的“自定形状工具”按钮，在选项栏中设置绘制模式为“形状”，设置“填充”颜色为橙色，“描边”为无，选择合适的形状，如图8-188所示。在画面中合适位置单击进行绘制，效果如图8-189所示。

图　8-186

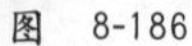

图　8-187

图　8-188

图　8-189

03 选择该形状图层，在“图层”面板中单击“添加图层蒙版”按钮，在蒙版中使用黑色画笔涂抹隐藏部分区域，如图8-190所示，效果如图8-191所示。

图　8-190

图　8-191

04 再次使用钢笔工具，在选项栏中设置绘制模式为“形状”，“填充”颜色为橙色，“描边”为无，如图8-192所示。在画面中合适的位置单击，绘制形状，效果如图8-193所示。

图　8-192

图　8-193

05 制作信纸部分。设置前景色为白色，新建图层，使用矩形工具在选项栏中设置绘制模式为像素。在画面中绘制合适的白色矩形，如图8-194所示。使用多边形套索工具绘制白色矩形右下角部分，按Delete键删除选区内的部分，效果如图8-195所示。

图　8-194

图　8-195

06 复制并合并橙色标志部分，摆放在“图层”面板的顶部，如图8-196所示。再次复制橙色标志图层作为“标志 副本2”图层，置于矩形右下角，设置其“不透明度”为25%，载入白色矩形选区，为“标志 副本2”图层添加图层蒙版，如图8-197所示，效果如图8-198所示。

图　8-196　　图　8-197 　　图　8-198

07 设置前景色为黑色，使用横排文字工具输入合适的文字，效果如图8-199所示。

08 在“图层”面板中选中所有页面内容的图层，按Ctrl+T快捷键对其执行“自由变换”命令，将其旋转到合适角度，此时信纸部分制作完成，如图 8-200所示。

09 制作名片部分，再次使用矩形工具绘制较小的白色矩形，将信纸上的部分内容复制并摆放在名片上，然后将制作好的名片适当旋转，效果如图 8-201所示。

图　8-199

图　8-200

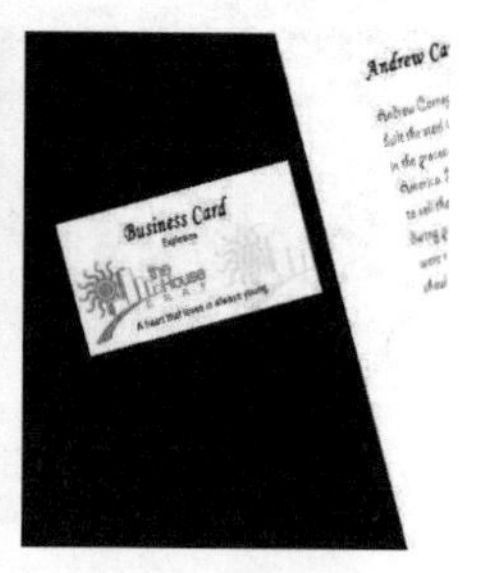

图　8-201

10 复制所有名片图层，合并复制图层，为其添加图层蒙版，隐藏多余部分，设置图层的“不透明度”为80%，如图 8-202所示。制作名片倒影效果，如图 8-203所示。

图 8-202

图 8-203

11 制作表盘部分，使用椭圆形状工具，设置绘制模式为“形状”，“填充”颜色为白色，“描边”颜色为橙色，按住Shift键在画面中绘制正圆。对其执行“图层>图层样式>外发光”命令，设置颜色为黑色，设置“不透明度”为25%，“大小”为160像素，如图 8-204所示，效果如图 8-205所示。

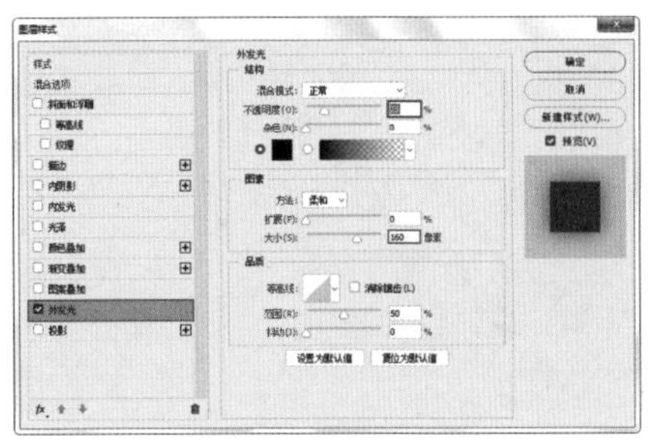
图 8-204

图 8-205

12 继续复制标志图层，放置在画面合适位置，并适当降低底部标志的不透明度，效果如图 8-206所示。新建图层，设置前景色为橙色，使用画笔工具在选项栏中设置“大小”为35像素，“硬度”为100%。在画面中合适的位置单击绘制橙色圆点，效果如图 8-207所示。

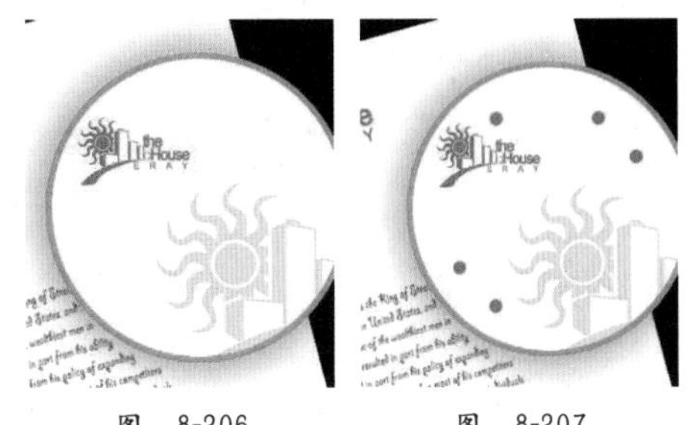
图 8-206　　图 8-207

13 再次使用钢笔工具，在选项栏中设置绘制模式为“形状”，“填充”为无，“描边”颜色为黑色，大小为28.06点，选择直线，设置“端点”为圆形，如图 8-208所示。在钟表中心绘制直线作为钟表的指针。用同样的方法绘制其他指针，效果如图 8-209所示。

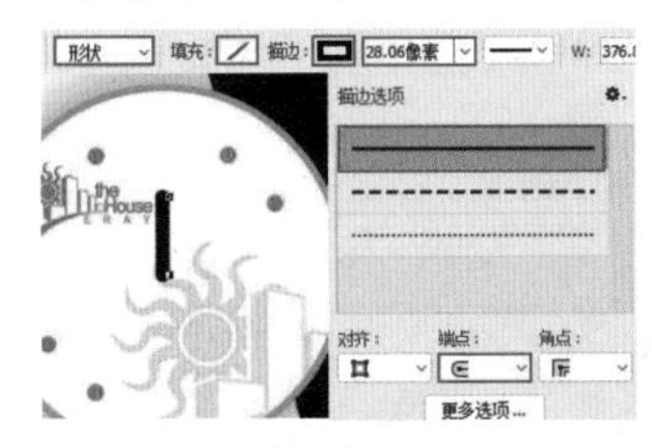
图 8-208

图 8-209

14 在表盘的合适位置分别输入合适的数字，最终制作的效果如图8-210所示。

图 8-210

课后练习

【课后练习1——使用形状工具制作矢量招贴】

思路解析：本案例通过多种形状工具的使用制作出卡通风格的画面，并配合渐变的使用丰富画面效果。

扫码看视频

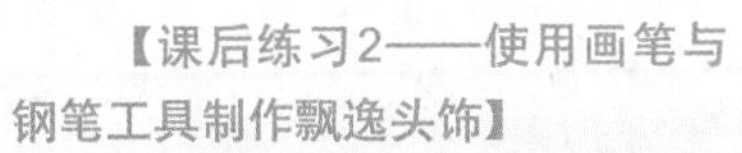

【课后练习2——使用画笔与钢笔工具制作飘逸头饰】

思路解析：本案例通过使用钢笔描边制作出平滑曲线，然后将曲线定义为画笔并进行再次的画笔描边，从而制作出飘逸的头饰。

扫码看视频

本章小结

钢笔工具是Photoshop中最具代表性的矢量工具，也是Photoshop中最为常用的工具之一，钢笔工具不仅仅用于形状的绘制，更多的是用于复制精确选区，从而实现“抠图”的目的。所以为了更快、更好地使用钢笔工具，熟记路径编辑工具的快捷键切换方式是非常有必要的。

第9章

图层混合与图层样式

本章内容简介：

相对于传统绘画的“单一平面操作”模式而言，以Photoshop为代表的“多图层”模式数字制图则大大地增强了图像编辑的扩展空间。在使用Photoshop制图时，有了“图层”这一功能不仅能够更加快捷地达到目的，更能够制作出意想不到的效果。在Photoshop中，图层是图像处理时必备的承载元素。通过图层的堆叠与混合可以制作出多种多样的效果，用图层来实现效果是一种直观而简便的方法。

本章学习要点：

- 掌握“图层”面板的使用方法。
- 掌握图层的常用操作。
- 掌握不透明度与填充不透明度的使用。
- 掌握图层混合模式的使用技巧。
- 掌握不同图层样式配合使用的方法。

9.1 图层的管理

在“图层”面板中不仅可以对文档中的众多图层进行如选择、新建、删除等基本操作，还可以对图层对象进行特有的操作，例如链接图层、锁定图层、合并图层等，通过这些操作可以方便地对图层进行管理。

9.1.1 链接图层

- 技术速查：链接图层可以快速地对多个图层进行如移动、变换、创建剪贴蒙版等操作。

例如LOGO的文字和图形部分、包装盒的正面和侧面部分等，如果每次操作都必须选中这些图层将会很麻烦，取而代之的是可以将这些图层“链接”在一起，如图9-1和图9-2所示。

选择需要进行链接的图层（两个或多个图层），然后执行“图层>链接图层”命令或单击“图层”面板底部的“链接图层”按钮⊖，可以将这些图层链接起来，如图9-3所示，效果如图9-4所示。

如果要取消某一图层的链接，可以选择其中一个链接图层，然后单击“链接图层”按钮⊖，若要取消全部链接图层，需要选中全部链接图层并单击“链接图层”按钮⊖。

如果要选择链接的图层，先选择一个链接图层，然后执行“图层>选择链接图层”命令即可。

图 9-1

图 9-2

图 9-3

图 9-4

9.1.2 锁定图层

- 技术速查：锁定图层可以用来保护图层透明区域、图像像素和位置的锁定功能，使用这些按钮可以根据需要完全锁定或部分锁定图层，以免因操作失误而对图层的内容造成破坏。

在“图层”面板的上半部分有多个锁定按钮，单击某一项即可将当前图层的该属性进行锁定，如图9-5所示。

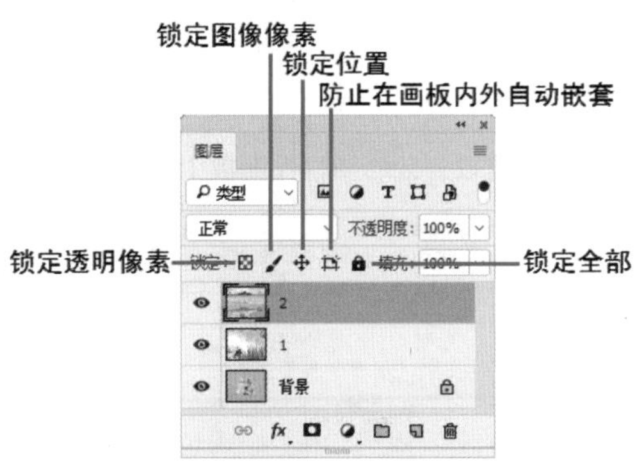

图 9-5

- 锁定透明像素：打开素材图像，如图9-6所示。激活“锁定透明像素”按钮⊠以后，可以将编辑范围限定在图层的不透明区域，图层的透明区域会受到保护，如图9-7所示。锁定了图层的透明像素，使用画笔工具✓在图像上进行涂抹时，只能在含有图像的区域进行绘画，如图9-8所示。
- 锁定图像像素：激活“锁定图像像素”按钮✓后，只能对图层进行移动或变换操作，不能在图层上绘画、擦除或应用滤镜。
- 锁定位置：激活“锁定位置”按钮⊕后，图层将不能移动。这个功能对于设置了精确位置的图像非常有用。
- 防止在画板内外自动嵌套：激活“防止在画板内外自动嵌套”按钮⌗后，在包含多个画板的文档中移动图层时，不会将图层移动到其他画板中。
- 锁定全部：激活“锁定全部”按钮🔒后，图层将不能进行任何操作。

图 9-6

图 9-7

图 9-8

9.1.3 使用图层组管理图层

● 技术速查：图层组可以将图层进行分门别类，使文档操作更加有条理，寻找起来也更加方便快捷。

在进行一些比较复杂的合成时，图层的数量往往会越来越多，要在如此之多的图层中找到需要的图层，将会是一件非常麻烦的事情。

创建“图层组”

单击“图层”面板底部的“创建新组”按钮，即可在“图层”面板中出现新的图层组，如图9-9所示。

图 9-9

将图层移入或移出图层组

01 选择一个或多个图层，然后将其拖曳到图层组内，如图9-10所示，就可以将其移入该组中，如图9-11所示。

02 将图层组中的图层拖曳到组外，如图9-12所示，就可以将其从图层组中移出，如图9-13所示。

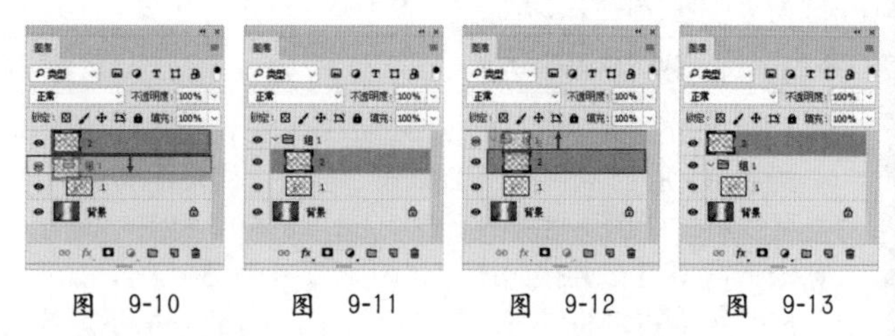

图 9-10　图 9-11　图 9-12　图 9-13

取消图层编组

在图层组名称上右击，在弹出的快捷菜单中执行“取消图层编组”命令，如图9-14所示。

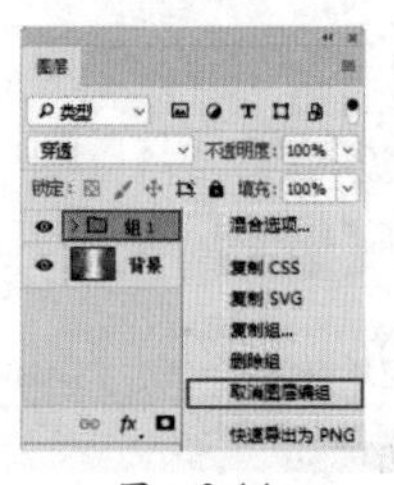

图 9-14

9.1.4 合并图层

● 视频精讲：Photoshop新手学视频精讲课堂/合并图层与盖印图层.mp4

● 技术速查：在编辑过程中经常会需要将几个图层进行合并编辑或将文件进行整合以减少内存的浪费，这时就需要使用“合并图层”命令。

执行“图层>向下合并”命令或按Ctrl+E快捷键，将一个图层与它下面的图层合并，如图9-15所示。合并以后的图层使用下面图层的名称，如图9-16所示。

如果要将多个图层合并为一个图层时，可以在“图层”面板中选择要合并的图层，然后执行“图层>合并图层”命令或按Ctrl+E快捷键，合并以后的图层使用上面图层的名称，如图9-17和图9-18所示。

执行“图层>合并可见图层”命令或按Shift+Ctrl+E组合键，如图9-19所示，可以合并“图层”面板中的所有可见图层，如图9-20所示。

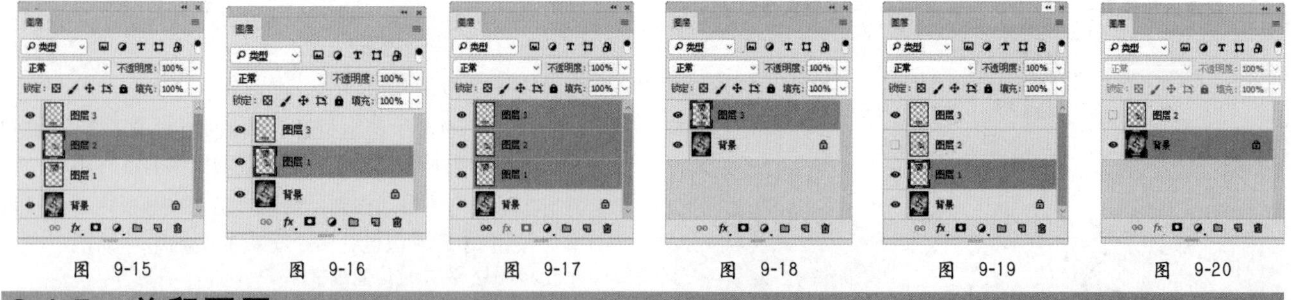

图 9-15　图 9-16　图 9-17　图 9-18　图 9-19　图 9-20

9.1.5 盖印图层

● 视频精讲：Photoshop新手学视频精讲课堂/合并图层与盖印图层.mp4

● 技术速查：“盖印”是一种合并图层的特殊方法，可以将多个图层的内容合并到一个新的图层中，同时保持其他图层不变。

选择了图层组或多个图层，如图9-21所示。按Shift+Ctrl+Alt+E组合键，可以将所有可见图层盖印到一个新的图层中，如图9-22所示。

图 9-21

图 9-22

9.1.6 栅格化图层

● 技术速查：栅格化图层内容是指将矢量对象或不可直接进行编辑的图层转换为可以直接进行编辑的像素图层的过程。

文字图层、形状图层、矢量蒙版图层或智能对象等包含矢量数据的图层是不能够直接进行编辑的，如图9-23所示。所以需要先将其栅格化以后才能进行相应的编辑。选择需要栅格化的图层，然后执行“图层>栅格化”菜单下的子命令，可以将相应的图层栅格化；或者在“图层”面板中选中该图层并右击，在弹出的快捷菜单中执行栅格化命令，如图9-24所示；或者在图像上右击，在弹出的快捷菜单中执行栅格化命令，如图9-25所示。

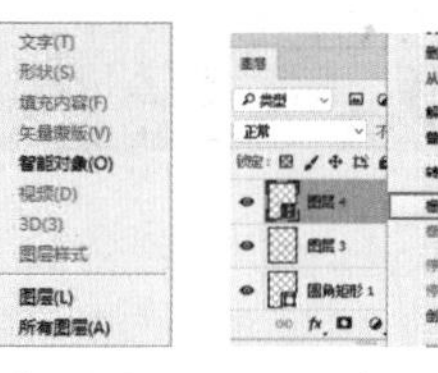

图 9-23

图 9-24

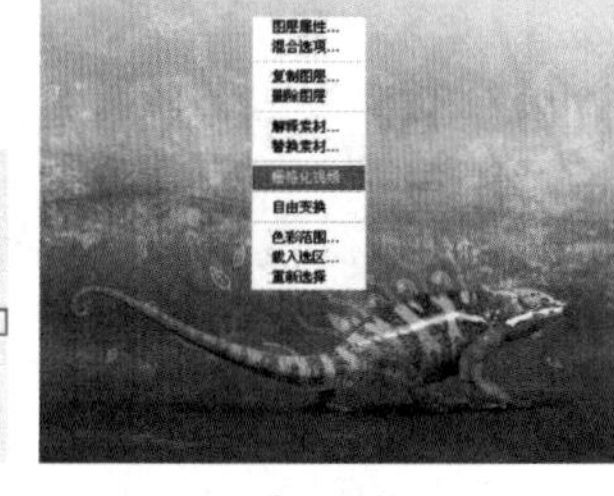

图 9-25

9.1.7 清除图像的杂边

● 技术速查：使用“修边”命令可以去除抠图过程中边缘处残留的多余像素。

针对人像头发部分的抠图，经常会残留一些多余的与前景颜色差异较大的像素，执行“图层>修边”菜单下的子命令，如图9-26所示。效果如图9-27和图9-28所示。

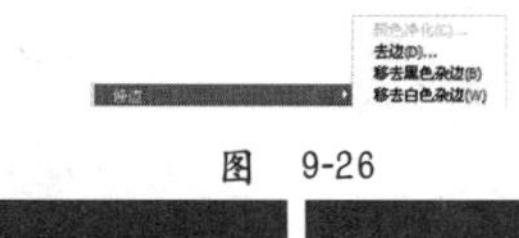

图 9-26

图 9-27

图 9-28

● 颜色净化：去除一些彩色杂边。

● 去边：用包含纯色（不包含背景色的颜色）的邻近像素的颜色替换任何边缘像素的颜色。

● 移去黑色杂边：如果将黑色背景上创建的消除锯齿的选区图像粘贴到其他颜色的背景上，可执行该命令来消除黑色杂边。

● 移去白色杂边：如果将白色背景上创建的消除锯齿的选区图像粘贴到其他颜色的背景上，可执行该命令来消除白色杂边。

9.1.8 图层过滤

● 技术速查：图层过滤主要是通过对图层进行多种方法的分类、过滤与检索，帮助用户迅速找到复杂文件中的某个图层。

在“图层”面板的顶部可以看到图层的过滤选项，包括“类型”“名称”“效果”“模式”“属性”“颜色”“智能对象”“选定”和“画板”9种过滤方式，如图9-29所示。在使用图层过滤时只显示部分图层，单击右侧的“打开或关闭图层过滤”按钮 即可显示出所有图层，如图9-30所示。

图 9-29

图 9-30

● 类型：设置过滤方式为“类型”时，可以从“像素图层滤镜”“调整图层滤镜”“文字图层滤镜”“形状图层滤镜”和“智能对象滤镜”中选择一种或多种，可以看到“图层”面板中所选图层滤镜类型以外的图层全部被隐藏了，如果没有该类型的图层，则不显示任何图层。

● 名称：设置过滤方式为“名称”时，可以在右侧的文本框中输入关键字，所有包含该关键字的图层都将显示出来。

- 效果：设置过滤方式为“效果”时，在右侧的下拉列表中选中某种效果，所有包含该效果的图层将显示在“图层”面板中。
- 模式：设置过滤方式为“模式”时，在右侧的下拉列表中选中某种模式，使用该模式的图层将显示在“图层”面板中。
- 属性：设置过滤方式为“属性”时，在右侧的下拉列表中选中某种属性。含有该属性的图层将显示在“图层”面板中。
- 颜色：设置过滤方式为“颜色”时，在右侧的下拉列表中选中某种颜色，该颜色的图层将显示在“图层”面板中。
- 智能对象：设置过滤方式为“智能对象”后，单击右侧的5个按钮进行智能图层的过滤操作。
- 选定：在“图层”面板中选中一个或多个图层，设置过滤方式为“选定”时，被选中的图层将显示在“图层”面板中。
- 画板：当文档中存在两个以上画板时，选中一个或多个画板后启用图层过滤功能，设置图层的过滤选项为“画板”，此时画板中只显示选中的画板，其他画板将被隐藏。

9.1.9 拼合图像

- 视频精讲：Photoshop新手学视频精讲课堂/合并图层与盖印图层.mp4
- 技术速查：执行“图层>拼合图像”命令可以将所有图层都拼合到“背景”图层中。

如果有隐藏的图层，则会弹出一个提示对话框，提醒用户是否要扔掉隐藏的图层，如图9-31所示。

图 9-31

9.2 图层不透明度

- 视频精讲：Photoshop新手学视频精讲课堂/图层的不透明度与混合模式的设置.mp4

“图层”面板中有专门针对图层的“不透明度”与“填充”进行调整的选项，如图9-32所示。两者在一定程度上来讲都是针对透明度进行调整，但是“不透明度”控制着图层内容以及图层的效果样式等全部内容的透明度，而“填充”只控制图层原有像素的透明度。

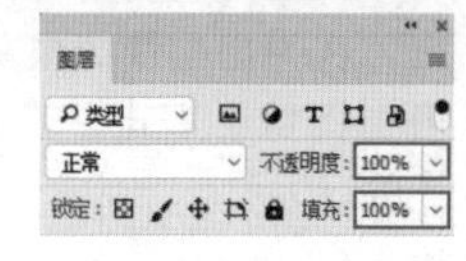

图 9-32

不透明度数值越高，图层越不透明；不透明度越低，图层越透明。数值为100%时为完全不透明，如图9-33所示。数值为50%时为半透明，如图9-34所示。数值为0%时为完全透明，此时将完全显示底层图像，如图9-35所示。

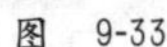

图 9-33

图 9-34

图 9-35

9.2.1 动手学：调整图层不透明度

- 技术速查：“不透明度”选项控制着整个图层的透明属性，包括图层中的形状、像素以及图层样式。

以下面的图为例，文档中包含一个“背景”图层与一个图层1，图层1包含多种图层样式，如图9-36所示，效果如图9-37所示。

选中需要调整的图层，将“不透明度”调整为50%，可以观察到整个主体以及图层样式都变为半透明的效果，如图9-38所示，效果如图9-39所示。

图 9-36

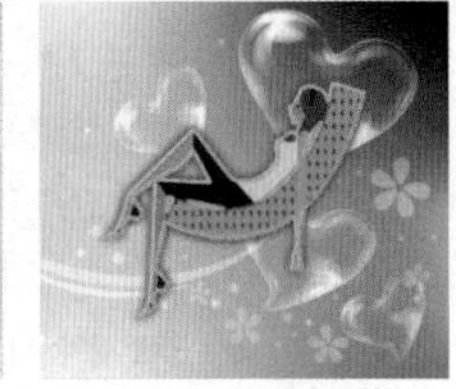

图 9-37

图 9-38

图 9-39

技巧提示

按键盘上的数字键即可快速修改图层的“不透明度”，例如按一下5键，“不透明度”会变为50%；如果按两次5键，“不透明度”会变成55%。

9.2.2 动手学：调整图层填充不透明度

- 技术速查：“填充”不透明度只影响图层中绘制的像素和形状的不透明度，与“不透明度”选项不同，“填充”不透明度对附加的图层样式效果部分没有影响。

选中该图层，将“填充”调整为50%，可以观察到主体部分变为半透明效果，而样式效果则没有发生任何变化，如图9-40所示，效果如图9-41所示。

将“填充”调整为0%，可以观察到主体部分变为透明，而样式效果则没有发生任何变化，如图9-42所示，效果如图9-43所示。

图 9-40

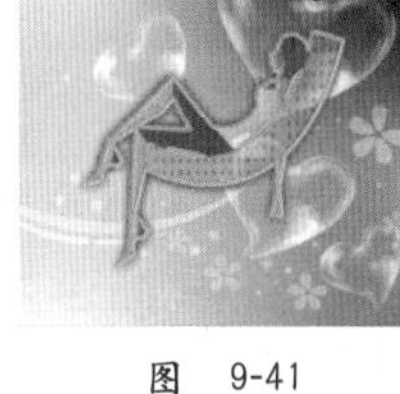

图 9-41

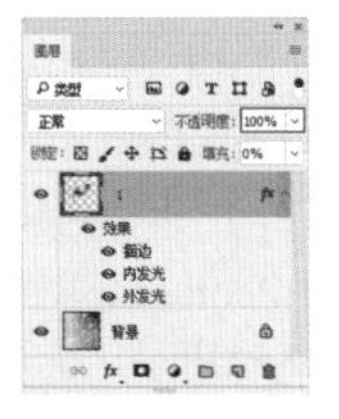

图 9-42

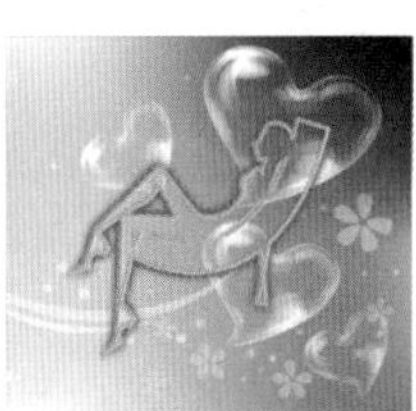

图 9-43

9.3 图层的混合模式

- 视频精讲：Photoshop新手学视频精讲课堂/图层的不透明度与混合模式的设置.mp4
- 技术速查：在Photoshop中“混合模式”是用于将顶层对象颜色与底层对象的颜色进行混合的方式，而在图层中“混合模式”则是指一个图层与其下方图层的色彩混合的方式。

在“图层”面板中选择一个除“背景”以外的图层，单击面板顶部的⌄下拉按钮，在弹出的下拉列表中可以选择一种混合模式。图层的“混合模式”分为6组，共27种，如图9-44所示。

图层的“混合模式”多用于调色、混合、溶图、合成等操作。例如，将两张图像通过设置混合模式可以很好地融合到一起，如图9-45和图9-46所示。

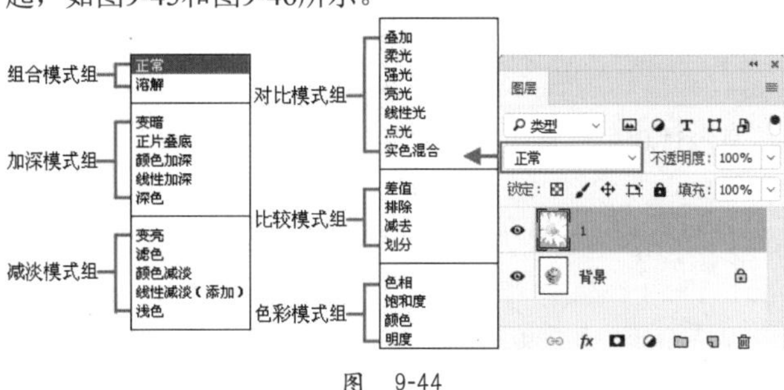

图 9-44

图 9-45

图 9-46

默认情况下，新建图层的混合模式为正常，除了正常以外，还有很多种混合模式，它们都可以产生迥异的合成效果。如图9-47~图9-50所示为一些使用到混合模式制作的作品。

图 9-47

图 9-48

图 9-49

图 9-50

技巧提示

混合模式是Photoshop的一项非常重要的功能，它不仅仅存在于“图层”面板中，在使用绘画工具时也可以通过更改混合模式来调整绘制对象与下面图像的像素的混合方式，用来创建各种特效，并且不会损坏原始图像的任何内容。在绘画工具和修饰工具的选项栏，以及“渐隐”“填充”“描边”命令和“图层样式”对话框中都包含混合模式。

9.3.1 “组合”模式组

- 技术速查：“组合”模式组中的混合模式需要降低图层的“不透明度”或“填充”数值才能起作用，这两个参数的数值越低，就越能看到下面的图像。

下面将以一个包含两个图层的文档进行尝试，选择顶部的图层，在图层的“混合模式”下拉列表中选择不同的混合模式。

- 正常：这种模式是Photoshop默认的模式。“图层”面板中包含两个图层，如图9-51所示。在正常情况下（“不透明度”为100%），如图9-52所示。上层图像将完全遮盖住下层图像，只有降低“不透明度”数值以后才能与下层图像相混合，如图9-53所示是设置“不透明度”为70%时的混合效果。
- 溶解：在“不透明度”和“填充”为100%时，该模式不会与下层图像相混合，只有这两个数值中的任何一个低于100%时才能产生效果，使透明度区域上的像素离散，如图9-54所示。

图 9-51

图 9-52

图 9-53

图 9-54

9.3.2 “加深”模式组

- 技术速查：“加深”模式组中的混合模式可以使图像变暗。在混合过程中，当前图层的白色像素会被下层较暗的像素替代。
- 变暗：比较每个通道中的颜色信息，并选择基色或混合色中较暗的颜色作为结果色，同时替换比混合色亮的像素，而比混合色暗的像素保持不变，如图9-55所示。
- 正片叠底：任何颜色与黑色混合产生黑色，任何颜色与白色混合保持不变，如图9-56所示。
- 颜色加深：通过增加上下层图像之间的对比度来使像素变暗，与白色混合后不产生变化，如图9-57所示。
- 线性加深：通过减小亮度使像素变暗，与白色混合不产生变化，如图9-58所示。
- 深色：通过比较两个图像的所有通道的数值的总和，然后显示数值较小的颜色，如图9-59所示。

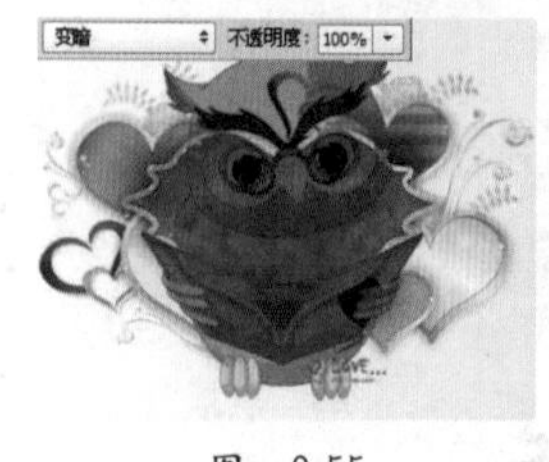

图 9-55

图 9-56

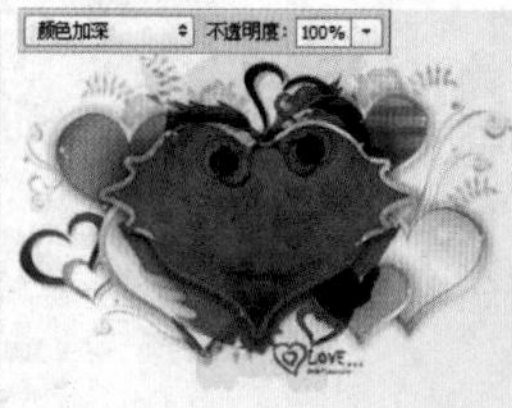

图 9-57

图 9-58

图 9-59

★ 案例实战——怀旧文字招贴

案例文件	案例文件\第9章\怀旧文字招贴.psd
视频教学	视频文件\第9章\怀旧文字招贴.mp4
难易指数	★★★★★
技术要点	正片叠底、颜色加深

扫码看视频

案例效果

本案例主要使用正片叠底、颜色加深这两种混合模式制作怀旧文字招贴，如图9-60所示。

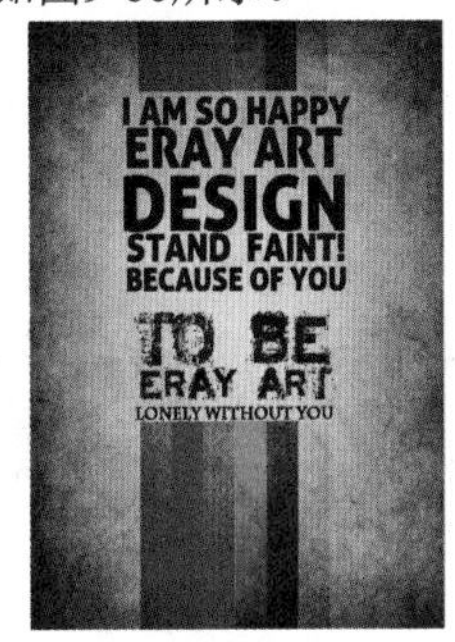

图 9-60

操作步骤

01 打开本书配套资源素材“1.jpg”，如图9-61所示。再次置入素材“2.jpg”，并栅格化该图层，设置其图层的“混合模式”为“正片叠底”，如图9-62所示，效果如图9-63所示。

图 9-61

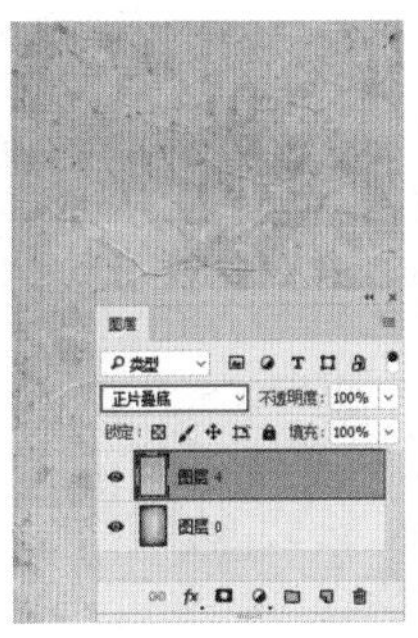

图 9-62

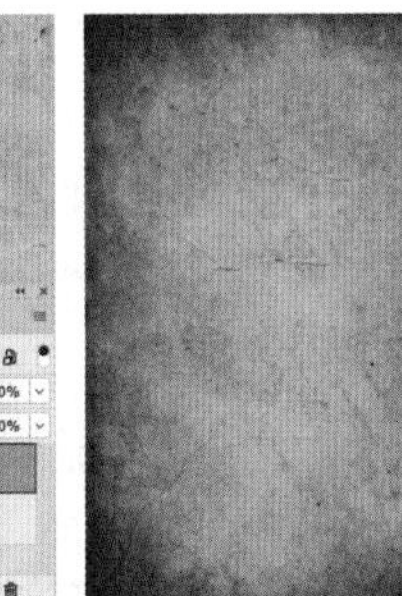

图 9-63

02 执行“图层>新建调整图层>可选颜色”命令，创建可选颜色调整图层，在弹出的对话框中设置“颜色”为“红色”，“青色”为49%，“洋红”为5%，“黄色”为−34%，“黑色”为0%，如图9-64所示，效果如图9-65所示。

图 9-64

图 9-65

03 新建图层，设置前景色为浅橙色，单击工具箱中的“画笔工具”按钮，在选项栏中设置画笔的“不透明度”为30%，在画面中央区域绘制，如图9-66所示。使用横排文字工具设置前景色为黑色，设置合适的字体以及字号，在画面中合适的位置单击输入文字，如图9-67所示。

图 9-66

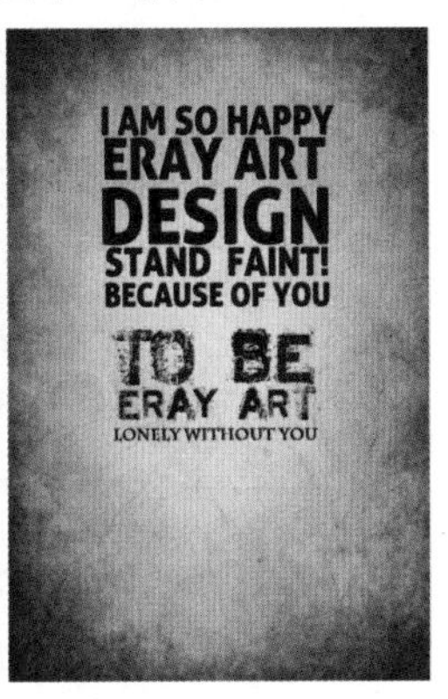

图 9-67

04 新建图层，设置前景色为红色，使用矩形选框工具在画面中合适位置单击进行绘制，并为其填充红色，如图9-68所示。为了使其能够混合到画面中，需要选中该图层，并在“图层”面板中设置“混合模式”为“颜色加深”，如图9-69所示。用同样的方法制作其他颜色的矩形，效果如图9-70所示。

图 9-68

图 9-69

图 9-70

05 为其添加图层蒙版，使用矩形工具在蒙版中框选合适的矩形并为其填充黑色，设置图层的“不透明度”为75%，如图9-71所示，最终效果如图9-72所示。

图 9-71

图 9-72

9.3.3 “减淡”模式组

- 技术速查：“减淡”模式组与“加深”模式组产生的混合效果完全相反，它们可以使图像变亮。在混合过程中，图像中的黑色像素会被较亮的像素替换，而任何比黑色亮的像素都可能提亮下层图像。
- 变亮：比较每个通道中的颜色信息，并选择基色或混合色中较亮的颜色作为结果色，同时替换比混合色暗的像素，而比混合色亮的像素保持不变，如图9-73所示。
- 滤色：与黑色混合时颜色保持不变，与白色混合时产生白色，如图9-74所示。
- 颜色减淡：通过减小上下层图像之间的对比度来提亮底层图像的像素，如图9-75所示。
- 线性减淡（添加）：与“线性加深”模式产生的效果相反，可以通过提高亮度来减淡颜色，如图9-76所示。
- 浅色：通过比较两个图像的所有通道的数值的总和，然后显示数值较大的颜色，如图9-77所示。

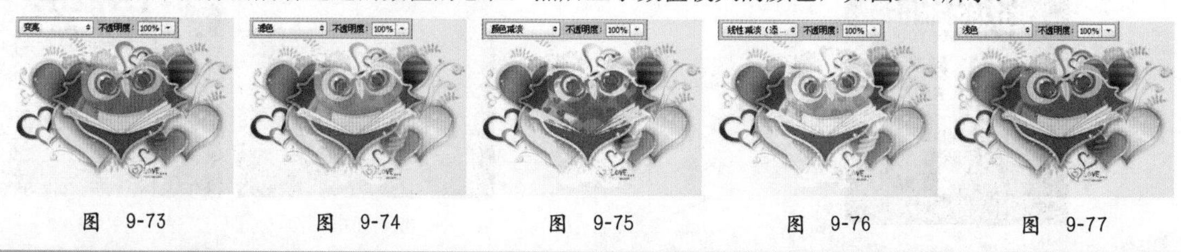

图 9-73　　图 9-74　　图 9-75　　图 9-76　　图 9-77

9.3.4 “对比”模式组

- 技术速查：“对比”模式组中的混合模式可以加强图像的差异。在混合时，50%的灰色会完全消失，任何亮度值高于50%灰色的像素都可能提亮下层的图像，亮度值低于50%灰色的像素则可能使下层图像变暗。
- 叠加：对颜色进行过滤并提亮上层图像，具体取决于底层颜色，同时保留底层图像的明暗对比，如图9-78所示。
- 柔光：使颜色变暗或变亮，具体取决于当前图像的颜色。如果上层图像比50%灰色亮，则图像变亮；如果上层图像比50%灰色暗，则图像变暗，如图9-79所示。
- 强光：对颜色进行过滤，具体取决于当前图像的颜色。如果上层图像比50%灰色亮，则图像变亮；如果上层图像比50%灰色暗，则图像变暗，如图9-80所示。
- 亮光：通过增加或减小对比度来加深或减淡颜色，具体取决于上层图像的颜色。如果上层图像比50%灰色亮，则图像变亮；如果上层图像比50%灰色暗，则图像变暗，如图9-81所示。

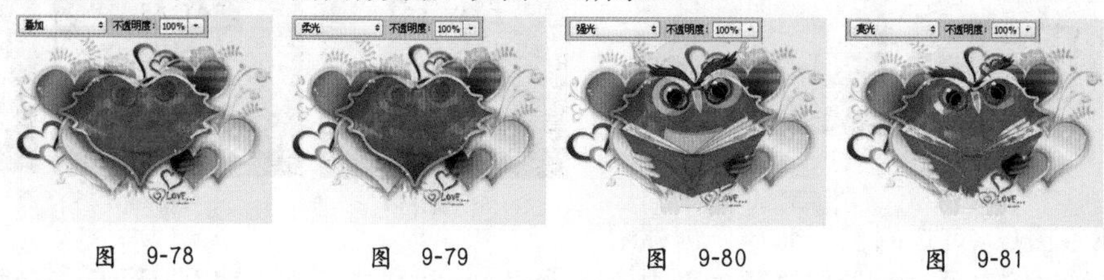

图 9-78　　图 9-79　　图 9-80　　图 9-81

- 线性光：通过减小或增加亮度来加深或减淡颜色，具体取决于上层图像的颜色。如果上层图像比50%灰色亮，则图像变亮；如果上层图像比50%灰色暗，则图像变暗，如图9-82所示。
- 点光：根据上层图像的颜色来替换颜色。如果上层图像比50%灰色亮，则替换比较暗的像素；如果上层图像比50%灰色暗，则替换较亮的像素，如图9-83所示。
- 实色混合：将上层图像的RGB通道值添加到底层图像的RGB值。如果上层图像比50%灰色亮，则使底层图像变亮；如果上层图像比50%灰色暗，则使底层图像变暗，如图9-84所示。

图 9-82　　图 9-83　　图 9-84

9.3.5 “比较”模式组

- 技术速查：“比较”模式组中的混合模式可以比较当前图像与下层图像，将相同的区域显示为黑色，不同的区域显示为灰色或彩色。如果当前图层中包含白色，那么白色区域会使下层图像反相，而黑色不会对下层图像产生影响。
- 差值：上层图像与白色混合将反转底层图像的颜色，与黑色混合则不产生变化，如图9-85所示。
- 排除：创建一种与“差值”模式相似，但对比度更低的混合效果，如图9-86所示。
- 减去：从目标通道中相应的像素上减去源通道中的像素值，如图9-87所示。
- 划分：比较每个通道中的颜色信息，然后从底层图像中划分上层图像，如图9-88所示。

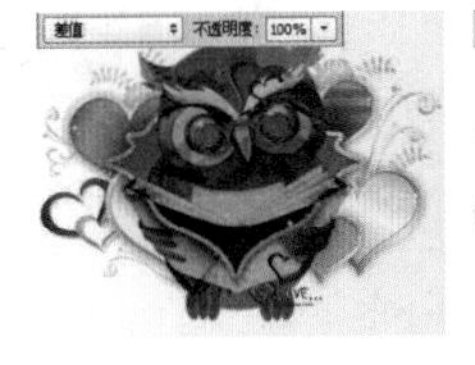

图 9-85

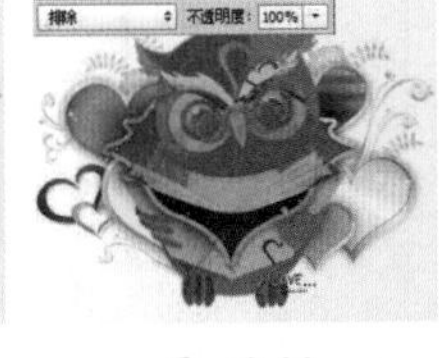

图 9-86

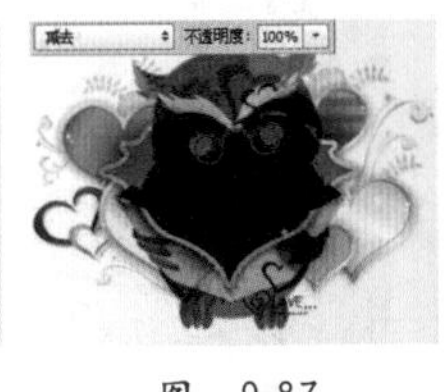

图 9-87

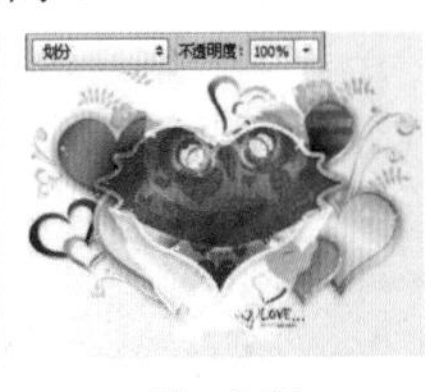

图 9-88

9.3.6 “色彩”模式组

- 技术速查：使用“色彩”模式组中的混合模式时，Photoshop会将色彩分为色相、饱和度和亮度3种成分，然后再将其中的一种或两种应用在混合后的图像中。
- 色相：用底层图像的明亮度和饱和度以及上层图像的色相来创建结果色，如图9-89所示。
- 饱和度：用底层图像的明亮度和色相以及上层图像的饱和度来创建结果色，在饱和度为0的灰度区域应用该模式不会产生任何变化，如图9-90所示。
- 颜色：用底层图像的明亮度以及上层图像的色相和饱和度来创建结果色，这样可以保留图像中的灰阶，对于为单色图像上色或给彩色图像着色非常有用，如图9-91所示。
- 明度：用底层图像的色相和饱和度以及上层图像的明亮度来创建结果色，如图9-92所示。

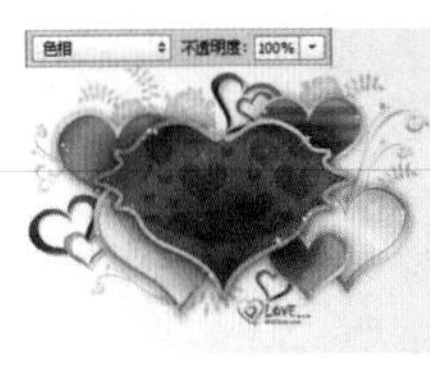

图 9-89

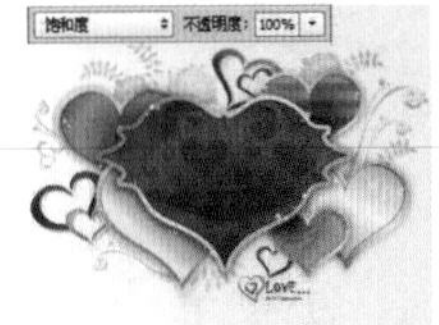

图 9-90

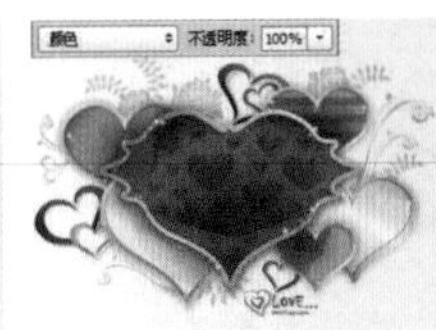

图 9-91

图 9-92

★ 案例实战——欧美风撞色招贴

案例文件	案例文件\第9章\欧美风撞色招贴.psd
视频教学	视频文件\第9章\欧美风撞色招贴.mp4
难易指数	★★★★★
技术要点	混合模式、图层蒙版

扫码看视频

案例效果

本案例主要使用混合模式和图层蒙版命令制作欧美风格招贴，如图9-93所示。

图 9-93

操作步骤

01 新建文件，使用渐变工具，在选项栏中编辑灰色系的渐变，设置渐变类型为径向渐变。在画面中绘制合适的渐变，效果如图9-94所示。置入人像素材“1.jpg”，并栅格化该图层，如图9-95所示。

图 9-94

图 9-95

02 单击工具箱中的“魔棒工具”按钮，在选项栏中设置绘制模式为“添加到选区”，“容差”为10，选中“连续”复选框，在背景处多次单击得到背景选区，如图9-96所示。按Delete键删除背景部分，如图9-97所示。然后在人像图层底部新建图层，使用黑色柔边圆画笔在人像手臂下方绘制阴影效果，如图9-98所示。

图 9-96

图 9-97

图 9-98

03 在背景图层上方新建图层，使用矩形选框工具绘制合适的矩形选区，单击工具箱中的“渐变工具”按钮，在选项栏中编辑一种稍浅些的灰色系渐变，设置渐变类型为线性，在选框中绘制渐变效果，如图9-99和图9-100所示。

图 9-99

图 9-100

04 执行“图层>新建调整图层>自然饱和度”命令，创建新的“自然饱和度”调整图层，设置“自然饱和度”为−100，“饱和度”为−100，如图9-101所示。将该图层放置在人像图层上方，右击，在弹出的快捷菜单中执行“创建剪贴蒙版”命令，效果如图9-102所示。

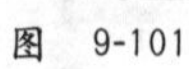

图 9-101

图 9-102

05 执行“图层>新建调整图层>曲线”命令，调整曲线的形状，压暗画面效果，如图9-103所示。同样为人像图层创建剪贴蒙版，效果如图9-104所示。

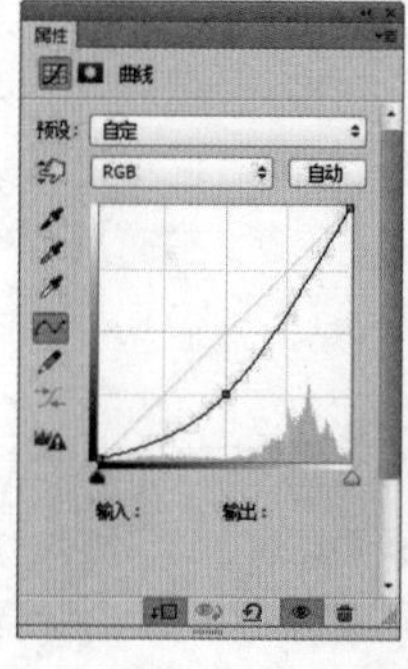

图 9-103

图 9-104

06 新建图层，使用椭圆选框工具，按住Shift键在画面中绘制正圆选区，并为其填充青色，如图9-105所示。设置圆形的“混合模式”为“变暗”，如图9-106所示，效果如图9-107所示。

图 9-105

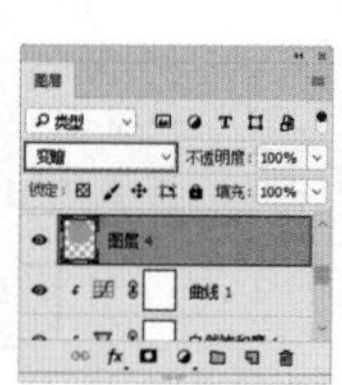

图 9-106

图 9-107

07 复制正圆图层，设置其“不透明度”为64%，为其添加图层蒙版，使用黑色画笔在蒙版中绘制多余的部分，如图9-108所示，效果如图9-109所示。

图 9-108

图 9-109

08 使用钢笔工具在选项栏中设置绘制模式为“形状”，“填充”为无，“描边”颜色为黄色，大小为4.28点，选择直线，如图9-110所示。在画面中绘制直线，如图9-111所示。

图 9-110

图 9-111

09 新建图层，再次使用椭圆选框工具绘制正圆选区，并为其填充黑色，如图9-112所示。设置黑色正圆的“不透明度”为80%，同样为其添加图层蒙版，使用黑色画笔在蒙版中进行绘制，如图9-113所示。使黑色圆形的右下部分隐藏，效果如图9-114所示。

图 9-112

图 9-113

图 9-114

10 使用横排文字工具设置合适的字体以及字号，在画面中合适位置单击输入文字，最终效果如图9-115所示。

图 9-115

☆ 视频课堂——使用混合模式打造创意饮品合成

扫码看视频

案例文件\第9章\视频课堂——使用混合模式打造创意饮品合成.psd
视频文件\第9章\视频课堂——使用混合模式打造创意饮品合成.mp4

思路解析：

01 使用渐变填充、纯色填充、画笔工具制作背景。
02 置入饮料素材，并栅格化该图层，通过调整图层调整颜色，并使用图层蒙版将背景隐藏。
03 置入光效素材、水花素材、气泡素材等，栅格化图层后，通过调整混合模式将其融入画面中。
04 置入其他装饰素材并栅格化，通过创建曲线调整图层，增强画面对比度。

9.4 使用图层样式

● 技术速查：使用图层样式可以快速为图层中的内容添加多种效果，例如浮雕、描边、发光、投影等效果。

在平面设计中，图层样式的使用非常普遍，图层样式以其使用简单、效果多变、修改方便的特性广受用户的青睐，使之成为制作质感效果的“绝对利器”。例如，为产品广告中的产品添加投影效果，为广告中的文字添加描边，或使画面某一部分产生浮雕状的立体感，通过图层样式都可以轻松地制作出来。

执行“图层>图层样式”菜单下的子命令，如图9-116所示，打开“图层样式”对话框，在这里可以看到Photoshop中包含10种图层样式：斜面和浮雕、描边、内阴影、内发光、光泽、颜色叠加、渐变叠加、图案叠加、外发光与投影。这些图层样式基本包括阴影、发光、凸起、光泽、叠加、描边这样几种属性。在面板左侧的列表中单击某项图层样式，使样式前方出现☑，即表示该项样式处于启用状态，如图9-117所示。

如图9-118所示为分别使用了这12种图层样式的效果。如果为同一图层使用多种图层样式，还可以制作出更加丰富的奇特效果。

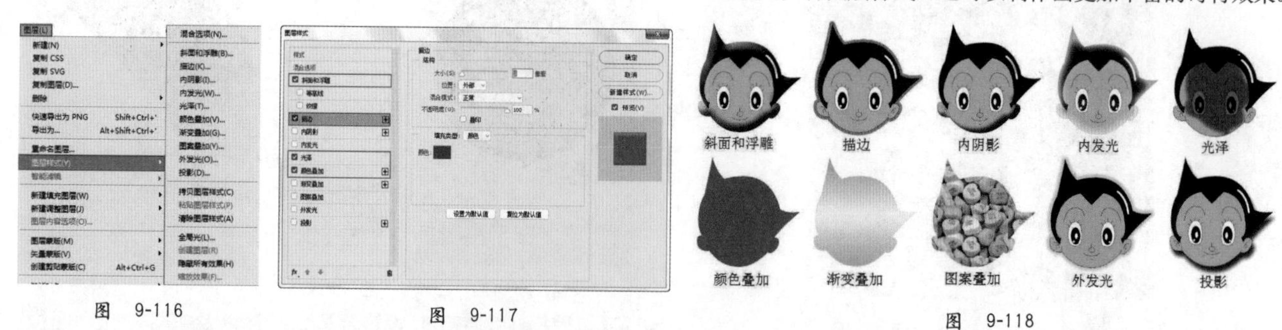

图 9-116　　图 9-117　　图 9-118

9.4.1 动手学：添加与修改图层样式

技术速查："图层样式"对话框集合了全部的图层样式以及图层混合选项，在这里可以添加、删除或编辑图层样式。

01 执行"图层>图层样式"菜单下的子命令，将弹出"图层样式"对话框，在某一项样式前单击，样式名称前面的复选框内有☑标记，表示在图层中添加了该样式。调整好相应的设置以后单击"确定"按钮，即可为当前图层添加该样式，如图9-119和图9-120所示。

02 在"图层"面板下单击"添加图层样式"按钮fx，在弹出的菜单中选择一种样式即可打开"图层样式"对话框，如图9-121所示。或在"图层"面板中双击需要添加样式的图层缩览图，打开"图层样式"对话框，然后在对话框左侧选择要添加的效果即可，如图9-122所示。

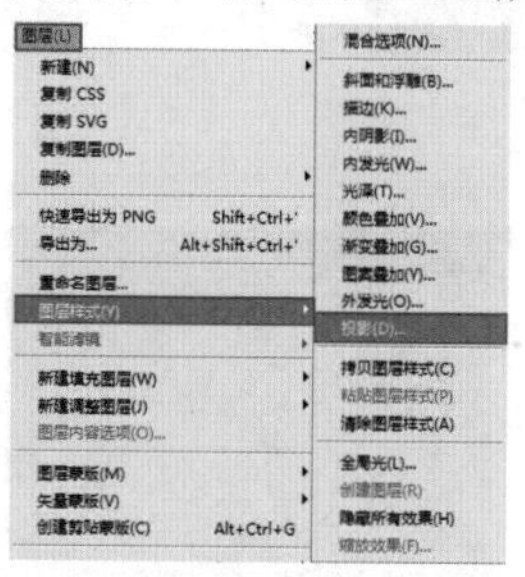

图 9-119

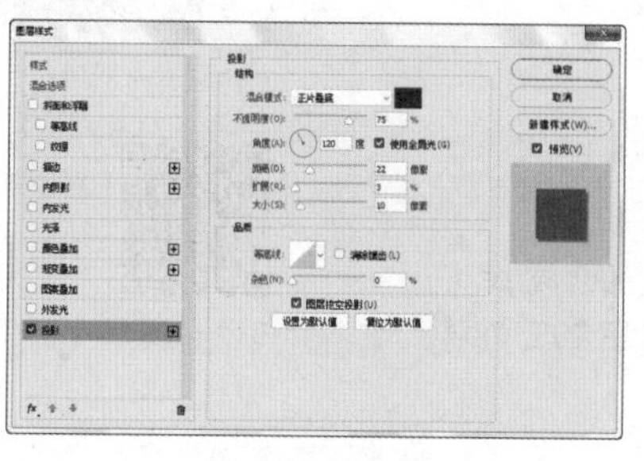

图 9-120

图 9-121

图 9-122

03 "图层样式"对话框的左侧列出了10种样式。单击一个样式的名称，可以选中该样式，同时切换到该样式的设置面板，如图9-123所示。如果选中样式名称前面的复选框，则可以应用该样式，但不会显示样式设置面板，如图9-124所示。

04 在"图层样式"对话框中设置好样式参数以后，单击"确定"按钮即可为图层添加样式，添加了样式的图层的右侧会出现一个fx图标，如图9-125所示。

05 再次对图层执行"图层>图层样式"命令或在"图层"面板中双击该样式的名称，弹出"图层样式"对话框，进行参数的修改即可，如图9-126和图9-127所示。

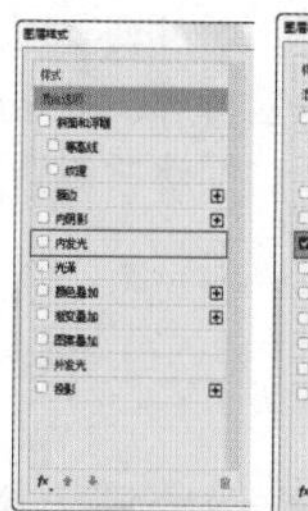

图 9-123

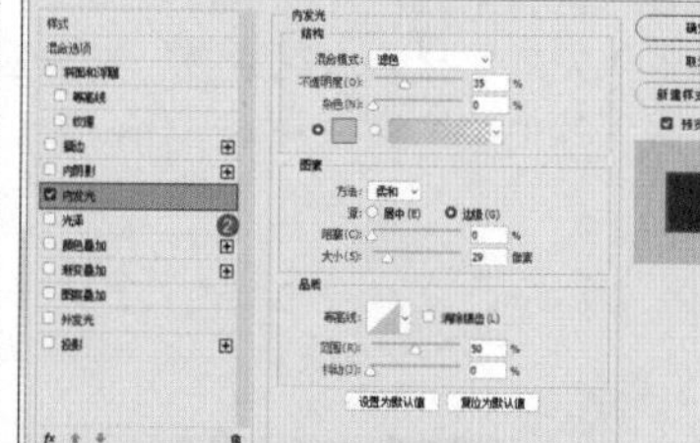

图 9-124

图 9-125

图 9-126

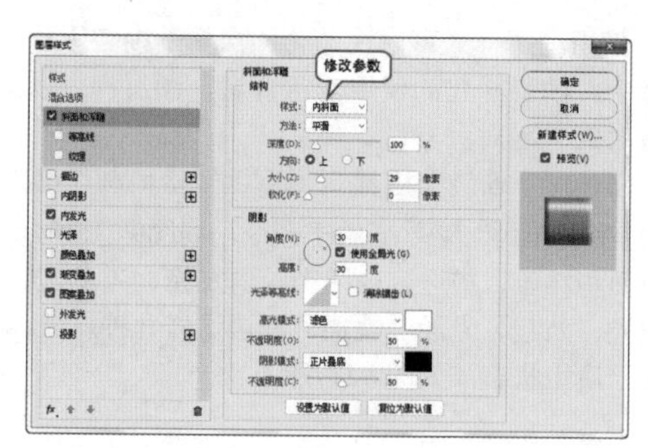

图 9-127

9.4.2 斜面和浮雕

- 视频精讲：Photoshop新手学视频精讲课堂/斜面与浮雕样式.mp4
- 技术速查：“斜面和浮雕”样式可以为图层添加高光与阴影，使图像产生立体的浮雕效果，常用于立体文字的模拟。

在“斜面和浮雕”参数面板中可以对“斜面和浮雕”的结构以及阴影属性进行设置，如图9-128所示。如图9-129和图9-130所示为原始图像与添加了“斜面和浮雕”样式以后的图像效果。

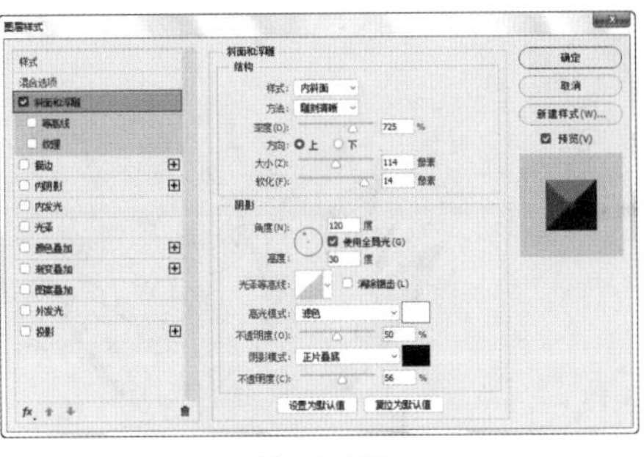

图 9-128

图 9-129

图 9-130

设置斜面和浮雕

- 样式：选择斜面和浮雕的样式。如图9-131所示为未添加任何效果的原图片。选择“外斜面”选项，可以在图层内容的外侧边缘创建斜面，如图9-132所示。选择“内斜面”选项，可以在图层内容的内侧边缘创建斜面，如图9-133所示；选择“浮雕效果” 选项，可以使图层内容相对于下层图层产生浮雕状的效果，如图9-134所示。选择“枕状浮雕” 选项，可以模拟图层内容的边缘嵌入到下层图层中产生的效果，如图9-135所示。选择“描边浮雕” 选项，可以将浮雕应用于图层的“描边”样式的边界，如果图层没有“描边”样式，则不会产生效果，如图9-136所示。

图 9-131

图 9-132

图 9-133

图 9-134

图 9-135

图 9-136

- 方法：用来选择创建浮雕的方法。选择“平滑” 选项，可以得到比较柔和的边缘，如图9-137所示；选择“雕刻清晰” 选项，可以得到最精确的浮雕边缘，如图9-138所示；选择“雕刻柔和” 选项，可以得到中等水平的浮雕效果，如图9-139所示。

图 9-137

图 9-138

图 9-139

- 深度：用来设置浮雕斜面的应用深度，该值越高，浮雕的立体感越强，如图9-140和图9-141所示。

图 9-140

图 9-141

- 方向：用来设置高光和阴影的位置，该选项与光源的角度有关。
- 大小：该选项表示斜面和浮雕的阴影面积的大小。
- 软化：用来设置斜面和浮雕的平滑程度。如图9-142和图9-143所示分别为软化数值为0和软化数值为16的效果。

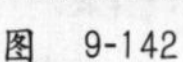

图 9-142

图 9-143

● 角度/高度："角度"选项用来设置光源的发光角度，如图9-144所示；"高度"选项用来设置光源的高度，如图9-145所示。

图 9-144

图 9-145

● 使用全局光：如果选中该复选框，那么所有浮雕样式的光照角度都将保持在同一个方向。

● 光泽等高线：选择不同的等高线样式，可以为斜面和浮雕的表面添加不同的光泽质感，也可以自己编辑等高线样式，如图9-146和图9-147示。

图 9-146

图 9-147

● 消除锯齿：当设置了光泽等高线时，斜面边缘可能会产生锯齿，选中该复选框可以消除锯齿。

● 高光模式/不透明度：这两个选项用来设置高光的混合模式和不透明度，后面的色块用于设置高光的颜色。

● 阴影模式/不透明度：这两个选项用来设置阴影的混合模式和不透明度，后面的色块用于设置阴影的颜色。

设置等高线

单击"斜面和浮雕"样式下面的"等高线"选项，切换到"等高线"设置面板。使用等高线可以在浮雕中创建凹凸起伏的效果，如图9-148所示。

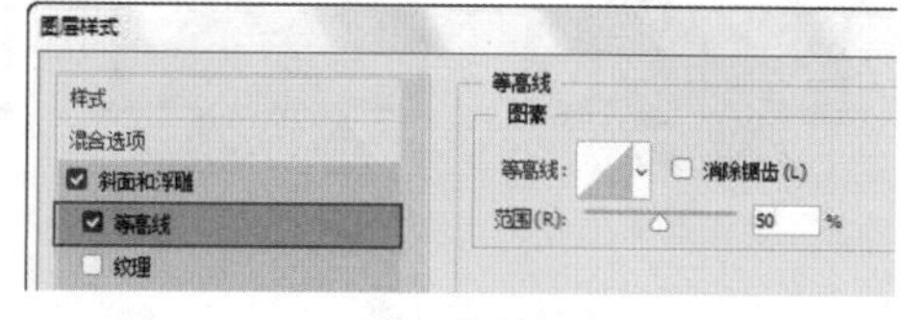

图 9-148

设置纹理

单击"等高线"选项下面的"纹理"选项，切换到"纹理"设置面板，如图9-149~图9-151所示。

● 图案：单击"图案"选项右侧的·图标，可以在弹出的"图案"拾色器中选择一个图案，并将其应用到斜面和浮雕上。

● 从当前图案创建新的预设：单击该按钮，可以将当前设置的图案创建为一个新的预设图案，同时新图案会保存在"图案"拾色器中。

● 贴紧原点：将原点对齐图层或文档的左上角。

● 缩放：用来设置图案的大小。

● 深度：用来设置图案纹理的使用程度。

● 反相：选中该复选框后，可以反转图案纹理的凹凸方向。

● 与图层链接：选中该复选框后，可以将图案和图层链接在一起，这样在对图层进行变换等操作时，图案也会跟着一同变换。

图 9-149

图 9-150

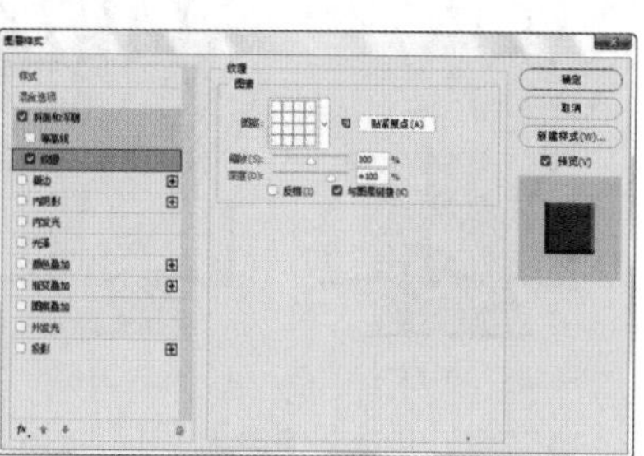

图 9-151

思维点拨：关于“浮雕”

“去料谓之雕，堆料谓之塑。”浮雕是雕塑与绘画结合的产物，用压缩的办法来处理对象，靠透视因素来表现三维空间，并只供一面或两面观看。浮雕一般是附属在另一平面上的，因此在建筑上使用更多。占用空间较小，所以适用于多种环境的装饰。近年来，它在城市美化环境中占据了越来越重要的地位，如图9-152所示。

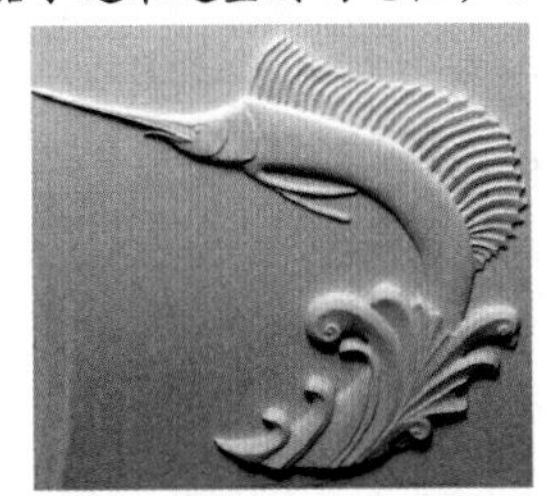

图 9-152

读书笔记

9.4.3 描边

- 视频精讲：Photoshop新手学视频精讲课堂/描边样式.mp4
- 技术速查：“描边”样式可以使用颜色、渐变以及图案来描绘图像的轮廓边缘。

在“描边”窗口中首先可以对描边大小、位置、混合模式、不透明度进行设置，如图9-153所示。然后单击填充类型列表，从“颜色”“渐变”以及“图案”中选择一种方式，如图9-154~图9-156所示为颜色描边、渐变描边和图案描边效果。

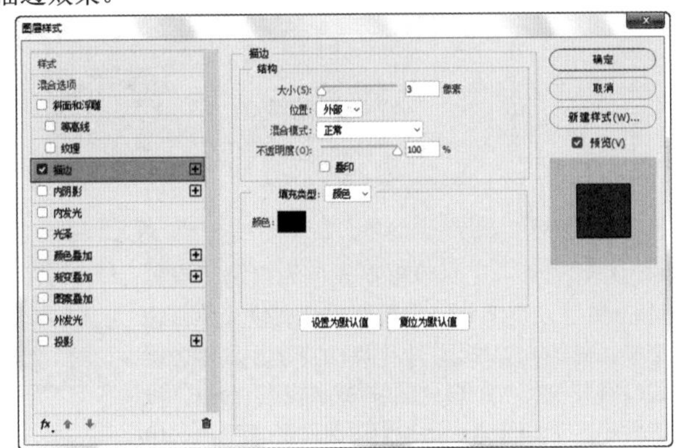

图 9-153

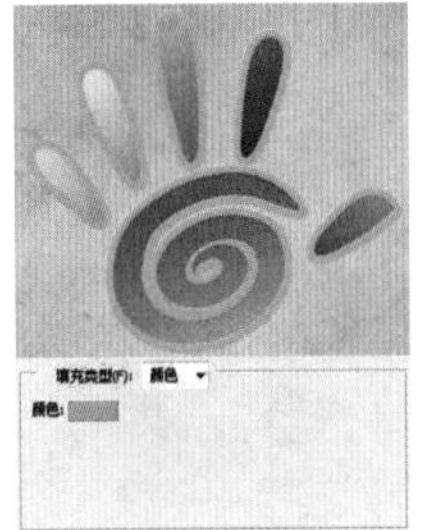

图 9-154

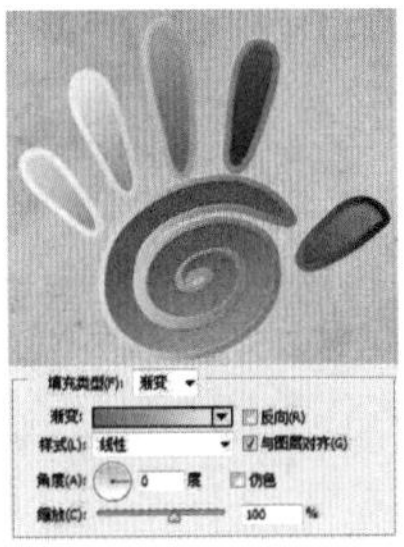

图 9-155

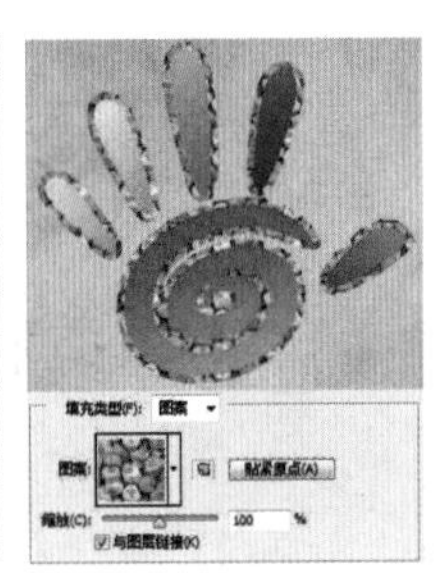

图 9-156

★ 案例实战——质感水晶文字

案例文件	案例文件\第9章\质感水晶文字.psd
视频教学	视频文件\第9章\质感水晶文字.mp4
难易指数	
技术要点	描边样式、内发光样式、动感模糊滤镜

扫码看视频

案例效果

本案例主要使用描边样式、内发光样式、动感模糊滤镜制作质感水晶文字，如图9-157所示。

图 9-157

操作步骤

01 新建文件，设置“宽度”为3500像素，“高度”为2514像素，“背景内容”颜色为白色，如图9-158所示。设置前景色为银白色，并使用画笔工具在画面四周进行涂抹，如图9-159所示。

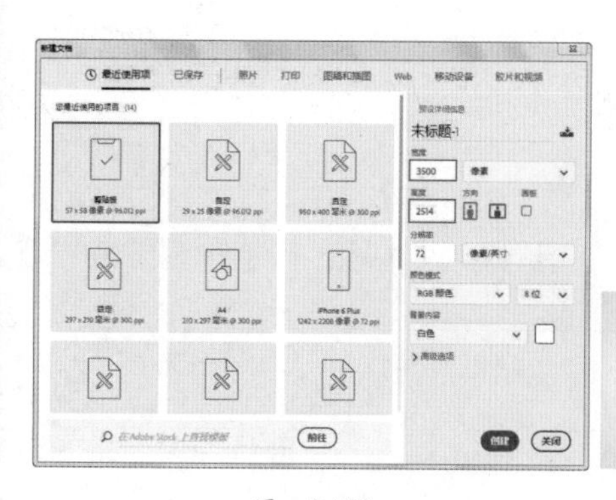

图 9-158

图 9-159

02 新建图层，设置前景色为蓝色，使用矩形选框工具按住Shift键单击，在画面中拖曳绘制合适的正方形选区，为其填充前景色，如图9-160所示。对其执行“滤镜>模糊>动感模糊”命令，设置“角度”为0度，“距离”为150像素，如图9-161所示。单击“确定”按钮，效果如图9-162所示。

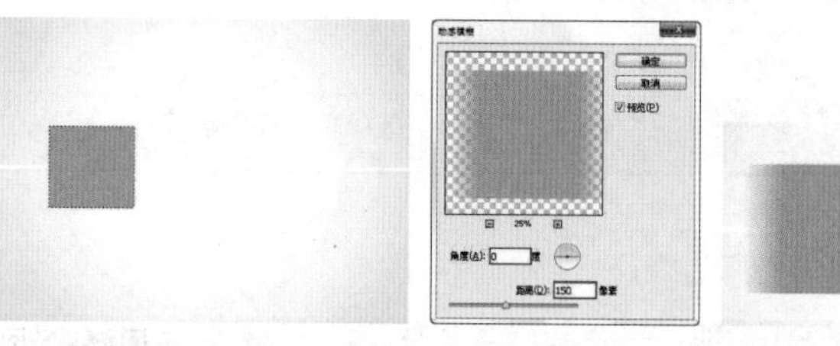

图 9-160　　图 9-161　　图 9-162

03 复制动感模糊填充置于其上方，设置图层的“不透明度”为70%，如图9-163所示。按Ctrl+T快捷键执行“自由变换”命令，右击，在弹出的快捷菜单中执行“顺时针旋转90度”命令，如图9-164所示。

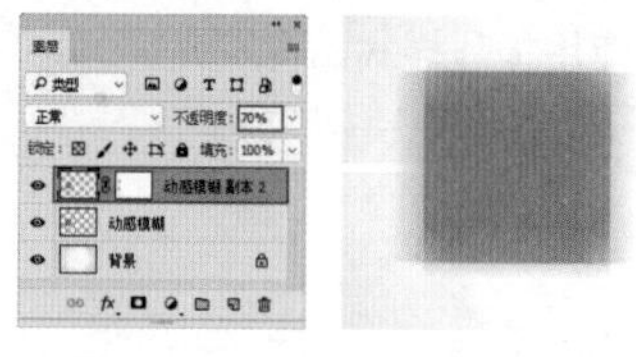

图 9-163　　图 9-164

04 单击工具箱中的“圆角矩形工具”按钮，在选项栏中设置绘制模式为“形状”，“填充”颜色为蓝色，“半径”为8像素，如图9-165所示。在画面中单击并按住Shift键绘制正圆角矩形，如图9-166所示。

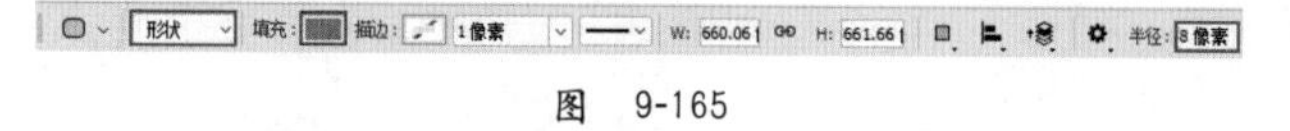

图 9-165

图 9-166

05 为该圆角矩形图层添加图层样式，执行“图层>图层样式>描边”命令，设置“大小”为10像素，“位置”为“外部”，“填充类型”为“颜色”，“颜色”为蓝色，如图9-167所示。选中“内发光”复选框，设置“混合模式”为“正常”，“不透明度”为50%，选中“颜色”单选按钮，设置“方法”为“柔和”，选中“边缘”单选按钮，设置“阻塞”为0%，“大小”为100像素，如图9-168所示。设置完毕后单击“确定”按钮，效果如图9-169所示。

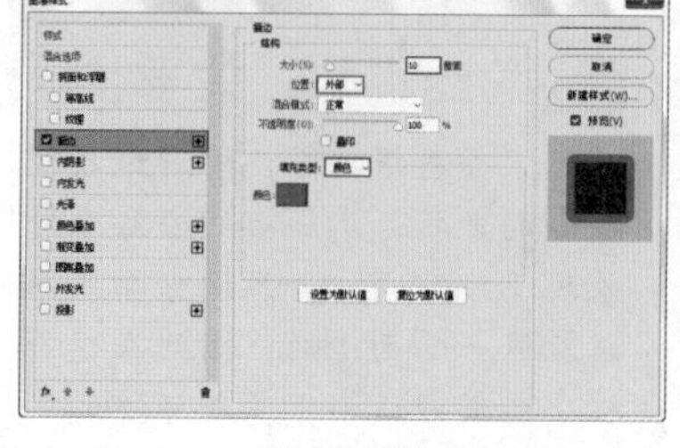

图 9-167

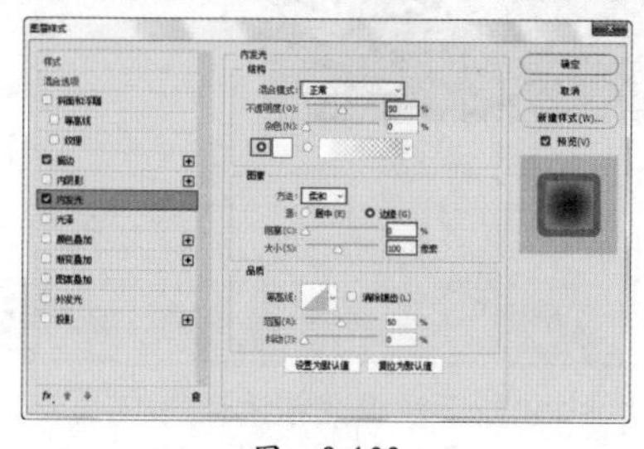

图 9-168　　图 9-169

06 按住Ctrl键单击图层缩览图载入选区，新建图层并填充白色，如图9-170所示。单击“图层”面板底部的“添加图层蒙版”按钮为其添加图层蒙版，使用黑色柔边圆画笔在蒙版中涂抹多余区域，并设置图层的“不透明度”为10%，如图9-171所示，效果如图9-172所示。

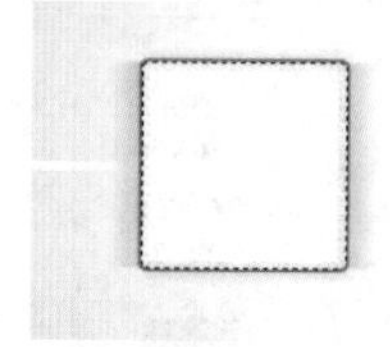

图 9-170　　图 9-171　　图 9-172

07 使用横排文字工具设置前景色为白色，设置合适的字号以及字体，在画面中合适位置单击输入文字，如图9-173所示。同样为文字图层添加图层样式，对其执行“图层>图层样式>描边”命令，设置“大小”为10像素，“位置”为“外部”，“填充类型”为“颜色”，设置合适的描边颜色，单击“确定”按钮，如图9-174所示，效果如图9-175所示。

图 9-173

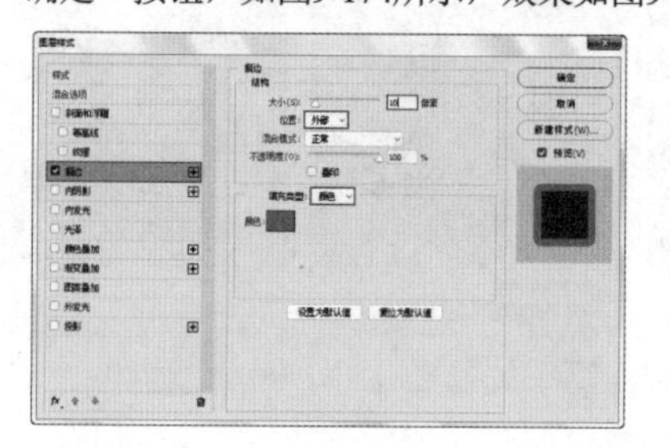

图 9-174　　图 9-175

08 用同样的方法制作其他的质感水晶，如图9-176所示。

图 9-176

9.4.4 内阴影

- 视频精讲：Photoshop新手学视频精讲课堂/内阴影样式与投影样式.mp4
- 技术速查："内阴影"样式可以在紧靠图层内容的边缘内添加阴影，使图层内容产生凹陷效果。

在"内阴影"参数面板中可以对内阴影的结构以及品质进行设置，如图9-177所示。如图9-178和图9-179所示分别为原始图像以及添加了"内阴影"样式后的效果。

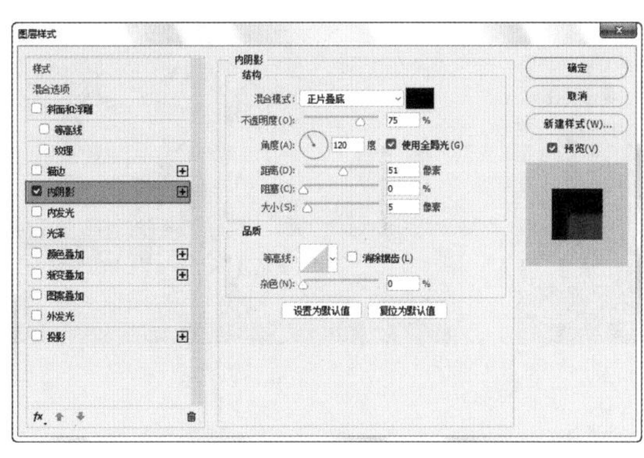

图 9-177

图 9-178

图 9-179

- 混合模式：用来设置投影与下面图层的混合方式，默认设置为"正片叠底"模式。
- 阴影颜色：单击"混合模式"选项右侧的颜色块，可以设置阴影的颜色。
- 不透明度：设置投影的不透明度。数值越低，投影越淡。
- 角度：用来设置投影应用于图层时的光照角度，指针方向为光源方向，相反方向为投影方向。
- 使用全局光：当选中该复选框时，可以保持所有光照的角度一致；取消选中该复选框时，可以为不同的图层分别设置光照角度。
- 距离：用来设置投影偏移图层内容的距离。
- 大小：用来设置投影的模糊范围，该值越高，模糊范围越广，反之投影越清晰。
- 扩展：用来设置投影的扩展范围，注意，该值会受到"大小"选项的影响。
- 等高线：以调整曲线的形状来控制投影的形状，可以手动调整曲线形状，也可以选择内置的等高线预设。

- 消除锯齿：混合等高线边缘的像素，使投影更加平滑。该选项对于尺寸较小且具有复杂等高线的投影比较实用。
- 杂色：用来在投影中添加杂色的颗粒感效果，数值越大，颗粒感越强。
- 图层挖空投影：用来控制半透明图层中投影的可见性。选中该复选框后，如果当前图层的“填充”数值小于100%，则半透明图层中的投影不可见。

☆ 视频课堂——制作质感晶莹文字

扫码看视频

案例文件\第9章\视频课堂——制作质感晶莹文字.psd
视频文件\第9章\视频课堂——制作质感晶莹文字.mp4

思路解析：

01 使用横排文字工具在画面中输入文字。
02 为其添加“斜面和浮雕”图层样式。
03 为其添加“内阴影”图层样式。
04 为其添加“内发光”图层样式。
05 为其添加“外发光”图层样式。

9.4.5 内发光

- 视频精讲：Photoshop新手学视频精讲课堂/内发光与外发光效果.mp4
- 技术速查：“内发光”效果可以沿图层内容的边缘向内创建发光效果，也会使对象出现些许的“突起感”。

在“内发光”参数面板中可以对“内发光”的结构、图素以及品质进行设置，如图9-180所示。如图9-181和图9-182所示为原始图像以及添加了“内发光”样式以后的图像效果。

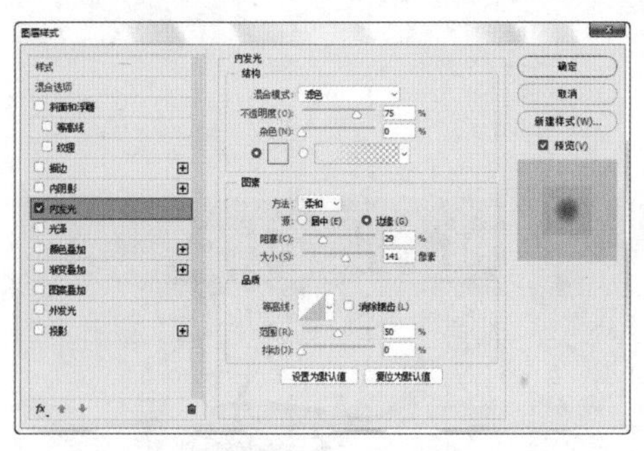
图 9-180

图 9-181

图 9-182

- 混合模式：设置发光效果与下面图层的混合方式。
- 不透明度：设置发光效果的不透明度。
- 杂色：在发光效果中添加随机的杂色效果，使光晕产生颗粒感。
- 发光颜色：单击“杂色”选项下面的颜色块，可以设置发光颜色；单击颜色块后面的渐变条，可以在“渐变编辑器”对话框中选择或编辑渐变色。
- 方法：用来设置发光的方式。选择“柔和”选项，发光效果比较柔和；选择“精确”选项，可以得到精确的发光边缘。
- 源：控制光源的位置。
- 阻塞：用来在模糊之前收缩发光的杂边边界。
- 大小：设置光晕范围的大小。
- 等高线：使用等高线可以控制发光的形状。
- 范围：控制发光中作为等高线目标的部分或范围。
- 抖动：改变渐变的颜色和不透明度的应用。

9.4.6 光泽

- 视频精讲：Photoshop新手学视频精讲课堂/光泽效果.mp4
- 技术速查："光泽"样式可以为图像添加光滑的具有光泽的内部阴影，通常用来制作具有光泽质感的按钮和金属。

在"光泽"参数面板中可以对"光泽"的颜色、混合模式、不透明度、角度、距离、大小、等高线进行设置。"光泽"样式的参数没有特别的选项，这里就不再重复讲解，如图9-183所示。如图9-184和图9-185所示分别为原始图像以及添加了"光泽"样式以后的图像效果。

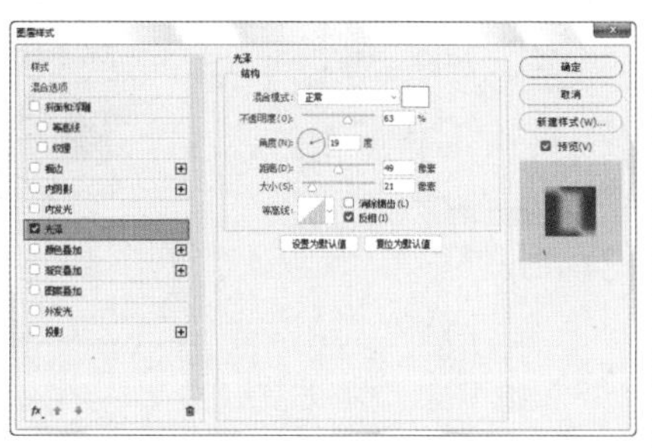

图 9-183

图 9-184

图 9-185

9.4.7 颜色叠加

- 视频精讲：Photoshop新手学视频精讲课堂/颜色叠加、渐变叠加、图案叠加.mp4
- 技术速查："颜色叠加"样式可以在图像上叠加设置的颜色，并且可以通过模式的修改调整图像与颜色的混合效果。

在"颜色叠加"参数面板中可以对"颜色叠加"的颜色、混合模式以及不透明度进行设置，如图9-186所示。如图9-187和图9-188所示分别为原始图像以及添加了"颜色叠加"样式以后的图像效果。

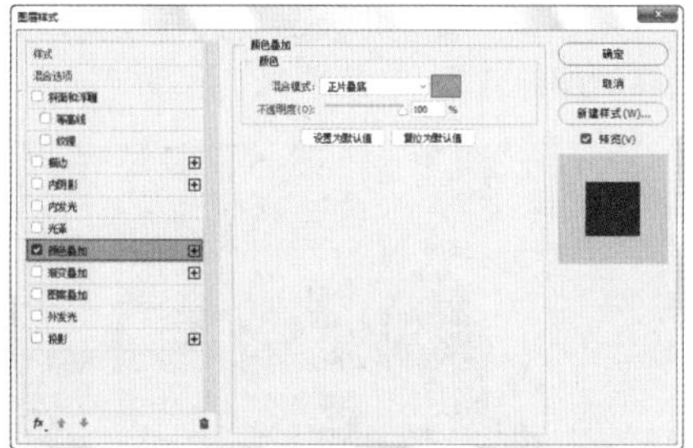

图 9-186

图 9-187

图 9-188

9.4.8 渐变叠加

- 视频精讲：Photoshop新手学视频精讲课堂/颜色叠加、渐变叠加、图案叠加.mp4
- 技术速查："渐变叠加"样式可以在图层上叠加指定的渐变色，渐变叠加不仅仅能够制作带有多种颜色的对象，更能够通过巧妙的渐变颜色设置制作出突起、凹陷等三维效果以及带有反光的质感效果。

在"渐变叠加"参数面板中可以对"渐变叠加"的渐变颜色、混合模式、角度、缩放等参数进行设置，如图9-189所示。如图9-190和图9-191所示分别为原始图像以及添加了"渐变叠加"样式以后的效果。

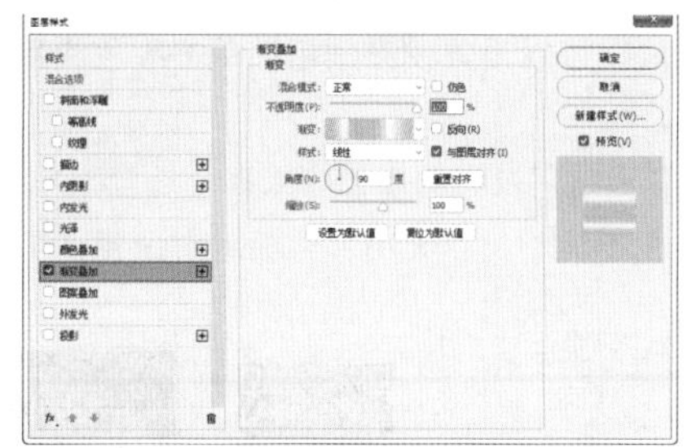

图 9-189

图 9-190

图 9-191

思维点拨

为文字制作渐变效果是模拟金属质感的一种方法，如图9-192所示。要想做得更加真实，可以在表面设置纹理，如图9-193所示。

图 9-192

图 9-193

9.4.9 图案叠加

- 视频精讲：Photoshop新手学视频精讲课堂/颜色叠加、渐变叠加、图案叠加.mp4
- 技术速查："图案叠加"样式可以在图像上叠加图案，与"颜色叠加""渐变叠加"相同，也可以通过混合模式的设置使叠加的"图案"与原图像进行混合。

在"图案叠加"参数面板中可以对"图案叠加"的图案、混合模式、不透明度等参数进行设置，如图9-194所示。如图9-195和图9-196所示分别为原始图像以及添加了"图案叠加"样式以后的图像效果。

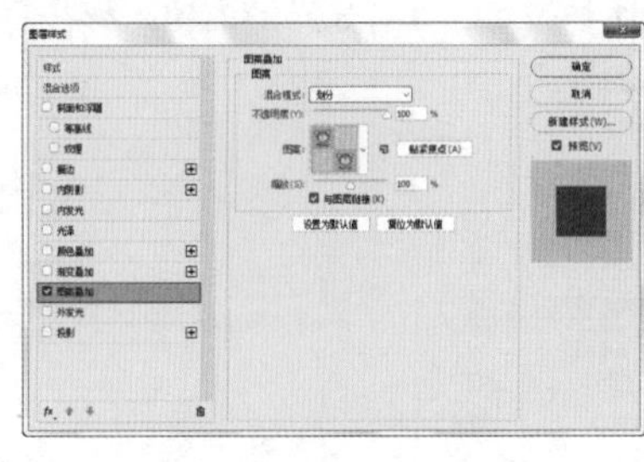

图 9-194

图 9-195

图 9-196

9.4.10 外发光

- 视频精讲：Photoshop新手学视频精讲课堂/内发光与外发光效果.mp4
- 技术速查："外发光"样式可以沿图层内容的边缘向外创建发光效果，可用于制作自发光效果以及人像或者其他对象的梦幻般的光晕效果。

在"外发光"参数面板中可以对"外发光"的结构、图素以及品质进行设置，如图9-197所示。如图9-198和图9-199所示分别为原始图像以及添加了"外发光"样式以后的图像效果。

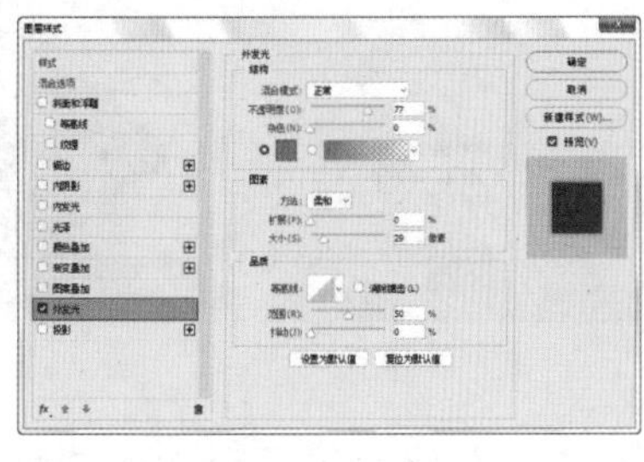

图 9-197

图 9-198

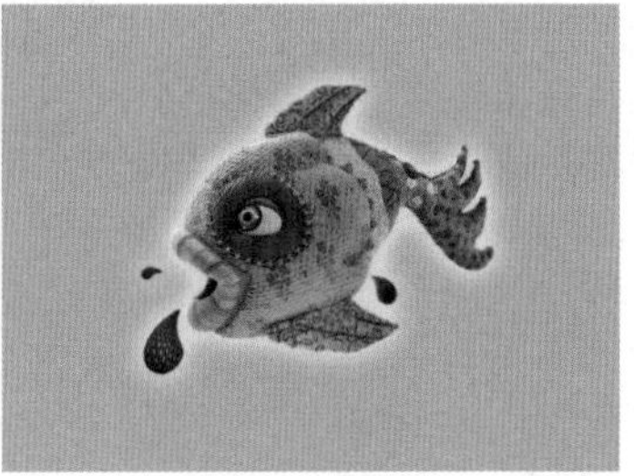

图 9-199

- 混合模式/不透明度："混合模式"选项用来设置发光效果与下面图层的混合方式；"不透明度"选项用来设置发光效果的不透明度。
- 杂色：在发光效果中添加随机的杂色效果，使光晕产生颗粒感。
- 发光颜色：单击"杂色"选项下面的颜色块，可以设置发光颜色；单击颜色块后面的渐变条，可以在"渐变编辑器"对话框中选择或编辑渐变色。
- 方法：用来设置发光的方式。选择"柔和"选项，发光效果比较柔和；选择"精确"选项，可以得到精确的发光边缘。
- 扩展/大小："扩展"选项用来设置发光范围的大小；"大小"选项用来设置光晕范围的大小。

☆ 视频课堂——制作杂志风格空心字

案例文件\第9章\视频课堂——制作杂志风格空心字.psd
视频文件\第9章\视频课堂——制作杂志风格空心字.mp4

扫码看视频

思路解析：

01 打开素材，使用文字工具在画面中输入文字。
02 将文字摆放在合适位置。
03 为主体文字添加外发光样式与渐变叠加样式。
04 复制并移动主体文字。

9.4.11 投影

- 视频精讲：Photoshop新手学视频精讲课堂/内阴影样式与投影样式.mp4
- 技术速查：使用“投影”样式可以为图层模拟出向后的投影效果，可增强某部分层次感以及立体感，平面设计中常用于需要突显的文字中。

在“投影”参数面板中可以对“投影”的结构、品质进行设置，如图9-200所示。如图9-201和图9-202所示分别为添加投影样式前后的效果。

“投影”与“内阴影”的参数设置基本相同，只不过“投影”是用“扩展”选项来控制投影边缘的柔化程度，而“内阴影”是通过“阻塞”选项来控制的。“阻塞”选项可以在模糊之前收缩内阴影的边界。另外，“大小”选项与“阻塞”选项是相互关联的，“大小”数值越高，可设置的“阻塞”范围就越大。

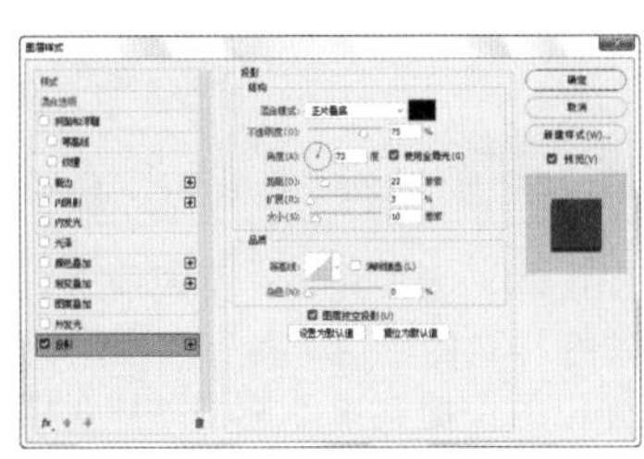

图 9-200

图 9-201

图 9-202

☆ 视频课堂——使用图层技术制作月色荷塘

扫码看视频

案例文件\第9章\视频课堂——使用图层技术制作月色荷塘.psd
视频文件\第9章\视频课堂——使用图层技术制作月色荷塘.mp4

思路解析：

01 使用泥沙、光效、彩色、水花等图层混合制作出背景。
02 使用钢笔工具绘制出主体形状，并为其添加图层样式。
03 置入鱼、水、花、人像等素材并将其栅格化。
04 添加光效并适当调整颜色。

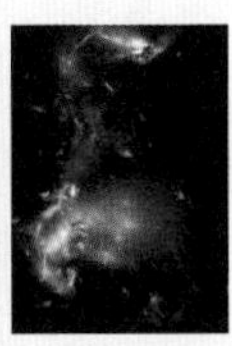

9.5 编辑图层样式

- 视频精讲：Photoshop新手学视频精讲课堂/图层样式的基本操作.mp4

图层样式作为一种附着于图层内容存在的特殊效果，可以通过简单的操作进行显示、隐藏、复制、粘贴、移动、删除等操作。还能够以独立外挂文件的形式进行存储、传输，也可以载入外挂的图层样式文件，在进行平面设计时快速地调用已有的样式进行操作，如图9-203和图9-204所示。

图 9-203

图 9-204

9.5.1 动手学：显示与隐藏图层样式

在添加了图层样式的图层名称右侧都有一个图层样式图标fx，单击向下的箭头，即可看到当前图层添加的样式堆栈。如果要隐藏图层的某个样式，可以在“图层”面板中单击该样式前面的眼睛图标，如图9-205和图9-206所示。

如果要隐藏某个图层中的所有样式，可以单击“效果”前面的眼睛图标，如图9-207所示。如果要隐藏整个文档中图层的图层样式，可以执行“图层>图层样式>隐藏所有效果”命令。

图 9-205

图 9-206

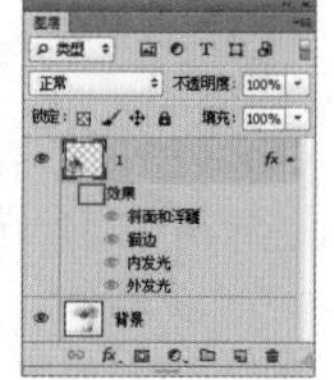
图 9-207

9.5.2 动手学：复制/粘贴图层样式

当文档中有多个需要使用同样样式的图层时，无须为每一个图层进行重复的设置，只需要设置其中一个图层的样式，然后选择设置好样式的图层，执行“图层>图层样式>拷贝图层样式”命令，或者在图层名称上右击，在弹出的快捷菜单中选择“拷贝图层样式”命令，如图9-208所示。接着选择目标图层，再执行“图层>图层样式>粘贴图层样式”命令，或者在目标图层的名称上右击，在弹出的快捷菜单中选择“粘贴图层样式”命令，复制的图层样式即可出现在当前图层上，如图9-209所示。

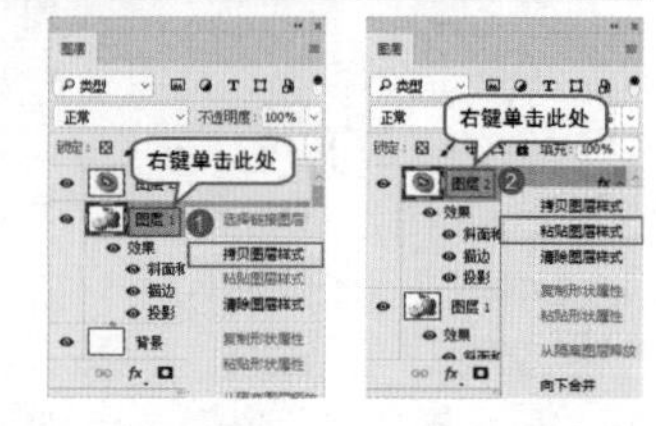

图 9-208　　图 9-209

9.5.3 动手学：缩放图层样式

“缩放效果”命令可以快速地对当前图层的全部样式进行按比例的放大或缩小。这个命令非常常用，例如在为一个图层使用了预设的图层样式时，发现所选择的样式相对于当前图层不成比例。或是从一个较大的图层上复制图层样式粘贴到较小的图层上时，会出现图层样式过大或过小的情况，可以使用“缩放效果”命令进行样式的缩放。

01 展开需要缩放样式图层的样式堆栈，然后在图层样式上右击，在弹出的快捷菜单中执行“缩放效果”命令，如图9-210和图9-211所示。

02 在弹出的“缩放图层效果”对话框中可以进行图层样式缩放比例的设置，如图9-212所示。例如此处设置为20%，可以看到图层的样式明显减小，如图9-213所示。

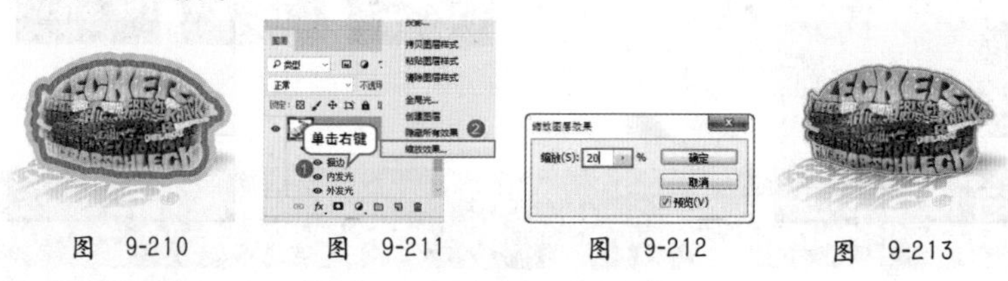

图 9-210　　图 9-211　　图 9-212　　图 9-213

9.5.4 动手学：删除图层样式

技术速查：使用“清除图层样式”命令可以去除图层样式、混合模式以及不透明度属性。

想要删除图层上的某一个样式可以展开图层样式堆栈，使用鼠标左键按住某一样式并拖曳到“删除图层”按钮上，如图9-214所示。

如果要删除某个图层中的所有样式，可以选择该图层，然后执行“图层>图层样式>清除图层样式”命令，或在图层名称上右击，在弹出的快捷菜单中选择“清除图层样式”命令，如图9-215所示。

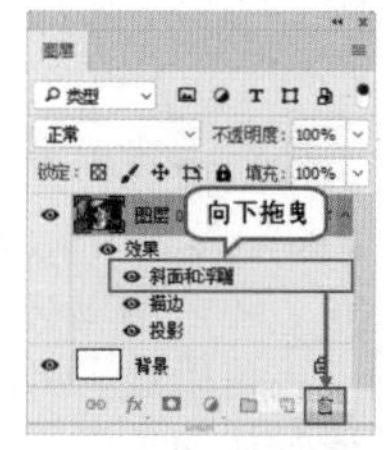

图 9-214

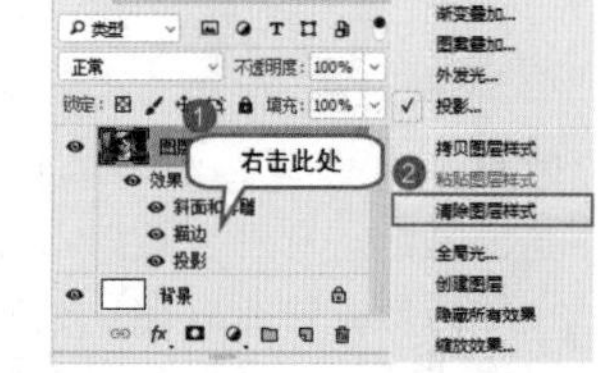

图 9-215

9.5.5 动手学：栅格化图层样式

技术速查：栅格化图层样式可以将图层样式部分转换为与普通图层的其他部分一样进行编辑处理，但是不再具有可以调整图层参数的功能。

选中图层样式图层，如图9-216所示。执行“图层>栅格化>图层样式”命令，即可将当前图层的图层样式栅格化到当前图层中，如图9-217和图9-218所示。

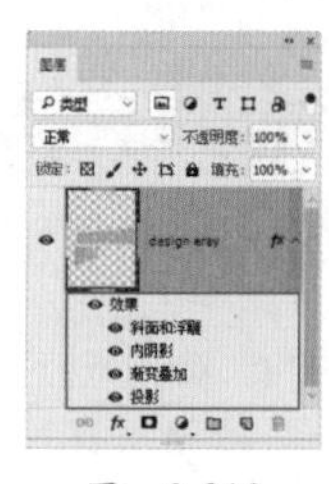
图 9-216

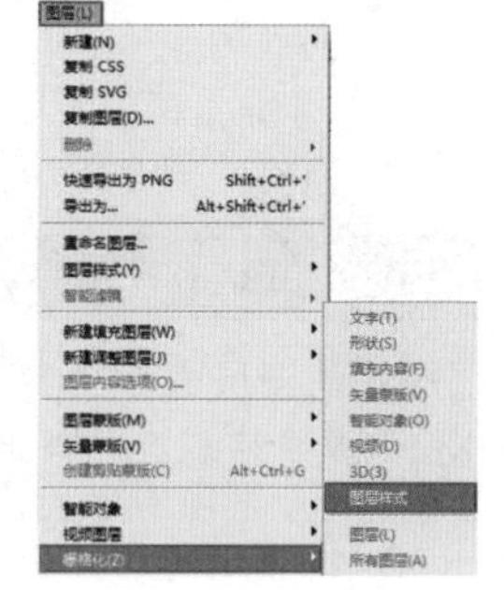
图 9-217

图 9-218

9.5.6 动手学：使用“样式”面板管理图层样式

- 视频精讲：Photoshop新手学视频精讲课堂/使用样式面板.mp4
- 技术速查：在“样式”面板中可以快速地为图层添加样式，也可以创建新的样式或删除已有的样式。

为了便于样式的调用，可以对创建好的图层样式进行存储。同样，也可以对图层样式进行载入、删除、重命名等操作。如图9-219所示为“样式”面板中包含的样式。如图9-220所示为使用这几种样式的效果。

图 9-219

图 9-220

01 执行“窗口>样式”命令，打开“样式”面板，在该面板的底部包含3个按钮用于快速地清除、创建和删除样式。在面板菜单中可以更改显示方式，还可以复位、载入、存储、替换图层样式，如图9-221所示。

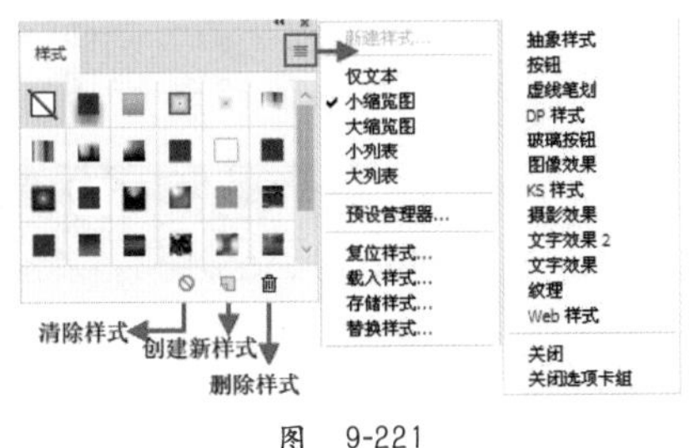

图 9-221

02 选择一个带有图层样式的图层，单击“清除样式”按钮即可清除所选图层的样式。

03 如果要将当前图层的图层样式存储在“样式”面板中，可以在“图层”面板中选择添加了效果的图层，然后单击“样式”面板中的“创建新样式”按钮，如图9-222所示，打开“新建样式”对话框，设置选项并单击“确定”按钮即可创建样式，如图9-223所示。

04 将“样式”面板中的一个样式拖动到删除样式按钮上，即可将该样式从“样式”面板中删除，如图9-224所示。

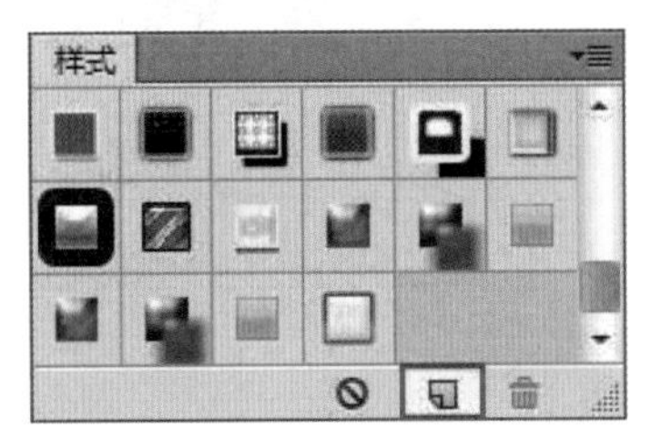

图 9-222

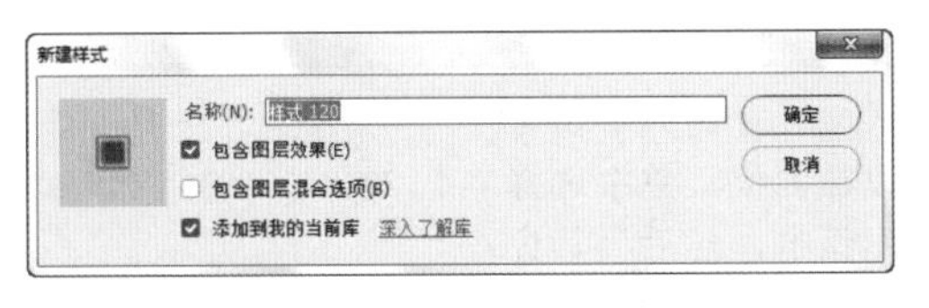

图 9-223

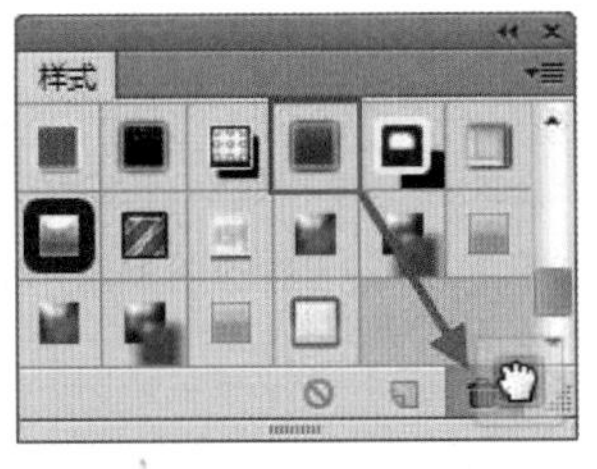

图 9-224

★ 案例实战——使用“样式”面板制作可爱按钮

案例文件	案例文件\第9章\使用“样式”面板制作可爱按钮.psd
视频教学	视频文件\第9章\使用“样式”面板制作可爱按钮.mp4
难度级别	★★★★☆
技术要点	“样式”面板

扫码看视频

案例效果

本案例主要是使用“样式”面板制作可爱按钮，如图9-225所示。

图 9-225

操作步骤

01 打开背景素材文件，新建图层，使用圆角矩形工具在选项栏中设置绘制模式为“路径”，“半径”为50像素，如图9-226所示。在画面中绘制圆角矩形路径，如图9-227所示。按Ctrl+Enter快捷键将路径转化为选区，为其填充蓝色，如图9-228所示。

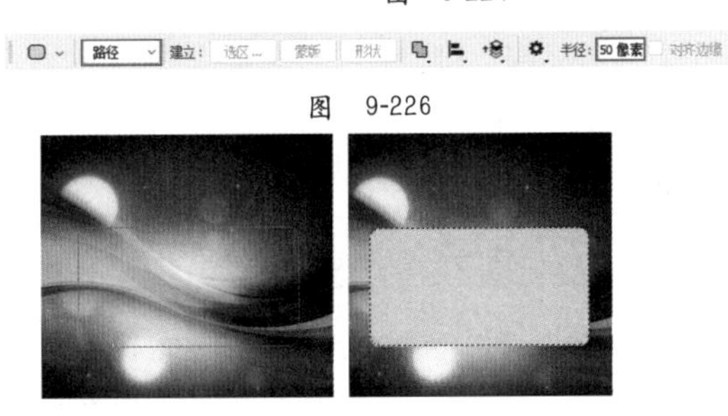

图 9-226

图 9-227　　图 9-228

02 执行“窗口>样式”命令，调出“样式”面板，执行面板菜单中的“载入样式”命令，如图9-229所示。在弹出的对话框中选择样式，单击“载入”按钮，如图9-230所示。成功载入素材样式，如图9-231所示。选择矩形图层，在“样式”面板中选择刚载入的样式，如图9-232所示，效果如图9-233所示。

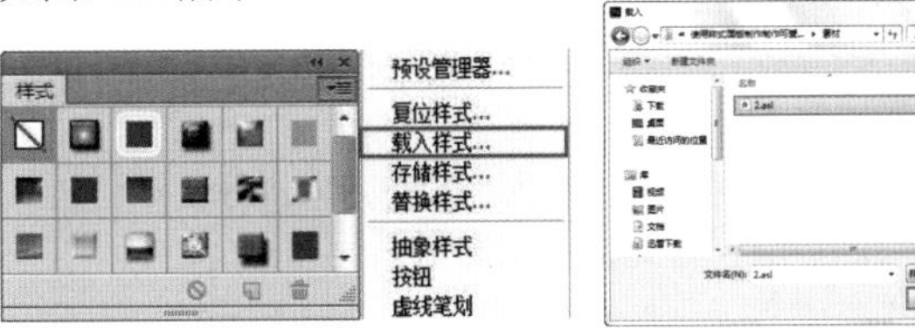

图 9-229　　图 9-230

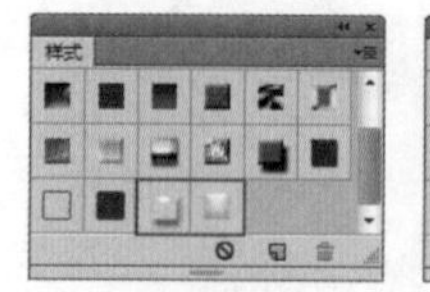

图 9-231

图 9-232

图 9-233

03 使用横排文字工具，设置合适的字号以及字体，在画面中合适的位置单击，输入文字，如图9-234所示。

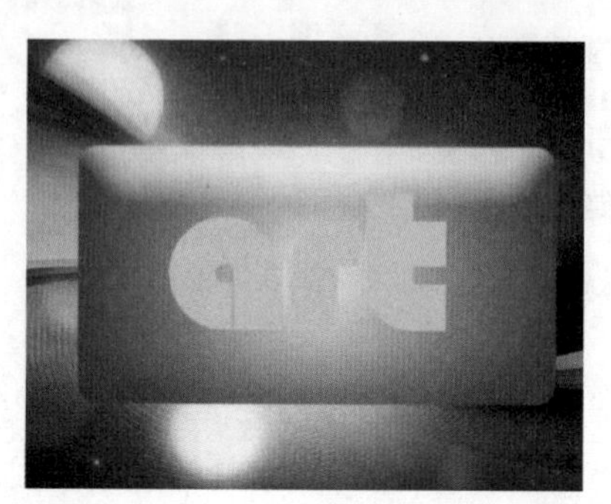
图 9-234

04 选择文字图层，再次单击“样式”面板中合适的样式，如图9-235所示。为文字图层添加图层样式，文字效果如图9-236所示。

图 9-235

图 9-236

05 置入前景装饰素材，置于画面中合适的位置并将其栅格化，最终效果如图9-237所示。

图 9-237

9.5.7 动手学：存储样式库

如果想要将“样式”面板中的样式文件存储为可供传输调用的独立外挂样式库文件，也可以在面板菜单中选择“存储样式”命令，打开“另存为”对话框，然后为其设置一个名称，将其保存为一个单独的样式库，如图9-238和图9-239所示。

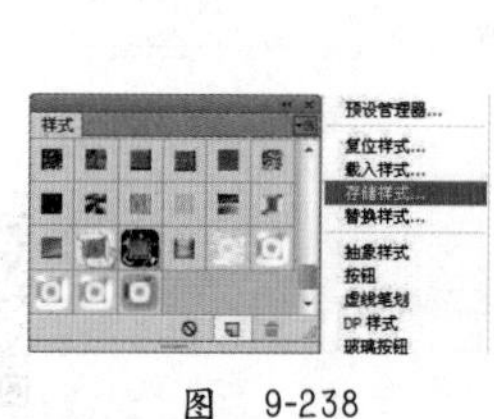

图 9-238

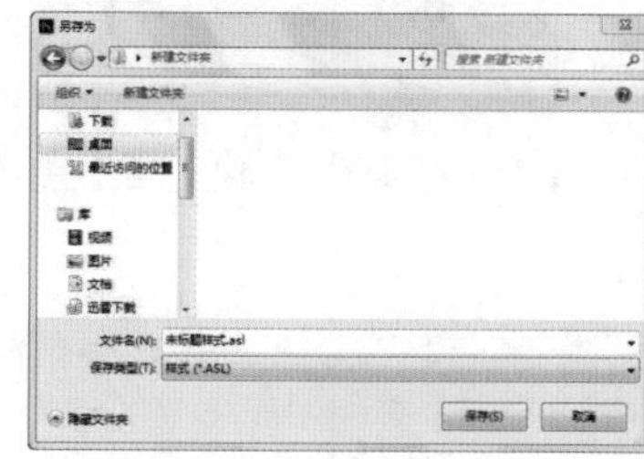

图 9-239

9.5.8 动手学：载入样式库

01 “样式”面板菜单的下半部分是Photoshop提供的预设样式库，选择一种样式库，如图9-240所示。

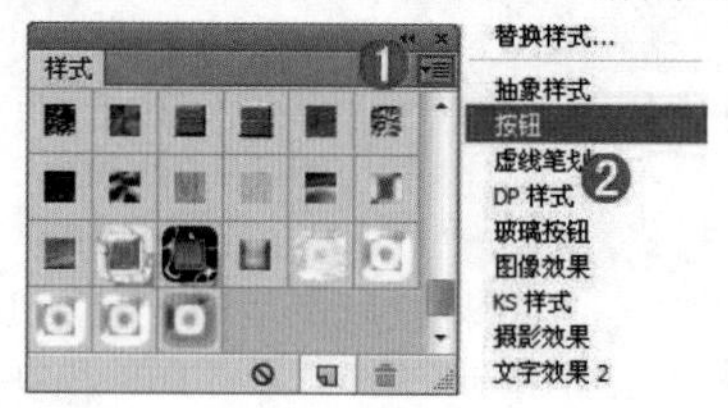

图 9-240

02 系统会弹出一个提示对话框，如图9-241所示。如果单击“确定”按钮，可以载入样式库并替换掉“样式”面板中的所有样式；如果单击“追加”按钮，则该样式库会添加到原有样式的后面，效果如图9-242所示。

图 9-241

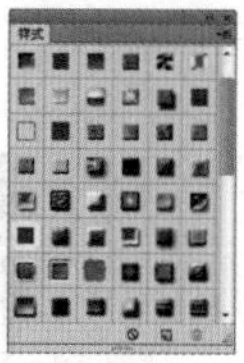

图 9-242

03 如果想要载入外挂的样式库文件，可以执行面板菜单中的“载入样式”命令，在弹出的对话框中选择“.asl”格式的外挂样式文件即可，如图9-243所示。

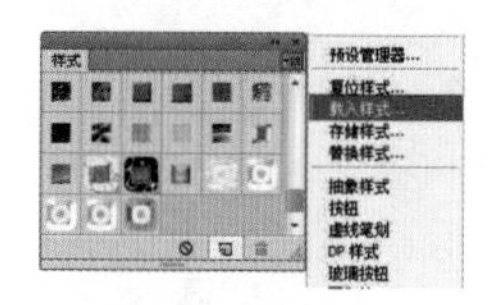

图 9-243

答疑解惑：如何将“样式”面板中的样式恢复到默认状态？

如果要将样式恢复到默认状态，可以在“样式”面板菜单中执行“复位样式”命令，然后在弹出的对话框中单击“确定”按钮。另外，在这里介绍一下如何载入外部的样式，执行面板菜单中的“载入样式”命令，打开“载入”对话框，选择外部样式即可将其载入“样式”面板中。

9.5.9 将智能对象转换为普通图层

执行“图层>智能对象>栅格化”命令可以将智能对象转换为普通图层。转换为普通图层以后，原始图层缩览图上的智能对象标志也会消失。

★ 综合实战——制作唯美婚纱版式

案例文件	案例文件\第9章\制作唯美婚纱版式.psd
视频教学	视频文件\第9章\制作唯美婚纱版式.mp4
难易指数	★★★★★
技术要点	混合模式、不透明度、剪贴蒙版

扫码看视频

案例效果

本案例主要使用混合模式、不透明度和剪贴蒙版制作唯美婚纱版式，如图9-244所示。

图 9-244

操作步骤

01 新建文件，单击工具箱中的“渐变工具”按钮，在选项栏中编辑一种灰绿色系的渐变，设置渐变模式为“径向渐变”，在画面中拖曳填充得到如图9-245所示的效果。新建图层，使用白色柔边圆画笔在画面右上角绘制光晕，如图9-246所示。

图 9-245

图 9-246

02 置入花纹素材“1.png”，置于画面中合适的位置并将其栅格化，如图9-247所示，并为其添加图层蒙版，使用黑色画笔在蒙版中绘制多余的部分，并设置图层的“不透明度”为50%，使其融入画面中，如图9-248所示，效果如图9-249所示。

图 9-247

图 9-248

图 9-249

03 继续置入花纹素材“2.png”，置于画面右上角的位置，栅格化图层后，设置其“不透明度”为20%，如图9-250所示，效果如图9-251所示。

图 9-250

图 9-251

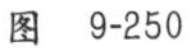

04 置入花纹素材“3.png”并将其栅格化，设置其“混合模式”为“正片叠底”，图层的“不透明度”为60%，如图9-252所示，效果如图9-253所示。

图 9-252

图 9-253

05 单击工具箱中的“矩形形状工具”按钮，设置绘制模式为“形状”，设置合适的填充颜色，“描边”类型为无，在画面中单击拖曳进行绘制，如图9-254所示。

06 用同样的方法在画面中合适的位置绘制其他颜色的矩形，如图9-255所示。

图 9-254

图 9-255

07 同样使用矩形工具，在选项栏中设置绘制模式为“形状”，颜色为黑色，绘制黑色的矩形，如图9-256所示。

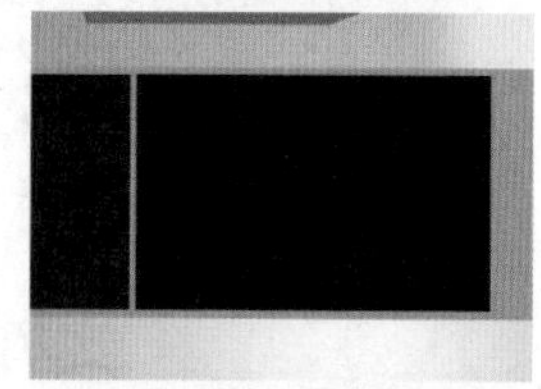

图 9-256

08 置入照片素材“4.png”，栅格化该图层，在该图层上右击，在弹出的快捷菜单中执行“创建剪贴蒙版”命令，如图9-257所示。此时照片只显示了黑色矩形范围内的区域，如图9-258所示。

图 9-257

图 9-258

09 用同样的方法置入素材“5.png”并将其栅格化，制作另一个照片，如图9-259所示。

10 使用横排文字工具，设置合适的前景色、字号和字体，在画面中合适的位置单击输入文字，最终效果如图9-260所示。

图 9-259

图 9-260

★ 综合实战——清新创意手机广告

案例文件	案例文件/第9章/清新创意手机广告.psd
视频教学	视频文件/第9章/清新创意手机广告.mp4
难易指数	★★★★★
技术要点	图层混合模式的使用、图层不透明度的使用、图层样式的使用

扫码看视频

案例效果

本案例主要使用画笔工具和图层样式等命令制作清新创意手机广告，如图9-261所示。

操作步骤

01 新建图层，自上而下地绘制灰色系的渐变，如图9-262所示。

图 9-261

图 9-262

02 使用椭圆工具，在选项栏中设置绘制模式为像素，前景色为黑色。新建图层，绘制黑色的圆形，如图9-263所示。

图 9-263

03 执行“图层>图层样式>内发光”命令，设置“混合模式”为“正常”，“不透明度”为80%，选中“颜色”单选按钮，设置颜色为白色，“方法”为“柔和”，选中“边缘”单选按钮，设置“阻塞”为0%，“大小”为250像素，如图9-264和图9-265所示。

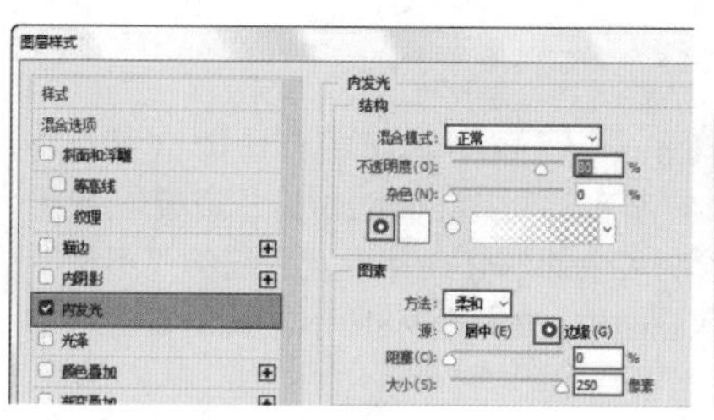

图 9-264

图 9-265

04 设置图层的“不透明度”为70%，“填充”为0%，如图9-266所示，效果如图9-267所示。

05 置入素材“1.png”并将其栅格化，如图9-268所示。

图 9-266

图 9-267

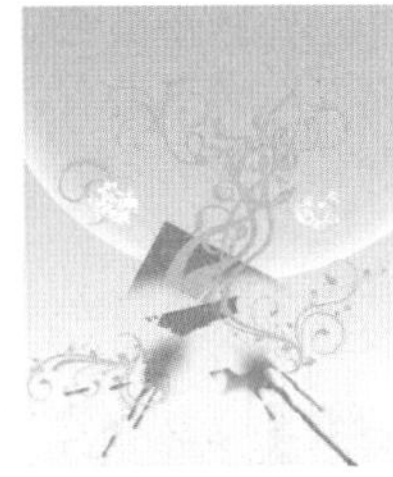

图 9-268

06 置入树叶素材“2.png”，置于画面中合适的位置并将其栅格化，执行“图层>图层样式>投影”命令，设置“混合模式”为“正片叠底”，颜色为黑色，“角度”为120度，“距离”为5像素，“扩展”为0%，“大小”为15像素，如图9-269所示，效果如图9-270所示。

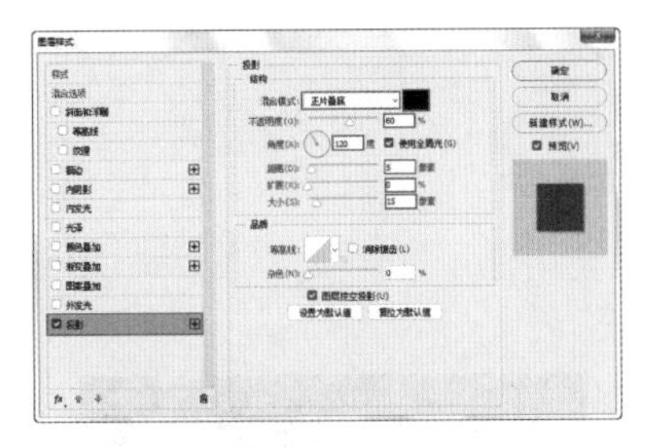

图 9-269

图 9-270

07 复制绿叶图层，执行“编辑>变换>水平翻转”命令，然后向左移动，如图9-271所示。

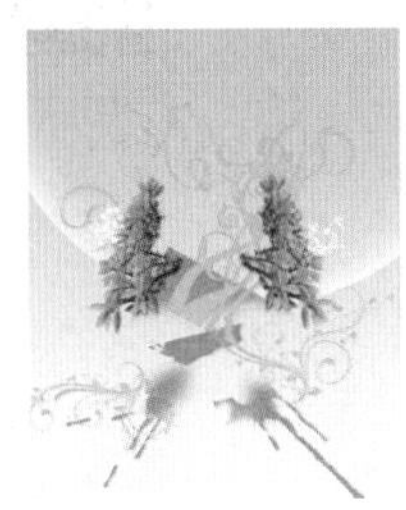

图 9-271

08 置入素材“3.png”并将其栅格化，如图9-272所示。为其添加图层蒙版，使用黑色柔边圆画笔在蒙版中绘制边缘部分，制作出过渡自然的效果，如图9-273所示。

图 9-272

图 9-273

09 在其底部新建图层，设置前景色为灰绿色，使用半透明的柔边圆画笔绘制阴影，如图9-274所示。再次置入树叶素材“4.png”并将其栅格化，如图9-275所示。

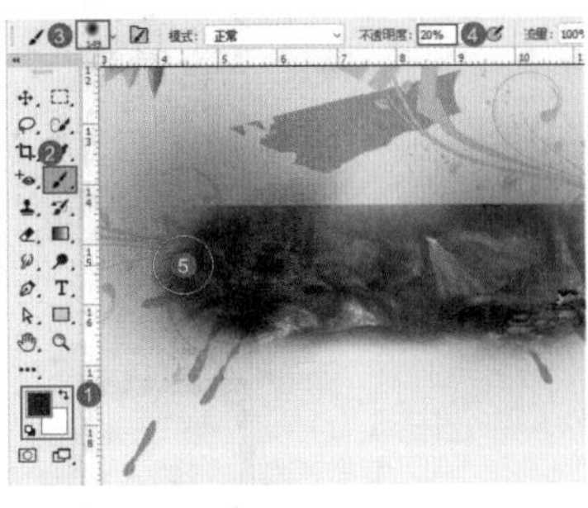

图 9-274

图 9-275

10 置入手机素材“5.png”，置于画面中合适的位置并将其栅格化，如图9-276所示。对手机图层执行“图层>图层样式>外发光”命令，设置“混合模式”为“正片叠底”，“不透明度”为75%，颜色为黑色，“大小”为16像素，如图9-277所示，此时效果如图9-278所示。

图 9-276

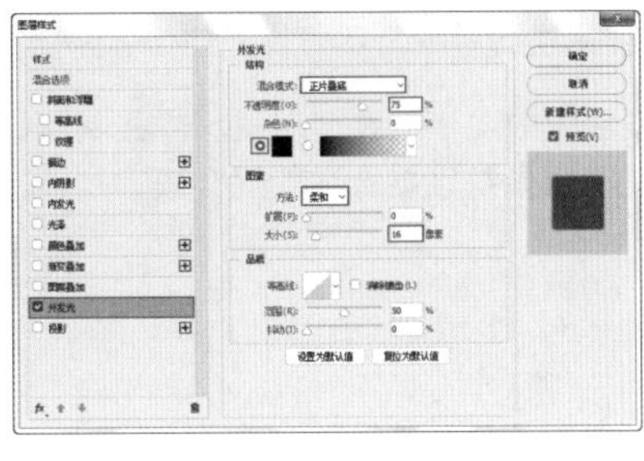

图 9-277

图 9-278

11 置入蝴蝶素材“6.png”，置于画面中合适的位置并将其栅格化，同样在蝴蝶图层下放新建图层，使用黑色柔边圆画笔工具在画面中绘制蝴蝶的阴影效果，如图9-279所示。

图 9-279

12 再次置入放在屏幕上的蝴蝶素材“7.png”并将其栅格化，如图9-280所示。执行“图层>图层样式>投影”命令，设置颜色为黑色，“距离”为9像素，“大小”为18像素，如图9-281所示，效果如图9-282所示。

图 9-280

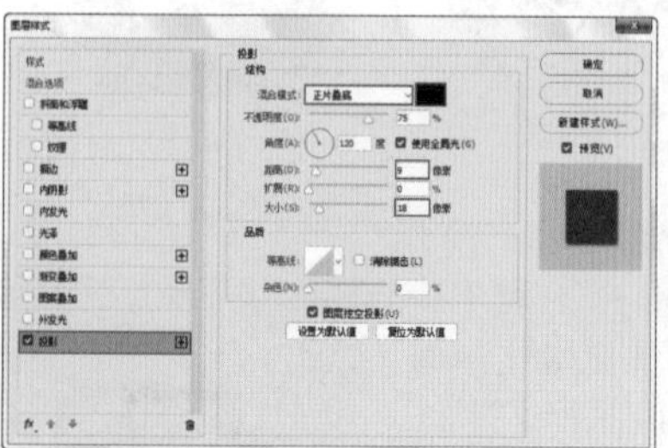
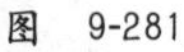
图 9-281

图 9-282

13 置入花朵素材“8.png”，栅格化该图层，放在手机的底部，如图9-283所示。为了使花朵图层上出现与“蝴蝶2”图层上相同的图层样式，需要在“蝴蝶2”的图层样式上右击，在弹出的快捷菜单中执行“拷贝图层样式”命令，并在花朵图层上右击，在弹出的快捷菜单中执行“粘贴图层样式”命令，最终效果如图9-284所示。

图 9-283

图 9-284

课后练习

【课后练习——使用混合模式与图层样式制作多彩文字】

思路解析：本案例中的文字主要使用图层样式制作出立体以及投影效果，然后通过为多彩条纹设置合适的混合模式制作出附着于文字表面的多彩效果。

扫码看视频

本章小结

图层既是Photoshop进行一切操作的基础，又是制作特殊效果的利器。图层样式以及混合模式的使用几乎可以存在于任何平面设计作品的制作中，所以熟练掌握它们的使用方法是非常必要的。

读书笔记

第10章

实用调色技术

本章内容简介：

“调色”是Photoshop的核心技术之一，是指将特定的色调加以改变，形成不同感觉的另一色调的图片。调色技术在实际应用中主要分为两大方面：校正错误色彩和创造风格化色彩。所谓错误的颜色在数码相片中主要体现在曝光过度、亮度不足、画面偏灰、色调偏色等，通过使用调色技术可以很轻松地调整为正常效果。而创造风格化色彩则相对复杂些，不仅可以使用调色技术，还可以与图层混合、绘制工具等共同使用。

本章学习要点：

- 熟悉色彩的相关知识。
- 掌握矫正问题图像的方法。
- 熟练掌握常用调整命令。
- 掌握多种风格化调色技巧。

10.1 调色前的准备工作

10.1.1 颜色模式

使用计算机进行图像处理时经常会涉及“颜色模式”这一概念。图像的颜色模式是指将某种颜色表现为数字形式的模型，或者说是一种记录图像颜色的方式。在Photoshop中，颜色模式分为位图模式、灰度模式、双色调模式、索引颜色模式、RGB颜色模式、CMYK颜色模式、Lab颜色模式和多通道模式。执行“图像>模式”命令，在子菜单中即可对图像的颜色模式进行设置，如图10-1所示。

不同的颜色模式适用于不同目的。例如，在处理数码照片时一般比较常用RGB颜色模式。涉及需要印刷的产品时需要使用CMYK颜色模式。而Lab颜色模式是色域最宽的色彩模式，也是最接近真实世界颜色的一种色彩模式。如图10-2所示为同一图像的各种颜色模式对比效果。

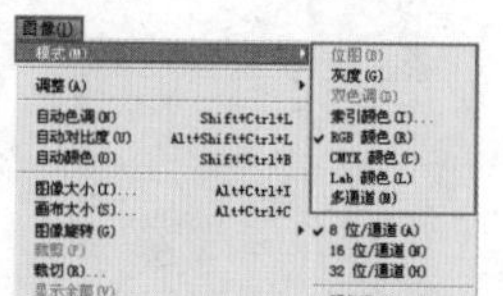

图 10-1

图 10-2

10.1.2 调色常用方法

在Photoshop中，图像色彩的调整共有两种方式。一种是直接执行“图像>调整”菜单下的调色命令进行调节，这种方式属于不可修改方式，也就是说一旦调整了图像的色调，就不可以再重新修改调色命令的参数，如图10-3所示。

图 10-3

另外一种方式就是使用调整图层，调整图层与调整命令相似，都可以对图像进行颜色的调整。不同的是，调整命令每次只能对一个图层进行操作，而调整图层则会影响在该图层下方所有图层的效果，可以重复修改参数并且不会破坏原图层。调整图层作为“图层”还具备图层的一些属性，例如可以像普通图层一样进行删除、切换显示隐藏、调整不透明度、混合、创建图层蒙版、剪切蒙版等操作。这种方式属于可修改方式，也就是说如果对调色效果不满意，还可以重新对调整图层的参数进行修改，直到满意为止，如图10-4和图10-5所示。

图 10-4

图 10-5

技巧提示

调整图层在Photoshop中既是一种非常重要的工具，又是一种特殊的图层。作为“工具”，它可以调整当前图像显示的颜色和色调，并且不会破坏文档中的图层，可以重复修改。作为“图层”，调整图层还具备图层的一些属性，例如不透明度、混合模式、图层蒙版、剪切蒙版等属性的可调性。

10.1.3 “调整”面板与“属性”面板

● 视频精讲：Photoshop新手学视频精讲课堂/使用调整图层.mp4

“调整”面板中包含了用于调整颜色的工具。执行“窗口>调整”命令，打开“调整”面板，单击某一项即可创建相应的调整图层，如图10-6所示。新创建的调整图层会出现在“图层”面板上，如图10-7所示。

图 10-6

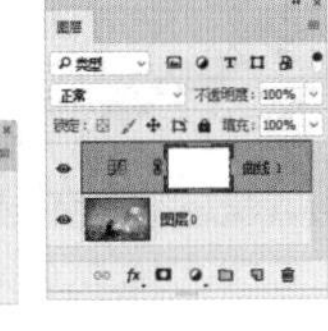

图 10-7

技巧提示

也可以执行“图层>新建调整图层”菜单下的调整命令，或在“图层”面板下面单击“创建新的填充或调整图层”按钮，然后在弹出的菜单中选择相应的调整命令。

打开“属性”面板，选中“图层”面板中的调整图层，可以在“属性”面板中进行参数选项的设置，单击右上角的“自动”按钮即可实现对图像的自动调整，在“属性”面板中包含一些对调整图层可用的按钮，如图10-8所示。

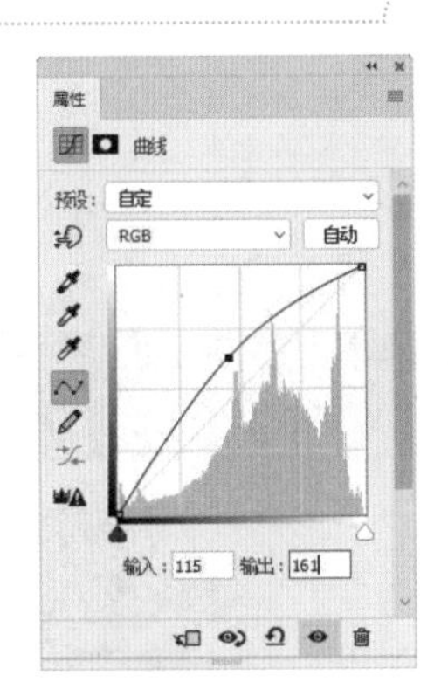

图 10-8

技术拓展：详解“属性”面板

- 蒙版：单击即可进入该调整图层蒙版的设置状态。
- 此调整影响下面的所有图层：单击可剪切到图层。
- 切换图层可见性：单击该按钮，可以隐藏或显示调整图层。
- 查看上一状态：单击该按钮，可以在文档窗口中查看图像的上一个调整效果，以比较两种不同的调整效果。
- 复位到调整默认值：单击该按钮，可以将调整参数恢复到默认值。
- 删除此调整图层：单击该按钮，可以删除当前调整图层。

技巧提示

因为调整图层包含的是调整数据而不是像素，所以它们增加的文件大小远小于标准像素图层。如果要处理的文件非常大，可以将调整图层合并到像素图层中来减小文件的大小。

★ 案例实战——使用调整图层制作七色花

案例文件	案例文件\第10章\使用调整图层制作七色花.psd
视频教学	视频文件\第10章\使用调整图层制作七色花.mp4
难易指数	★★★★★
技术要点	调整图层、蒙版

扫码看视频

案例效果

本案例主要是通过使用“调整图层”和“蒙版”制作七色花，如图10-9和图10-10所示。

图 10-9

图 10-10

操作步骤

图 10-11

01 打开背景素材“1.jpg”，如图10-11所示。执行“图层>新建调整图层>色相/饱和度”命令，创建“色相/饱和度”调整图层。

02 设置“色相”为46，“饱和度”为25，如图10-12所示。此时画面颜色发生了变化，如图10-13所示。

图 10-12

图 10-13

03 单击该调整图层的图层蒙版，使用黑色画笔涂抹其中一个花瓣以外的部分，如图10-14所示。此时当前调整图层只影响花瓣以外的区域，效果如图10-15所示。

图 10-14

图 10-15

04 使用套索工具绘制第二朵花瓣选区，如图10-16所示。再次创建“色相/饱和度”调整图层，设置“色相”为72，“饱和度”为46，“明度”为9，如图10-17所示。此时只有花瓣颜色发生了变化，如图10-18所示。

图 10-16

图 10-17

图 10-18

05 用同样的方法处理其他花瓣，如果要删除调整图层，可以直接按Delete键，也可以将其拖曳到“图层”面板下的“删除图层”按钮上，最终效果如图10-19所示。

图 10-19

10.2 快速调整图像

“图像”菜单中包含大量的与调色相关的命令，其中包含多个可以快速调整图像的颜色和色调的命令，例如“自动色调”“自动对比度”“自动颜色”“照片滤镜”“去色”和“色彩均化”等。这些快速调整命令可以通过非常简单的操作达到快速调整画面的目的，如图10-20和图10-21所示为调色对比效果。

图 10-20

图 10-21

10.2.1 自动调整色调/对比度/颜色

视频精讲：Photoshop新手学视频精讲课堂/自动调整图像.mp4

在“图像”菜单中包含3个可以自动调整图像效果的命令：“自动色调”“自动对比度”和“自动颜色”，如图10-22所示。这3个命令不需要进行参数设置，通常主要用于校正数码相片出现的明显偏色、对比度过低、颜色暗淡等常见问题。如图10-23和图10-24所示分别为发灰的图像与偏色图像的校正效果。

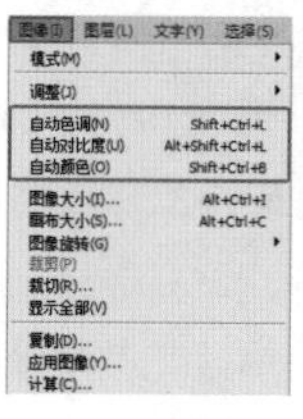

图 10-22

图 10-23

图 10-24

10.2.2 照片滤镜

● 技术速查："照片滤镜"调整命令可以模仿在相机镜头前面添加彩色滤镜的效果，如图10-25和图10-26所示。

图 10-25

图 10-26

使用"照片滤镜"命令可以快速调整通过镜头传输的光的色彩平衡、色温和胶片曝光，以改变照片颜色倾向。打开一张图像，如图10-27所示。执行"图像>调整>照片滤镜"命令，打开"照片滤镜"对话框，如图10-28所示。

图 10-27

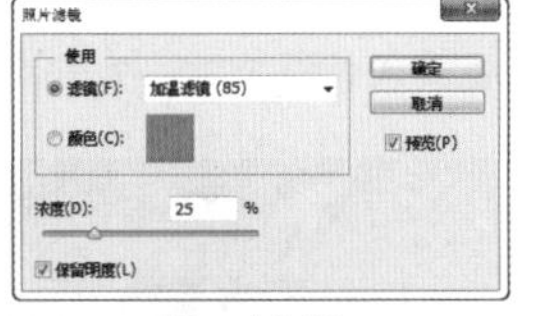

图 10-28

● 滤镜：在该下拉列表中可以选择一种预设的效果应用到图像中，如图10-29所示。

图 10-29

● 颜色：选中该单选按钮，可以自行设置颜色，如图10-30所示。

● 浓度：设置滤镜颜色应用到图像中的颜色百分比。数值越大，应用到图像中的颜色浓度就越大，如图10-31所示；数值越小，应用到图像中的颜色浓度就越低，如图10-32所示。

● 保留明度：选中该复选框后，可以保持图像的明度不变。

图 10-30

图 10-31

图 10-32

在调色命令的对话框中，如果对参数的设置不满意，可以按住Alt键，此时"取消"按钮将变成"复位"按钮，单击该按钮可以将参数设置恢复到默认值，如图10-33所示。

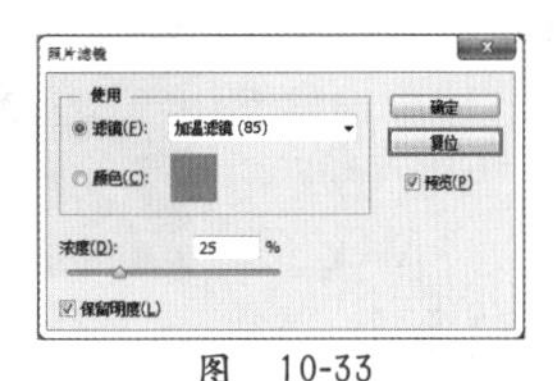

图 10-33

10.2.3 去色

● 技术速查："去色"命令可以将图像中的颜色去掉，使其成为灰度图像。

打开一张图像，如图10-34所示，然后执行"图像>调整>去色"命令或按Shift+Ctrl+U组合键，可以将其调整为灰度效果，如图10-35所示。

图 10-34

图 10-35

★ 案例实战——沉郁的单色效果

案例文件	案例文件\第10章\沉郁的单色效果.psd
视频教学	视频文件\第10章\沉郁的单色效果.mp4
难易指数	★★★★★
技术要点	去色、可选颜色

扫码看视频

案例效果

本案例主要使用去色和可选颜色命令制作沉郁的单色效果，如图10-36所示。

操作步骤

01 新建文件，将画面背景色填充为黑色，置入素材风景文件“1.jpg”并将其栅格化，如图10-37所示。

图 10-36

图 10-37

02 要使图片变成单一色系，需要选择照片素材图层，执行“图像>调整>去色”命令，此时照片变为无色的黑白效果，如图10-38所示。

图 10-38

03 执行“图层>创建调整图层>可选颜色”命令，创建新的“可选颜色”调整图层，在弹出的“可选颜色”对话框中调整参数。设置“颜色”为“白色”，“黄色”为61%，“黑色”为－100%，如图10-39所示。设置“颜色”为“中性色”，“青色”为－14%，“洋红”为6%，“黄色”为25%，如图10-40所示。设置“颜色”为黑色，“黄色”为－37%，“黑色”为20%，如图10-41所示。在该调整图层上右击，在弹出的快捷菜单中执行“创建剪贴蒙版”命令，效果如图10-42所示。

图 10-39

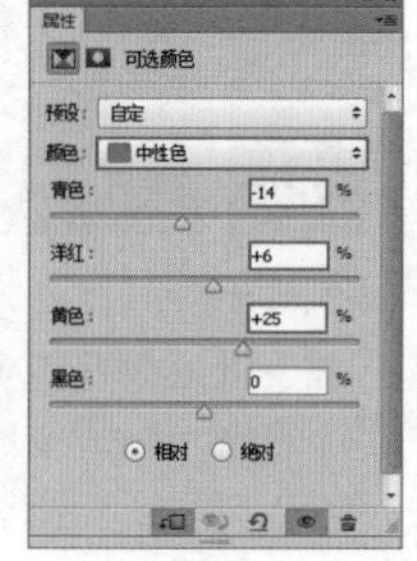

图 10-40

图 10-41

04 制作暗角效果。新建图层，设置前景色为黑色，单击工具箱中的“画笔工具”按钮，在选项栏中调整合适的大小，并适当降低画笔的“不透明度”，如图10-43所示。对画面的四周进行涂抹，注意暗边大小不要超过背景白边部分，最后输入装饰文字，如图10-44所示。

图 10-42

图 10-44

图 10-43

10.2.4 色调均化

◎ 技术速查：“色调均化”命令可以使画面中的像素均匀地呈现所有范围的亮度级。

对图像使用“色调均化”命令，可以将图像中像素的亮度值进行重新分布，图像中最亮的值将变成白色，最暗的值将变成黑色，中间的值将分布在整个灰度范围内，如图10-45所示，效果如图10-46所示。

如果图像中存在选区，如图10-47所示，则执行“色调均化”命令时会弹出一个“色调均化”对话框，在这里可以选择色调均化的区域，如图10-48所示。

图 10-45

图 10-46

图 10-47

图 10-48

读书笔记

10.3 调整图像明暗

视频精讲：Photoshop新手学视频精讲课堂/影调调整命令.mp4

“影调”是图像的重要视觉特征之一，是指画面的明暗层次、虚实对比和色彩的色相明暗等之间的关系。通过这些关系，使欣赏者感到光的流动与变化。而图像影调的调整主要是针对图像的明暗、曝光度、对比度等属性的调整。在“图像”菜单下的“色阶”“曲线”和“曝光度”等命令都可以对图像的影调进行调整。如图10-49和图10-50所示为不同影调下的图像效果。

图 10-49

图 10-50

10.3.1 亮度/对比度

技术速查：“亮度/对比度”命令经常用于调整画面的明暗程度，以及矫正画面偏灰等问题，如图10-51和图10-52所示。

图 10-51

图 10-52

“亮度/对比度”命令可以对图像的色调范围进行简单的调整，是非常常用的影调调整命令，能够快速地校正图像“发灰”的问题。执行“图像>调整>亮度/对比度”命令，打开“亮度/对比度”对话框，如图10-53所示。

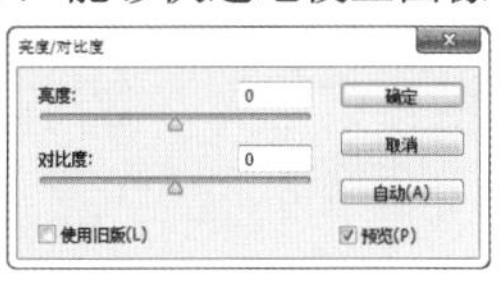

图 10-53

- 亮度：用来设置图像的整体亮度。数值为负值时，表示降低图像的亮度，如图10-54所示；数值为正值时，表示提高图像的亮度，如图10-55所示。

图 10-54

图 10-55

- 对比度：用于设置图像亮度对比的强烈程度，如图10-56和图10-57所示。
- 预览：选中该复选框后，在“亮度/对比度”对话框中调节参数时，可以在文档窗口中观察到图像的亮度变化。

- 使用旧版：选中该复选框后，可以得到与Photoshop CS3以前的版本相同的调整结果。
- 自动：单击该按钮，Photoshop会自动根据画面进行调整。

图 10-56

图 10-57

思维点拨：对比度

对比度是指画面明度的反差程度，对比度对视觉效果的影响非常关键，一般来说对比度越大，图像越清晰醒目，色彩也越鲜明艳丽；而对比度小，则会让整个画面都灰蒙蒙的。高对比度对于图像的清晰度、细节表现、灰度层次表现都有很大帮助。

10.3.2 色阶

- 技术速查："色阶"命令不仅可以针对图像进行明暗对比的调整，还可以对图像的阴影、中间调和高光强度级别进行调整，以及分别对各个通道进行调整，以调整图像明暗对比或者色彩倾向，如图10-58～图10-60所示。

图 10-58

图 10-59

图 10-60

执行"图像>调整>色阶"命令或按Ctrl+L快捷键，打开"色阶"对话框。通过调整各色阶的滑块位置即可达到调整画面效果的目的，随着滑块的调整，"直方图"也发生改变，如图10-61和图10-62所示。

图 10-61

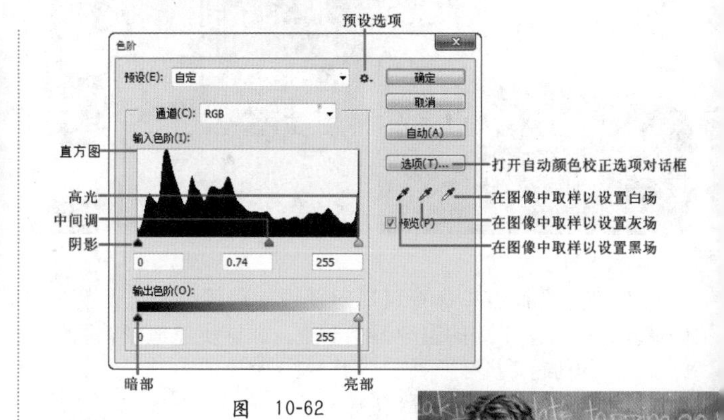

图 10-62

- 预设/预设选项：单击"预设"下拉列表，可以选择一种预设的色阶调整选项来对图像进行调整；单击"预设选项"按钮，可以对当前设置的参数进行保存，或载入一个外部的预设调整文件。
- 通道：在该下拉列表中可以选择一个通道来对图像进行调整，以校正图像的颜色，如图10-63所示。

图 10-63

- 输入色阶：这里可以通过拖曳滑块来调整图像的阴影、中间调和高光，同时也可以直接在对应的文本框中输入数值。将滑块向左拖曳，可以使图像变亮，如图10-64所示；将滑块向右拖曳，可以使图像变暗，如图10-65所示。

图　10-64

图　10-65

- 输出色阶：这里可以设置图像的亮度范围，从而降低对比度，如图10-66所示。
- 自动：单击该按钮，Photoshop会自动调整图像的色阶，使图像的亮度分布更加均匀，从而达到校正图像颜色的目的。
- 选项：单击该按钮，打开“自动颜色校正选项”对话框，如图10-67所示。在该对话框中可以设置单色、每通道、深色和浅色的算法等。
- 在图像中取样设置黑/灰/白场：使用“在图像中取样以设置黑场”在图像中单击取样，可以将单击点处的像素调整为黑色，同时图像中比该单击点暗的像素也会变成黑色，如图10-68所示。使用“在图像中取样以设置灰场”在图像中单击取样，可以根据单击点像素的亮度来调整其他中间调的平均亮度，如图10-69所示。使用“在图像中取样以设置白场”在图像中单击取样，可以将单击点处的像素调整为白色，同时图像中比该单击点亮的像素也会变成白色，如图10-70所示。

图　10-66

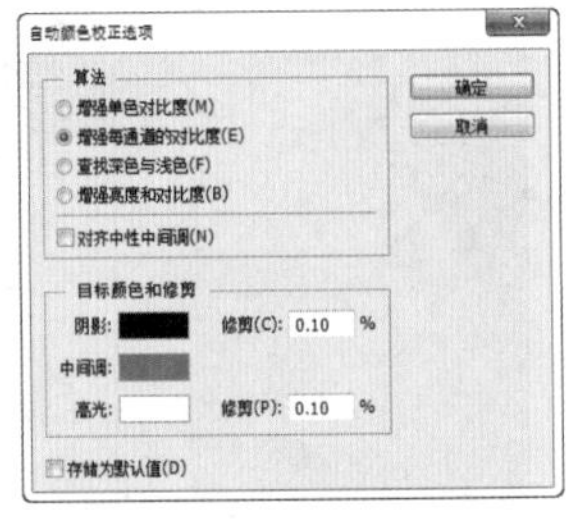

图　10-67

图　10-68

图　10-69

图　10-70

技术拓展：认识“直方图”

“直方图”是用图形来表示图像的每个亮度级别的像素数量，展示像素在图像中的分布情况。通过直方图可以快速浏览图像色调范围或图像基本色调类型。而色调范围有助于确定相应的色调校正。如图10-71～图10-73所示的3张图分别是曝光过度、曝光正常以及曝光不足的图像，在直方图中可以清晰地看出差别。

图　10-71

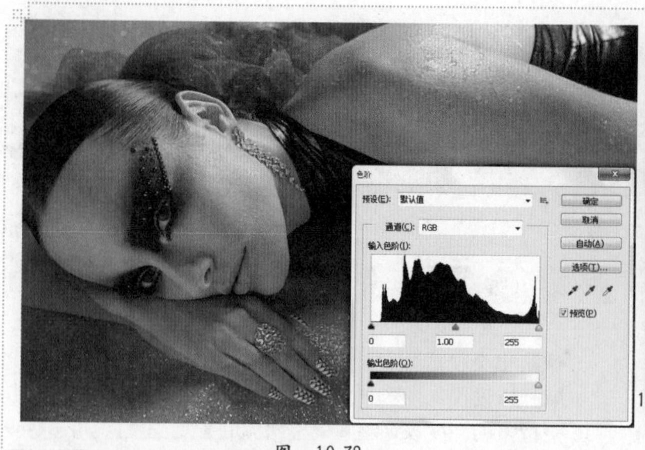

图 10-72

图 10-73

10.3.3 曲线

技术速查："曲线"功能非常强大，不单单可以进行图像明暗的调整，更加具备了"亮度/对比度""色彩平衡""阈值"和"色阶"等命令的功能。通过调整曲线的形状，可以对图像的亮度、对比度和色调进行非常便捷的调整，如图10-74和图10-75所示。

图 10-74　　图 10-75

执行"图像>调整>曲线"命令或按Ctrl+M快捷键，打开"曲线"对话框，在该对话框的斜线上按下鼠标左键并移动即可调整曲线形态，如图10-76所示。

01 打开一张图片，如图10-77所示。执行"图像>调整>曲线"命令，在弹出的"曲线"窗口的曲线中间位置单击创建一个控制点，然后按住鼠标左键并向左上拖动，可使画面变亮。如图10-78所示，此时图片效果如图10-79所示。

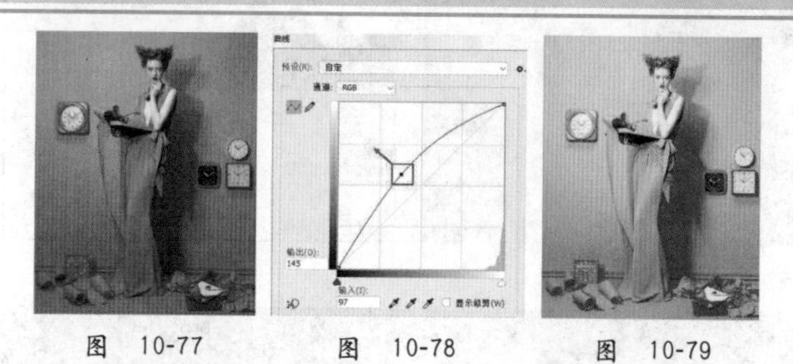

图 10-77　　图 10-78　　图 10-79

02 若将控制点向右下拖动可使画面变暗，如图10-80所示，图片效果如图 10-81所示。

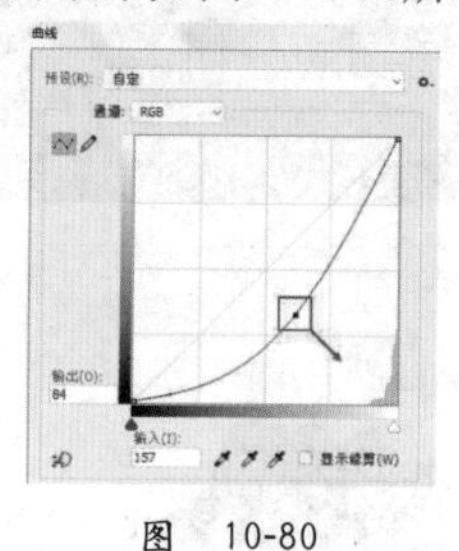

图 10-80

图 10-81

03 在曲线上单击添加多个控制点，并调整曲线形态为S形，可增强画面对比度，图片效果如图10-82所示。

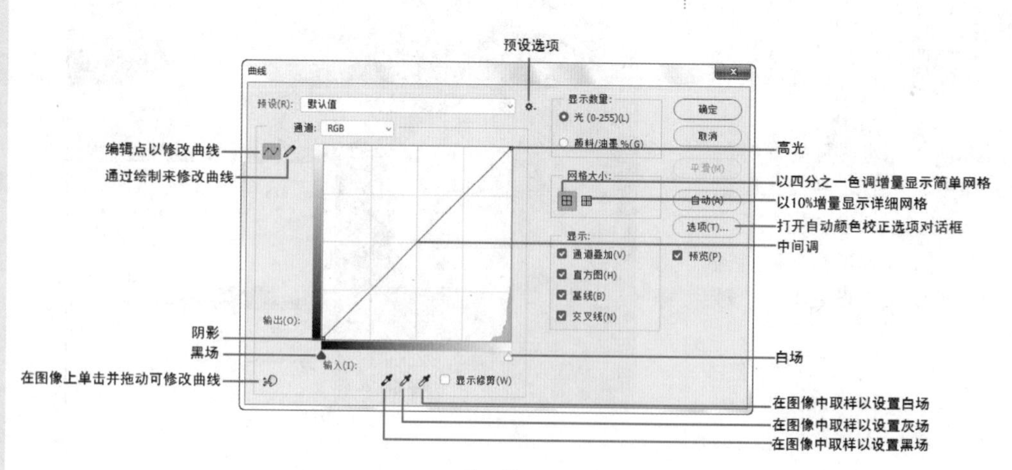

图 10-76

图 10-82

04 在“曲线”窗口中可以分别对“红”“绿”“蓝”通道进行单独调整，例如选择“红”通道，在曲线上单击创建一个控制点向左上拖动，此时图片中红色数量增加，使画面倾向于红色调，如图 10-83所示。

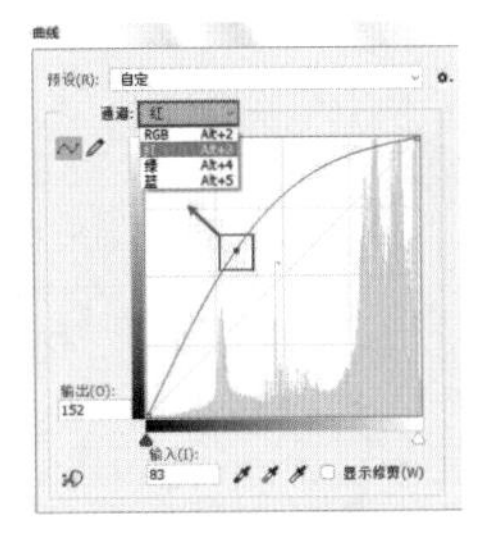

图 10-83

05 在曲线上单击创建一个控制点向右下拖动。此时图片中红色数量减少，如图 10-84所示。

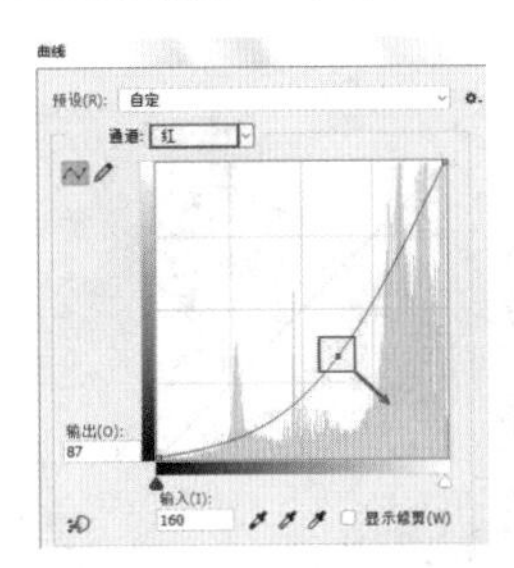

图 10-84

06 若要删除控制点，直接将控制点拖动到框外即可，如图10-85所示。也可以直接按Delete键进行删除。

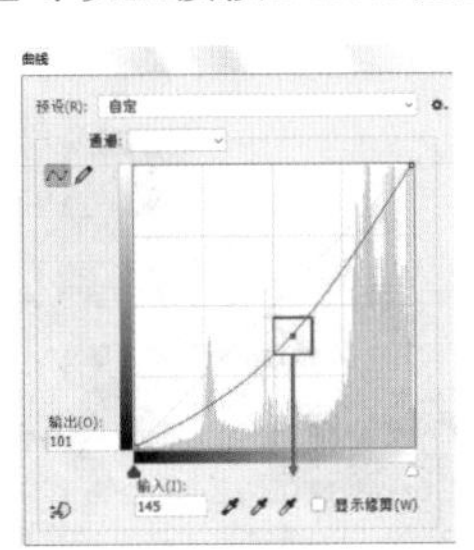

图 10-85

★ 案例实战——使用曲线调整图层提亮人像

案例文件	案例文件\第10章\使用曲线调整图层提亮人像.psd
视频教学	视频文件\第10章\使用曲线调整图层提亮人像.mp4
难度级别	★★★★★
技术要点	曲线调整图层

扫码看视频

案例效果

本案例主要是通过使用曲线调整图层，从而调整画面明度。对比效果如图10-86与图10-87所示。

操作步骤

01 打开人像照片素材“1.jpg”，画面整体偏暗，人像部分尤为严重。在这里可以使用“曲线”命令进行画面亮度的调整，如图10-88所示。

图 10-86　　图 10-87　　图 10-88

02 执行“图层>新建调整图层>曲线”命令，创建出一个曲线调整图层，在曲线中段部分单击创建一个点，向左上拖动该点的位置，如图10-89所示。曲线中段部分为画面中间调区域，调整这部分曲线形态可以调整画面整体亮度。此时人像明显变亮，效果如图10-90所示。

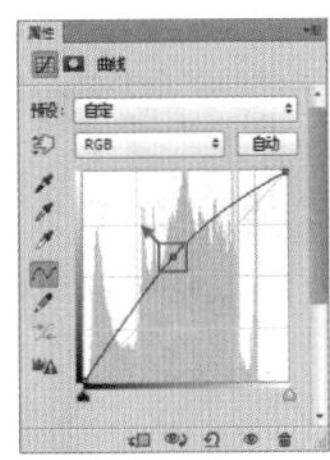

图 10-89　　图 10-90

03 虽然画面亮度有所提高，但是画面整体呈现出一种过度偏红的暖色调效果，如果想要使画面不再偏红，可以在曲线通道列表中选择“红通道”，然后在红通道曲线上进行调整，如图10-91所示。此时画面中红色成分减少，画面的色温也随之降低，如图10-92所示。

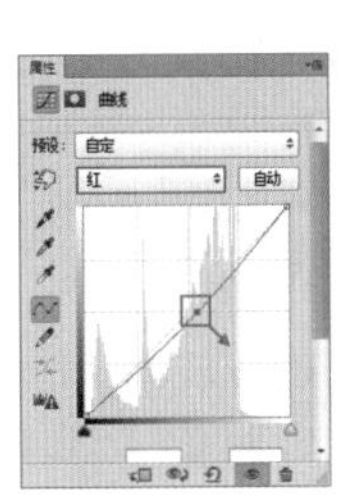

图 10-91　　图 10-92

04 对画面进行进一步的提亮，再次执行“图层>新建调整图层>曲线”命令，创建“曲线2”调整图层。在曲线中段创建一个控制点并向左上移动，在此上半部分创建控制点并向左上移动，此时画面的中间调与亮部区域明显变亮，为了避免画面产生“偏灰”的问题，需要在曲线的底部创建控制点并向右下移动，使画面暗部区域变暗，如图10-93所示，效果如图10-94所示。

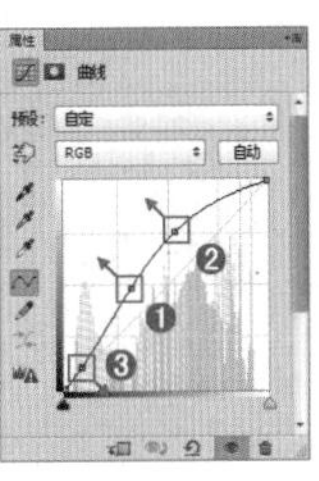

图 10-93　　图 10-94

05 至此画面整体的明暗调整基本完成，但是裙子部分似乎有一些曝光。所以需要在“图层”面板中单击“曲线2”调整图层的蒙版，如图10-95所示。使用灰色柔边圆涂抹裙子部分区域，使裙子部分曝光的情况有所缓解，最终效果如图10-96所示。

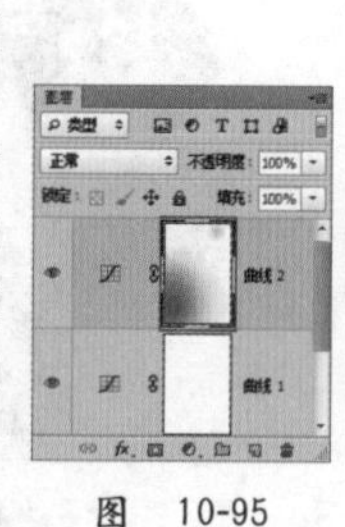

图 10-95

图 10-96

读书笔记

10.3.4 曝光度

● 技术速查：使用“曝光度”命令可以通过调整曝光度、位移、灰度系数校正3个参数调整照片的对比反差，修复数码照片中常见的曝光过度与曝光不足等问题，如图10-97～图10-99所示分别为曝光过度、曝光正常以及曝光不足的效果。

图 10-97

图 10-98

图 10-99

“曝光度”命令是通过在线性颜色空间执行计算而得出的曝光效果。执行“图像>调整>曝光度”命令，打开“曝光度”对话框，如图10-100所示。

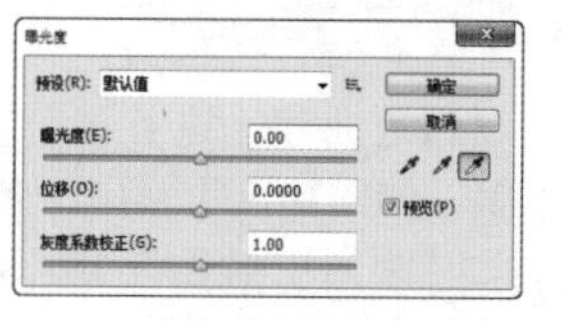

图 10-100

● 预设/预设选项：Photoshop预设了4种曝光效果，分别是“减1.0”“减2.0”“加1.0”和“加2.0”；单击“预设选项”按钮，可以对当前设置的参数进行保存，或载入一个外部的预设调整文件。

● 曝光度：向左拖曳滑块，可以降低曝光效果，如图10-101所示；向右拖曳滑块，可以增强曝光效果，如图10-102所示。

图 10-101

图 10-102

● 位移：该选项主要对阴影和中间调起作用，可以使其变暗，但对高光基本不会产生影响。

● 灰度系数校正：使用一种乘方函数来调整图像灰度系数。

思维点拨：曝光

简单来说，使胶片感光的过程叫“曝光”，它是胶片上的化学物质接受光照发生化学反应的过程，反应的结果是在胶片上生成潜影。曝光是感光材料获取影像信息的第一步，曝光后的胶片生成潜影，曝光是决定影像技术质量最关键的环节。曝光是一门技术，但是又不是纯技术。之所以说曝光是技术，是因为它有着科学的客观规律，违背了这些规律，就必然导致曝光上的失误。之所以说它不是纯技术，是因为它是摄影艺术的一个组成部分，直接体现了摄影者的摄影风格、主观感受，从这个角度讲，曝光在技巧上又有着很大的灵活性和实践性，如图10-103和图10-104所示。

图 10-103

图 10-104

10.3.5 阴影/高光

技术速查：“阴影/高光”命令可以基于阴影/高光中的局部相邻像素来校正每个像素，常用于还原图像阴影区域过暗或高光区域过亮造成的细节损失。如图10-105和图10-106所示为还原暗部细节与还原亮部细节的对比效果。

图 10-105

图 10-106

打开一张图像，从图像中可以直观地看出高光区域与阴影区域的分布情况，如图10-107所示。执行“图像>调整>阴影/高光”命令，打开“阴影/高光”对话框，选中“显示更多选项”复选框后，如图10-108所示，可以显示“阴影/高光”的完整选项，如图10-109所示。

图 10-107

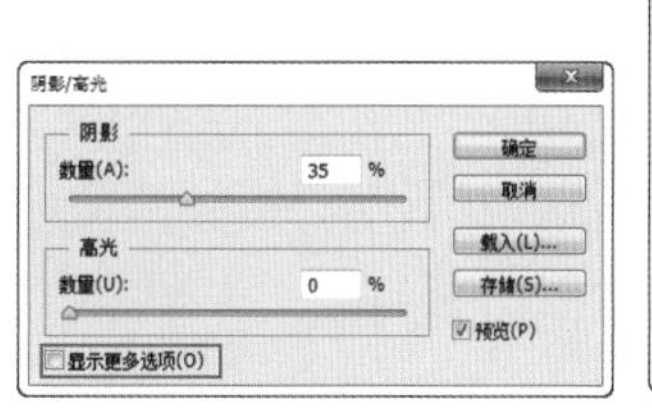

图 10-108

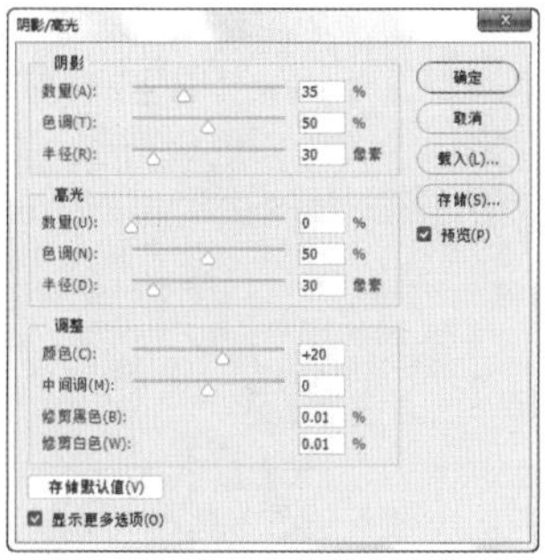

图 10-109

阴影：“数量”选项用来控制阴影区域的亮度，值越大，阴影区域就越亮，如图10-110所示；“色调”选项用来控制色调的修改范围，值越小，修改的范围就只针对较暗的区域；“半径”选项用来控制像素是在阴影中还是在高光中，如图10-111所示。

图 10-110

图 10-111

- 高光："数量"选项用来控制高光区域的黑暗程度，值越大，高光区域越暗，如图10-112所示；"色调"选项用来控制色调的修改范围，值越小，修改的范围就只针对较亮的区域；"半径"选项用来控制像素是在阴影中还是在高光中，如图10-113所示。
- 调整："颜色"选项用来调整已修改区域的颜色；"中间调"选项用来调整中间调的对比度；"修剪黑色"和"修剪白色"决定了在图像中将多少阴影和高光剪到新的阴影中。
- 存储默认值：如果要将对话框中的参数设置为存储默认值，可以单击该按钮。存储为默认值以后，再次打开"阴影/高光"对话框时，就会显示该参数。

图　10-112

图　10-113

10.4 调整图像颜色

- 视频精讲：Photoshop新手学视频精讲课堂/常用色调调整命令.mp4

颜色是图像最显著的特征，也是影响人们视觉感受的重要因素。在"图像>调整"命令中有多个命令可以对图像整体或者局部进行调整，以达到使图像产生另外一种颜色的目的，如图10-114和图10-115所示为调色的对比效果。

图　10-114

图　10-115

10.4.1 自然饱和度

- 技术速查："自然饱和度"命令可以针对图像饱和度进行调整。

虽然"色相/饱和度"命令也可以对图像的饱和度进行调整，但是相对而言使用"自然饱和度"命令可以在增加图像饱和度的同时有效地控制由于颜色过于饱和而出现溢色现象。如图10-116所示为原图，如图10-117和图10-118所示为使用"自然饱和度"命令增强画面饱和度，以及使用"色相/饱和度"命令增强画面饱和度的效果。

图　10-116

图　10-117

图　10-118

执行“图像>调整>自然饱和度”命令，打开“自然饱和度”对话框，如图10-119所示。

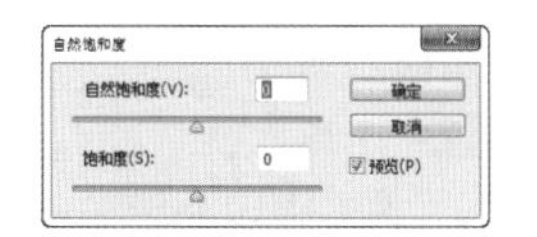

图 10-119

> **技巧提示**
>
> 调节“自然饱和度”选项，不会生成饱和度过高或过低的颜色，画面始终会保持一个比较平衡的色调，对于调节人像非常有用。

- 自然饱和度：向左拖曳滑块，可以降低颜色的饱和度，如图10-120所示；向右拖曳滑块，可以增加颜色的饱和度，如图10-121所示。

图 10-120

图 10-121

- 饱和度：向左拖曳滑块，可以增加所有颜色的饱和度，如图10-122所示；向右拖曳滑块，可以降低所有颜色的饱和度，如图10-123所示。

图 10-122

图 10-123

10.4.2 色相/饱和度

- 技术速查：“色相/ 饱和度”命令可以对色彩的三大属性，即色相、饱和度（纯度）和明度进行修改。

执行“图像>调整>色相/饱和度”命令或按Ctrl+U快捷键，打开“色相/饱和度”对话框，如图10-124所示。使用“色相/ 饱和度”命令既可调整整个画面的色相、饱和度和明度，也可以单独调整单一颜色的色相、饱和度和明度，如图10-125所示为原图。

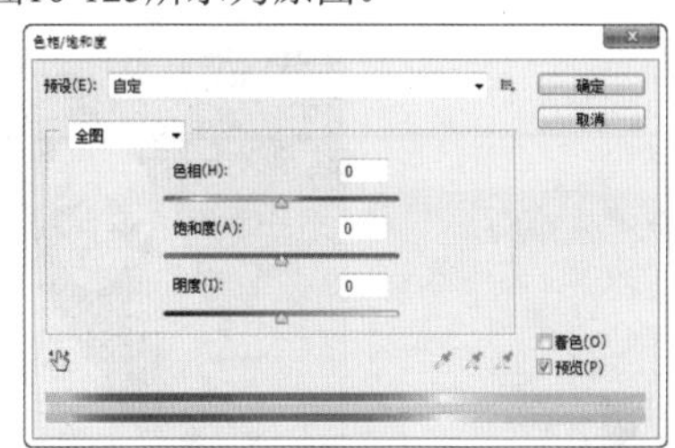

图 10-124

图 10-125

- 预设/预设选项：在“预设”下拉列表中提供了8种色相/饱和度预设，如图10-126所示；单击“预设选项”按钮，可以对当前设置的参数进行保存，或载入一个外部的预设调整文件。

图 10-126

- **通道下拉列表**全图：在通道下拉列表中可以选择全图、红色、黄色、绿色、青色、蓝色和洋红通道进行调整。选择好通道以后，拖曳下面的“色相”“饱和度”和“明度”滑块，可以对该通道的色相、饱和度和明度进行调整，如图10-127所示。
- **在图像上单击并拖动可修改饱和度**：使用该工具在图像上单击设置取样点以后，向右拖曳鼠标可以增加图像的饱和度，向左拖曳鼠标可以降低图像的饱和度，如图10-128所示。
- **着色**：选中该复选框后，图像会整体偏向于单一的红色调，还可以通过拖曳3个滑块来调节图像的色调，如图10-129所示。

图　10-127

图　10-128

图　10-129

★ 案例实战——使用色相/饱和度制作暖调橙红色

案例文件	案例文件\第10章\使用色相/饱和度制作暖调橙红色.psd
视频教学	视频文件\第10章\使用色相/饱和度制作暖调橙红色.mp4
难易指数	★★★★★
技术要点	色相/饱和度、曲线、可选颜色、混合模式

扫码看视频

案例效果

本案例主要使用色相/饱和度、曲线、可选颜色和混合模式等制作橙红色照片效果，如图10-130和图10-131所示。

图　10-130

图　10-131

操作步骤

01 打开素材“1.jpg”，从画面中可以看到人像的肤色偏黄，如图10-132所示。

02 进行肤色的调整，执行“图层>新建调整图层>曲线”命令，调整曲线的形状，如图10-133所示。使用黑色画笔在调整图层蒙版中绘制人物皮肤以外的部分，如图10-134所示。此时只有皮肤部分变亮，效果如图10-135所示。

图　10-132

图　10-133

图　10-134

图　10-135

03 使肤色变为粉嫩的颜色，执行“图像>新建调整图层>可选颜色”命令，设置“颜色”为“黄色”，“黄色”为−54%，“黑色”为−24%，如图10-136所示。设置“颜色”为“中性色”，“黄色”为−18%，如图10-137所示。同样使用黑色画笔在调整图层蒙版中绘制人物皮肤以外部分，如图10-138所示，效果如图10-139所示。

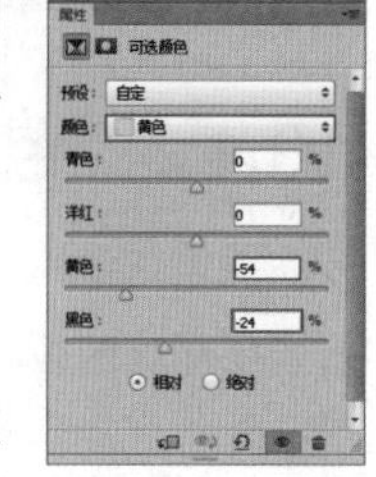

图　10-136

图　10-137

图　10-138

图　10-139

04 对画面整体色调进行调整，执行“图层>新建调整图层>色相/饱和度”命令，设置“通道”为“红色”，设置“色相”为－21%，“饱和度”为10，如图10-140所示。设置“通道”为“黄色”，“色相”为－28，“饱和度”为51，如图10-141所示。使用黑色画笔在调整图层蒙版中绘制人物的皮肤部分，如图10-142所示。此时画面整体倾向于暖调的橙红色，效果如图10-143所示。

图 10-140

图 10-141

图 10-142

05 执行“图层>新建调整图层>可选颜色”命令，设置“颜色”为“黄色”，“洋红”为63%，如图10-144所示。设置“颜色”为“白色”，“黑色”为－100%，如图10-145所示。使用黑色画笔在调整图层蒙版中绘制人物皮肤部分，如图10-146所示。此时画面颜色更加通透，效果如图10-147所示。

图 10-143

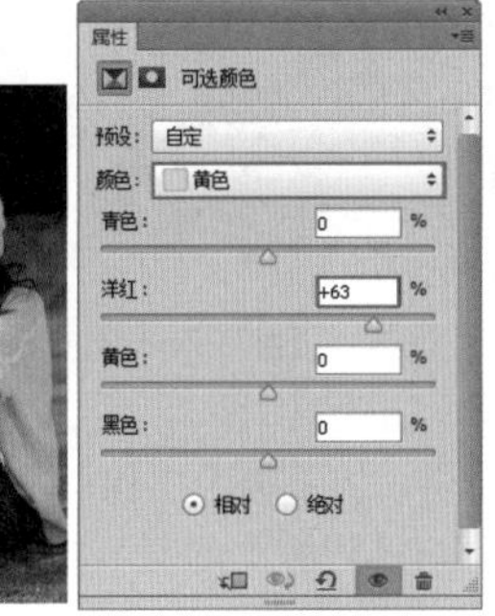

图 10-144

图 10-145

图 10-146

图 10-147

06 设置合适的前景色，如图10-148所示。新建图层，使用半透明的柔边圆画笔在画面中绘制，效果如图10-149所示。

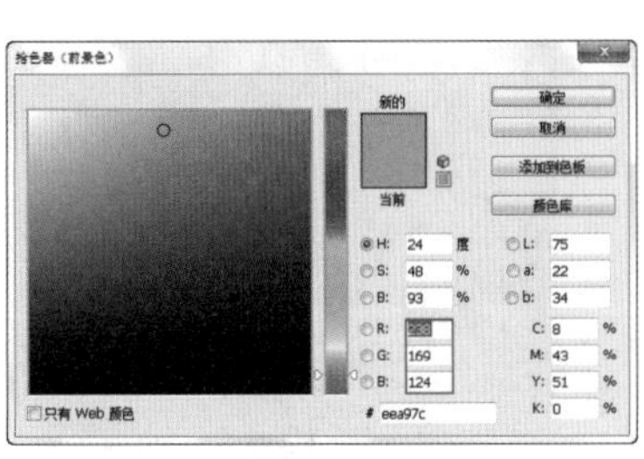

图 10-148

图 10-149

07 设置该图层的“混合模式”为“强光”，如图10-150所示。最后置入前景光斑素材“2.png”并将其栅格化，最终效果如图10-151所示。

图 10-150

图 10-151

读书笔记

10.4.3 色彩平衡

● 技术速查："色彩平衡"命令调整图像的颜色时根据颜色的补色原理，要减少某个颜色就增加这种颜色的补色。该命令可以控制图像的颜色分布，使图像整体达到色彩平衡。

打开一张画面偏红的图像，如图10-152所示，执行"图像>调整>色彩平衡"命令或按Ctrl+B快捷键，打开"色彩平衡"对话框，调整色彩平衡滑块的位置，使画面红色成分减少，如图10-153所示。可以看到画面颜色接近正常，效果如图10-154所示。

图 10-152

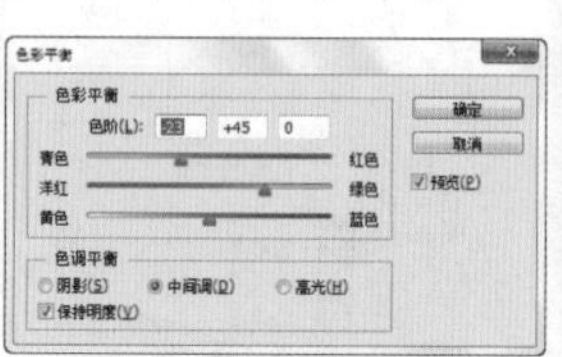

图 10-153

图 10-154

● 色彩平衡：用于调整"青色-红色""洋红-绿色"以及"黄色-蓝色"在图像中所占的比例，可以手动输入，也可以拖曳滑块来进行调整。如图10-155所示为原图，向右拖曳"洋红-绿色"滑块，可以在图像中增加绿色，同时减少其补色洋红色，如图10-156所示。

原 图

图 10-155

图 10-156

● 色调平衡：选择调整色彩平衡的方式，包含"阴影""中间调"和"高光"3个选项。如果选中"保持明度"复选框，还可以保持图像的色调不变，以防止亮度值随着颜色的改变而改变。如图10-157~图10-159所示分别是原图、向"阴影"和"高光"添加蓝色以后的效果。

原 图

图 10-157

图 10-158

图 10-159

10.4.4 黑白

● 技术速查："黑白"命令具有两项功能，一是把彩色图像转换为黑色图像的同时还可以控制每一种色调的量；二是可以将黑白图像转换为带有颜色的单色图像。

执行“图像>调整>黑白”命令或按Shift+Alt+Ctrl+B组合键，打开“黑白”对话框，如图10-160~图10-162所示。

图　10-160

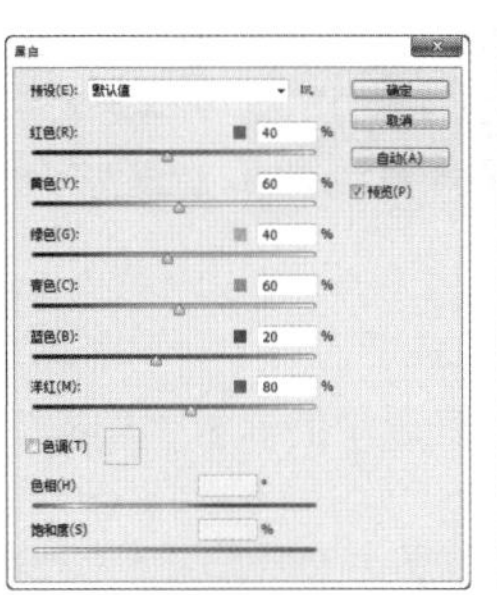

图　10-161

图　10-162

答疑解惑：“去色”命令与“黑白”命令有什么不同?

“去色”命令只能简单地去掉所有颜色，只保留原图像中单纯的黑白灰关系，并且将丢失很多细节。而“黑白”命令则可以通过参数的设置调整各个颜色在黑白图像中的亮度，这是“去色”命令所不能够达到的，所以如果想要制作高质量的黑白照片则需要使用“黑白”命令。

- 预设：在“预设”下拉列表中提供了12种黑色效果，可以直接选择相应的预设来创建黑白图像。
- 颜色：这6个选项用来调整图像中特定颜色的灰色调。例如，在这张图像中，向左拖曳“黄色”滑块，可以使由黄色转换而来的灰度色变暗，如图10-163所示；向右拖曳，则可以使灰度色变亮，如图10-164所示。

图　10-163

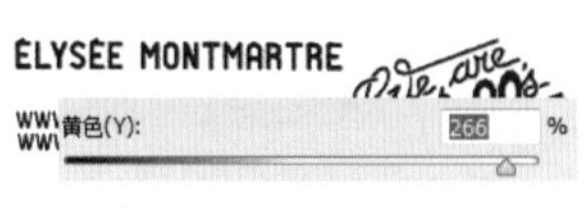

图　10-164

- 色调/色相/饱和度：选中“色调”复选框，可以为灰度图像着色，以创建单色图像，另外还可以调整单色图像的色相和饱和度，如图10-165和图10-166所示。

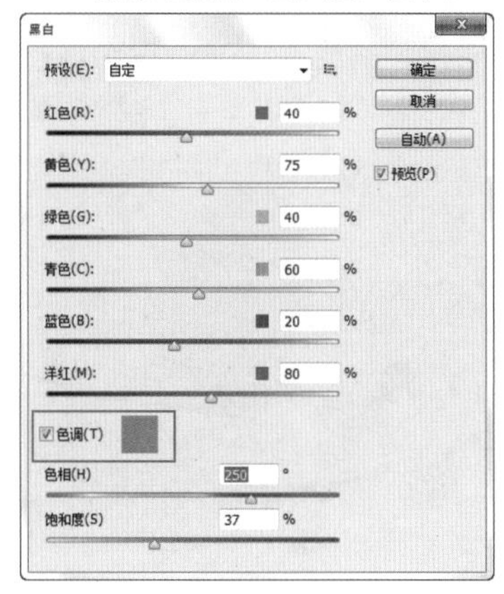

图　10-165

图　10-166

☆ 视频课堂——制作古典水墨画

案例文件\第10章\视频课堂——制作古典水墨画.psd
视频文件\第10章\视频课堂——制作古典水墨画.mp4

扫码看视频

思路解析：

01 打开水墨背景素材，置入人像素材，将人像素材从背景中分离出来。
02 创建“黑白”调整图层，在蒙版中设置影响范围为人像服装部分。
03 创建“色相/饱和度”调整图层，降低皮肤部分的饱和度。
04 置入水墨前景素材。

10.4.5 通道混合器

- 技术速查：“通道混合器”命令可以对图像的某一个通道的颜色进行调整，以创建出各种不同色调的图像。

打开一张图片，如图10-167所示。执行“通道混合器”命令，在弹出的“通道混合器”对话框中首先需要选择“输出通道”，然后在“源通道”选项组中进行各个颜色滑块的调整，如图10-168所示。同时通道混合器可以用来创建高品质的灰度图像，选中“单色”复选框后图像将变成黑白效果。

图 10-167

图 10-168

- 预设/预设选项：Photoshop提供了6种制作黑白图像的预设效果；单击“预设选项”按钮，可以对当前设置的参数进行保存，或载入一个外部的预设调整文件。
- 输出通道：在该下拉列表中可以选择一种通道来对图像的色调进行调整。
- 源通道：用来设置源通道在输出通道中所占的百分比。将一个源通道的滑块向左拖曳，可以减小该通道在输出通道中所占的百分比，如图10-169所示；向右拖曳，则可以增加百分比，如图10-170所示。

图 10-169

- 总计：显示源通道的计数值。如果计数值大于100%，则有可能会丢失一些阴影和高光细节。
- 常数：用来设置输出通道的灰度值，负值可以在通道中增加黑色，正值可以在通道中增加白色。

图 10-170

★ 案例实战——使用通道混合器制作欧美暖色调

案例文件	案例文件\第10章\使用通道混合器制作欧美暖色调.psd
视频教学	视频文件\第10章\使用通道混合器制作欧美暖色调.mp4
难易指数	★★★★★
技术要点	色彩平衡、通道混合器、亮度/对比度

扫码看视频

案例效果

本案例主要使用色彩平衡、通道混合器和亮度/对比度命令制作欧美暖色调，如图10-171和图10-172所示。

图 10-171

图 10-172

操作步骤

01 打开本书配套资源中的素材“1.jpg”文件，如图10-173所示。

图 10-173

02 执行“图层>新建调整图层>曲线”命令，设置“通道”为“红”，调整红通道曲线的形状，如图10-174所示。设置“通道”为RGB，调整曲线的形状，如图10-175所示，效果如图10-176所示。

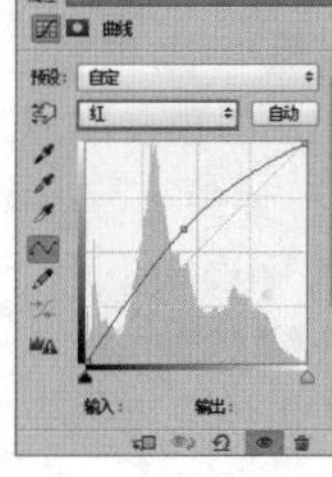

图 10-174

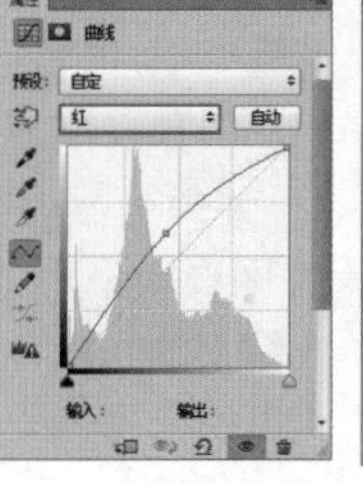

图 10-175

图 10-176

03 执行“图层>新建调整图层>通道混合器”命令，创建新的“通道混合器”调整图层，设置“输出通道”为“红”，“红色”为100%，如图10-177所示。设置“输出通道”为“蓝”，“蓝色”为72%，如图10-178所示。设置“输出通道”为“绿”，“绿色”为100%，如图10-179所示。

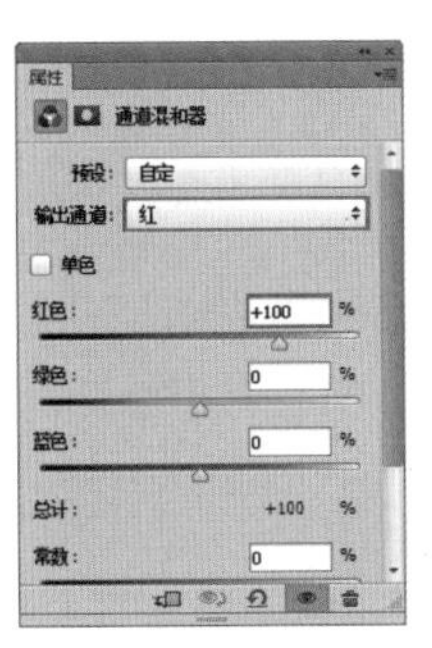
图 10-177

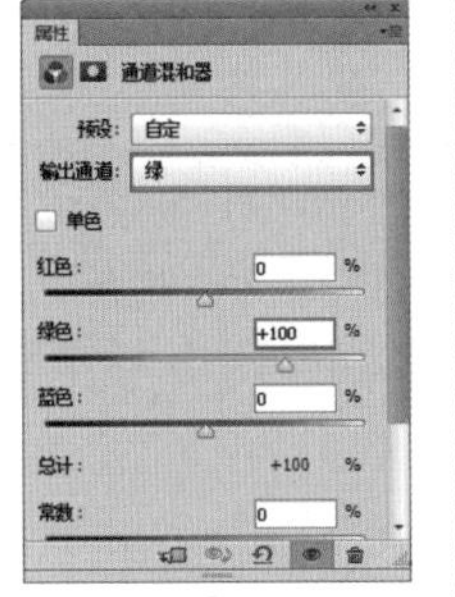
图 10-178

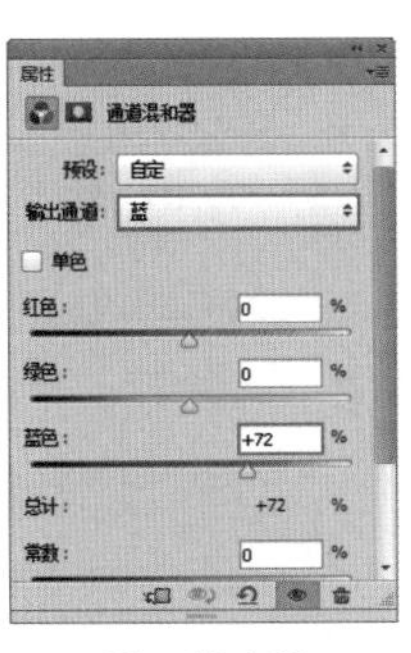
图 10-179

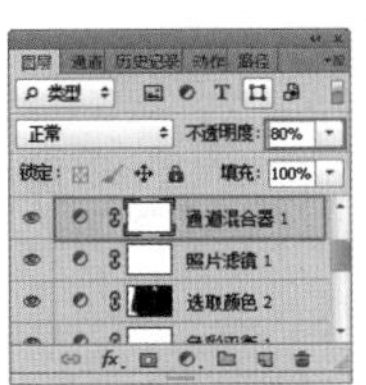
图 10-180

图 10-181

04 设置通道图层的“不透明度”为80%，如图10-180所示，效果如图10-181所示。

05 创建一个“亮度/对比度”调整图层，设置“对比度”为50，如图10-182所示。最后置入前景装饰素材“2.jpg”文件并将其栅格化，将该图层的“混合模式”设置为滤色，效果如图10-183所示。

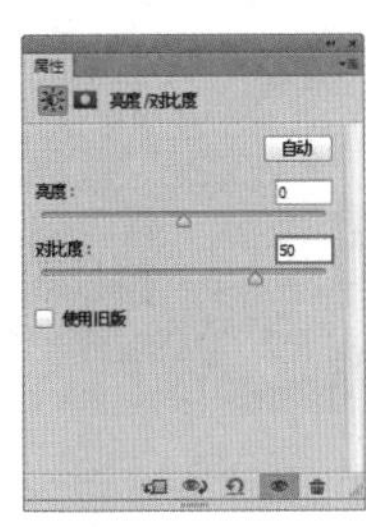

图 10-182

图 10-183

10.4.6 颜色查找

技术速查：“颜色查找”命令可以使画面颜色在不同的设备之间精确传递和再现。

数字图像输入或输出设备都有自己特定的色彩空间，这就导致了色彩在不同的设备之间传输时出现不匹配的现象。执行“颜色查找”命令，在弹出的对话框中可以从以下方式选择用于颜色查找的方式：3DLUT文件、摘要和设备链接，并在每种方式的下拉列表中选择合适的类型，选择完成后可以看到图像整体颜色产生了风格化的效果，如图10-184所示。对比效果如图10-185和图10-186所示。

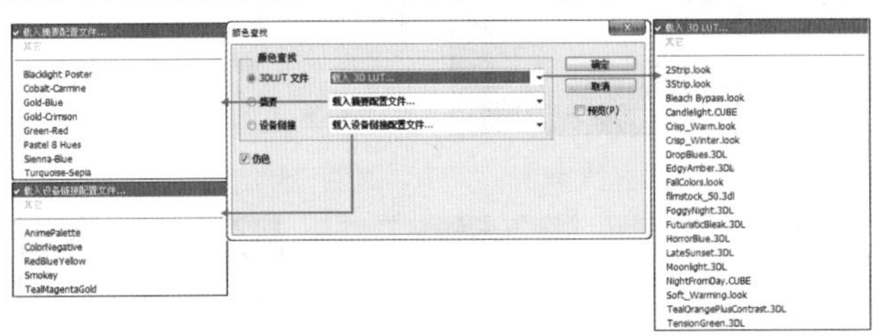
图 10-184

图 10-185

图 10-186

思维点拨：色域

色域是另一种形式上的色彩模型，它具有特定的色彩范围。例如，RGB色彩模型就有好几个色域，即Adobe RGB、sRGB和ProPhoto RGB等。在现实世界中，自然界中可见光谱的颜色组成了最大的色域空间，该色域空间中包含了人眼所能见到的所有颜色。

为了能够直观地表示色域这一概念，CIE国际照明协会制定了一个用于描述色域的方法，即CIE-xy色度图。在这个坐标系中，各种显示设备能表现的色域范围用RGB三点连线组成的三角形区域来表示，三角形的面积越大，表示这种显示设备的色域范围越大，如图10-187所示。

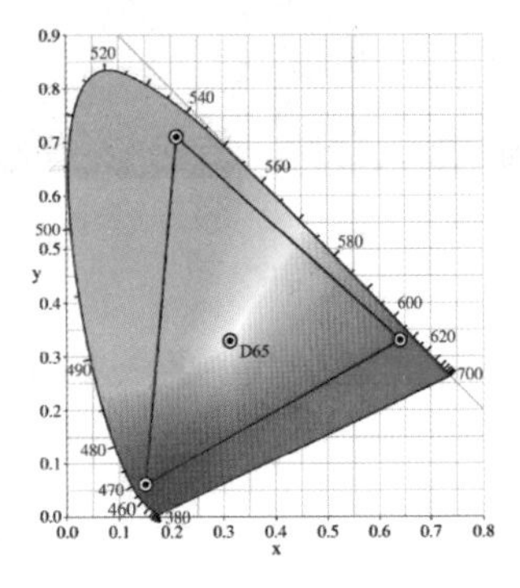

图 10-187

10.4.7 可选颜色

● 技术速查："可选颜色"命令可以在图像中的每个主要原色成分中更改印刷色的数量，也可以在不影响其他主要颜色的情况下有选择地修改任何主要颜色中的印刷色数量。

打开一张图像，如图10-188所示。执行"图像>调整>可选颜色"命令，打开"可选颜色"对话框，如图10-189所示。在"颜色"下拉列表中选择要修改的颜色，然后在下面的颜色中进行调整，可以调整该颜色中青色、洋红、黄色和黑色所占的百分比，如图10-190所示。

在底部的"方法"中选择"相对"方式，可以根据颜色总量的百分比来修改青色、洋红、黄色和黑色的数量；选择"绝对"方式，可以采用绝对值来调整颜色。

图　10-188

图　10-189

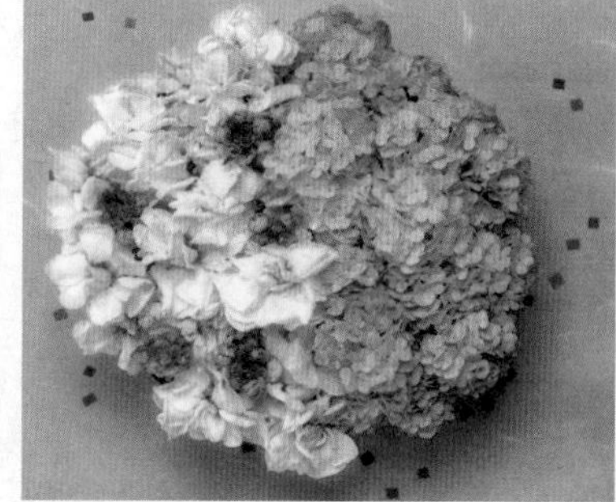

图　10-190

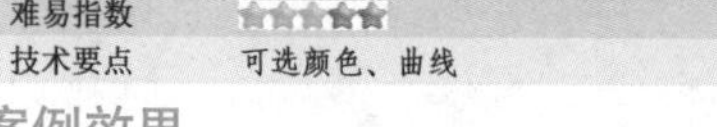

★ 案例实战——使用可选颜色打造反转片效果

案例文件	案例文件\第10章\使用可选颜色打造反转片效果.psd
视频教学	视频文件\第10章\使用可选颜色打造反转片效果.mp4
难易指数	★★★★★
技术要点	可选颜色、曲线

扫码看视频

案例效果

本案例主要是通过使用可选颜色调整图层对画面各部分区域颜色进行调整，以模拟出青色调的反转片效果，如图10-191和图10-192所示。

图　10-191

图　10-192

操作步骤

01 新建文件，填充背景为黑色，置入本书配套资源中的人物素材文件"1.jpg"并将其栅格化，如图10-193所示。

02 由于要将画面整体色调调整为青色调，那么首先需要执行"图层>新建调整图层>可选颜色"命令，创建一个"可选颜色"调整图层。首先对画面的亮部区域进行调整，设置"颜色"为白色，"青色"为－80%，"黄色"为66%，"黑色"为－53%，如图10-194所示。然后对画面的中间调区域进行调整，设置"颜色"为中性色，"青色"为31%，如图10-195所示。接着设置"颜色"为黑色，"青色"为100%，如图10-196所示。此时画面倾向于青色，效果如图10-197所示。

图　10-193

图　10-194

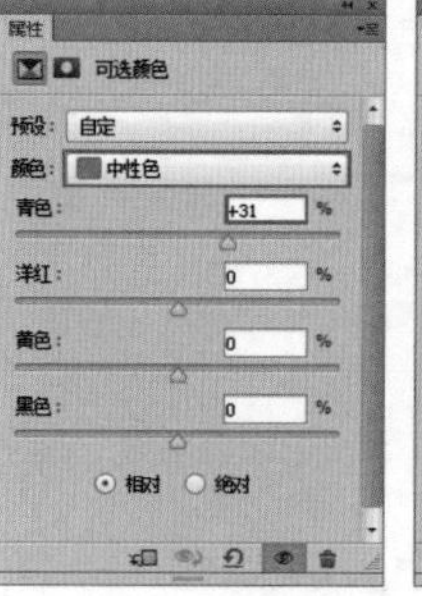

图　10-195

图　10-196

图　10-197

03 但是目前人像肤色部分偏暗，主要由红色以及黄色构成，设置"颜色"为"红色"，"黑色"为－100%，如图10-198所示。设置"颜色"为"黄色"，"洋红"为38%，"黄色"为－17%，"黑色"为－100%，如图10-199所示，此时画面颜色如图10-200所示。

图 10-198　　图 10-199　　图 10-200

04 选择“选取颜色”调整图层的蒙版，使用黑色柔边圆画笔在蒙版中绘制人物婚纱部分，如图10-201所示，使这部分适当还原原始颜色，效果如图10-202所示。

图 10-201

图 10-202

05 执行“图层>新建调整图层>曲线”命令，如图10-203所示，创建新的“曲线”调整图层，调整曲线的形状。选择“曲线”图层蒙版，使用黑色柔边圆画笔在蒙版中绘制画面中心部分，如图10-204所示。此时画面四周被压暗，效果如图10-205所示。

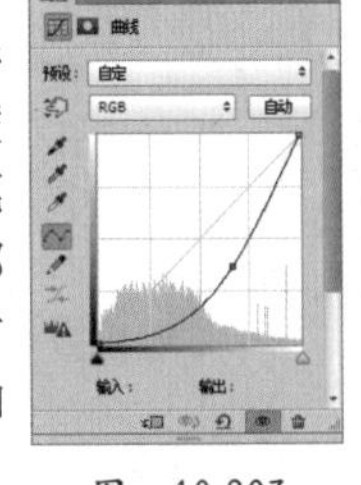

图 10-203

图 10-204

06 置入前景装饰素材“2.png”，将其栅格化并置于画面中合适的位置，最终效果如图10-206所示。

图 10-205

图 10-206

10.4.8 匹配颜色

- 技术速查：“匹配颜色”命令的原理是，将一个图像作为源图像，另一个图像作为目标图像。然后以源图像的颜色与目标图像的颜色进行匹配。源图像和目标图像可以是两个独立的文件，也可以匹配同一个图像中不同图层之间的颜色。

打开两张图像，如图10-207和图10-208所示。选中其中一个文档，执行“图像>调整>匹配颜色”命令，打开“匹配颜色”对话框，如图10-209所示。首先需要在“源”下拉列表中选择用于匹配的素材文件，即可观察到匹配效果。如果对效果不满意，可以通过调整“图像选项”选项组中的参数进行设置。

图 10-207

图 10-208

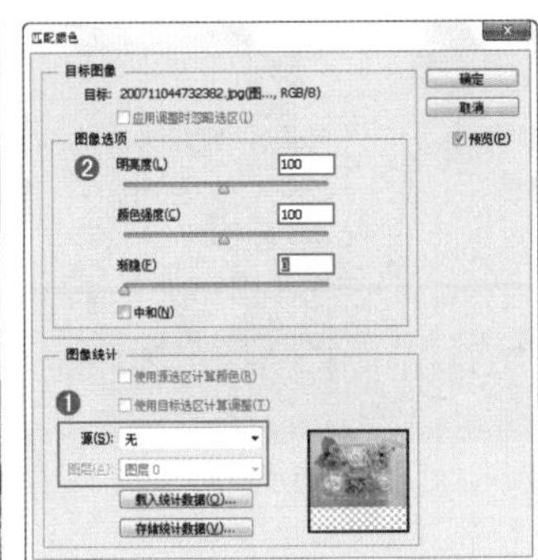

图 10-209

- 目标：这里显示要修改的图像的名称以及颜色模式。
- 应用调整时忽略选区：如果目标图像（即被修改的图像）中存在选区，选中该复选框，Photoshop将忽视选区的存在，并将调整应用到整个图像，如图10-210所示；如果不选中该复选框，那么调整只针对选区内的图像，如图10-211所示。

图 10-210

图 10-211

- 明亮度：用来调整图像匹配的明亮程度。
- 颜色强度：相当于图像的饱和度，因此它用来调整图像的饱和度，如图10-212和图10-213所示，分别是设置该值为178和41时的颜色匹配效果。

图 10-212

图 10-213

- 渐隐：有点类似于图层蒙版，它决定了有多少源图像的颜色匹配到目标图像的颜色中，如图10-214和图10-215所示分别是设置该值为50和100（不应用调整）时的匹配效果。

图 10-214

图 10-215

- 中和：主要用来去除图像中的偏色现象，如图10-216所示。

图 10-216

- 使用源选区计算颜色：可以使用源图像中选区图像的颜色来计算匹配颜色，如图10-217和图10-218所示。

图 10-217

图 10-218

- 使用目标选区计算调整：可以使用目标图像中选区图像的颜色来计算匹配颜色（注意，这种情况必须选择源图像为目标图像），如图10-219和图10-220所示。

图 10-219

图 10-220

- 源：用来选择源图像，即将其颜色匹配到目标图像的图像。

- 图层：用来选择需要匹配颜色的图层。
- 载入统计数据和存储统计数据：主要用来载入已存储的设置与存储当前的设置。

10.4.9 替换颜色

- 技术速查："替换颜色"命令可以修改图像中选定颜色的色相、饱和度和明度，从而将选定的颜色替换为其他颜色。

打开一张图像，如图10-221所示。然后执行"图像>调整>替换颜色"命令，打开"替换颜色"对话框，如图10-222所示。在"替换颜色"对话框中首先使用吸管工具在画面中选择需要替换的颜色，然后在预览窗口中观察被选中的区域（白色区域为被选中的区域）并配合容差值进行调整。区域确定完成后则可以进行"替换"颜色的设置，此时即可观察到画面被选区域颜色发生变化，如图10-223所示。

图 10-221

图 10-222

图 10-223

★ 案例实战——使用替换颜色改变美女衣服颜色

案例文件	案例文件\第10章\使用替换颜色改变美女衣服颜色.psd
视频教学	视频文件\第10章\使用替换颜色改变美女衣服颜色.mp4
难易指数	★★★★★
技术要点	替换颜色

扫码看视频

案例效果

本案例主要使用"替换颜色"命令为人物更改衣服颜色，如图10-224和图10-225所示。

图 10-224

图 10-225

操作步骤

01 按Ctrl+O快捷键，打开本书配套资源中的素材文件"1.jpg"，如图10-226所示。

图 10-226

02 执行"图像>调整>替换颜色"命令，在弹出的对话框中使用滴管工具吸取服装的颜色，如图10-227所示，并使用添加到区域工具加选没有被选择到的区域，将替换组中的"颜色容差"调整为60，此时在选区预览图中可以看到裙子部分为全白，其他部分为黑色，如图10-228所示。

图 10-227

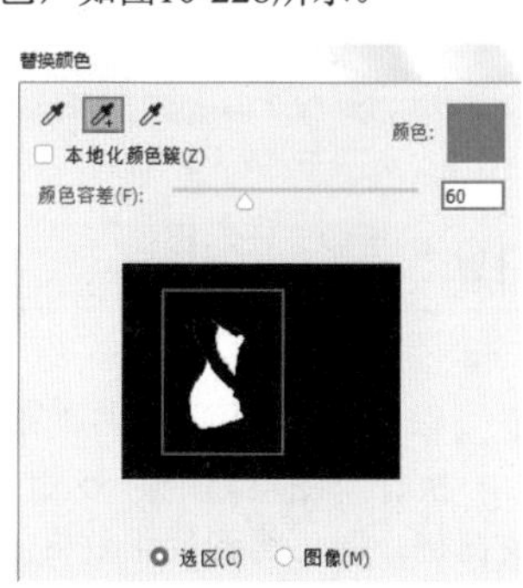

图 10-228

03 设置"色相"为－180，"饱和度"为20，如图10-229所示。裙子颜色变为红色，最终效果如图10-230所示。

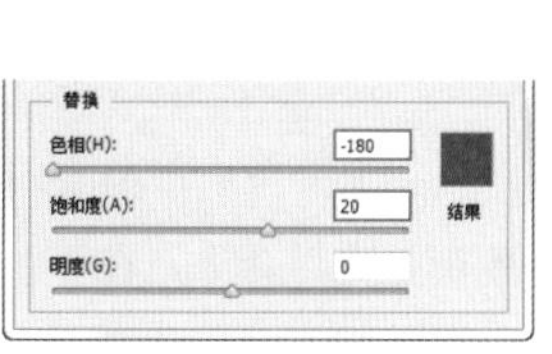

图 10-229

图 10-230

☆ 视频课堂——制作绚丽的夕阳火烧云效果

案例文件\第10章\视频课堂——制作绚丽的夕阳火烧云效果.psd
视频文件\第10章\视频课堂——制作绚丽的夕阳火烧云效果.mp4

思路解析：

01 打开风景素材，并置入天空素材。
02 将天空素材与原始风景素材进行融合。
03 使用多种调色命令调整画面颜色倾向。

扫码看视频

10.5 特殊色调调整的命令

视频精讲：Photoshop新手学视频精讲课堂/特殊色调调整命令.mp4

10.5.1 反相

技术速查："反相"命令可以将图像中的某种颜色转换为它的补色，即将原来的黑色变成白色，将原来的白色变成黑色，从而创建出负片效果。

执行"图层>调整>反相"命令或按Ctrl+I快捷键，即可得到反相效果。"反相"命令是一个可以逆向操作的命令，例如对一幅图像执行"反相"命令，创建出负片效果，再次对负片图像执行"反相"命令，又会得到原来的图像，如图10-231和图10-232所示。

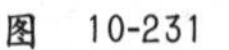

图 10-231

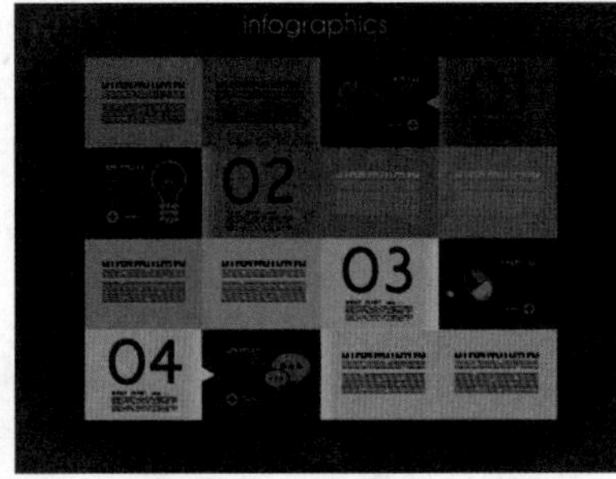

图 10-232

10.5.2 色调分离

技术速查："色调分离"命令可以指定图像中每个通道的色调级数目或亮度值，然后将像素映射到最接近的匹配级别。

对一个图像执行"图像>调整>色调分离"命令，在"色调分离"对话框中可以进行"色阶"数量的设置，如图10-233和图10-234所示。

设置的色阶值越小，分离的色调越多；色阶值越大，保留的图像细节就越多，如图10-235和图10-236所示。

图 10-233

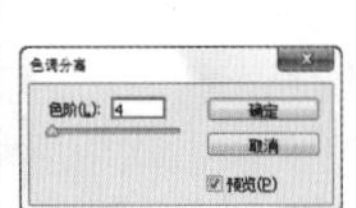

图 10-234

图 10-235

图 10-236

10.5.3 阈值

技术速查：“阈值”是基于图片亮度的一个黑白分界值。在Photoshop中使用“阈值”命令将删除图像中的色彩信息，将其转换为只有黑白两种颜色的图像。

打开一个图像，如图10-237所示。在“阈值”对话框中拖曳直方图下面的滑块或输入“阈值色阶”数值可以指定一个色阶作为阈值，如图10-238所示。比阈值亮的像素将转换为白色，比阈值暗的像素将转换为黑色，如图10-239所示。

图 10-237

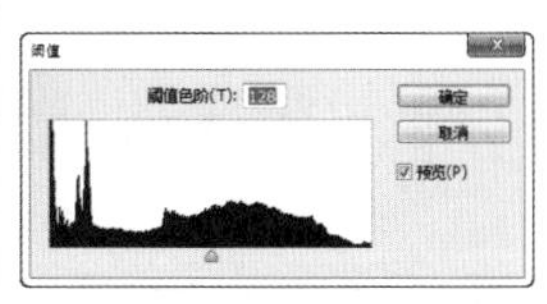

图 10-238

图 10-239

10.5.4 渐变映射

技术速查：“渐变映射”的工作原理其实很简单，先将图像转换为灰度图像，然后将相等的图像灰度范围映射到指定的渐变填充色，就是将渐变色映射到图像上。

执行“图像>调整>渐变映射”命令，打开“渐变映射”对话框，如图10-240和图10-241所示。

图 10-240

图 10-241

灰度映射所用的渐变：单击下面的渐变条，打开“渐变编辑器”窗口，在该窗口中可以选择或重新编辑一种渐变应用到图像上，如图10-242所示，效果如图10-243所示。

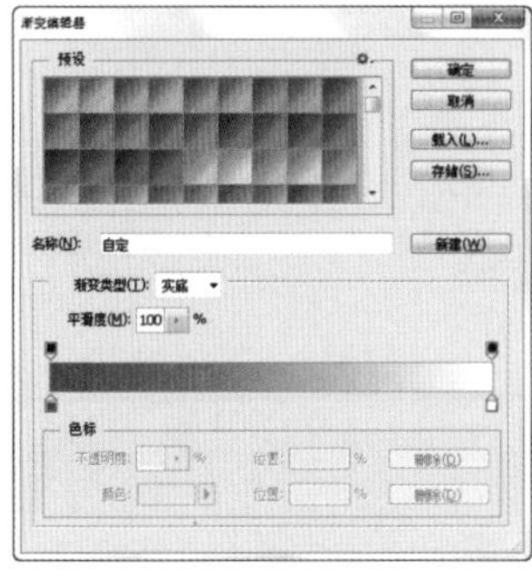

图 10-242

图 10-243

仿色：选中该复选框后，Photoshop会添加一些随机的杂色来平滑渐变效果。

反向：选中该复选框后，可以反转渐变的填充方向，映射出的渐变效果也会发生变化。

★ 案例实战——打造浓重的油画色感

案例文件	案例文件\第10章\打造浓重的油画色感.psd
视频教学	视频文件\第10章\打造浓重的油画色感mp4
难易指数	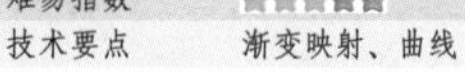
技术要点	渐变映射、曲线

扫码看视频

案例效果

本案例主要是通过使用“渐变映射”和“曲线”命令打造浓重色感的油画效果，如图10-244和图10-245所示。

图 10-244

图 10-245

操作步骤

01 打开本书配套资源中的素材文件“1.jpg”，如图10-246所示。

图 10-246

02 执行“图层>新建调整图层>渐变映射”命令，单击“渐变映射”中的渐变色块，如图10-247所示。在弹出的“渐变编辑器”窗口中选择紫色到橙色的渐变，如图10-248所示，此时效果如图10-249所示。

图 10-247

图 10-248　　图 10-249

03 设置该渐变映射调整图层的“混合模式”为“柔光”，“不透明度”为45%，如图10-250所示。此时渐变映射的效果被减弱，画面色感增强，如图10-251所示。

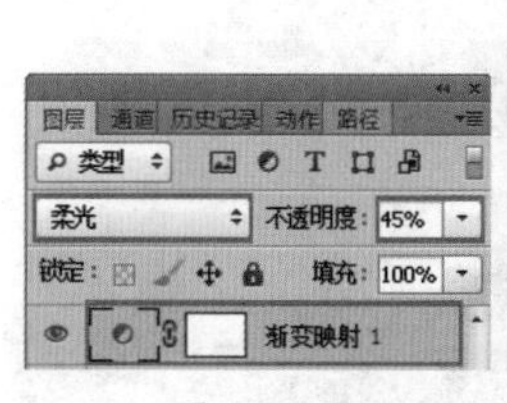

图 10-250　　图 10-251

04 执行“图层>新建调整图层>曲线”命令，调整曲线形状，压暗画面，如图10-252所示。选择曲线调整图层蒙版，使用黑色柔边圆画笔在蒙版中绘制中心区域，如图10-253所示。曲线只对画面四角起作用，效果如图10-254所示。

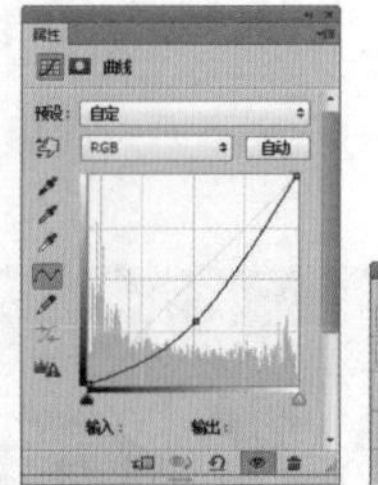

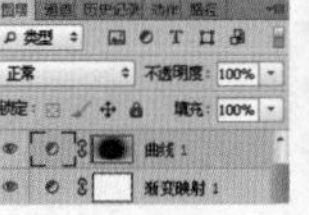

图 10-252　　图 10-253　　图 10-254

05 继续执行“图层>新建调整图层>曲线”命令，调整蓝通道曲线和RGB曲线的形状，如图10-255和图10-256所示。

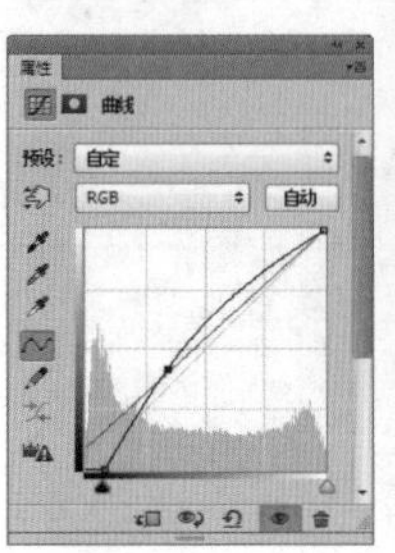

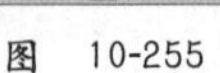

图 10-255　　图 10-256

06 为了增强画面油画效果，使用组合键Shift+Ctrl+Alt+E盖印当前画面效果，执行“滤镜>风格化>油画”命令，适当设置参数，此时画面产生油画的肌理，最终效果如图10-257所示。

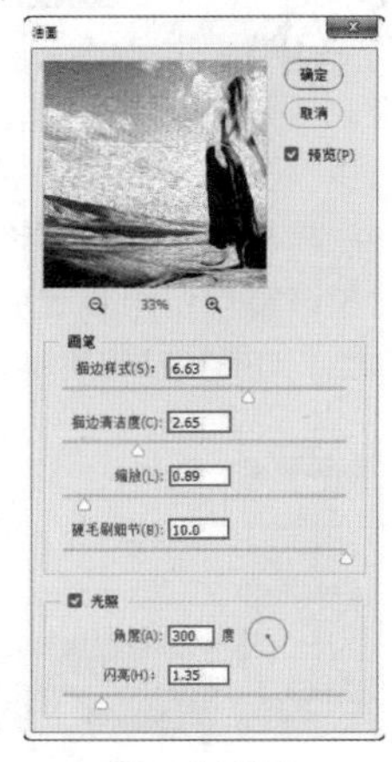

图 10-257

10.5.5 HDR色调

● 技术速查：HDR的全称是High Dynamic Range，即高动态范围，“HDR色调”命令可以用来修补太亮或太暗的图像，制作出高动态范围的图像效果，对于处理风景图像非常有用。

HDR是高动态范围的英文缩写，所谓动态范围是指某一景物光线从最亮到最暗的变化范围，而高动态范围的图像拥有普通图像所无法达到的宽容度，并且对于亮部以及暗部的细节表现尤为突出。HDR是近年来比较流行的一种摄影技术，也可以通过Photoshop模拟HDR效果。打开一张图像，如图10-258所示。执行“图像>调整>HDR色调”命令，打开“HDR色调”对话框，在该对话框中可以使用预设选项，也可以自行设定参数，如图10-259所示。

图 10-258

图 10-259

HDR图像具有几个明显的特征：亮的地方可以非常亮，暗的地方可以非常暗，并且亮、暗部的细节都很明显。

- 预设：在该下拉列表中可以选择预设的HDR效果，既有黑白效果，也有彩色效果。
- 方法：选择调整图像采用何种HDR方法。
- 边缘光：用于调整图像边缘光的强度，如图10-260和图10-261所示。
- 色调和细节：调节该选项组中的选项可以使图像的色调和细节更加丰富细腻。例如增大“灰度系数”数值会使画面对比度增强，如图10-262所示。减小“曝光度”数值会使画面变暗，如图10-263所示。增大“细节”数值可以使画面细节更加丰富，如图10-264所示。

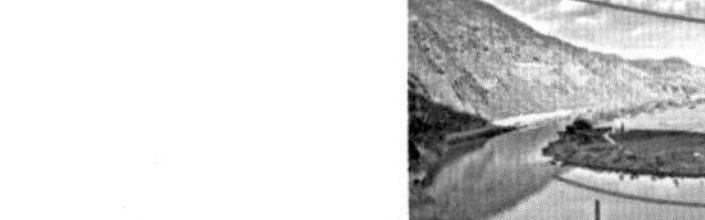

图 10-260

图 10-261

图 10-262

图 10-263

图 10-264

- 高级：在该选项组中可以控制画面中阴影与高光区域的亮度以及画面的饱和度，如图10-265和图10-266所示。

图 10-265

图 10-266

- 色调曲线和直方图：该选项组的使用方法与“曲线”命令相同。

★ 综合实战——曲线与混合模式打造浪漫红树林

案例文件	案例文件\第10章\曲线与混合模式打造浪漫红树林.psd
视频教学	视频文件\第10章\曲线与混合模式打造浪漫红树林.mp4
难易指数	★★★★★
技术要点	曲线、混合模式

扫码看视频

案例效果

本案例主要使用曲线和混合模式等命令打造浪漫红树林，效果如图10-267和图10-268所示。

图 10-267

图 10-268

操作步骤

01 打开本书配套资源中的素材文件“1.jpg”，如图10-269所示。

图 10-269

02 设置前景色为棕色，新建图层，为其填充棕色，如图10-270所示。设置“混合模式”为“色相”，如图10-271所示。此时画面颜色发生了明显的变化，效果如图10-272所示。

图 10-270

图 10-271

图 10-272

03 为了使画面颜色丰富一些，执行“图层>新建调整图层>曲线”命令，设置通道为“蓝”，调整曲线的形状，如图10-273所示。此时画面的暗部区域将会倾向于蓝紫色，如图10-274所示。

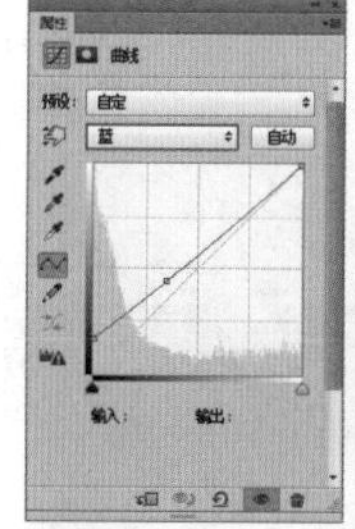

图 10-273

图 10-274

04 为了增强画面对比度，设置通道为RGB，调整曲线的形状，如图10-275所示，效果如图10-276所示。最后置入素材“2.png”并将其栅格化，最终效果如图10-277所示。

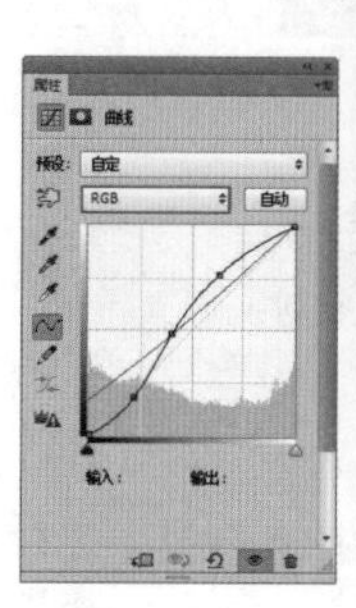

图 10-275

图 10-276

图 10-277

★ 综合实战——高调梦幻人像

案例文件	案例文件\第10章\高调梦幻人像.psd
视频教学	视频文件\第10章\高调梦幻人像.mp4
难易指数	★★★★★
技术要点	曲线调整图层、图层混合模式

扫码看视频

案例效果

本案例主要使用曲线调整图层和图层混合模式等命令制作梦幻感人像，如图10-278和图10-279所示。

图 10-278

图 10-279

操作步骤

01 打开本书配套资源中的素材文件“1.jpg”，如图10-280所示。

图 10-280

02 执行“图层>新建调整图层>曲线”命令，创建“曲线”调整图层。首先对人像肤色区域进行处理，设置通道为“红”，调整曲线的形状，如图10-281所示。再次设置通道为RGB，调整曲线的形状，如图10-282所示，效果如图10-283所示。

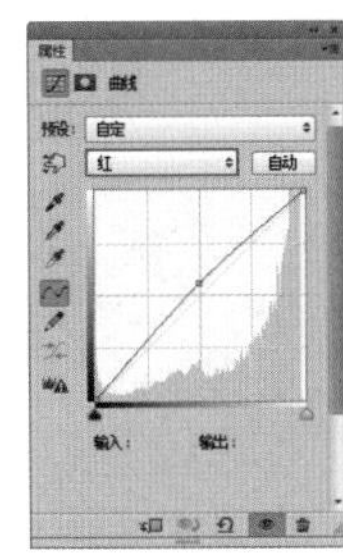

图 10-281

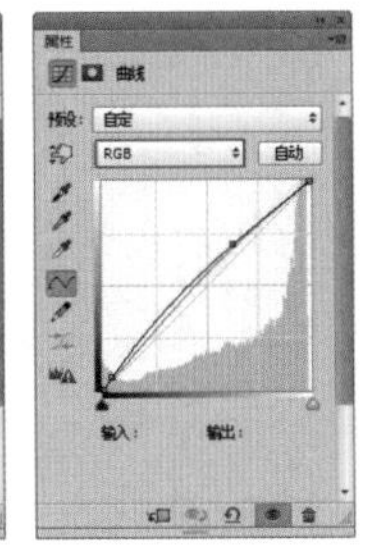

图 10-282

图 10-283

03 新建图层，使用渐变工具在选项栏中设置橙色系的渐变，设置渐变类型为线性，如图10-284所示。在画面中拖曳绘制，如图10-285所示。设置混合模式为柔光，为其添加图层蒙版，使用黑色画笔在蒙版中绘制，如图10-286所示，效果如图10-287所示。

图 10-284

图 10-285

图 10-286

图 10-287

04 再次新建图层，使用渐变工具，在选项栏中设置粉色到透明的渐变，选择渐变模式为线性，如图10-288所示。在画面右上角拖曳绘制，设置粉色渐变的混合模式为“滤色”，如图10-289所示，最终效果如图10-290所示。

图 10-288

图 10-289

图 10-290

课后练习

【课后练习——打造高彩外景】

思路解析：本案例通过调整画面饱和度增强色彩感，并通过前景可爱素材的使用制造出童趣的高彩外景效果。

扫码看视频

本章小结

调色命令的使用方法简单而且效果直观，很容易学习和掌握，但是调色技术却是博大精深的。想要调出完美的颜色，不仅仅需要掌握调色命令的使用方法，更需要深刻体会每种调色命令的特性，多种调色命令搭配使用，并配合图层、通道、蒙版、滤镜等其他工具命令共同操作，当然也需要在色彩的构成及搭配上多多考虑。

第11章

通道的应用

本章内容简介：

通道技术虽然并不如图层技术、蒙版技术那么“引人注目”，甚至是经常被忽略，但是通道技术却是非常重要的技术之一，与调色、抠图、合成以及印刷都有着不可分割的关联。下面就让我们从通道的基础知识入手，学习通道的基本操作与高级操作，并借助通道技术进行调色以及复杂的抠图操作。

本章学习要点：

- 掌握通道的基本操作方法。
- 掌握通道调色思路与技巧。
- 熟练掌握通道抠图法。

11.1 “通道”的基础知识

通道是用于存储图像颜色信息和选区信息等不同类型信息的灰度图像。在Photoshop中除复合通道外，还包含3种类型的通道，分别是颜色通道、专色通道和Alpha通道。与“图层”面板的功能相似，Photoshop中的各种通道也都存储在一个名为“通道”的面板中，在这里可以查看以及管理通道，如图11-1和图11-2所示。

图 11-1

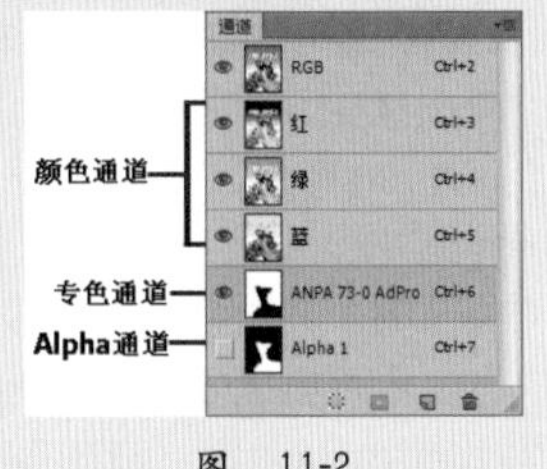

图 11-2

- 颜色通道：用来记录图像颜色信息。
- 复合通道：用来记录图像的所有颜色信息。
- 专色通道：用来给图片添加专色，丰富图像信息。
- Alpha通道：用来保存选区和灰度图像的通道。

技巧提示

一个图像最多可有 56个通道。

11.1.1 认识“通道”面板

技术速查：“通道”面板主要用于创建、存储、编辑和管理通道。

打开任意一张图像，在“通道”面板中能够看到Photoshop自动为这张图像创建颜色信息通道，如图11-3所示。默认情况下“通道”面板与“图层”面板、“路径”面板叠放在一起，如果在界面中找不到也可以执行“窗口>通道”命令，打开“通道”面板。

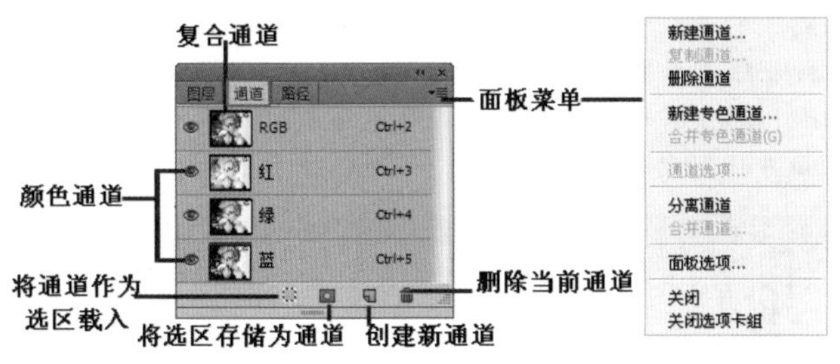

图 11-3

- 将通道作为选区载入：单击该按钮，可以载入所选通道图像的选区。
- 将选区存储为通道：如果图像中有选区，单击该按钮，可以将选区中的内容存储到通道中。
- 创建新通道：单击该按钮，可以新建一个Alpha通道。
- 删除当前通道：将通道拖曳到该按钮上，可以删除选择的通道。

如果“通道”面板中包含多通道，除默认的颜色通道的顺序是不能进行调整的以外，其他通道可以像调整图层位置一样调整通道的排列位置，如图11-4和图11-5所示。

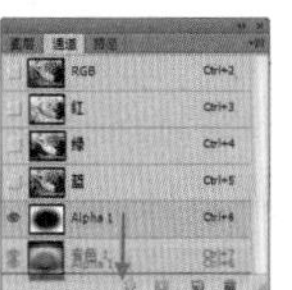

图 11-4

图 11-5

11.1.2 构成图像的颜色通道

技术速查：颜色通道是将构成整体图像的颜色信息整理并表现为单色图像的通道。

颜色通道的数量是根据图像颜色模式的不同而发生变化的。例如，RGB模式的图像包含红（R）、绿（G）、蓝（B）3个颜色通道，如图11-6所示；而CMYK颜色模式的图像则包含青色（C）、洋红（M）、黄色（Y）、黑色（K）4个颜色通道，如图11-7所示。最顶部的RGB、CMYK为复合通道，在Photoshop中，只要是支持图像颜色模式的格式，都可以保留颜色通道。

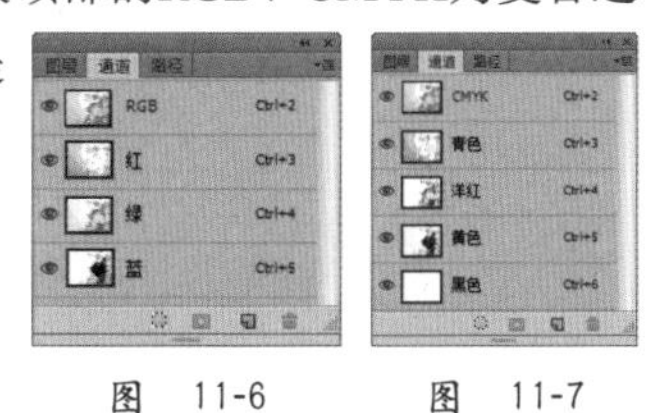

图 11-6　　图 11-7

颜色通道也可以使用“图像>调整”菜单下的用于画面明暗调整的命令。如果对颜色通道的明暗程度进行调整，则会直接影响到画面的颜色倾向。例如选择蓝通道，如图11-8所示，并使用曲线命令将蓝通道提亮，那么画面中蓝色的成分则会增加，如图11-9所示。通道调色技术也正是利用了颜色通道的这一原理。

图 11-8

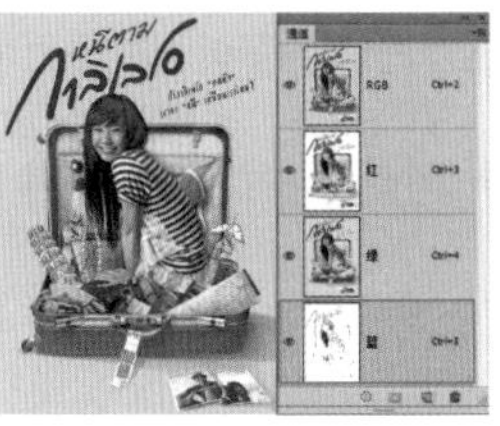

图 11-9

11.1.3 与选区密不可分的Alpha通道

技术速查：Alpha通道用于选区的存储编辑与调用。

与其说Alpha通道是一种通道工具，不如说Alpha通道是一种选区工具，因为Alpha通道更多的时候是用于选区的操作。Alpha通道其实是一个8位的灰度通道，该通道用256级灰度来记录图像中的透明度信息，定义透明、不透明和半透明区域。其中黑色处于未选中的状态，白色处于完全选择状态，灰色则表示部分被选择状态（即羽化区域）。使用白色涂抹Alpha通道可以扩大选区范围；使用黑色涂抹则收缩选区；使用灰色涂抹可以增加羽化范围。如图11-10所示为包含Alpha通道的“通道”面板，使用该Alpha通道的选区删除画面则会得到如图11-11所示的效果。如果要保存Alpha通道，可以将文件存储为PDF、TIFF、PSB或 RAW格式。

图 11-10

图 11-11

在包含选区的情况下，如图11-12所示。在“通道”面板下单击“将选区存储为通道”按钮，可以创建一个Alpha1通道，同时选区会存储到通道中，这就是Alpha通道的第1个功能，即存储选区，如图11-13所示。

图 11-12

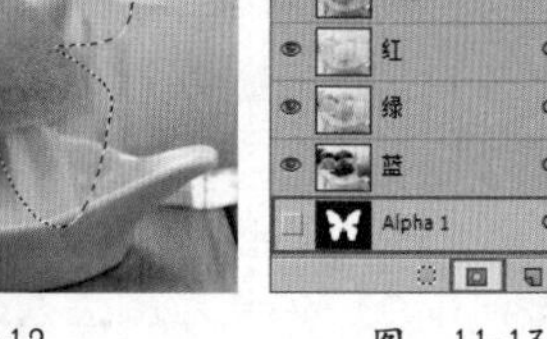

图 11-13

将选区转化为Alpha通道后，单独显示Alpha通道可以看到一个黑白图像，如图11-14所示，这时可以对该黑白图像进行编辑从而达到编辑选区的目的，如图11-15所示。

在“通道”面板下单击“将通道作为选区载入”按钮，如图11-16所示。或者按住Ctrl键单击Alpha通道缩览图，即可载入之前存储的Alpha1通道的选区，如图11-17所示。

图 11-14

图 11-15

图 11-16

图 11-17

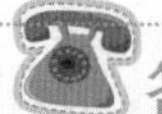

答疑解惑：可以删除颜色通道吗？

可以。但是在删除颜色通道时，特别要注意，如果删除的是红、绿、蓝通道中的一个，那么RGB通道也会被删除，如图11-18和图11-19所示；如果删除的是RGB通道，那么将删除Alpha通道和专色通道以外的所有通道，如图11-20所示。

图 11-18

图 11-19

图 11-20

读书笔记

11.2 新建Alpha通道

01 如果要新建Alpha通道，可以在"通道"面板下面单击"创建新通道"按钮，如图11-21和图11-22所示。所有的新通道都具有与原始图像相同的尺寸和像素数目。

图 11-21

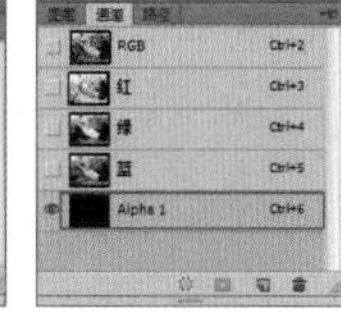
图 11-22

02 Alpha通道可以使用大多数绘制修饰工具进行创建，也可以使用命令、滤镜等进行编辑，如图11-23所示。

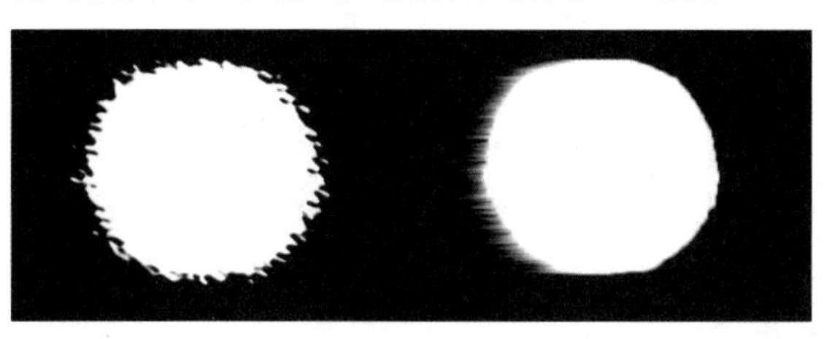
图 11-23

技巧提示

默认情况下，编辑Alpha通道时文档窗口中只显示通道中的图像，如图11-24所示。为了能够更精确地编辑Alpha通道，可以将复合通道显示出来。在复合通道前单击使图标显示出来，此时蒙版的白色区域将变为透明，黑色区域为半透明的红色，类似于快速蒙版的状态，如图11-25所示。

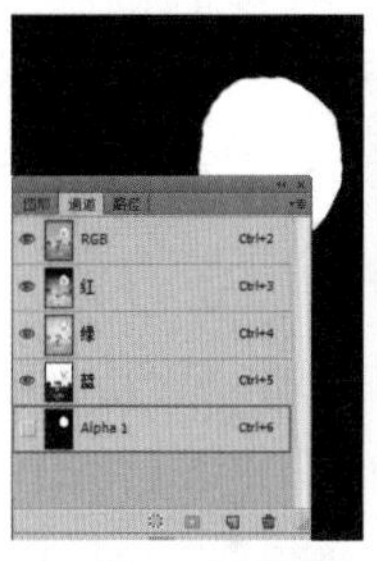
图 11-24

图 11-25

11.3 使用专色通道

技术速查：专色通道主要用来指定用于专色油墨印刷的附加印版。

提到"专色"就必须要了解一下"专色印刷"，专色印刷是指采用黄、品红、青和黑四色墨以外的其他色油墨来复制原稿颜色的印刷工艺。包装印刷中经常采用专色印刷工艺印刷大面积底色，如图11-26和图11-27所示。而Photoshop中的专色通道可以保存专色信息，同时也具有Alpha通道的特点。每个专色通道只能存储一种专色信息，而且是以灰度形式来存储的。除了位图模式以外，其余所有的色彩模式图像都可以建立专色通道。如果要保存专色通道，可以将文件存储为DCS 2.0 格式。

图 11-26

图 11-27

01 打开素材文件"1.jpg"，如图11-28所示。在本案例中需要将图像中大面积的白色背景部分采用专色印刷，所以首先需要进入"通道"面板，选择红通道载入选区，得到背景部分的选区，如图11-29和图11-30所示。

图 11-28

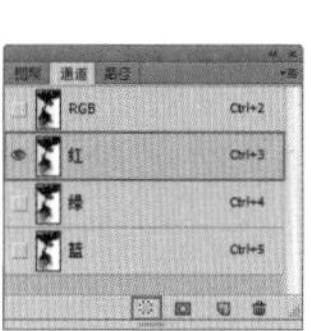
图 11-29

图 11-30

思维点拨

在专色的设置过程中会有关于陷印的问题。在建立专色的同时为了把重要信息显露出来，要把专色的某部分挖空。但由于印刷精度的问题，专色版和四色版并不能很好地重合在一起，在挖空部分的边缘有可能会出现白边，因此在挖空时把理论范围的选区缩小1～2个像素，使专色部分与印刷色部分有1～2个像素左右的重合。

02 在“通道”面板的菜单中选择“新建专色通道”命令，如图11-31所示。在弹出的“新建专色通道”对话框中首先设置密度为100%，并单击颜色色块，如图11-32所示。

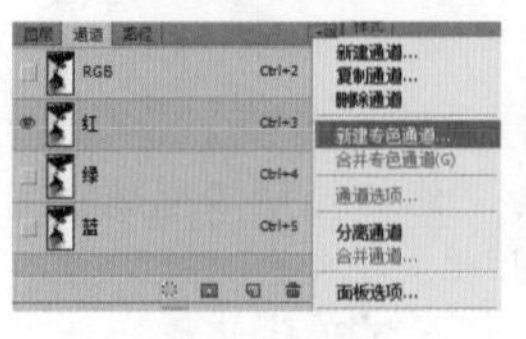
图 11-31

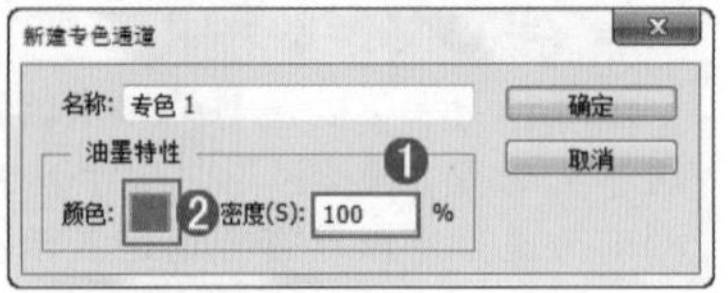

图 11-32

03 在弹出的“拾色器”对话框中单击“颜色库”按钮，如图11-33所示。在弹出的“颜色库”对话框中选择一个专色，并单击“确定”按钮，如图11-34所示。回到“新建专色通道”对话框中，单击“确定”按钮完成操作，如图11-35所示。

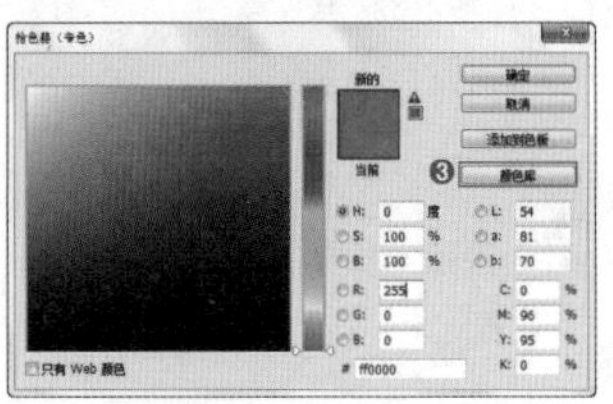
图 11-33

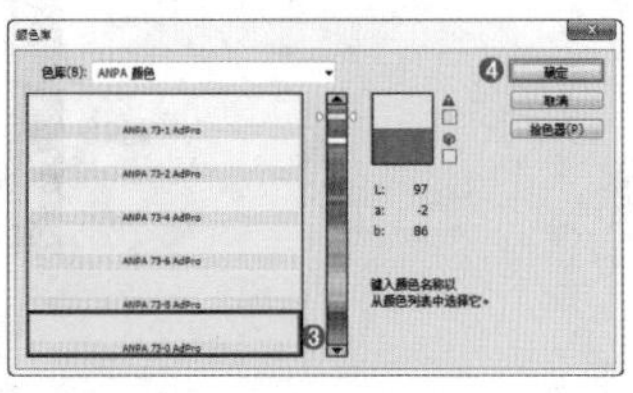
图 11-34

04 此时在通道最底部出现新建的专色通道，如图11-36所示，并且当前图像中的黑色部分被刚才所选的黄色专色填充，如图11-37所示。

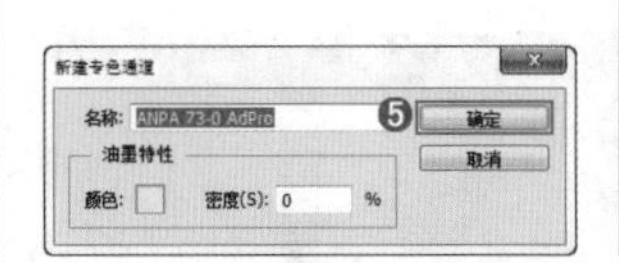
图 11-35

图 11-36

图 11-37

技巧提示

创建专色通道以后，也可以通过使用绘画或编辑工具在图像中以绘画的方式编辑专色。使用黑色绘制的为有专色的区域；用白色涂抹的区域无专色；用灰色绘画可添加不透明度较低的专色；绘制时该工具的“不透明度”选项决定了用于打印输出的实际油墨浓度。

05 如果要修改专色设置，可以双击专色通道的缩览图，如图11-38所示，即可重新打开“新建专色通道”对话框进行修改，如图11-39所示。

图 11-38

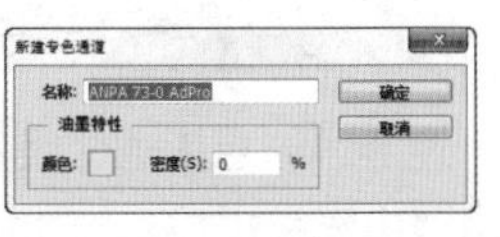
图 11-39

11.4 借助通道调整画面颜色

因为有了“通道”，所以我们可以对一张图像的单个通道应用各种调色命令，从而达到调整图像中单种色调的目的。通道调色的原理主要是通过调整单个通道的明暗程度调整该颜色在画面中所占比例，从而达到为画面调色的目的。打开一张图像，如图11-40所示，其“通道”面板如图11-41所示。下面就用这张图像和“曲线”命令来介绍如何用通道调色。

图 11-40

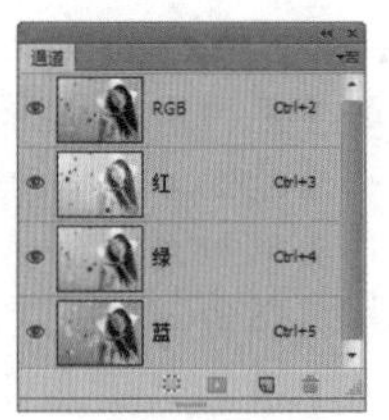
图 11-41

单独选择“红”通道，按Ctrl+M快捷键，打开“曲线”对话框，将曲线向上调节，可以增加图像中的红色数量，如图11-42所示；将曲线向下调节，则可以减少图像中的红色，如图11-43所示。

图 11-42

图 11-43

单独选择“绿”通道，将曲线向上调节，可以增加图像中的绿色数量，如图11-44所示；将曲线向下调节，则可以减少图像中的绿色，如图11-45所示。

单独选择“蓝”通道，将曲线向上调节，可以增加图像中的蓝色数量，如图11-46所示；将曲线向下调节，则可以减少图像中的蓝色，如图11-47所示。

图　11-44

图　11-45

图　11-46

图　11-47

★ 案例实战——使用Lab模式制作复古青红调

案例文件	案例文件\第11章\使用Lab模式制作复古青红调.psd
视频教学	视频文件\第11章\使用Lab模式制作复古青红调.mp4
难易指数	★★★★★
技术要点	切换图像颜色模式、调整图层

扫码看视频

案例效果

本案例主要是通过使用Lab模式制作复古青红调，对比效果如图11-48和图11-49所示。

图　11-48

图　11-49

操作步骤

01 打开素材文件“1.jpg”，如图11-50所示。由于图像是RGB模式，而此处调色需要在Lab颜色模式下进行，所以需要对其执行“图像>模式>Lab颜色”命令，进入“通道”面板，可以看到通道也发生了变化，如图11-51所示。

图　11-50

图　11-51

02 执行“图层>新建调整图层>曲线”命令，调整“通道”为明度，调整曲线形状，如图11-52所示，效果如图11-53所示。

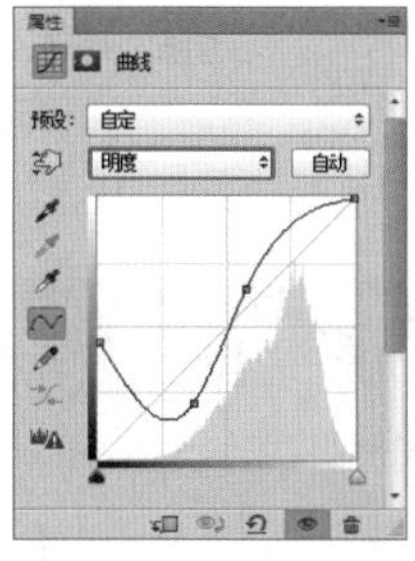

图　11-52

图　11-53

03 调整“通道”为a通道，调整曲线形状，如图11-54所示，效果如图11-55所示。

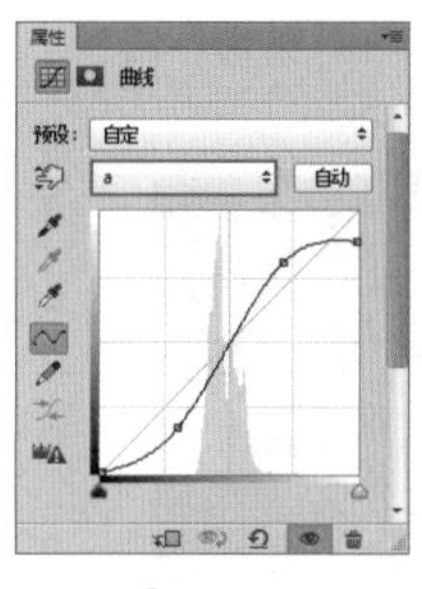

图　11-54

图　11-55

04 调整“通道”为b通道，调整曲线形状，如图11-56所示，效果如图11-57所示。

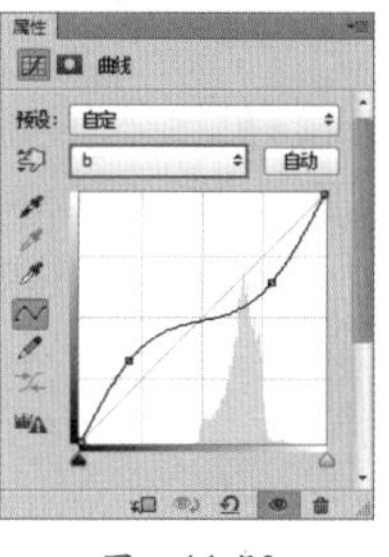

图　11-56

图　11-57

05 继续置入素材“2.png”置于画面中合适的位置，栅格化该图层，最终效果如图11-58所示。

图　11-58

★ 案例实战——使用通道打造奇妙的色感

案例文件	案例文件\第11章\使用通道打造奇妙的色感.psd
视频教学	视频文件\第11章\使用通道打造奇妙的色感.mp4
难易指数	★★★★★
技术要点	通道的使用

扫码看视频

案例效果

本案例主要使用通道命令打造奇妙的色感效果，如图11-59和图11-60所示。

图 11-59

图 11-60

操作步骤

01 打开素材文件“1.jpg”，如图11-61所示。

图 11-61

02 由于图像是RGB模式，对图像执行“图像>模式>CMYK颜色”命令，将图像转化为CMYK模式，在弹出的对话框中单击“确定”按钮，如图11-62所示。此时“通道”面板如图11-63所示。

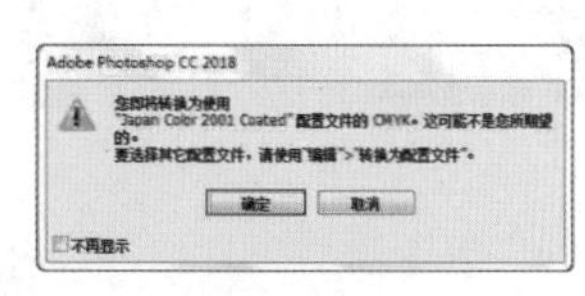

图 11-62

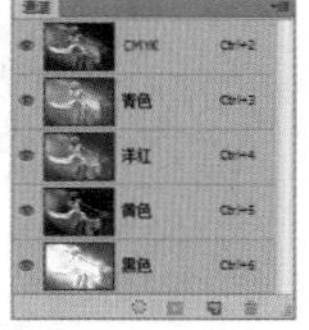

图 11-63

03 进入“通道”面板，选中“黄色”通道，按Ctrl+A快捷键全选，按Ctrl+C快捷键复制“黄色”通道，如图11-64所示。选中“洋红”通道，按Ctrl+V快捷键将“黄色”通道粘贴到“洋红”通道中，如图11-65所示。

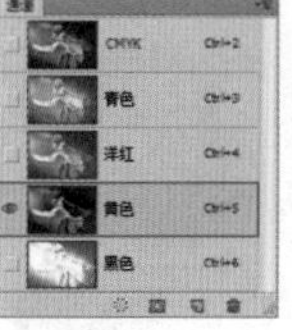
图 11-64

图 11-65

04 单击CMYK复合通道，如图11-66所示，即可观察到画面效果，此时照片整体颜色发生了明显的变化，如图11-67所示。

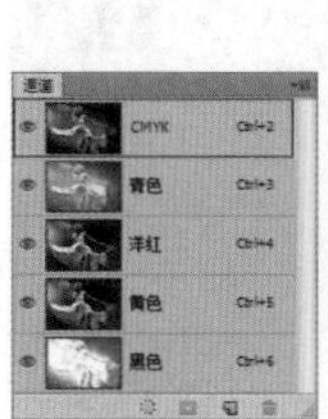

图 11-66

图 11-67

05 将素材“2.png”置于画面中合适的位置，栅格化该图层，最终效果如图11-68所示。

图 11-68

☆ 视频课堂——使用通道校正偏色图像

案例文件\第11章\视频课堂——使用通道校正偏色图像.psd
视频文件\第11章\视频课堂——使用通道校正偏色图像.mp4

扫码看视频

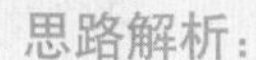
思路解析：

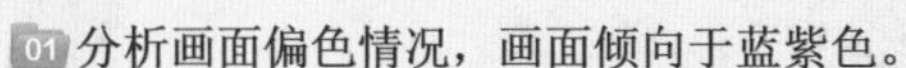
01 分析画面偏色情况，画面倾向于蓝紫色。
02 进入“通道”面板选择蓝色通道，进行调整。
03 对红通道进行调整。
04 将画面整体提亮。

11.5 使用通道进行复杂对象的抠图

"抠图"也称"抠像"，是从早期电视制作中得来的。英文称作Key，意思是吸取画面中的某一种颜色作为透明色，将它从画面中抠去，从而使背景透出来，形成二层画面的叠加合成。这样在室内拍摄的人物经抠像后与各种景物叠加在一起，形成神奇的艺术效果。在Photoshop中的抠图则更为丰富，不仅限于将人像从照片中提取出来，甚至可以抠取水花、云朵、烟雾等复杂对象。在Photoshop中可供抠图的工具有很多种，例如套索工具、选框工具、快速蒙版、钢笔抠图、抽出滤镜、通道、计算等，如图11-69和图11-70所示。

通道抠图主要是利用图像的色相差别或明度差别来创建选区，在操作过程中可以多次重复使用"亮度/对比度""曲线"和"色阶"等调整命令，以及画笔、加深、减淡等工具对通道进行调整，以得到最精确的选区。通道抠图法常用于抠选毛发、云朵、烟雾以及半透明的婚纱等对象。如图11-71和图11-72所示为将人像抠出，并添加背景的前后对比效果。

图 11-69

图 11-70

图 11-71

图 11-72

★ 案例实战——使用通道抠图提取长发美女

案例文件	案例文件\第11章\使用通道抠图提取长发美女.psd
视频教学	视频文件\第11章\使用通道抠图提取长发美女.mp4
难易指数	★★★★★
技术要点	通道抠图法

扫码看视频

案例效果

本案例主要是通过使用通道抠图为长发美女换背景，如图11-73和图11-74所示。

图 11-73

图 11-74

操作步骤

01 打开素材文件"1.jpg"，如图11-75所示。置入人像素材"2.jpg"，栅格化该图层，如图11-76所示。为了便于操作，可以先将背景图层隐藏。

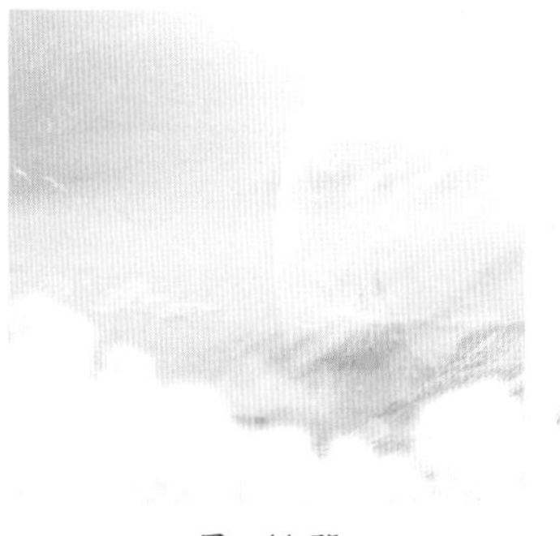

图 11-75

图 11-76

02 如果想要将人像以及细密的发丝从白色背景中分离出来，在通道中就需要选择一个黑白对比明确的通道。进入"通道"面板，通过观察发现"蓝"通道的黑白对比最强烈，如图11-77所示。因此选择"蓝"通道，右击，在弹出的快捷菜单中执行"复制通道"命令，得到"蓝副本" 通道，如图11-78所示。

03 进一步强化通道中的黑白对比，选择"蓝副本" 通道，执行"图像>调整>曲线"命令，单击"在画面中取样已设置黑场"按钮，在人像身体部分进行单击，如图11-79所示。此时被单击的区域变为黑色。

图 11-77

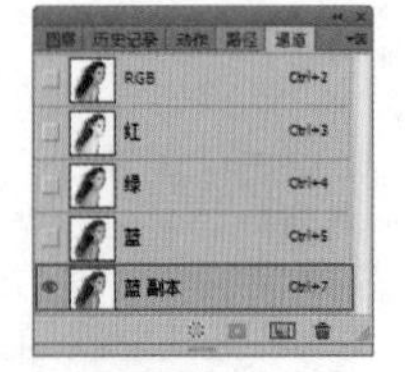

图 11-78

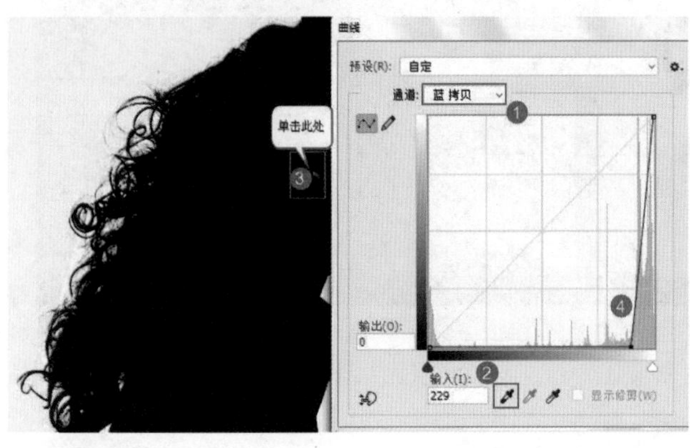

图 11-79

技巧提示

如果人像部分没有完全变黑，也可以配合加深工具对画面的暗部区域进行加深。

04 选择“蓝副本”，单击“通道”面板底部的“将通道作为选区载入”按钮，如图11-80所示。得到选区，如图11-81所示。

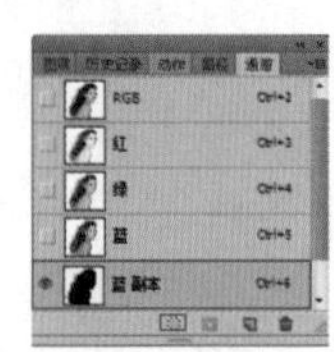

图 11-80

图 11-81

05 右击，在弹出的快捷菜单中执行“选择反向”命令，得到人像选区。回到“图层”面板，选中人像图层，单击“图层”面板底部的“添加图层蒙版”按钮，为其添加图层蒙版，如图11-82所示，效果如图11-83所示。

图 11-82　　图 11-83

06 执行“图层>新建调整图层>曲线”命令，调整曲线的形状，如图11-84所示。选择曲线图层，右击，在弹出的快捷菜单中执行“创建剪贴蒙版”命令，效果如图11-85所示，人像效果如图11-86所示。

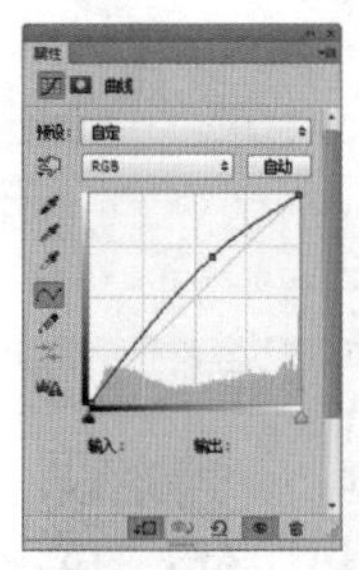

图 11-84

图 11-85

图 11-86

07 继续置入花朵装饰素材“3.png”和光效素材“4.jpg”，并栅格化该图层，设置“光效”图层的“混合模式”为“滤色”，如图11-87所示，效果如图11-88所示。

图 11-87

图 11-88

★ 实例练习——使用通道为婚纱照片换背景

案例文件	案例文件\第11章\使用通道为婚纱照片换背景.psd
视频教学	视频文件\第11章\使用通道为婚纱照片换背景.mp4
难易指数	★★★★★
技术要点	通道抠图

扫码看视频

案例效果

本案例主要使用通道抠图法抠出半透明的婚纱，并更换背景，对比效果如图11-89和图11-90所示。

图 11-89

图 11-90

操作步骤

01 打开背景素材文件，从画面中可以看到本案例抠图的难点在于飘逸的人像头纱部分。这一部分应该为透明效果，需要通过通道抠图法制作出半透明效果，如图11-91所示。

02 按Ctrl+J快捷键复制出一个副本。首先选择原图层，使用钢笔工具勾勒出人像的轮廓，按Ctrl+Enter快捷键载入路径的选区，然后使用反向选择组合键Shift+Ctrl+I反选，再按Delete键，删除背景部分，如图11-92所示。

03 选择副本图层，使用钢笔工具勾勒出飘逸的头纱部分路径，按Ctrl+Enter快捷键载入选区后复制为独立图层，如图11-93所示。

图 11-91

图 11-92

图 11-93

04 由于婚纱头饰部分的纱应该是半透明效果，所以需要对纱的部分进行进一步处理。隐藏其他图层只留下纱图层，如图11-94所示，效果如图11-95所示。

05 进入“通道”面板，可以看出蓝通道中纱颜色与背景颜色差异最大，在蓝通道上右击，在弹出的快捷菜单中执行“复制通道”命令，此时将会出现一个新的“蓝副本”通道，如图11-96所示，此时效果如图11-97所示。

06 为了使纱部分更加透明，就需要尽量增大该通道中前景色与背景色的差距，使用曲线快捷键Ctrl+M打开“曲线”对话框，建立两个控制点，调整好曲线形状，如图11-98所示。此时头纱部分黑白对比非常强烈，如图11-99所示。

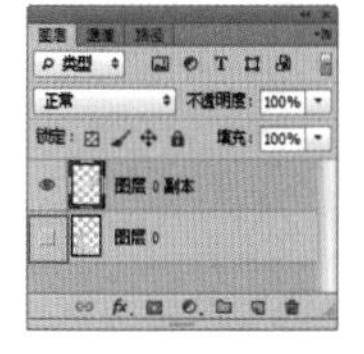
图 11-94

图 11-95

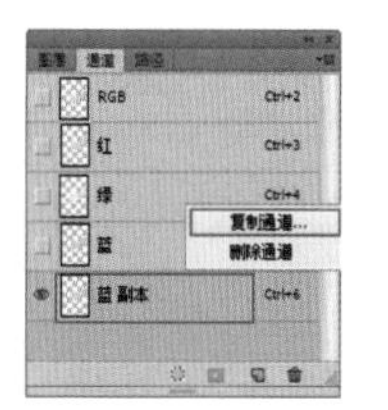

图 11-96

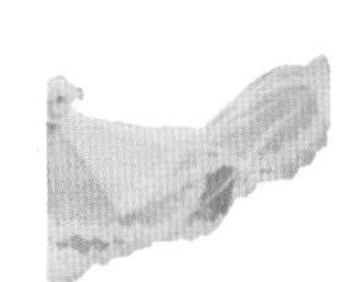
图 11-97

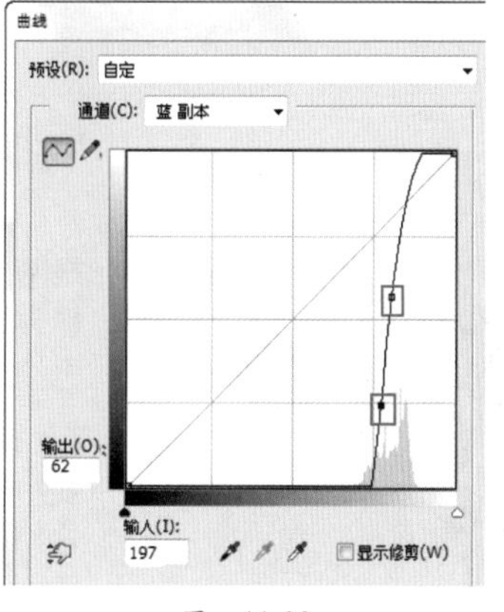

图 11-98

图 11-99

07 完成后按住Ctrl键并单击蓝通道副本缩览图载入选区，如图11-100所示。

08 选择RGB通道，再回到“图层”面板，为图层添加一个图层蒙版，如图11-101所示。打开隐藏的人像图层，如图11-102所示。

图 11-100

09 置入背景素材文件，栅格化该图层，将其放置在最底层位置，并创建新图层，使用黑色画笔在婚纱底部进行涂抹，制作出阴影效果，如图11-103所示。

10 创建新的“曲线”调整图层，分别调整蓝通道和RGB通道曲线形状，如图11-104和图11-105所示。使图像整体倾向于梦幻的蓝紫色，如图11-106所示。

图 11-101

图 11-102

图 11-103

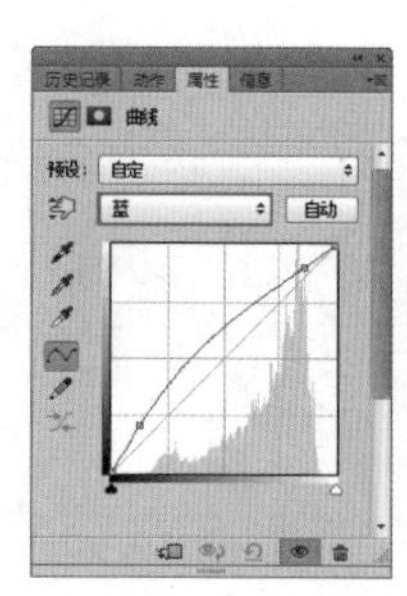

图 11-104

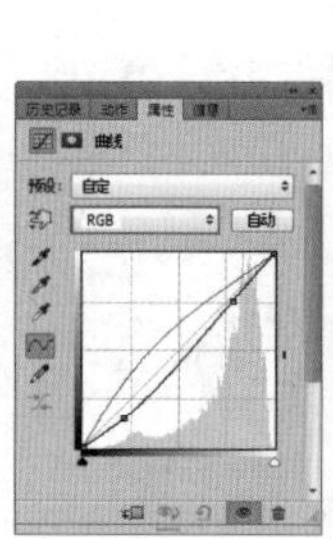

图 11-105

图 11-106

11 置入光效素材，栅格化该图层，设置“混合模式”为滤色，如图11-107所示，最终效果如图11-108所示。

图 11-107

图 11-108

☆ 视频课堂——使用通道抠出云朵

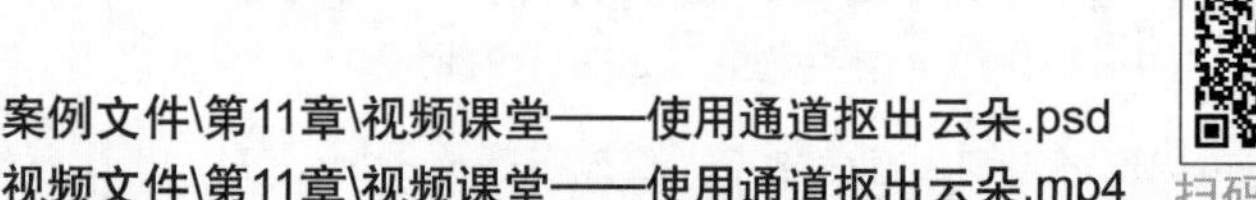

案例文件\第11章\视频课堂——使用通道抠出云朵.psd
视频文件\第11章\视频课堂——使用通道抠出云朵.mp4

扫码看视频

思路解析：

01 打开云朵素材，在“通道”面板中选择灰度适中的通道并复制。
02 调整复制通道的黑白对比，保留适当的灰色区域。
03 载入通道选区，复制出云朵部分。
04 将抠出的云朵放在人像照片合适的位置上。

课 后 练 习

【课后练习——使用通道制作水彩画效果】

思路解析：本例通过复制人像通道并进行编辑从而得到新的Alpha通道，载入选区后为水彩素材添加图层蒙版，制作出水彩画效果。

扫码看视频

本 章 小 结

通道虽然是存储图像颜色信息和选区信息等不同类型信息的灰度图像，但是通过通道可以进行很多的高级操作，例如调色、抠图、磨皮以及制作特效图像等。了解通道的原理，掌握通道的操作方法会为图像的合成与编辑提供很大便利。

第12章

蒙版技术与合成

本章内容简介：

在Photoshop中，“蒙版”常常与抠图、合成连在一起，也可以说蒙版是抠图、合成的手段之一。如果在不使用蒙版的情况下想要为人像抠图，需要删除背景，而使用了蒙版则可以通过蒙版将背景部分“隐藏”，想要再次显示背景时也可以轻松地将背景还原。所以，蒙版这种非破坏性的编辑方式在合成中非常受欢迎。

本章学习要点：

- 掌握快速蒙版的使用方法。
- 掌握剪贴蒙版的使用方法。
- 掌握图层蒙版的使用方法。
- 掌握矢量蒙版的使用方法。

12.1 蒙版的基础知识

简单地说，“蒙版”就像将挡板放在彩色喷漆与墙面之间一样，被喷到的区域应该为挡板中镂空的部分，如图12-1所示。Photoshop中的蒙版是用于图像编辑以及合成的必备利器，蒙版不仅能够遮盖部分图像使其避免受到操作的影响，还可以通过隐藏而非删除的方式进行非破坏性的编辑。

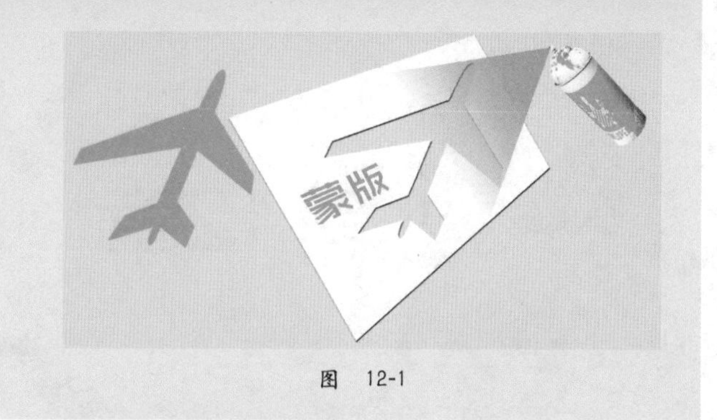

图 12-1

12.1.1 蒙版的类型

使用蒙版编辑图像，不仅可以避免因为使用橡皮擦或剪切、删除等造成的失误操作，另外，还可以对蒙版应用一些滤镜，以得到一些意想不到的特效。在合成作品中经常会使用到不同种类的蒙版，如图12-2和图12-3所示为使用蒙版制作的作品。

在Photoshop中包含4种蒙版：快速蒙版、剪贴蒙版、矢量蒙版和图层蒙版。快速蒙版是一种用于创建和编辑选区的功能。剪贴蒙版通过一个对象的形状来控制其他图层的显示区域。矢量蒙版则通过路径和矢量形状控制图像的显示区域。图层蒙版通过蒙版中的灰度信息来控制图像的显示区域。

图 12-2

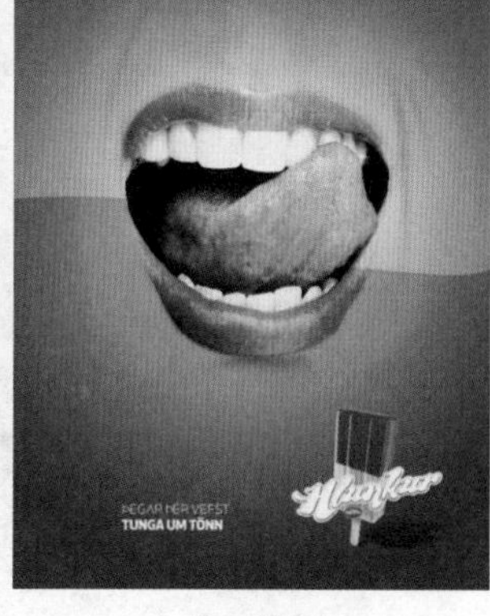

图 12-3

12.1.2 使用“属性”面板调整蒙版

“属性”面板是一个多功能面板，当所选图层包含图层蒙版或矢量蒙版时，“属性”面板将显示与蒙版相关的参数设置。在这里可以对所选图层的图层蒙版以及矢量蒙版的不透明度和羽化进行调整。执行“窗口>属性”命令，打开“属性”面板，如图12-4所示。

- 像素图层蒙版：显示了当前在“图层”面板中选择的蒙版。
- 添加像素蒙版/添加矢量蒙版：单击“添加像素蒙版”按钮，可以为当前图层添加一个像素蒙版；单击“添加矢量蒙版”按钮，可以为当前图层添加一个矢量蒙版。
- 浓度：该选项类似于图层的“不透明度”，用来控制蒙版的不透明度，也就是蒙版遮盖图像的强度。
- 羽化：用来控制蒙版边缘的柔化程度。数值越大，蒙版边缘越柔和；数值越小，蒙版边缘越生硬。

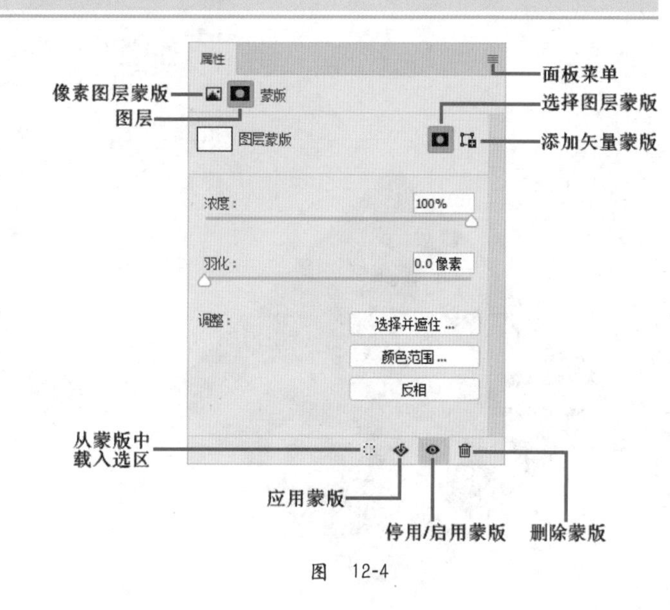

图 12-4

- 选择并遮住：单击该按钮，打开“选择并遮住”对话框。在该对话框中，可以修改蒙版边缘，也可以使用不同的背景来查看蒙版。
- 颜色范围：单击该按钮，打开“色彩范围”对话框。在该对话框中可以通过修改“颜色容差”来修改蒙版的边缘范围。
- 反相：单击该按钮，可以反转蒙版的遮盖区域，即蒙版中黑色部分会变成白色，而白色部分会变成黑色，未遮盖的图像将边调整为负片。
- 从蒙版中载入选区：单击该按钮，可以从蒙版中生成选区。另外，按住Ctrl键单击蒙版的缩览图，也可以载入蒙版的选区。
- 应用蒙版：单击该按钮可将蒙版应用到图像中，同时删除蒙版以及被蒙版遮盖的区域。
- 停用/启用蒙版：单击该按钮，可以停用或重新启用蒙版。停用蒙版后，在“属性”面板的缩览图和“图层”面板的蒙版缩览图中都会出现一个红色的交叉线×。
- 删除蒙版：单击该按钮，可以删除当前选择的蒙版。

12.2 使用快速蒙版创建与编辑选区

12.2.1 认识快速蒙版

- 视频精讲：Photoshop新手学视频精讲课堂/快速蒙版.mp4

快速蒙版与其他蒙版不同，它不具备隐藏画面像素的功能。快速蒙版其实是一种可以创建和编辑选区的工具，进入快速蒙版状态后选区会以“半透明的红色薄膜”形式呈现，并且可以使用画笔、滤镜、调整命令等对快速蒙版进行编辑，从而达到编辑选区的目的，退出快速蒙版后即可以“半透明的红色薄膜”覆盖的区域得到选区。如图12-5和图12-6所示为使用快速蒙版编辑制作的复杂选区。

在工具箱中单击“以快速蒙版模式编辑”按钮或按Q键，可以进入快速蒙版编辑模式，当在快速蒙版模式中工作时，“通道”面板中出现一个临时的快速蒙版通道，如图12-7和图12-8所示，但是所有的蒙版编辑都是在图像窗口中完成的。

图 12-5

图 12-6

图 12-7

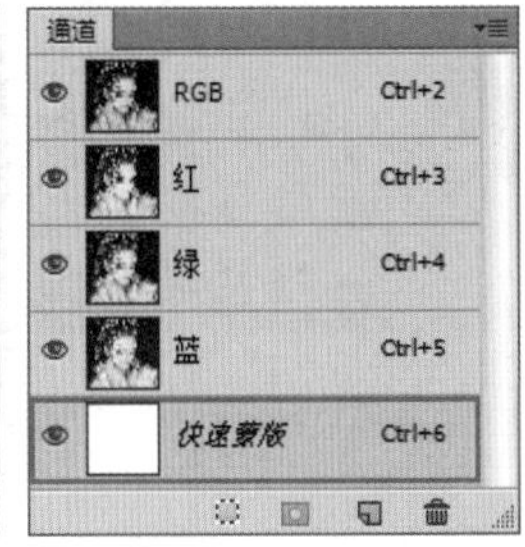

图 12-8

12.2.2 动手学：使用快速蒙版创建选区

01 当画面中不包含选区时可以通过快速蒙版创建选区。在工具箱中单击“以快速蒙版模式编辑”按钮或按Q键，可以进入快速蒙版编辑模式，此时在“通道”面板中可以观察到一个快速蒙版通道，如图12-9和图12-10所示。

02 进入快速蒙版编辑模式以后，可以使用绘画工具（如画笔工具）在图像上进行绘制，绘制区域将以红色显示出来，如果使用橡皮擦工具则会擦除蒙版。红色的区域表示未选中的区域，非红色区域表示选中的区域，如图12-11所示。

03 在工具箱中单击“以快速蒙版模式编辑”按钮或按Q键退出快速蒙版编辑模式，蒙版以外的部分自动变为选区，如图12-12所示。

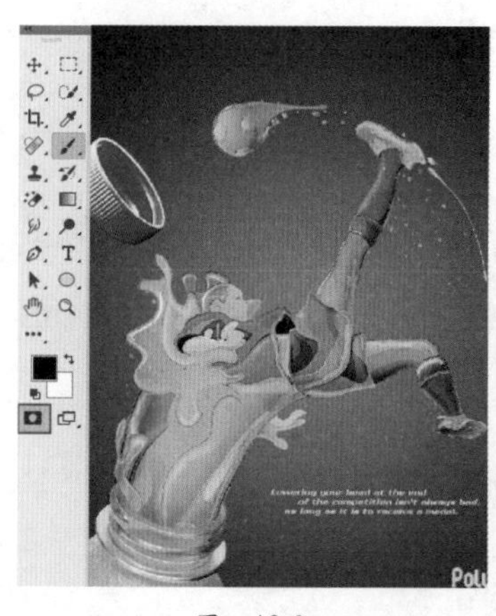

图 12-9

图 12-10

图 12-11

图 12-12

12.2.3 动手学：使用快速蒙版编辑选区

01 当画面中包含选区时，如图12-13所示。在工具箱中单击“以快速蒙版模式编辑”按钮或按Q键，可以进入快速蒙版编辑模式，此时选区以外的部分表面被半透明的红色快速蒙版覆盖，如图12-14所示。

02 此时可以使用黑色画笔进行绘制，也可以使用滤镜对快速蒙版进行处理，如图12-15和图12-16所示。

03 编辑完毕后，再次单击工具箱中的“以快速蒙版模式编辑”按钮或按Q键退出快速蒙版编辑模式，可以得到想要的选区，如图12-17所示。

图 12-13

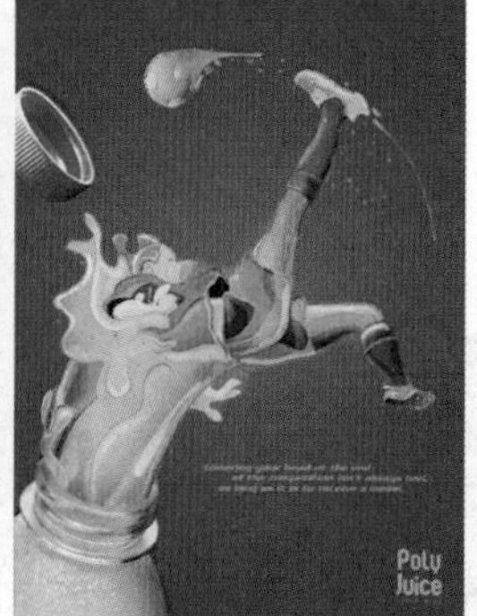

图 12-14

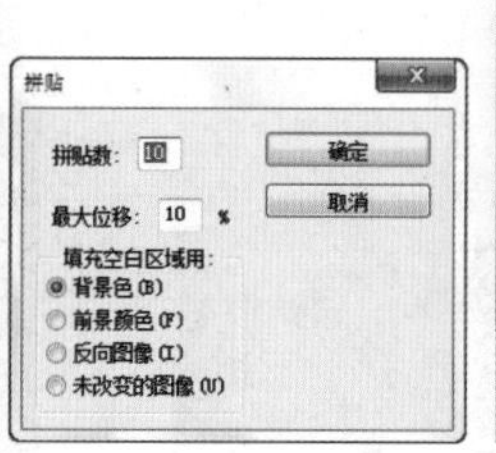

图 12-15

图 12-16

图 12-17

12.3 使用剪贴蒙版

视频精讲：Photoshop新手学视频精讲课堂/使用剪贴蒙版.mp4

剪贴蒙版是通过使用处于下方图层的形状来限制上方图层的显示状态，在平面设计制图中非常常用，如图12-18和图12-19所示为使用剪贴蒙版制作的作品。

图 12-18

图 12-19

12.3.1 剪贴蒙版的原理

剪贴蒙版是通过使用处于下方图层的形状来限制上方图层的显示状态。剪贴蒙版组由两个部分组成：基底图层和内容图层。基底图层用于限定最终图像的形状，而内容图层则用于限定最终图像显示的颜色图案。如图12-20和图12-21 所示为剪贴蒙版的原理图，效果如图12-22所示。

图 12-20

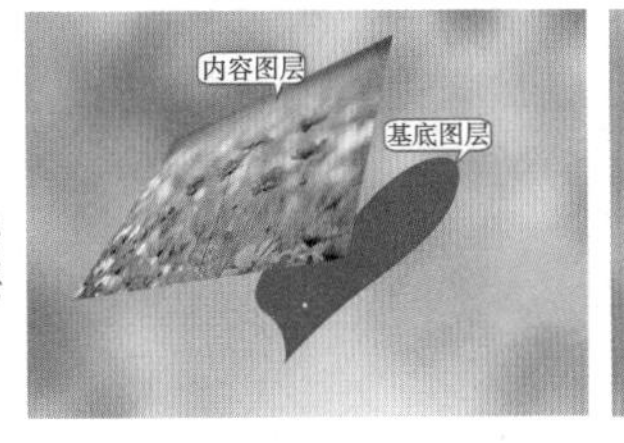

图 12-21

图 12-22

技术拓展：基底图层和内容图层

- 基底图层：是位于剪贴蒙版组最底端的一个图层，基底图层只有一个，它决定了位于其上面的图像的显示范围。如果对基底图层进行移动、变换等操作，那么上面的图像也会随之受到影响。
- 内容图层：可以是一个或多个。对内容图层的操作不会影响基底图层，但是对其进行移动、变换等操作时，其显示范围也会随之而改变。需要注意的是，剪贴蒙版虽然可以应用在多个图层中，但是这些图层不能是隔开的，必须是相邻的图层。

剪贴蒙版的内容图层不仅可以是普通的像素图层，还可以是“调整图层”“形状图层”和“填充图层”等类型图层，如图12-23所示。使用“调整图层”作为剪贴蒙版中的内容图层是非常常见的，主要可以用作对某一图层的调整而不影响其他图层，如图12-24和图12-25所示。

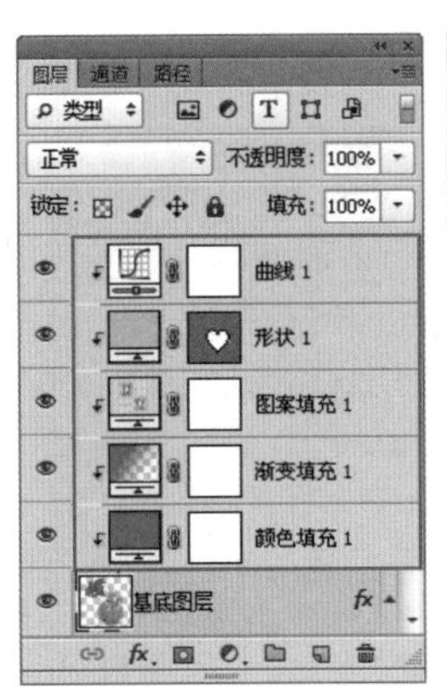

图 12-23

图 12-24

图 12-25

12.3.2 动手学：创建与释放剪贴蒙版

打开一个包含3个图层的文档，下面就以这个文档来讲解如何创建剪贴蒙版，如图12-26和图12-27所示。

01 在“内容图层”的名称上右击，在弹出的快捷菜单中执行“创建剪贴蒙版”命令，或选择“内容图层”并执行“图层>创建剪贴蒙版”命令，可以将“内容图层”和“基底图层”创建为一个剪贴蒙版，如图12-28所示。创建剪贴蒙版以后，“内容图层”就只显示“基底图层”的区域，如图12-29所示。

02 在“内容图层”的名称上右击，在弹出的快捷菜单中选择“释放剪贴蒙版”命令，或者执行“图层>释放剪贴

图 12-26

图 12-27

蒙版”命令，即可释放剪贴蒙版，如图12-30所示。释放剪贴蒙版以后，“内容图层”显示的区域就不再受“基底图层”控制，如图12-31所示。

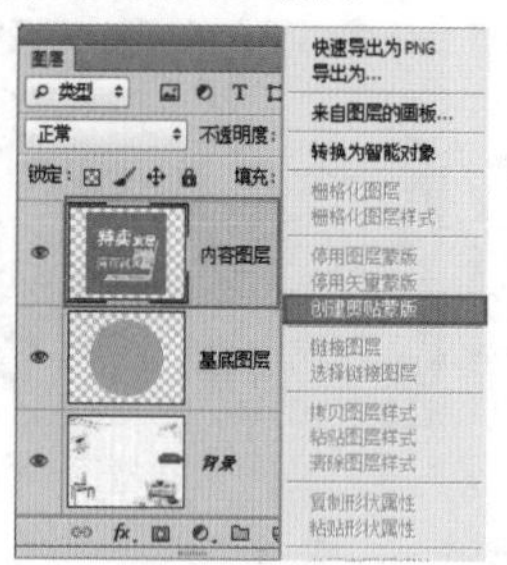

图 12-28

图 12-29

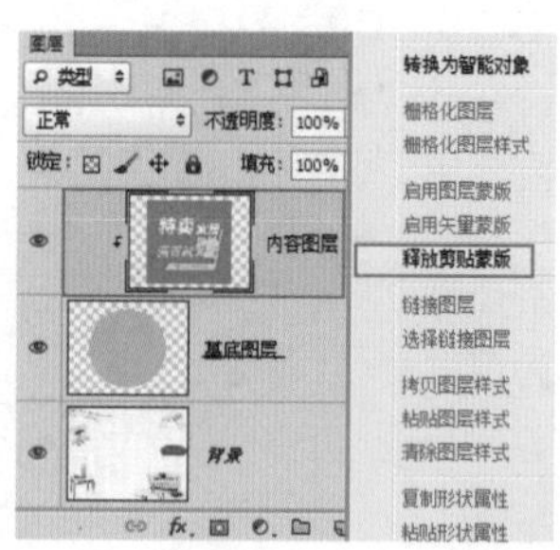

图 12-30

图 12-31

技巧提示

按住Alt键，然后将光标放置在内容图层和基底图层之间的分隔线上，待光标变成↲□/↲̸□形状时，左击即可创建或释放剪贴蒙版，如图12-32和图12-33所示。

图 12-32

图 12-33

12.3.3 动手学：调整剪贴蒙版组中图层的顺序

剪贴蒙版的内容图层有多个，调整内容图层的顺序与调整普通图层顺序相同，按住鼠标左键并拖动调整即可，如图12-34和图12-35所示。需要注意的是，一旦移动到基底图层的下方就相当于释放剪贴蒙版。

在已有剪贴蒙版的情况下，将一个图层拖动到基底图层上方，如图12-36所示，即可将其加入剪贴蒙版组中，如图12-37所示。

图 12-34

图 12-35

图 12-36

图 12-37

12.3.4 动手学：为剪贴蒙版添加样式与设置混合

如图12-38所示为未添加样式的画面效果。若要为剪贴蒙版添加图层样式，需要在基底图层上添加，如图12-39和图12-40所示。如果错将图层样式添加在内容图层上，那么位于基底图层以外的样式是不会显示的。

图 12-38

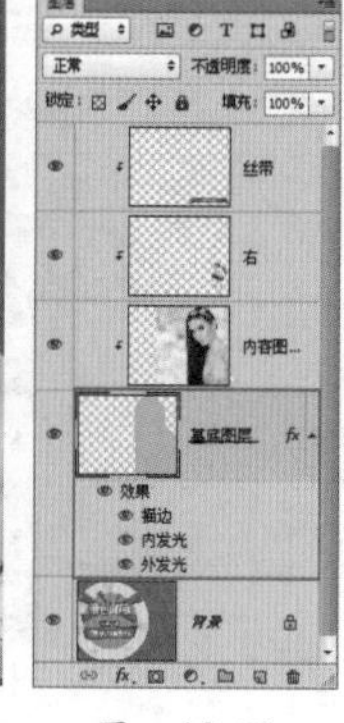

图 12-39

图 12-40

当对内容图层的“不透明度”和“混合模式”进行调整时，只有与基底图层混合效果发生变化，不会影响到剪贴蒙版中的其他图层，如图12-41所示。当对基底图层的“不透明度”和“混合模式”调整时，整个剪贴蒙版中的所有图层都会以设置的不透明度数值以及混合模式进行混合，如图12-42所示。

图 12-41

图 12-42

★ 案例实战——使用剪贴蒙版制作多彩文字

案例文件	案例文件\第12章\使用剪贴蒙版制作多彩文字.psd
视频教学	视频文件\第12章\使用剪贴蒙版制作多彩文字.mp4
难易指数	★★★★★
技术要点	剪贴蒙版

扫码看视频

案例效果

本案例主要使用剪贴蒙版为文字添加多彩的光感效果，如图12-43所示。

图 12-43

操作步骤

01 打开背景素材“1.jpg”，如图12-44所示。选择“横排文字工具”，在选项栏中设置合适的字号以及字体，在画面中输入文字，如图12-45所示。

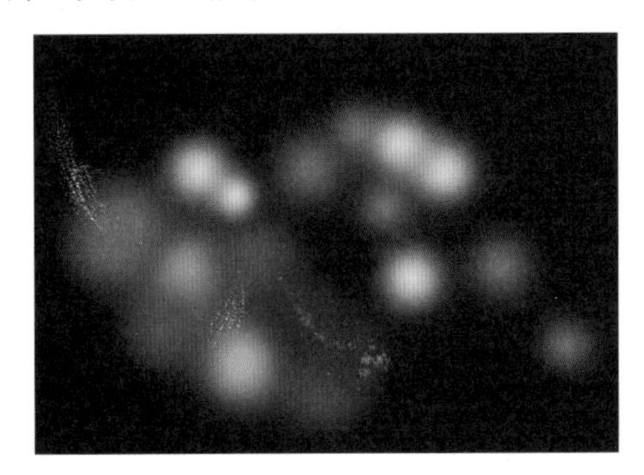

图 12-44

图 12-45

02 新建图层“渐变”，使用矩形选框工具绘制选区，单击工具箱中的“渐变工具”按钮，编辑橙黄色系的渐变，并在新建图层中进行填充，如图12-46所示。

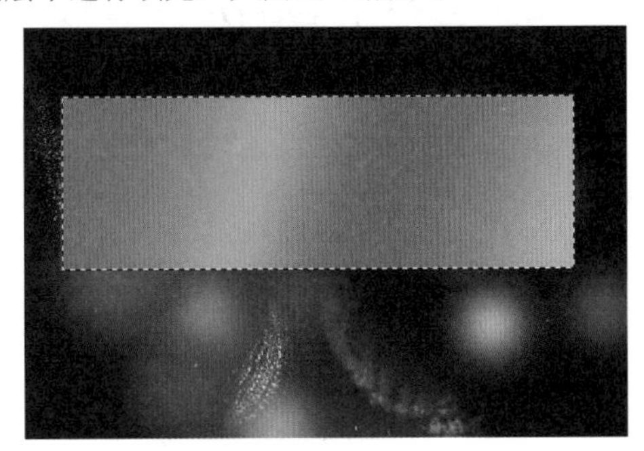

图 12-46

03 为了使文字表面具有渐变图层中的效果，需要在“渐变”图层上右击，在弹出的快捷菜单中执行“创建剪贴蒙版”命令，为文字创建剪贴蒙版，如图12-47所示。此时渐变效果出现在文字上，而且文字以外的渐变区域被隐藏，效果如图12-48所示。

04 置入条纹素材“2.png”，置于文字上方，栅格化该图层。同样为其创建剪贴蒙版，如图12-49和图12-50所示。

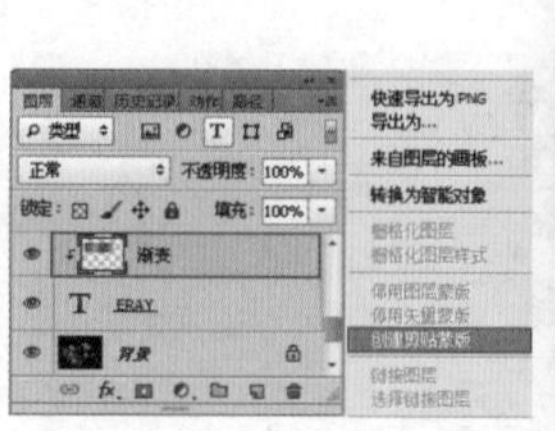

图 12-47

图 12-48

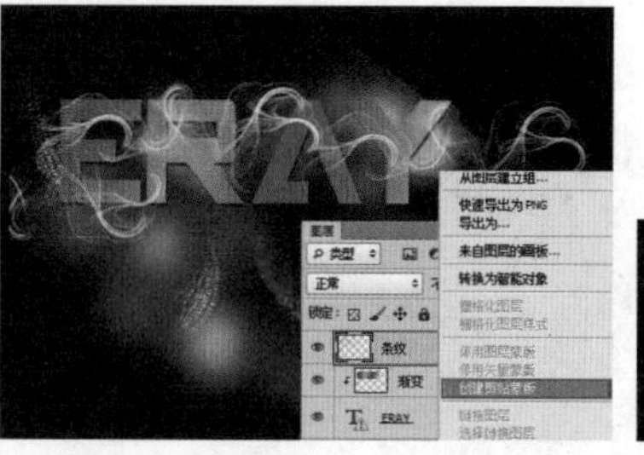

图 12-49

图 12-50

05 为文字部分添加投影的图层样式，增强文字的立体感。所以需要选中作为基底图层的文字图层，执行“图层>图层样式>投影”命令，设置“混合模式”为“正常”，颜色为黑色，“不透明度”为75%，“角度”为120度，“距离”为17像素，“扩展”为0%，“大小”为1像素，单击“确定”按钮，如图12-51所示，效果如图12-52所示。

06 用同样的方法制作其他的文字，效果如图12-53所示。置入光效素材“3.jpg”，栅格化该图层。设置图层的“混合模式”为滤色，最终效果如图12-54所示。

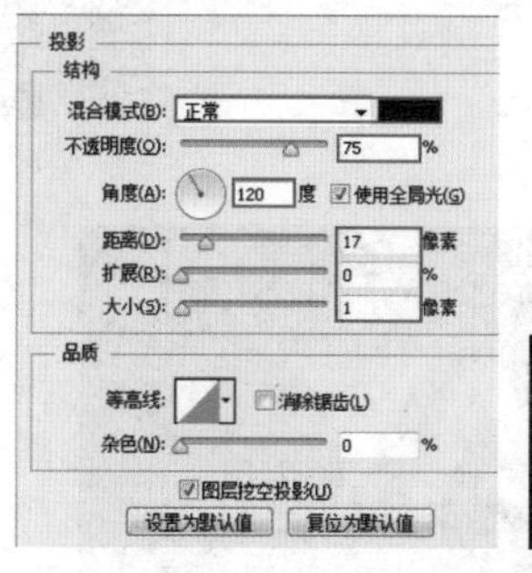

图 12-51

图 12-52

图 12-53

图 12-54

12.4 使用图层蒙版进行非破坏性抠图

视频精讲：Photoshop新手学视频精讲课堂/使用图层蒙版.mp4

图层蒙版是Photoshop抠像合成必备的工具，因为图层蒙版是以隐藏多余像素代替删除的方法对画面进行编辑，既能够达到抠图的目的，又避免了对原图层的破坏，属于非破坏性编辑工具。如图12-55和图12-56所示为使用到图层蒙版进行制作的作品。

图 12-55

图 12-56

12.4.1 图层蒙版的工作原理

技术速查：图层蒙版是一种位图工具，通过蒙版中的黑白关系控制画面的显示与隐藏，蒙版中黑色的区域表示隐藏，白色的区域为显示，而灰色的区域则为半透明显示，灰色程度越深画面越透明。

可以通过使用画笔工具、填充命令、滤镜操作等处理蒙版的黑白关系，从而控制图像的显示隐藏。打开包含两个图层的文档，顶部图层包含图层蒙版，并且图层蒙版为白色，如图12-57所示。按照图层蒙版“黑透、白不透”的工作原理，此时文档窗口中将完全显示“图层1”的内容，如图12-58所示。

如果要全部显示“背景”图层的内容，可以选择顶部图层的蒙版，然后用黑色填充图层蒙版，如图12-59所示。如果以半透明方式来显示当前图像，可以用灰色填充顶部图层的图层蒙版，如图12-60所示。

除了可以在图层蒙版中填充颜色以外，也可以在图层蒙版中填充渐变、使用不同的画笔工具来编辑蒙版，还可以在图层蒙版中应用各种滤镜。如图12-61~图12-63所示分别是填充渐变、使用画笔以及应用“纤维”滤镜以后的蒙版状态与图像效果。

图 12-57

图 12-58

图 12-59

图 12-60

图 12-61

图 12-62

图 12-63

技术拓展：剪贴蒙版与图层蒙版的差别

01从形式上看，普通的图层蒙版只作用于一个图层，给人的感觉好像是在图层上面进行遮挡一样。但剪贴蒙版却是对一组图层进行影响，而且是位于被影响图层的最下面。

02普通的图层蒙版本身不是被作用的对象，而剪贴蒙版本身又是被作用的对象。

03普通的图层蒙版仅仅是影响作用对象的不透明度，而剪贴蒙版除了影响所有顶层的不透明度外，其自身的混合模式及图层样式都将对顶层产生直接影响。

12.4.2 动手学：创建图层蒙版

创建图层蒙版的方法有很多种，既可以直接在“图层”面板或“属性”面板中进行创建，也可以从选区或图像中生成图层蒙版。

创建并编辑图层蒙版

01 在文档中置入两个图像素材，栅格化该图层。分别作为图层1、图层2，首先将图层2隐藏，如图12-64所示。

02 选择需要添加图层蒙版的图层1，单击“图层”面板底部的“添加图层蒙版”按钮，如图12-65所示，即可为该图层添加一个图层蒙版，如图12-66所示。

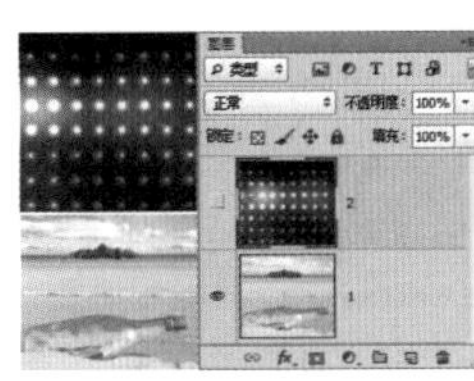
图 12-64

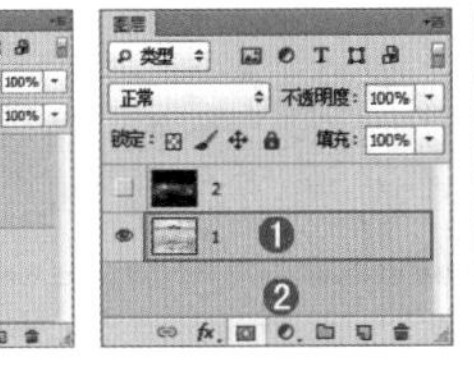
图 12-65

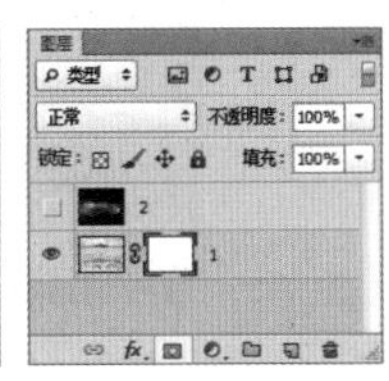
图 12-66

03 图层蒙版添加完成后单击该图层蒙版，进入蒙版编辑状态，此时可以使用黑色画笔进行绘制，如图12-67所示。在画面中可以看到黑色画笔绘制的区域变为透明，如图12-68所示。

04 正常编辑状态下是无法观看整个图层蒙版的，如果想要在蒙版视图下进行编辑，可以按住Alt键单击蒙版缩览图，如图12-69所示。将图层蒙版在文档窗口中显示出来，如图12-70所示。

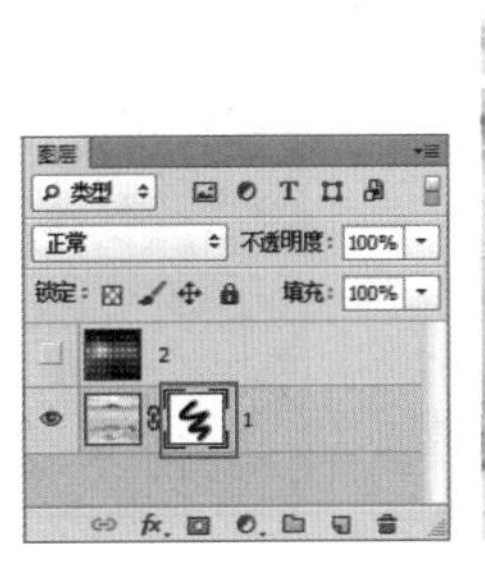
图 12-67

图 12-68

图 12-69

图 12-70

技巧提示

这一步操作主要是为了更加便捷地显示出图层蒙版，也可以打开“通道”面板，显示出最底部的“图层0蒙版”通道并进行粘贴，如图12-71所示。

图 12-71

05 在蒙版编辑状态下还可以进行内容的粘贴。例如，事先复制好图层2的全部内容，然后在图层1蒙版视图下按粘贴快捷键Ctrl+V，那么刚刚复制的内容会被粘贴到蒙版中，如图12-72所示。单击图层内容缩览图即可回到图像显示状态下，如图12-73和图12-74所示。

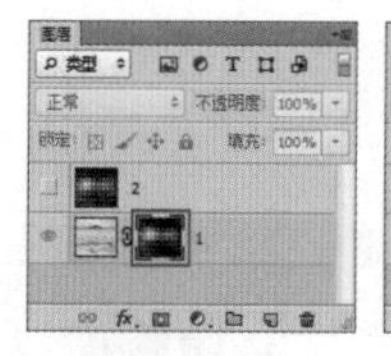

图 12-72

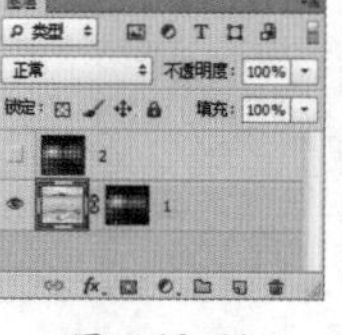

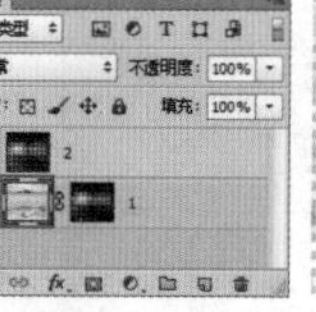

图 12-73

图 12-74

技巧提示

由于图层蒙版只识别灰度图像，所以粘贴到图层蒙版中的内容将会自动转换为黑白效果。

★ 案例实战——使用图层蒙版制作走出画面的大象

案例文件	案例文件\第12章\使用图层蒙版制作走出画面的大象.psd
视频教学	视频文件\第12章\使用图层蒙版制作走出画面的大象.mp4
难易指数	★★★★★
技术要点	图层蒙版、混合模式

扫码看视频

案例效果

本案例主要是使用图层蒙版以及混合模式制作走出画面的大象，如图12-75所示。

图 12-75

操作步骤

01 打开背景素材文件，如图12-76所示。

图 12-76

02 置入前景路标素材，栅格化该图层。设置其“混合模式”为“正片叠底”，如图12-77所示，效果如图12-78所示。

图 12-77

图 12-78

03 选择路标图层，单击“图层”面板底部的“添加图层蒙版”按钮，为其添加图层蒙版，使用黑色硬角画笔在蒙版中绘制路标的合适部分，如图12-79所示。隐藏路标相框外的部分，效果如图12-80所示。

图 12-79

图 12-80

04 置入大象素材，置于画框位置，栅格化该图层，如图12-81所示。

05 隐藏大象图层，使用矩形选框工具沿着相框内部区域绘制选区，如图12-82所示。选择大象图层，单击“图层”面板底部的“添加图层蒙版”按钮，

图 12-81

以当前选区为其添加图层蒙版，如图12-83所示，效果如图12-84所示。

06 使用白色画笔在蒙版中绘制大象的头部，如图12-85所示，最终效果如图12-86所示。

图 12-82

图 12-83

图 12-84

图 12-85

图 12-86

★ 案例实战——炫彩风格服装广告

案例文件	案例文件\第12章\炫彩风格服装广告.psd
视频教学	视频教学\第12章\炫彩风格服装广告.mp4
难易指数	★★★★★
技术要点	图层蒙版、钢笔工具、文字工具

扫码看视频

案例效果

本案例主要是利用图层蒙版、钢笔工具、文字工具等工具制作炫彩风格服装广告，效果如图12-87所示。

图 12-87

操作步骤

01 新建文件，执行“文件>新建”命令，设置“宽度”为3500像素，“高度”为2400像素，如图12-88所示。

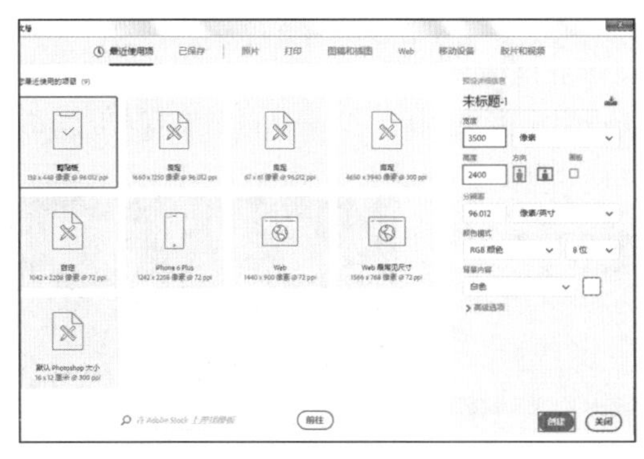

图 12-88

02 将图层填充为黑色，新建图层组，置入人像素材文件“1.jpg”，调整合适大小，将其放置在画面左侧，栅格化该图层，如图12-89所示。单击工具箱中的“矩形选框工具”按钮，在人像素材上绘制合适大小的矩形选区，如图12-90所示。

图 12-89

图 12-90

03 单击“图层”面板上的“添加图层蒙版”按钮，如图12-91所示，隐藏多余部分，如图12-92所示。分别置入人像素材文件2.jpg、3.jpg、4.jpg、5.jpg、6.jpg、7.jpg和8.jpg，并将图层栅格化。用同样的方法为其添加图层蒙版并依次排列，如图12-93所示。

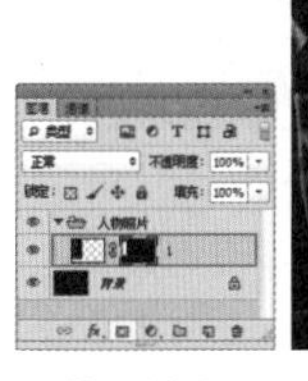

图 12-91

图 12-92

图 12-93

04 单击工具箱中的“钢笔工具”按钮，在画面中绘制一个曲线形状的闭合路径，如图12-94所示。右击，在弹出的快捷菜单中执行“建立选区”命令，设置羽化半径为0，得到选区，如图12-95所示。

图 12-94

图 12-95

05 新建图层，单击工具箱中的“渐变填充工具”按钮，在“渐变编辑器”窗口中设置一种玫红色系渐变，如图12-96所示。新建图层，在选区内拖曳填充，如图12-97所示。

图 12-96

图 12-97

06 用同样的方法绘制另外一个小一些的选区，如图12-98所示。新建图层，填充黑色，并设置该图层的“不透明度”为85%，如图12-99所示。

图 12-98

图 12-99

07 为黑色图层添加图层蒙版，使用黑色画笔在蒙版上进行适当的涂抹，隐藏多余部分，如图12-100所示。用同样的方法制作另外一些颜色不同的形状，如图12-101所示。

图 12-100

图 12-101

08 继续使用钢笔工具在左侧绘制一个弯曲的形状，新建图层并填充为白色，如图12-102所示。设置“不透明度”为20%，如图12-103所示。

图 12-102

图 12-103

09 在右侧绘制另外一个弯曲的形状，新建图层并填充为洋红色，如图12-104所示。设置图层的“混合模式”为柔光，“不透明度”为80%，如图12-105所示。

图 12-104

图 12-105

10 制作光斑。单击“画笔工具”按钮，设置一种柔边圆画笔，调整较大画笔，新建图层并单击绘制一个紫色的柔角圆，如图12-106所示。按Ctrl+T自由变换快捷键，将圆调整为条形，如图12-107所示。

图 12-106

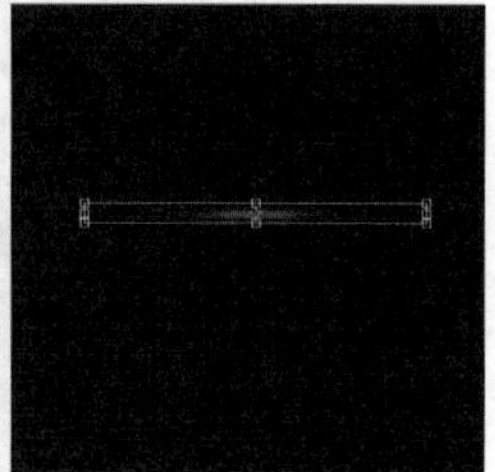

图 12-107

11 复制条形并将其旋转至合适角度，如图12-108所示。新建图层，使用圆形柔边圆画笔在十字中心单击绘制一个圆形光点，完成光斑的制作，如图12-109所示。

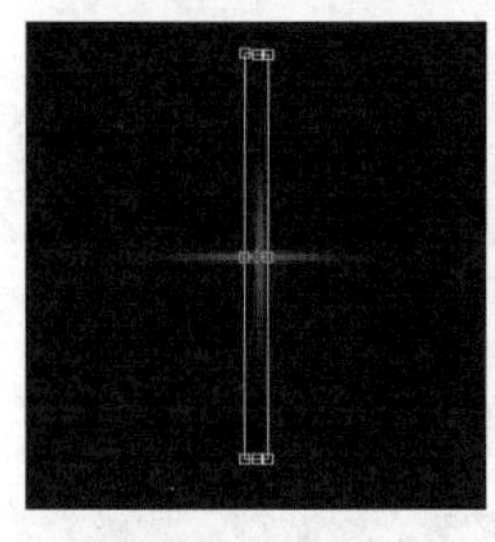

图 12-108

图 12-109

12 将光斑图层合并并调整为白色，多次复制摆放在其他位置，如图12-110所示。

图 12-110

制作文字部分，单击工具箱中的“横排文字工具”按钮T.，在选项栏中设置合适的字体及大小，在画面右下角输入多组粉色文字，如图12-111所示。将全部文字图层合并为一个图层，并设置文字图层的“混合模式”为颜色减淡，如图12-112所示。

思维点拨

本案例充分地展现出了玫瑰红的特点。玫瑰红是女人的象征，玫瑰红的色彩透彻明晰，流露出含蓄的美感，华丽而不失典雅。玫瑰红色充分展现了女性的美。

14 继续使用横排文字工具输入画面的其他文字。置入标志素材文件9.png，栅格化该图层。调整合适的大小及位置，最终效果如图12-113所示。

图 12-111

图 12-112

图 12-113

12.4.3 蒙版与选区

蒙版与选区是相互关联的，也是可以互相转换的。如果想要得到图层蒙版的选区，可以按住Ctrl键单击蒙版的缩览图载入蒙版的选区。

如果当前图像中存在选区，如图12-114所示。选择一个图层并单击“图层”面板下的“添加图层蒙版”按钮，可以基于当前选区为图层添加图层蒙版，在蒙版中选区以内的部分为白色，选区以外的部分为黑色，如图12-115所示。也就是说，选区以外的图像将被蒙版隐藏，如图12-116所示。

如果当前画面中包含选区，那么就可以使蒙版中的选区与现有选区进行计算。在图层蒙版缩览图上右击，如图12-117所示，在弹出的快捷菜单中即可看到3个关于蒙版与选区运算的命令，如图12-118所示。此处的运算与选区运算完全相同。

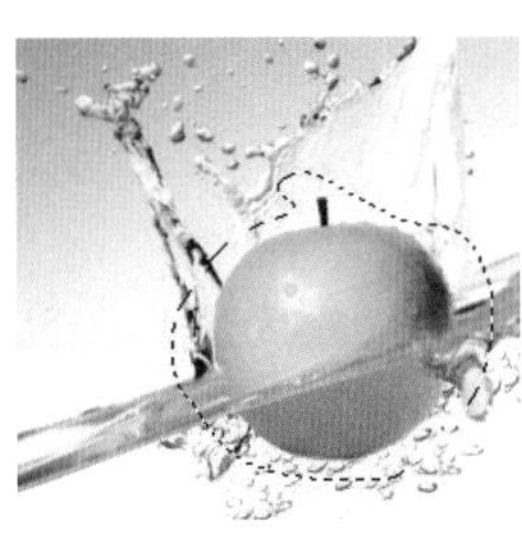
图 12-114

图 12-115

图 12-116

图 12-117

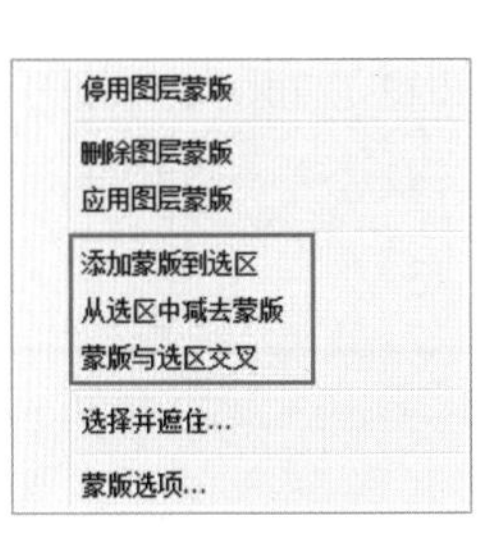

图 12-118

12.4.4 动手学：停用与启用图层蒙版

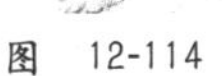

01 如果要停用图层蒙版，可以选择要停用的图层，执行“图层>图层蒙版>停用”命令，或在图层蒙版缩览图上右击，在弹出的快捷菜单中选择“停用图层蒙版”命令，如图12-119和图12-120所示。停用蒙版后，在“属性”面板的缩览图和“图层”面板的蒙版缩览图中都会出现一个红色的交叉线×。

02 在停用图层蒙版以后，如果要重新启用图层蒙版，可以执行“图层>图层蒙版>启用”命令，或在蒙版缩览图上右击，在弹出的快捷菜单中选择“启用图层蒙版”命令，如图12-121和图12-122所示。

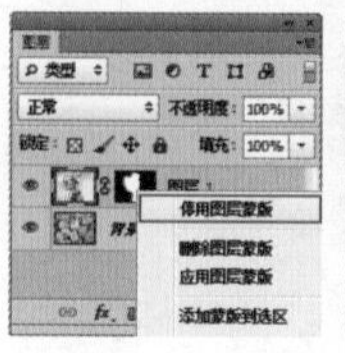
图 12-119

图 12-120

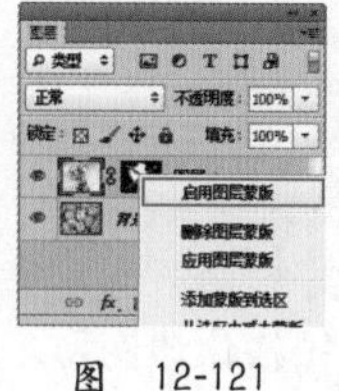
图 12-121

图 12-122

技巧提示

也可以选择图层蒙版，在“属性”面板中单击“停用/启用蒙版”按钮，如图12-123和图12-124所示。

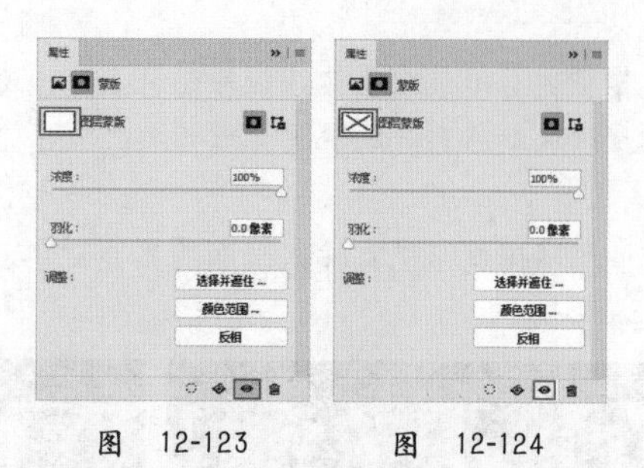
图 12-123　　图 12-124

★ 案例实战——图层蒙版配合不同笔刷制作涂抹画

案例文件	案例文件\第12章\图层蒙版配合不同笔刷制作涂抹画.psd
视频教学	视频文件\第12章\图层蒙版配合不同笔刷制作涂抹画.mp4
难易指数	★★★★★
技术要点	图层蒙版、笔刷

扫码看视频

案例效果

本案例主要是使用图层蒙版配合不同笔刷制作涂抹画，如图12-125所示。

图 12-125

操作步骤

01 打开背景素材文件，如图12-126所示。置入照片素材“2.jpg”，置于画面中合适的位置，栅格化该图层，如图12-127所示。

图 12-126

图 12-127

02 为照片图层添加图层蒙版，并将蒙版填充为黑色，如图12-128所示。设置前景色为白色，选择画笔工具，在选项栏中选择合适的笔尖形状，设置“不透明度”为79%，“流量”为62%，在蒙版中绘制涂抹，效果如图12-129所示。

图 12-128

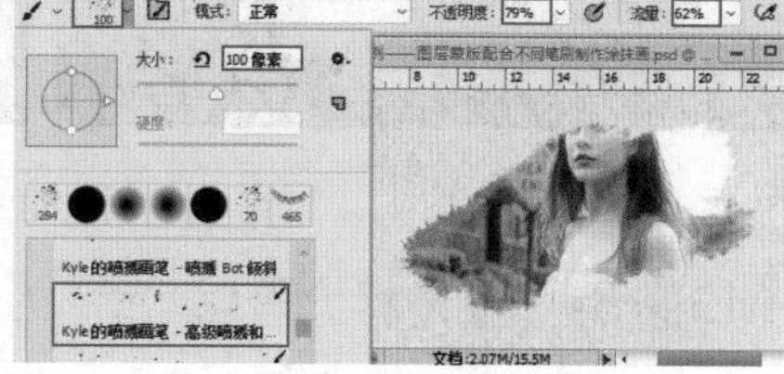
图 12-129

03 在选项栏中更改画笔形状，适当降低画笔的“不透明度”以及“流量”，在蒙版中绘制涂抹，如图12-130所示。

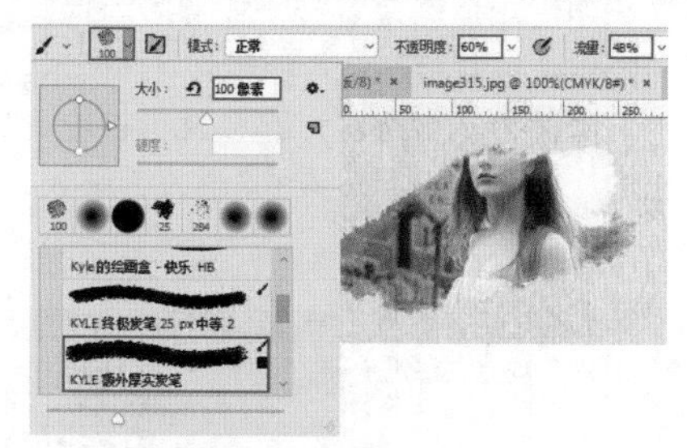
图 12-130

04 再次更换画笔形状，在蒙版中绘制涂抹，效果如图12-131所示。

图 12-131

05 使用同样的方法继续绘制，效果如图12-132所示。最后置入相框素材“3.png”，置于画面中合适的位置，栅格化该图层。使用横排文字工具，设置合适的前景色、字号以及字体，在画面中输入文字，效果如图12-133所示。

图 12-132

图 12-133

12.4.5 应用图层蒙版

技术速查：应用图层蒙版是指将图像中对应蒙版中的黑色区域删除，白色区域保留下来，而灰色区域将呈透明效果，并且删除图层蒙版。

在图层蒙版缩览图上右击，在弹出的快捷菜单中选择“应用图层蒙版”命令，如图12-134所示，可以将蒙版应用在当前图层中。应用图层蒙版以后，蒙版效果将会应用到图像上，如图12-135所示。

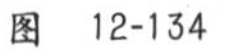

图 12-134

图 12-135

12.4.6 动手学：图层蒙版的转移与复制

01 单击选中要转移的图层蒙版缩览图并将蒙版拖曳到其他图层上，如图12-136所示，即可将该图层的蒙版转移到其他图层上，如图12-137所示。如果移动到另一个包含蒙版的图层上，则可以选择是否要替换该图层的蒙版。

02 如果要将一个图层的蒙版复制到另外一个图层上，可以按住Alt键将蒙版缩览图拖曳到另外一个图层上，如图12-138和图12-139所示。

图 12-136

图 12-137

图 12-138

图 12-139

12.4.7 删除图层蒙版

如果要删除图层蒙版，可以选中图层，执行“图层>图层蒙版>删除”命令。也可以在蒙版缩览图上右击，在弹出的快捷菜单中选择“删除图层蒙版”命令，如图12-140所示。还可选择蒙版，然后直接在“属性”面板中单击“删除蒙版”按钮，如图12-141所示。

图 12-140　　图 12-141

★ 案例实战——图层蒙版制作橘子苹果

案例文件　案例文件\第12章\图层蒙版制作橘子苹果.psd
视频教学　视频文件\第12章\图层蒙版制作橘子苹果.mp4
难易指数　★★★★★
技术要点　图层蒙版

扫码看视频

案例效果

本案例主要是使用图层蒙版制作橘子苹果，如图12-142所示。

图 12-142

操作步骤

01 打开背景素材文件“1.jpg”，如图12-143所示。置入苹果素材“2.png”，栅格化该图层，如图12-144所示。

图 12-143

图 12-144

02 继续置入前景橘子素材，栅格化该图层。使用钢笔工具在画面中沿着橘子瓣的边缘绘制路径，如图12-145所示。按Ctrl+Enter快捷键将路径转化为选区，效果如图12-146所示。

图 12-145

图 12-146

03 按Ctrl+J快捷键将选区内的部分复制并粘贴到新的图层，隐藏原橘子图层，如图12-147所示。按自由变换快捷键Ctrl+T将橘子瓣变换到合适的大小并摆放在合适位置上，如图12-148所示。

图 12-147

图 12-148

04 为了使橘子融合到苹果中，选择该图层，单击“图层”面板底部的“添加图层蒙版”按钮，为其添加图层蒙版，使用黑色柔边圆画笔在蒙版中绘制橘子边缘部分，如图12-149所示，效果如图12-150所示。

图 12-149

图 12-150

05 用同样的方法制作其他的橘子瓣，效果如图12-151所示。

图 12-151

06 再次复制橘子瓣图层，将其置于“图层”面板顶部，按Ctrl+T快捷键调整橘子瓣形状与下面的苹果形状大致重合，单击“图层”面板底部的“添加图层蒙版”按钮，为其添加图层蒙版，然后选中图层蒙版，并为蒙版填充黑色，使用白色画笔在蒙版中绘制出橘子瓣的部分，如图12-152所示，最终效果如图12-153所示。

图 12-152

图 12-153

☆ 视频课堂——制作婚纱摄影版式

扫码看视频

案例文件\第12章\视频课堂——制作婚纱摄影版式.psd

视频文件\第12章\视频课堂——制作婚纱摄影版式.mp4

思路解析：

01 打开背景素材，置入左侧主体人像素材，栅格化该图层。

02 为人像素材添加图层蒙版，在蒙版中进行涂抹，使背景部分隐藏。

03 继续置入右侧人像素材，栅格化该图层。绘制合适的选区，以选区为人像素材添加图层蒙版，使多余区域隐藏。

04 置入其他素材，并栅格化。设置合适的混合模式。

12.5 使用矢量蒙版

视频精讲：Photoshop新手学视频精讲课堂/使用矢量蒙版.mp4

矢量蒙版与图层蒙版非常相似，都是以隐藏像素代替删除像素的非破坏性编辑方式。但是矢量蒙版是矢量工具，需要以钢笔或形状工具在蒙版上绘制路径形状控制图像显示隐藏，并且矢量蒙版可以调整路径节点，从而制作出精确的蒙版区域。如图12-154和图12-155所示为使用矢量蒙版制作的作品。

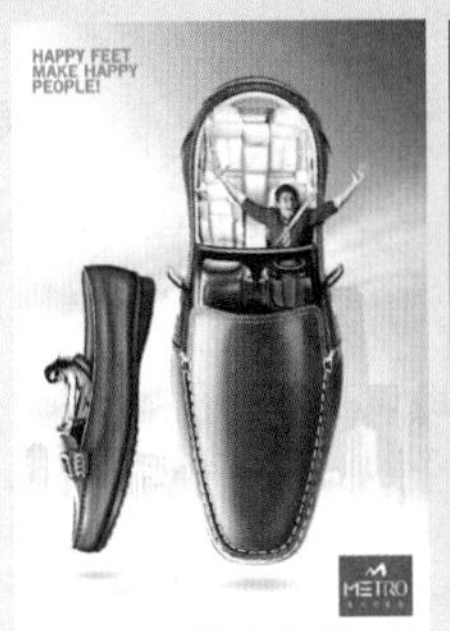

图 12-154

图 12-155

12.5.1 动手学：创建与编辑矢量蒙版

使用钢笔工具绘制一个路径，如图12-156所示。然后执行“图层>矢量蒙版>当前路径”命令，可以基于当前路径为图层创建一个矢量蒙版，如图12-157所示。路径以内的部分显示，路径以外的部分被隐藏，如图12-158所示。

按住Ctrl键在“图层”面板下单击“添加图层蒙版”按钮，也可以为图层添加矢量蒙版，如图12-159所示。创建矢量蒙版以后，可以继续使用钢笔工具或形状工具在矢量蒙版中绘制形状，如图12-160所示。

针对矢量蒙版的编辑主要是对矢量蒙版中路径的编辑，除了可以使用钢笔、形状工具在矢量蒙版中绘制形状以外，还可以通过调整路径锚点的位置改变矢量蒙版的外形，或者通过变换路径调整其角度大小等，如图12-161所示。

图 12-156

图 12-157

图 12-158

图 12-159

图 12-160

图 12-161

技巧提示

矢量蒙版可以像普通图层一样添加图层样式，只不过图层样式只对矢量蒙版中的内容起作用，对隐藏的部分不会有影响。

在矢量蒙版缩览图上右击，在弹出的快捷菜单中选择“删除矢量蒙版”命令即可删除矢量蒙版，如图12-162所示。

图 12-162

12.5.2 动手学：链接/取消链接矢量蒙版

技术速查：如果不想变换图层或矢量蒙版时影响对方，可以单击链接图标取消链接。

在默认状态下，图层与矢量蒙版是链接在一起的（链接处有一个图标），当移动、变换图层时，矢量蒙版也会跟着发生变化。如果要恢复链接，可以在取消链接的地方单击，或者执行“图层>矢量蒙版>链接”命令，如图12-163和图12-164所示。

图 12-163

图 12-164

思维点拨：蒙版的概念

蒙版在图像合成中起着非常重要的作用，利用蒙版可以把两幅或多幅图像非常巧妙地合成为一幅图像，能达到以假乱真的效果。蒙版是将不同灰度色值转化为不同的透明度，并作用到它所在的图层中，使图层不同部位透明度产生相应的变化。蒙版还具有保护和隐藏图像的功能，当对图像的某一部分进行特殊处理时，利用蒙版可以隔离并保护其余的图像部分不被修改和破坏。

12.5.3 矢量蒙版转换为图层蒙版

技术速查：栅格化矢量蒙版以后，蒙版就会转换为图层蒙版，不再有矢量形状存在。

在蒙版缩览图上右击，在弹出的快捷菜单中选择“栅格化矢量蒙版”命令，如图12-165所示，效果如图12-166所示。

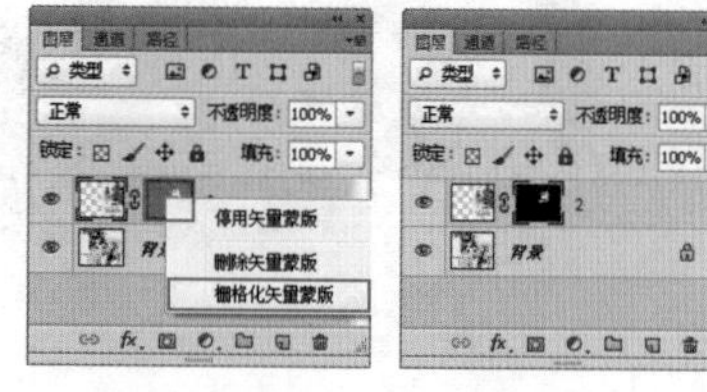

图 12-165　　图 12-166

技巧提示

先选择图层，然后执行“图层>栅格化>矢量蒙版”命令，也可以将矢量蒙版转换为图层蒙版。

★ 综合实战——使用蒙版模拟作旧招贴

案例文件	案例文件\第12章\使用蒙版模拟作旧招贴.psd
视频教学	视频文件\第12章\使用蒙版模拟作旧招贴.mp4
难易指数	★★★★★
技术要点	剪贴蒙版、图层蒙版、图层样式

扫码看视频

案例效果

本案例主要是使用剪贴蒙版与图层蒙版制作仿旧效果招贴，如图12-167所示。

操作步骤

01 打开背景素材文件，如图12-168所示。置入纸张素材“2.png”，栅格化该图层，并将其置于画面中合适的位置，如图12-169所示。

图 12-167

图 12-168

图 12-169

02 为纸张图层添加图层样式，执行“图层>图层样式>投影”命令，设置“距离”为11像素，“大小”为22像素，如图12-170所示，效果如图12-171所示。

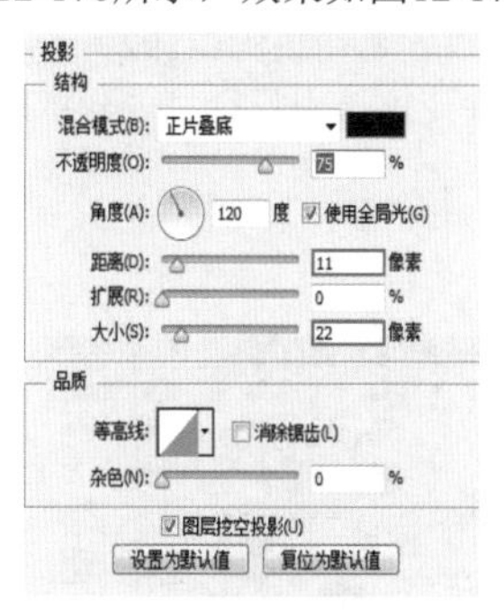

图 12-170

图 12-171

03 继续置入前景人物照片素材“3.jpg”，栅格化该图层。置于画面中合适的位置，并设置其“混合模式”为“正片叠底”，如图12-172所示，效果如图12-173所示。

图 12-172

图 12-173

04 执行“图层>新建调整图层>自然饱和度”命令，设置“自然饱和度”为−68，如图12-174所示。在“图层”面板中右击，在弹出的快捷菜单中执行“创建剪贴蒙版”命令，如图12-175所示。使其只对人像照片素材起作用，效果如图12-176所示。

图 12-174

图 12-175

图 12-176

05 使用横排文字工具，设置合适的字号以及字体，设置前景色为黑色，在画面中单击输入合适的文字，如图12-177所示。将所有文字图层置于同一图层组中，并为其添加图层蒙版，如图12-178所示。

图 12-177

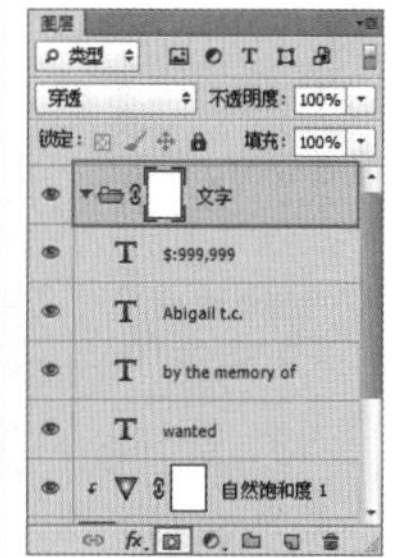

图 12-178

06 在工具箱中选择画笔工具，设置前景色为黑色，在选项栏中选择合适的笔尖形状，如图12-179所示。在蒙版中进行绘制涂抹，最终效果如图12-180所示。

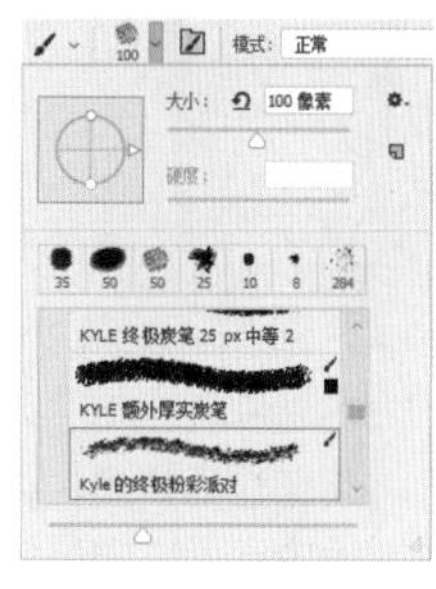

图 12-179

图 12-180

★ 综合实战——使用蒙版制作杯子城市

案例文件	案例文件\第12章\使用蒙版制作杯子城市.psd
视频教学	视频文件\第12章\使用蒙版制作杯子城市.mp4
难度级别	★★★★★
技术要点	图层蒙版、剪贴蒙版、图层样式

扫码看视频

案例效果

本案例主要使用图层蒙版、剪贴蒙版和图层样式等命令制作杯子城市效果，如图12-181所示。

操作步骤

01 新建文件，使用渐变工具绘制淡黄色的渐变，如图12-182所示。

图 12-181

图 12-182

02 置入素材“1.png”，栅格化该图层，如图12-183所示。在“图层”面板中选择杯子图层，单击“添加图层蒙版”按钮，为其添加蒙版，如图12-184所示。

图 12-183

图 12-184

03 使用套索工具绘制不规则的选区，如图12-185所示。选择图层蒙版，为其填充黑色，隐藏多余部分，如图12-186所示。

图 12-185

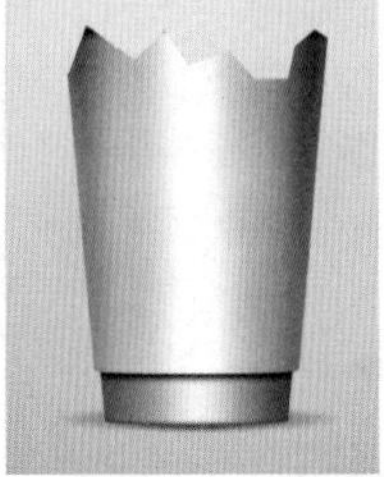

图 12-186

04 置入橙子图案素材“2.jpg”，将其栅格化并放在杯子的上方，如图12-187所示。在“图层”面板中设置该图层的混合模式为“正片叠底”，并在该图层上右击，在弹出的快捷菜单中执行“创建剪贴蒙版”命令，如图12-188所示。此时橙子图案只显示杯子内部的区域，如图12-189所示。

图 12-187

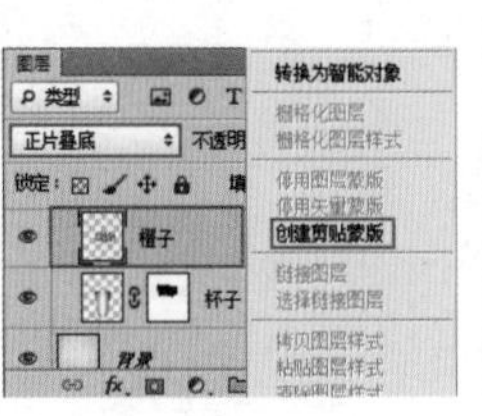

图 12-188

图 12-189

05 使用椭圆选框工具在杯子上半部分绘制椭圆选区，如图12-190所示。选中“橙子”图层，单击图层蒙版上的“添加图层蒙版”按钮，使橙子图层的下半部分呈现出半圆效果，如图12-191所示。

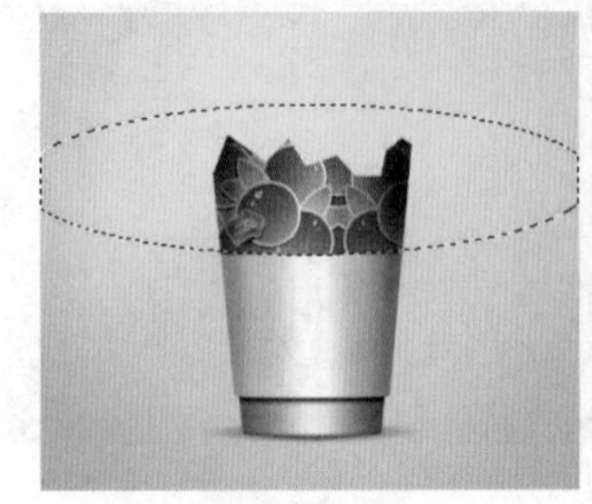

图 12-190　　图 12-191

06 对杯子的颜色进行调整。执行“图层>新建调整图层>可选颜色”命令，设置“颜色”为“中性色”，“青色”为1%，“洋红”为5%，“黄色”为6%，如图12-192所示。在该调整图层上右击，在弹出的快捷菜单中执行“创建剪贴蒙版”命令，如图12-193所示。

图 12-192

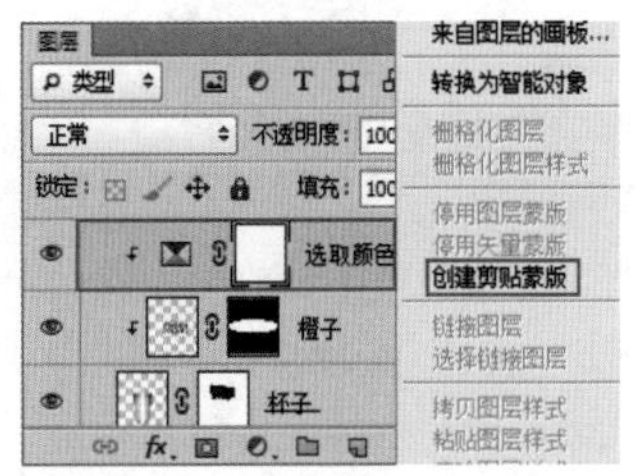

图 12-193

07 新建图层，设置前景色为白色，使用套索工具绘制杯子的厚度选区，为其填充白色，如图12-194所示。

图 12-194

08 置入素材“3.png”，将其栅格化并置于杯子图层的下方，如图12-195所示。使用套索工具绘制选区，并单击“图层”面板底部的“添加图层蒙版”按钮，如图12-196所示。此时选区以外的部分被隐藏，如图12-197所示。

09 置入素材“4.png”，将其栅格化并置于杯子图层下方，如图12-198所示。置入果篮素材“5.png”，将其栅格化并放在画面顶部，并输入合适的文字，最终效果如图12-199所示。

图　12-195

图　12-196

图　12-197

图　12-198

图　12-199

课 后 练 习

【课后练习1——使用剪贴蒙版制作撕纸人像】

思路解析：本案例通过剪贴蒙版与图层蒙版的使用，将人像面部制作出局部的黑白效果，并将纸卷素材合成到画面中。

扫码看视频

【课后练习2——使用蒙版合成瓶中小世界】

思路解析：本案例主要通过使用图层蒙版，将海星素材合成到瓶中。

扫码看视频

本 章 小 结

蒙版作为一种非破坏性工具在合成作品的制作中经常会被使用。通过本章的学习需要熟练掌握这4种蒙版的使用方法，并了解每种蒙版适合使用的情况，以便在设计作品中快速地合成画面元素。

读书笔记

第13章

奇妙的滤镜

本章内容简介：

滤镜本身是一种摄影器材，安装在相机上用于改变光源的色温，符合摄影的目的及制作特殊效果的需要。Photoshop中的滤镜并不仅仅局限于这几项摄影常用的功能，它的功能非常强大，常用于模拟如素描、印象派绘画等特殊艺术效果。

本章学习要点：

- 掌握滤镜的操作方法。
- 熟练掌握模糊滤镜的使用方法。
- 熟练掌握锐化滤镜的使用方法。
- 了解各种滤镜的效果特点。

13.1 初识滤镜

滤镜本身是一种摄影器材，安装在相机上用于改变光源的色温，符合摄影的目的及制作特殊效果的需要。Photoshop中滤镜的功能并不仅仅局限于这几项摄影常用的功能，它的功能非常强大，常用于模拟如素描、印象派绘画等特殊艺术效果。

滤镜不仅可以用来处理图层内容，还可以用来处理图层蒙版、快速蒙版和通道。Photoshop中的滤镜都位于菜单栏中的“滤镜”菜单中，如图13-1所示。

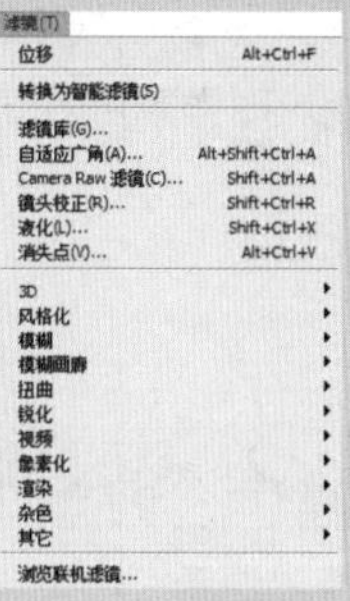

图 13-1

13.1.1 滤镜的基本使用方法

01 使用滤镜处理图层中的图像时，该图层必须是可见图层。选择需要进行滤镜操作的图层，如图13-2所示。执行“滤镜”菜单下的命令，选择某个滤镜，如图13-3所示。

图 13-2

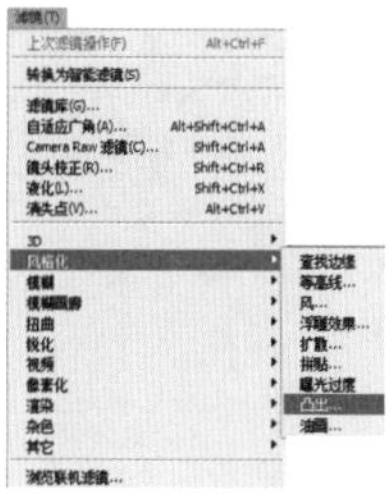

图 13-3

技巧提示

只有“云彩”滤镜可以应用在没有像素的区域，其余滤镜都必须应用在包含像素的区域（某些外挂滤镜除外）。

02 在弹出的对话框中设置合适的参数，如图13-4所示。滤镜效果以像素为单位进行计算，因此，相同参数处理不同分辨率的图像，其效果也不一样。最终单击“确定”按钮完成滤镜操作。如果图像中存在选区，则滤镜效果只应用在选区之内，如图13-5所示。如果没有选区，则滤镜效果将应用于整个图像。

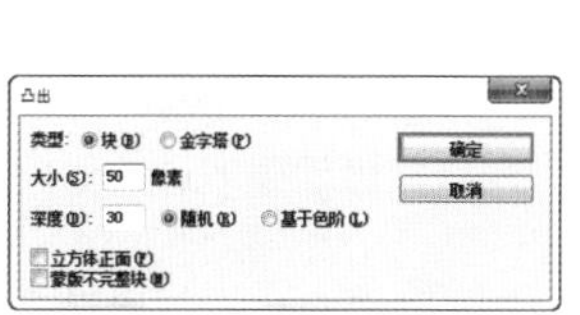

图 13-4

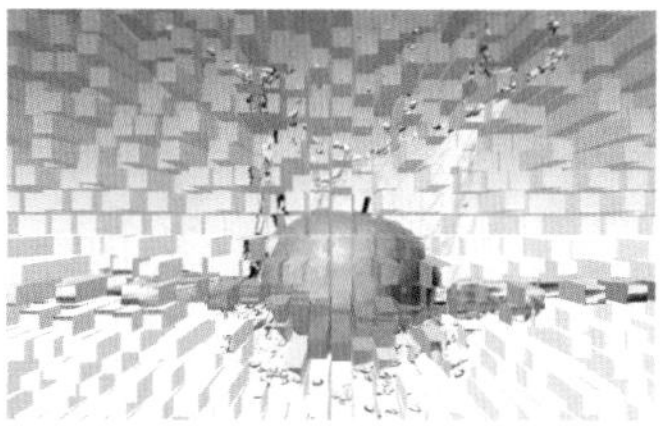

图 13-5

技巧提示

在应用滤镜的过程中，如果要终止处理，可以按Esc键。

03 在应用滤镜时，通常会弹出该滤镜的对话框或滤镜库，在预览窗口中可以预览滤镜效果，同时可以拖曳图像，以观察其他区域的效果，如图13-6所示。单击-按钮和+按钮可以缩放图像的显示比例。另外，在图像的某个点上单击，可以在预览窗口中显示出该区域的效果，如图13-7所示。

图 13-6

图 13-7

04 在任何一个滤镜对话框中按住Alt键，“取消”按钮都将变成“复位”按钮，单击“复位”按钮，可以将滤镜参数恢复到默认设置，效果如图13-8所示。

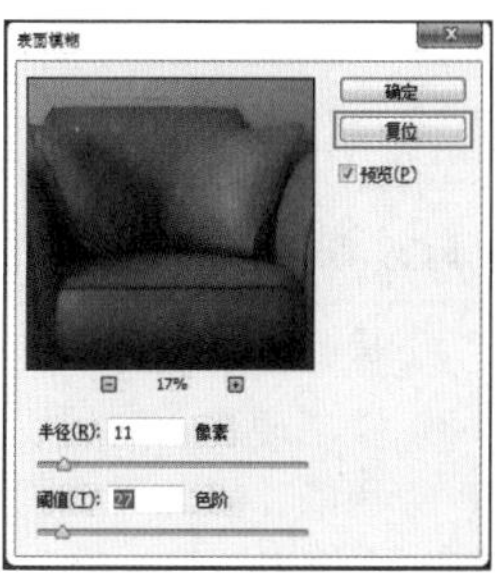

图 13-8

05 当应用完一个滤镜以后，“滤镜”菜单下的第1行会出现该滤镜的名称，如图13-9所示。执行该命令或按Ctrl+Alt+F快捷键，可以按照上一次应用该滤镜的参数配置再次对图像应用该滤镜。

滤镜(T)
智能锐化 Alt+Ctrl+F
转换为智能滤镜(S)
滤镜库(G)...
自适应广角(A)... Alt+Shift+Ctrl+A
Camera Raw 滤镜(C)... Shift+Ctrl+A
镜头校正(R)... Shift+Ctrl+R
液化(L)... Shift+Ctrl+X
消失点(V)... Alt+Ctrl+V
3D

图 13-9

答疑解惑：为什么有时候滤镜不可用？

在CMYK颜色模式下，某些滤镜将不可用；在索引和位图颜色模式下，所有的滤镜都不可用。如果要对CMYK图像、索引图像和位图图像应用滤镜，可以执行“图像>模式>RGB颜色”命令，将图像模式转换为RGB颜色模式后，再应用滤镜。

13.1.2 渐隐滤镜效果

● 技术速查：“渐隐”命令可以用于更改滤镜效果的不透明度和混合模式，就相当于将滤镜效果图层放在原图层的上方，并调整滤镜图层的混合模式以及透明度得到的效果。

01 对一个图像执行“滤镜>滤镜库”命令，如图13-10和图13-11所示。

02 在滤镜库中选择一个滤镜，设置合适的参数，如图13-12所示，效果如图13-13所示。

图 13-10

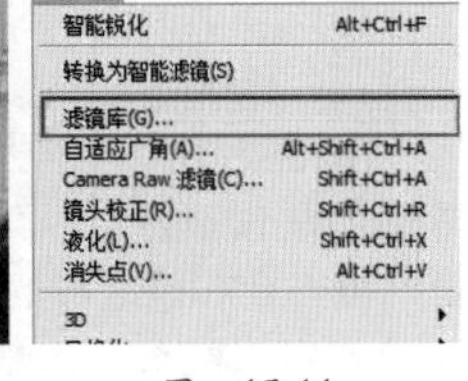

图 13-11

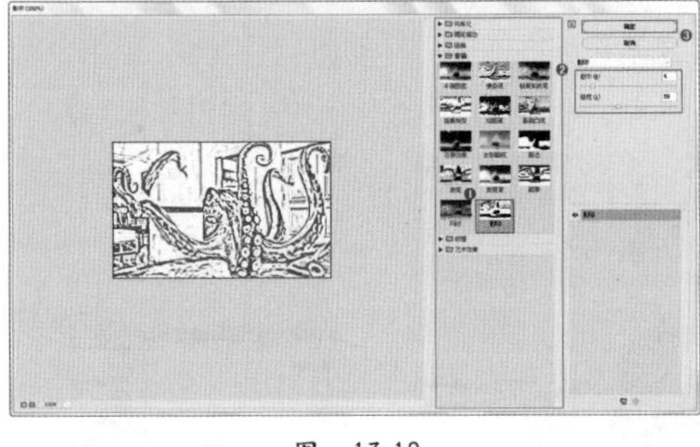

图 13-12

图 13-13

技巧提示

“渐隐”命令必须是在进行了编辑操作之后立即执行，如果这中间又进行其他操作，则该命令会发生相应的变化。

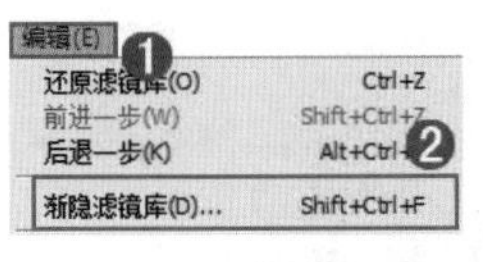

图 13-14

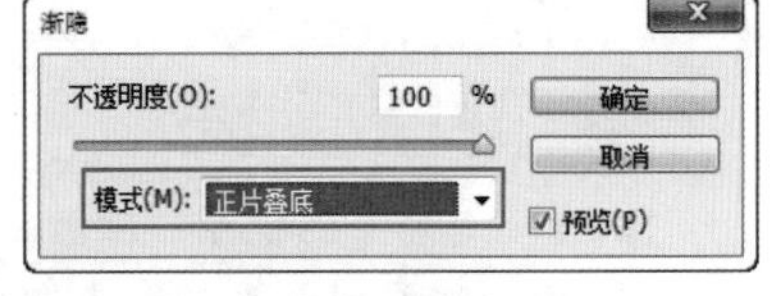

图 13-15

03 执行“编辑>渐隐滤镜库”命令，如图13-14所示。然后在弹出的“渐隐”对话框中设置“模式”为“正片叠底”，如图13-15所示。可以看到滤镜效果与原始图像产生了混合，如图13-16所示。

图 13-16

13.1.3 使用智能滤镜

● 视频精讲：Photoshop新手学视频精讲课堂/滤镜与智能滤镜.mp4

● 技术速查：应用于智能对象的任何滤镜都是智能滤镜，智能滤镜属于“非破坏性滤镜”。由于智能滤镜的参数是可以调整的，因此可以调整智能滤镜的作用范围，或对其进行移除、隐藏等操作。

要使用智能滤镜，首先需要将普通图层转换为智能对象。在普通图层的缩览图上右击，在弹出的快捷菜单中选择“转换为智能对象”命令，即可将普通图层转换为智能对象，如图13-17所示。之后再为智能对象添加滤镜时即可出现智能滤镜，在智能滤镜的前方还有一个蒙版，通过控制蒙版的黑白关系即可控制智能滤镜效果的显示与隐藏，如图13-18所示。

图 13-17

图 13-18

智能滤镜包含一个类似于图层样式的列表，因此可以隐藏、停用和删除滤镜，如图13-19所示。另外，还可以设置智能滤镜与图像的混合模式，双击滤镜名称右侧的图标，可以在弹出的"混合选项"对话框中调节滤镜的"模式"和"不透明度"，如图13-20所示。

图 13-19

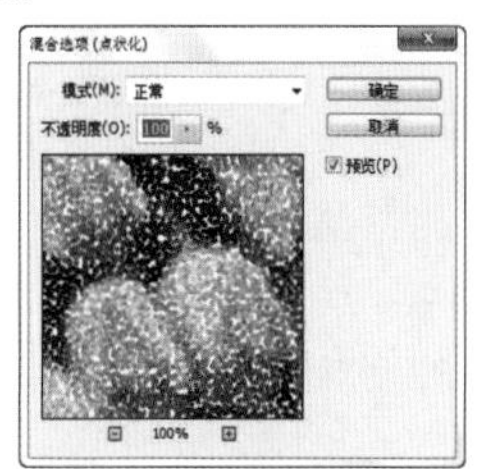

图 13-20

答疑解惑：哪些滤镜可以作为智能滤镜使用？

除了"抽出"滤镜、"液化"滤镜和"镜头模糊"滤镜以外，其他滤镜都可以作为智能滤镜应用，当然也包含支持智能滤镜的外挂滤镜。另外，"图像>调整"菜单下的"应用/高光"也可以作为智能滤镜来使用。

技术拓展：提高滤镜性能

在应用某些滤镜时，会占用大量的内存，如"铬黄渐变"滤镜、"光照效果"滤镜等，特别是处理高分辨率的图像，Photoshop的处理速度会更慢。遇到这种情况，可以尝试使用以下3种方法来提高处理速度。

第1种：关闭多余的应用程序。

第2种：在应用滤镜之前先执行"编辑>清理"菜单下的命令，释放出部分内存。

第3种：将计算机内存多分配给Photoshop一些。执行"编辑>首选项>性能"命令，打开"首选项"对话框，然后在"内存使用情况"选项组下将Photoshop的内容使用量设置得高一些。

13.2 使用滤镜库处理画面

- 视频精讲：Photoshop新手学视频精讲课堂/滤镜库的使用方法.mp4
- 技术速查：滤镜库是一个集合了多个滤镜的对话框。

在滤镜库中，可以对一张图像应用一个或多个滤镜，或对同一图像多次应用同一滤镜，另外还可以使用其他滤镜替换原有的滤镜。选中需要处理的图层，执行"滤镜>滤镜库"命令，打开滤镜库窗口。在滤镜库中选择某个组，并在其中单击某个滤镜，在预览窗口中即可观察到滤镜效果，在右侧的参数设置面板中可以进行参数的设置，调整完成后单击"确定"按钮结束操作，如图13-21所示。

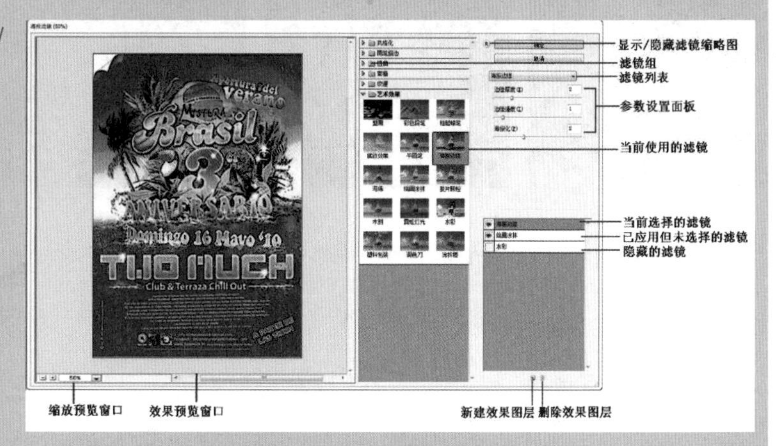

图 13-21

- 效果预览窗口：用来预览滤镜的效果。
- 缩放预览窗口：单击⊟按钮，可以缩小显示比例；单击⊞按钮，可以放大预览窗口的显示比例。另外，还可以在缩放列表中选择预设的缩放比例。
- 显示/隐藏滤镜缩览图：单击该按钮，可以隐藏滤镜缩览图，以增大预览窗口。
- 滤镜列表：在该列表中可以选择一个滤镜。这些滤镜是按名称汉语拼音的先后顺序排列的。
- 参数设置面板：单击滤镜组中的一个滤镜，可以将该滤镜应用于图像，同时在参数设置面板中会显示该滤镜的参数选项。
- 当前使用的滤镜：显示当前使用的滤镜。

- 滤镜组：单击滤镜组前面的▸图标，可以展开该滤镜组。
- "新建效果图层"按钮：单击该按钮，可以新建一个效果图层，在该图层中可以应用一个滤镜。
- "删除效果图层"按钮：选择一个效果图层以后，单击该按钮可以将其删除。
- 当前选择的滤镜：单击一个效果图层，可以选择该滤镜。选择一个滤镜效果图层以后，使用鼠标左键可以向上或向下调整该图层的位置。效果图层的顺序对图像效果有影响。
- 隐藏的滤镜：单击效果图层前面的图标，可以隐藏滤镜效果。

技巧提示

滤镜库中只包含一部分滤镜，例如"模糊"滤镜组和"锐化"滤镜组就不在滤镜库中。

★ 案例实战——使用滤镜库制作欧美风格人像海报

案例文件	案例文件\第13章\使用滤镜库制作欧美风格人像海报.psd
视频教学	视频文件\第13章\使用滤镜库制作欧美风格人像海报.mp4
难易指数	★★★★★
技术要点	滤镜库的使用

扫码看视频

案例效果

本案例主要是通过使用滤镜库制作欧美风格人像海报，如图13-22所示。

操作步骤

01 打开背景素材"1.jpg"，如图13-23所示。置入人像素材图片"2.jpg"，将其置于画面中的合适位置，栅格化该图层，如图13-24所示。

02 使用钢笔工具，沿着人像的边缘绘制路径，如图13-25所示。绘制完毕后按Ctrl+Enter快捷键将其快速转化为选区，为其添加图层蒙版，复制选区中的内容并隐藏原始人像图层，如图13-26所示。

图 13-22

图 13-23

图 13-24

图 13-25

图 13-26

03 对人像图层执行"滤镜>滤镜库"命令，在弹出的对话框中单击"素描"滤镜组，选择"撕边"。在右侧设置"图像平衡"为12，"平滑度"为10，"对比度"为17，单击"确定"按钮完成滤镜操作，如图13-27所示。置入前景装饰素材"3.png"，栅格化该图层，最终效果如图13-28所示。

图 13-27

图 13-28

13.3 风格化滤镜组

视频精讲：Photoshop新手学视频精讲课堂/风格化滤镜组.mp4

在风格化滤镜组中有9种滤镜，分别是“查找边缘”“等高线”“风”“浮雕效果”“扩散”“拼贴”“曝光过度”“凸出”和“油画”滤镜。这些滤镜分布在“滤镜>风格化”菜单下以及滤镜库的风格化滤镜组中。

13.3.1 查找边缘

技术速查：使用“查找边缘”滤镜后可以自动查找图像像素对比度变换强烈的边界。

对图像使用“查找边缘”滤镜可以将高反差区变亮，将低反差区变暗，而其他区域则介于两者之间，同时硬边会变成线条，柔边会变粗，从而形成一个清晰的轮廓，打开一张素材图片，如图13-29所示。执行“滤镜>风格化>查找边缘”命令，即可为图像添加“查找边缘”滤镜效果，如图13-30所示。

图 13-29　　图 13-30

13.3.2 等高线

技术速查：“等高线”滤镜用于查找主要亮度区域，并为每个颜色通道勾勒主要亮度区域，以获得与等高线图中的线条类似的效果。

打开一张素材图片，如图 13-31 所示。执行“滤镜 > 风格化 > 等高线”命令，如图 13-32 所示。设置完成后单击“确定”按钮，效果如图 13-33 所示。

- 色阶：用来设置区分图像边缘亮度的级别。
- 边缘：用来设置处理图像边缘的位置，以及便捷的产生方法。选中“较低”单选按钮时，可以在基准亮度等级以下的轮廓上生成等高线；选中“较高”单选按钮时，可以在基准亮度等级以上生成等高线。

图 13-31

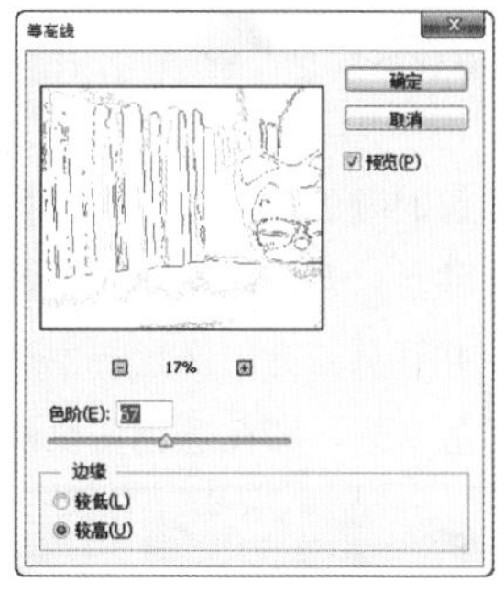

图 13-32

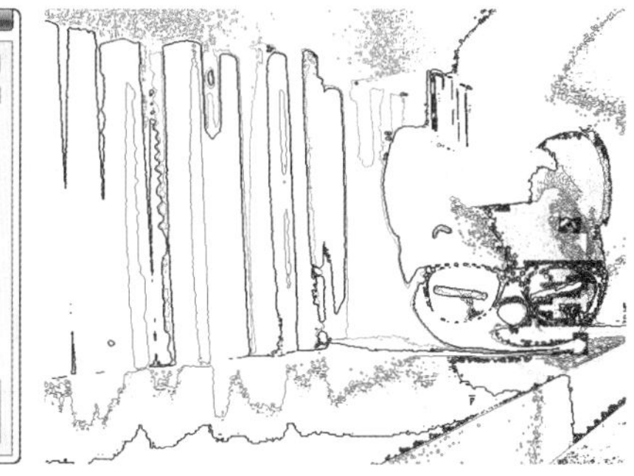

图 13-33

13.3.3 风

技术速查：“风”滤镜是在图像中放置一些细小的水平线条来模拟风吹效果。

打开素材图片，如图 13-34 所示。执行“滤镜 > 风格化 > 风”命令，打开“风”对话框，如图 13-35 所示。

- 方法：包含“风”“大风”和“飓风”3 种等级，如图 13-36 所示分别是这 3 种等级的效果。
- 方向：用来设置风源的方向，包含“从右”和“从左”两种。

图 13-34

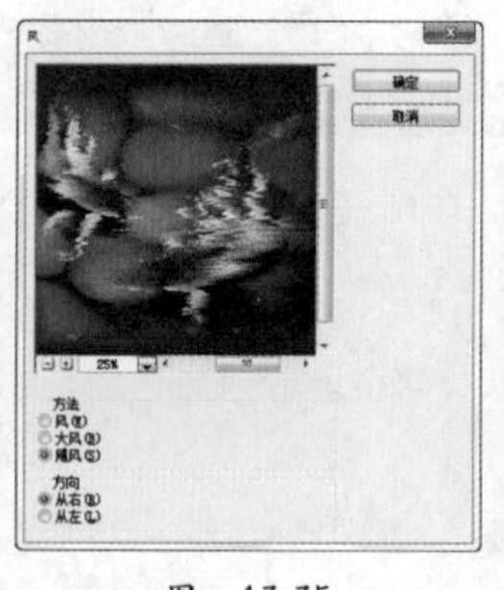

图 13-35

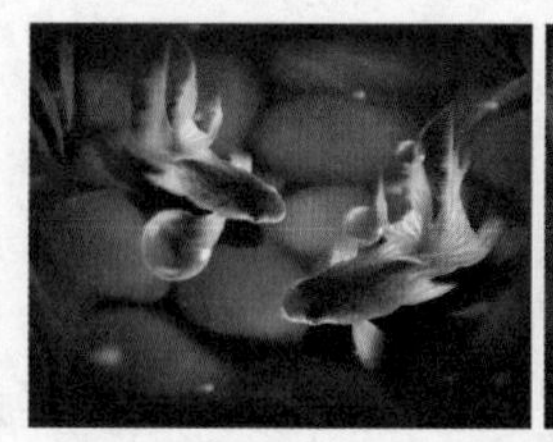

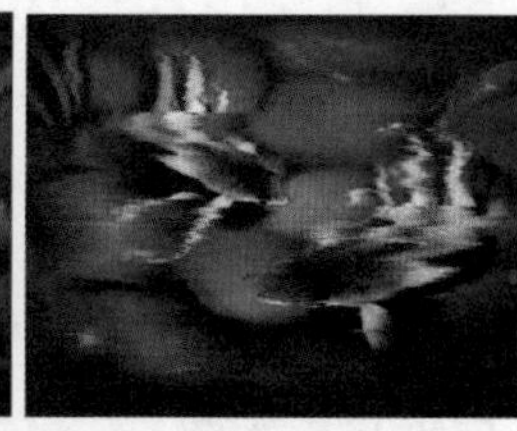

图 13-36

13.3.4 浮雕效果

● 技术速查："浮雕效果"滤镜可以通过勾勒图像或选区的轮廓和降低周围颜色值来生成凹陷或凸起的浮雕效果。

打开素材图片，如图 13-37 所示。执行"滤镜 > 风格化 > 浮雕效果"命令，打开"浮雕效果"对话框，如图 13-38 所示。在面板中可以更改"角度""高度"和"数量"，效果如图 13-39 所示。

● 角度：用于设置浮雕效果的光线方向。光线方向会影响浮雕的凸起位置。

● 高度：用于设置浮雕效果的凸起高度。

● 数量：用于设置"浮雕"滤镜的作用范围。数值越高，边界越清晰（小于40%时，图像会变灰）。

图 13-37

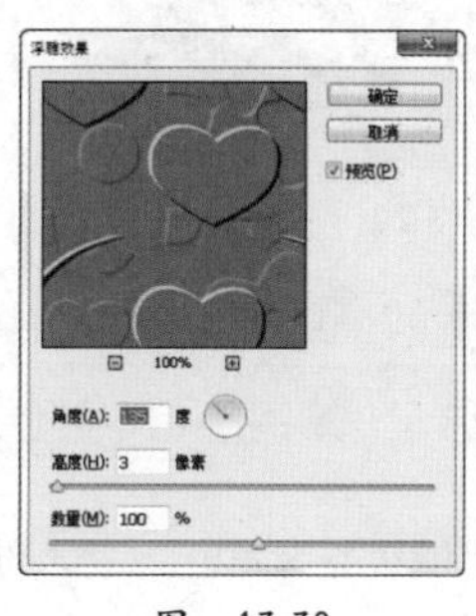

图 13-38

图 13-39

13.3.5 扩散

● 技术速查："扩散"滤镜可以通过使图像中相邻的像素按指定的方式有机移动，让图像形成一种类似于透过磨砂玻璃观察物体时的分离模糊效果。

打开一张图片，如图 13-40 所示。执行"滤镜 > 风格化 > 扩散"命令，打开"扩散"对话框，在该对话框中，可以通过更改"模式"来更改效果，如图 13-41 所示。

● 正常：使图像的所有区域都进行扩散处理，与图像的颜色值没有任何关系。

● 变暗优先：用较暗的像素替换亮部区域的像素，并且只有暗部像素产生扩散。

● 变亮优先：用较亮的像素替换暗部区域的像素，并且只有亮部像素产生扩散。

● 各向异性：使用图像中较暗和较亮的像素产生扩散效果，即在颜色变化最小的方向上搅乱像素。

图 13-40

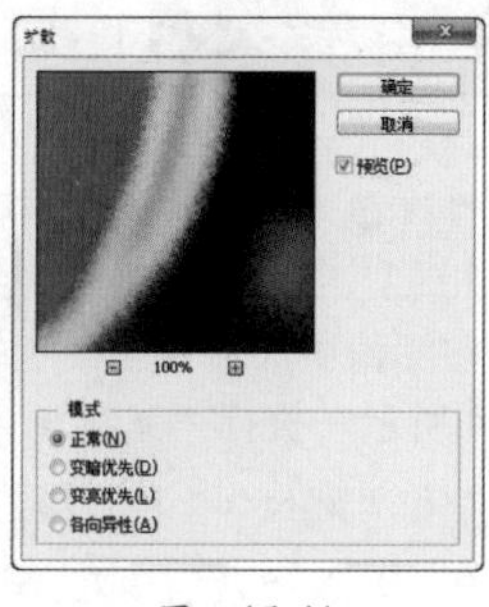

图 13-41

13.3.6 拼贴

● 技术速查：“拼贴”滤镜可以将图像分解为一系列块状，并使其偏离其原来的位置，以产生不规则拼砖的图像效果。

打开一张图片，如图 13-42 所示。执行“滤镜 > 风格化 > 拼贴”命令，打开“拼贴”对话框，如图 13-43 所示，在该对话框中可以设置相应的参数，设置完成后单击“确定”按钮，效果如图 13-44 所示。

● 拼贴数：用来设置在图像每行和每列中要显示的贴块数。

● 最大位移：用来设置拼贴偏移原始位置的最大距离。

● 填充空白区域用：用来设置填充空白区域的使用方法。

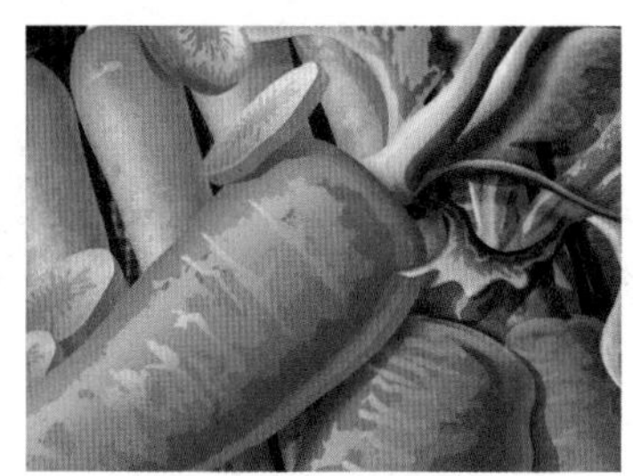

图 13-42

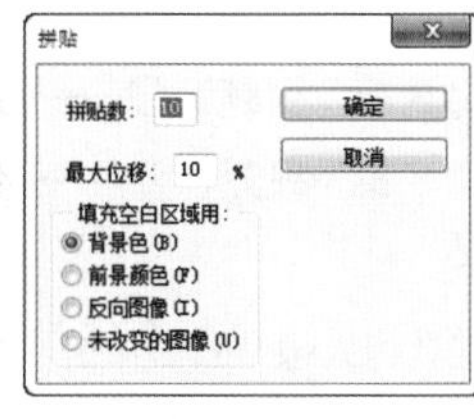

图 13-43

图 13-44

13.3.7 曝光过度

● 技术速查：“曝光过度”滤镜可以混合负片和正片图像，类似于显影过程中将摄影照片短暂曝光的效果。

使用Photoshop打开一张图片，如图13-45所示。执行“滤镜>风格化>曝光过度”命令，无须任何参数设置，图像自动变为“曝光过度”效果，如图13-46所示。

图 13-45

图 13-46

13.3.8 凸出

● 技术速查：“凸出”滤镜可以将图像分解成一系列大小相同且有机重叠放置的立方体或锥体，以生成特殊的3D效果。

打开一张图片，如图13-47所示。执行“滤镜>风格化>凸出”命令，打开“凸出”对话框，可以在该对话框中设置参数，改变凸出效果，如图13-48所示。参数设置完成后，单击“确定”按钮，效果如图13-49所示。

图 13-47

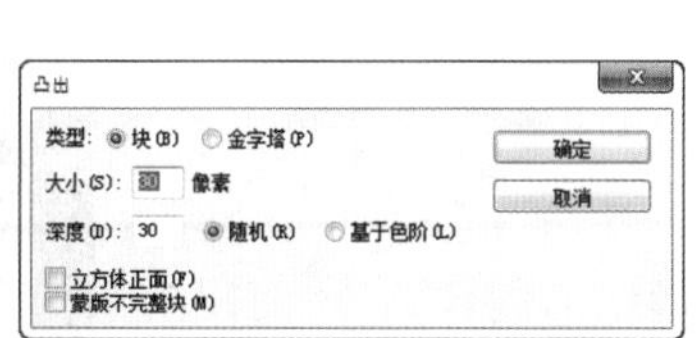

图 13-48

图 13-49

● 类型：用来设置三维方块的形状，包含“块”和“金字塔”两种，如图 13-50 所示。

● 大小：用来设置立方体或金字塔底面的大小。

● 深度：用来设置凸出对象的深度。“随机”选项表示为每个块或金字塔设置一个随机的任意深度；“基于色阶”选项表示使每个对象的深度与其亮度相对应，亮度越亮，图像越凸出。

● 立方体正面：选中该复选框以后，将失去图像的整体轮廓，生成的立方体上只显示单一的颜色，如图13-51所示。

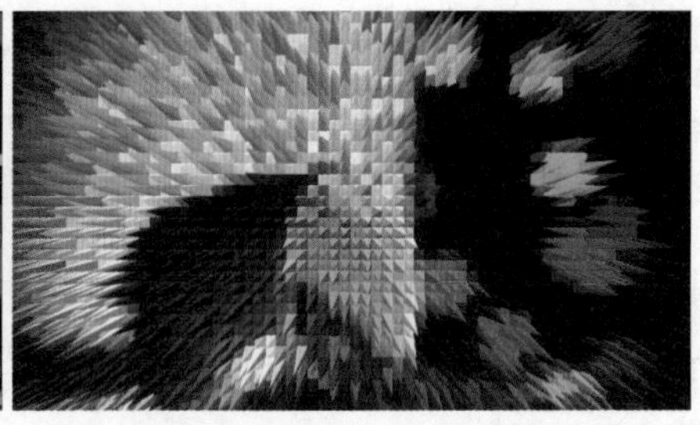

图 13-50

图 13-51

☆ 视频课堂——使用滤镜制作冰美人

案例文件 \ 第 13 章 \ 视频课堂——使用滤镜制作冰美人 .psd

视频文件 \ 第 13 章 \ 视频课堂——使用滤镜制作冰美人 .mp4

扫码看视频

思路解析：

01 使用钢笔工具将人像从背景中分离出来。同样将人像皮肤部分复制为单独的图层。

02 复制皮肤部分，使用水彩滤镜，并进行混合颜色带的调整。

03 复制皮肤部分，使用照亮边缘滤镜，设置混合模式制作出发光效果。

04 复制皮肤部分，使用铬黄渐变滤镜，制作出银灰色质感效果，并设置混合模式。

05 进行一系列的颜色调整，并添加裂痕效果。

13.3.9 油画

- 视频精讲：Photoshop 新手学视频精讲课堂/油画滤镜的使用.mp4
- 技术速查：使用“油画”滤镜可以为普通照片添加油画效果。“油画”滤镜最大的特点就是笔触鲜明，整体感觉厚重，有质感。

如图13-52所示为原图。执行“滤镜>风格化>油画”命令，打开“油画”对话框，在这里可以对参数进行调整，如图13-53所示，此时画面效果如图13-54所示。

- 描边样式：通过调整参数调整笔触样式。
- 描边清洁度：通过调整参数设置纹理的柔化程度。
- 缩放：设置纹理缩放程度。
- 硬毛刷细节：设置画笔细节程度，数值越大，毛刷纹理越清晰。
- 角度：设置光线的照射方向。
- 闪亮：控制纹理的清晰度，产生锐化效果。

图 13-52

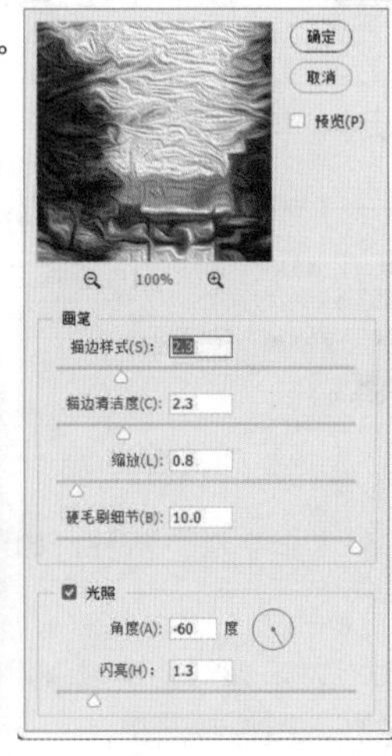

图 13-53

图 13-54

★ 案例实战——使用“油画”滤镜制作淡彩油画

案例文件	案例文件\第13章\使用“油画”滤镜制作淡彩油画.psd
视频教学	视频文件\第13章\使用“油画”滤镜制作淡彩油画.mp4
难易指数	★★★★★
技术要点	“油画”滤镜

案例效果

本案例主要是通过使用“油画”滤镜制作淡彩油画效果，如图13-55所示。

操作步骤

01 打开素材“1.jpg”，如图13-56所示。再次置入素材图片“2.jpg”，栅格化该图层。置于画面中的合适位置，如图13-57所示。

图 13-55

图 13-56

图 13-57

02 选中图层1，设置其混合模式为“正片叠底”，单击“图层”面板底部的“添加图层蒙版”按钮，为其添加图层蒙版，使用黑色柔边圆画笔在蒙版中绘制画面中四周的部分，如图13-58所示，效果如图13-59所示。

图 13-58

图 13-59

03 对图层1执行“滤镜>风格化>油画”命令，设置“描边样式”为10，“描边清洁度”为10，“缩放”为1，“硬毛刷细节”为2，“角度”为300，“闪亮”为2，如图13-60所示。单击“确定”按钮，效果如图13-61所示。

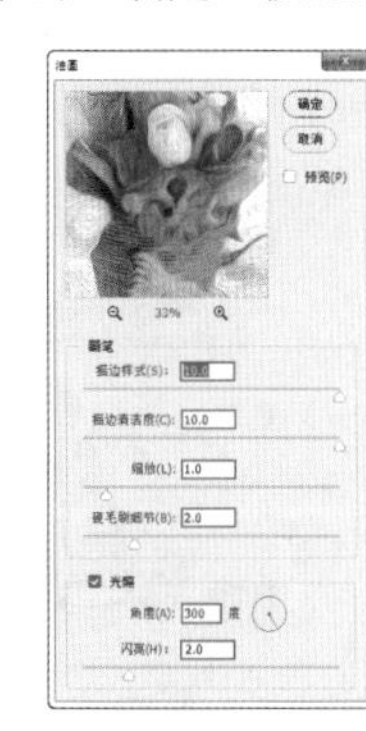

图 13-60

图 13-61

04 执行“图层>新建调整图层>曲线”命令，调整曲线的形状，增强画面的对比度，如图13-62所示。选中曲线调整图层，右击，在弹出的快捷菜单中执行“创建剪贴蒙版”命令，如图13-63所示，最终画面效果如图13-64所示。

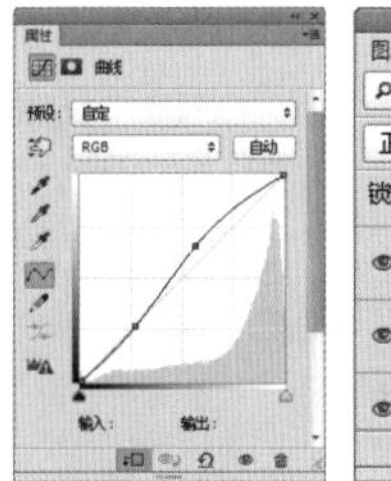

图 13-62

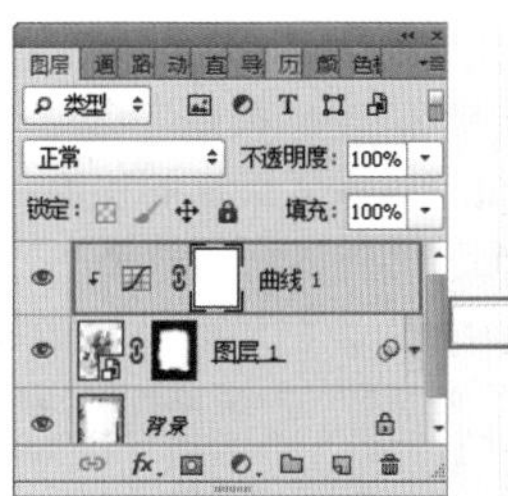

图 13-63

图 13-64

13.4 模糊

视频精讲：Photoshop新手学视频精讲课堂/模糊滤镜与锐化滤镜.mp4

模糊效果是平面设计中常用的效果之一，而模糊滤镜也是Photoshop最为常用的功能性滤镜，其使用频率非常高。在“滤镜>模糊”命令下可以看到多种用于制作模糊效果的滤镜，这些滤镜不仅可以对画面整体进行操作，也能够方便地对画面的局部进行模糊处理。如图13-65和图13-66所示为使用模糊滤镜制作的作品。

图 13-65

图 13-66

13.4.1　表面模糊

● 技术速查：“表面模糊”滤镜可以在保留边缘的同时模糊图像，可以用该滤镜创建特殊效果并消除杂色或粒度。

执行“滤镜 > 模糊 > 表面模糊”命令，在“表面模糊”对话框中设置“半径”数值，可以控制模糊取样区域的大小。“阈值”用于控制相邻像素色调值与中心像素值相差多大时才能成为模糊的一部分。色调值差小于阈值的像素将被排除在模糊之外，如图 13-67 所示。如图 13-68 和图 13-69 所示分别为原始图像以及应用“表面模糊”滤镜以后的效果。

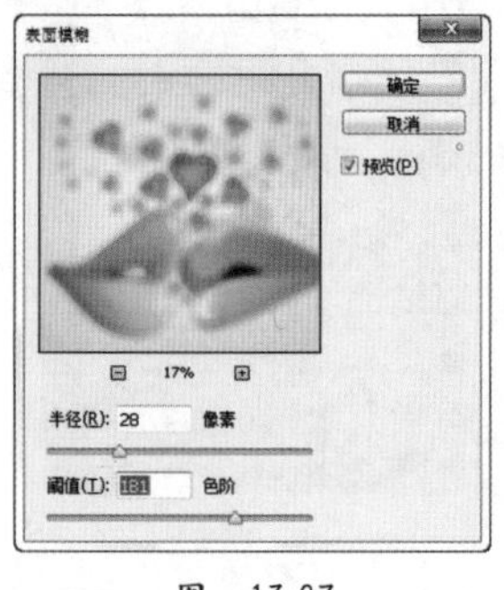

图　13-67

图　13-68

图　13-69

13.4.2　动感模糊

● 技术速查：“动感模糊”滤镜可以沿指定的方向（−360°~360°），以指定的距离（1~999）进行模糊，所产生的效果类似于在固定的曝光时间拍摄一个高速运动的对象。

执行“滤镜>模糊>动感模糊”命令，在弹出的“动感模糊”对话框中首先需要设置角度的数值以控制模糊的方向。然后调整“距离”数值设置像素模糊的程度。如图13-70所示为“动感模糊”对话框。如图13-71和图13-72所示分别为原始图像以及应用“动感模糊”滤镜以后的效果。

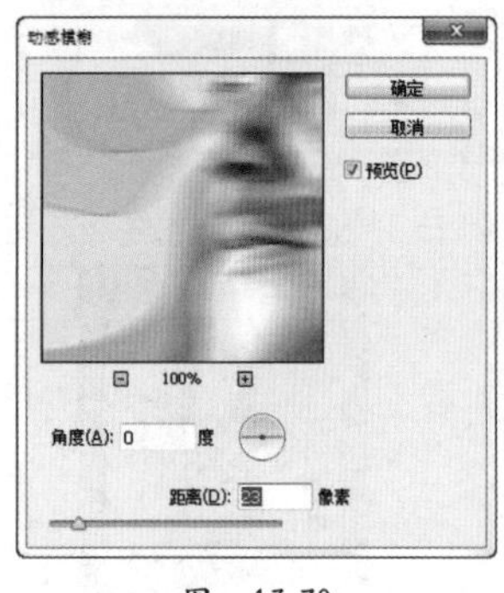

图　13-70

图　13-71

图　13-72

☆ 视频课堂——使用“动感模糊”滤镜制作动感光效人像

案例文件 \ 第 13 章 \ 视频课堂——使用“动感模糊”滤镜制作动感光效人像 .psd
视频文件 \ 第 13 章 \ 视频课堂——使用“动感模糊”滤镜制作动感光效人像 .mp4

思路解析：

01 打开背景素材，置入人像素材。栅格化该图层。

02 多次复制人像图层，并进行动感模糊滤镜的操作。

03 擦除模糊图层中多余的部分。

04 添加光效素材。

扫码看视频

13.4.3 方框模糊

技术速查："方框模糊"滤镜可以基于相邻像素的平均颜色值来模糊图像，生成的模糊效果类似于方块模糊。

执行"滤镜>模糊>方框模糊"命令，在弹出的"方框模糊"对话框中设置"半径"数值可以用于计算指定像素平均值的区域大小，数值越大，产生的模糊效果越好，如图13-73所示。如图13-74和图13-75所示分别为原始图像以及应用"方框模糊"滤镜以后的效果。

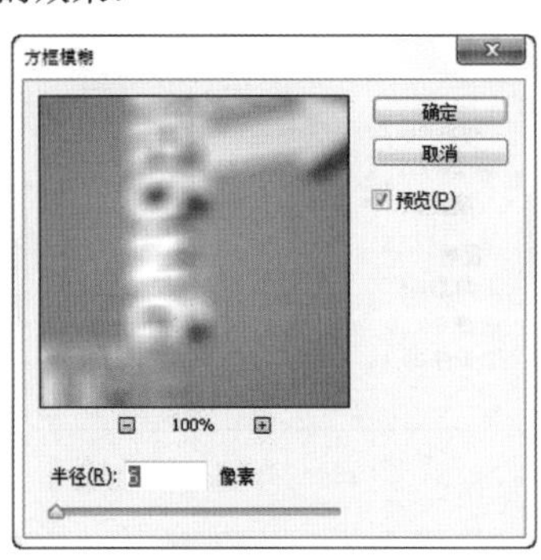

图 13-73

图 13-74

图 13-75

13.4.4 高斯模糊

技术速查："高斯模糊"滤镜可以向图像中添加低频细节，使图像产生一种朦胧的模糊效果。

执行"滤镜>模糊>高斯模糊"命令，打开"高斯模糊"对话框，"半径"数值用于计算指定像素平均值的区域大小，数值越大，产生的模糊效果越好，如图13-76~图13-78所示分别为原始图像、应用"高斯模糊"滤镜以后的效果以及滤镜窗口。

图 13-76

图 13-77

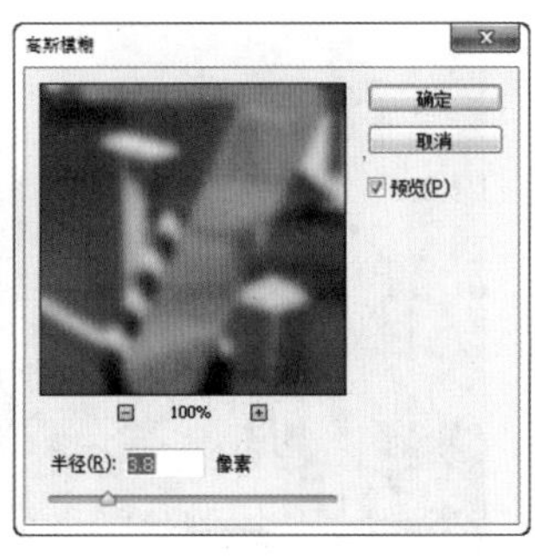

图 13-78

13.4.5 进一步模糊

技术速查："进一步模糊"滤镜可以平衡已定义的线条和遮蔽区域的清晰边缘旁边的像素，使变化显得柔和（该滤镜属于轻微模糊滤镜，并且没有参数设置对话框）。

执行"滤镜>模糊>进一步模糊"命令，如图13-79和图13-80所示分别为原始图像以及应用"进一步模糊"滤镜以后的效果。

图 13-79

图 13-80

13.4.6 径向模糊

● 技术速查：“径向模糊”滤镜用于模拟缩放或旋转相机时所产生的模糊，产生的是一种柔化的模糊效果。

如图13-81~图13-83所示分别为原始图像、应用“径向模糊”滤镜以后的效果以及“径向模糊”对话框。

图 13-81

图 13-82

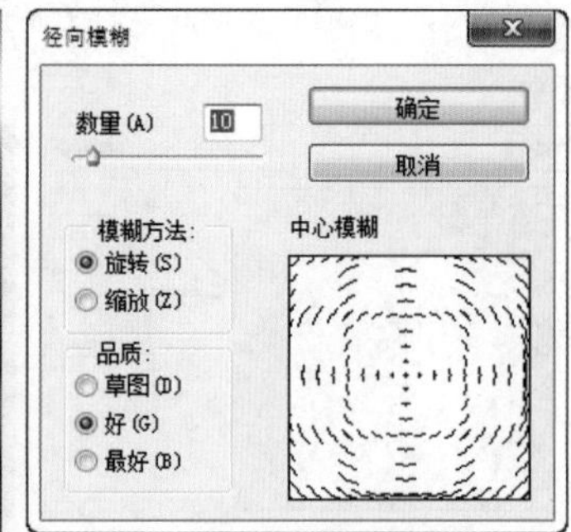

图 13-83

● 数量：用于设置模糊的强度。数值越高，模糊效果越明显。

● 模糊方法：选中“旋转”单选按钮时，图像可以沿同心圆环线产生旋转的模糊效果；选中“缩放”单选按钮时，可以从中心向外产生反射模糊效果，如图 13-84 所示。

● 中心模糊：将光标放置在设置框中，使用鼠标左键拖曳可以定位模糊的原点，原点位置不同，模糊中心也不同，如图 13-85 所示分别为不同原点的旋转模糊效果。

● 品质：用来设置模糊效果的质量。“草图”的处理速度较快，但会产生颗粒效果；“好”和“最好”的处理速度较慢，但是生成的效果比较平滑。

图 13-84

图 13-85

13.4.7 镜头模糊

● 技术速查：“镜头模糊”滤镜可以向图像中添加模糊，模糊效果取决于模糊的“源”设置。

如果图像中存在Alpha通道或图层蒙版，则可以为图像中的特定对象创建景深效果，使这个对象在焦点内，而使另外的区域变得模糊。如图13-86所示是一张普通人物照片，图像中没有景深效果。如果要模糊背景区域，则可以将这个区域存储为选区蒙版或Alpha通道，如图13-87所示。这样在应用“镜头模糊”滤镜时，将“源”设置为“图层蒙版”或Alpha1通道，就可以模糊选区中的图像，即模糊背景区域，如图13-88所示。

图 13-86

图 13-87

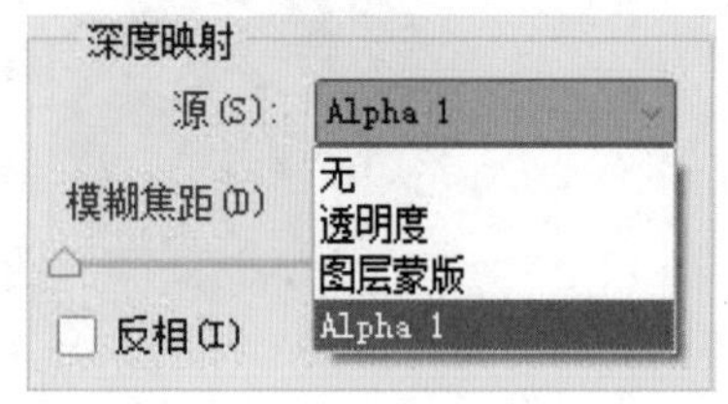

图 13-88

执行“滤镜 > 模糊 > 镜头模糊”命令，打开“镜头模糊”对话框，如图 13-89 所示。

- 预览：用来设置预览模糊效果的方式。选中“更快”单选按钮，可以提高预览速度；选中“更加准确”单选按钮，可以查看模糊的最终效果，但生成的预览时间更长。
- 深度映射：从“源”下拉列表中可以选择使用Alpha通道或图层蒙版来创建景深效果（前提是图像中存在Alpha通道或图层蒙版），其中通道或蒙版中的白色区域将被模糊，而黑色区域则保持原样；“模糊焦距”选项用来设置位于焦点内的像素的深度；“反相”选项用来反转Alpha通道或图层蒙版。
- 光圈：该选项组用来设置模糊的显示方式。“形状”选项用来选择光圈的形状；“半径”选项用来设置模糊的数量；“叶片弯度”选项用来设置对光圈边缘进行平滑处理的程度；“旋转”选项用来旋转光圈。
- 镜面高光：该选项组用来设置镜面高光的范围。“亮度”选项用来设置高光的亮度；“阈值”选项用来设置亮度的停止点，比停止点值亮的所有像素都被视为镜面高光。
- 杂色：“数量”选项用来在图像中添加或减少杂色；“分布”选项用来设置杂色的分布方式，包含“平均”和“高斯分布”两种；如果选中“单色”单选按钮，则添加的杂色为单一颜色。

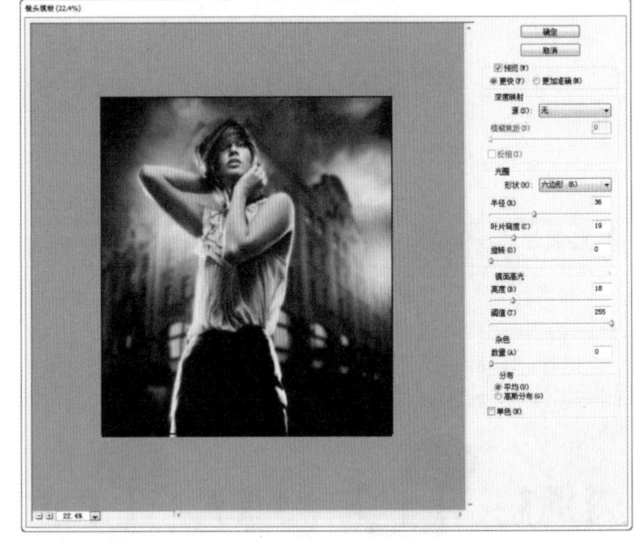

图 13-89

★ 案例实战——使用“镜头模糊”滤镜强化主体

案例文件	案例文件\第 13 章\使用“镜头模糊”滤镜强化主体 .psd
视频教学	视频文件\第 13 章\使用“镜头模糊”滤镜强化主体 .mp4
难易指数	★★★★★
技术要点	“镜头模糊”滤镜

扫码看视频

案例效果

本案例主要使用“镜头模糊”滤镜强化主体效果，对比效果如图13-90和图13-91所示。

图 13-90

图 13-91

操作步骤

01 打开素材文件“1.psd”，在“通道”面板中可以看到一个Alpha1通道，如图13-92所示。在Alpha通道中人像与前景部分为黑色，海面与天空为白色，如图13-93所示。

图 13-92

图 13-93

02 执行“滤镜>模糊>镜头模糊”命令，设置“源”为Alpha，“半径”为100，如图13-94所示。可以看到天空与海面部分被模糊了，而人像显得非常突出，如图13-95所示。

图 13-94

图 13-95

13.4.8 模糊

● 技术速查：“模糊”滤镜用于在图像中有显著颜色变化的地方消除杂色，它可以通过平衡已定义的线条和遮蔽区域的清晰边缘旁边的像素来使图像变得柔和。

执行“滤镜>模糊>模糊”命令，该滤镜没有参数设置对话框，如图13-96所示为原始图像，应用“模糊”滤镜以后的效果如图13-97所示。

图 13-96

图 13-97

技巧提示

“模糊”滤镜与“进一步模糊”滤镜都属于轻微模糊滤镜。相比于“进一步模糊”滤镜，“模糊”滤镜的模糊效果要低3～4倍左右。

13.4.9 平均

● 技术速查：“平均”滤镜可以查找图像或选区的平均颜色，再用该颜色填充图像或选区，以创建平滑的外观效果）。

如图13-98和图13-99所示分别为原始图像，以及框选一块区域，应用“平均”滤镜以后的效果。

图 13-98

图 13-99

13.4.10 特殊模糊

● 技术速查：“特殊模糊”滤镜可以精确地模糊图像。

执行“滤镜 > 模糊 > 特殊模糊”命令，如图 13-100 所示为“特殊模糊”滤镜对话框。如图 13-101 和图 13-102 所示分别为原始图像以及应用“特殊模糊”滤镜以后的效果。

图 13-100

图 13-101

图 13-102

- 半径：用来设置要应用模糊的范围。
- 阈值：用来设置像素具有多大差异后才会被模糊处理。
- 品质：设置模糊效果的质量，包含“低”“中等”和“高”3 种。
- 模式：选择“正常”选项，不会在图像中添加任何特殊效果，如图13-103所示；选择“仅限边缘”选项，将以黑色显示图像，以白色描绘出图像边缘像素亮度值变化强烈的区域，如图13-104所示；选择“叠加边缘”选项，将以白色描绘出图像边缘像素亮度值变化强烈的区域，如图13-105所示。

图 13-103

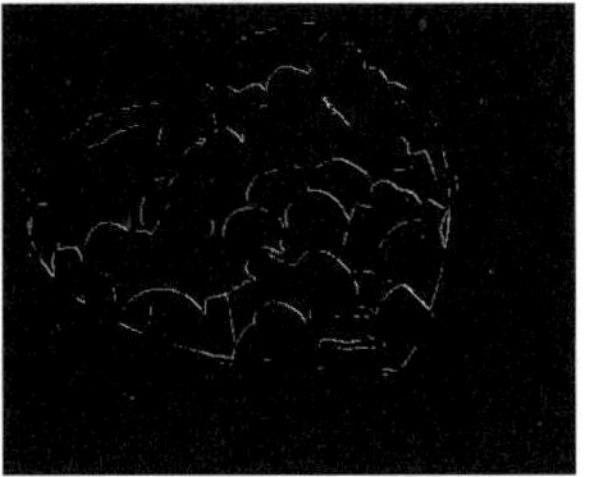

图 13-104

图 13-105

13.4.11 形状模糊

- 技术速查：“形状模糊”滤镜可以用设置的形状来创建特殊的模糊效果。

执行“滤镜 > 模糊 > 形状模糊”命令，在弹出的“形状模糊”对话框中可以在“形状列表”中选择一个形状来模糊图像，如图 13-106 所示。如图 13-107 和图 13-108 所示分别为原始图像以及应用“形状模糊”滤镜以后的效果。

- 半径：用来调整形状的大小。数值越大，模糊效果越好。
- 形状列表：在形状列表中选择一个形状，可以使用该形状来模糊图像。

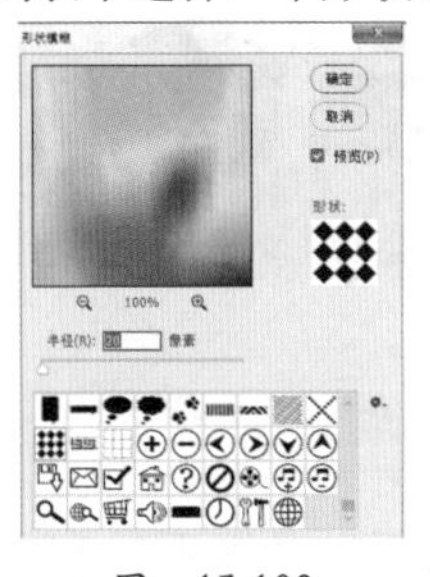

图 13-106

图 13-107

图 13-108

13.5 模糊画廊

“模糊画廊”滤镜组中的滤镜同样是对图像进行模糊处理的，但这些滤镜主要用于为数码照片制作特殊的模糊效果，如模拟景深效果、旋转模糊、移轴摄影、微距摄影等特殊效果。如图13-109和图13-110所示为使用滤镜后的效果。

图 13-109

图 13-110

13.5.1 场景模糊

- 技术速查：使用“场景模糊”滤镜可以使画面呈现出不同区域、不同模糊程度的效果。

执行“滤镜>模糊画廊>场景模糊”命令，在画面中单击即可添加“图钉”，选中每个图钉并通过调整模糊数值即可使画面产生渐变的模糊效果。模糊调整完成后，在“模糊效果”面板中还可以针对模糊区域的“光源散景”“散景颜色”“光照范围”进行调整，如图13-111所示。

- 光源散景：用于控制光照亮度，数值越大，高光区域的亮度就越高。
- 散景颜色：通过调整数值控制散景区域颜色的程度。
- 光照范围：通过调整滑块用色阶来控制散景的范围。

图 13-111

13.5.2 光圈模糊

- 技术速查：使用“光圈模糊”命令可将一个或多个焦点添加到图像中。

可以根据不同的要求而对焦点的大小与形状、图像其余部分的模糊数量以及清晰区域与模糊区域之间的过渡效果进行相应的设置。执行“滤镜>模糊画廊>光圈模糊”命令，在“模糊工具”面板中可以对“光圈模糊”的数值进行设置，数值越大，模糊程度也越大。在“模糊效果”面板中还可以针对模糊区域的“光源散景”“散景颜色”“光照范围”进行调整。也可以将光标定位到控制框上，调整控制框的大小以及圆度。调整完成后单击选项栏中的“确定”按钮即可，如图13-112所示。

图 13-112

13.5.3 移轴模糊

- 技术速查：使用“移轴模糊”滤镜可以轻松地模拟“移轴摄影”效果。

移轴摄影，即移轴镜摄影，是指利用移轴镜头创作的作品，所拍摄的照片效果就像是缩微模型一样，非常特别，如图13-113和图13-114所示。

图 13-113

图 13-114

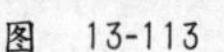

执行“滤镜>模糊>移轴模糊”命令，通过调整中心点的位置可以调整清晰区域的位置，调整控制框可以调整清晰区域的大小，如图13-115所示。

图 13-115

★ 案例实战——使用“移轴模糊”滤镜制作移轴摄影

案例文件	案例文件\第13章\使用“移轴模糊”滤镜制作移轴摄影.psd
视频教学	视频文件\第13章\使用“移轴模糊”滤镜制作移轴摄影.mp4
难易指数	★★★★★
技术要点	移轴模糊滤镜

扫码看视频

案例效果

本案例主要是通过使用“移轴模糊”滤镜制作移轴摄影，如图13-116所示。

图 13-116

操作步骤

01 打开素材背景文件，如图13-117所示。

图 13-117

02 执行“滤镜 > 模糊画廊 > 移轴模糊”命令，首先将中心点位置移动到建筑中心，然后设置“模糊”为 20 像素，此时可以看到焦点外的区域变得模糊，如图 13-118 所示。

03 调整完成后单击“确定”按钮结束操作，效果如图13-119所示。

图 13-118

图 13-119

13.5.4 路径模糊

技术速查：使用“路径模糊”滤镜可以轻松制作多角度、多层次动效的模糊效果。

“路径模糊”滤镜可以沿着一定方向进行画面模糊，使用该滤镜可以在画面中创建任何角度的直线或者是弧线的控制杆，像素沿着控制杆的走向进行模糊。“路径模糊”滤镜可以用于制作带有动效的模糊效果，并且能够制作出多角度、多层次的模糊效果。

01 选择一个图层，如图 13-120 所示。接着执行“滤镜 > 模糊画廊 > 路径模糊”命令，打开模糊画廊窗口。在默认情况下，画面中央有一个箭头形的控制杆。在窗口右侧进行参数的设置，可以看到画面中所选的部分发生了横向的带有运动感的模糊，如图 13-121 所示。

图 13-120

图 13-121

⓶ 拖曳控制点可以改变控制杆的形状，同时会影响模糊的效果，如图 13-122 所示。也可以在控制杆上单击添加控制点，并调整箭头的形状，如图 13-123 所示。

图 13-122

图 13-123

⓷ 在窗口右侧可以通过调整“速度”参数调整模糊的强度，调整“锥度”参数调整模糊边缘的渐隐强度。调整完成后单击“确定”按钮。

13.5.5 旋转模糊

技术速查：使用“旋转模糊”滤镜可以轻松地模拟拍照时旋转相机时所产生的模糊效果。

“旋转模糊”滤镜可以一次性在画面中添加多个模糊点，还能够随意控制每个模糊点模糊的范围、形状与强度。“旋转模糊”滤镜可以用于模拟拍照时旋转相机时所产生的模糊效果，以及旋转的物体产生的模糊效果。

⓵ 打开一张图片，如图13-124所示。接着执行“滤镜>模糊画廊>旋转模糊”命令，打开模糊画廊窗口。在该窗口中，画面中央位置有一个“控制点”用来控制模糊的位置，在窗口的右侧调整“模糊”数值用来调整模糊的强度，如图13-125所示。

图 13-124

图 13-125

⓶ 拖曳外侧圆形控制点即可调整控制框的形状、大小，如图13-126所示。拖曳内侧圆形控制点可以调整模糊的过渡效果，如图13-127所示。

⓷ 在画面中继续单击即可添加控制点，并进行参数调整，如图13-128所示。设置完成后单击“确定”按钮。

图 13-126

图 13-127

图 13-128

13.6 扭曲滤镜组

视频精讲：Photoshop新手学视频精讲课堂/扭曲滤镜组.mp4

在“扭曲”滤镜组中包含“波浪”“波纹”“极坐标”“挤压”“切变”“球面化”“水波”“旋转扭曲”以及“置换”滤镜。执行“滤镜>扭曲”命令，即可在子菜单中找到这些滤镜。如图13-129和图13-130所示为使用该滤镜组中的滤镜制作的优秀的平面设计作品。

图 13-129

图 13-130

13.6.1 波浪

技术速查：“波浪”滤镜可以在图像上创建类似于波浪起伏的效果。

打开一张图片，如图13-131所示。执行“滤镜>扭曲>波浪”命令，打开“波浪”对话框，如图13-132所示。在参数面板中可以进行相应的设置，效果如图13-133所示。

- 生成器数：用来设置波浪的强度。
- 波长：用来设置相邻两个波峰之间的水平距离，包含“最小”和“最大”两个选项，其中“最小”数值不能超过“最大”数值。
- 波幅：设置波浪的宽度（最小）和高度（最大）。
- 比例：设置波浪在水平方向和垂直方向上的波动幅度。

图 13-131

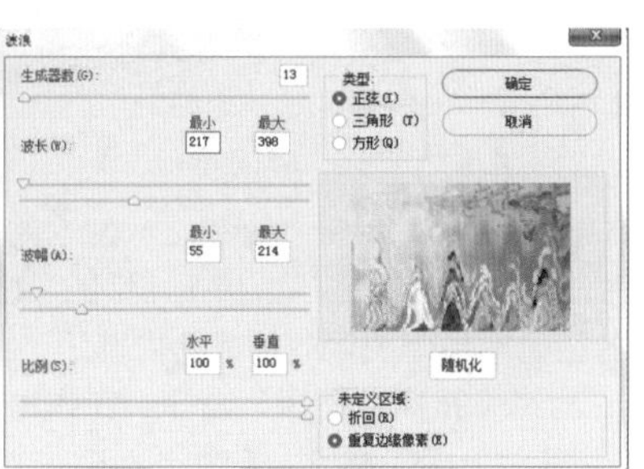

图 13-132

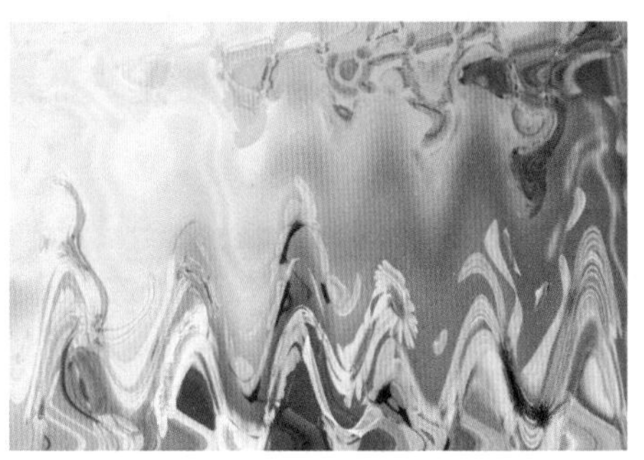

图 13-133

- 类型：选择波浪的形态，包括“正弦”“三角形”和“方形”3 种形态，如图 13-134 所示。
- 随机化：如果对波浪效果不满意，可以单击该按钮，以重新生成波浪效果。
- 未定义区域：用来设置空白区域的填充方式。选中“折回”单选按钮，可以在空白区域填充溢出的内容；选中“重复边缘像素”单选按钮，可以填充扭曲边缘的像素颜色。

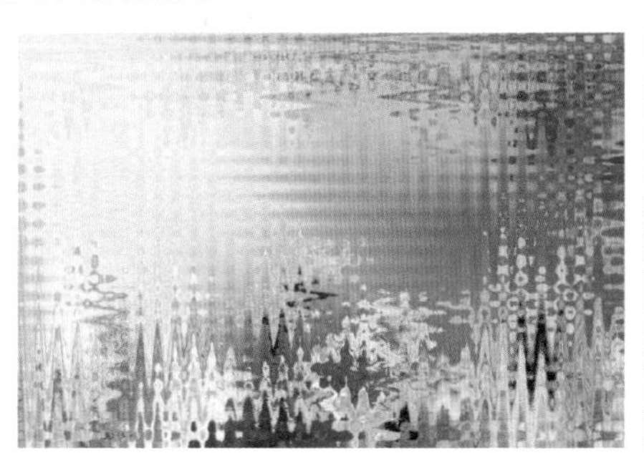

图 13-134

13.6.2 波纹

● **技术速查：“波纹”滤镜与“波浪”滤镜类似，但只能控制波纹的数量和大小。**

“波纹”滤镜会使图像产生一种像水面波纹的效果，打开一张图片，如图13-135所示。执行“滤镜>扭曲>波纹”命令，打开“波纹”对话框，如图13-136所示。在“波纹”对话框中可以通过调整“数量”来调整产生波纹的数量，通过调整“大小”来调整产生波纹的大小。

图 13-135

图 13-136

13.6.3 极坐标

● **技术速查：“极坐标”滤镜可以将图像从平面坐标转换到极坐标，或从极坐标转换到平面坐标。**

“极坐标”滤镜非常适合模拟鱼眼镜头拍摄效果，如图 13-137 和图 13-138 所示分别为原始图像以及“极坐标”对话框。

● **平面坐标到极坐标**：使矩形图像变为圆形图像，如图 13-139 所示。

● **极坐标到平面坐标**：使圆形图像变为矩形图像，如图13-140所示。

图 13-137

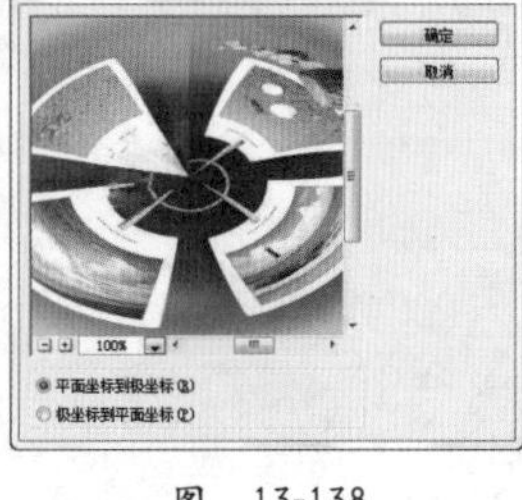

图 13-138

图 13-139

图 13-140

13.6.4 挤压

● **技术速查：“挤压”滤镜可以将选区内的图像或整个图像向外或向内挤压。**

打开一张图片，如图 13-141 所示。执行“滤镜 > 扭曲 > 挤压”命令，在弹出的“挤压”对话框中通过调整数量来控制挤压图像的程度，如图 13-142 所示。

当数值为负值时，图像会向外挤压；当数值为正值时，图像会向内挤压，如图13-143所示。

图 13-141

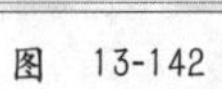

图 13-142

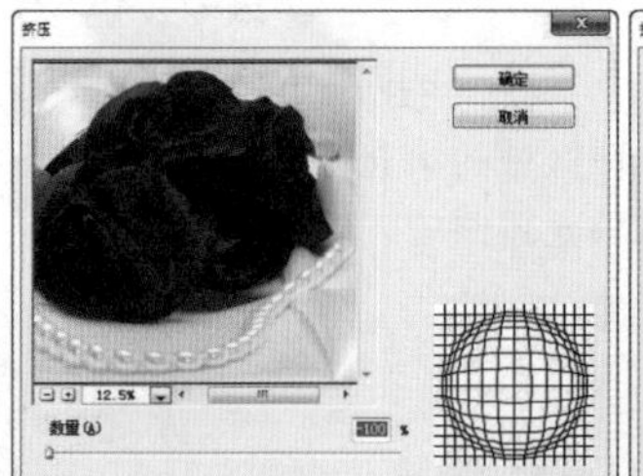

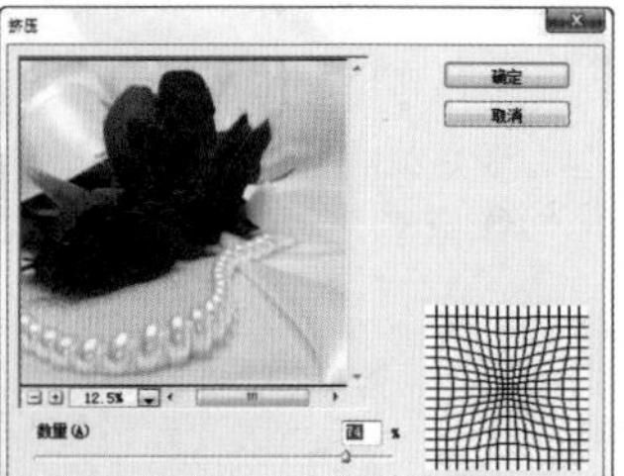

图 13-143

13.6.5 切变

● **技术速查：“切变”滤镜可以沿一条曲线扭曲图像，通过拖曳调整框中的曲线可以应用相应的扭曲效果。**

打开一张图片，如图13-144所示。执行“滤镜>扭曲>切变”命令，打开“切变”对话框，如图13-145所示。在“切变”对话框中可以调整参数，设置“切变”的变形效果。

- 曲线调整框：可以通过控制曲线的弧度来控制图像的变形效果，如图 13-146 所示为不同的变形效果。
- 折回：在图像的空白区域中填充溢出图像之外的图像内容，如图 13-147 所示。
- 重复边缘像素：在图像边界不完整的空白区域填充扭曲边缘的像素颜色，如图13-148所示。

图 13-144

图 13-145

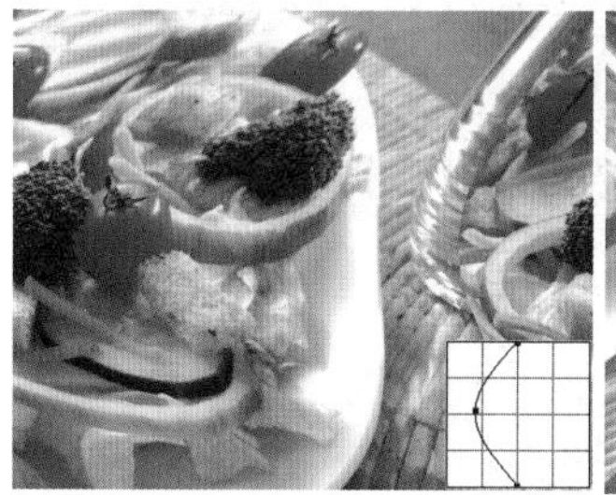

图 13-146

图 13-147

图 13-148

13.6.6 球面化

- 技术速查："球面化"滤镜可以将选区内的图像或整个图像扭曲为球形。

打开一张图片，如图 13-149 所示。执行"滤镜 > 扭曲 > 球面化"命令，打开"球面化"对话框，如图 13-150 所示。

- 数量：用来设置图像球面化的程度。当设置为正值时，图像会向外凸起；当设置为负值时，图像会向内收缩，如图 13-151 所示。
- 模式：用来选择图像的挤压方式，包含"正常""水平优先"和"垂直优先"3种方式。

图 13-149

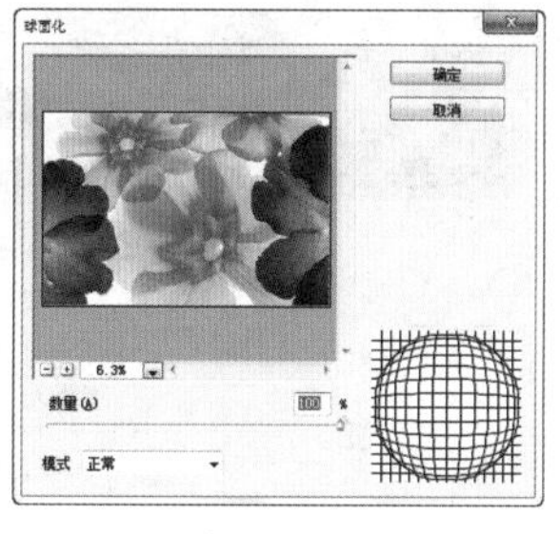

图 13-150

图 13-151

13.6.7 水波

- 技术速查："水波"滤镜可以使图像产生真实的水波波纹效果。

首先，打开一张图片，在需要添加"水波"滤镜的地方绘制选区，如图 13-152 所示。然后，执行"滤镜 > 扭曲 > 水波"命令，打开"水波"对话框，如图 13-153 所示。在"水波"对话框中可以对"数量""起伏"和"样式"参数进行设置。

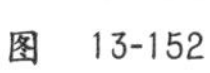
图 13-152

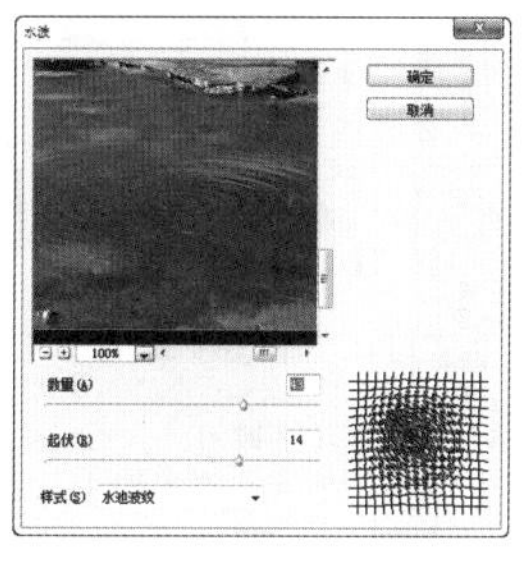

图 13-153

- 数量：用来设置波纹的数量。当设置为负值时，将产生下凹的波纹；当设置为正值时，将产生上凸的波纹，如图13-154所示。
- 起伏：用来设置波纹的数量。数值越大，波纹越多。
- 样式：用来选择生成波纹的方式。选择“围绕中心”选项时，可以围绕图像或选区的中心产生波纹；选择“从中心向外”选项时，波纹将从中心向外扩散；选择“水池波纹”选项时，可以产生同心圆形状的波纹，如图13-155所示。

图 13-154

图 13-155

13.6.8 旋转扭曲

- **技术速查：“旋转扭曲”滤镜可以顺时针或逆时针旋转图像，旋转会围绕图像的中心进行处理。**

打开一张图片，如图 13-156 所示。执行“滤镜 > 扭曲 > 旋转扭曲”命令，打开“旋转扭曲”对话框，如图 13-157 所示。

- 角度：用来设置旋转扭曲方向。当设置为正值时，会沿顺时针方向进行扭曲；当设置为负值时，会沿逆时针方向进行扭曲，如图13-158所示。

图 13-156

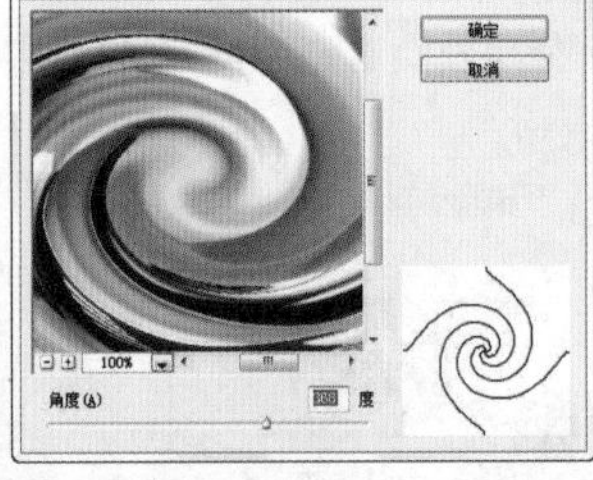

图 13-157

图 13-158

13.6.9 置换

- **技术速查：“置换”滤镜可以用另外一张图像（必须为PSD文件）的亮度值使当前图像的像素重新排列，并产生位移效果。**

打开一个素材文件，如图 13-159 所示。执行“滤镜 > 扭曲 > 置换”命令，在弹出的“置换”对话框（见图 13-160）中设置合适的参数，单击“确定”按钮后选择 PSD 格式的用于置换的文件，如图 13-161 所示。通过 Photoshop 的自动运算即可得到位移效果，如图 13-162 所示。

- 水平 / 垂直比例：可以用来设置水平方向和垂直方向所移动的距离。单击“确定”按钮可以载入 PSD 文件，然后用该文件扭曲图像。
- 置换图：用来设置置换图像的方式，包括“伸展以适合”和“拼贴”两种。

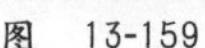

图 13-159

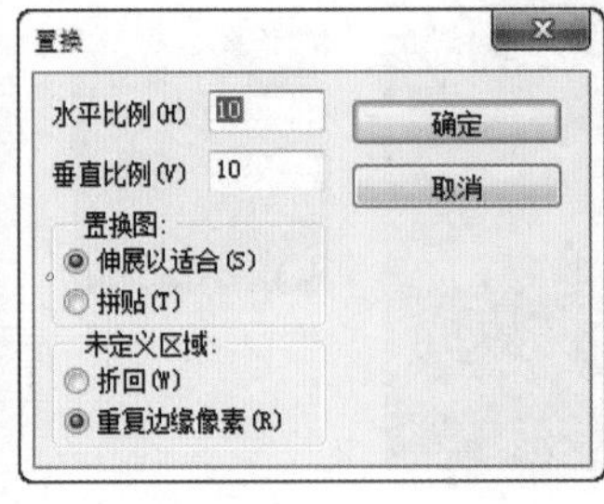

图 13-160

图 13-161

图 13-162

13.7 锐化滤镜

视频精讲：Photoshop新手学视频精讲课堂/模糊滤镜与锐化滤镜.mp4

“锐化”滤镜组可以通过增强相邻像素之间的对比度来聚集模糊的图像。“锐化”滤镜组包含6种滤镜：“USM锐化”“防抖”“进一步锐化”“锐化”“锐化边缘”和“智能锐化”。如图13-163和图13-164所示为锐化与模糊的对比效果。

图　13-163

图　13-164

13.7.1　USM锐化

技术速查：“USM锐化”滤镜可以查找图像颜色发生明显变化的区域，然后将其锐化。

执行“滤镜>锐化>USM锐化”命令，在弹出的“USM锐化”对话框中调整“数量”数值用来设置锐化效果的精细程度。调整“半径”数值可以设置图像锐化的半径范围大小。“阈值”数值用于控制相邻像素之间可进行锐化的差值，达到所设置的“阈值”数值时才会被锐化。阈值越高，被锐化的像素就越少。如图13-165所示为“USM锐化”对话框。如图13-166和图13-167所示分别为原始图像以及应用“USM锐化”滤镜以后的效果。

图　13-165

图　13-166

图　13-167

13.7.2　防抖

技术速查：“防抖”滤镜可以处理并减少由于相机震动而产生的拍照模糊的情况。

打开一张图片，如图13-168所示。执行“滤镜>锐化>防抖”命令，随即会打开“防抖”窗口，在该窗口右侧可以进行参数的调整，如图13-169所示。接着在该窗口中可以调整“模糊描摹边界”选项以增强锐化效果，该选项是用来增加锐化的强度，这是该滤镜中最基础的锐化。“模糊描摹边界”选项数值越高，锐化效果越好，但是过度的数值会产生一定的晕影。这时就可以配合“平滑”和“抑制伪像”选项去进行调整。调整完成后单击“确定”按钮完成操作。对比效果如图13-170和图13-171所示。

图　13-168

图　13-169

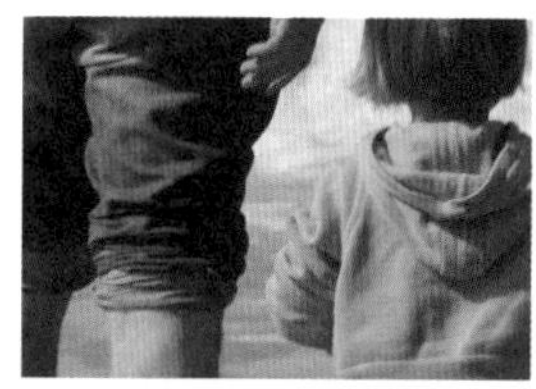

图　13-170

图　13-171

13.7.3 进一步锐化

- 技术速查："进一步锐化"滤镜可以通过增加像素之间的对比度使图像变得清晰，但锐化效果不是很明显。

执行"滤镜>锐化>进一步锐化"命令，该滤镜没有参数设置对话框，如图13-172和图13-173所示分别为原始图像以及与应用两次"进一步锐化"滤镜以后的效果。

图 13-172

图 13-173

13.7.4 锐化

- 技术速查："锐化"滤镜与"进一步锐化"滤镜一样，都可以通过增加像素之间的对比度使图像变得清晰。

执行"滤镜>锐化>锐化"命令可以对图像进行"锐化"处理。"锐化"滤镜没有参数设置对话框，其锐化效果没有"进一步锐化"滤镜的锐化效果明显，应用一次"进一步锐化"滤镜，相当于应用了3次"锐化"滤镜。

13.7.5 锐化边缘

- 技术速查："锐化边缘"滤镜只锐化图像的边缘，同时会保留图像整体的平滑度。

"锐化边缘"滤镜没有参数设置对话框，执行"滤镜>锐化>锐化边缘"命令，如图13-174和图13-175所示分别为原始图像及应用"锐化边缘"滤镜以后的效果。

图 13-174

图 13-175

13.7.6 智能锐化

- 技术速查："智能锐化"滤镜的功能比较强大，它具有独特的锐化选项，可以设置锐化算法、控制阴影和高光区域的锐化量。

执行"滤镜>锐化>智能锐化"命令，在弹出的"智能锐化"对话框右侧可以进行"基本"以及"高级"的设置，如图13-176和图13-177所示分别为原始图像与"智能锐化"对话框。

- 预设：在下拉列表中可以将已调整好的锐化参数进行储存，也可以从下拉列表中选择一种已经储存好的图像的锐化预设。
- 数量：用来设置锐化的精细程度。数值越高，越能强化边缘之间的对比度，如图13-178所示分别是设置"数量"为100%和500%时的锐化效果。
- 半径：用来设置受锐化影响的边缘像素的数量。数值越高，受影响的边缘就越宽，锐化的效果也越明显，如图13-179所示分别是设置"半径"为3像素和6像素时的锐化效果。

图 13-176

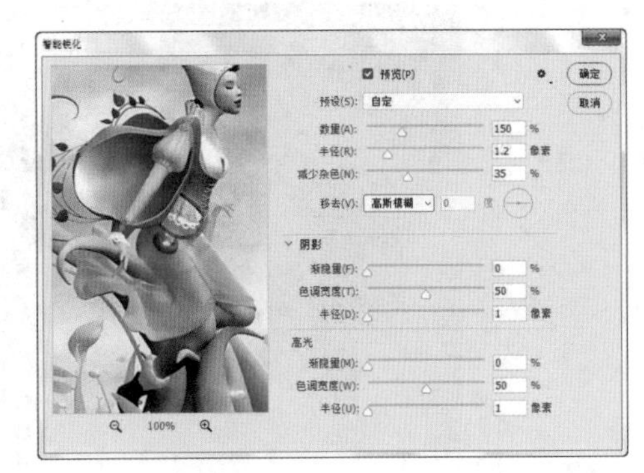

图 13-177

图 13-178

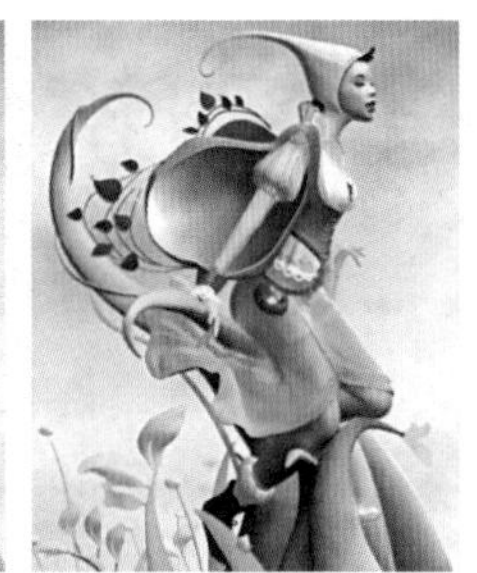

图 13-179

- 减少杂色：用于减少因锐化而产生的杂点，该选项数值越高，效果越强烈，画面效果越柔和。
- 移去：选择锐化图像的算法。选择“高斯模糊”选项，可以使用“USM锐化”滤镜锐化图像；选择“镜头模糊”选项，可以查找图像中的边缘和细节，并对细节进行更加精细的锐化，以减少锐化的光晕；选择“动感模糊”选项，可以激活下面的“角度”选项，通过设置“角度”值可以减少由于相机或对象移动而产生的模糊效果。

在“智能锐化”对话框中，还包含“阴影”和“高光”两个选项组，可以分别对阴影区域以及高光区域进行处理，如图13-180所示和13-181所示。

- 渐隐量：用于设置阴影或高光中的锐化程度。
- 色调宽度：用于设置阴影和高光中色调的修改范围。
- 半径：用于设置每个像素周围的区域大小。

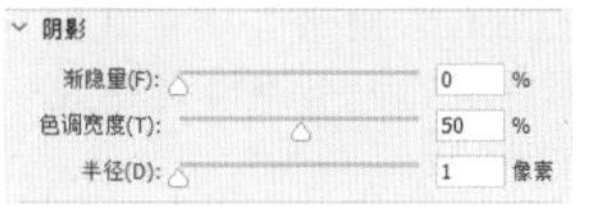

图 13-180

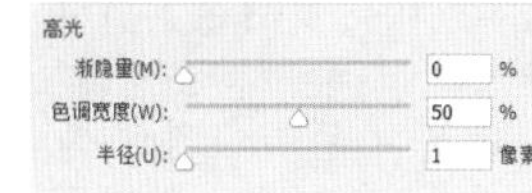

图 13-181

13.8 像素化滤镜组

- 视频精讲：Photoshop新手学视频精讲课堂/像素化滤镜组.mp4

像素化滤镜组可以将图像进行分块或平面化处理。像素化滤镜组包含7种滤镜：“彩块化”“彩色半调”“点状化”“晶格化”“马赛克”“碎片”和“铜版雕刻”，如图13-182所示。

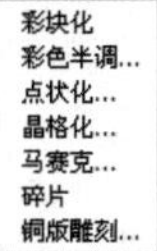

彩块化
彩色半调...
点状化...
晶格化...
马赛克...
碎片
铜版雕刻...

图 13-182

13.8.1 彩块化

- 技术速查：“彩块化”滤镜可以将纯色或相近色的像素结成相近颜色的像素块（该滤镜没有参数设置对话框）。

“彩块化”滤镜常用来制作手绘图像、抽象派绘画等艺术效果。打开一张图片，如图13-183所示。执行“滤镜>像素化>彩块化”命令，图像就会自动添加“彩块化”效果，如图13-184所示。

图 13-183

图 13-184

13.8.2 彩色半调

- 技术速查：“彩色半调”滤镜可以模拟在图像的每个通道上使用放大的半调网屏的效果。

打开一张图片，如图13-185所示。执行“滤镜>像素化>彩色半调”命令，打开“彩色半调”对话框，如图13-186所示。“最大半径”用来设置生成的最大网点的半径。“网角（度）”用来设置图像各个原色通道的网点角度。设置相应参数后，单击“确定”按钮，图像效果如图13-187所示。

图 13-185

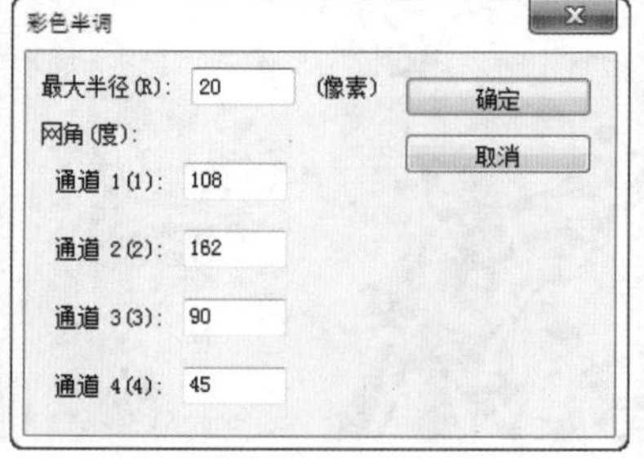

图 13-186

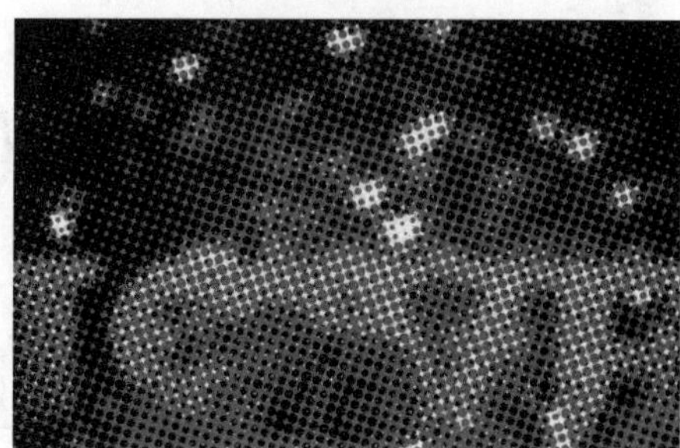

图 13-187

13.8.3 点状化

● 技术速查："点状化"滤镜可以将图像中的颜色分解成随机分布的网点，并使用背景色作为网点之间的画布区域。

打开一张图片，如图13-188所示。执行"滤镜>像素化>点状化"命令，打开"点状化"对话框，"单元格大小"用来设置每个多边形色块的大小。设置完成后，单击"确定"按钮，如图13-189所示。

图 13-188

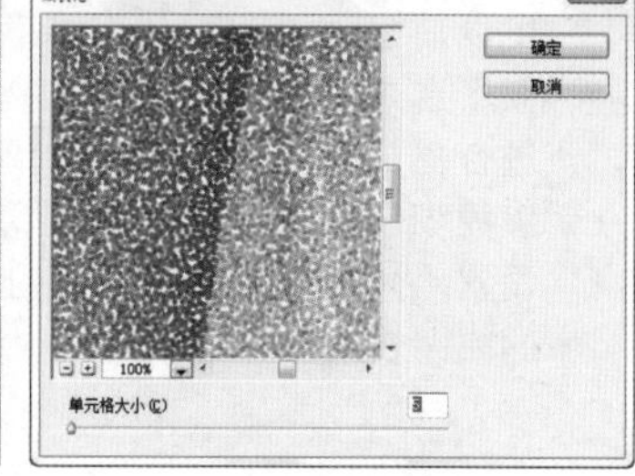

图 13-189

13.8.4 晶格化

● 技术速查："晶格化"滤镜可以使图像中颜色相近的像素结块形成多边形纯色。

打开一张需要添加"晶格化"的图片，如图13-190所示。执行"滤镜>像素化>晶格化"命令，打开"晶格化"对话框，设置合适的单元格大小，如图13-191所示。

图 13-190

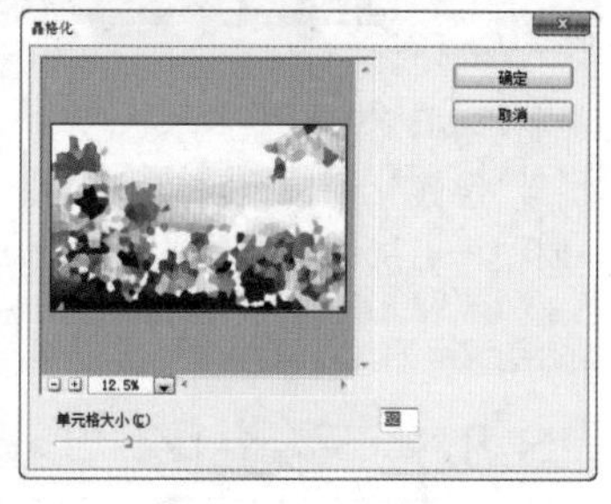

图 13-191

13.8.5 马赛克

● 技术速查："马赛克"滤镜可以使像素结为方形色块，创建出类似于马赛克的效果。

打开一张图片，如图13-192所示。执行"滤镜>像素化>马赛克"命令，打开"马赛克"对话框，设置合适的单元格大小，如图13-193所示。

思维点拨：什么是"马赛克"？

现今马赛克泛指这种类似五彩斑斓的视觉效果。马赛克也指现行广为使用的一种图像（视频）处理手段，此手段将影像特定区域的色阶细节劣化并造成色块打乱的效果，因为这种模糊看上去由一个个的小格子组成，便形象地称这种画面为马赛克。其目的通常是使之无法辨认。

图 13-192

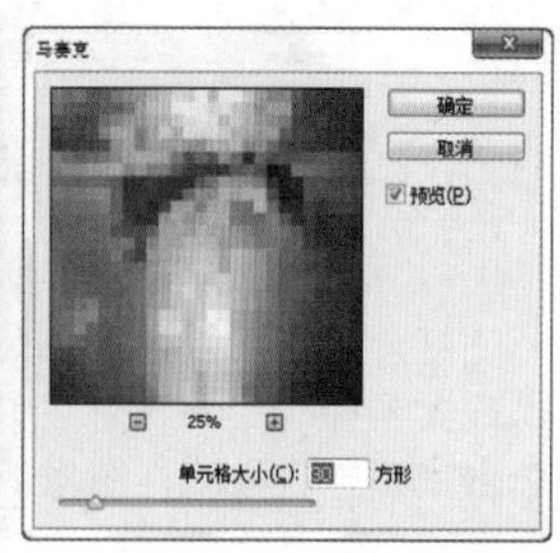

图 13-193

13.8.6 碎片

● 技术速查："碎片"滤镜可以将图像中的像素复制4次，然后将复制的像素平均分布，并使其相互偏移（该滤镜没有参数设置对话框）。

打开一张图片，如图13-194所示。执行"滤镜>像素化>碎片"命令，效果如图13-195所示。如果效果不明显，可以使用"重复上一次滤镜操作"（快捷键为Ctrl+Alt+F）。

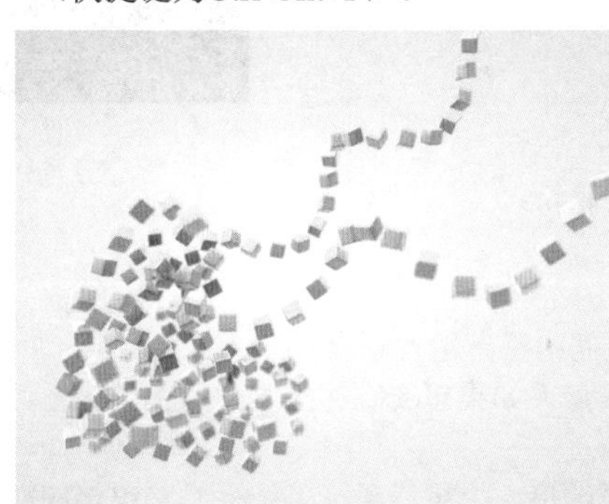

图 13-194

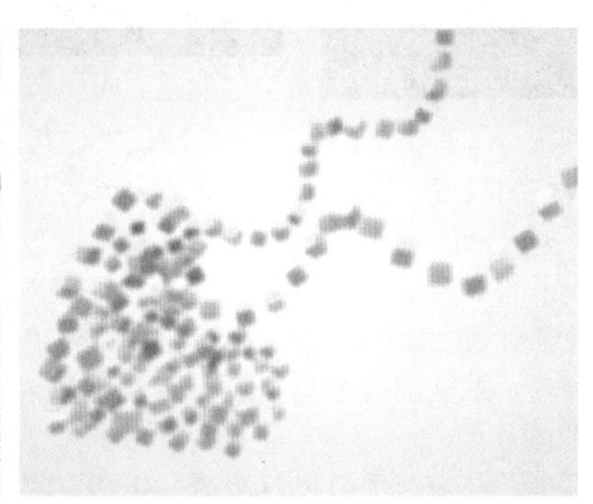

图 13-195

13.8.7 铜版雕刻

● 技术速查："铜版雕刻"滤镜可以将图像转换为黑白区域的随机图案或彩色图像中完全饱和颜色的随机图案。

打开一张素材图片，如图13-196所示。执行"滤镜>像素化>铜版雕刻"命令，打开"铜版雕刻"对话框，在"类型"下拉列表中可以选择铜版雕刻的类型，包含"精细点""中等点""粒状点""粗网点""短直线""中长直线""长直线""短描边""中长描边"和"长描边"10种类型，如图13-197所示。

图 13-196

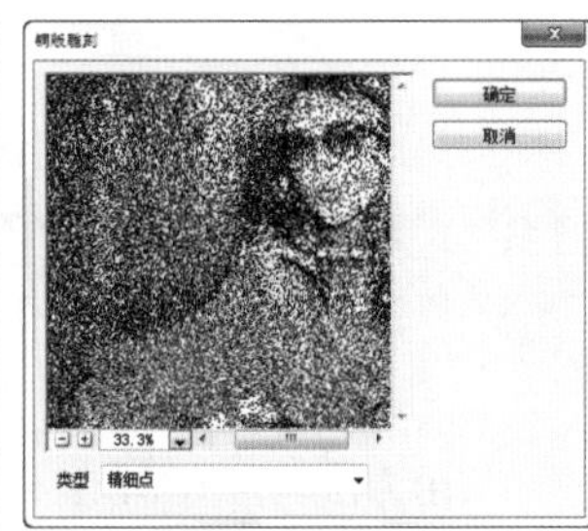

图 13-197

13.9 渲染滤镜组

● 视频精讲：Photoshop新手学视频精讲课堂/渲染滤镜组.mp4

渲染滤镜组在图像中创建云彩图案、3D形状、折射图案和模拟的光反射效果。渲染滤镜组包含8种滤镜："火焰""图片框""树""分层云彩""光照效果""镜头光晕""纤维"和"云彩"。如图13-198和图13-199所示为使用渲染滤镜组中的滤镜制作的作品。

图 13-198

图 13-199

13.9.1 火焰

● 技术速查："火焰"滤镜可以轻松打造出沿路径排列的火焰效果。

首先需要在画面中绘制一条路径，选择一个图层（可以是空图层），执行"滤镜>渲染>火焰"命令，如图13-200所示。接着弹出"火焰"窗口。在"基本"选项卡中首先可以针对火焰类型等参数进行设置，如图13-201所示。单击"确定"按钮，图层中即可出现火焰效果，如图13-202所示。

图 13-200

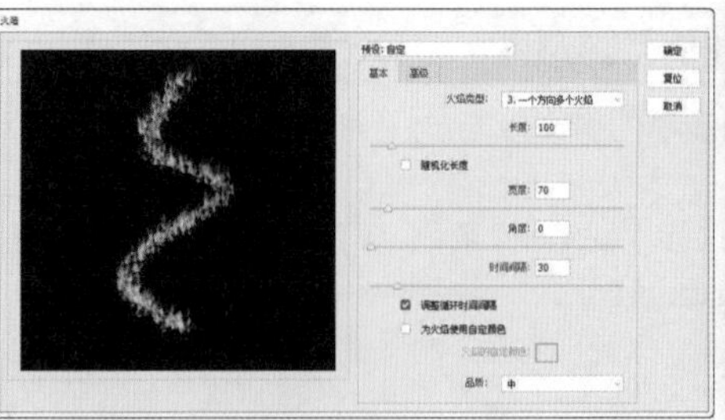

图 13-201

图 13-202

- 长度：用于控制火焰的长度，数值越大，每个火苗的长度越长。
- 宽度：用于控制每个火苗的宽度，数值越大，火苗越宽。
- 角度：用于控制火苗的旋转角度。
- 时间间隔：用于控制火苗之间的间隔，数值越大，火苗之间的距离越大。
- 为火焰使用自定颜色：默认的火苗与真实火苗颜色非常接近，如果想要制作出其他颜色的火苗可以选中该复选框，然后在下方设置火焰的颜色。

选择“高级”选项卡，在窗口中可以对湍流、锯齿、不透明度、火焰线条（复杂性）、火焰底部对齐、火焰样式、火焰形状等参数进行设置。

- 湍流：用于设置火焰左右摇摆的动态效果，数值越大，波动越强。
- 锯齿：设置较大的数值后，火苗边缘呈现出更加尖锐的效果。
- 不透明度：用于设置火苗的透明效果，数值越小，火焰越透明。
- 火焰线条（复杂性）：用于设置构成火焰的火苗的复杂程度，数值越大火苗越多，火焰效果越复杂。
- 火焰底部对齐：用于设置构成每一簇火焰的火苗底部是否对齐。数值越小，对齐程度越高，数值越大，火苗底部越分散。

13.9.2 图片框

- 技术速查：“图片框”滤镜可以在图像边缘处添加各种风格的花纹相框。

使用方法非常简单，打开一张图片，如图13-203所示。新建图层，执行“滤镜>渲染>图片框”命令，在弹出的窗口中可以在“图案”下拉列表中选择一个合适的图案样式，接着可以在下方进行图案上颜色以及细节参数的设置，如图13-204所示。设置完成后单击“确定”按钮，效果如图13-205所示。

图 13-203

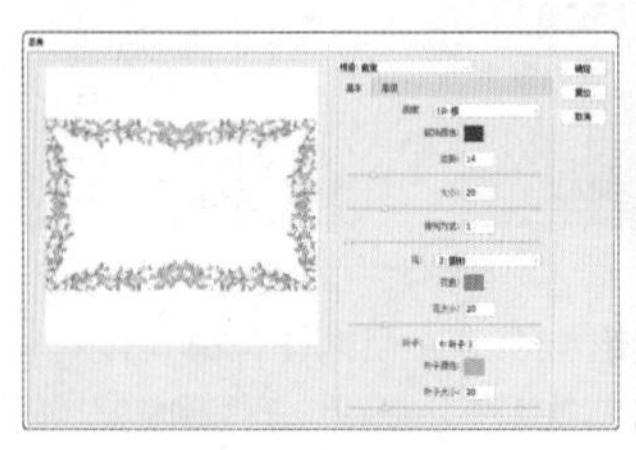

图 13-204

图 13-205

13.9.3 树

- 技术速查：使用“树”滤镜可以轻松创建出多种类型的树。

首先选择一个图层，执行“滤镜>渲染>树”命令，在弹出的窗口中单击“基本树类型”下拉列表，在其中可以选择一个合适的树型，接着可以在下方进行参数设置，参数设置效果非常直观，只需尝试调整并观察效果即可，如图13-206所示。调整完成后单击“确定”按钮，完成操作，效果如图13-207所示。

图 13-206

图 13-207

13.9.4 分层云彩

◉ **技术速查：“分层云彩”滤镜可以将云彩数据与现有的像素以“差值”方式进行混合（该滤镜没有参数设置对话框）。**

打开一张图片，如图13-208所示。执行“滤镜>渲染>分层云彩”命令，效果如图13-209所示。首次应用该滤镜时，图像的某些部分会被反相成云彩图案。

图 13-208

图 13-209

13.9.5 光照效果

◉ **技术速查：使用“光照效果”滤镜，可以在RGB图像上产生多种光照效果。**

“光照效果”滤镜的功能相当强大，也可以使用灰度文件的凹凸纹理图产生类似3D的效果，并存储为自定样式以在其他图像中使用。执行“滤镜>渲染>光照效果”命令，打开“光照效果”窗口，如图13-210所示。

在选项栏的“预设”下拉列表中包含多种预设的光照效果，选中某一项即可更改当前画面效果，如图13-211所示。也可以直接在右侧进行参数调整。

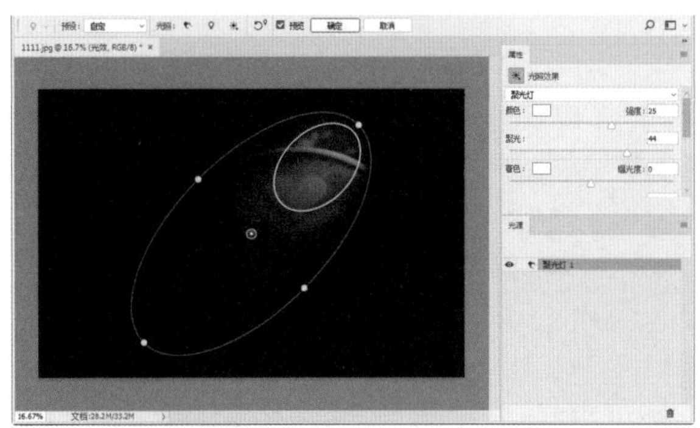

图 13-210

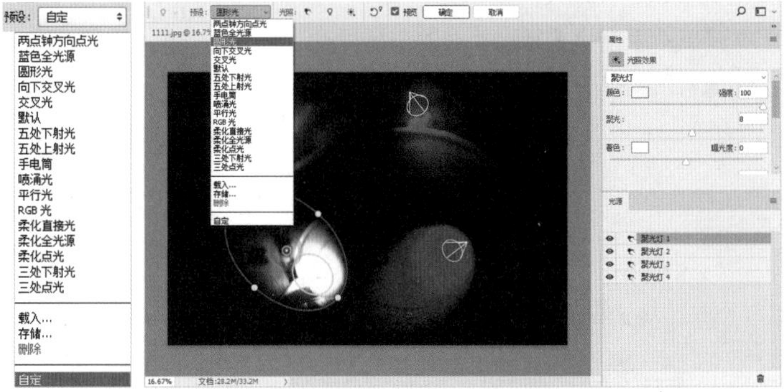

图 13-211

13.9.6 镜头光晕

◉ **技术速查：“镜头光晕”滤镜可以模拟亮光照射到相机镜头所产生的折射效果。**

打开一张素材图片，如图13-212所示，执行“滤镜>渲染>镜头光晕”命令，打开“镜头光晕”对话框，首先将光标放置到预览窗口中定位光晕位置，然后通过设置亮度数值以及镜头类型修改光晕效果，如图13-213所示。

◉ 预览窗口：在该窗口中可以通过拖曳十字线来调节光晕的位置，如图13-214所示。

◉ 亮度：用来控制镜头光晕的亮度，其取值范围为10%~300%，如图13-215所示分别是设置“亮度”值为100%和200%时的效果。

图 13-212

图 13-213

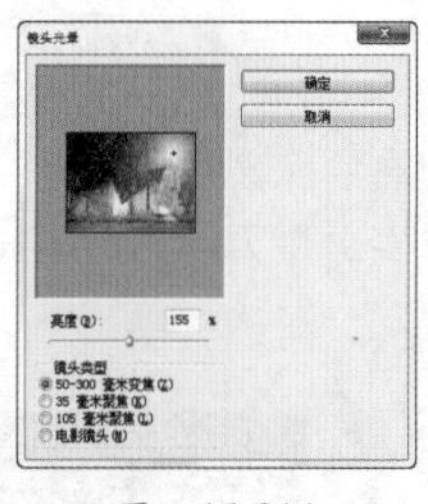

图 13-214

图 13-215

- 镜头类型：用来选择镜头光晕的类型，包括“50-300毫米变焦”“35毫米聚焦”“105毫米聚焦”和“电影镜头”4种类型，如图13-216~图13-219所示。

图 13-216

图 13-217

图 13-218

图 13-219

13.9.7 纤维

- 技术速查：“纤维”滤镜可以根据前景色和背景色来创建类似编织的纤维效果。

在使用“纤维”滤镜之前，先设置前景色与背景色，如图13-220所示。执行“滤镜>渲染>纤维”命令，打开“纤维”对话框，如图13-221所示。

- 差异：用来设置颜色变化的方式。较低的数值可以生成较长的颜色条纹；较高的数值可以生成较短且颜色分布变化更大的纤维，如图13-222所示。
- 强度：用来设置纤维外观的明显程度。
- 随机化：单击该按钮，可以随机生成新的纤维。

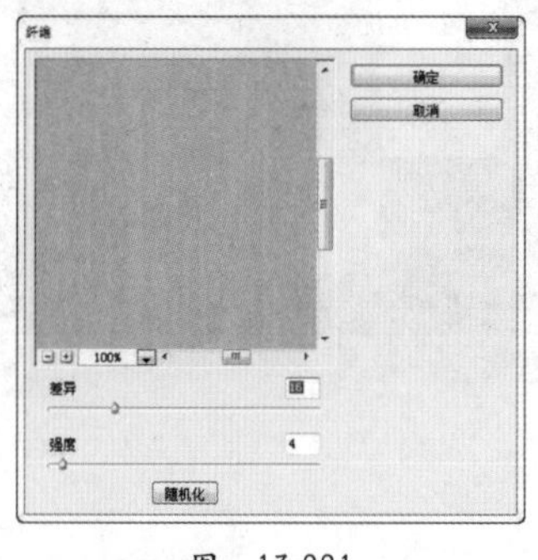

图 13-220

图 13-221

图 13-222

13.9.8 云彩

- 技术速查：“云彩”滤镜可以根据前景色和背景色随机生成云彩图案（该滤镜没有参数设置对话框）。

在使用该滤镜之前先设置前景色与背景色，如图13-223所示。执行“滤镜>渲染>云彩”命令，如图13-224所示为应用“云彩”滤镜以后的效果。

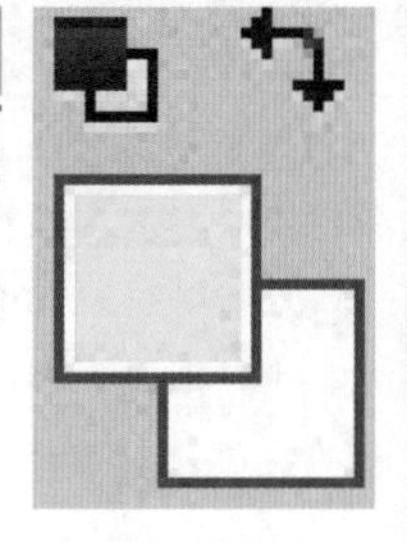

图 13-223

图 13-224

13.10 杂色滤镜组

视频精讲：Photoshop新手学视频精讲课堂/杂色滤镜组.mp4

“杂色”滤镜组可以添加或移去图像中的杂色，这样有助于将选择的像素混合到周围的像素中。“杂色”滤镜组包含5种滤镜：“减少杂色”“蒙尘与划痕”“去斑”“添加杂色”和“中间值”。如图13-225和图13-226所示为使用杂色滤镜组中的滤镜制作的优秀的平面设计作品。

图 13-225

图 13-226

13.10.1 减少杂色

技术速查：“减少杂色”滤镜可以基于影响整个图像或各个通道的参数设置来保留边缘并减少图像中的杂色。

执行“滤镜>杂色>减少杂色”命令，在弹出的“减少杂色”对话框中选中“基本”单选按钮可以对“减少杂色”的强度与细节保留等参数进行设置，选中“高级”单选按钮则可以对单一通道进行高级处理，如图13-227所示。

图 13-227

设置基本选项

在“减少杂色”对话框中选中“基本”单选按钮，可以设置“减少杂色”滤镜的基本参数。

- 强度：用来设置应用于所有图像通道的明亮度杂色的减少量。
- 保留细节：用来控制保留图像的边缘和细节（如头发）的程度。数值为100%时，可以保留图像的大部分细节，但是会将明亮度杂色减到最低。
- 减少杂色：移去随机的颜色像素。数值越大，减少的颜色杂色越多。
- 锐化细节：用来设置移去图像杂色时锐化图像的程度。
- 移去JPEG不自然感：选中该复选框以后，可以移去因JPEG压缩而产生的不自然块。

设置高级选项

在“减少杂色”对话框中选中“高级”单选按钮，可以设置“减少杂色”滤镜的高级参数。其中“整体”选项卡与基本参数完全相同，如图13-228所示；“每通道”选项卡可以基于红、绿、蓝通道来减少通道中的杂色，如图13-229所示。

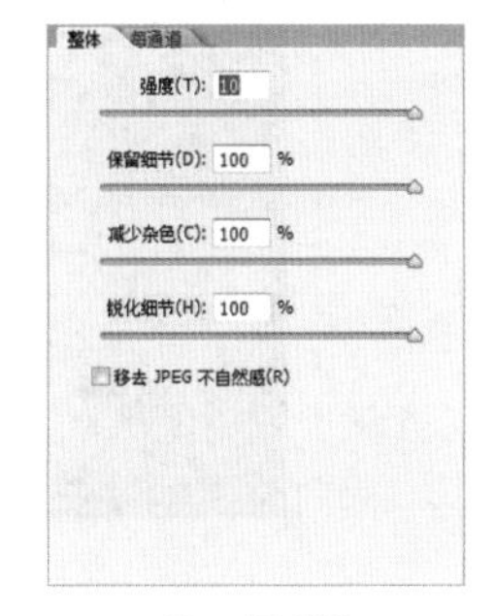

图 13-228

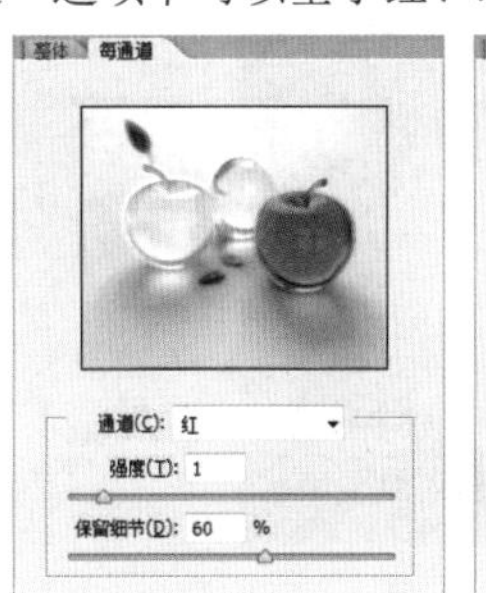

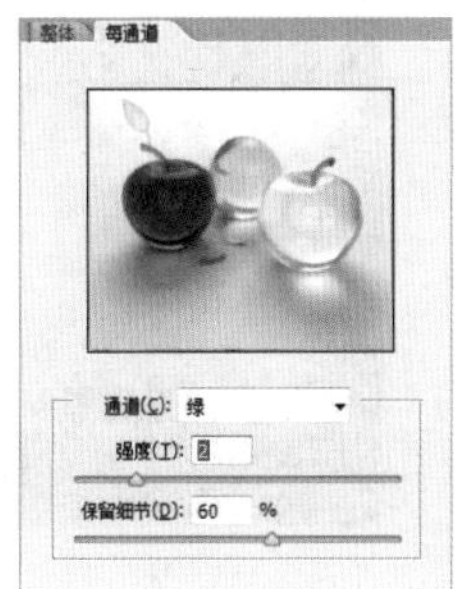

图 13-229

13.10.2　蒙尘与划痕

- **技术速查：“蒙尘与划痕”滤镜可以通过修改具有差异化的像素来减少杂色，可以有效地去除图像中的杂点和划痕。**

执行“滤镜>杂色>蒙尘与划痕”命令，在弹出的“蒙尘与划痕”对话框中同样可以进行“半径”以及“阈值”的设置，如图13-230所示。如图13-231和图13-232所示分别为原始图像以及应用“蒙尘与划痕”滤镜以后的效果。

- 半径：用来设置柔化图像边缘的范围。
- 阈值：用来定义像素的差异有多大才被视为杂点。数值越高，消除杂点的能力越弱。

图　13-230

图　13-231

图　13-232

13.10.3　去斑

- **技术速查：“去斑”滤镜可以检测图像的边缘（发生显著颜色变化的区域），并模糊那些边缘外的所有区域，同时会保留图像的细节（该滤镜没有参数设置对话框）。**

执行“滤镜>杂色>去斑”命令，如图13-233和图13-234所示分别为原始图像以及应用“去斑”滤镜以后的效果。

图　13-233

图　13-234

13.10.4　添加杂色

- **技术速查：“添加杂色”滤镜可以在图像中添加随机像素，也可以用来修缮图像中经过重大编辑过的区域。**

打开一张需要“添加杂色”的图片，如图13-235所示。执行“滤镜>杂色>添加杂色”命令，打开“添加杂色”对话框，如图13-236所示。在该对话框中，可以进行相应的参数设置，效果如图13-237所示。

- 数量：用来设置添加到图像中杂点的数量。
- 分布：选中“平均分布”单选按钮，可以随机向图像中添加杂点，杂点效果比较柔和；选中“高斯分布”单选按钮，可以沿一条钟形曲线分布杂色的颜色值，以获得斑点状的杂点效果。
- 单色：选中该复选框后，杂点只影响原有像素的亮度，并且像素的颜色不会发生改变。

图　13-235

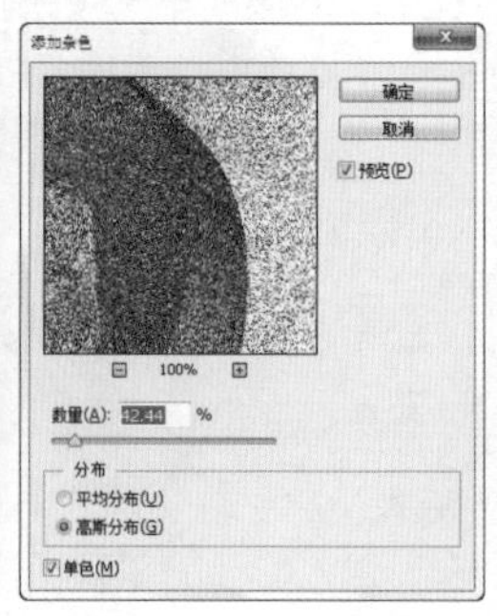

图　13-236

图　13-237

★ 案例实战——使用杂色滤镜制作怀旧老电影

案例文件	案例文件\第13章\使用杂色滤镜制作怀旧老电影.psd
视频教学	视频文件\第13章\使用杂色滤镜制作怀旧老电影.mp4
难易指数	★★★★★
技术要点	杂色滤镜、调整图层

扫码看视频

案例效果

本案例主要是通过使用杂色滤镜以及调整图层制作怀旧老电影，如图13-238所示。

图 13-238

操作步骤

01 创建空白文件，将背景色填充为黑色，置入风景素材“1.jpg ”放在画面中，栅格化该图层，如图13-239所示。

图 13-239

02 复制背景图层，对其执行“滤镜>杂色>添加杂色”命令，设置“数量”为10%，选中“高斯分布”单选按钮，选中“单色”复选框，如图13-240所示，效果如图13-241所示。

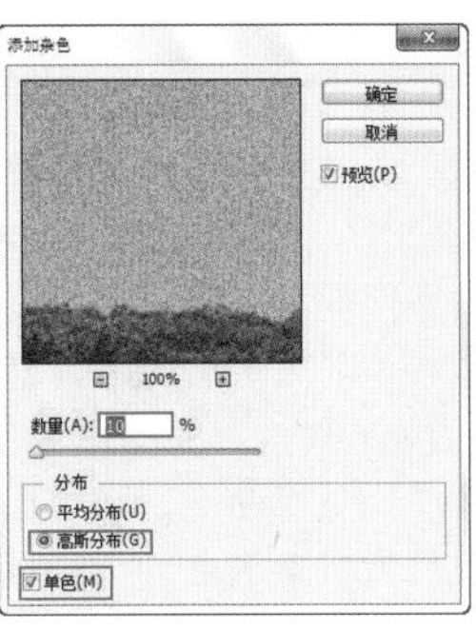

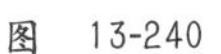

图 13-240

图 13-241

03 执行“图层>新建调整图层>黑白”命令，选中“色调”复选框，设置颜色为米黄色，适当调整数值，如图13-242所示，效果如图13-243所示。

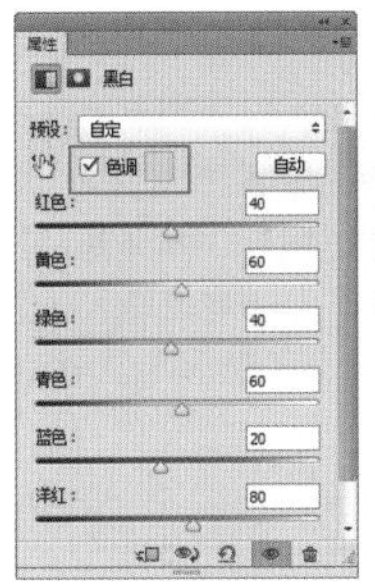

图 13-242

图 13-243

04 再次创建一个曲线调整图层，调整曲线形状，如图13-244所示。增强画面对比度，如图13-245所示。

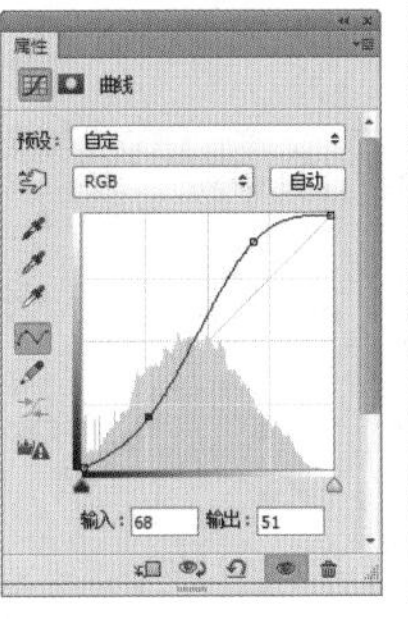

图 13-244

图 13-245

05 新建图层，在工具箱中选择单列选框工具，在画面中按住Shift键多次单击绘制细线选框，并为其填充白色，按Ctrl+D快捷键取消选区，如图13-246所示。

06 使用横排文字工具在画面中合适的位置单击输入文字，最终效果如图13-247所示。

图 13-246

图 13-247

13.10.5 中间值

● 技术速查："中间值"滤镜可以混合选区中像素的亮度来减少图像的杂色。

"中间值"滤镜是通过搜索像素选区的半径范围以查找亮度相近的像素，并且扔掉与相邻像素差异太大的像素，然后用搜索到的像素的中间亮度值来替换中心像素。如图13-248所示为原始图像，执行"滤镜>杂色>中间值"命令，在弹出的对话框中，"半径"数值用于设置搜索像素选区的半径范围，如图13-249所示。

图 13-248

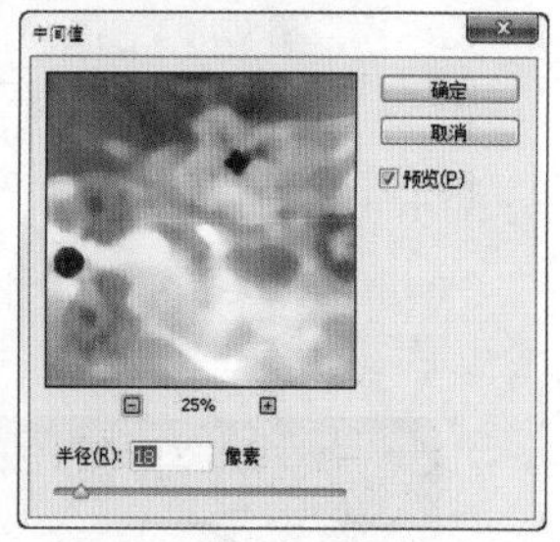

图 13-249

13.11 其他滤镜组

● 视频精讲：Photoshop新手学视频精讲课堂/其他滤镜组.mp4

其他滤镜组中的有些滤镜允许用户自定义滤镜效果，有些滤镜可以修改蒙版、在图像中使选区发生位移和快速调整图像颜色。其他滤镜组包含6种滤镜："HSB/HSL""高反差保留""位移""自定""最大值"和"最小值"。

13.11.1 HSB/HSL

● 技术速查：使用 HSB/HSL 滤镜可以实现RGB 到 HSL（色相、饱和度、明度）的相互转换，也可以实现从 RGB 到 HSB（色相、饱和度、亮度）的相互转换。

打开一张图片，如图13-250所示。接着执行"滤镜>其他>HSB/HSL"命令，打开HSB/HSL参数窗口，如图13-251所示。接着进行设置，然后单击"确定"按钮，画面效果如图13-252所示。

图 13-250

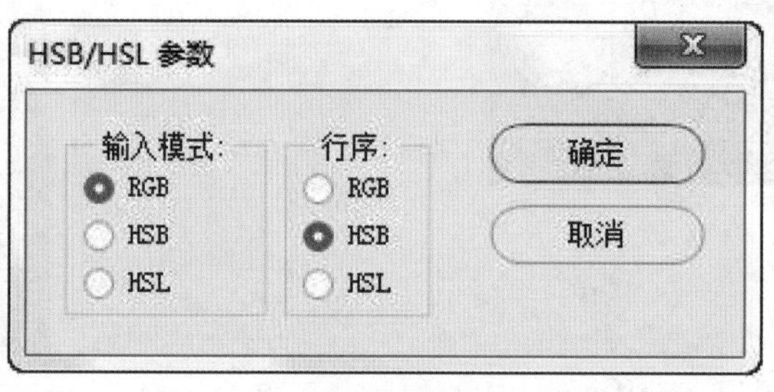

图 13-251

图 13-252

13.11.2 高反差保留

● 技术速查："高反差保留"滤镜可以在具有强烈颜色变化的地方按指定的半径来保留边缘细节，并且不显示图像的其余部分。

打开一张图片，如图13-253所示。执行"滤镜>其他>高反差保留"命令，打开"高反差保留"对话框。可以在该对话框中设置"半径"的大小，数值越大，所保留的原始像素就越多，当数值为0.1像素时，仅保留图像边缘的像素，如图13-254所示。

图 13-253

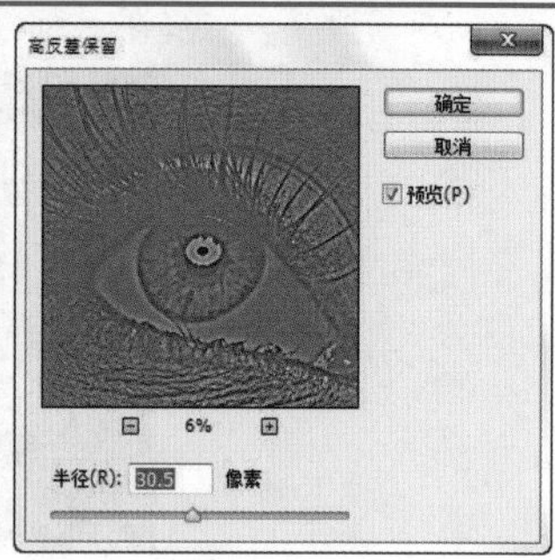

图 13-254

13.11.3 位移

● 技术速查："位移"滤镜可以在水平或垂直方向上偏移图像。

打开一张图片，如图13-255所示。执行"滤镜>其他>位移"命令，打开"位移"对话框，如图13-256所示。在该对话框中设置相应参数，单击"确定"按钮，效果如图13-257所示。

● 水平：用来设置图像像素在水平方向上的偏移距离。数值为正值时，图像会向右偏移，同时左侧会出现空缺。

● 垂直：用来设置图像像素在垂直方向上的偏移距离。数值为正值时，图像会向下偏移，同时上方会出现空缺。

● 未定义区域：用来选择图像发生偏移后填充空白区域的方式。选中"设置为背景"单选按钮时，可以用背景色填充空缺区域；选中"重复边缘像素"单选按钮时，可以在空缺区域填充扭曲边缘的像素颜色；选中"折回"单选按钮时，可以在空缺区域填充溢出图像之外的图像内容。

图 13-255

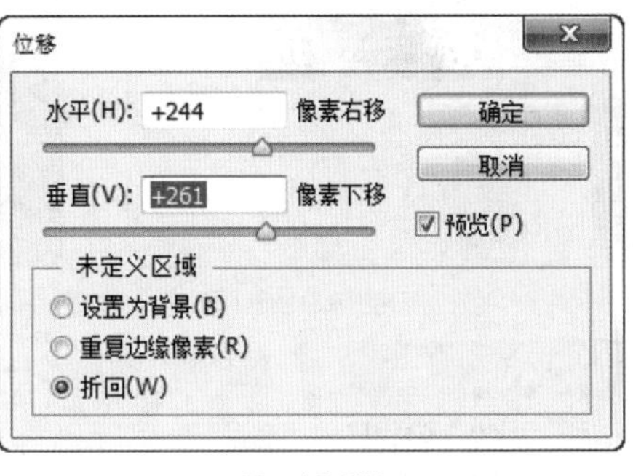

图 13-256

图 13-257

13.11.4 自定

● 技术速查："自定"滤镜可以根据预定义的卷积数学运算来更改图像中每个像素的亮度值。

使用"自定"滤镜可以设计用户自己的滤镜效果。如图13-258所示为"自定"对话框。

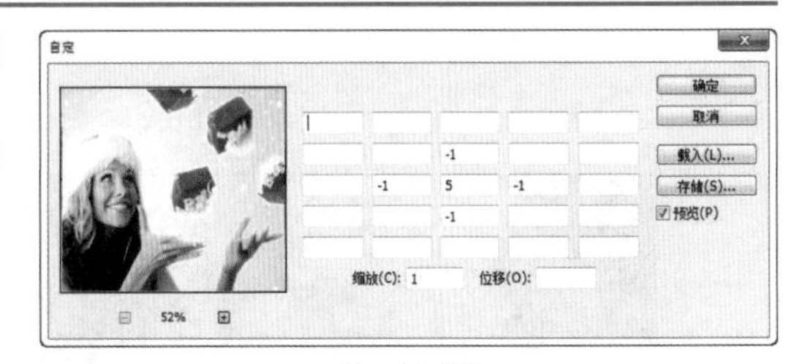

图 13-258

13.11.5 最大值

● 技术速查："最大值"滤镜可以在指定的半径范围内，用周围像素的最高亮度值替换当前像素的亮度值。

"最大值"滤镜对于修改蒙版非常有用。"最大值"滤镜具有阻塞功能，可以展开白色区域，而阻塞黑色区域。如图13-259~图13-261所示分别为原始图像、应用"最大值"滤镜以后的效果以及"最大值"对话框。

● 半径：设置用周围像素的最高亮度值来替换当前像素的亮度值的范围。

图 13-259

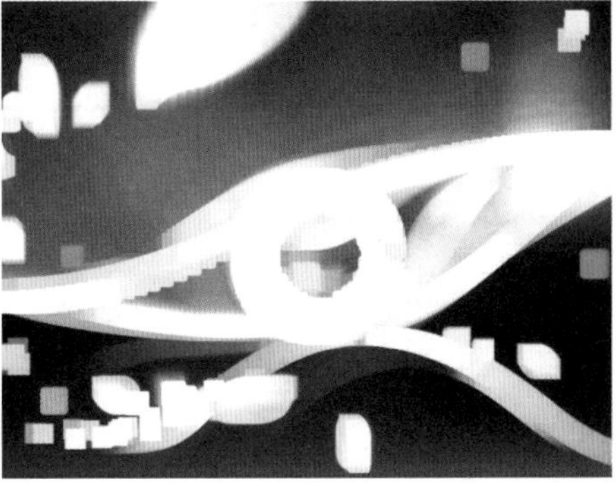

图 13-260

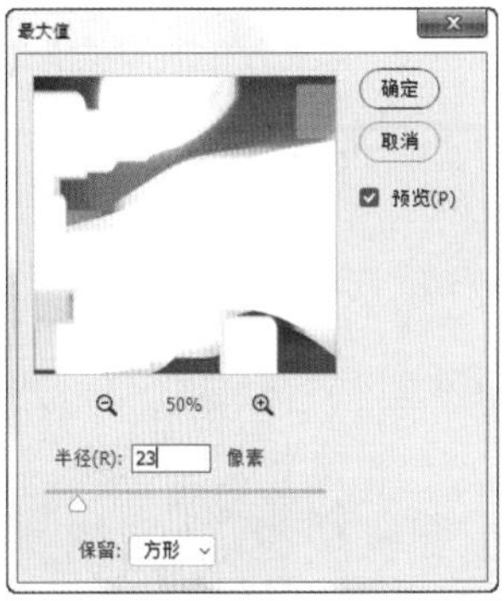

图 13-261

13.11.6 最小值

● **技术速查：“最小值”滤镜具有伸展功能，可以扩展黑色区域，而收缩白色区域。**

“最小值”滤镜对于修改蒙版非常有用。首先打开一张图片，如图13-262所示。然后执行“滤镜>其他>最小值”命令，打开“最小值”对话框，如图13-263所示，效果如图13-264所示。

● **半径**：设置滤镜扩展黑色区域、收缩白色区域的范围。

图 13-262

图 13-263

图 13-264

★ 综合实战——使用滤镜模拟水墨风景画效果

实例文件	案例文件\第13章\使用滤镜模拟水墨风景画效果.psd
视频教学	视频文件\第13章\使用滤镜模拟水墨风景画效果.mp4
难易指数	★★★★★
技术要点	干画笔滤镜、素描滤镜、混合模式、调整图层

扫码看视频

案例效果

本案例主要使用干画笔滤镜、素描滤镜和混合模式等命令制作水墨画风景效果，如图13-265所示。

图 13-265

操作步骤

01 打开本书配套资源中的素材文件“1.jpg”，将其作为风景背景，如图13-266所示。

图 13-266

02 置入照片素材文件“2.jpg”，将其栅格化并调整好大小和位置，如图13-267所示。执行“图层>图层样式>描边”命令，然后设置“大小”为10像素，“位置”为“外部”，“颜色”为黑色，如图13-268和图13-269所示。

图 13-267

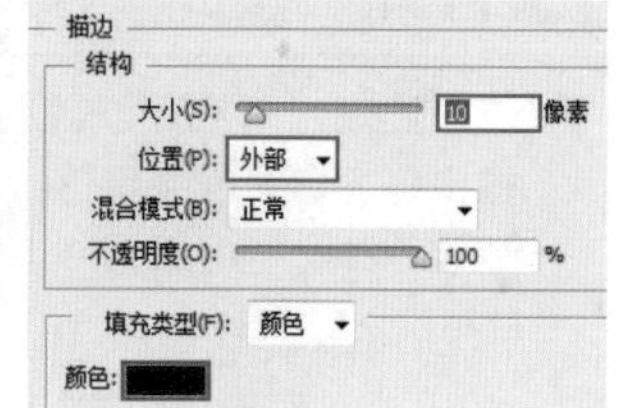

图 13-268

图 13-269

03 按Ctrl+J快捷键复制出一个风景副本，删除描边样式，执行“图像>调整>去色”命令，将其制作成黑白色调，如图13-270所示。

图 13-270

04 创建“曲线”调整图层，调整曲线形状，如图13-271所示。将调整图层和风景图层副本合并为同一个图层，如图13-272所示。

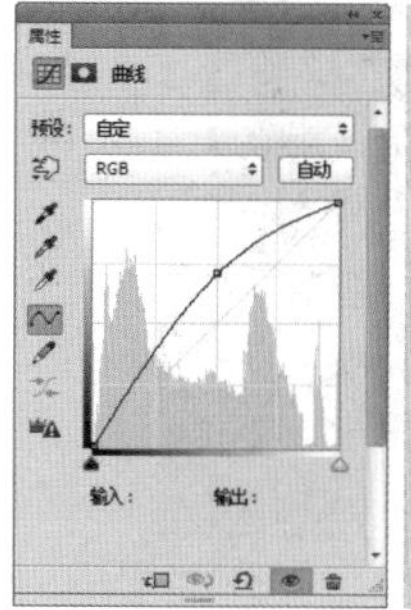

图 13-271

图 13-272

05 执行“滤镜>滤镜库”命令，单击“艺术效果”按钮，在下拉列表中选择“干画笔”选项，设置“画笔大小”为8，“画笔细节”为8，“纹理”为2，如图13-273所示。设置该图层的“混合模式”为“滤色”，调整“不透明度”为90%，并为图层添加一个“图层蒙版”，在图层蒙版中使用黑色画笔涂抹灯的部分，如图13-274所示。

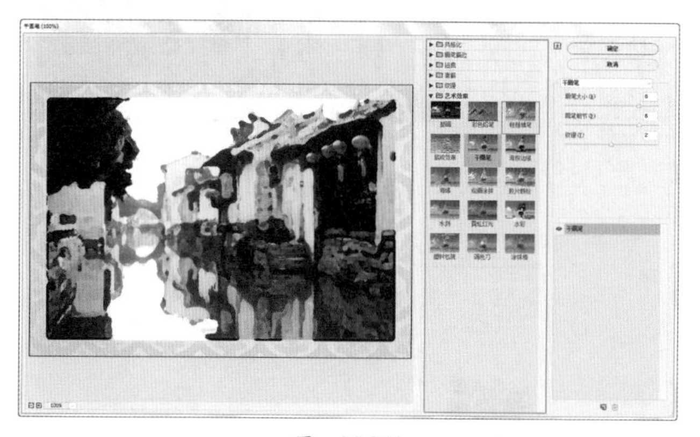

图 13-273

图 13-274

06 按Ctrl+J快捷键复制出一个副本，将“混合模式”设置为“颜色”，调整“不透明度”为85%，添加“图层蒙版”，在图层蒙版中使用黑色画笔涂抹灯的部分，如图13-275所示。

图 13-275

07 再次按Ctrl+J快捷键复制出一个副本，执行“滤镜>滤镜库”命令，单击“素描”按钮，在下拉列表中选择“水彩画纸”选项，设置“纤维长度”为23，“亮度”为57，“对比度”为71，如图13-276所示。调整“不透明度”为60%，添加图层蒙版，在图层蒙版中使用黑色画笔涂抹灯的部分，如图13-277所示。

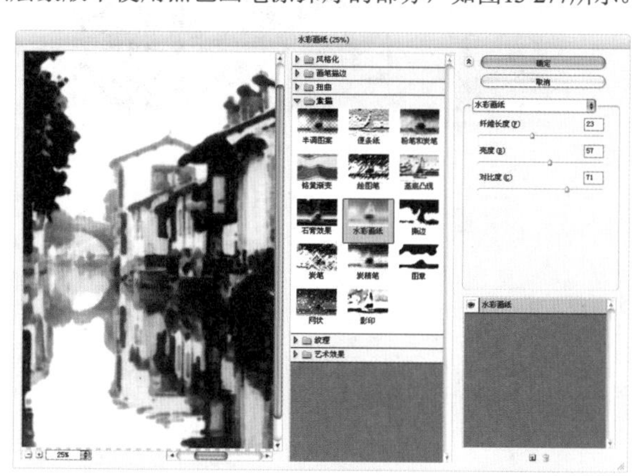

图 13-276

图 13-277

08 单击工具箱中的“矩形选框工具”按钮，绘制一个和风景画一样大小的选区，如图13-278所示。新建图层，填充黄色（R: 201，G:185，B:97），设置“混合模式”为线性加深，调整“不透明度”为28%，如图13-279所示。

图 13-278

图 13-279

09 置入文字素材“3.png”，将其栅格化并调整合适大小及位置，如图13-280所示。

图 13-280

10 创建“曲线”调整图层，调整曲线图形，如图13-281所示，最终效果如图13-282所示。

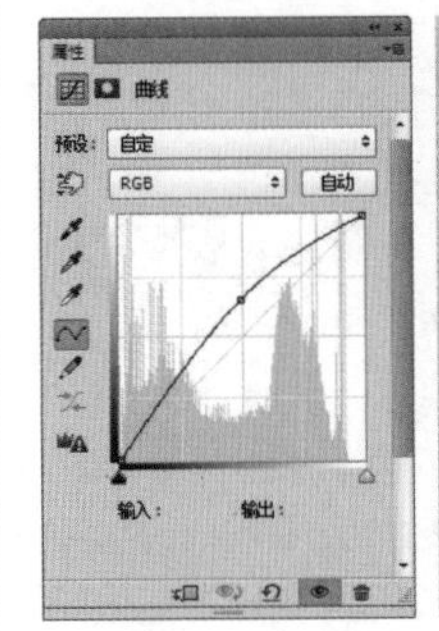

图 13-281

图 13-282

课 后 练 习

【课后练习——利用查找边缘滤镜制作彩色速写】

思路解析：本案例通过对数码照片执行“查找边缘”滤镜操作，并与源图像进行混合模拟出彩色速写效果。

扫码看视频

本 章 小 结

Photoshop中的滤镜可以用来实现各种各样的特殊效果。而且操作方法非常简单，效果明显。但是想要真正发挥滤镜的强大之处，需要多种滤镜混合使用，并且配合图层、通道、蒙版等功能才能取得最佳的艺术效果。

第14章

Web图形与网页设计

本章内容简介：

Photoshop在网页制作中是必不可少的工具，不仅可以用于制作页面广告、边框、装饰等，还能够通过Web工具进行设计和优化Web图形或页面元素，以及制作交互式按钮图形和Web照片画廊。

本章学习要点：

- 掌握Web安全色的使用方法。
- 熟练掌握网页划分切片的方法。
- 掌握Web图形的输出设置。

14.1 在Web安全色下工作

由于网页会在不同的操作系统下或在不同的显示器中浏览，而不同操作系统的颜色都有一些细微的差别，不同的浏览器对颜色的编码显示也不同，确保制作出的网页颜色能够在所有显示器中显示相同的效果是非常重要的，所以在制作网页时就需要使用“Web安全色”。Web安全色是指能在不同操作系统和不同浏览器中同时正常显示颜色，如图14-1所示。

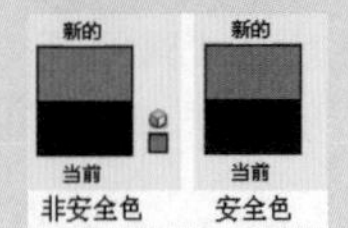

图 14-1

01 在“拾色器”中选择颜色时，在所选颜色右侧出现警告图标，就说明当前选择的颜色不是Web安全色，如图14-2所示。单击该图标，即可将当前颜色替换为与其最接近的Web安全色，如图14-3所示。

02 在“拾色器”中选择颜色时，可以选中底部的“只有Web颜色”复选框，选中之后可以始终在Web安全色下工作，如图14-4所示。

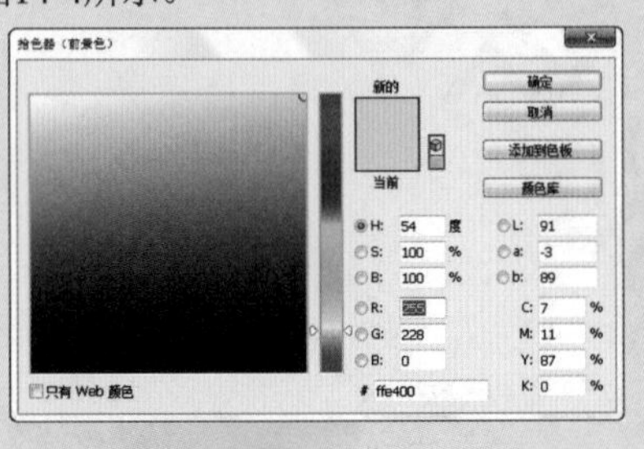

图 14-2

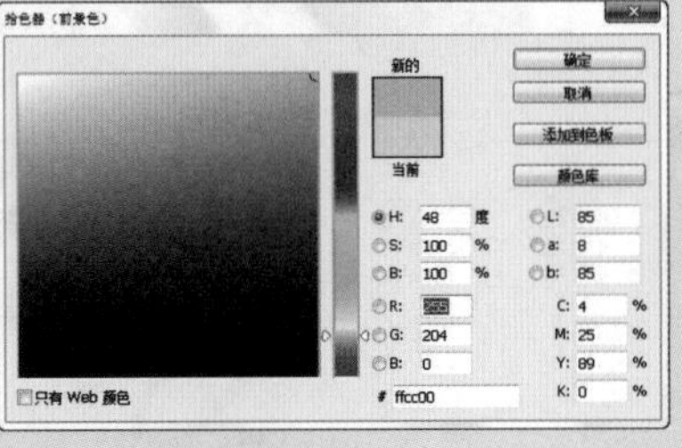

图 14-3

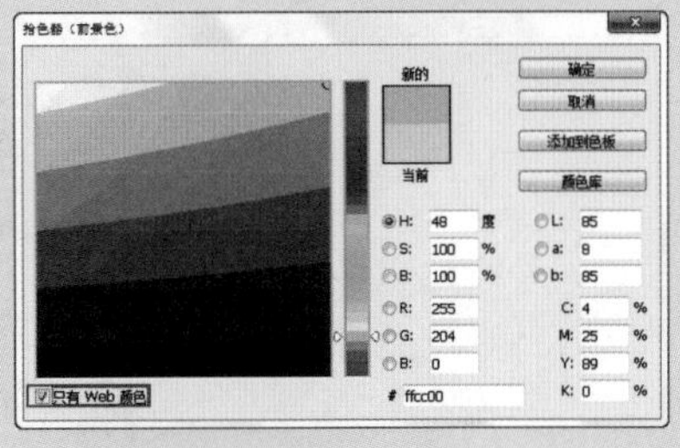

图 14-4

03 在使用“颜色”面板设置颜色时，如图14-5所示。可以在其菜单中执行“Web颜色滑块”命令，如图14-6所示。“颜色”面板会自动切换为“Web颜色滑块”模式，并且可选颜色数量明显减少，如图14-7所示。

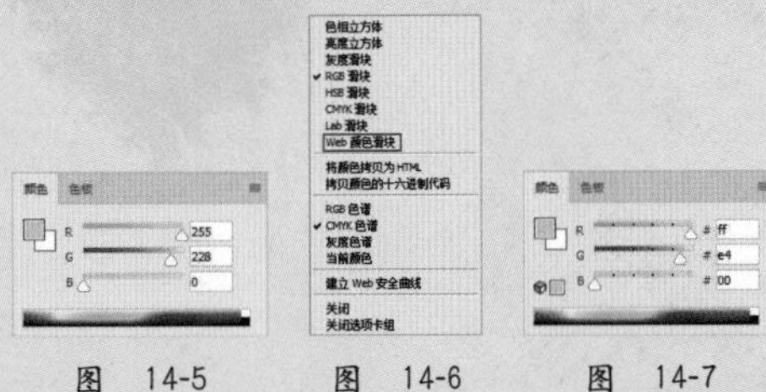

图 14-5 图 14-6 图 14-7

04 也可以在其菜单中执行“建立Web安全曲线”命令，如图14-8和图14-9所示。单击之后能够发现底部的四色曲线图出现明显的“阶梯”效果，并且可选颜色数量同样减少了很多，如图14-10所示。

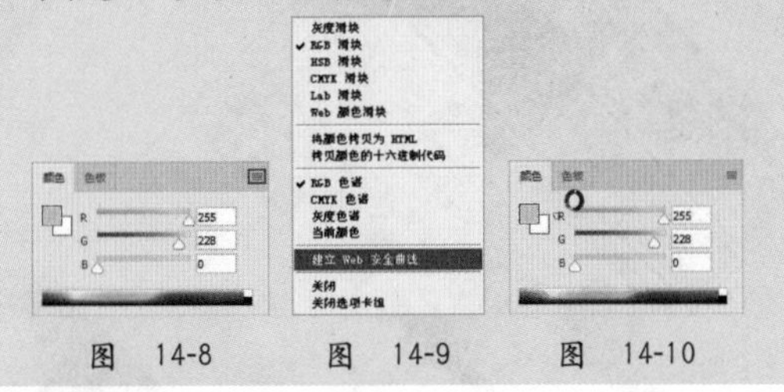

图 14-8 图 14-9 图 14-10

14.2 为网页划分切片

为了使网页浏览得流畅，在网页制作中往往不会直接使用整张大尺寸的图像。通常情况下都会将整张图像“分割”为多个部分，这就需要使用到“切片技术”。“切片技术”就是将一整张图切割成若干小块，并以表格的形式加以定位和保存，如图14-11和图14-12所示。

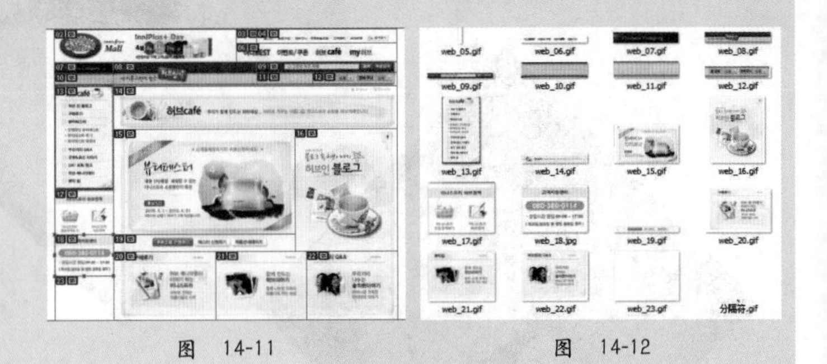

图 14-11 图 14-12

14.2.1 动手学：使用切片工具手动划分切片

01 长按工具箱中的“裁剪工具”按钮，在弹出的工具列表中可以看到“切片工具”和“切片选择工具”，如图14-13所示。

02 使用切片工具创建切片时，可以在其选项栏中设置切片的创建样式，如图14-14所示。选择“正常”选项可以通过拖曳鼠标来确定切片的大小。选择“固定长宽比”选项可以在后面“宽度”和“高度”文本框中设置切片的宽高比。选择“固定大小”选项可以在后面的“宽度”和“高度”文本框中设置切片的固定大小。单击“基于参考线的切片”按钮可以在创建参考线以后，从参考线创建切片。

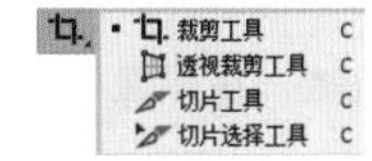

图 14-13

图 14-14

03 单击工具箱中的“切片工具”按钮，然后在其选项栏中设置“样式”为“正常”。与绘制选区的方法相同，在图像中按住鼠标左键并拖曳鼠标创建一个矩形选框，如图14-15所示。释放鼠标左键以后就可以创建一个用户切片，而用户切片以外的部分将生成自动切片，如图14-16所示。

图 14-15

图 14-16

技术拓展：用户切片与自动切片

在Photoshop中存在两种切片：用户切片和自动切片。用户切片是使用切片工具创建的切片，由实线定义；而创建新的用户切片时会生成附加的自动切片来占据图像的区域，自动切片则由虚线定义。每一次添加或编辑切片时，都会重新生成自动切片。

技巧提示

切片工具与矩形选框工具有很多相似之处，例如使用切片工具创建切片时，按住Shift键可以创建正方形切片；按住Alt键可以从中心向外创建矩形切片；按住Shift+Alt快捷键，可以从中心向外创建正方形切片。

14.2.2 动手学：自动创建切片

01 在包含参考线的文件中可以创建基于参考线的切片，单击工具箱中的“切片工具”按钮，然后在选项栏中单击“基于参考线的切片”按钮，即可基于参考线的划分方式创建出切片，如图14-17所示，切片效果如图14-18所示。

02 选择一个图层，执行“图层>新建基于图层的切片”命令，就可以创建包含该图层所有像素的切片，如图14-19所示。基于图层创建切片以后，当对图层进行移动、缩放、变形等操作时，切片会跟随该图层进行自动调整，如图14-20所示。

图 14-17

图 14-18

图 14-19

图 14-20

14.2.3　动手学：使用切片选择工具

技术速查：使用切片选择工具可以对切片进行选择、调整堆叠顺序、对齐与分布等操作。

在工具箱中单击“切片选择工具”按钮，在图像中单击选中一个切片，如图14-21所示。按住Shift键的同时单击其他切片进行加选，如图14-22所示。

如果要移动切片，先选择切片，然后拖曳鼠标即可，如图14-23所示。如果要调整切片的大小，可以拖曳切片定界点进行调整，如图14-24所示。

图　14-21

图　14-22

图　14-23

图　14-24

技巧提示

如果在移动切片时按住Shift键，可以在水平、垂直或45°角方向进行移动。可以按住Alt键的同时拖曳切片进行复制。

切片选择工具的选项栏如图14-25所示。在这里可以设置切片的顺序、转换切片类型、自动划分切片、对切片进行对齐与分布等。

提升　划分...　隐藏自动切片

图　14-25

- 调整切片堆叠顺序：创建切片以后，最后创建的切片处于堆叠顺序中的最顶层。如果要调整切片的堆叠顺序，可以利用“置为顶层”按钮、“前移一层”按钮、“后移一层”按钮和“置为底层”按钮来完成。
- 提升：选择自动切片，单击该按钮，可以将所选的自动切片或图层切片提升为用户切片。
- 划分：单击该按钮，打开“划分切片”对话框。在该对话框中可以沿水平方向、垂直方向或同时沿这两个方向划分切片。不论原始切片是用户切片还是自动切片，划分后的切片总是用户切片，如图14-26所示。
- 对齐与分布切片：选择多个切片后，可以单击相应的按钮来对齐或分布切片。
- 隐藏自动切片：单击该按钮，可以隐藏自动切片。
- “为当前切片设置选项”按钮：单击该按钮，可在弹出的“切片选项”对话框中设置切片的名称、类型、指定URL地址等，如图14-27所示。

图　14-26

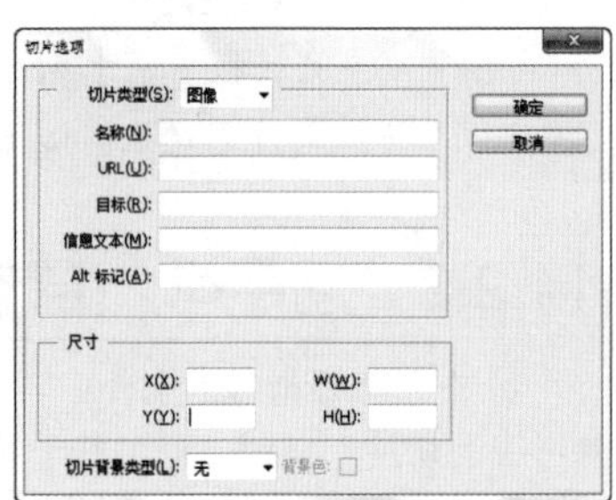

图　14-27

SPECIAL　技术拓展：详解“切片选项”对话框

- 切片类型：设置切片输出的类型，即在与HTML文件一起导出时，切片数据在Web中的显示方式。选择“图像”选项时，切片包含图像数据；选择“无图像”选项时，可以在切片中输入HTML文本，但无法导出图像，也无法在Web中浏览；选择“表”选项时，切片导出时将作为嵌套表写入HTML文件中。
- 名称：用来设置切片的名称。
- URL：设置切片链接的Web地址（只能用于“图像”切片），在浏览器中单击切片图像时，即可链接到这里设置的网址和目标框架。
- 目标：设置目标框架的名称。
- 信息文本：设置哪些信息出现在浏览器中。
- Alt标记：设置选定切片的Alt标记。Alt文本在图像下载过程中取代图像，并在某些浏览器中作为工具提示出现。
- 尺寸：X、Y选项用于设置切片的位置，W、H选项用于设置切片的大小。
- 切片背景类型：选择一种背景色来填充透明区域（用于“图像”切片）或整个区域（用于“无图像”切片）。

14.2.4 组合切片

使用组合切片命令，Photoshop会通过连接组合切片的外边缘创建的矩形来确定所生成切片的尺寸和位置，将多个切片组合成一个单独的切片。使用切片选择工具选择多个切片，右击，在弹出的快捷菜单中选择“组合切片”命令，如图14-28所示。所选的切片即可组合为一个切片，如图14-29所示。

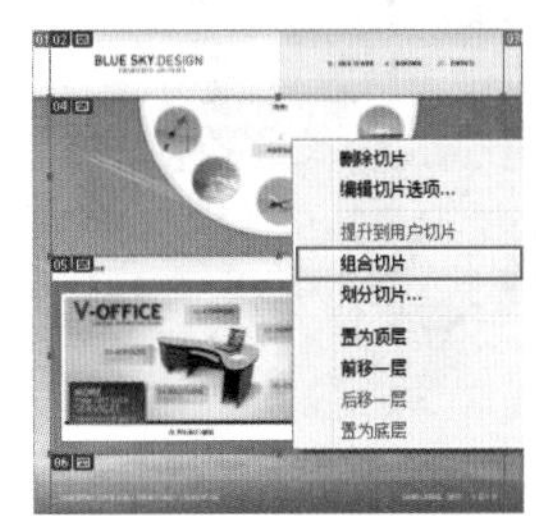

图 14-28

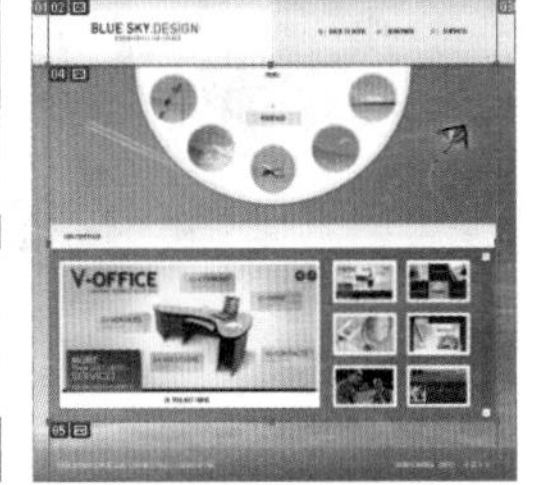

图 14-29

技巧提示

组合切片时，如果组合切片不相邻，或者比例、对齐方式不同，则新组合的切片可能会与其他切片重叠。组合切片将采用选定的切片系列中的第1个切片的优化设置，并且始终为用户切片，而与原始切片是否包含自动切片无关。

14.2.5 隐藏切片与删除切片

01 执行“视图>显示>切片”命令，可以切换切片的显示与隐藏状态。

02 若要删除单个切片，可以选择切片以后，右击，在弹出的快捷菜单中选择“删除切片”命令，即可删除该切片，如图14-30所示。

03 若要删除多个切片，可以使用切片选择工具选择多个切片以后，按Delete键或Back Space键，即可删除多个选中的切片。

04 执行“视图>清除切片”命令，可以删除所有的用户切片和基于图层的切片。

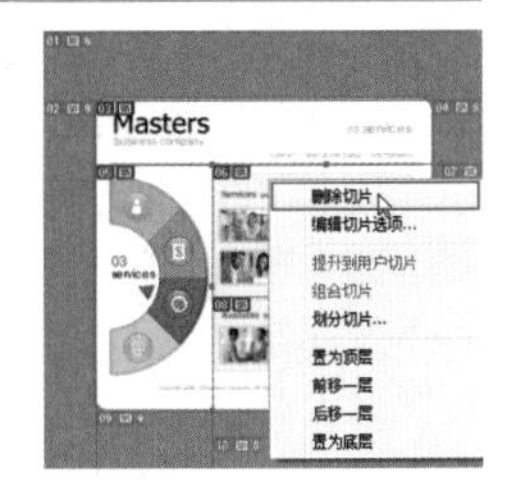

图 14-30

技巧提示

删除了用户切片或基于图层的切片后，将会重新生成自动切片以填充文档区域。

删除基于图层的切片并不会删除相关图层，但是删除与基于图层的切片相关的图层会删除该基于图层的切片（无法删除自动切片）。

如果删除一个图像中的所有用户切片和基于图层的切片，将会保留一个包含整个图像的自动切片。

14.2.6 锁定切片

执行“视图>锁定切片”命令，可以锁定所有的用户切片和基于图层的切片。锁定切片以后，将无法对切片进行移动、缩放或其他更改。再次执行“视图>锁定切片”命令即可取消锁定，如图14-31所示。

图 14-31

14.3 网页翻转按钮

在网页中按钮的使用非常常见，并且按钮“按下”“弹起”或将光标放在按钮上都会出现不同的效果，这就是“翻转”。要创建翻转，至少需要两个图像，一个用于表示处于正常状态的图像，另一个用于表示处于更改状态的图像，如图14-32和图14-33所示为播放器中按钮翻转的效果。

创建网页翻转的手段有很多，例如更改按钮色相、明度等颜色信息，或者对按钮的形态进行变化，如图14-34和图14-35所示。

图 14-32

图 14-33

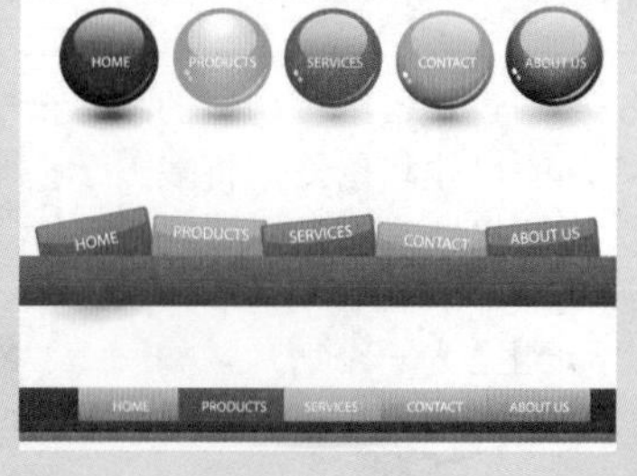

图 14-34

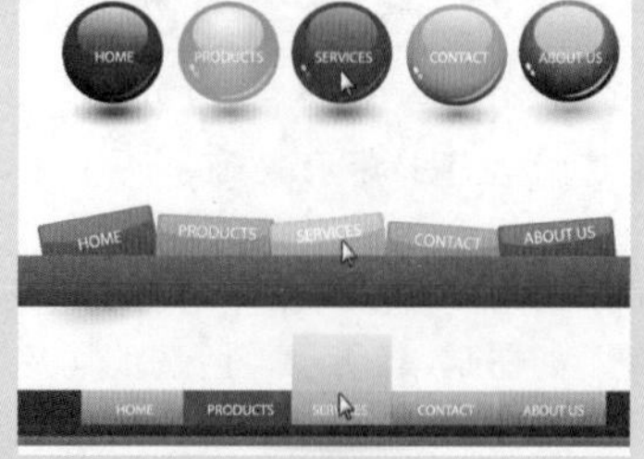

图 14-35

14.4 网页图形的输出设置

使用“存储为Web和设备所用格式”可以导出和优化切片图像。该命令会将每个切片储存为单独的文件并生成显示切片所需的HTML或CSS代码。执行“文件>导出>存储为Web和设备所用格式（旧版）”命令，设置参数并单击“存储”按钮，选择储存位置及类型。

14.4.1 存储为Web和设备所用格式

创建切片后对图像进行优化可以减小图像的大小，而较小的图像可以使Web服务器更加高效地储存、传输和下载图像。执行“文件>导出>存储为Web所用格式（旧版）”命令，打开“存储为Web所用格式”对话框，在该对话框中可以对图像进行优化和输出，如图14-36所示。

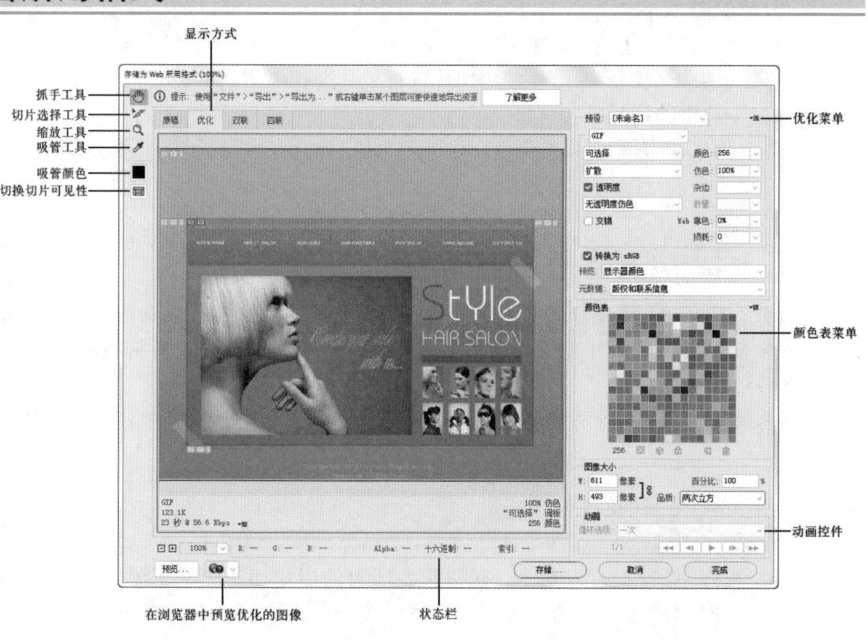

图 14-36

- 显示方式：选择“原稿”选项卡，窗口只显示没有优化的图像，如图14-37所示；选择“优化”选项卡，窗口只显示优化的图像，如图14-38所示；选择“双联”选项卡，窗口会显示优化前和优化后的图像，如图14-39所示；选择“四联”选项卡，窗口会显示图像的4个版本，除了原稿以外的3个图像可以进行不同的优化，如图14-40所示。

图 14-37

图 14-38

图 14-39

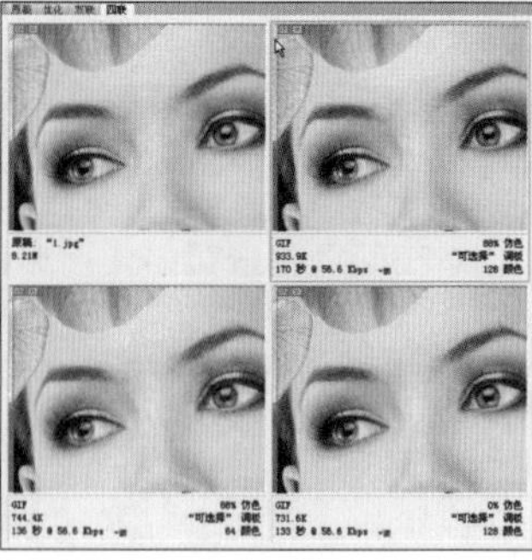

图 14-40

- 抓手工具/缩放工具：使用抓手工具可以移动查看图像；使用缩放工具可以放大图像窗口，按住Alt键单击窗口则会缩小显示比例。
- 切片选择工具：当一张图像上包含多个切片时，可以使用该工具选择相应的切片进行优化。
- 吸管工具/吸管颜色■：使用吸管工具在图像上单击，可以拾取单击处的颜色，并显示在“显示颜色”图标中。
- 切换切片可见性：激活该按钮，在窗口中才能显示出切片。
- 优化菜单：在该菜单中可以存储优化设置、设置优化文件大小等，如图14-41所示。
- 颜色表：将图像优化为GIF、PNG-8、WBMP格式时，可以在“颜色表”中对图像的颜色进行优化设置。
- 颜色表菜单：该菜单下包含与颜色表相关的一些命令，可以删除颜色、新建颜色、锁定颜色或对颜色进行排序等。
- 图像大小：将图像大小设置为指定的像素尺寸或原稿大小的百分比。
- 状态栏：这里显示光标所在位置的图像的颜色值等信息。
- 在浏览器中预览优化图像：单击按钮，可以在Web浏览器中预览优化后的图像。

图 14-41

14.4.2 设置合适的网页优化格式

不同格式的图像文件其质量与大小也不同，合理选择优化格式，可以有效地控制图形的质量。可供选择的Web图形的优化格式包括GIF、JPEG、PNG-8、PNG-24和WBMP。

优化为GIF格式

GIF是用于压缩具有单调颜色和清晰细节的图像的标准格式，它是一种无损的压缩格式。GIF文件支持8位颜色，因此它可以显示多达256种颜色，如图14-42所示是GIF格式的设置选项。

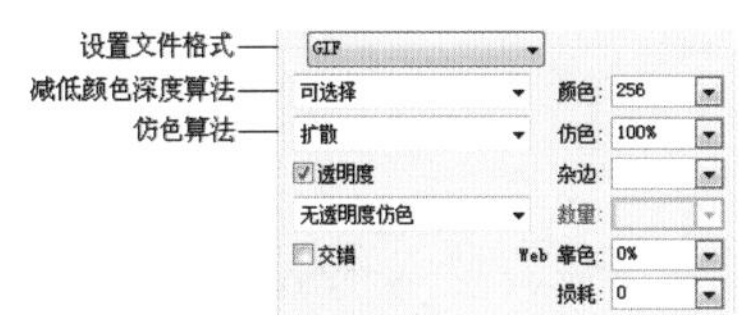

图 14-42

- 设置文件格式：设置优化图像的格式。
- 减低颜色深度算法/颜色：设置用于生成颜色查找表的方法，以及在颜色查找表中使用的颜色数量，如图14-43所示分别是设置“颜色”为256和8时的优化效果。

图 14-43

- 仿色算法/仿色：“仿色”是指通过模拟计算机的颜色来显示提供的颜色的方法。较高的仿色百分比可以使图像生成更多的颜色和细节，但是会增加文件的大小。
- 透明度/杂边：设置图像中的透明像素的优化方式。
- 交错：当正在下载图像文件时，在浏览器中显示图像的低分辨率版本。
- Web靠色：设置将颜色转换为最接近Web面板等效颜色的容差级别。数值越高，转换的颜色越多，如图14-44所示分别是设置“Web靠色”为80%和20%时的图像效果。

图 14-44

- 损耗：扔掉一些数据来减小文件的大小，通常可以将文件减小5%~40%，设置5~10的“损耗”值不会对图像产生太大的影响。如果设置的“损耗”值大于10，文件虽然会变小，但是图像的质量会下降。

优化为JPEG格式

JPEG格式是用于压缩连续色调图像的标准格式。将图像优化为JPEG格式的过程中，会丢失图像的一些数据，如图14-45所示是JPEG格式的参数选项。

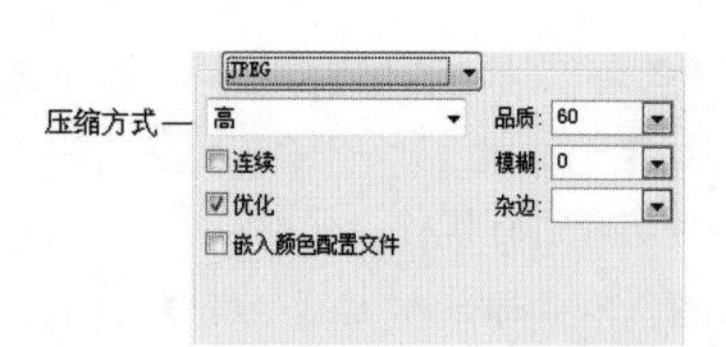

图 14-45

- 压缩方式/品质：选择压缩图像的方式。后面的“品质”数值越高，图像的细节越丰富，但文件也越大。
- 连续：在Web浏览器中以渐进的方式显示图像。
- 优化：创建更小但兼容性更低的文件。
- 嵌入颜色配置文件：在优化文件中存储颜色配置文件。
- 模糊：创建类似于“高斯模糊”滤镜的图像效果。数值越大，模糊效果越明显，但会减小图像的大小，在实际工作中，“模糊”值最好不要超过0.5。
- 杂边：为原始图像的透明像素设置一个填充颜色。

优化为PNG-8格式

PNG-8格式与GIF格式一样，可以有效地压缩纯色区域，同时保留清晰的细节。PNG-8格式也支持8位颜色，因此它可以显示多达256种颜色，如图14-46所示是PNG-8格式的参数选项。

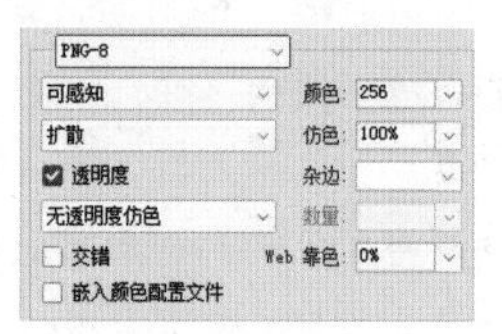

图 14-46

优化为PNG-24格式

PNG-24格式可以在图像中保留多达256个透明度级别，适合于压缩连续色调图像，但它所生成的文件比JPEG格式生成的文件要大得多，如图14-47所示。

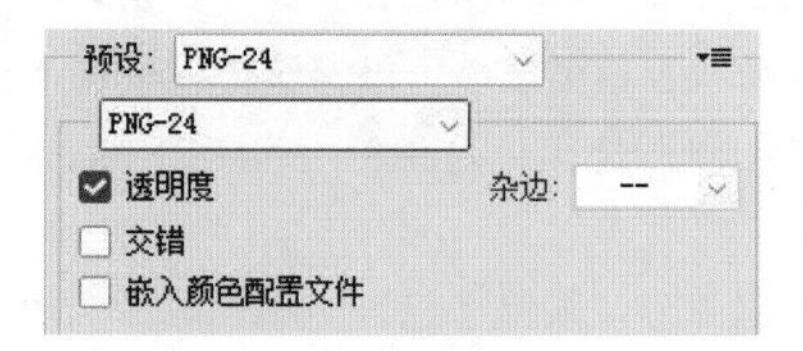

图 14-47

优化为WBMP格式

WBMP格式是用于优化移动设备图像的标准格式，其参数选项如图14-48所示。WBMP格式只支持1位颜色，即WBMP图像只包含黑色和白色像素，如图14-49所示。

图 14-48　　图 14-49

14.4.3 Web图形输出设置

在“存储为Web所用格式”对话框右上角的优化菜单中选择“编辑输出设置”命令，打开“输出设置”对话框，在这里可以对Web图形进行输出设置。直接在“输出设置”对话框中单击“确定”按钮，即可使用默认的输出设置，如图14-50所示。也可以选择其他预设进行输出，如图14-51所示。

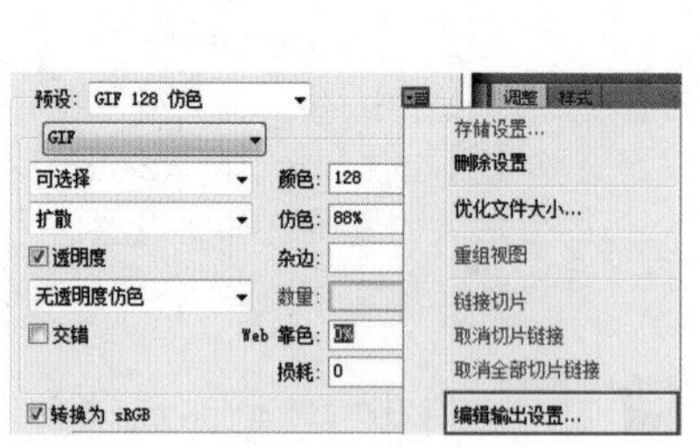

图 14-50

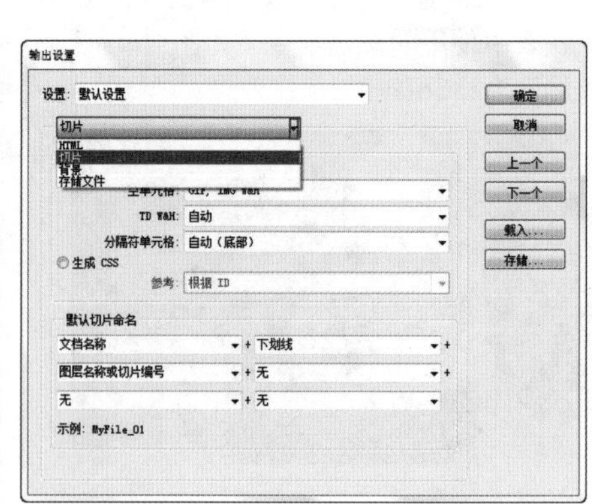

图 14-51

14.5 使用Zoomify命令

Photoshop可以导出高分辨率的JPEG文件和HTML文件，然后将这些文件上载到Web服务器上，以便查看者平移和缩放该图像的更多细节。执行“文件>导出>Zoomify”命令，打开“Zoomify™导出”对话框，在该对话框中可以设置导出图像和文件的相关选项，如图14-52所示，效果如图14-53所示。

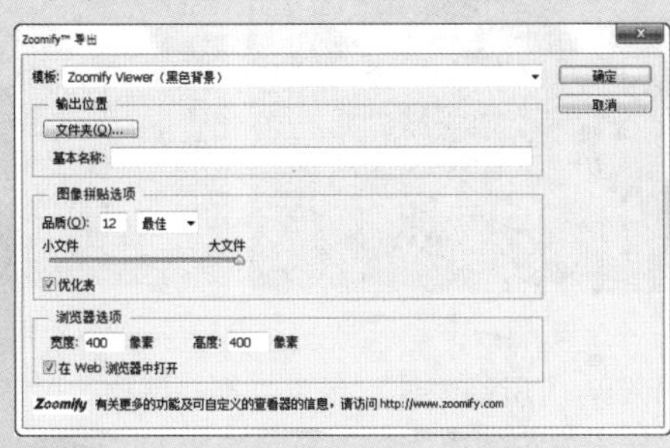

图 14-52

图 14-53

- 模板：设置在浏览器中查看图像的背景和导航。
- 输出位置：指定文件的位置和名称。
- 图像拼贴选项：设置图像的品质。
- 浏览器选项：设置基本图像在查看者的浏览器中的像素宽度和高度。

14.6 网页广告设计

14.6.1 网页促销广告

案例文件	案例文件\第14章\网页促销广告.psd
视频教学	视频文件\第14章\网页促销广告.mp4
难易指数	★★★★★
技术要点	图层混合、图层样式、横排文字工具

扫码看视频

案例效果

本案例主要是利用图层混合、图层样式和文字工具等工具，制作网页促销广告，如图14-54所示。

图 14-54

操作步骤

01 新建文件，执行“文件>新建”命令，设置“宽度”为800像素，“高度”为500像素，“分辨率”为72像素/英寸，“颜色模式”为RGB颜色，如图14-55所示。然后将得到的空白文件背景填充为黑色，如图14-56所示。

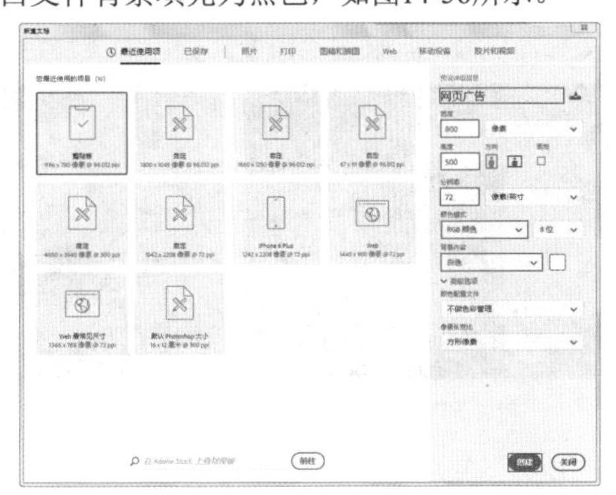

图 14-55

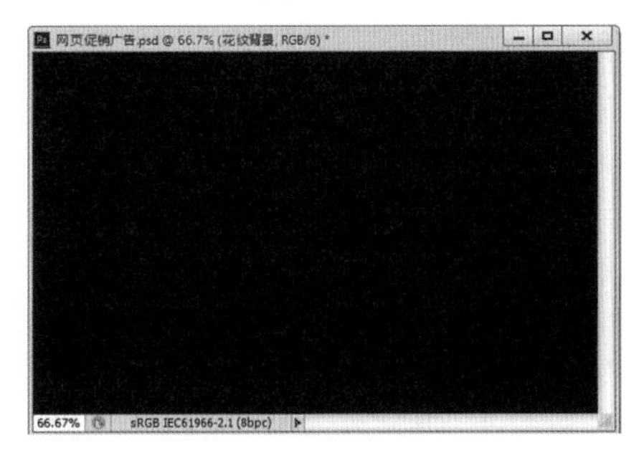

图 14-56

02 将图层填充为黑色，置入花纹素材文件“1.jpg”，栅格化该图层。在“图层”面板中单击“添加图层蒙版”按钮，使用画笔工具，适当降低“不透明度”，在蒙版上进行绘制，如图14-57所示。压暗花纹素材四周，如图14-58所示。

03 新建图层并填充紫色，设置“不透明度”为75%，如图14-59所示。复制紫色图层，设置“混合模式”为颜色减淡，添加图层蒙版，使用画笔工具，适当降低“不透明度”，在蒙版四周进行涂抹，如图14-60所示。

图 14-57

图 14-58

图 14-59

图 14-60

04 执行“图层>新建调整图层>曲线”命令，调整曲线形状，如图14-61所示。使用黑色画笔在调整图层蒙版四周进行涂抹，使调整图层只对画面中心起作用，如图14-62所示。新建图层，使用黑色画笔适当调整画笔的不透明度，在画面四周进行绘制，如图14-63所示。

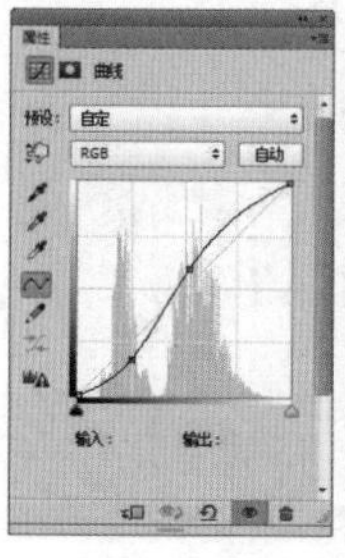

图 14-61

图 14-62

图 14-63

05 置入人像素材文件“2.jpg”，调整合适大小及位置，栅格化该图层，如图14-64所示。使用钢笔工具绘制人物边缘路径，转换为选区后为人像图层添加图层蒙版，隐藏人像背景部分，如图14-65所示。

06 单击工具箱中的“文字工具”按钮T，设置合适的字体及大小，在画面中输入文字，如图14-66所示。执行“图层>图层样式>渐变叠加”命令，设置“渐变”颜色为淡粉色系渐变，“角度”为90度，如图14-67所示。

图 14-64

图 14-65

图 14-66

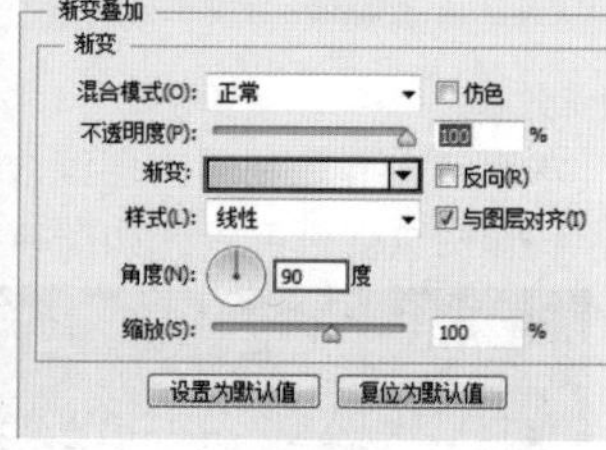

图 14-67

07 选中“投影”复选框，设置颜色为紫红色，“距离”为10像素，“扩展”为10%，“大小”为15像素，如图14-68和图14-69所示。

08 用同样的方法制作出另外一组文字，设置合适大小及位置，如图14-70所示。添加图层蒙版，使用矩形选框工具在文字上绘制一个合适大小的矩形，在蒙版上填充黑色，隐藏多余部分，如图14-71所示。

09 继续使用横排文字工具在右上角输入文字，为其赋予橙色系的渐变叠加，并在左侧输入较大的数字1，如图14-72所示。

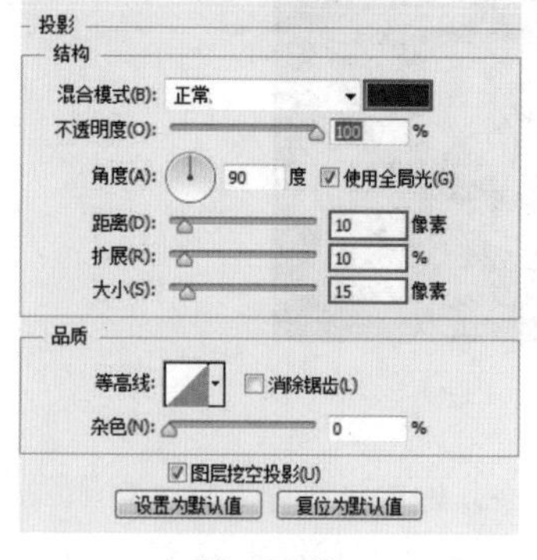

图 14-68

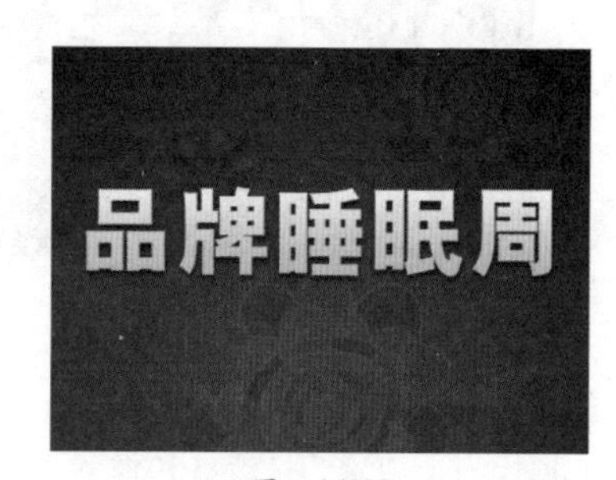

图 14-69

图 14-70

图 14-71　图 14-72

10 执行“图层>图层样式>投影”命令，设置投影颜色为黑色，“距离”为10像素，“大小”为20像素，如图14-73所示，效果如图14-74所示。

11 选中“描边”复选框，设置“填充类型”为“渐变”，编辑一种渐变效果，适当设置角度以及缩放数值。然后设置描边“大小”为4像素，描边“位置”为“内部”，如图14-75所示，效果如图14-76所示。

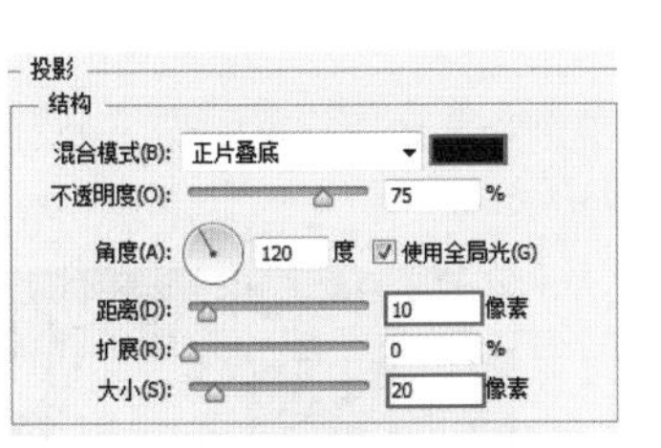

图 14-73

图 14-74

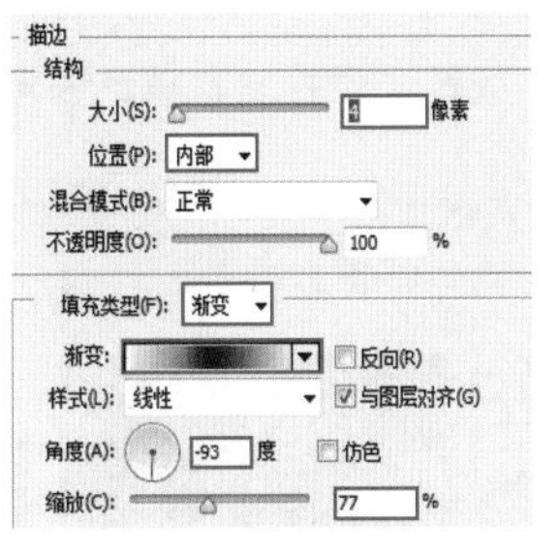

图 14-75

图 14-76

12 选中“图案叠加”复选框，在“图案”下拉列表中选择一种合适的图案，设置“缩放”为51%，如图14-77和图14-78所示。

13 选中“颜色叠加”复选框，设置颜色为橘黄色，“混合模式”为“叠加”，如图14-79所示，文字效果如图14-80所示。

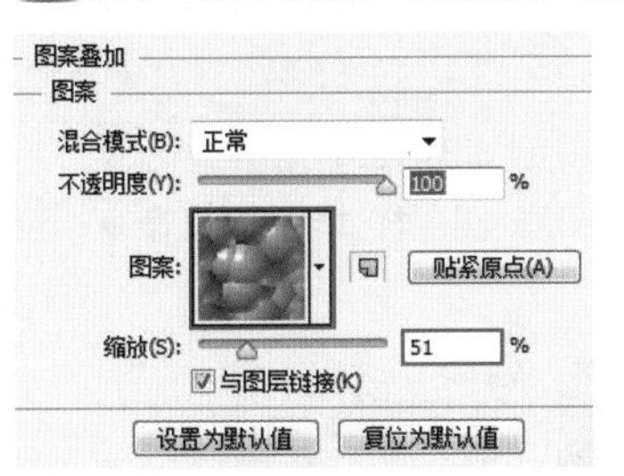

图 14-77

图 14-78

图 14-79

图 14-80

14 单击工具箱中的“多边形套索工具”按钮，在文字下绘制一个矩形选区，填充白色，如图14-81所示。选择粉色渐变文字图层，右击，在弹出的快捷菜单中执行“拷贝图层样式”命令，在矩形图层上右击，在弹出的快捷菜单中执行“粘贴图层样式”命令，如图14-82所示。

15 使用文字工具在矩形上输入合适文字，如图14-83所示。按Ctrl键载入文字选区，选择矩形图层，按Delete键，隐藏原始文字，制作出镂空效果，如图14-84所示。

图 14-81

图 14-82　图 14-83

图 14-84

16 单击“画笔工具”按钮，设置一种柔边圆画笔，调整较大画笔，新建图层并单击绘制一个白色的柔角圆，如图14-85所示。按Ctrl+T自由变换快捷键，将圆调整为条形，如图14-86所示。

17 多次复制条形，使用“自由变换”命令调整角度，制作星光，将其放置在数字1的右上角，如图14-87所示。使用多边形套索工具在文字右侧绘制一个合适大小的选区，如图14-88所示。

图 14-85

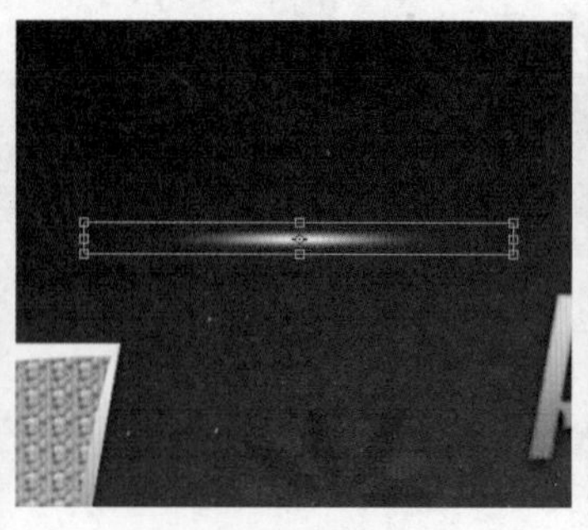

图 14-86

图 14-87

图 14-88

18 单击“渐变填充工具”按钮，设置一种黄色系渐变，如图14-89所示。新建图层，为选区填充黄色系渐变，如图14-90所示。

19 单击工具箱中的“椭圆选框工具”按钮，在渐变矩形左侧绘制一个圆形选区，按Delete键删除，如图14-91所示。执行“图层>图层样式>内发光”命令，设置颜色为红棕色，“大小”为10像素，如图14-92和图14-93所示。

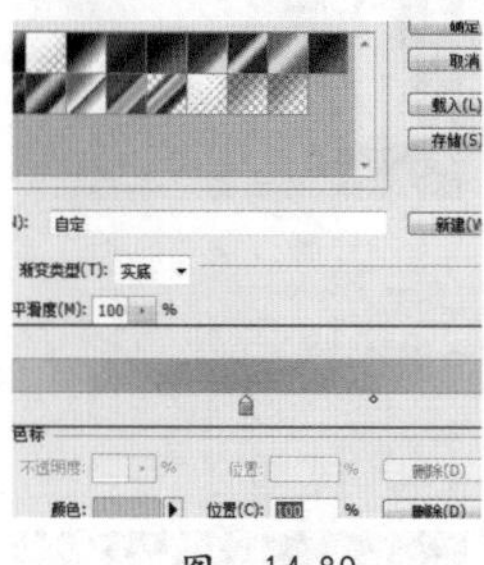

图 14-89

图 14-90

图 14-91

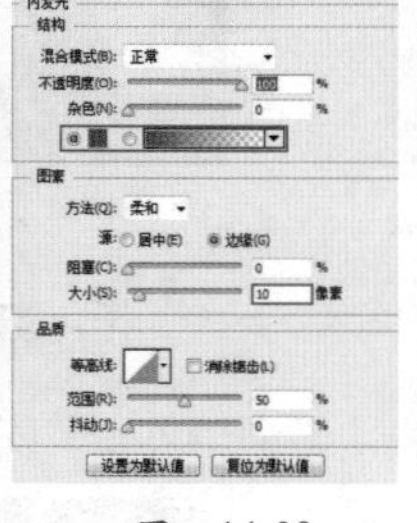

图 14-92

图 14-93

20 用同样的方法制作标签的阴影效果，如图14-94所示。使用画笔工具在标签左侧绘制绳子部分，如图14-95所示。

21 再次使用横排文字工具在标签上输入文字，将其旋转至合适大小，如图14-96所示。执行“图层>图层样式>描边”命令，设置“大小”为7像素，颜色为棕色，如图14-97所示，最终效果如图14-98所示。

图 14-94

图 14-95

图 14-96

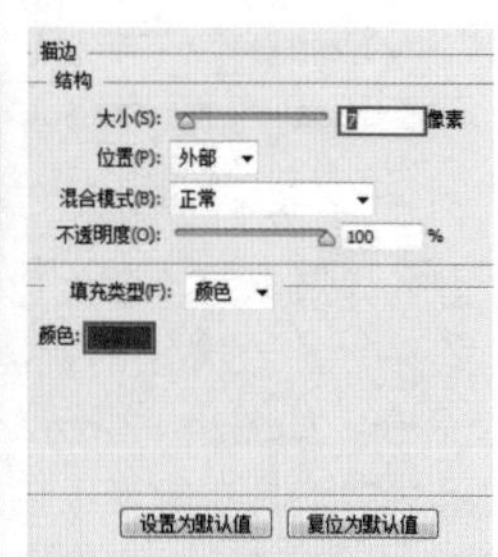

图 14-97

22 执行“文件>存储为”命令，在弹出的“存储为”对话框中设置合适的文件名，格式设置为“.jpg”，单击“保存”按钮，如图14-99所示。然后在弹出的“JPEG选项”对话框中对图像的品质进行设置，例如本案例中需要将该广告的大小限制为100K以内，那么就可以适当降低图像品质，如图14-100所示。

图 14-98

图 14-99

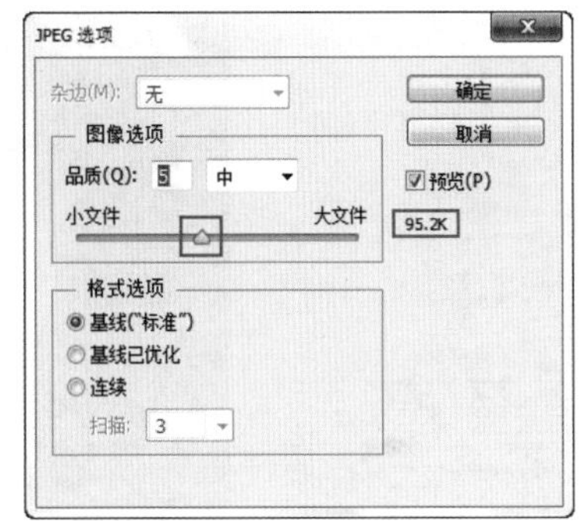

图 14-100

思维点拨：网页广告常用尺寸

广告类型	像素大小
产品或新闻照片展示	120×120
LOGO展示	120×60
产品演示或大型LOGO	120×90
照片效果表现类的图像广告	125×125
框架或左右形式主页的广告链接	234×60
页眉或页脚处较多图片展示的广告条	392×72
常见的页眉或页脚处广告条尺寸	468×60
网页链接或网站小型LOGO	88×31

14.6.2 网页产品展示模块设计

案例文件	案例文件\第14章\网页产品展示模块设计.psd
视频教学	视频文件\第14章\网页产品展示模块设计.mp4
难易指数	★★★★★
技术要点	钢笔工具、形状工具、图层样式

扫码看视频

案例效果

本案例主要是使用钢笔工具、形状工具和图层样式等工具制作网页产品展示模块，效果如图14-101所示。

图 14-101

操作步骤

01 新建文件，使用渐变工具，在选项栏中设置绿色系的渐变颜色，设置“样式”为径向，如图14-102所示。在画面中绘制渐变，效果如图14-103所示。

图 14-102

图 14-103

02 在工具箱中选中钢笔工具，在画面中绘制叶子的路径形状，如图14-104所示。新建图层，按Ctrl+Enter快捷键将其快速转化为选区，为其填充黄色，如图14-105所示。用同样的方法制作其他的叶子，效果如图14-106所示。

图 14-104　图 14-105　图 14-106

03 对橘黄色的叶片执行“图层>图层样式>斜面和浮雕”命令，设置“大小”为30像素，“高光模式”为叠加，“颜色”为绿色，“不透明度”为70%，设置“阴影”的“不透明度”为0%，如图14-107所示，效果如图14-108所示。用同样的方法制作其他的叶子，效果如图14-109所示。

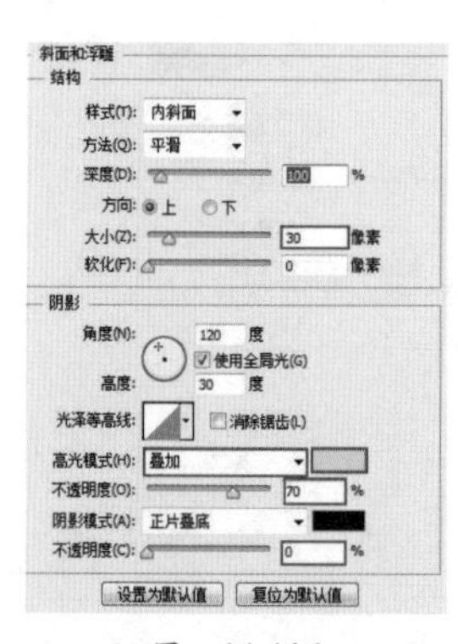

图 14-107

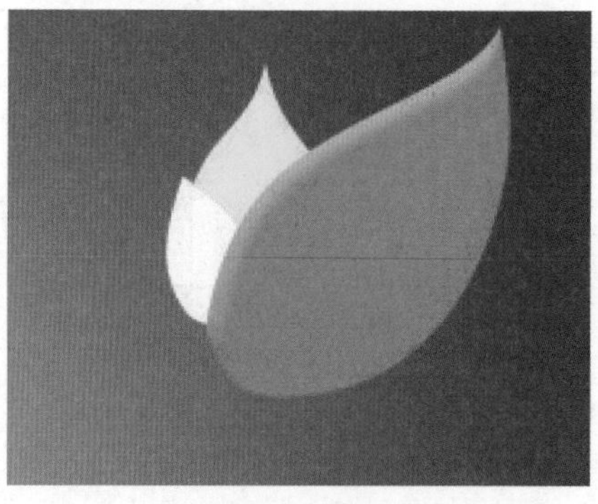

图 14-108

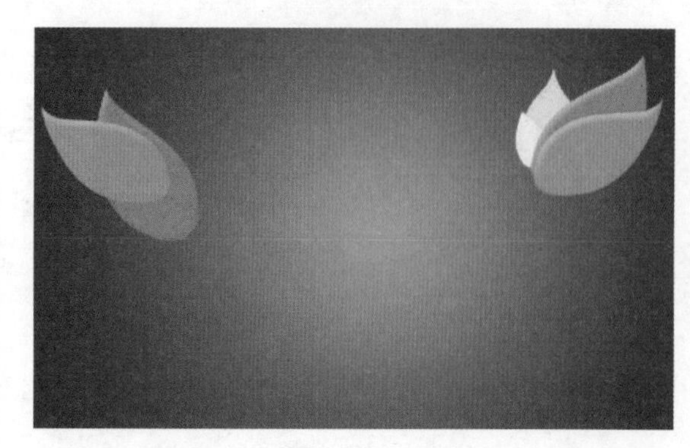

图 14-109

04 新建图层，使用矩形选框工具，在画面中绘制合适的选区，为其填充绿色，如图14-110所示。执行“图层>图层样式>描边”命令，设置描边“大小”为5像素，“位置”为“外部”，“填充类型”为“颜色”，“颜色”为“绿色”，如图14-111所示。

05 选择绿色矩形，在“图层”面板中设置“填充”为80%，如图14-112和图14-113所示。

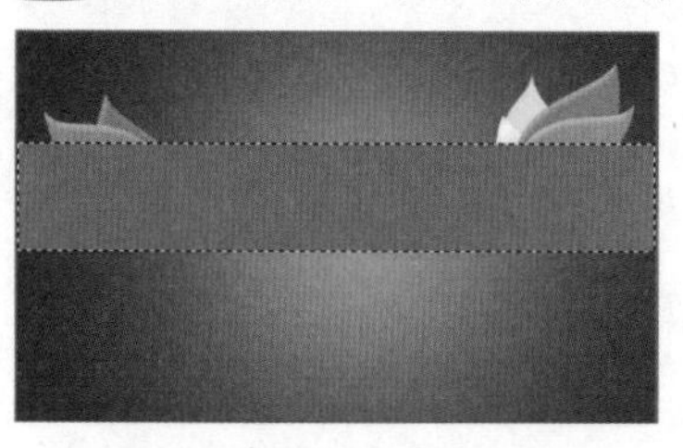

图 14-110

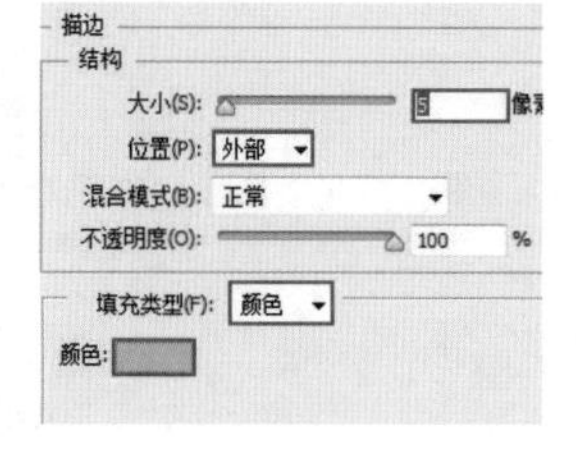

图 14-111

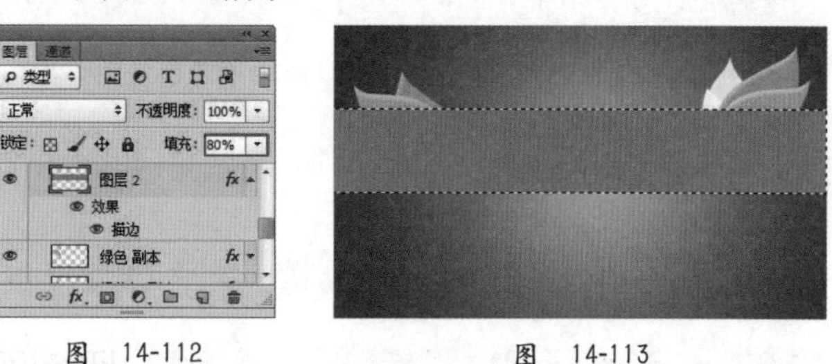

图 14-112

图 14-113

06 使用圆角矩形工具，在选项栏中设置“填充”颜色为黄色，“描边”为无，“半径”为“10像素”，如图14-114所示。在画面中单击拖曳进行绘制，效果如图14-115所示。

图 14-114

图 14-115

07 单击工具箱中的“移动工具”按钮，按住Alt键进行移动复制，复制出其他的圆角矩形，如图14-116所示。

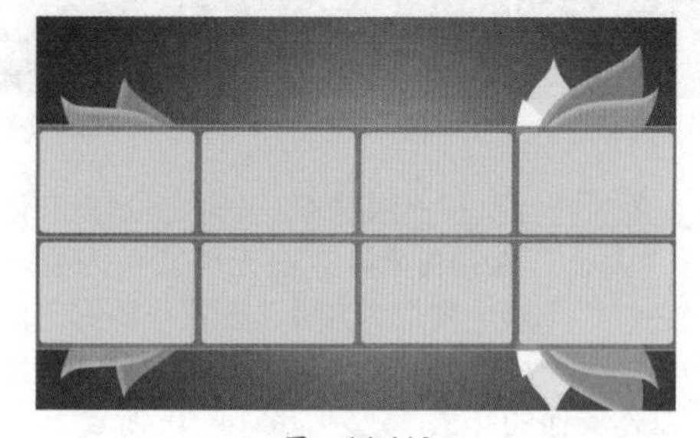

图 14-116

技巧提示

为了使移动复制出的圆角矩形能够均匀地排列和分布，在移动复制出第一排的4个圆角矩形时，应在“图层”面板中选中这4个图层，并使用移动工具选项栏中的对齐按钮和分布按钮，如图14-117所示。第一排对齐分布完毕后可以选中第一排的四个圆角矩形移动复制为第二排。另外，在移动复制之前也可以执行“视图>显示>智能参考线”命令开启智能参考线。

图 14-117

08 置入照片素材“1.png”摆放在画面中合适的位置，栅格化该图层，如图14-118所示。为其添加同样的描边样式，设置“颜色”为绿色，如图14-119和图14-120所示。

图 14-118

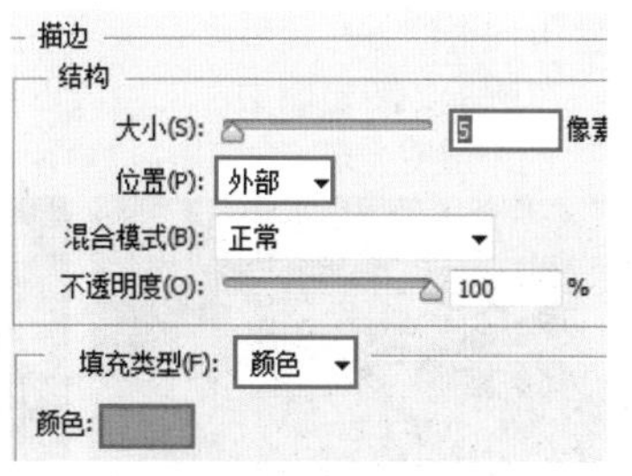

图 14-119

图 14-120

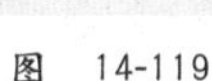

技巧提示

如果需要为该图层赋予与其他图层相同的图层样式，那么在其他图层的图层样式上右击，在弹出的快捷菜单中执行“复制图层样式”命令，并在该图层上右击，在弹出的快捷菜单中执行“粘贴图层样式”命令即可。

09 使用横排文字工具设置相应的前景色，设置合适的字号以及字体，在画面中分别输入合适的文字，如图14-121所示。

10 置入前景LOGO素材“2.png”，置于画面左上角，栅格化该图层，并在LOGO图层底部新建图层，使用黑色柔边圆画笔在画面中绘制LOGO的阴影效果，设置其“不透明度”为40%，如图14-122所示。最终制作效果如图14-123所示。

图 14-121

图 14-122

图 14-123

14.7 网页设计——自然主题趣味网页

案例文件	案例文件\第14章\自然主题趣味网页.psd
视频教学	视频文件\第14章\自然主题趣味网页.mp4
难易指数	★★★★★
技术要点	形状工具、描边路径、剪贴蒙版

扫码看视频

案例效果

本案例主要是利用形状工具、描边路径和剪贴蒙版等工具制作自然主题趣味网页，效果如图14-124所示。

图 14-124

操作步骤

01 打开本书配套资源中的素材文件“1.jpg”，如图14-125所示。新建图层，为其填充棕色，设置图层的“不透明度”为65%，如图14-126所示。

图 14-125

图 14-126

02 继续新建图层，使用黑色柔边圆画笔在画面四周绘制黑色暗角，如图14-127所示。新建图层，继续使用柔边圆画笔工具，设置前景色为白色，在画面中绘制大小不同的光斑效果，如图14-128所示。

图 14-127

图 14-128

03 置入植物素材“2.png”置于画面底部，栅格化该图层。为了使植物更真实地融入画面中，需要在植物素材的底部新建图层，使用黑色柔边圆画笔工具在画面中进行涂抹，制作出植物的阴影效果，如图14-129所示。

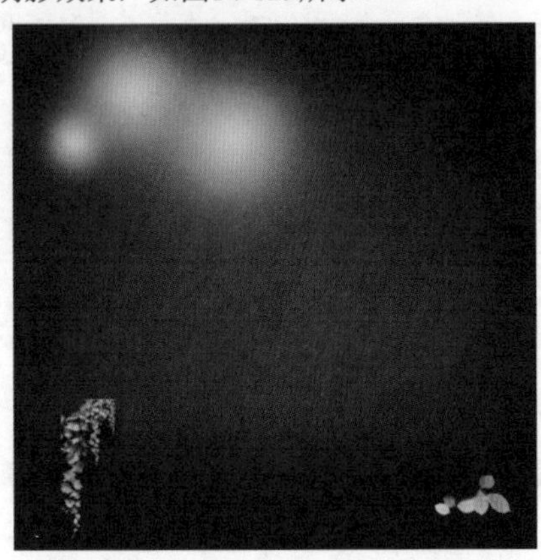

图 14-129

04 单击工具箱中的“圆角矩形工具”按钮，在选项栏中设置“绘制模式”为“形状”，“填充”颜色为黑色，“半径”为“8像素”，如图14-130所示。在画面中绘制一个圆角矩形，并在“图层”面板中调整该图层的“不透明度”为50%，效果如图14-131所示。

图 14-130

图 14-131

05 用同样的方法，继续在画面中绘制黑色的圆角矩形，如图14-132所示。新建图层，使用白色画笔工具在画面右下角绘制较大的半透明光斑，如图14-133所示。

图 14-132

图 14-133

06 再次使用圆角矩形工具设置“绘制模式”为“形状”，“填充”颜色为白色，“半径”为“8像素”，如图14-134所示。在画面中单击绘制，如图14-135所示。

图 14-134

图 14-135

07 将素材“3.png”置于画面合适位置，栅格化该图层。放在白色圆角矩形上，如图14-136所示。在图像素材图层上右击，在弹出的快捷菜单中执行“创建剪贴蒙版”命令，如图14-137所示。

图 14-136

图 14-137

08 继续使用圆角矩形工具绘制另外一些图片区域，如图14-138所示，并以同样的方法继续置入其他素材制作圆角效果，栅格化该图层，如图14-139所示。

图 14-138

图 14-139

09 为了使画面右侧的人像照片产生投影效果，就需要选中右侧作为基底图层的圆角矩形，如图14-140所示。执行“图层>图层样式>投影”命令，设置“混合模式”为“正常”，“不透明度”为100%，“角度”为47度，“距离”为5像素，“扩展”为0%，“大小”为62像素，如图14-141所示。此时整个剪贴蒙版组才能够出现投影效果，如图14-142所示。

10 设置前景色为白色，在“画笔设置”面板中设置画笔大小为6，硬度为100。新建图层组并将其命名为光感，使用钢笔工具沿着屏幕的边缘绘制路径，右击，在弹出的快捷菜单中选择“描边路径”命令，在弹出的对话框中设置“工具”为“画笔”，选中“模拟压力”复选框，单击“确定”按钮，如图14-143所示，效果如图14-144所示。

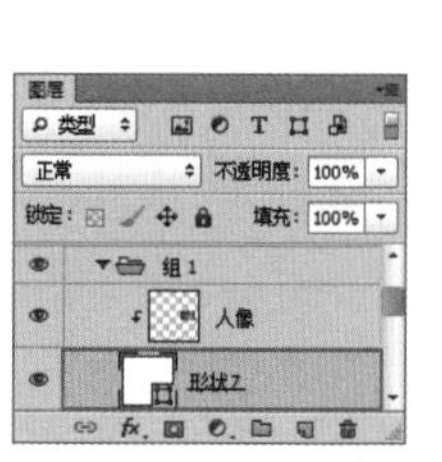

图 14-140

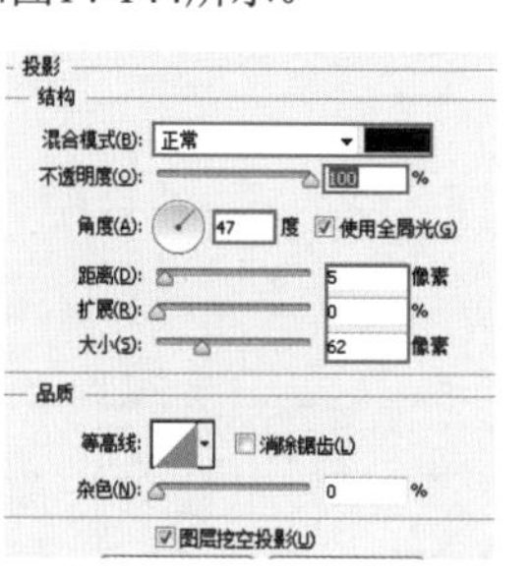

图 14-141

图 14-142

图 14-143

图 14-144

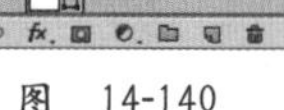

技巧提示

在描边路径时，如果想要使描边路径两端产生本案例的效果，必须要选中“模拟压力”复选框。并且在描边之前还需要在“画笔设置”面板中选中当前画笔笔尖的“形状动态”复选框，并设置“控制”为“钢笔压力”，如图14-145所示。

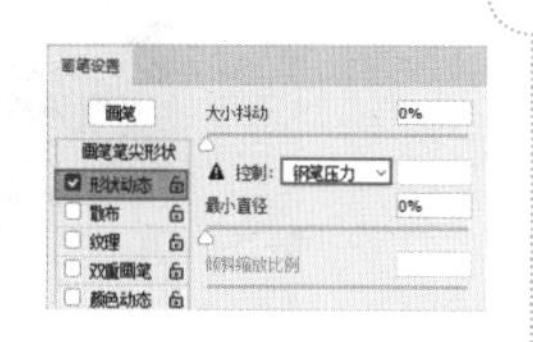

图 14-145

11 置入藤蔓素材“11.png”，放置在画面中合适的位置，栅格化该图层，如图14-146所示。

12 使用横排文字工具在画面中单击输入合适的文字。在网页设计制作中，尽量避免使用特殊字体，以防其他计算机缺少字体而造成显示错误。网页完成效果如图14-147所示。

13 为网页进行切片。首先执行“视图>标尺”命令打开标尺，然后沿页面分区添加一些参考线，如图14-148所示。单击工具箱中的“切片工具”按钮，在选项栏中单击“基于参考线的切片”按钮，此时画面自动出现与参考线相同的切片，如图14-149所示。

图 14-146

图 14-147

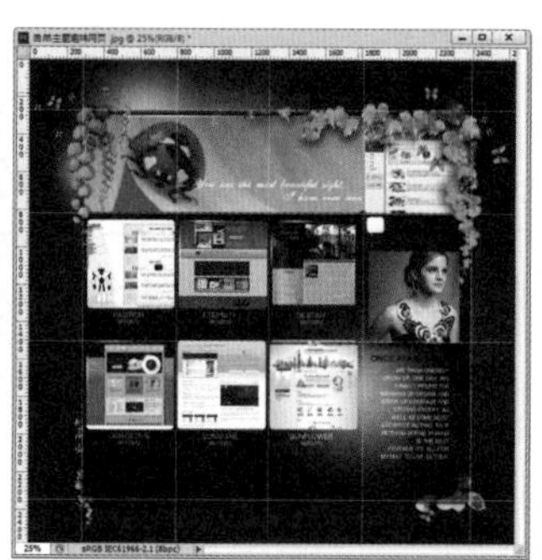

图 14-148

图 14-149

14 单击“切片选择工具”按钮，在页面顶栏处选择一个切片，然后按住Shift键加选另外两个切片，右击，在弹出的快捷菜单中执行“组合切片”命令，如图14-150所示。此时3个切片被组合为一个，如图14-151所示。

图 14-150

图 14-151

15 执行“文件>导出>存储为Web所用格式（旧版）”命令，在弹出的对话框中设置参数，并单击“存储”按钮，如图14-152所示。在弹出的对话框中设置名称和格式，单击“保存”按钮即可，如图14-153所示。

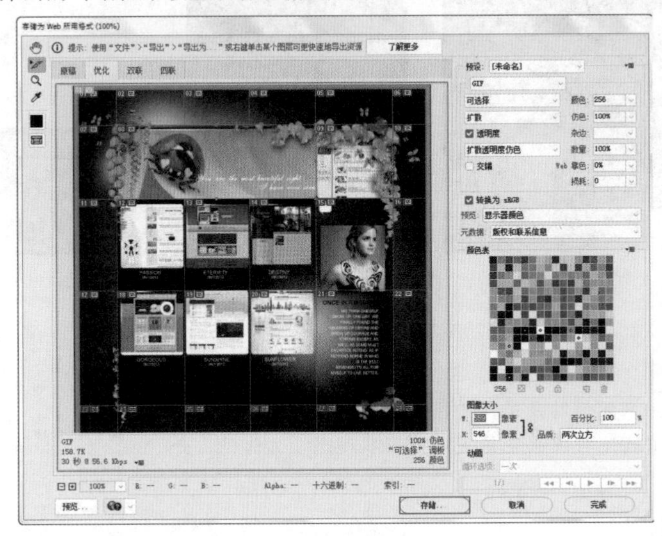
图 14-152

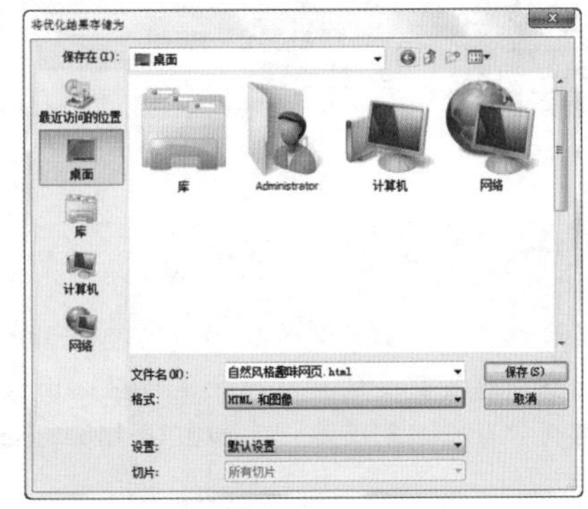
图 14-153

思维点拨：网页设计

网站是企业向用户和网民提供信息、产品和服务的一种方式，是企业开展电子商务的基础设施和信息平台。当然网站也可以是一种通信工具，就像布告栏一样，人们可以通过网站来发布自己想要公开的信息，或者利用网站来提供相关的网络服务。在互联网的早期，网站还只能保存单纯的文本。经过几年的发展，当万维网出现之后，图像、声音、动画、视频，甚至3D技术开始在互联网上流行起来，网站也慢慢地发展成我们现在看到的图文并茂的样子。因此网页设计也成为平面设计中至关重要的一个方面，如图14-154和图14-155所示。

图 14-154

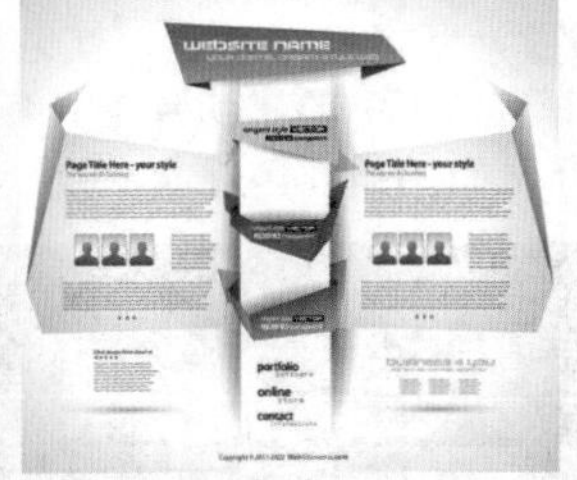
图 14-155

读书笔记

第15章

文件自动化处理

本章内容简介：

本章主要讲解了两方面内容：文件自动化处理的几种方法以及Photoshop中比较常用的设置。“动作”功能是自动化处理的基础，批处理命令是建立在运行“动作”的基础上。对于“首选项”的设置，作为了解内容，在需要进行某部分参数设置时可以随时查阅本章内容。

本章学习要点：

- 掌握记录与播放动作的方法。
- 掌握批处理文件的方法。
- 熟悉Photoshop的常用设置。

用"动作"快速处理文件

技术速查：使用"动作"相关功能可以记录使用过的操作，然后快速地对某个文件进行指定操作或者对一批文件进行同样处理。

"动作"是用于对一个或多个文件执行一系列命令的操作。使用"动作"进行自动化处理不仅能够确保操作结果的一致性，而且避免重复的操作步骤，从而节省了处理大量文件的时间。

15.1.1 认识"动作"面板

技术速查："动作"面板是进行文件自动化处理的核心之一，在"动作"面板中可以进行"动作"的记录、播放、编辑、删除、管理等操作。

执行"窗口>动作"命令或按Alt+F9快捷键，打开"动作"面板，如图15-1所示。

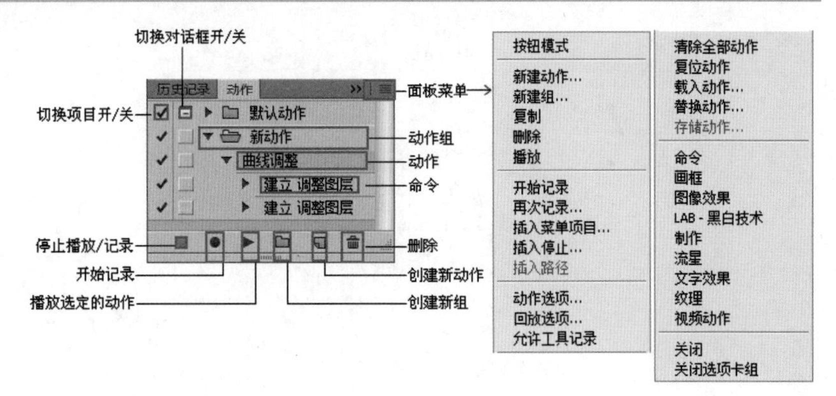

图 15-1

15.1.2 动手学：记录动作

在Photoshop中并不是所有工具和命令操作都能够被直接记录下来，使用选框、套索、魔棒、裁剪、切片、魔术橡皮擦、渐变、油漆桶、文字、形状、注释、吸管和颜色取样器等工具进行操作时，都可将这些操作记录下来。"历史记录"面板、"色板"面板、"颜色"面板、"路径"面板、"通道"面板、"图层"面板和"样式"面板中的操作也可以记录为动作。

01 打开素材文件，执行"窗口>动作"命令或按Alt+F9快捷键，打开"动作"面板。在"动作"面板中单击"创建新组"按钮，如图15-2所示。然后在弹出的"新建组"对话框中设置"名称"为"新动作"，如图15-3所示。

图 15-2

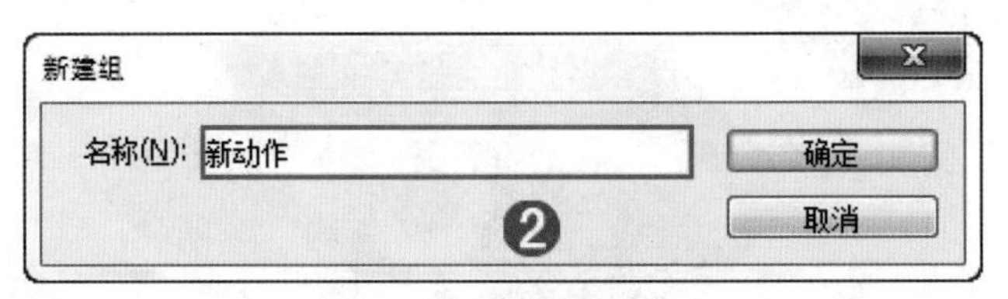

图 15-3

02 在"动作"面板中单击"创建新动作"按钮，如图15-4所示。然后在弹出的"新建动作"对话框中设置"名称"为"曲线调整"，为了便于查找，可以将"颜色"设置为"蓝色"，最后单击"记录"按钮，开始记录操作，如图15-5所示。

图 15-4

图 15-5

03 进行一系列操作，这些操作都会以名称的形式被记录在“动作”面板中。记录完成后需要在“动作”面板中单击“停止播放/记录”按钮■，停止记录，如图15-6所示。

图 15-6

15.1.3 动手学：在已有动作中插入项目

插入菜单项目

01 记录完成的动作也可以进行调整，如要在其中一个操作后面插入另一命令，可以选择该命令，然后在面板菜单中执行“插入菜单项目”命令，如图15-7所示。

技巧提示

插入菜单项目是指在动作中插入菜单中的命令，这样可以将很多不能录制的命令插入到动作中。除此之外，还可以向动作插入停止和路径。

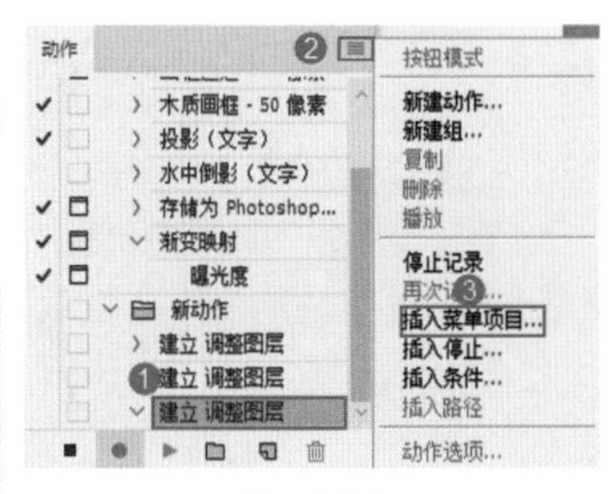

图 15-7

02 打开“插入菜单项目”对话框，接着执行要加入的菜单命令（此时的菜单命令无法进行参数调整，但是“插入菜单项目”对话框中会出现刚刚执行的命令），然后在“插入菜单项目”对话框中单击“确定”按钮，这样就可以将新增命令插入到相应命令的后面，如图15-8所示。

03 插入命令之后需要在“动作”面板中双击新添加的菜单命令，并在弹出的对话框中进行参数设置，如图15-9和图15-10所示。

图 15-8

图 15-9

图 15-10

插入停止

前面的章节中提到过并不是所有的操作都能够被记录下来，这时就需要使用“插入停止”命令。插入停止是指让动作播放到某一个步骤时自动停止，并弹出提示。这样就可以手动执行无法记录为动作的操作，例如使用画笔工具绘制或者使用加深减淡、锐化模糊等工具。

01 选择一个命令，然后在“动作”面板菜单中执行“插入停止”命令，如图15-11所示。接着在弹出的“记录停止”对话框中输入提示信息，并选中“允许继续”复选框，单击“确定”按钮，如图15-12所示。

02 此时“停止”动作就会插入到“动作”面板中。在“动作”面板中播放选定的动作后播放到“停止”动作时Photoshop会弹出一个“信息”对话框，如果单击“继续”按钮，则不会停止，并继续播放后面的动作；单击“停止”按钮，则会停止播放当前动作，如图15-13和图15-14所示。

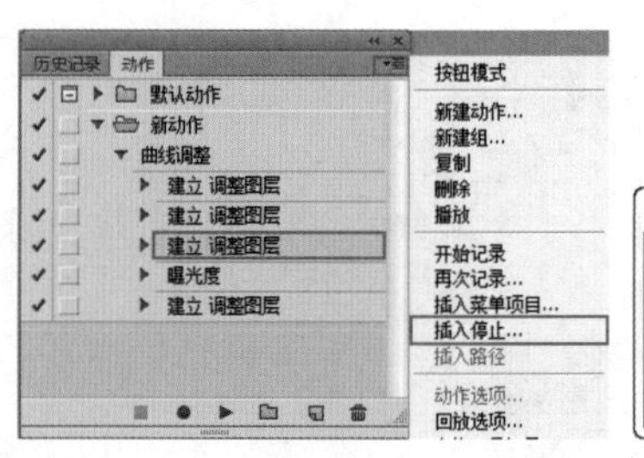

图 15-11

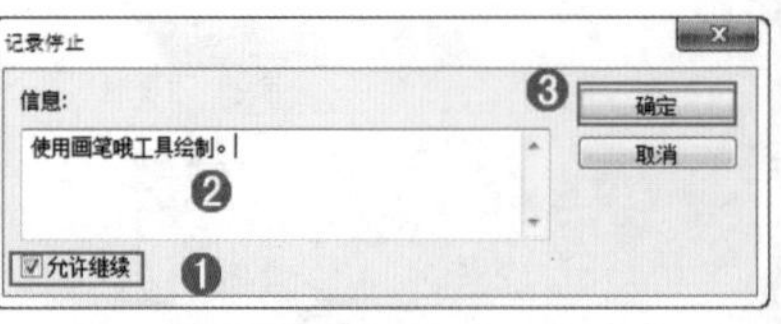

图 15-12

图 15-13

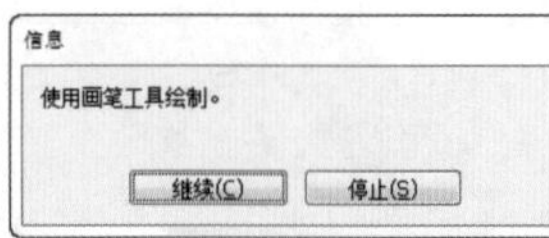

图 15-14

插入路径

由于在自动记录时，路径形状是不能够被记录的，使用“插入路径”命令可以将路径作为动作的一部分包含在动作中。插入的路径可以是钢笔和形状工具创建的路径，也可以是从Illustrator中粘贴的路径。

01 在文件中绘制需要使用的路径，然后在“动作” 面板中选择一个命令，执行“动作”面板菜单中的“插入路径”命令，如图15-15和图15-16所示。

02 在“动作”面板中出现“设置工作路径”命令，在对文件执行动作时会自动添加该路径，如图15-17所示。

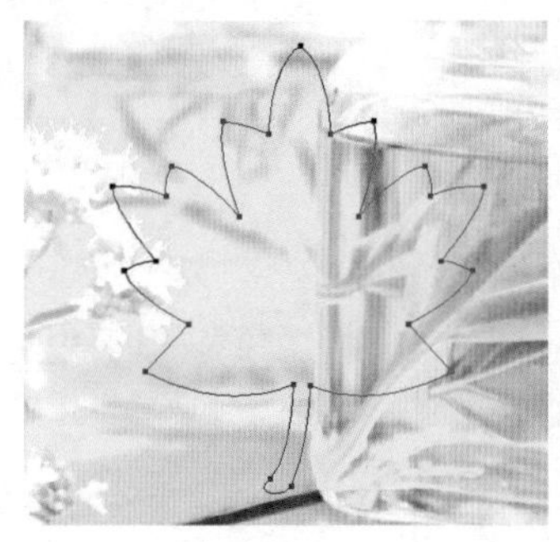

图 15-15

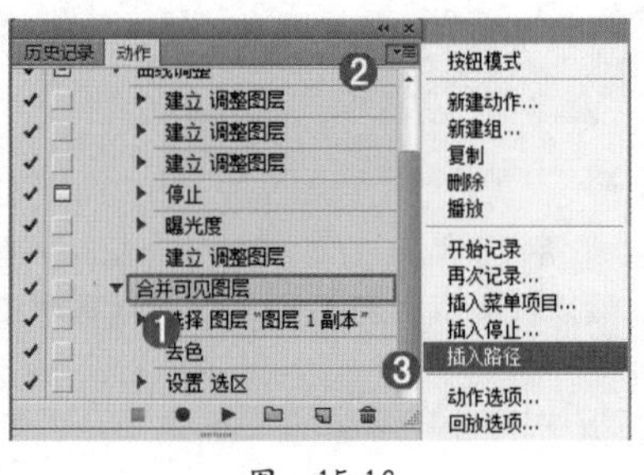

图 15-16

图 15-17

技巧提示

记录下的一个动作会被用于不同的画布大小，为了确保所有的命令和画笔描边能够基于相关的画布大小比例而不是基于特定的像素坐标记录，可以在标尺上右击，在弹出的快捷菜单中选择“百分比”命令，将标尺单位转变为百分比，如图15-18所示。

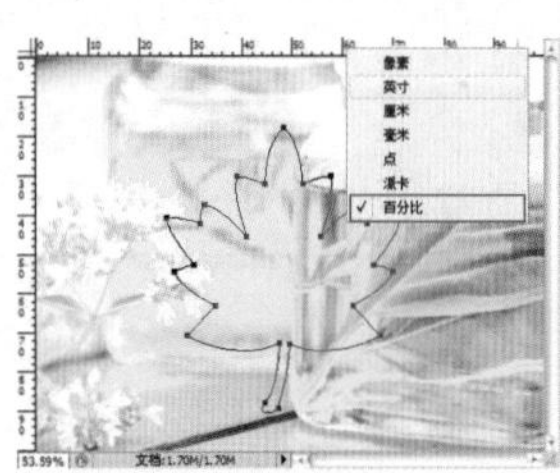

使用厘米作为标尺单位

使用百分比作为标尺单位

图 15-18

15.1.4 播放动作

技术速查：播放动作就是对图像应用所选动作或者动作中的一部分。

如果要对文件播放整个动作，可以选择该动作的名称，然后在“动作”面板中单击“播放选定的动作”按钮▶，如图15-19所示。如果要对文件播放动作的一部分，可以选择要开始播放的命令，然后在“动作”面板中单击“播放选定的动作”按钮▶，或从面板菜单中执行“播放”命令，如图15-20所示。

图 15-19

图 15-20

15.1.5 将动作存储为便携文件

如果要将记录的动作存储起来，可以在面板菜单中执行“存储动作”命令，如图15-21和图15-22所示，然后将动作组存储为ATN格式的文件，如图15-23所示。

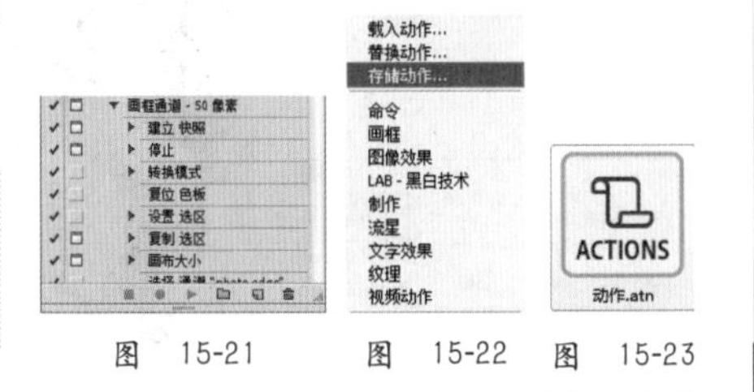

图 15-21　图 15-22　图 15-23

技巧提示

按住 Ctrl+Alt 快捷键的同时执行“存储动作”命令，可以将动作存储为TXT文本，在该文本中可以查看动作的相关内容，但是不能载入Photoshop中。

15.1.6 载入外挂动作库

为了快速地制作某些特殊效果，可以在网站上下载相应的动作库，下载完毕后需要将其载入Photoshop中。在面板菜单中执行“载入动作”命令，然后选择硬盘中的动作组文件即可，如图15-24和图15-25所示。

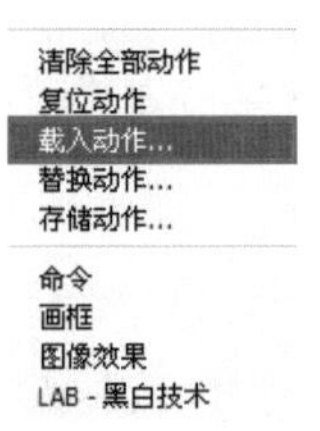

图 15-24　图 15-25

★ 案例实战——创建动作并应用

案例文件	案例文件\第15章\创建动作并应用.psd
视频教学	视频文件\第15章\创建动作并应用.mp4
难易指数	★★★★★
技术要点	记录动作、播放动作

扫码看视频

案例效果

本案例主要是通过使用“动作”面板，记录新动作并为照片播放动作，效果如图15-26所示。

图 15-26

操作步骤

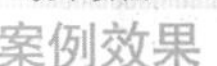

01 打开素材文件，如图15-27所示。执行“窗口>动作”命令或按Alt+F9快捷键，打开“动作”面板，如图15-28所示。

图 15-27　图 15-28

02 在“动作”面板中单击“创建新组”按钮，如图15-29所示。然后在弹出的“新建组”对话框中设置“名称”为“新动作”，如图15-30所示。效果如图15-31所示。

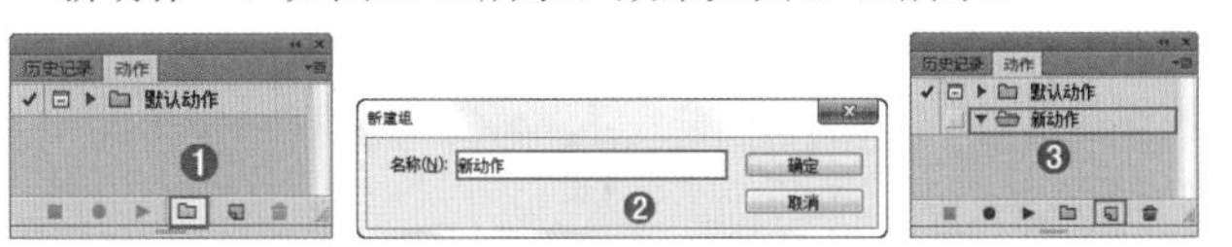

图 15-29　图 15-30　图 15-31

03 在“动作”面板中单击“创建新动作”按钮，如图15-32所示。然后在弹出的“新建动作”对话框中设置“名称”，最后单击“记录”按钮，开始记录操作，如图15-33所示。

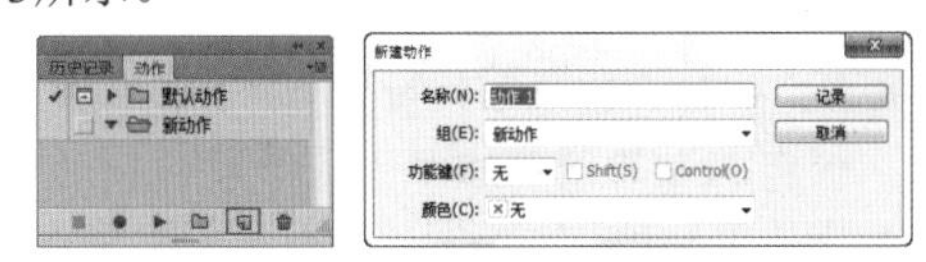

图 15-32　图 15-33

04 按Ctrl+M快捷键，打开“曲线”对话框调整曲线形状，如图15-34所示。增强画面对比度，如图15-35所示。此时在“动作”面板中出现“曲线”动作，如图15-36所示。

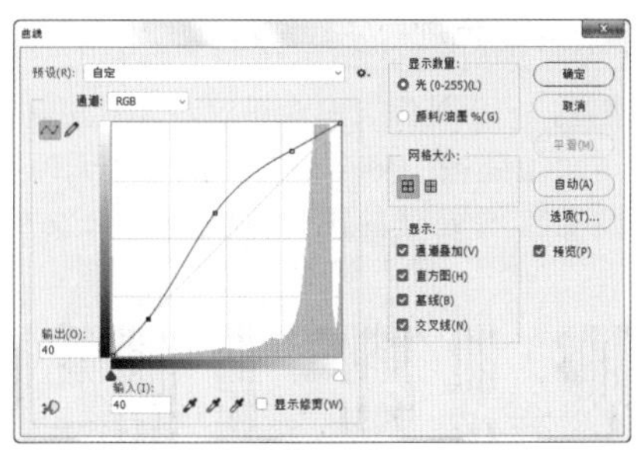

图 15-34

图 15-35　图 15-36

05 执行“图像>调整>自然饱和度”命令，在弹出的对话框中设置参数，如图15-37所示，效果如图15-38所示。

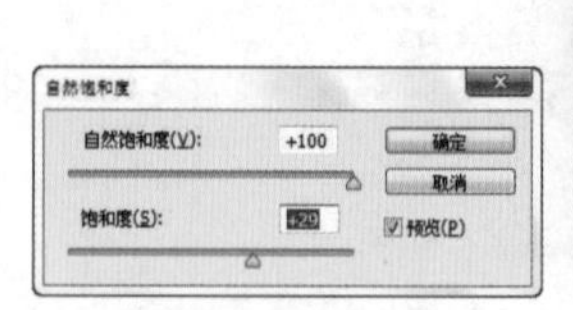

图 15-37

图 15-38

06 此时图像调整完成，按Shift+Ctrl+S组合键存储文件，关闭当前文档。然后在“动作”面板中单击“停止播放/记录”按钮 ■ 停止记录，如图15-39所示。

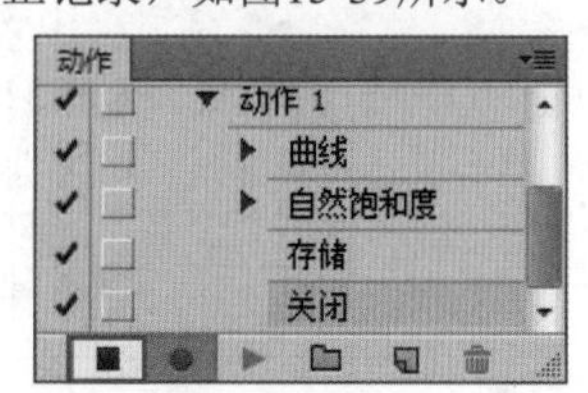

图 15-39

07 打开其他照片素材文件，在“动作”面板中选择“曲线”动作，并单击“播放”按钮▶，如图15-40所示。此时Photoshop会按照前面记录的动作处理图像，如图15-41所示。

图 15-40

图 15-41

技巧提示

为了避免使用动作后得到不满意的结果而多次撤销，可以在运行一个动作之前打开“历史记录”面板，创建一个当前效果的快照。如果需要撤销操作只需要单击之前创建的快照，即可快速还原使用动作之前的效果。

15.2 批量自动处理文件

在实际操作中，很多时候需要对大量的图像进行相同的处理，例如，调整多张数码照片的尺寸、统一调整色调、制作大量的证件照等。这时就可以通过使用Photoshop中的批处理功能来完成大量重复的操作，提高工作效率并实现图像处理的自动化。如图15-42和图15-43所示为使用批处理得到的相同的画面处理结果。

图 15-42

图 15-43

15.2.1 动手学：使用批处理批量调整画面

技术速查：“批处理”命令可以对大量文件自动地运行相同“动作”，来实现快速自动地处理相同效果的目的。

01 使用“批处理”命令处理一批图像无须打开素材图像，但是需要将要处理的图像放在同一个文件夹中，如图15-44所示。

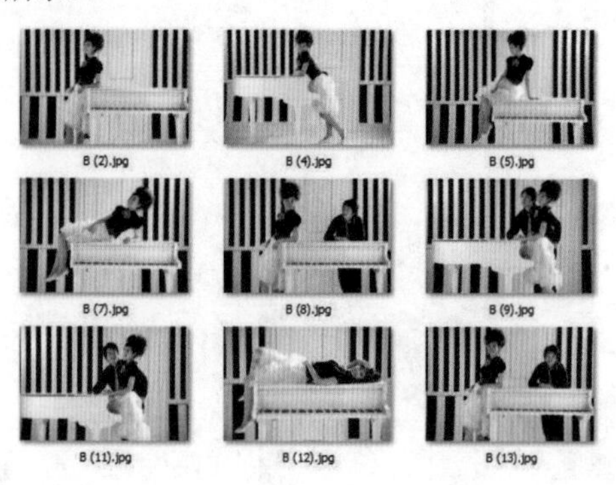

图 15-44

02 进行批处理之前首先需要载入已有的动作素材，在“动作”面板的菜单中执行“载入动作”命令，如图15-45所示。然后在弹出的“载入”对话框中选择已有的动作素材文件，完成后可以看到载入的样式出现在“动作”面板中，如图15-46所示。

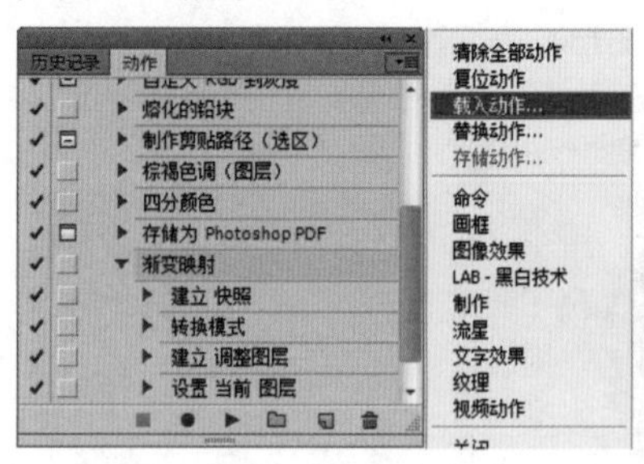

图 15-45

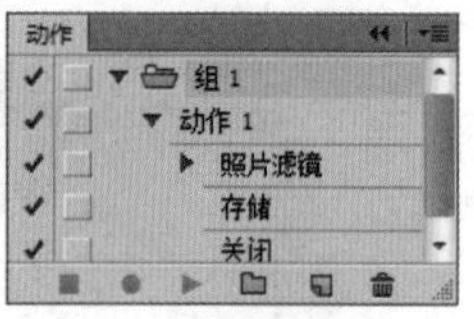

图 15-46

03 执行“文件>自动>批处理”命令，打开“批处理”对话框，然后在“播放”选项组中选择上一步载入的动作，如图15-47所示。

04 在“源”选项组中需要选择要处理的文件，设置“源”为“文件夹”，接着单击下面的“选择”按钮，最后在弹出的对话框中选择要处理照片所在的文件夹，如图15-48所示。

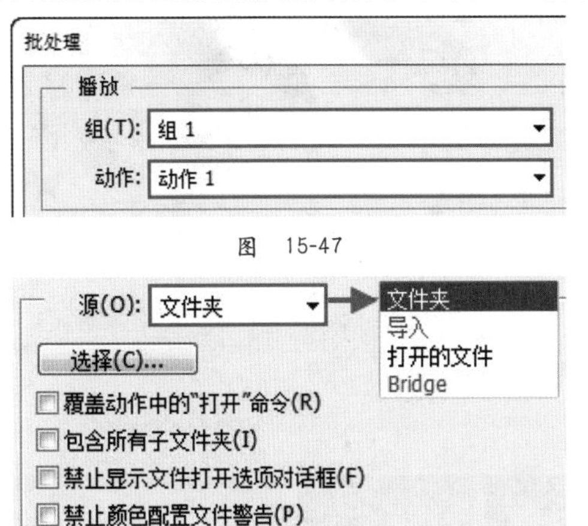

图 15-47

图 15-48

- 选中“覆盖动作中的‘打开’命令”复选框时，在批处理时可以忽略动作中记录的“打开”命令。
- 选中“包含所有子文件夹”复选框时，可以将批处理应用到所选文件夹中的子文件夹。
- 选中“禁止显示文件打开选项对话框”复选框时，在批处理时不会打开文件选项对话框。
- 选中“禁止颜色配置文件警告”复选框时，在批处理时会关闭颜色方案信息的显示。

05 在“目标”选项组中可以设置完成批处理以后文件的保存位置，在这里可以选择“存储并关闭”选项，当设置“目标”为“文件夹”选项时，可以在该选项组下设置文件的命名格式，以及文件的兼容性（Windows、Mac OS和UNIX），如图15-49所示。设置完毕后单击右上角的“确定”按钮，Photoshop会自动处理文件夹中的图像，并将其保存到设置好的文件夹中，如图15-50所示。

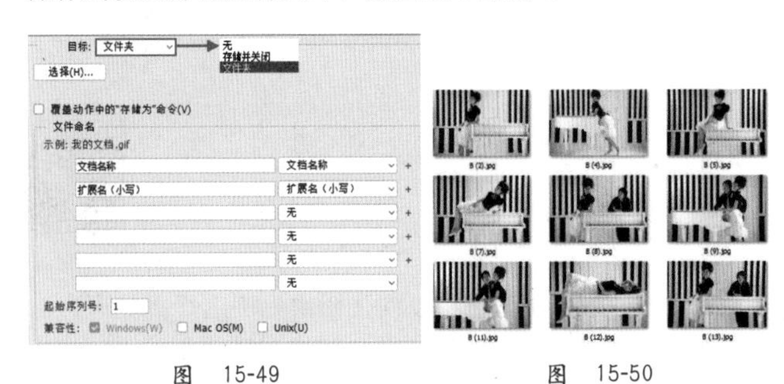

图 15-49　　图 15-50

15.2.2 图像处理器：批量更改格式、大小、质量

图像处理器可以方便并且批量地转换图像文件格式、调整文件大小、调整质量。执行“文件>脚本>图像处理器”命令，打开“图像处理器”对话框，使用“图像处理器”命令可以将一组文件转换为JPEG、PSD或TIFF文件中的一种，或者将文件同时转换为这3种格式，如图15-51所示。

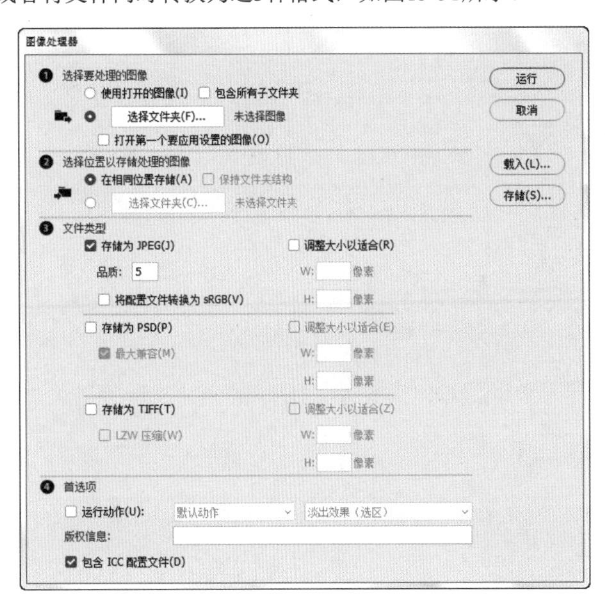

图 15-51

- 选择要处理的图像：选择需要处理的文件，也可以选择一个文件夹中的文件。如果选中“打开第一个要应用设置的图像”复选框，将对所有图像应用相同的设置。

技巧提示

通过图像处理器应用的设置是临时性的，只能在图像处理器中使用。如果未在图像处理器中更改图像的当前Camera Raw设置，则会使用这些设置来处理图像。

- 选择位置以存储处理的图像：选择处理后文件的存储路径。
- 文件类型：设置将文件处理成何种类型，包含JPEG、PSD和TIFF。可以将文件处理成其中一种类型，也可以将其处理成2种或3种类型。
- 首选项：在该选项组中可以选择动作来运用处理程序。

技巧提示

设置好参数配置以后，可以单击“存储”按钮，将当前配置存储起来。在下次需要使用这个配置时，就可以单击“载入”按钮来载入保存的参数配置。

15.3 限制图像尺寸

“限制图像”命令可以用于控制打开的图像的大小。打开一张图像，如图15-52所示，执行“文件>自动>限制图像”命令，在打开的“限制图像”对话框中可以进行图像尺寸的设置，单击“确定”按钮后即可将当前图像限制在该尺寸范围内，如图15-53所示，最终效果如图15-54所示。

图 15-52

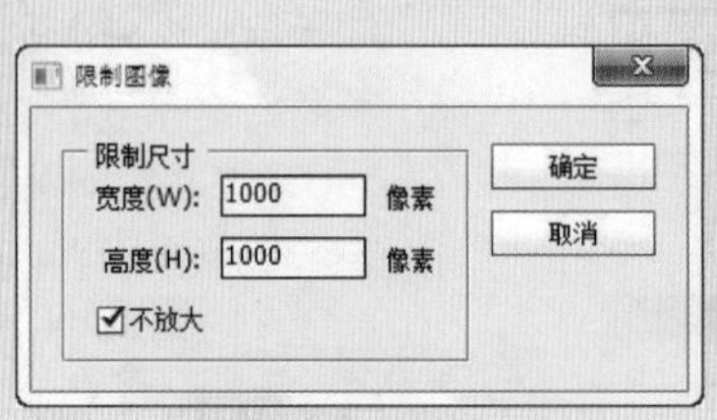

图 15-53

图 15-54

课后练习

扫码看视频

【课后练习——批处理图像文件】

思路解析：本案例将以四张图像为例进行批处理。对多个图像文件进行批处理首先需要创建或载入相关“动作”，然后执行“文件>自动>批处理”命令进行相应设置即可。

本章小结

“动作”与“批处理”这两项功能在实际设计中非常重要，尤其是在处理统一拍摄的大量照片时，或者统一为商品图片添加文字说明或装饰元素时，不仅节省了时间和人力，更能够确保处理效果的精准统一。

读书笔记

第16章

印前知识与打印设置

本章内容简介：

无论是宣传海报、产品包装、企业画册或者是书籍装帧，大部分平面设计作品都是以实物的形式出现的，而印刷也是平面设计实体化的重要手段之一。想要得到正确的印刷品，不仅需要在Photoshop中进行正确的设置，在印刷之前了解一些与之相关的知识也是非常必要的。

本章学习要点：

- 了解印刷相关知识。
- 掌握查找溢色的方法。
- 掌握设置正确色彩的方法。
- 掌握打印的相关参数设置。

16.1 印前常见问题

16.1.1 溢色

● 技术速查：在计算机中，显示的颜色超出了CMYK颜色模式的色域范围，就会出现“溢色”。

在RGB颜色模式下，在图像窗口中将鼠标指针放置于溢色上，“信息”面板中的CMYK值旁会出现一个感叹号，如图16-1和图16-2所示。执行“视图>色域警告”命令，图像中溢色的区域将被高亮显示出来，默认以灰色显示，如图16-3所示。

图 16-1

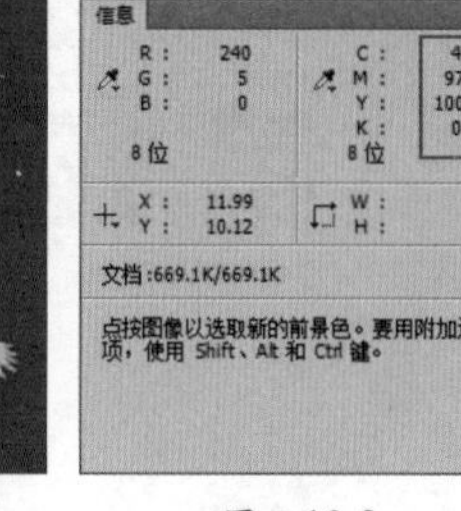

图 16-2

图 16-3

技术拓展：自定义色域警告颜色

默认的“色域警告”颜色为灰色，当图像颜色与默认的色域警告颜色相近时，可以通过更改色域警告颜色的方法来查找溢色区域。执行“编辑>首选项>透明度与色域”命令，打开“首选项”对话框，在“色域警告”选项组中修改“颜色”即可更改色域警告的颜色。

在拾色器中同样存在溢色，当用户选择了一种溢色时，“拾色器”对话框和“颜色”面板中都会出现一个“溢色警告”的三角形感叹号▲，同时色块中会显示与当前所选颜色最接近的CMYK颜色，单击三角形感叹号▲即可选定色块中的颜色，如图16-4所示。

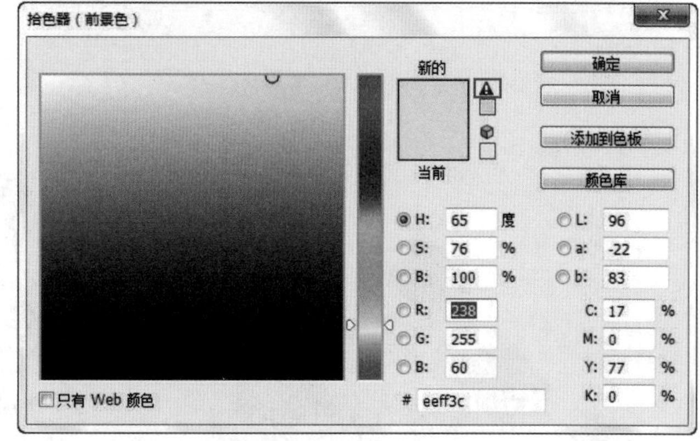

图 16-4

16.1.2 分色

● 技术速查：印刷所用的电子文件一定要为四色文件（即C、M、Y、K），其他颜色模式的文件不能用于印刷输出。这就需要对图像进行分色，分色是一个印刷专业名词，指的就是将原稿上的各种颜色分解为黄、洋红、青、黑4种原色。

在电脑印刷设计或平面设计图像类软件中，分色工作就是将扫描图像或其他来源的图像的色彩模式转换为CMYK模式。在Photoshop中想要进行分色，需要把图像色彩模式从RGB模式转换为CMYK模式，执行“图像>模式>CMYK颜色”命令即可。在图像由RGB色彩模式转为CMYK色彩模式时，图像上的一些鲜艳的颜色会产生明显的变化，这种变化有时很明显地能观察得到，一般会由鲜艳的颜色变成较暗一些的颜色。如图16-5和图16-6所示为RGB模式与CMYK模式的对比效果。

图 16-5　　图 16-6

技巧提示

这是因为RGB的色域比CMYK的色域大，也就是说有些在RGB色彩模式下能够表示的颜色在转为CMYK后，就超出了CMYK能表达的颜色范围，这些颜色只能用相近的颜色替代。因而这些颜色产生了较为明显的变化。在制作用于印刷的电子文件时，建议最初的文件设置即为CMYK模式，避免使用RGB颜色模式，以免在分色转换时造成颜色偏差。

16.1.3 出血

出血又叫出血位，其作用主要是保护成品裁切，防止因切多了纸张或折页而丢失内容，出现白边，如图16-7所示。

图 16-7

16.1.4 陷印

“陷印”又称“扩缩”或“补漏白”，主要是为了弥补因印刷不精确而造成的相邻的不同颜色之间留下的无色空隙，如图16-8所示。

技巧提示

肉眼观察印刷品时，会出现一种深色距离较近，浅色距离较远的错觉。因此，在处理陷印时，需要使深色下的浅色不露出来，而保持上层的深色不变。

图 16-8

执行“图像>陷印”命令，打开“陷印”对话框。其中，“宽度”文本框设置印刷时颜色向外扩张的距离，如图16-9所示。

图 16-9

技巧提示

只有图像的颜色为CMYK颜色模式时，“陷印”命令才可用。另外，图像是否需要陷印一般由印刷商决定，如果需要陷印，印刷商会告诉用户要在“陷印”对话框中输入的数值。

16.2 了解印刷相关知识

平面设计与印刷息息相关，印刷是一门技术，有着很多的操作工艺与专业术语。如果不了解印刷相关的基础知识，很可能造成设计稿无法正常输出的情况发生。如图16-10和图16-11所示为印刷品。

图 16-10

图 16-11

16.2.1 印刷流程

一件印刷品的完成至少需要经过印前处理、印刷、印后加工3个过程。原稿的设计、图文信息处理、制版统称为印前处理，如图16-12所示；而把印版上的油墨向承印物上转移的过程叫作印刷，如图16-13所示；印刷后期的工作一般指印刷品的后加工，包括裁切、覆膜、模切、装订、装裱等，多用于宣传类和包装类印刷品，如图16-14所示。

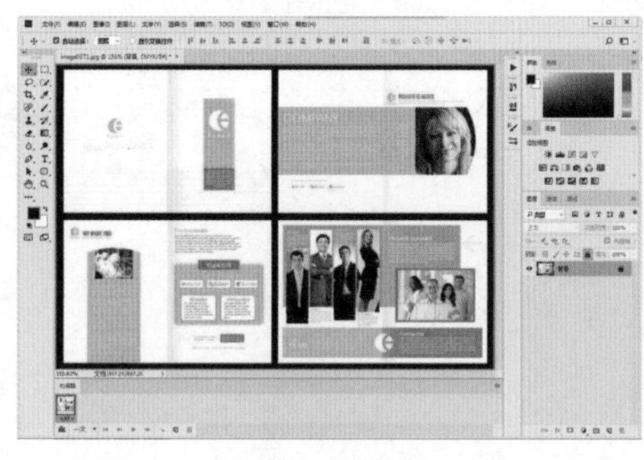

图 16-12

图 16-13

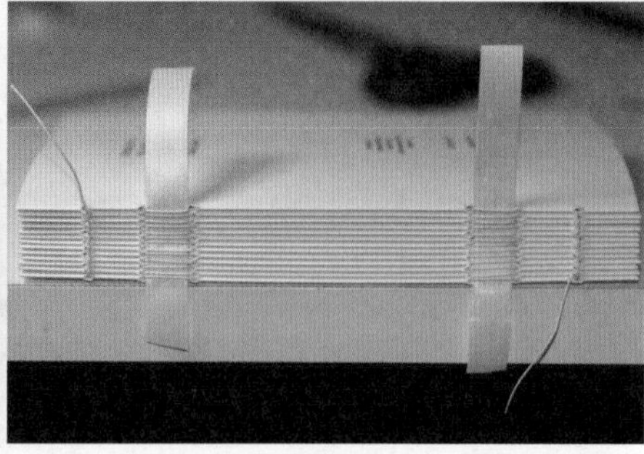

图 16-14

印刷是一项使用印版或其他方式将原稿上的图文信息转移到承印物上的工艺技术。一般可以分为以下几个步骤：

01 印刷品的生产首先需要选择或设计适合印刷的原稿。

02 对原稿的图文信息进行处理，制作出供晒版或雕刻印版的原版（一般叫阳图或阴图底片），再用原版制出供印刷用的印版。

03 把印版安装在印刷机上，利用输墨系统将油墨涂敷在印版表面，由压力机械加压，油墨便从印版转移到承印物上。

04 如此复制的大量印张，经印后加工，便成了适应各种使用目的的成品。

16.2.2 四色印刷与印刷色

印刷通常提到“四色印刷”这个概念，是因为印刷品中的颜色都是由C、M、Y、K4种颜色所构成的。成千上万种不同的色彩都是由这几种色彩根据不同比例叠加、调配而成的。通常我们所接触的印刷品，如书籍杂志、宣传画等，是按照四色叠印而成的。也就是说，在印刷过程中，承印物（纸张）在印刷过程中经历了4次印刷，印刷一次黑色、一次洋红色、一次青色、一次黄色。完毕后4种颜色叠合在一起，就构成了画面上的各种颜色，如图16-15所示。

印刷色就是由C（青）、M（洋红）、Y（黄）和K（黑）4种颜色以不同的百分比组成的颜色。C、M、Y、K就是通常采用的印刷四原色。C、M、Y可以合成几乎所有颜色，但还需黑色，因为通过Y、M、C产生的黑色是不纯的，在印刷时需更纯的黑色K。在印刷时这4种颜色都有自己的色版，在色版上记录了这种颜色的网点，把4种色版合到一起就形成了所定义的原色。事实上，在纸张上面的4种印刷颜色网点并不是完全重合，只是距离很近。在人眼中呈现各种颜色的混合效果，于是产生了各种不同的原色，如图16-16所示。

图 16-15

图 16-16

16.2.3 拼版与合开

在工作中经常会涉及制作一些并不是正规开数的印刷品，如包装盒小卡片等。为了节约成本，需要在拼版时尽可能把成品放在合适的纸张开度范围内，如图16-17和图16-18所示。

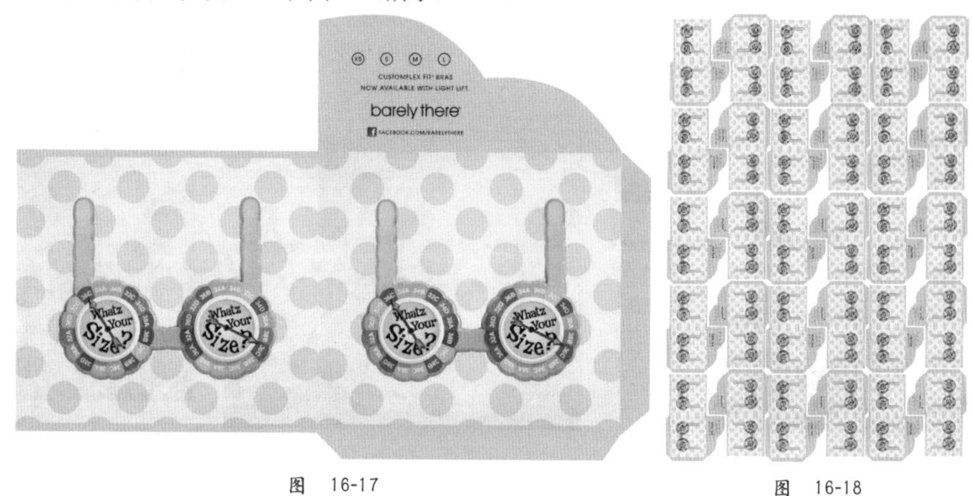

图 16-17　　图 16-18

16.2.4 纸张的基础知识

纸张的构成

印刷用的纸张是由纤维、填料、胶料、色料4种主要原料混合制浆、抄造而成的。印刷使用的纸张按形式可分为平板纸和卷筒纸两大类。平板纸适用于一般印刷机，卷筒纸一般用于高速轮转印刷机，如图16-19和图16-20所示。

图 16-19

图 16-20

印刷常用纸张

纸张根据用处的不同，可以分为工业用纸、包装用纸、生活用纸、文化用纸等几类，在印刷用纸中，根据纸张的性能和特点分为新闻纸、凸版印刷纸、胶版印刷涂料纸、字典纸、地图及海图纸、凹版印刷纸、画报纸、周报纸、白板纸、书面纸等。

纸张的规格

纸张一般都要按照国家制定的标准生产。印刷、书写及绘图类用纸原纸尺寸是：卷筒纸宽度分为1575mm、1092mm、880mm、787mm 这4种；平板纸的原纸尺寸按大小分为880mm ×1230mm、850mm × 1168mm、880mm × 1092mm、787mm ×1092mm、787mm ×960mm、690mm ×960mm等6种。

纸张的重量、令数换算

纸张的重量是以定量和令重表示的。一般是以定量来表示，即我们日常俗称的“克重”。定量是指纸张单位面积的质量关系，用g/m²表示。如150g的纸是指该种纸每平方米的单张重量为150g。凡纸张的重量在200g/m²以下（含200g/m²）的纸张称为“纸”，超过200g/m²重量的纸则称为“纸板”。

16.3 色彩管理

在平面设计过程中会出现这样的情况：在数码相机中看到的照片颜色与在电脑图片浏览器中或上传到网络观察到的颜色不同，或者使用Photoshop制作的平面设计作品印刷之后的颜色与显示器上观看到的颜色存在差异。这就是由于色彩空间不同所造成的。在Photoshop中可以通过合理的色彩管理避免这些问题的发生。如图16-21～图16-23所示为同一图像在不同情况下的颜色差异。

图 16-21

图 16-22

图 16-23

16.3.1 色彩空间

技术速查：色域又被称为色彩空间，它代表了一个色彩影像所能表现的色彩具体情况。

在现实世界中，自然界中可见光谱的颜色组成了最大的色域空间，该色域空间中包含了人眼所能见到的所有颜色。平面设计中比较常用的色彩空间有RGB、CMYK、Lab等。而RGB色彩模型就有好几个色域，即Adobe RGB、sRGB和ProPhoto RGB等。这些RGB色彩空间大多与显示设备、数码相机、扫描仪相关联。Adobe RGB与sRGB则是我们最为常见的，也是目前数码相机中重要的设置。

为了能够直观地表示色域这一概念，CIE国际照明协会制定了一个用于描述色域的方法，即CIE-xy色度图。在这个坐标系中，各种显示设备能表现的色域范围用RGB三点连线组成的三角形区域来表示，三角形的面积越大，表示这种显示设备的色域范围越大，如图16-24所示。

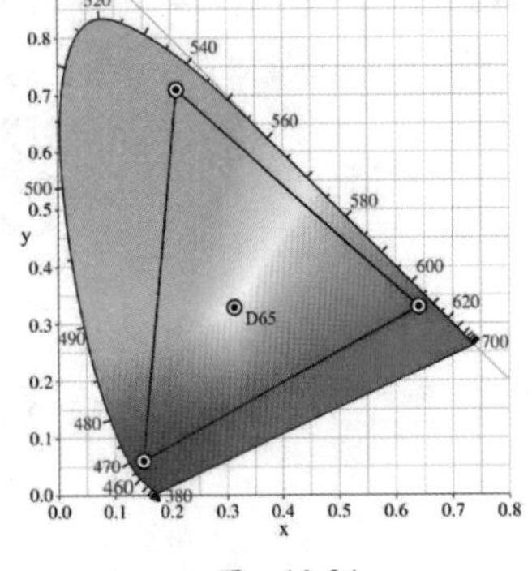

图 16-24

16.3.2 在Photoshop中设置合适的色彩空间

日常工作中常见的各种图像输出与输入设备都不能够展现出与人类视觉感受相同的颜色，为了尽量模拟人眼可见的颜色，不同的设备都有其特定的色彩空间。而同一图像在不同的色彩空间产生的图像颜色效果也不相同，为了避免在不同设备之间图像颜色差异的产生，就需要一个可以在设备之间准确解释和转换颜色的系统。执行“编辑>颜色设置”命令，打开“颜色设置”对话框，这里可以借助ICC颜色配置文件来转换颜色，如图16-25所示。

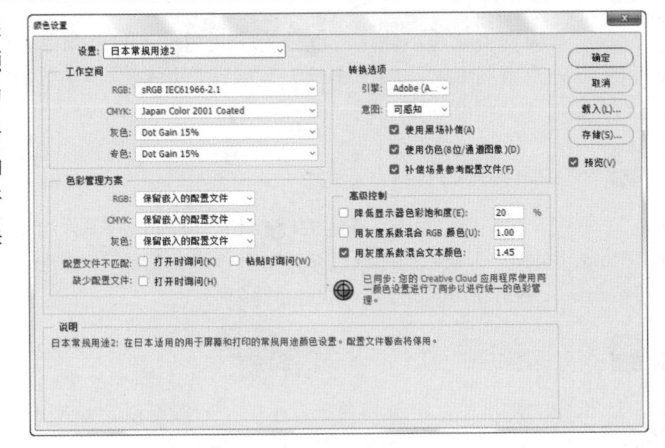

图 16-25

- 设置：颜色设置决定了应用程序使用的颜色工作空间、使用嵌入的配置文件打开和置入文件时的情况，以及色彩管理系统转换颜色的方式。在“设置”下拉列表中可以进行颜色设置的选择。
- 工作空间：其中包括RGB、CMYK、灰色、专色4项，是Photoshop色彩工作的核心。RGB的工作空间决定了图像颜色调整的色域，在RGB的下拉列表中包含30多个色域空间可供选择。CMYK是用于印刷的一种设置。灰度是影响由黑白图像数字化得到的灰度图像的设置。专色用于专色印刷。
- 色彩管理方案：用于设定色彩空间的自动转换、提示和警告等，包括RGB、CMYK、灰色3项。
- 说明：将光标放在选项上，可以显示相关说明。
- 转换选项：指定特定的色彩空间转换方式。
- 高级控制：用来设置显示器的颜色混合设置。

16.3.3 在显示器上模拟印刷效果

不同设备下的色彩空间所包含的颜色范围是不一样的，而校样颜色要做的就是模拟图片在不同的色彩空间下的显示效果。例如，在Photoshop中进行平面设计时，我们都知道在屏幕中观察到的色彩与最终印刷得到的色彩通常都会有些差异。这时就可以执行“视图>校样设置>工作中的CMYK”命令，如图16-26所示。然后执行“视图>校样颜色”命令，如图16-27所示。此时Photoshop会自动模拟图像印刷出的效果，以便于设计师进行颜色设置。

“校样颜色”只是提供了一个CMYK模式预览，以便用户查看转换后RGB颜色信息的丢失情况，而并没有真正将图像转换为CMYK模式。如果要关闭电子校样，可再次执行“校样颜色”命令。在“校样设置”菜单中提供了多种颜色校样方案，不同的方案下会有细微的不同，如图16-28所示。

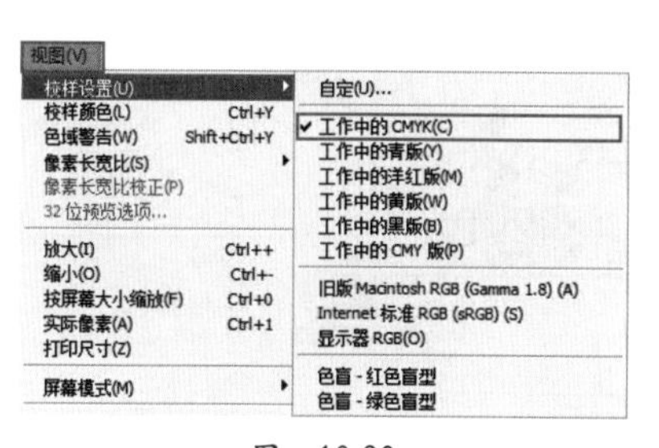

图 16-26

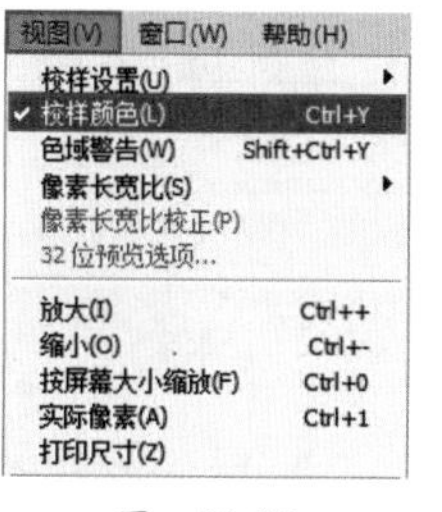

图 16-27

图 16-28

16.3.4 指定配置文件

在图像窗口底部的状态栏中显示着当前图像的文档配置文件信息（如果没有显示，单击三角按钮，在打开的菜单中选择“文档配置文件”命令，状态栏中就会显示该图像所使用的配置文件），如图16-29所示。执行“编辑>指定配置文件”命令，在打开的“指定配置文件”对话框中可以更换配置文件，如图16-30所示。

- 不对此文档应用色彩管理：删除文档现有配置文件，颜色外观由应用程序工作空间的配置文件确定。
- 工作中的RGB：给文档指定工作空间配置文件。
- 配置文件：在列表中选择一个配置文件。应用程序为文档指定了新的配置文件，而不将颜色转换到配置文件空间，这可能大大改变颜色在显示器上的显示外观。

图 16-29

图 16-30

16.3.5 转换为配置文件

执行“编辑>转换为配置文件”命令，打开“转换为配置文件”对话框。在这里可以将当前图像的色彩空间转换为另一种色彩空间。在“目标空间”选项组的“配置文件”下拉列表中可以进行色彩空间的选择，如图16-31所示。

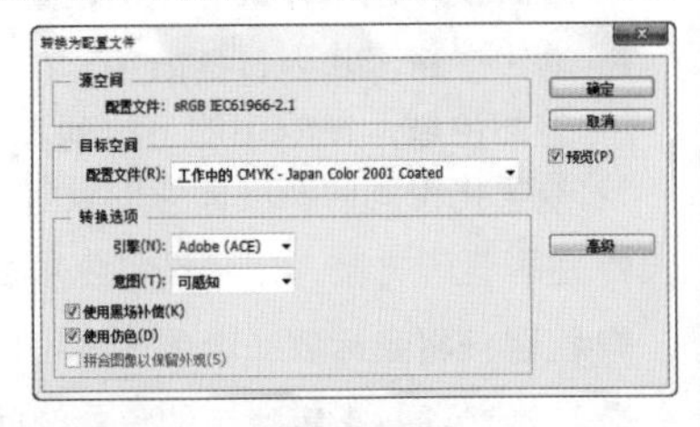

图 16-31

16.4 打印设置

执行“文件>打印”命令，打开“Photoshop 打印设置”对话框，在该对话框中可以预览打印作业的效果，还可以对打印参数进行设置，以及对打印图像的色彩、输出的打印标记和函数进行设置，如图16-32所示。

图 16-32

16.4.1 打印机设置

在右侧参数设置区域最顶端可以对打印机进行设置，如图16-33所示。从“打印机”列表中选择需要使用的打印机；在“份数”文本框中可以输入需要打印的副本数；单击“打印设置”按钮，打开打印机属性的设置窗口，如图16-34所示；在“版面”后可以通过单击按钮设置页面的方向是“纵向打印纸张”还是“横向打印纸张”。

图 16-33

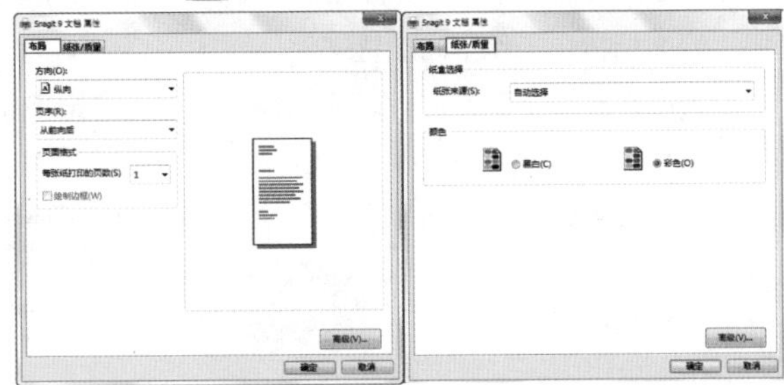

图 16-34

16.4.2 打印色彩管理

在“打印”对话框中不仅可以对打印参数进行设置，还可以对打印图像的色彩以及对输出的打印标记和函数进行设置。在“打印”对话框右侧展开“色彩管理”选项，如图16-35所示。

- **颜色处理**：设置是否使用色彩管理。如果使用色彩管理，则需要确定将其应用在程序中还是打印设备中。
- **打印机配置文件**：选择适用于打印机和将要使用的纸张类型的配置文件。
- **渲染方法**：指定颜色从图像色彩空间转换到打印机色彩空间的方式，共有“可感知”“饱和度”“相对比色”和“绝对比色”4个选项。可感知渲染将尝试保留颜色之间的视觉关系，色域外颜色转变为可重现颜色时，色域内的颜色可能会发生变化。因此，如果图像的色域外颜色较多，可感知渲染是最理想的选择。相对比色渲染可以保留较多的原始颜色，是色域外颜色较少时的最理想选择。

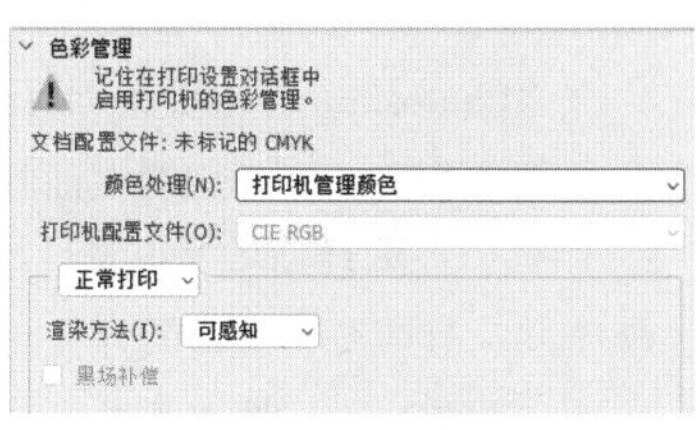

图 16-35

技巧提示

在一般情况下，打印机的色彩空间要小于图像的色彩空间。因此，通常会造成某些颜色无法重现，而所选的渲染方法将尝试补偿这些色域外的颜色。

16.4.3 定位和缩放图像打印尺寸

文件在打印之前需要对其印刷参数进行设置。单击展开“位置和大小”选项组，如图16-36所示。

- **位置**：选中“居中”复选框，可以将图像定位于可打印区域的中心；取消选中 “居中”复选框，可以在“顶”和“左”文本框中输入数值来定位图像，也可以在预览区域中移动图像进行自由定位，从而打印部分图像，如图16-37和图16-38所示。

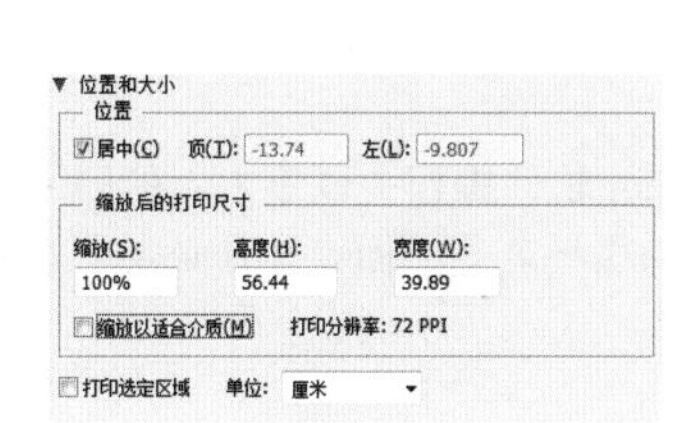

图 16-36

图 16-37

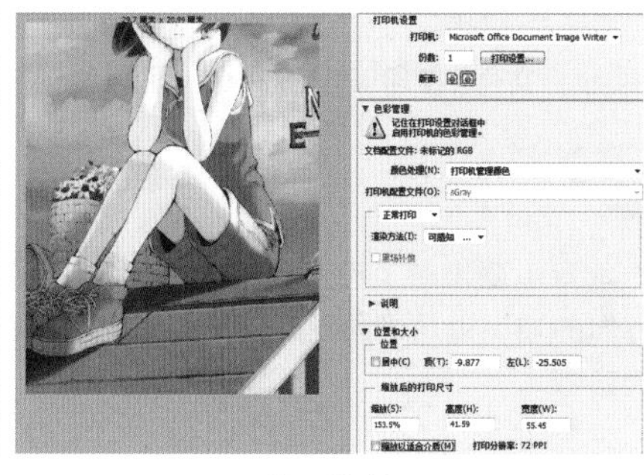

图 16-38

- **缩放后的打印尺寸**：如果选中“缩放以适合介质”复选框，可以自动缩放图像到适合纸张的可打印区域；如果取消选中“缩放以适合介质”复选框，可以在“缩放”文本框中输入图像的缩放比例，或在“高度”和“宽度”文本框中设置图像的尺寸，如图16-39和图16-40所示。
- **打印选定区域**：选中该复选框后，可以在预览窗口中通过调整四周的控制点来确定打印范围，未被黑色覆盖的区域将作为选定区域，如图16-41所示。

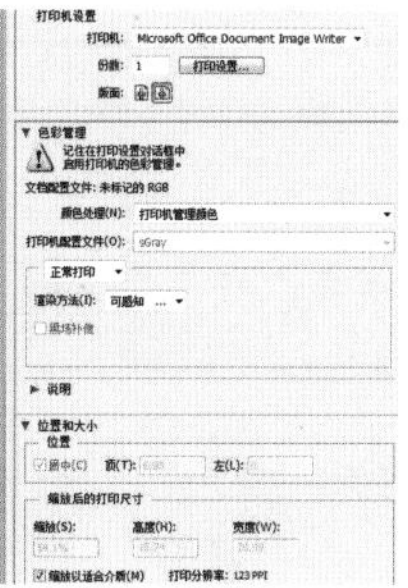

图 16-39

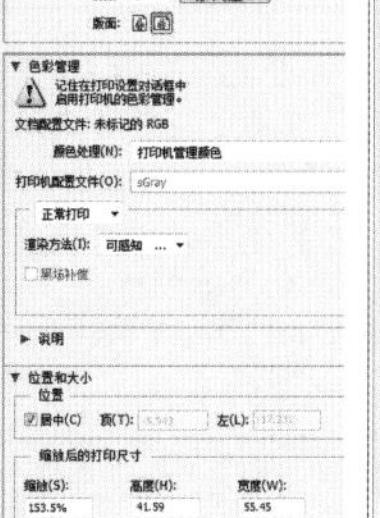

图 16-40

图 16-41

16.4.4 设置打印标记

在“Photoshop 打印设置”对话框右侧展开“打印标记”选项组，如图16-42所示。

- 角裁剪标志：在要裁剪页面的位置打印裁剪标记。可以在角上打印裁剪标记。在PostScript打印机上，选择该选项也将打印星形色靶。
- 说明：打印在“文件简介”对话框中输入的任何说明文本（最多约300个字符）。

图 16-42

- 中心裁剪标志：在要裁剪页面的位置打印裁切标记。可以在每条边的中心打印裁切标记。
- 标签：在图像上方打印文件名。如果打印分色，则将分色名称作为标签的一部分进行打印。
- 套准标记：在图像上打印套准标记（包括靶心和星形靶）。这些标记主要用于对齐PostScript 打印机上的分色。

16.4.5 设置打印函数

在“Photoshop 打印设置”对话框右侧展开“函数”选项组，如图16-43所示。

- 药膜朝下：使文字在药膜朝下（即胶片或相纸上的感光层背对）时可读。在正常情况下，打印在纸上的图像是药膜朝上打印的，感光层正对时文字可读。打印在胶片上的图像通常采用药膜朝下的方式打印。

图 16-43

- 负片：打印整个输出（包括所有蒙版和任何背景色）的反相版本。
- 背景：选择要在页面上的图像区域外打印的背景色。
- 边界：在图像周围打印一个黑色边框。
- 出血：在图像内而不是在图像外打印裁剪标记。

16.4.6 打印一份

执行“文件>打印一份”命令，可以快速以之前设置好的打印选项打印出一份文档。

本章小结

本章主要讲解了设计稿件完成后与印刷前的相关知识，这部分知识的学习虽然与Photoshop软件操作关联不大，但印刷方面的知识也是平面设计师的必修课，这部分内容可以作为平面设计师了解学习印前技术的引导，是平面设计师必须了解的内容。

读书笔记

第17章

标志设计

本章内容简介：

标志是现代经济的产物，承载着企业的无形资产，是企业综合信息传递的媒介，在企业形象传递过程中，是应用最广泛、出现频率最高，同时也是最关键的元素。标志可以将具体的事物、事件、场景和抽象的精神、理念、方向等通过特殊的图形固定下来，使人们在看到标志的同时，自然地产生联想，从而对企业产生认同。本章将通过几个实例介绍标志设计的具体过程。

本章学习要点：

- 图文结合的多彩标志设计。
- 多彩质感文字标志设计。
- 反光质感图形标志设计。
- 自然风格图形标志设计。

17.1 图文结合的多彩标志设计

案例文件	案例文件\第17章\图文结合的多彩标志设计.psd
视频教学	视频文件\第17章\图文结合的多彩标志设计.mp4
难易指数	★★★★★
技术要点	多边形套索工具、填充、横排文字工具

扫码看视频

案例效果

本案例主要是通过使用多边形套索工具、填充、文字工具制作立体字LOGO，如图17-1所示。

图 17-1

操作步骤

01 创建新的空白文件。首先绘制立体感的标志背景部分。新建图层，使用多边形套索工具绘制四边形选区，设置前景色为蓝色，使用快捷键Alt+Delete为其填充蓝色，如图17-2所示。再次新建图层，设置前景色为较深的蓝色，用同样的方法绘制蓝色形状的侧面，效果如图17-3所示。

02 用同样的方法制作其他的彩色形状，如图17-4所示。

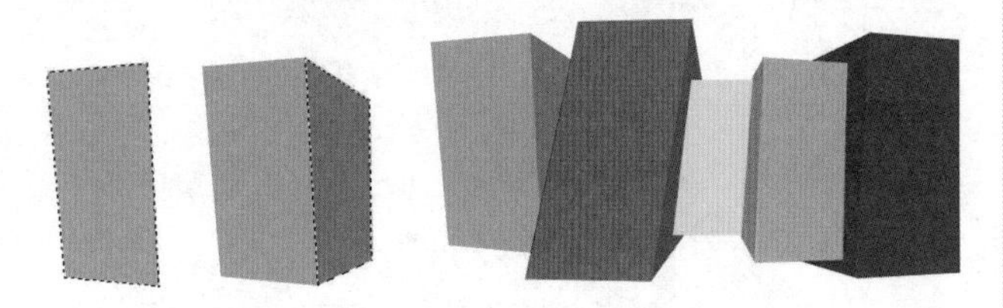

图 17-2　图 17-3　图 17-4

思维点拨

标志是表明事物特征的记号，具有象征功能和识别功能，是企业形象、特征、信誉和文化的浓缩。标志的风格类型主要有几何型、自然型、动物型、人物型、汉字型、字母型和花木型等。标志主要包括商标、徽标和公共标志。按内容进行分类又可以分为商业性标志和非商业性标志。

03 在所有彩色矩形下方新建图层，再次使用多边形套索工具绘制阴影选区，并为其填充黑色，如图17-5所示。在"图层"面板中设置该图层的"不透明度"为20%，如图17-6所示，效果如图17-7所示。

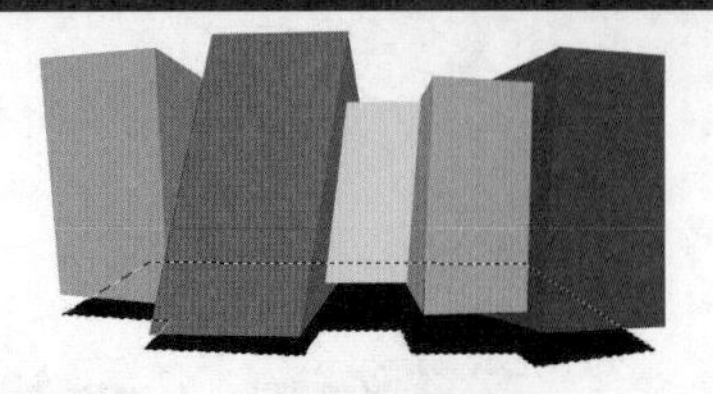

图 17-5

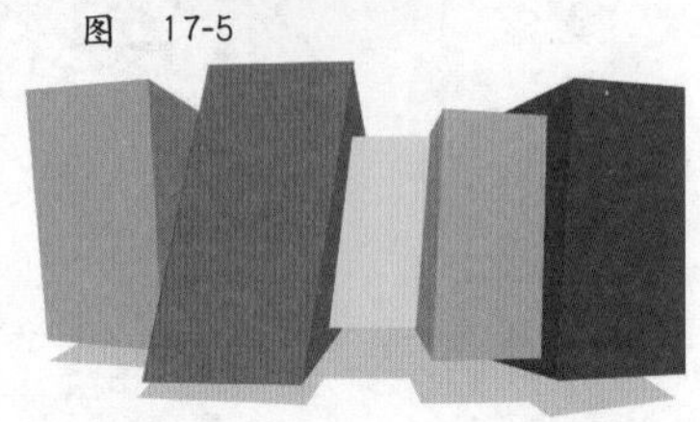

图 17-6　图 17-7

04 设置前景色为白色，新建图层组并命名为文字，使用横排文字工具在画面中合适的位置单击并依次输入各个字母，不同的字母大小需要有所差异，如图17-8和图17-9所示。

图 17-8　图 17-9

05 复制文字图层组并置于原图层组下方，命名为文字阴影，如图17-10所示。按Ctrl+E快捷键，将其合并为一个图层，按色相/饱和度命令快捷键Ctrl+U，设置"明度"为－100，使该图层变为黑色，如图17-11所示。

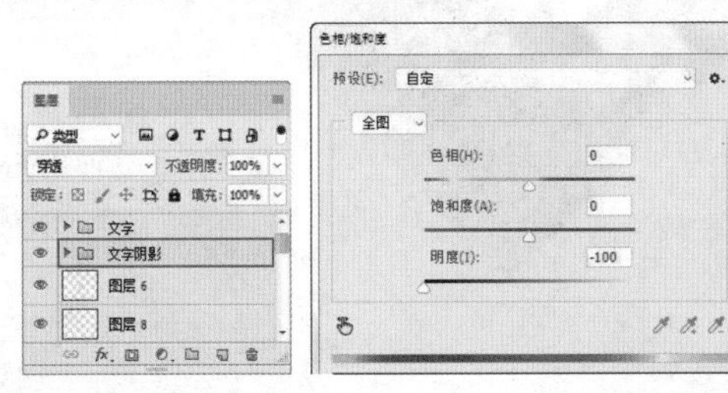

图 17-10　图 17-11

06 适当向下移动文字阴影图层，并设置该图层"不透明度"为30%，如图17-12所示。置入背景素材"1.jpg"，栅格化该图层，最终效果如图17-13所示。

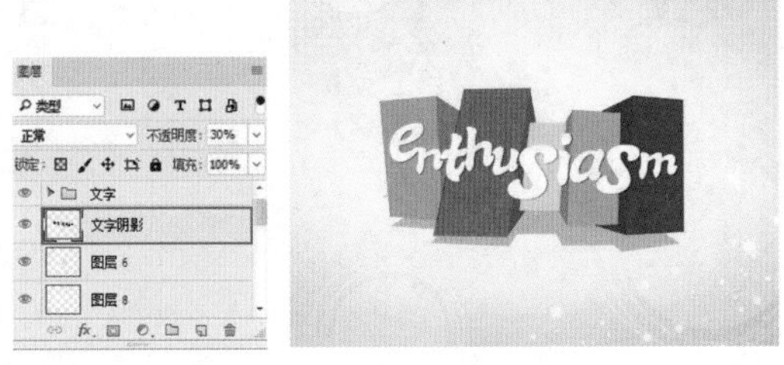

图 17-12　图 17-13

17.2 多彩质感文字标志设计

案例文件	案例文件\第17章\多彩质感文字标志设计.psd
视频教学	视频文件\第17章\多彩质感文字标志设计.mp4
难易指数	★★★★★
技术要点	文字工具、图层蒙版、动感模糊

扫码看视频

案例效果

本案例主要通过使用文字工具、图层蒙版、动感模糊等命令制作多彩质感文字标志设计，效果如图17-14所示。

图 17-14

操作步骤

01 打开背景素材文件，如图17-15所示。单击工具箱中的“文字工具”按钮T，设置合适的字体及大小，在画面中心输入文字，如图17-16所示。

图 17-15

图 17-16

02 在第一个字母后面单击并按住鼠标向左拖曳，选择第一个字母，如图17-17所示。在文字选项栏上设置颜色为绿色，如图17-18所示。

图 17-17

图 17-18

03 用同样的方法调整其他不同颜色的文字，如图17-19所示。继续使用文字工具，在选项栏中设置合适的字体及大小，在彩色文字下输入合适的文字，如图17-20所示。

图 17-19

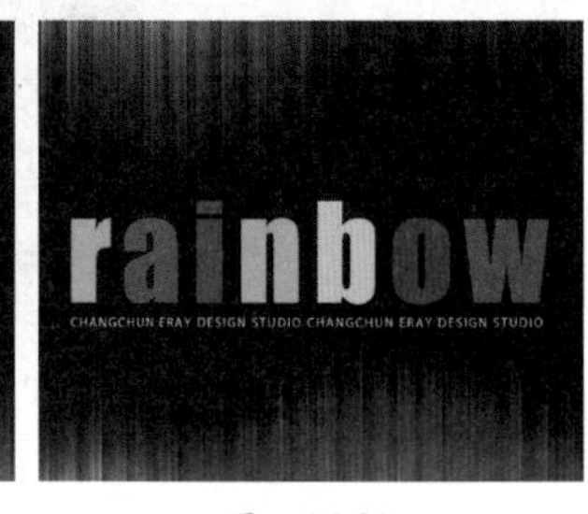

图 17-20

04 选中底部小文字，执行“图层>图层样式>渐变叠加”命令，设置“不透明度”为100%，调整一种彩色系渐变，设置“角度”为0度，如图17-21所示，效果如图17-22所示。

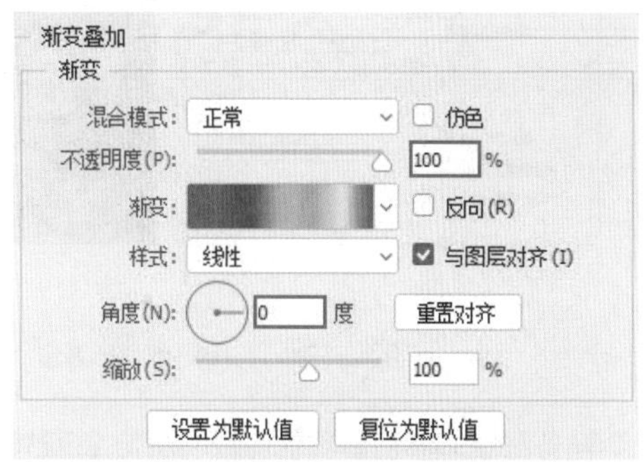

图 17-21

图 17-22

05 复制大的彩色文字图层，在文字图层上右击，在弹出的快捷菜单中执行“栅格化文字”命令，然后执行“滤镜>模糊>动感模糊”命令，在“动感模糊”对话框中设置“角度”为90度，“距离”为170像素，如图17-23所示。单击“确定”按钮结束操作，效果如图17-24所示。

06 单击工具箱中的“矩形选框工具”按钮，在文字上方绘制一个大小合适的矩形，如图17-25所示。单击“图层”面板中的“添加图层蒙版”按钮，隐藏多余部分，如图17-26所示。

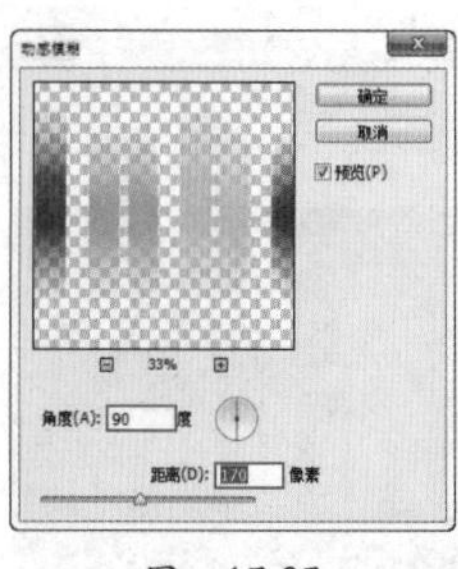

图 17-23

图 17-24

图 17-25

图 17-26

07 载入文字选区，新建图层，执行“编辑>填充”命令，设置“使用”为白色，“不透明度”为60%，如图17-27所示。继续使用矩形选框工具在填充图层上方绘制合适大小的矩形，如图17-28所示。

08 同样单击“添加图层蒙版”按钮，将多余部分隐藏，模拟出文字表面的光泽效果，最终效果如图17-29所示。

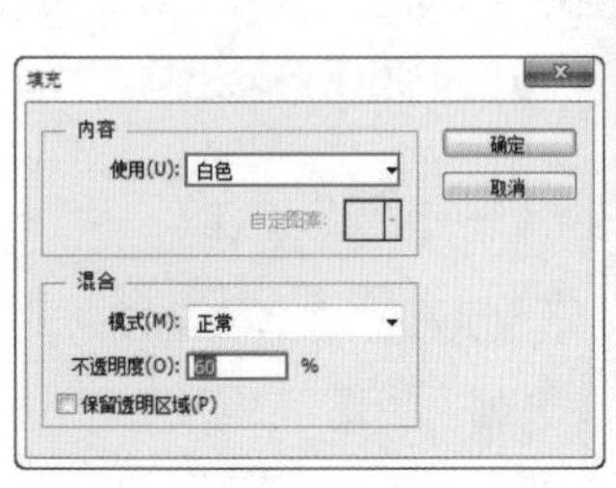

图 17-27

图 17-28

图 17-29

思维点拨：成功标志必须具备的特点

一个具备塑造品牌形象功能的成功标志必须具备以下几个特点。

- 准确的意念：通过视觉形象传达思想，运用象征性、图形化、人性化符号去引导大众，获取清晰的理念感受。无论是抽象图形还是具象符号，应该把准确表达标志理念始终放在第一位，而且内容与形式必须在标志的意念中协调、统一。
- 记忆与识别：标志的记忆性在很大程度上取决于符号的筛选和贴切表达。识别性是标志创意特征所决定的，在强化共性的同时，仅标志识别而言，突出理念与个性尤为重要，否则它不会强化人们的记忆。
- 视觉美感：标志的视觉美感随着时代变化而升华，它源于人类文化现象及意识形态的转变，并体现着世界标志多元化所带来的视觉时尚潮流，体现着国家、民族、历史、传统、地域及文化特征，在更大程度上决定了人们的审美特点。

17.3 反光质感图形标志设计

案例文件	案例文件\第17章\反光质感图形标志设计.psd
视频教学	视频文件\第17章\反光质感图形标志设计.mp4
难易指数	★★★★★
技术要点	椭圆选框工具、自由变换工具、画笔、图层样式

扫码看视频

案例效果

本案例主要通过使用椭圆选框工具、自由变换工具、画笔、图层样式等命令制作反光质感图形标志设计，效果如图17-30所示。

操作步骤

01 执行“文件>新建”命令，设置“宽度”为1660像素，“高度”为1250像素，如图17-31所示。

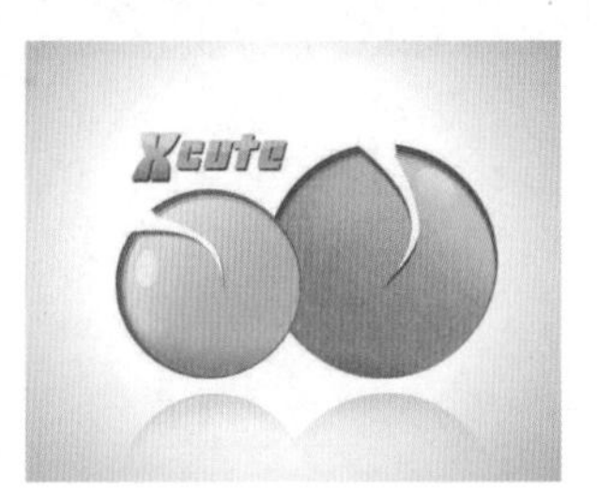

图 17-30

图 17-31

02 单击工具箱中的“渐变工具”按钮，在选项栏中单击“渐变编辑器”，在编辑器中编辑一种灰色系渐变，单击“径向渐变”按钮，如图17-32所示。在背景图层上从中心向四周拖曳，如图17-33所示。

03 单击工具箱中的“椭圆选框工具”按钮，按住Shift键并按住鼠标左键在画面中绘制一个正圆选区，如图17-34所示。单击工具箱中的“套索工具”按钮，在选项栏中单击“从选区减去”按钮，在正圆选区上进行绘制，得到如图17-35所示的选区。

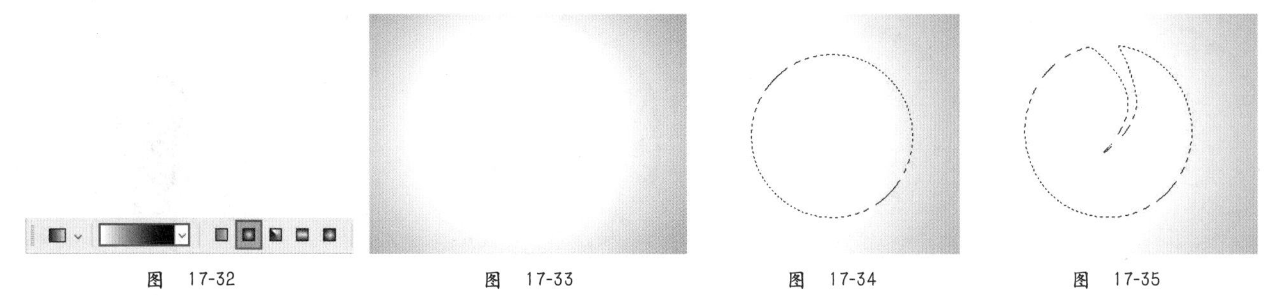

图 17-32　　图 17-33　　图 17-34　　图 17-35

04 新建图层，填充深绿色，如图17-36所示。复制深绿色图层，按Ctrl+M快捷键，调整曲线形状，提亮复制图层，如图17-37所示。执行“编辑>自由变换”命令，按Ctrl键调整控制点，等比例缩放，并调整到合适的位置，如图17-38所示。

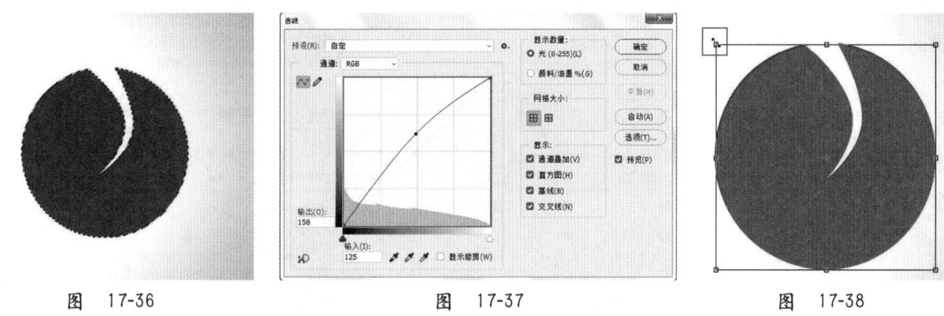

图 17-36　　图 17-37　　图 17-38

05 再次复制上层的浅绿色图层，按Ctrl+M快捷键，调整曲线形状，压暗复制图层，如图17-39所示。等比例缩放，调整大小，如图17-40所示。用同样的方法制作多层次效果，如图17-41所示。

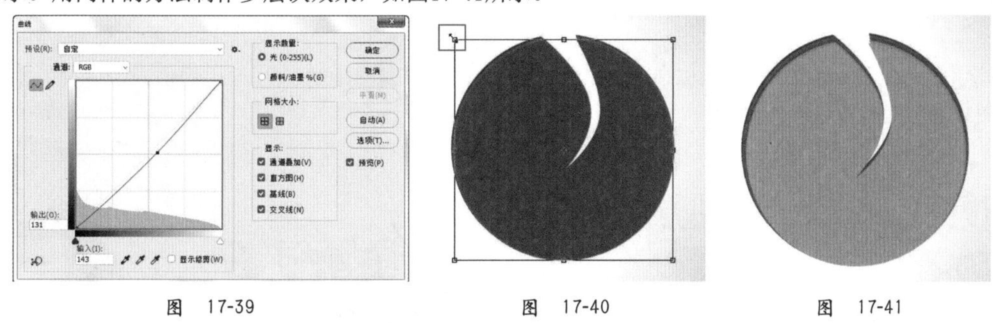

图 17-39　　图 17-40　　图 17-41

06 载入顶层图形选区，设置前景色为白色，新建图层，使用柔边圆画笔工具在图层蒙版上进行适当涂抹，如图17-42所示。然后设置该图层的“不透明度”为50%，完成高光效果的制作，如图17-43所示，最终效果如图17-44所示。

07 再次载入顶层图形选区，设置前景色为浅绿色，新建图层，设置“不透明度”为70%，并使用画笔进行绘制，如图17-45所示。

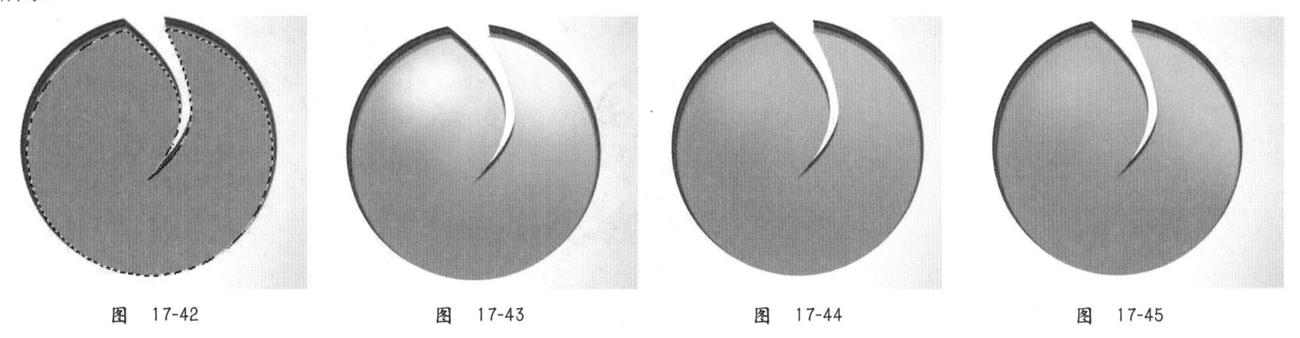

图 17-42　　图 17-43　　图 17-44　　图 17-45

08 新建图层，使用椭圆选框工具在右上侧绘制一个大小合适的椭圆，新建图层并填充白色，如图17-46所示。设置“不透明度”为60%，添加图层蒙版，隐藏多余部分，如图17-47所示。

09 再次载入图标的选区，新建图层，使用深绿色柔边圆画笔在底部绘制暗部效果，如图17-48所示。用同样的方法制作另一个黄色图形，如图17-49所示。

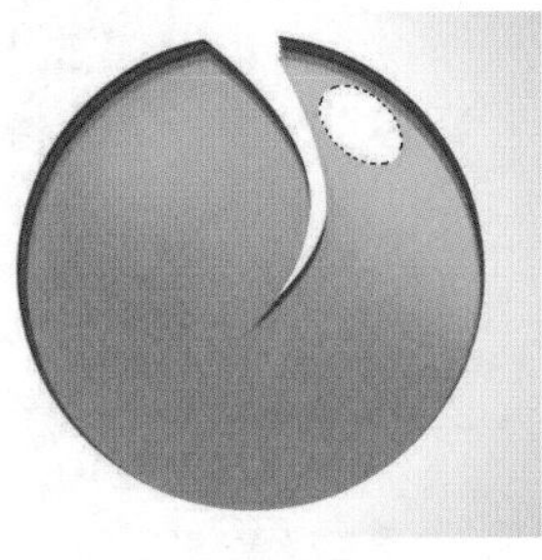

图 17-46

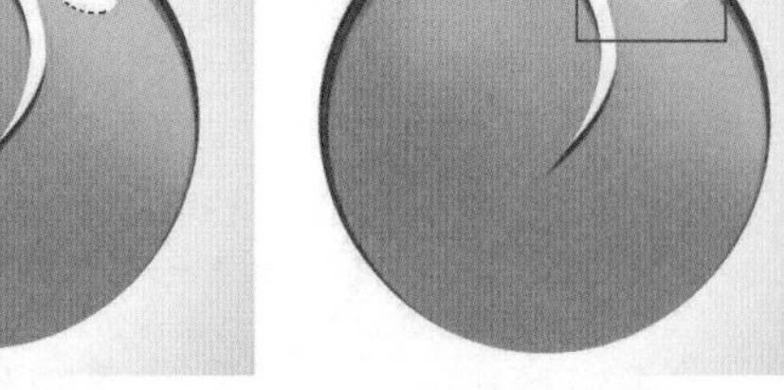

图 17-47

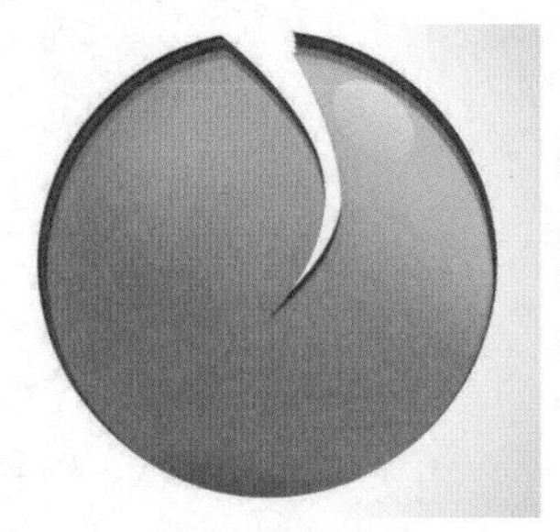

图 17-48

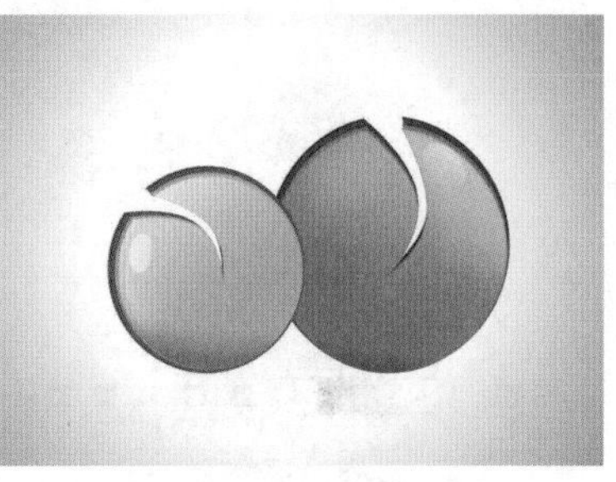

图 17-49

10 单击工具箱中的“文字工具”按钮，在选项栏上设置合适的字体及大小，在画面左上角单击输入文字，如图17-50所示。执行“图层>图层样式>渐变叠加”命令，设置“不透明度”为100%，“渐变”颜色为绿色系渐变，如图17-51所示。

11 选中“投影”复选框，设置“距离”为6像素，“大小”为1像素，如图17-52和图17-53所示。

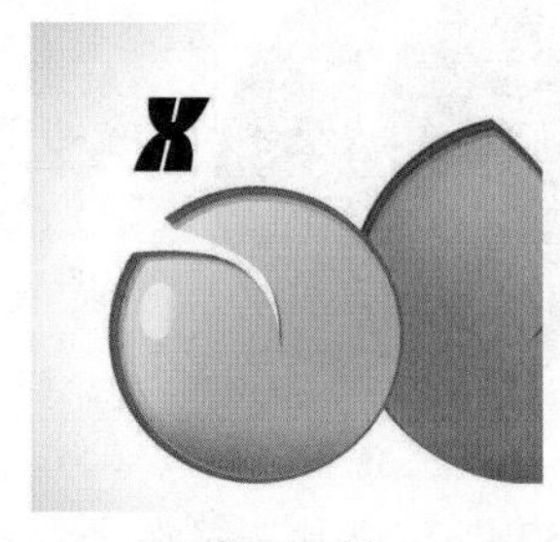

图 17-50

图 17-51

图 17-52

图 17-53

12 用同样的方法输入另外一组文字，并添加图层样式，设置渐变颜色为黄色系渐变，如图17-54所示。使用椭圆选框工具在文字上绘制一个合适大小的椭圆形选区，新建图层并填充白色，如图17-55所示。

13 载入文字选区，为白色椭圆图层添加图层蒙版，如图17-56所示。调整该图层的“不透明度”为39%，使文字顶部呈现出光泽感，如图17-57所示。

图 17-54

图 17-55

图 17-56

图 17-57

14 复制两个图形，并合并为一个图层，执行“编辑>自由变换”命令，右击，在弹出的快捷菜单中执行“垂直翻转”命令，调整位置模拟倒影，如图17-58所示。为了使倒影更加真实，需要为该图层添加图层蒙版，在蒙版中使用黑色柔边圆画笔工具涂抹隐藏多余部分，如图17-59所示。

15 设置倒影图层的“不透明度”为40%，最终效果如图17-60所示。

图 17-58

图 17-59

图 17-60

17.4 自然风格图形标志设计

案例文件	案例文件\第17章\自然风格图形标志设计.psd
视频教学	视频文件\第17章\自然风格图形标志设计.mp4
难易指数	★★★★★
技术要点	形状工具、钢笔工具、文字工具、图层样式

扫码看视频

案例效果

本案例主要是利用形状工具、钢笔工具、文字工具和图层样式等工具进行自然风格图形标志设计，如图17-61所示。

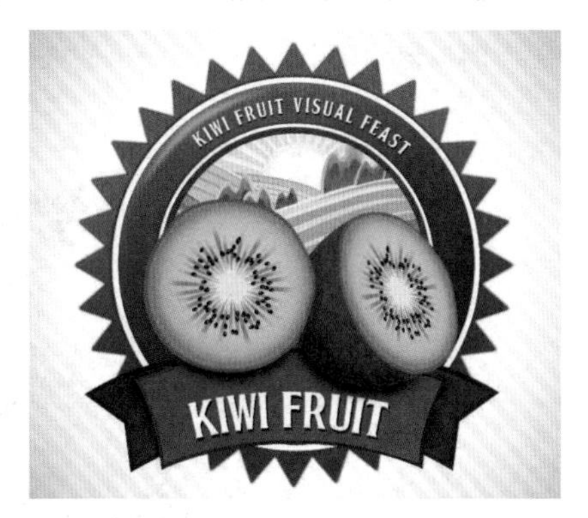

图 17-61

操作步骤

01 新建文件，由于标志主体由很多部分构成，在制作过程中可以先从底部开始制作。单击工具箱中的“自定义形状工具”按钮，在选项栏中设置绘制模式为“形状”，设置填充为绿色系填充效果，在形状下拉列表中单击选择合适的图形，如图17-62所示。在画面中拖曳绘制图形，如图17-63所示。

图 17-62　　图 17-63

02 为了使标志的底色具有立体感，需要为其执行“图层>图层样式>外发光”命令，设置颜色为黑色，“大小”为15像素，如图17-64所示，效果如图17-65所示。

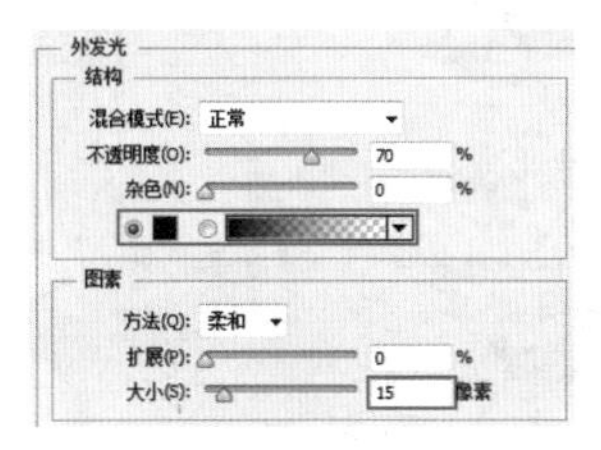

图 17-64

图 17-65

03 单击工具箱中的“椭圆形状工具”按钮，设置颜色为白色，在画面中按住Shift键绘制白色正圆，如图17-66所示。执行“图层>图层样式>外发光”命令，设置颜色为深绿色，“扩展”为15%，“大小”为21像素，如图17-67和图17-68所示。

图 17-66

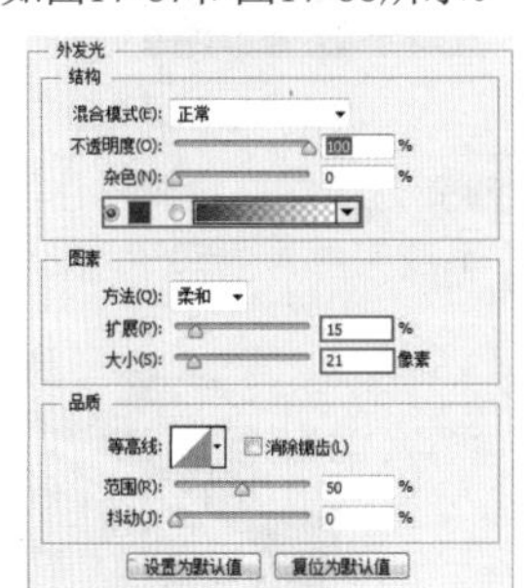

图 17-67

04 继续使用椭圆形状工具，在选项栏中设置绘制模式为“形状”，设置填充为红色系渐变，再次按住Shift键绘制一个小一点的正圆，如图17-69所示。

图 17-68

图 17-69

05 执行“图层>图层样式>斜面和浮雕”命令，设置“大小”为59像素，“角度”为120度，“高光模式”颜色为黄色，“不透明度”为20%，阴影模式的“不透明度”为15%，如图17-70所示，效果如图17-71所示。

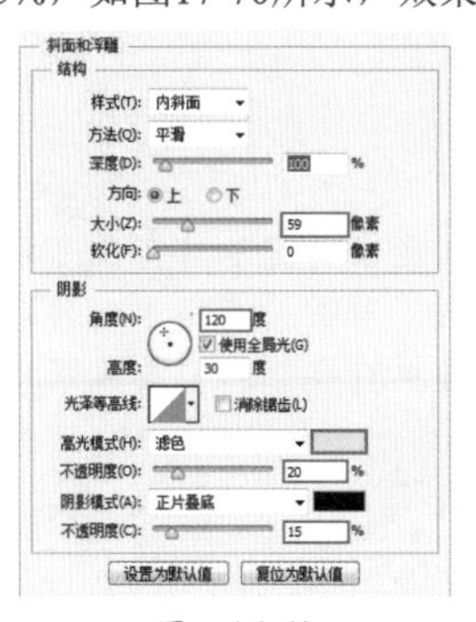

图 17-70

图 17-71

06 单击工具箱中的“钢笔工具”按钮，在红色圆的左上侧绘制高光部分的形状，绘制完毕后右击，在弹出的快捷菜单中执行“建立选区”命令，如图17-72所示。在“建立选区”对话框 中设置“羽化半径”为20像素，如图17-73所示。

图 17-72

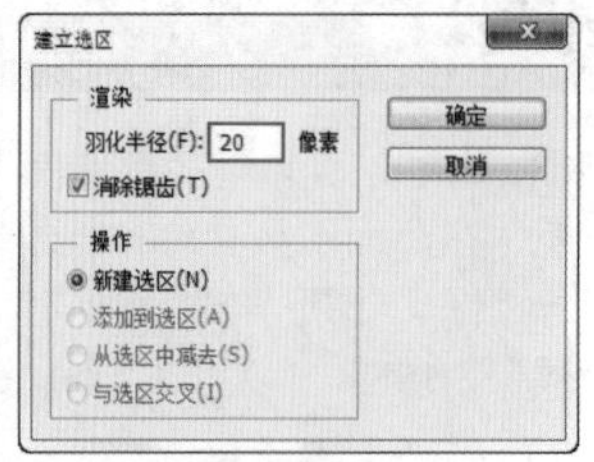

图 17-73

07 新建图层并填充白色，如图17-74所示。设置高光图层的“不透明度”为50%，完成高光的制作，如图17-75所示。

图 17-74　　图 17-75

08 继续使用椭圆形状工具绘制白色描边橄榄绿色填充的圆形，如图17-76所示。

图 17-76

技巧提示

为了使之前绘制的这些形状能够更好地对齐，可以在“图层”面板中选中这些图层，单击工具箱中的移动工具，在选项栏中单击“水平居中对齐”和“垂直居中对齐”按钮，如图17-77所示。

图 17-77

09 继续绘制一个小一点的白色圆形，如图17-78所示。置入图案素材文件“1.jpg”，调整合适大小及位置，放在白色圆形图层的上方，栅格化该图层，如图17-79所示。

图 17-78　　图 17-79

10 在“图层”面板该图层上右击，在弹出的快捷菜单中执行“创建剪贴蒙版”命令，如图17-80所示。此时圆形以外的部分被隐藏，如图17-81所示。

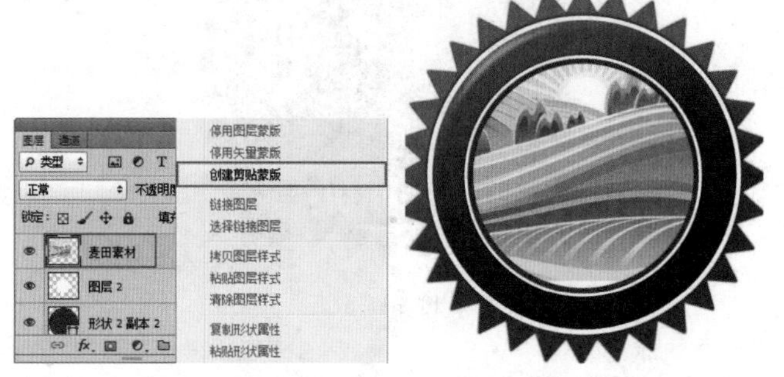

图 17-80　　图 17-81

11 使用钢笔工具，在选项栏上设置工具模式为形状，设置“填充”为红色渐变，“描边”为深红色，描边大小为5点，在商标右下角绘制图形，如图17-82所示。复制刚绘制的图形，执行Ctrl+T自由变换快捷键，右击，在弹出的快捷菜单中执行“水平翻转”命令，将其移至商标左下方，如图17-83所示。

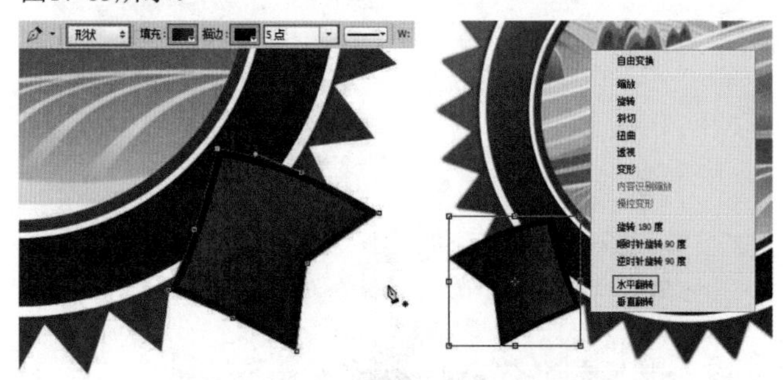

图 17-82　　图 17-83

12 继续使用钢笔工具绘制丝带正面形状，如图17-84所示。

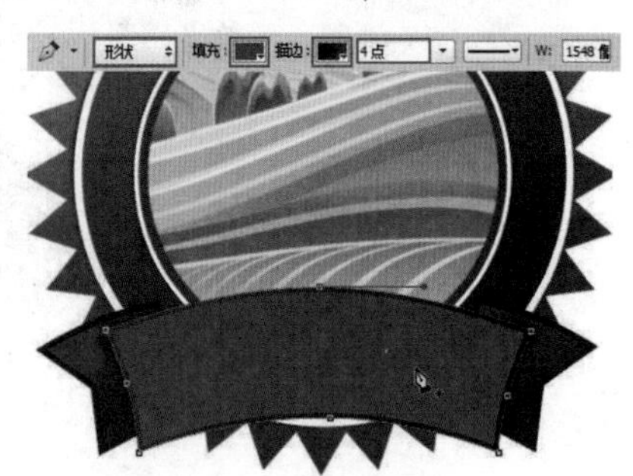

图 17-84

13 单击工具箱中的“文字工具”按钮，设置合适的字体及大小，在丝带上输入白色文字，如图17-85所示。在选项栏中单击“创建文字变形”按钮，在面板中设置“样式”为“扇形”，“弯曲”为25%，如图17-86和图17-87所示。

图 17-85

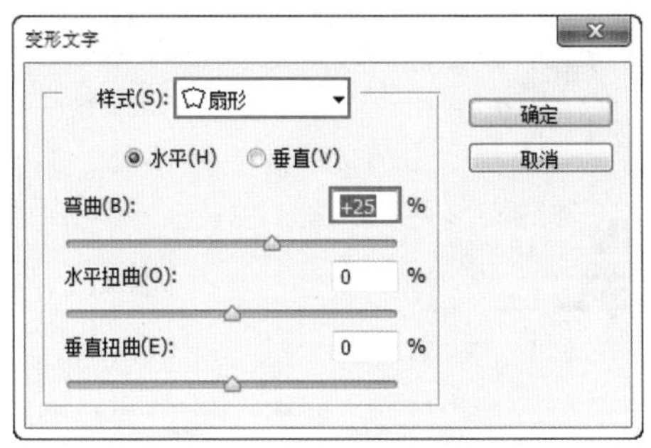

图 17-86

图 17-87

14 执行“图层>图层样式>投影”命令，设置“角度”为120度，“距离”为15像素，“大小”为5像素，如图17-88所示。文字阴影效果完成，如图17-89所示。

15 在商标上方使用钢笔工具绘制一个弯曲的路径，单击“文字工具”按钮，将光标移至路径上，单击并输入文字，如图17-90和图17-91所示。

图 17-88

图 17-89

图 17-90

图 17-91

16 同样执行“图层>图层样式>投影”命令，为文字添加投影效果，如图17-92所示。置入水果素材“2.png”和背景素材“3.jpg”，调整合适的大小及位置，栅格化该图层，最终效果如图17-93所示。

图 17-92

图 17-93

第18章

企业VI设计

本章内容简介：

VI（Visual Identity）即视觉识别，是CIS（企业形象识别）系统中最具传播力和感染力的层面。VI通过一体化的符号形式来形成企业的独特形象，便于公众辨别、认同企业形象，促进企业产品或服务的推广。一个好的视觉识别系统，是传播企业经营理念、建立企业知名度、塑造企业形象的快速便捷之道。

本章学习要点：

- 企业标志设计。
- 画册封面设计。
- 信纸信封设计。
- 光盘包装设计。
- 光盘设计。

案例文件	案例文件\第18章\动感时尚风格企业VI设计.psd
视频教学	视频文件\第18章\动感时尚风格企业VI设计.mp4
难易指数	★★★★★
技术要点	矩形选框工具、文字工具、剪贴蒙版

扫码看视频

案例效果

VI全称Visual Identity，即视觉识别，是企业形象设计的重要组成部分。VI是以标志、标准字、标准色为核心展开的完整、系统的视觉表达体系，是将上述的企业理念、企业文化、服务内容、企业规范等抽象概念转换为具体记忆和可识别的形象符号，从而塑造出排他性的企业形象。

本案例主要通过使用矩形选框工具、文字工具、剪贴蒙版等命令来完成VI手册设计，效果如图18-1所示。

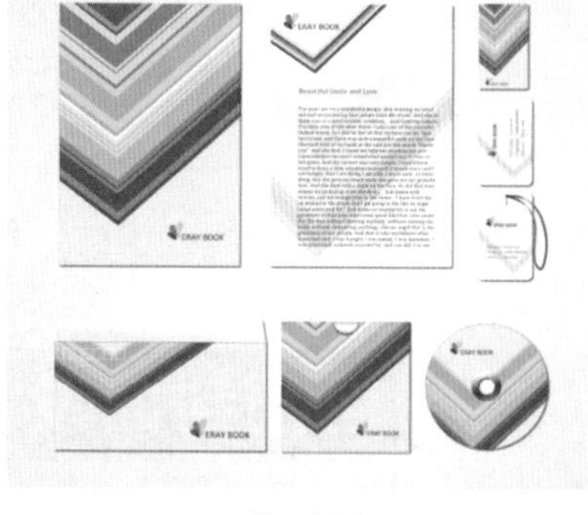
图 18-1

18.1 企业标志设计

01 执行“文件>新建”命令，打开“新建”对话框，设置“宽度”为4650像素，“高度”为3940像素，如图18-2所示。

02 为背景填充浅灰色，如图18-3所示。单击工具箱中的“自定形状工具”按钮，在选项栏中设置选择工具模式为路径，在“形状”下拉列表中选择雨滴形状，如图18-4所示。

03 在画面中单击绘制一个合适大小的雨滴闭合路径，如图18-5所示。单击工具箱中的“钢笔工具”按钮，调整雨滴形状，如图18-6所示。

图 18-2

图 18-3

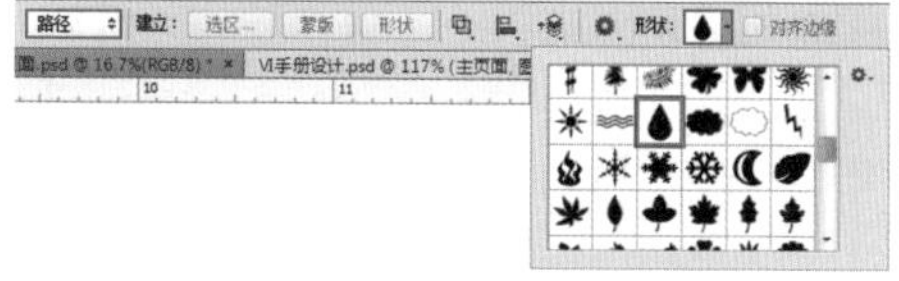
图 18-4

图 18-5

图 18-6

04 执行“编辑>自由变换路径”命令，调整路径角度，如图18-7所示。按Enter键结束变形操作，右击，在弹出的快捷菜单中执行“建立选区”命令，新建图层并填充粉色，如图18-8所示。

05 载入水滴选区，新建图层并填充蓝色，执行“自由变换”命令，调整大小及角度，如图18-9所示。按Enter键结束变换操作，设置“混合模式”为“变暗”，如图18-10所示。

06 再次载入雨滴选区，新建图层并填充黄色，调整大小及角度，设置“混合模式”为“变暗”，如图18-11所示。载入雨滴选区，新建图层并填充绿色，调整大小及角度，如图18-12所示。

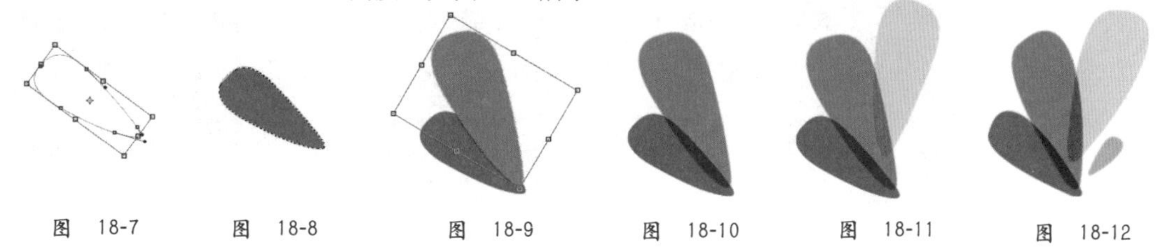
图 18-7　图 18-8　图 18-9　图 18-10　图 18-11　图 18-12

思维点拨：奥迪汽车标志释义——兄弟四人手挽手

标志通常与企业的经营紧密相关，标志设计是企业日常经营活动、广告宣传、文化建设、对外交流必不可少的元素，它随着企业的成长，其价值也不断增长。曾有人断言：“即使一把火把可口可乐的所有资产烧光，可口可乐凭着其商标（标志），就能重新起来”，可想而知，标志设计的重要性。因此，具有长远眼光的企业，十分重视标志设计。在企业建立初期，好的设计无疑是日后无形资产积累的重要载体，如果没有能客观反映企业精神、产业特点且造型科学优美的标志，等企业发展起来，再做变化调整，将对企业造成不必要的浪费和损失。

德国大众汽车公司生产的奥迪轿车标志是4个连环圆圈（见图18-13），它是其前身——汽车联合公司于1932年成立时使用的统一车标。4个圆环表示当初是由霍赫、奥迪、DKW和旺德诺4家公司合并而成的。每一环都是其中一个公司的象征。半径相等的四个紧扣圆环，象征公司成员平等、互利、协作的亲密关系和奋发向上的敬业精神。

图 18-13

07 单击工具箱中的“文字工具”按钮，在选项栏中设置一种合适的字体，在标志右侧输入黑色文字，完成标志的设计，如图18-14所示。

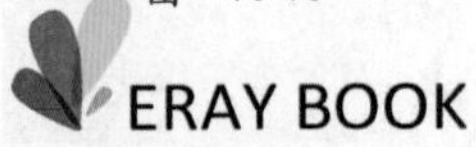

图 18-14

18.2 画册封面设计

01 单击工具箱中的“矩形选框工具”按钮，在画面中绘制一个大小合适的矩形，新建图层并填充深一点的灰色，如图18-15所示。

02 执行“图层>图层样式>投影”命令，设置“不透明度”为75%，“距离”为10像素，“大小”为10像素，如图18-16和图18-17所示。

03 使用矩形选框工具在画面中绘制一个大小合适的矩形选区，新建图层并填充红色，如图18-18所示。执行“编辑>自由变换”命令，将其旋转至合适的角度，调整大小，如图18-19所示。

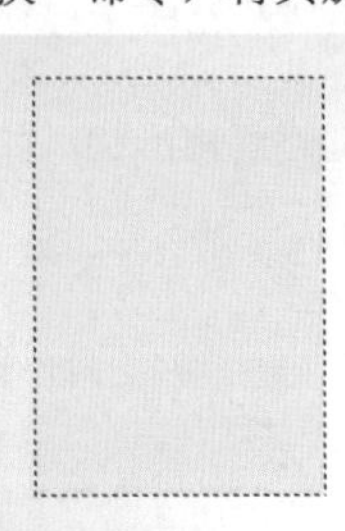

图 18-15

图 18-16

图 18-17

图 18-18

图 18-19

04 载入红色图层的选区，并向上移动，新建图层并填充浅红色，如图18-20所示。继续载入选区并向上移动填充红色，如图18-21所示。

05 用同样的方法制作其他不同大小的彩色矩形，如图18-22所示。将彩色形状合并为一个图层，放在灰色矩形上方，并在“图层”面板上右击，在弹出的快捷菜单中执行“创建剪贴蒙版”命令，此时底色以外的部分被隐藏了，如图18-23所示。

06 将完成的标志放置在右下角，如图18-24所示。

图 18-20

图 18-21

图 18-22

图 18-23

图 18-24

思维点拨：VI设计的一般原则

VI设计的一般原则包括统一性原则、差异性原则和民族性原则。

● 统一性原则：为了达成企业形象对外传播的一致性与一贯性，应该运用统一设计和统一大众传播，用完美的视觉一体化设计，将信息与认识个性化、明晰化、有序化，把各种形式传播媒体上的形象统一，创造能储存与传播的统一的企业理念与视觉形象，这样才能集中与强化企业形象，使信息传播更为迅速有效，给社会大众留下强烈的印象与影响力。

● 差异性原则：企业形象为了能获得社会大众的认同，必须是个性化的、与众不同的，因此差异性的原则十分重要。

● 民族性原则：企业形象的塑造与传播应该依据不同的民族文化，美、日等许多企业的崛起和成功，民族文化是其根本的驱动力。美国企业文化研究专家秋尔和肯尼迪指出，“一个强大的文化几乎是美国企业持续成功的驱动力。”驰名于世的“麦当劳”和“肯德基”独具特色的企业形象，展现的就是美国生活方式的快餐文化。

18.3 信纸设计

01 使用矩形选框工具绘制一个大小合适的矩形选区，新建图层并填充白色，如图18-25所示。执行“图层>图层样式>投影”命令，设置“不透明度”为75%，“距离”为10像素，“大小”为10像素，如图18-26所示。

02 复制画册封面的部分彩色图像，如图18-27所示，并在顶层绘制一个小一点的白色形状，如图18-28所示。

03 新建图层组，将彩色矩形放置在同一个组中，设置该组的“不透明度”为15%，如图18-29所示。用同样的方法制作小一些的彩条效果，将其放置在页面的上方，如图18-30所示。

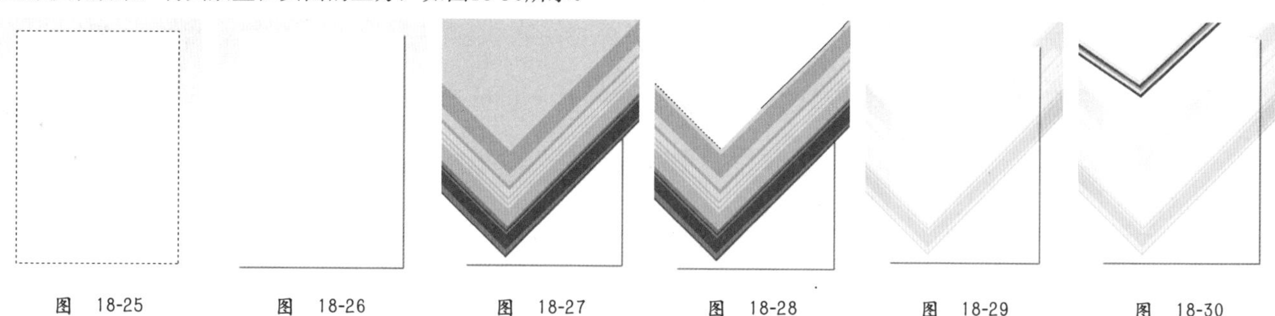

图 18-25　图 18-26　图 18-27　图 18-28　图 18-29　图 18-30

04 分别将这两部分彩色图像合并为独立图层，并对底色图层创建剪贴蒙版，如图18-31和图18-32所示。

05 复制标志，将其放置在画面左上方，如图18-33所示。使用横排文字工具在画面中输入粉色标题字，如图18-34所示。

06 继续使用横排文字工具在画面中按住左键并拖曳绘制一个文本框，如图18-35所示。在文本框中单击输入文字，如图18-36所示。

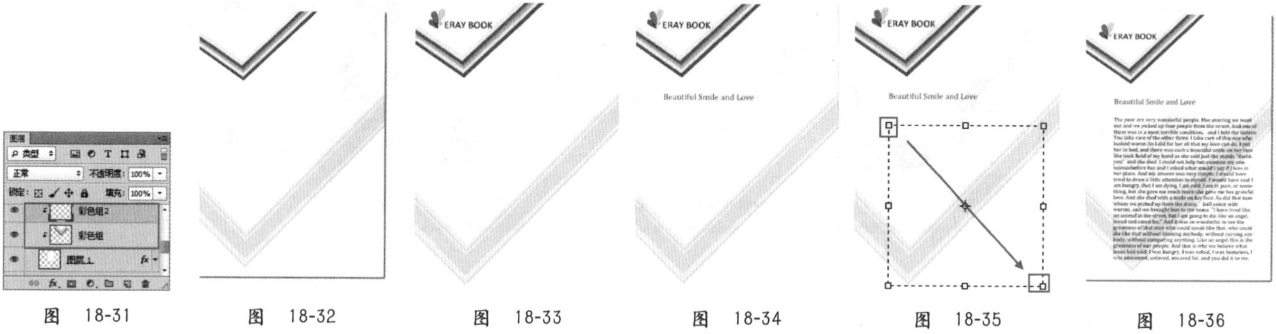

图 18-31　图 18-32　图 18-33　图 18-34　图 18-35　图 18-36

18.4 信封设计

01 单击工具箱中的“多边形套索工具”按钮，在画面中绘制合适的选区，如图18-37所示。单击工具箱中的“渐变工具”按钮，在选项栏中单击设置一种白色到灰色的渐变，新建图层，在选区中自上而下地拖曳填充渐变，如图18-38所示。

02 使用矩形选框工具在下方绘制合适的选区，新建图层，填充灰色，如图18-39所示。为绘制的两个图层添加阴影效果，如图18-40所示。

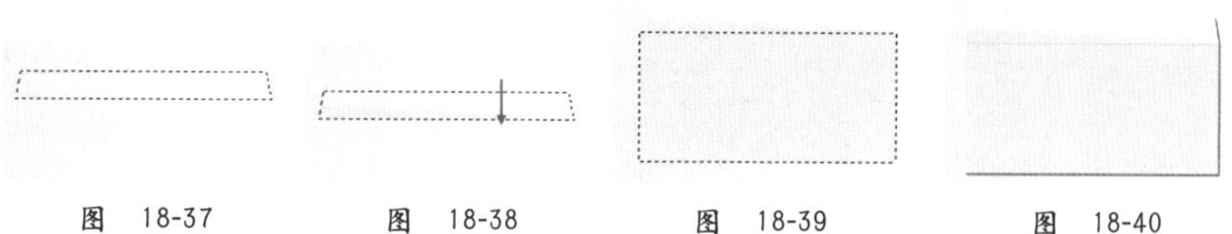

图 18-37　图 18-38　图 18-39　图 18-40

03 复制之前绘制的彩色图形，并合并为一个图层，放置在信封底色图层的上方，并右击，在弹出的快捷菜单中执行“创建剪贴蒙版”命令，将信封底色以外的区域隐藏，如图18-41和图18-42所示。将复制之前做好的标志放置在信封右下侧，如图18-43所示。

04 使用矩形选框工具在信封左上角绘制一个合适大小的矩形选区，如图18-44所示。新建图层，右击，在弹出的快捷菜单中执行“描边”命令，设置“宽度”为5像素，“颜色”为白色，如图18-45所示。单击“确定”按钮，完成描边操作，如图18-46所示。

图 18-41

图 18-42

图 18-43

图 18-44

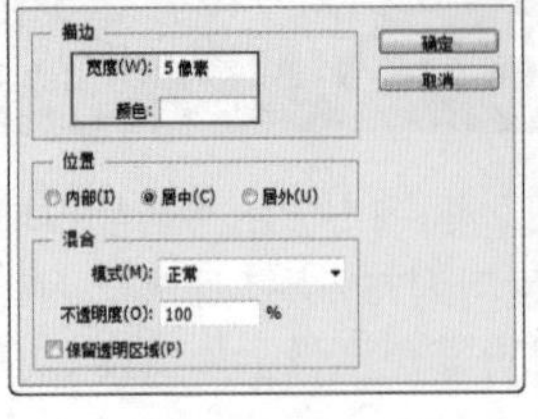

图 18-45

图 18-46

05 单击工具箱中的“移动工具”按钮，按住Alt键移动复制出另外几个矩形框，选中这些矩形框图层，在“移动工具”选项栏中进行对齐和分布，如图18-47和图18-48所示。

图 18-47

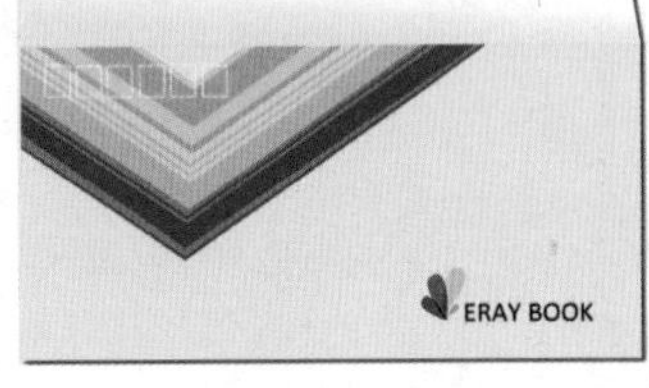

图 18-48

答疑解惑：完整的VI设计都包括什么？

一套VI设计的主要内容可以分为基本要素系统和应用系统两大类。

- 基本要素系统：包括标志、标准字、标准色以及标志和标准字的组合。
- 应用系统：包括办公用品、企业外部建筑环境、企业内部建筑环境、交通工具、服装服饰、广告媒体、产品包装、公务礼品、陈列展示、印刷品，如图18-49和图18-50所示。

图 18-49

图 18-50

18.5 光盘包装设计

01 使用矩形选框工具绘制一个大小合适的矩形，单击工具箱中的“渐变工具”按钮，在“渐变编辑器”中编辑一种金属色系渐变，新建图层并拖曳填充作为光盘包装的底色，如图18-51所示，为底色图层添加“投影”效果，如图18-52所示。

图 18-51　　图 18-52

技巧提示

此处为光盘底色图层添加的投影效果与之前为画册封面图层添加的投影效果是相同的，所以可以在画册封面图层的图层样式上右击，在弹出的快捷菜单中执行“复制图层样式”命令，并在当前图层上右击，在弹出的快捷菜单中执行“粘贴图层样式”命令。

02 载入底色图层选区，单击工具箱中的“椭圆选框工具”按钮后，单击选项栏中的“从选区减去”按钮，在矩形选区上绘制一个椭圆选区，此时即可得到如图18-53所示的选区。下面新建图层并填充为灰色，在该图层下方新建图层，使用黑色柔边圆画笔在半圆形缺口处涂抹，制作出阴影效果，如图18-54所示。

03 再次复制之前多次使用过的彩色图案，摆放在光盘包装的上半部分，如图18-55所示。

04 将彩色图案放置在带有缺口的灰色图层上方，并在该图层上右击，在弹出的快捷菜单中执行“创建剪贴蒙版”命令，如图18-56所示。复制标志，将其放置在画面右下角，如图18-57所示。

图 18-53　图 18-54　图 18-55　图 18-56　图 18-57

18.6 光盘设计

01 使用椭圆选框工具，按Ctrl键绘制一个大一点的正圆选区，单击选项栏中的“从选区减去”按钮，在正圆中心绘制一个小一点的正圆选区，如图18-58所示。新建图层“盘底”，使用渐变工具为选区填充一种金属色系渐变并进行填充，如图18-59所示。

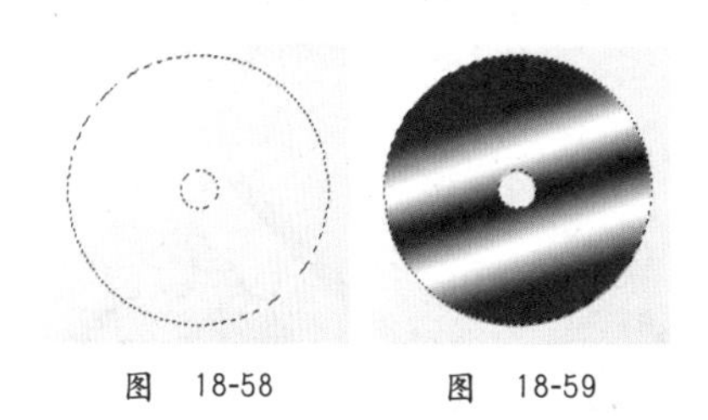

图 18-58　图 18-59

技巧提示

如果使用上述方法很难绘制出两个标准的同心正圆选区，可以通过以下方法进行操作：绘制正圆选区并填充颜色，再次新建图层绘制较小的正圆选区并填充颜色。选中小圆以及大圆图层，在“移动工具”选项栏中进行对齐分布，载入小圆选区后，在大圆图层上按Delete键进行删除即可。

02 为“盘底”图层添加投影效果，如图18-60所示。复制“盘底”图层，并填充为浅灰色，使用椭圆选框工具在中心绘制选区并删除，如图18-61所示。

03 将彩色图案移到光盘上，如图18-62所示。合并图层后对其执行“创建剪贴蒙版”命令，并将标志放置在光盘上合适的位置，如图18-63所示。

04 用同样的方法分别制作出书签、名片和吊牌。调整间距和位置，最终效果如图18-64所示。

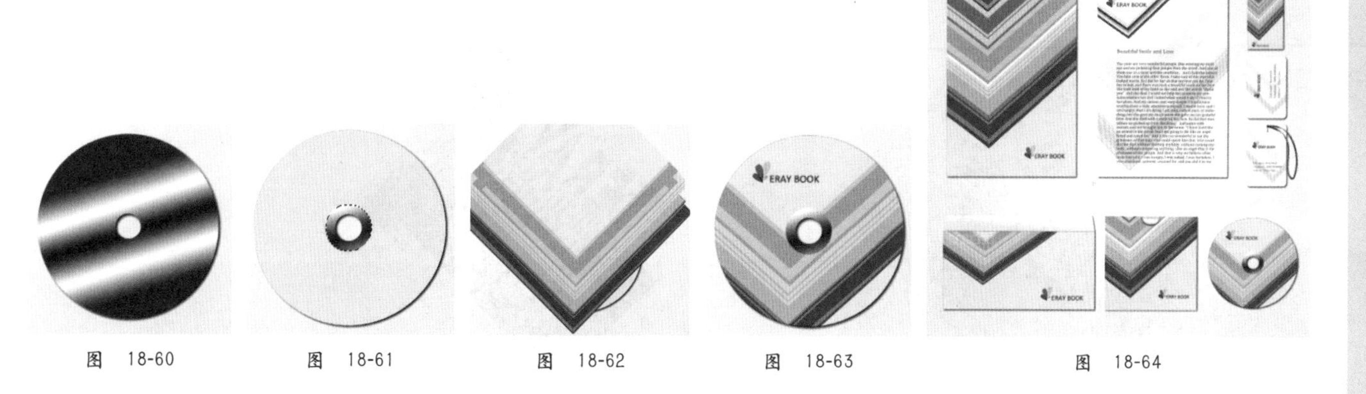

图 18-60　图 18-61　图 18-62　图 18-63　图 18-64

第19章

卡片设计

本章内容简介：

工作生活中经常会看到各式各样的卡片，如名片、明信片及其他各种形式的卡片（如景区门票、服装吊牌等），这些东西虽小，但通常都有很独特的风格，能在一定程度上传递相关信息，也是平面设计中的一个类型。本章将介绍几个具体的卡片设计实例。

本章学习要点：

- 商务简洁风格名片。
- 卡通主题活动卡。
- 音乐演唱会主题卡片。

19.1 商务简洁风格名片

案例文件	案例文件\第19章\商务简洁风格名片.psd
视频教学	视频文件\第19章\商务简洁风格名片.mp4
难易指数	★★★★★
技术要点	选区工具、自定形状工具、混合模式、图层样式

扫码看视频

案例效果

本案例主要使用选区工具、自定形状工具、混合模式和图层样式等制作简洁商务名片，如图19-1所示。

操作步骤

01 打开本书资源中的背景素材文件“1.jpg”，如图19-2所示。

图 19-1

图 19-2

02 设置前景色为蓝色，新建图层，使用矩形选框工具在画面中绘制矩形选框，并为其填充蓝色，如图19-3所示。执行“图层>图层样式>内发光”命令，设置“不透明度”为70%，“颜色”为蓝色，“方法”为“柔和”，设置“源”为“边缘”，“阻塞”为5%，“大小”为180像素，如图19-4所示，效果如图19-5所示。

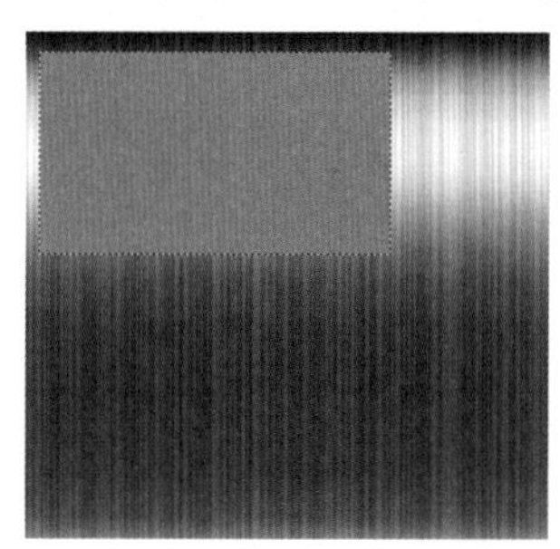

图 19-3

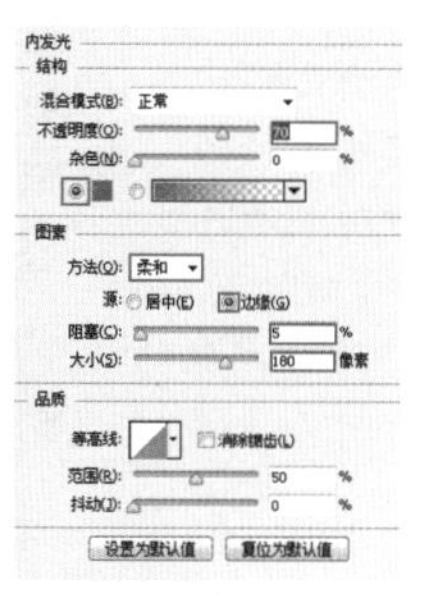

图 19-4

图 19-5

03 在蓝色图层下新建图层，载入蓝色图层选区，为其填充黑色，对其执行“滤镜>模糊>高斯模糊”命令，设置“半径”为4像素，如图19-6所示。效果如图19-7所示。

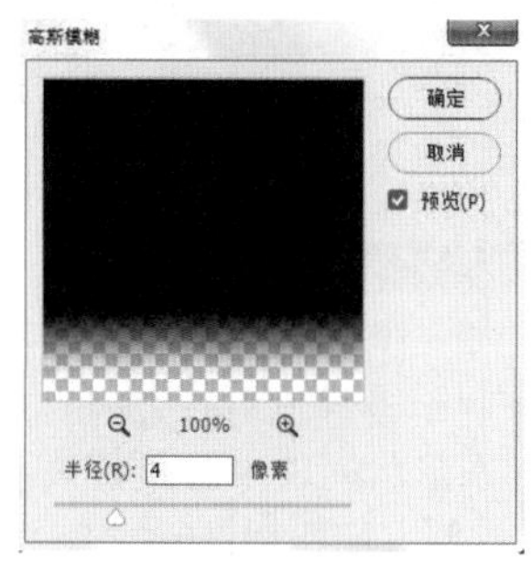

图 19-6

图 19-7

04 设置黑色图层的“不透明度”为60%，如图19-8所示。适当向右下移动该图层，作为名片的阴影，如图19-9所示。

图 19-8

图 19-9

05 在“图层”面板顶部新建图层，使用椭圆选框工具在画面中按住Shift键绘制正圆选区，如图19-10所示，右击，在弹出的快捷菜单中执行“描边”命令，设置“宽度”为“60像素”，“颜色”为白色，“位置”为“居中”，如图19-11所示。单击“确定”按钮后可以看到描边效果，如图19-12所示。

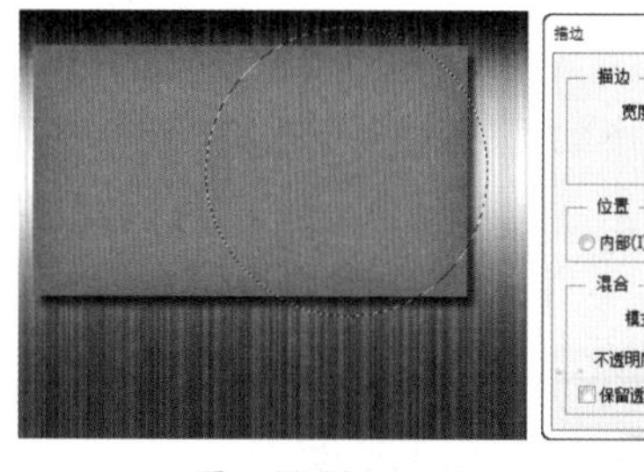

图 19-10

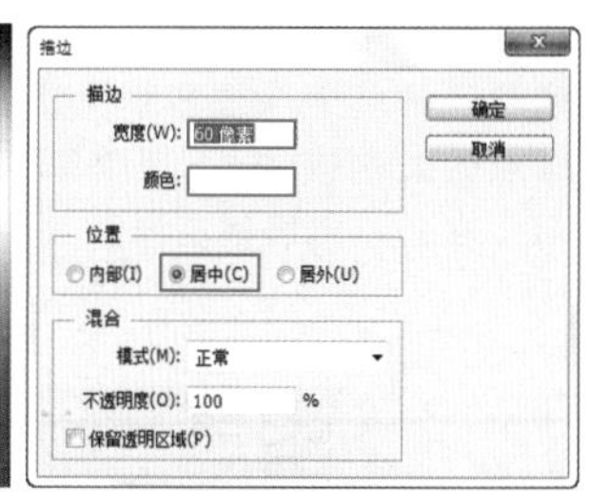

图 19-11

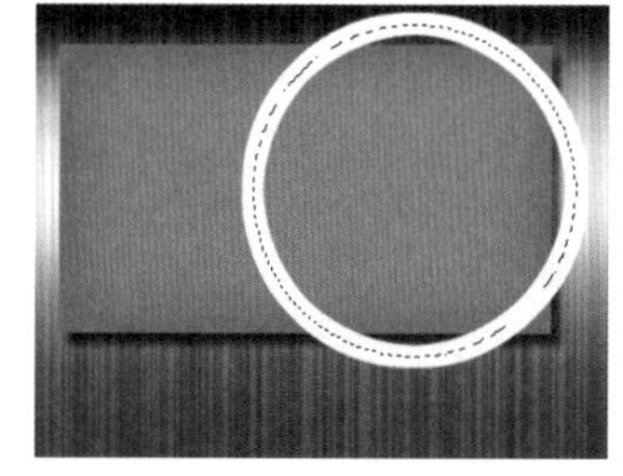

图 19-12

06 载入蓝色矩形图层选区，选择圆环图层，单击“图层”面板底部的“添加图层蒙版”按钮，为其添加图层蒙版，设置其“混合模式”为“柔光”，如图19-13所示，效果如图19-14所示。

图 19-13

图 19-14

07 选择自定形状工具，在选项栏中设置绘制模式为“形状”，“填充”颜色为白色，在形状列表中选择箭头形状，如图19-15所示。在画面中绘制，如图19-16所示。按Ctrl+T快捷键将其旋转到合适的角度，按Enter键完成自由变换，效果如图19-17所示。

图 19-15

图 19-16

图 19-17

08 设置箭头的“混合模式”为“柔光”，如图19-18所示，效果如图19-19所示。

图 19-18

图 19-19

09 设置前景色为白色，使用横排文字工具设置合适的字号以及字体，在画面中输入合适的文字，效果如图19-20所示。用同样的方法制作名片的另一面，最终制作效果如图19-21所示。

图 19-20

图 19-21

思维点拨：名片设计

名片作为一个人、一种职业的独立媒体，在设计上要讲究艺术性。但它同艺术作品有明显的区别，它不像其他艺术作品那样具有很高的审美价值，可以去欣赏，去玩味。它在大多情况下不会引起人的专注和追求，而是便于记忆，具有更强的识别性，让人在最短的时间内获得所需要的情报。因此名片设计必须做到文字简明扼要，字体层次分明，强调设计意识，艺术风格要新颖。名片除标注清楚个人信息资料外，还要标注明白企业资料，如企业的名称、地址及企业的业务领域等。具有CI形象规划的企业名片纳入办公用品策划中，这种类型的名片企业信息最重要，个人信息是次要的。在名片中同样包括企业的标志、标准色、标准字等，使其成为企业整体形象的一部分，如图19-22和图19-23所示。

图 19-22　　图 19-23

19.2 卡通主题活动卡

案例文件	案例文件\第19章\卡通主题活动卡.psd
视频教学	视频文件\第19章\卡通主题活动卡.mp4
难易指数	★★★★★
技术要点	多边形套索工具、图层样式

扫码看视频

案例效果

本案例主要使用多边形套索工具、图层样式等制作卡通主题活动卡，效果如图19-24所示。

图 19-24

操作步骤

01 新建文件，首先进行底色的制作。选择渐变工具编辑一种由深蓝到浅蓝的渐变色，单击“线性渐变”按钮，如图19-25所示。单击并拖曳绘制蓝色系的渐变，效果如图19-26所示。

02 新建图层，使用矩形选框工具在画面中拖曳绘制矩形选区，为其填充白色，效果如图19-27所示。

图 19-25

图 19-26　　图 19-27

03 新建图层，使用多边形套索工具在白色矩形右上角绘制三角形选区，如图19-28所示。为其填充淡蓝色系的渐变，如图19-29所示。

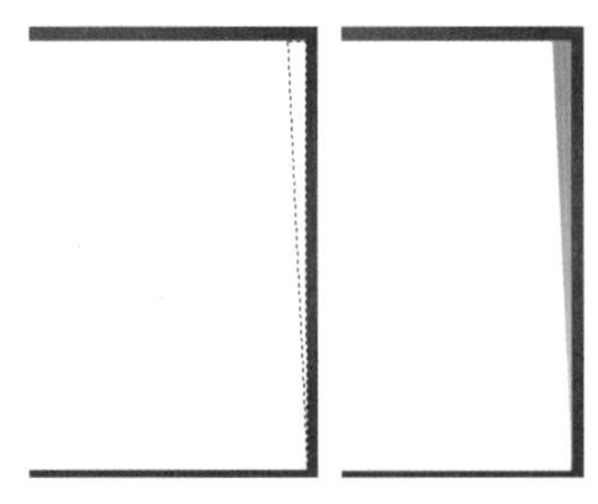

图 19-28　　图 19-29

04 置入图像素材“1.jpg”，并将其置于画面中合适的位置，栅格化该图层。使用多边形套索工具绘制四边形，如图19-30所示。单击“图层”面板上的“添加图层蒙版”按钮，为其添加图层蒙版，效果如图19-31所示。

图 19-30

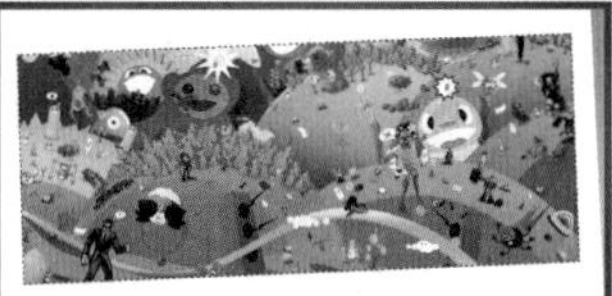

图 19-31

思维点拨

本案例的画面主要呈现的是卡通色，可爱的卡通色通常运用在电影海报、儿童书籍和食品包装中，展现纯真的效果。明亮柔和的色彩形成了温暖舒适的氛围，可爱的造型唤起人们儿时纯真的记忆，给人留下深刻印象。

05 新建图层，使用横排文字工具分别设置白色和蓝色的前景色，设置相应的字体以及字号，在画面中单击输入合适的文字，如图19-32所示。

图 19-32

06 选中所有文字图层，按快捷键Ctrl+G置于同一图层组中，按快捷键Ctrl+T，将文字组旋转到合适的角度，效果如图19-33所示。

图 19-33

07 选中顶部的文字标题，执行“图层>图层样式>渐变叠加”命令，设置“混合模式”为“正常”，“不透明度”为100%，编辑一种由白色到蓝色的对称渐变，设置“样式”为“线性”，“角度”为93度，如图19-34所示，效果如图19-35所示。

图 19-34

图 19-35

08 用同样的方法为其他白色文字标题添加渐变的图层样式，最终效果如图19-36所示。

图 19-36

19.3 音乐演唱会主题卡片

案例文件	案例文件\第19章\演唱会音乐主题卡片.psd
视频教学	视频文件\第19章\演唱会音乐主题卡片.mp4
难易指数	★★★★★
技术要点	选区工具、自定形状工具、文字工具

扫码看视频

案例效果

本案例是通过矩形选框工具、自定形状工具和文字工具等制作演唱会音乐主题卡片，效果如图19-37所示。

图 19-37

操作步骤

01 新建文件，单击工具箱中的“矩形选框工具”按钮，在选项栏中设置“绘制模式”为“添加到选区”，如图19-38所示。在画面中绘制多个矩形选框，如图19-39所示。

图 19-38 图 19-39

02 新建图层“线条”，设置前景色为淡灰色，按Alt+Delete快捷键为其填充前景色，然后按Ctrl+D快捷键取消选区，如图19-40所示。下面使用快捷键Ctrl+T对该图层进行自由变换，适当地旋转，按Enter键完成变换，效果如图19-41所示。

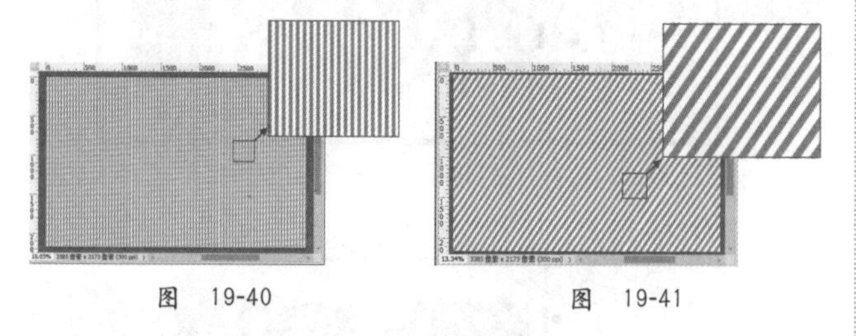

图 19-40 图 19-41

03 使用矩形选框工具在画面中绘制合适的选框，选中“线条”图层，在“图层”面板底部单击“添加图层蒙版”按钮，为其添加图层蒙版，如图19-42所示。此时选区以外的部分被隐藏，效果如图19-43所示。

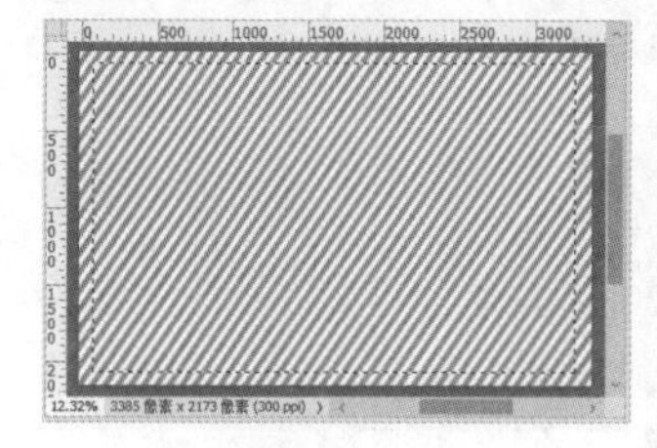
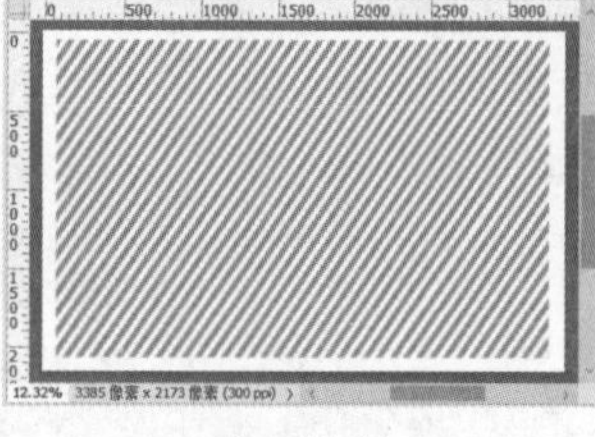

图 19-42 图 19-43

04 新建图层，设置前景色为绿色，使用多边形套索工具在画面中绘制多边形选区，使用Alt+Delete快捷键为其填充前景色，效果如图19-44所示。用同样的方法绘制另外一个黑色的四边形，如图19-45所示。

图 19-44 图 19-45

05 在工具箱中选中自定形状工具，在选项栏中设置绘制模式为“形状”，“填充”颜色为绿色，选中合适的形状，在多边形底部绘制箭头，如图19-46所示。

06 使用同样的方法制作顶部的黑色矩形以及花纹形状，效果如图19-47所示。

图 19-46 图 19-47

07 置入麦克风素材“1.png”，并将其置于画面中合适的位置，栅格化该图层，如图19-48所示。载入麦克风的选区，新建图层“图层3”，并为其填充黑色，如图19-49所示。

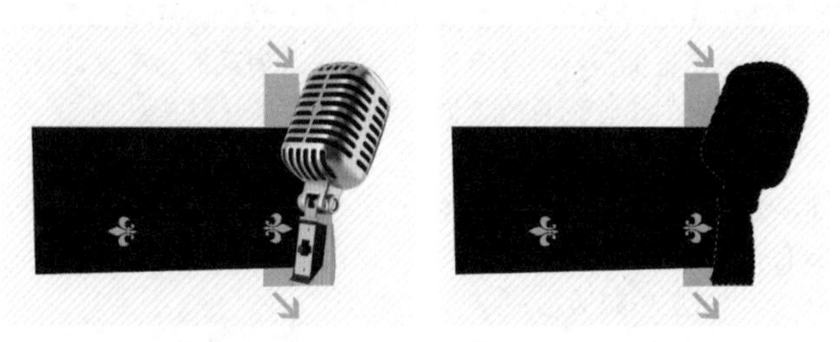

图 19-48 图 19-49

08 为了制作麦克风的暗部效果，选中“图层3”，在“图层”面板中单击“添加图层蒙版”按钮，为其添加图层蒙版，使用渐变工具在蒙版中填充从黑到白的渐变，并设置该图层的“不透明度”为90%，如图19-50所示，效果如图19-51所示。

图 19-50

图 19-51

09 单击工具箱中的“横排文字工具”按钮，设置合适的字体以及颜色，在画面中输入主体文字，然后框选上半部分的文字，并在选项栏中设置较大的字号，如图19-52所示。

图 19-52

10 用同样的方法使用横排文字工具输入另外几组文字，如图19-53和图19-54所示。

图 19-53

图 19-54

11 继续使用横排文字工具在选项栏中设置合适的字体、字号，设置对齐方式为左对齐，颜色为黑色，在画面下半部分绘制矩形文本框，并在其中输入文字，如图19-55所示。

图 19-55

12 使用光标在段落文字中选择部分字符，执行“窗口>字符”命令，打开“字符”面板，更改这部分字符大小为14点，并单击“仿粗体”按钮，如图19-56所示。此时这部分字符变大并且加粗，如图19-57所示。

图 19-56

图 19-57

13 按快捷键Ctrl+T，对段落文字执行自由变换，适当旋转，如图19-58所示。旋转完成后按Enter键结束操作，最终效果如图19-59所示。

图 19-58

图 19-59

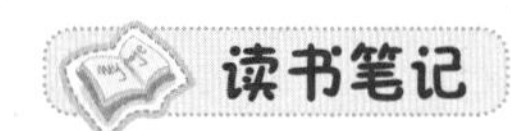

第20章

交互界面设计

本章内容简介：

交互界面设计也是设计的一个很重要的类型，本章将通过几个具体的实例介绍Photoshop在交互按钮、网页导航栏、播放器界面和智能手机交互界面中的应用。

本章学习要点：

- 质感定位标识。
- 金属质感导航。
- 智能手机界面。

20.1 质感定位标识

案例文件	案例文件\第20章\质感定位标识.psd
视频教学	视频文件\第20章\质感定位标识.mp4
难易指数	★★★★★
技术要点	自定形状工具、图层样式、图层蒙版

案例效果

本案例主要是利用自定形状工具、图层样式、图层蒙版等制作质感按钮，如图20-1所示。

图 20-1

操作步骤

01 新建文件，使用渐变工具，在选项栏中设置渐变模式为径向，编辑合适的渐变颜色，取消选中“反向”复选框，如图20-2所示。在画面中进行拖曳填充，如图20-3所示。

图 20-2

图 20-3

02 使用自定形状工具在选项栏中设置绘制模式为“形状”，“填充”颜色为绿色，“描边”为无，选择合适的形状，如图20-4所示。在画面中绘制，如图20-5所示。

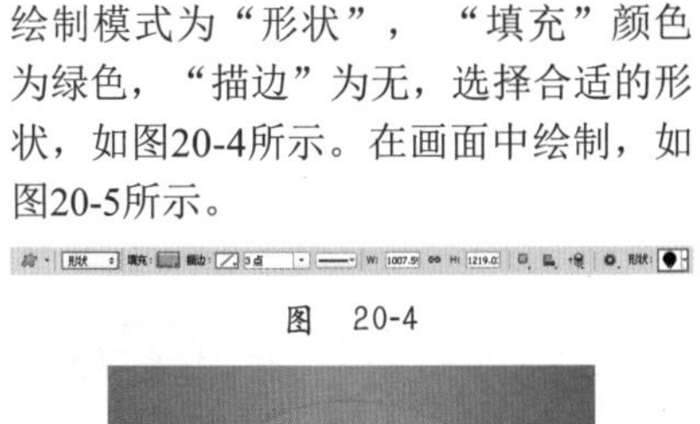

图 20-4

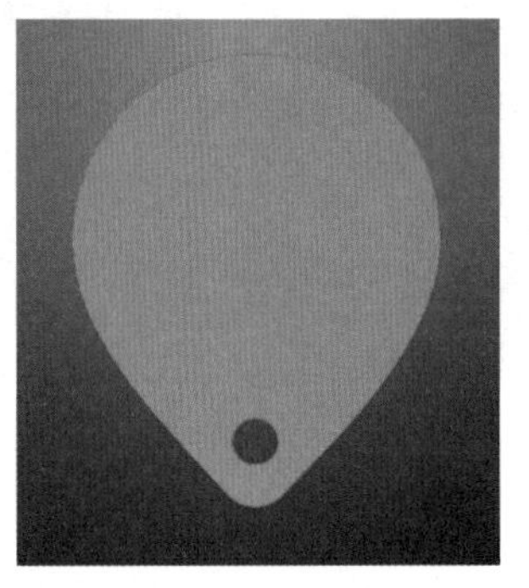

图 20-5

03 对形状图层执行“图层>图层样式>渐变叠加”命令，设置“混合模式”为“柔光”，“不透明度”为100%，“渐变”为黑白渐变，设置“样式”为“径向”，如图20-6所示，效果如图20-7所示。

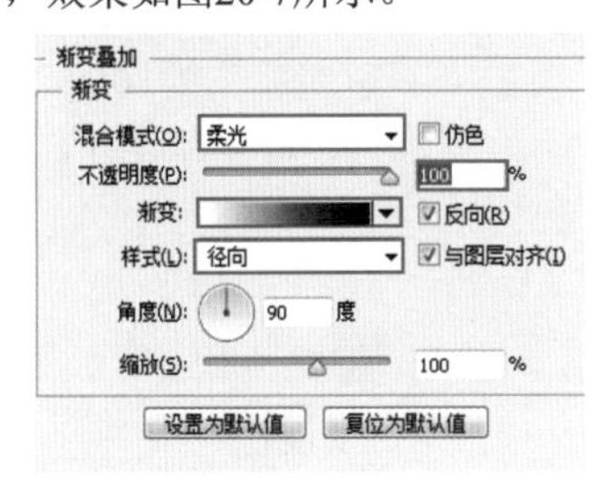

图 20-6

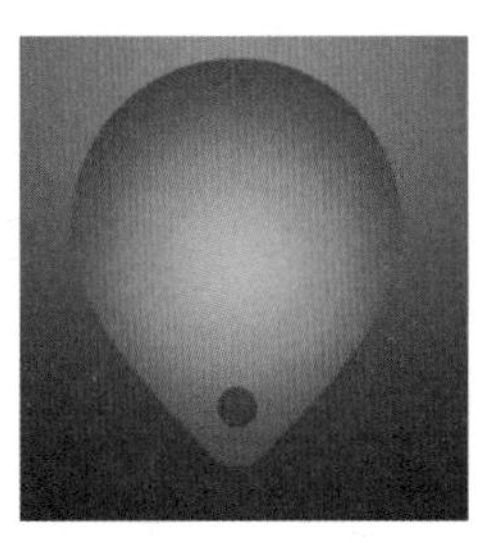

图 20-7

04 在形状图层底部新建图层，设置前景色为黑色，单击工具箱中的“画笔工具”按钮，选择一个圆形柔边圆画笔，在选项栏中降低画笔不透明度，在画面中合适的位置绘制阴影效果，如图20-8所示。

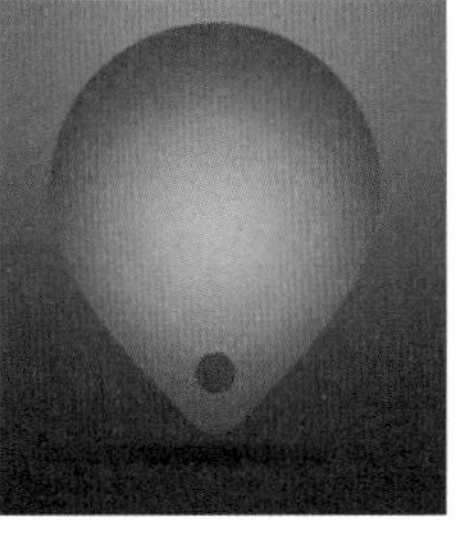

图 20-8

05 载入形状图层选区，在“图层”面板顶部新建图层“高光1”，为其填充白色，如图20-9所示。使用椭圆选框工具框选如图20-10所示位置，并为其填充白色。

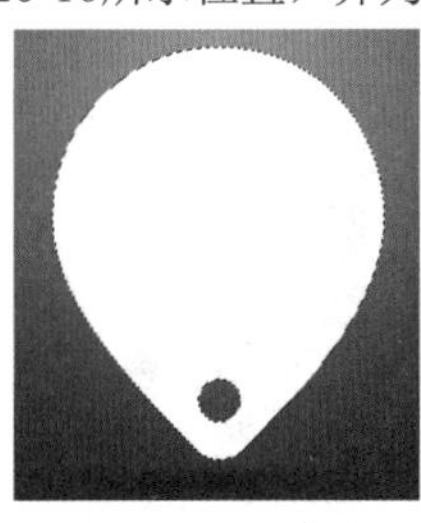

图 20-9

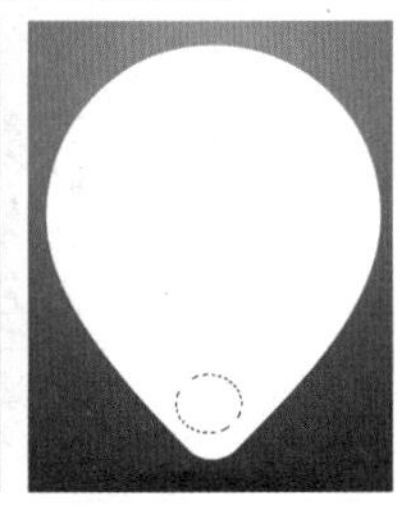

图 20-10

06 将“高光1”图层适当向上移动，载入底层的绿色形状图层选区，如图20-11所示。按Shift+Ctrl+I快捷键执行反选，按Delete键删除选区内的部分，效果如图20-12所示。

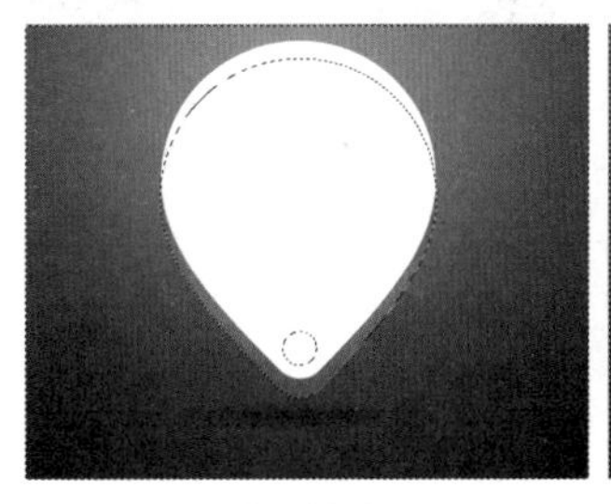

图 20-11

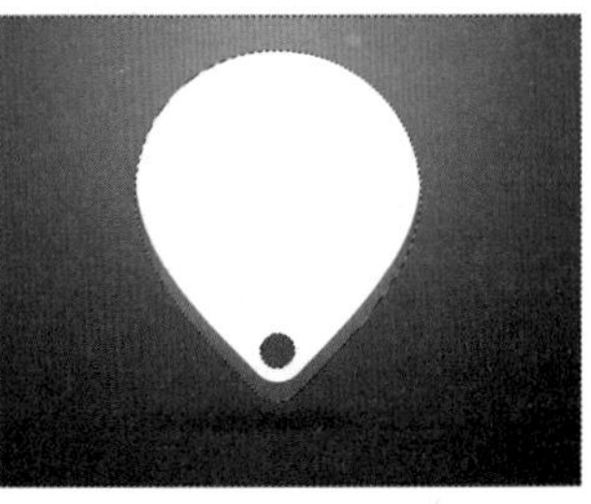

图 20-12

07 选择“高光1”图层，单击图层面板底部的“添加图层蒙版”按钮，为其添加图层蒙版，使用渐变工具在蒙版中绘制黑白色系的线性渐变，如图20-13所示，效果如图20-14所示。

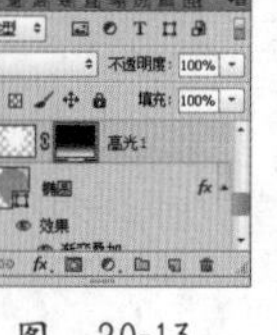

图 20-13

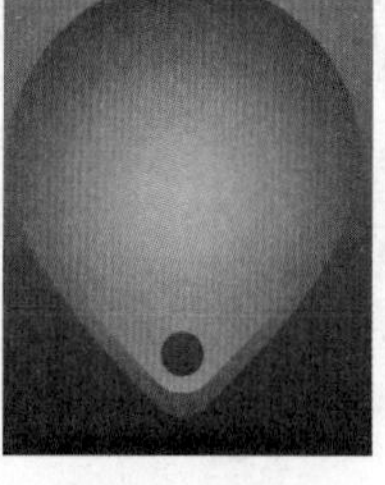

图 20-14

08 新建图层，使用钢笔工具在画面中绘制合适的路径形状，如图20-15所示。将其转化为选区，并为其填充白色，如图20-16所示。同样为其添加图层蒙版，在蒙版中涂抹两端，使这部分高光过渡更加柔和，如图20-17所示。

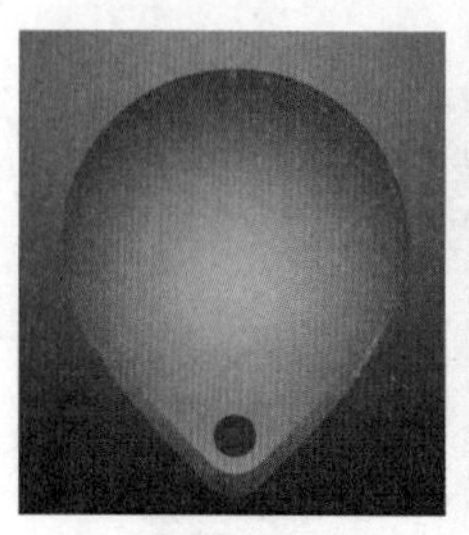

图 20-15

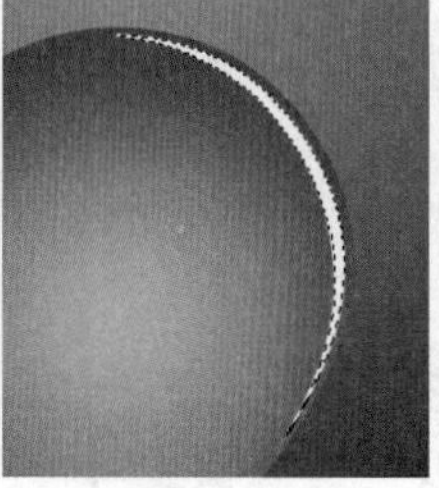

图 20-16

图 20-17

09 用同样的方法制作其他的高光效果，如图20-18所示。

10 使用自定形状工具在选项栏中设置绘制模式为“形状”，“填充”颜色为黄色，“描边”为无，选择合适的形状，如图20-19所示。在画面中拖曳绘制，如图20-20所示。

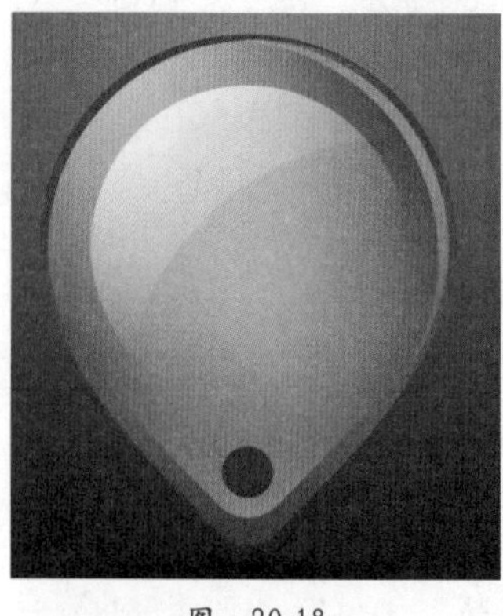

图 20-18

图 20-19

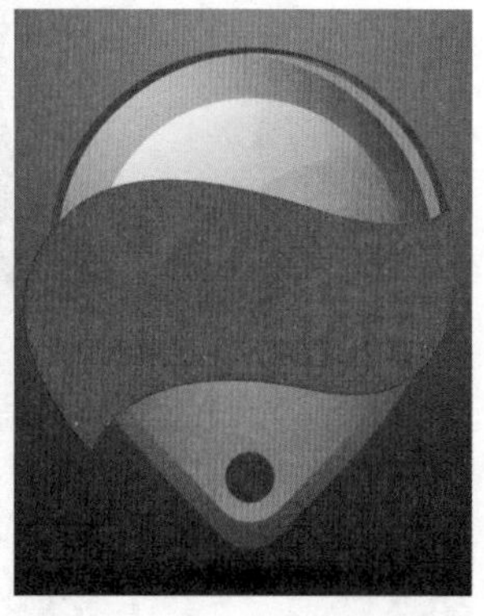

图 20-20

11 对其执行“图层>图层样式>渐变叠加”命令，设置其“混合模式”为“柔光”，“不透明度”为100%，“渐变”颜色为黑白色，“样式”为“线性”，“角度”为32度，如图20-21和图20-22所示。

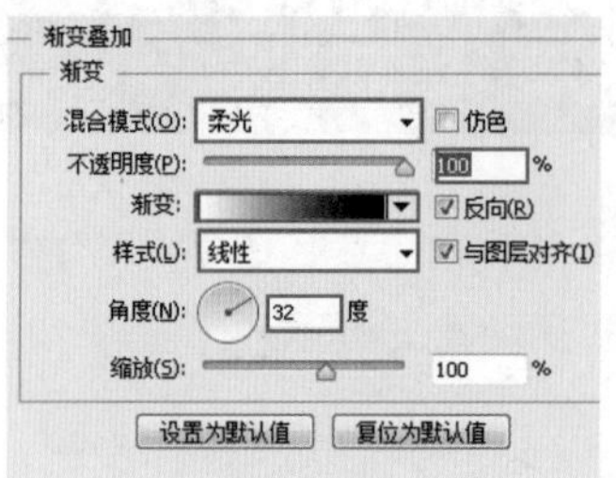
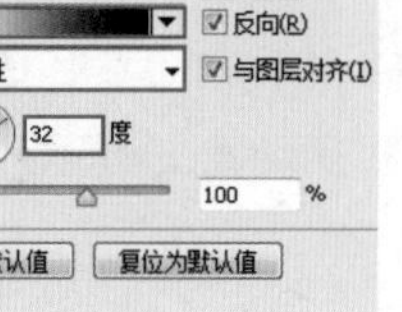

图 20-21

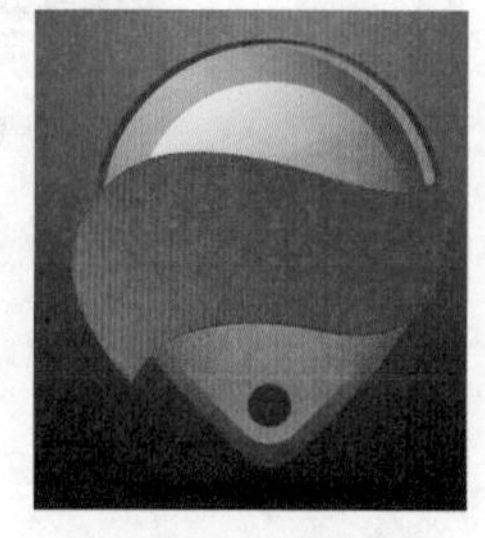

图 20-22

12 用同样的方法制作黄色形状上的光泽效果，如图20-23所示。使用横排文字工具，设置颜色为白色，设置合适的字号以及字体，在画面中输入文字，效果如图20-24所示。

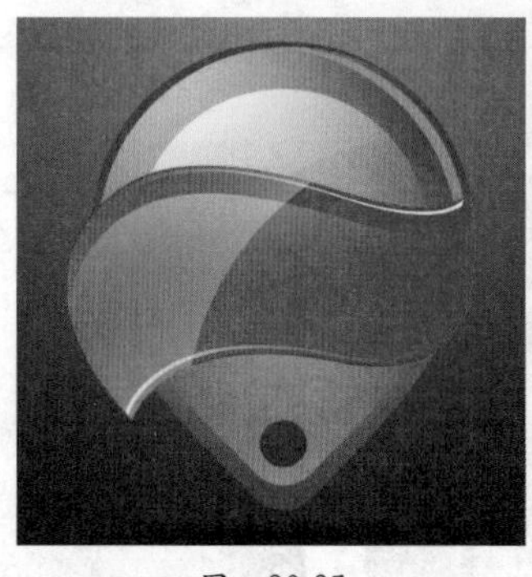

图 20-23

图 20-24

13 对文字图层执行“图层>图层样式>斜面和浮雕”命令，设置“样式”为“外斜面”，“方法”为“雕刻柔和”，“深度”为100%，“方向”为“下”，“大小”为1像素，“软化”为0像素。“角度”为120度，“高度”为67度，“高光模式”为叠加，设置“高光”颜色为浅粉色，高光“不透明度”为100%，设置“阴影模式”为“正片叠底”，“颜色”为黑色，阴影“不透明度”为100%，如图20-25所示。选中“等高线” 复选框，选择合适的等高线形状，设置“范围”为100%，如图20-26所示。

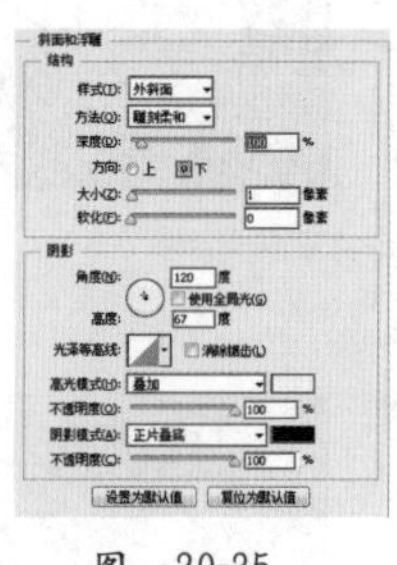

图 20-25

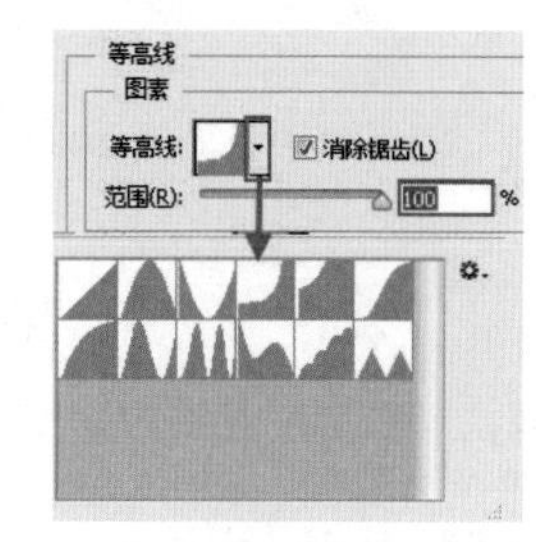

图 20-26

14 选中“内阴影” 复选框，设置“混合模式”为“正片叠底”，“颜色”为黑色，“不透明度”为15%，“角度”为120度，“距离”为1像素，“阻塞”为0%，“大小”为0像素，如图20-27和图20-28所示。

15 最终制作效果如图20-29所示。

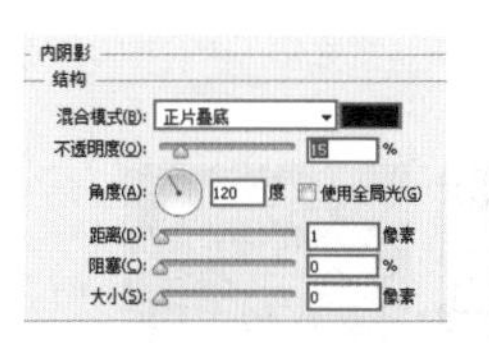

图 20-27

图 20-28

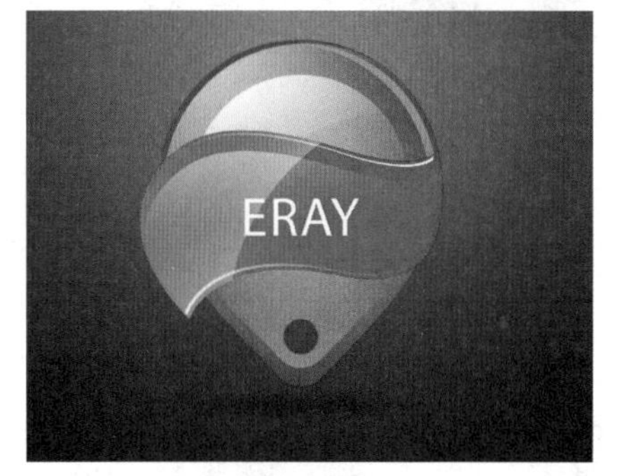

图 20-29

思维点拨：用色的原则

色彩是视觉最敏感的东西。色彩的直接心理效应来自色彩的物理光刺激对人的生理发生的直接影响。一幅优秀的作品最吸引观众的地方就来自于色差对人们的感官刺激。当然摄影作品通常由很多种颜色组成，优秀的作品离不开合理的色彩搭配。颜色丰富虽然会看起来吸引人，但是一定要把握住“少而精”的原则，即颜色搭配尽量要少，这样画面会显得较为整体、不杂乱，当然特殊情况除外，如要体现绚丽、缤纷、丰富的色彩时，色彩需要多一些。一般来说，一幅图像中的色彩不宜超过5种。若颜色过多，虽然显得很丰富，但是会出现画面杂乱、跳跃、无重心的感觉。

20.2 金属质感导航

案例文件	案例文件\第20章\金属质感导航.psd
视频教学	视频文件\第20章\金属质感导航.mp4
难易指数	★★★★★
技术要点	钢笔工具、渐变工具、模糊滤镜

扫码看视频

案例效果

本案例主要是利用钢笔工具、渐变工具和模糊滤镜制作金属质感导航界面，效果如图20-30所示。

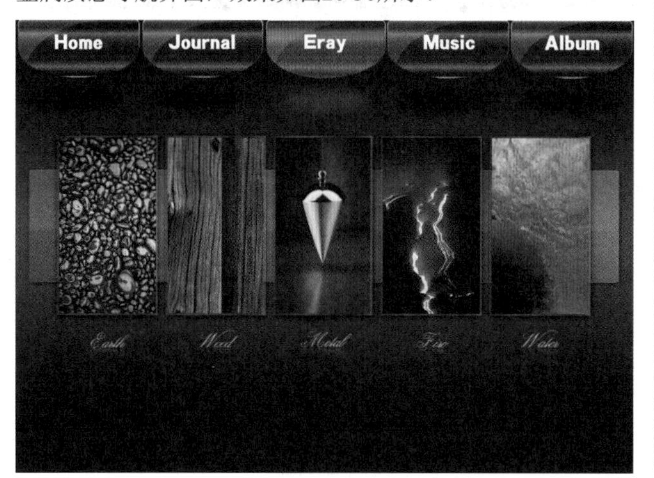

图 20-30

操作步骤

01 打开背景素材，如图20-31所示。新建图层，使用椭圆选框工具在画面中绘制椭圆选区，执行“编辑>填充”命令，在弹出的窗口中设置填充颜色为黑色，为其填充黑色，如图20-32所示。

图 20-31

图 20-32

思维点拨

本案例中的界面采用黑色为主色调。黑暗之色的黑色，可以触动人情感的最深处。因为看不见，所以给人一种神秘的印象。黑色吸收了所有的光线，黑色既代表着黑暗，也象征了尊贵。

02 执行“滤镜>模糊>高斯模糊”命令，设置“半径”为10像素，如图20-33所示。单击“确定”按钮结束操作，如图20-34所示。

03 新建图层，使用钢笔工具绘制合适的路径形状，如图20-35所示。按Ctrl+Enter快捷键快速将路径转化为选区，如图20-36所示。

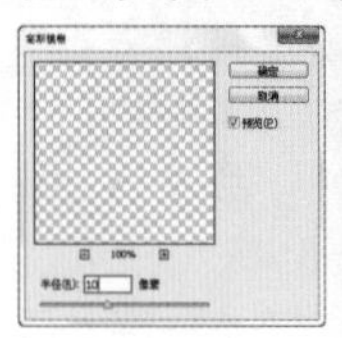
图 20-33

图 20-34

图 20-35

图 20-36

04 使用渐变工具在选项栏中编辑灰色系的渐变，设置绘制模式为线性，如图20-37所示。在选区中自下而上拖曳绘制渐变，如图20-38所示。

05 复制渐变图层，按自由变换快捷键Ctrl+T将其进行适当缩放，如图20-39所示。按Enter键完成自由变换，再次使用渐变工具在渐变编辑器中编辑黑白色系的金属质感渐变，在选区中填充，如图20-40所示。

图 20-37

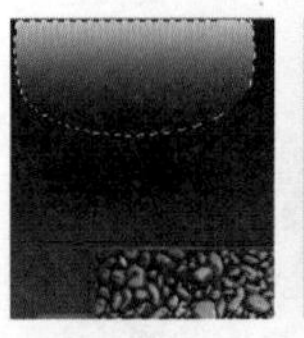
图 20-38

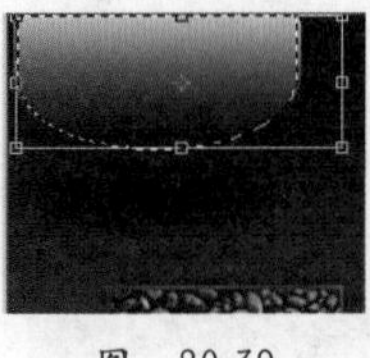
图 20-39

图 20-40

06 载入顶层灰色渐变图层选区，新建图层，为其填充白色，如图20-41所示。单击“图层”面板底部的“添加图层蒙版”按钮，为其添加图层蒙版，使用较大的圆形黑色画笔在蒙版中单击绘制，使右下部分被隐藏，并设置该图层的“不透明度”为20%，如图20-42和图20-43所示。

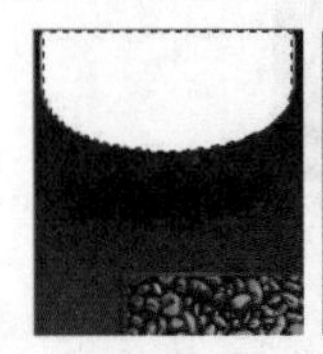
图 20-41

图 20-42

图 20-43

07 用同样的方法制作其他的按钮，并摆放在顶部，为了使按钮分布均匀，可以借助对齐与分布的相关命令，效果如图20-44所示。最后使用横排文字工具在按钮上输入相应文字，最终制作效果如图20-45所示。

图 20-44

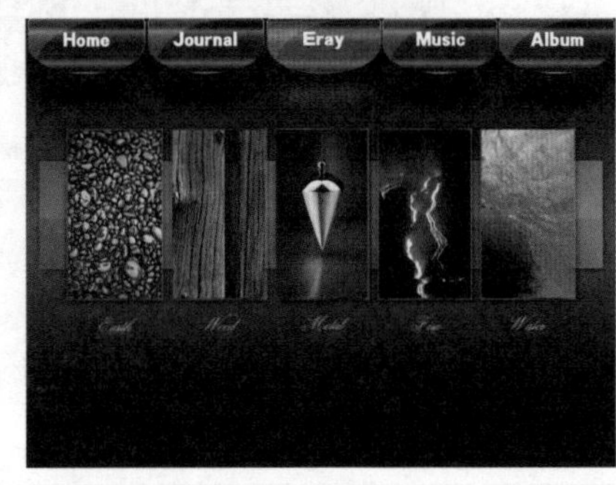

图 20-45

技巧提示

红色按钮其实可以通过对黑色按钮进行编辑得到。例如，通过对黑色按钮添加“颜色叠加”样式，设置叠加的颜色为红色，设置混合模式为正片叠底，即可显现出原始按钮上的光泽感。

203 智能手机界面设计

案例文件	案例文件\第20章\智能手机界面设计.psd
视频教学	视频文件\第20章\智能手机界面设计.mp4
难易指数	★★★★★
技术要点	形状工具、图层样式、混合模式

扫码看视频

案例效果

本案例主要通过使用形状工具、图层样式、混合模式等命令制作智能手机界面，效果如图20-46所示。

图 20-46

操作步骤

01 打开背景素材文件“1.jpg”，如图20-47所示。置入照片素材文件“2.jpg”，调整合适大小，栅格化该图层，如图20-48所示。

图 20-47

图 20-48

02 单击工具箱中的“矩形选框工具”按钮，在人像素材上绘制合适大小的矩形，如图20-49所示。选中照片图层，单击“图层”面板中的“添加图层蒙版”按钮，隐藏多余部分，如图20-50示。

图 20-49

图 20-50

03 在人像素材文件下绘制一个合适大小的矩形选区，单击工具箱中的“渐变工具”按钮，在选项栏中设置渐变类型为线性，编辑渐变颜色为蓝色系渐变，如图20-51所示。在矩形选区内拖曳填充渐变，如图20-52所示。

图 20-51

图 20-52

04 继续绘制一个大小合适的矩形选区，新建图层并填充紫色，如图20-53所示。添加图层蒙版，填充从白色到灰色再到白色的渐变，如图20-54所示。制作出透明效果，如图20-55所示。

图 20-53

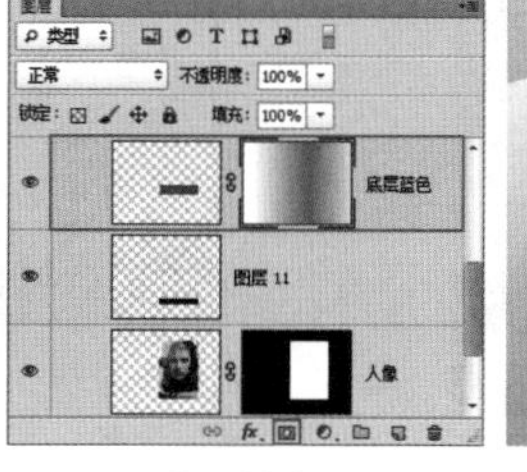

图 20-54

图 20-55

05 使用矩形选框工具，单击选项栏中的“添加到选区”按钮，在透明的紫色矩形上侧和下侧绘制两个矩形选区，并填充为白色，如图20-56所示。执行“图层>图层样式>描边”命令，设置描边“大小”为1像素，“位置”为“外部”，“填充类型”为“渐变”，编辑一种紫色系渐变，设置渐变类型为线性，“角度”为0度，如图20-57所示。

图 20-56

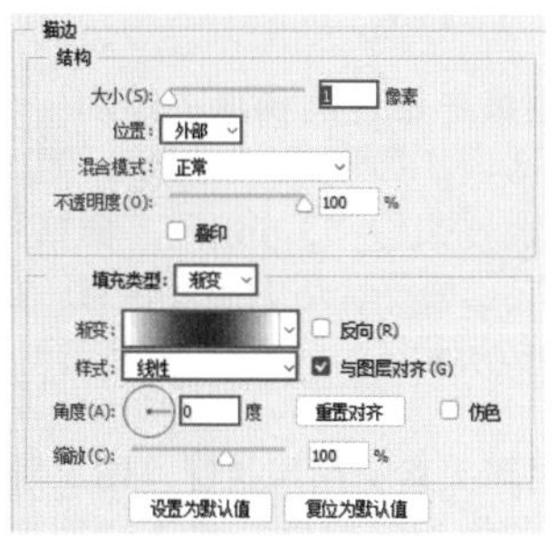

图 20-57

06 选中“渐变叠加” 复选框，调整渐变颜色为紫色系的渐变，如图20-58所示，效果如图20-59所示。

图 20-58

图 20-59

07 单击工具箱中的“矩形工具”按钮，在选项栏中设置绘制模式为“形状”，“填充”为灰色系金属效果渐变，“描边”为无，如图20-60所示。在合适位置绘制合适大小的渐变矩形，如图20-61所示。

08 单击工具箱中的“直接选择工具”按钮，调整上面两个锚点的位置，如图20-62所示。用同样的方法制作其上的紫色渐变形状，如图20-63所示。

图 20-60

图 20-61

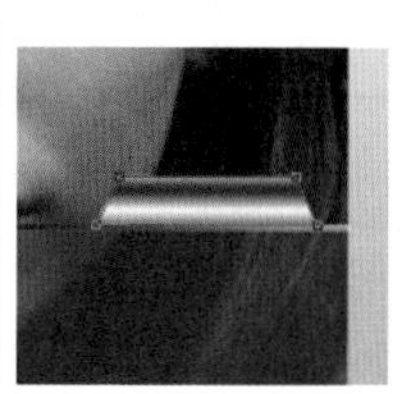

图 20-62

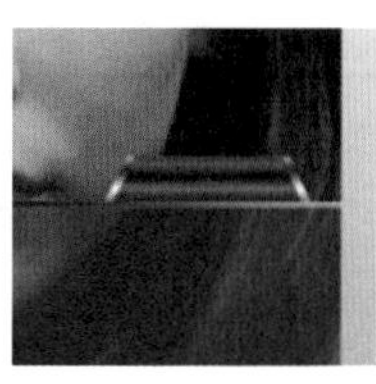

图 20-63

09 使用钢笔工具绘制一个梯形形状，执行“图层>图层样式>投影”命令，设置颜色为深蓝色，“距离”为2像素，“大小”为2像素，如图20-64和图20-65所示。

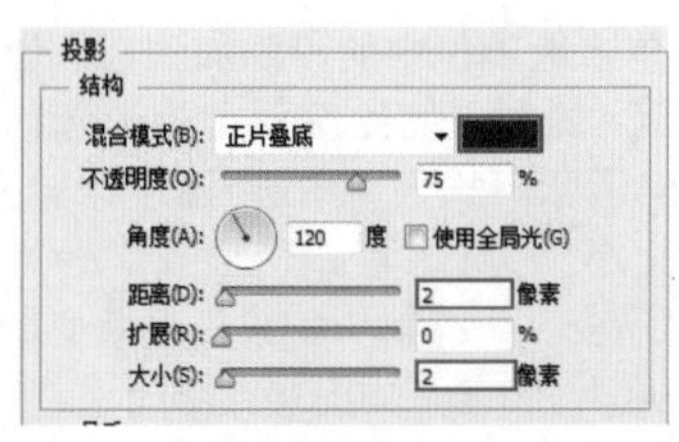

图 20-64

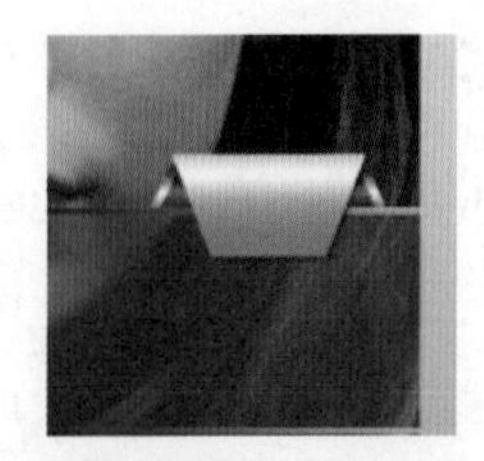

图 20-65

10 继续在银色的梯形上添加一个紫色梯形，如图20-66所示。置入锁头素材文件“3.png”，栅格化该图层。调整合适大小及位置，如图20-67所示。

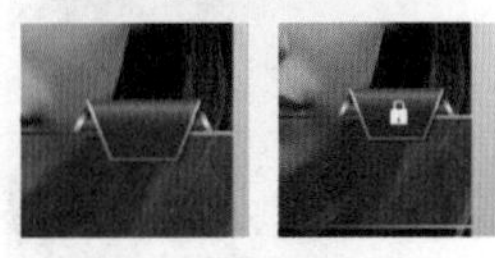

图 20-66　图 20-67

11 对锁头素材图层执行“图层>图层样式>内阴影”命令，设置颜色为深紫色，“不透明度”为100%，“角度”为66度，“距离”为1像素，“大小”为1像素，如图20-68所示。选中“投影”复选框，设置“距离”为5像素，“大小”为5像素，效果如图20-69所示。

图 20-68

图 20-69

12 单击工具箱中的“文字工具”按钮，在选项栏中设置合适的字体及大小，在紫色矩形上输入数字，如图20-70所示。执行“图层>图层样式>投影”命令，设置颜色为深蓝色，“距离”为2像素，“大小”为2像素，如图20-71所示，文字样式如图20-72所示。

图 20-70

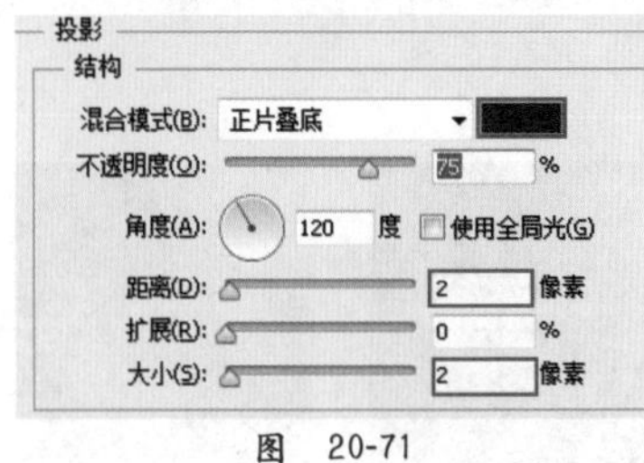

图 20-71

图 20-72

13 用同样的方法制作另外几组文字，置入太阳素材文件“4.png”，栅格化该图层，如图20-73所示。

14 单击工具箱中的“矩形工具”按钮，设置前景色为黑色，在选项栏中设置绘制模式为像素，新建图层，在照片顶部绘制一个黑色矩形，并适当降低该图层不透明度，如图20-74所示。置入图标素材文件“5.png”，并在中间位置输入文字，栅格化该图层，如图20-75所示。

图 20-73

图 20-74

图 20-75

15 置入图标素材文件“6.png”，调整合适大小及位置，栅格化该图层，如图20-76所示。由于图标为灰色，为了使图标的颜色与当前界面颜色相符合，需要按住Ctrl键单击图标素材图层，得到选区，然后新建图层填充紫色，如图20-77所示。设置紫色图层的“混合模式”为颜色，“不透明度”为77%，此时图标也变为紫色，如图20-78所示。

图 20-76

图 20-77

图 20-78

16 复制图标和颜色叠加的图层，合并图层，执行“编辑>自由变换”命令，右击，在弹出的快捷菜单中执行“垂直翻转”命令，向下进行适当移动，如图20-79所示。为其添加图层蒙版，在蒙版中自下而上地拖曳绘制黑色到白色的渐变，制作倒影效果，如图20-80所示。

图 20-79

图 20-80

17 到这里界面部分制作完成，效果如图20-81所示。将其放置在手机上，最终效果如图20-82所示。

图 20-81

图 20-82

第21章

海报招贴设计

本章内容简介：

招贴又名“海报”或“宣传画”，属于户外广告，分布在各街道、影剧院、展览会、商业闹区、车站、码头、公园等公共场所。招贴相比其他广告具有画面大、内容广泛、艺术表现力丰富、远视效果强烈的特点。对于学设计的人来说，提起广告，首先想到的大概就是海报招贴。本章将介绍几个具体的海报招贴设计实例。

本章学习要点：

- 喜庆中式招贴。
- 可爱甜点海报。
- 电影海报设计。

21.1 喜庆中式招贴

案例文件	案例文件\第21章\喜庆中式招贴.psd
视频教学	视频教学\第21章\喜庆中式招贴.mp4
难易指数	★★★★★
技术要点	图层混合模式、不透明度

扫码看视频

案例效果

本案例主要通过设置“图层混合模式”及“不透明度”制作背景部分，然后通过“样式”面板为文字添加样式。最后使用“图层样式”命令为其他文字添加样式，制作出喜庆中式风格的招贴，如图21-1所示。

图 21-1

操作步骤

01 使用新建快捷键Ctrl+N打开新建窗口，新建一个宽度为2480像素，高度为1771像素的新文件，如图21-2所示。将前景色设置为红色，使用前景色填充快捷键Alt+Delete将“背景”图层填充为红色，如图21-3所示。

图 21-2

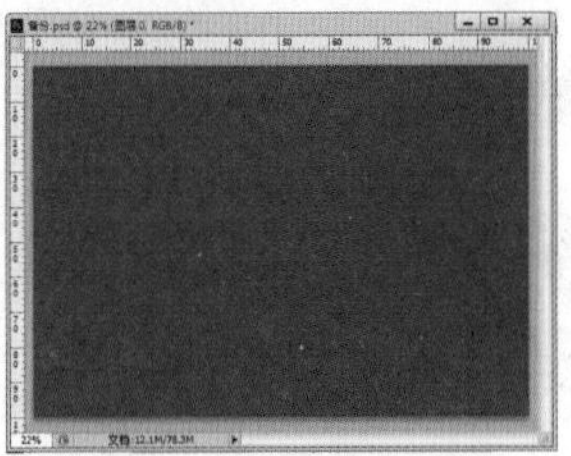

图 21-3

02 将素材“1.png”置入文件中，摆放在画布的左上角，栅格化该图层。设置该图层的混合模式为“正片叠底”，“不透明度”为30%，如图21-4所示，效果如图21-5所示。

图 21-4

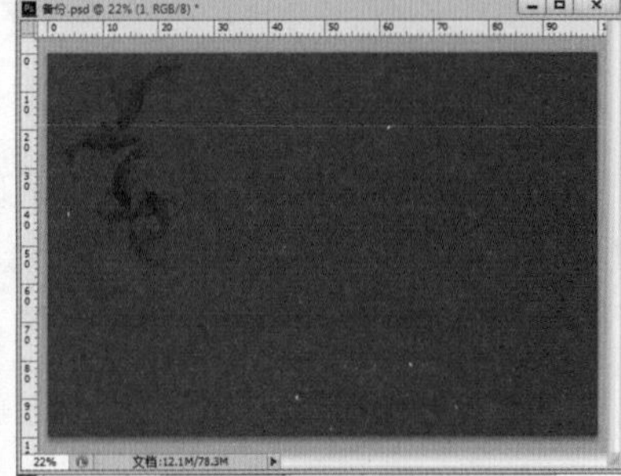

图 21-5

03 单击工具箱中的“横排文字工具”按钮，在选项栏中设置一个合适的字体，文字大小为140点，文字颜色为黑色。设置完成后，在画布中单击插入光标并输入“福”字，如图21-6所示。选择该文字图层，设置该图层的混合模式为“正片叠底”，“不透明度”为15%，如图21-7所示，文字效果如图21-8所示。

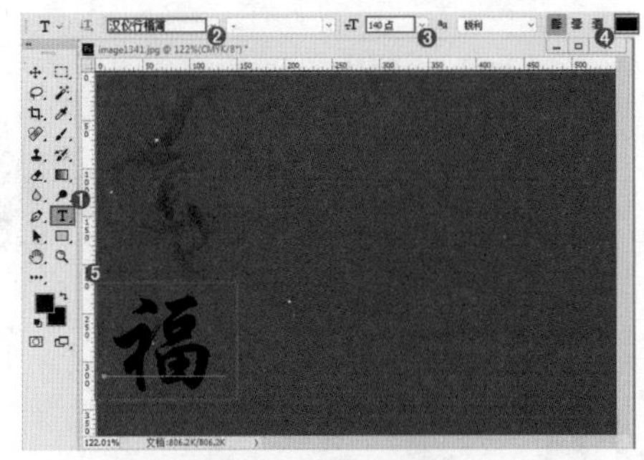

图 21-6

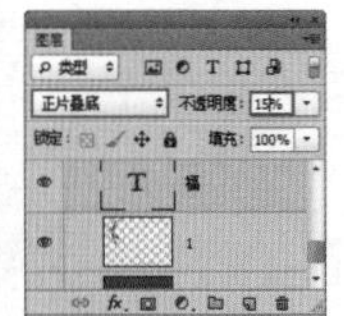

图 21-7

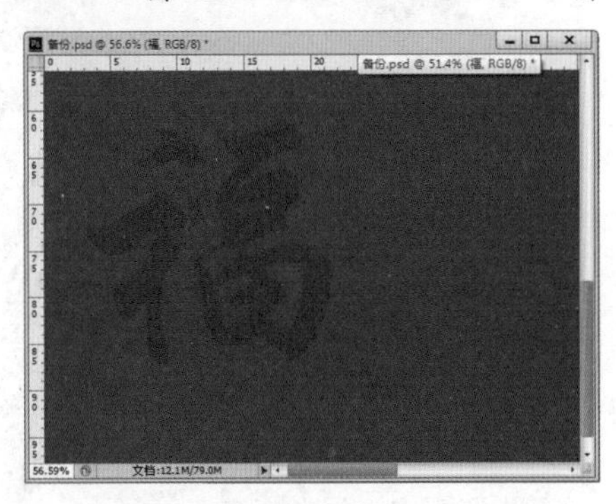

图 21-8

04 选择该文字图层，执行“编辑>变换>垂直翻转”命令，可以看见“福”倒了，如图21-9所示。使用同样的方法，利用直排文字工具IT，制作背景部分的其他文字，效果如图21-10所示。

图　21-9

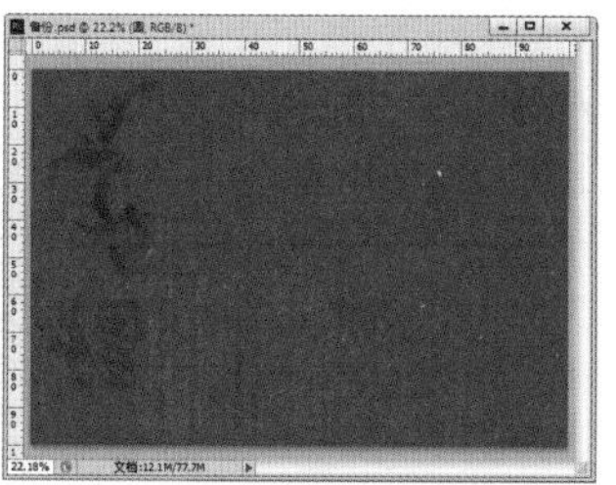

图　21-10

05 制作背景处的花朵装饰。单击工具箱中的“椭圆工具”按钮，在选项栏中设置绘制模式为“形状”，“填充”为红色，“描边”为黄色，“描边宽度”为6点，设置完成后在画布的右上角绘制椭圆形状，并利用画布的边缘将椭圆的一部分进行隐藏，如图21-11所示。将牡丹花素材“2.png”置入文件中，将其放置在右上角的位置上，栅格化该图层，如图21-12所示。

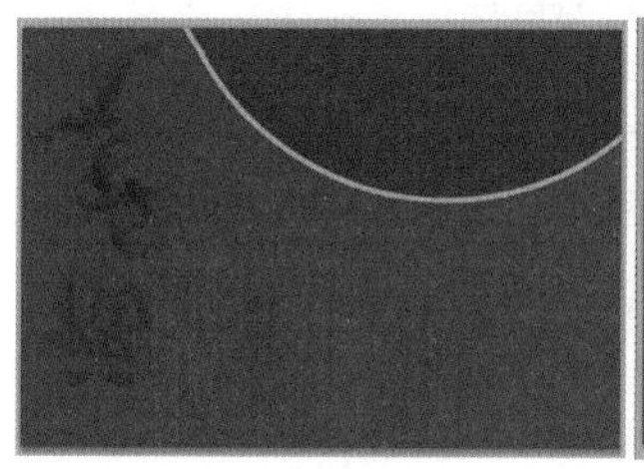

图　21-11

图　21-12

06 将“牡丹花”图层作为“内容图层”，形状图层作为“基底图层”，创建剪贴蒙版。选择“牡丹花”图层，执行“图层>创建剪贴蒙版”命令，为该图层创建一个剪贴蒙版。效果如图21-13所示。使用同样的方法，制作左下角的装饰。制作完成后，设置“内容图层”（也就是花朵所在的图层）的混合模式为“柔光”，效果如图21-14所示。背景部分制作完成。

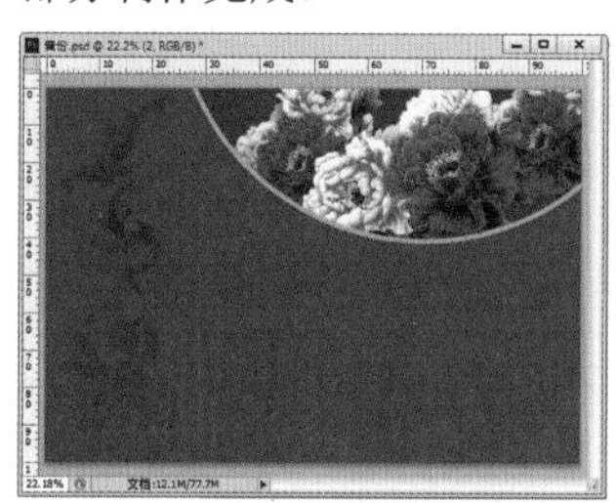

图　21-13

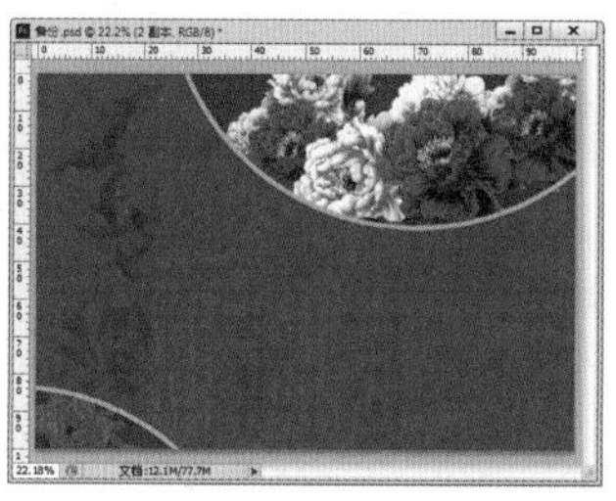

图　21-14

07 使用横排文字工具在画布中输入文字，如图21-15所示。下面使用“样式”面板，为文字添加图层样式。选择“窗口>样式”命令，打开“样式”面板。单击“菜单”按钮，在下拉菜单中执行“载入样式”命令，在弹出的“载入”面板中将素材“4.asl”进行载入，如图21-16所示。

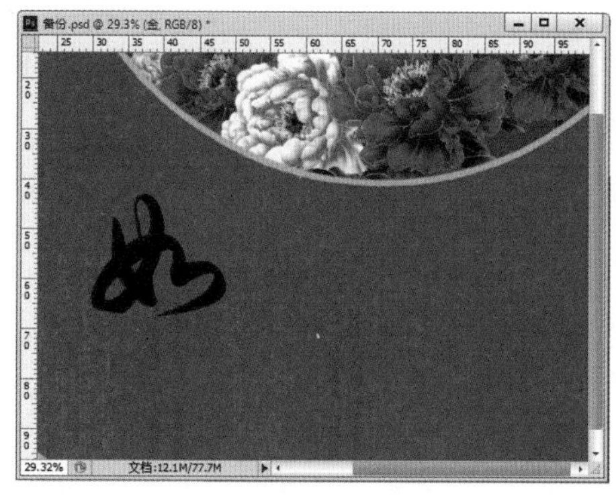

图　21-15

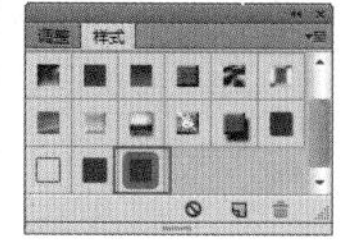

图　21-16

08 选择文字图层，继续单击该样式按钮，可以看见文字被快速赋予了样式，如图21-17所示。

图　21-17

09 制作文字上的“镀金”效果。置入金素材“5.jpg”，放置在文字图层上方，栅格化该图层。选择“金”图层，执行“图层>创建剪贴蒙版”命令，将该图层作为“内容图层”，文字作为“基底图层”，创建剪贴蒙版。文字效果如图21-18所示。使用同样的方法，制作其他几处文字部分，如图21-19所示。

图　21-18

图　21-19

10 将素材“6.png”置入文件中，栅格化该图层，如图21-20所示。选择该图层，执行“图层>图层样式>描边”命令，设置“大小”为30像素，“位置”为“外部”，“混合模式”为“正常”，“不透明度”为100%，“颜色”为黄色，如图21-21所示，描边效果如图21-22所示。

图 21-20

图 21-21

图 21-22

11 继续在画面中输入相应的文字并添加合适的“描边”样式。最后将素材“5.png”置入文件中，摆放至合适位置，栅格化该图层。本案例制作完成，效果如图21-23所示。

图 21-23

21.2 可爱甜点海报

案例文件	案例文件/第21章/可爱甜点海报.psd
视频教学	视频教学/第21章/可爱甜点海报.mp4
难易指数	★★★★★
技术要点	矢量工具的使用、图层样式

扫码看视频

案例效果

本案例主要讲解了可爱甜点海报的设计，主要是将水果素材通过渐变叠加融合在背景中，然后再使用蒙版进行抠图，还为图层添加图层样式，在画布中进入点文字和段落文字等操作，如图21-24所示。

图 21-24

Prat 1　制作背景

01 使用快捷键Ctrl+N打开“新建”对话框，新建一个宽度为1798像素，高度为1199像素的新文件，如图21-25所示。单击前景色按钮，在弹出的“拾色器”中设置颜色数值为（R:250，G:225，B:100），设置完成后使用前景色填充快捷键Alt+Delete将“背景”图层填充为黄色，如图21-26所示。

图 21-25

图 21-26

02 新建图层，将前景色设置为橘黄色，继续单击工具箱中的“画笔工具”按钮，在画布中右击，在弹出的画笔选取器中选择“常规画笔”组下的“柔边圆”画笔，设置“大小”为1200像素，“硬度”为0%，如图21-27所示。设置完成后，在画布的左右两侧分别进行单击，效果如图21-28所示。

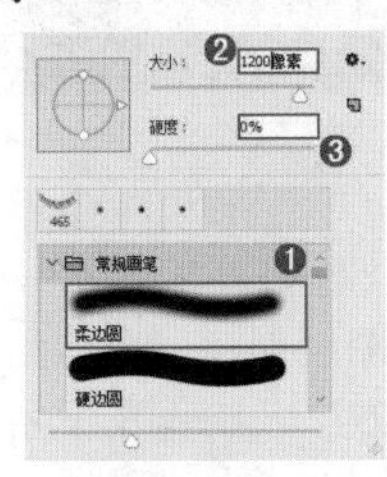

图 21-27

图 21-28

03 将素材“1.png”置入文件中，栅格化该图层，如图21-29所示。下面为其添加图层样式，将其与背景融合在一起。选择该图层，执行“图层>图层样式>渐变叠加”命令，设置“混合模式”为“正常”，“不透明度”为100%，“渐变”为黄色系渐变，“样式”为“径向”，“角度”为90度，如图21-30所示。设置完成后单击“确定”按钮，画面效果如图21-31所示。

图 21-29

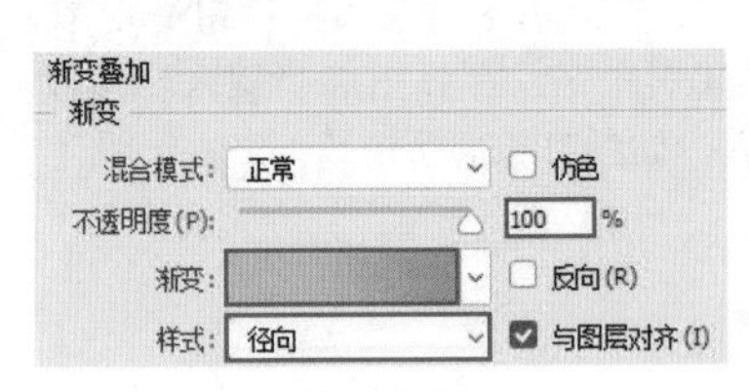

图 21-30

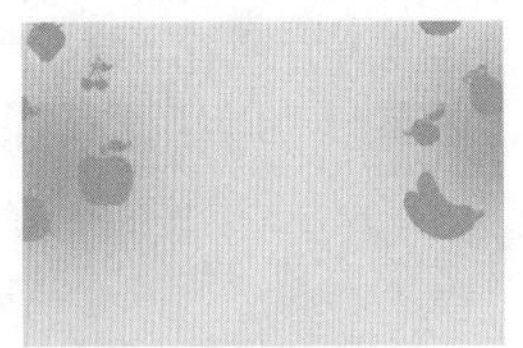

图 21-31

04 将水果素材置入文件中，栅格化该图层，如图21-32所示。下面将使用快速选择工具配合图层蒙版进行抠图。单击工具箱中的“快速选择工具”按钮，设置合适的笔尖大小，然后在画布中进行拖曳，将水果选中，单击“图层”面板底部的“添加图层蒙版”按钮，基于选区为该图层添加图层蒙版，如图21-33示。

图 21-32

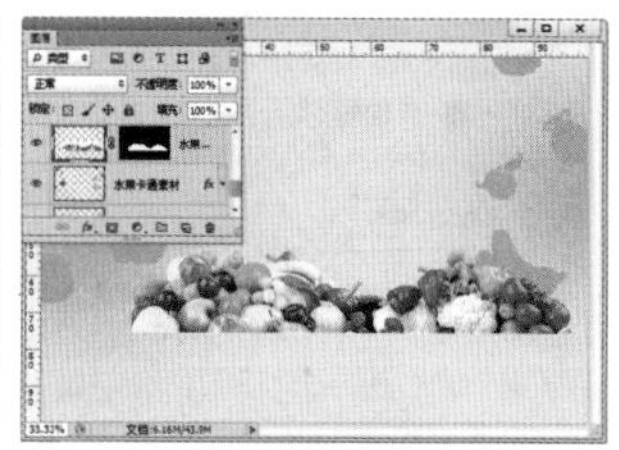

图 21-33

05 新建图层，命名为“矩形1”。继续单击工具箱中的“矩形选框工具”按钮，在画布下方绘制矩形选区，然后将该选区填充为红色，如图21-34所示。使用同样的方法，新建图层并命名为“矩形2”，继续制作一个稍窄的红色矩形，如图21-35所示。

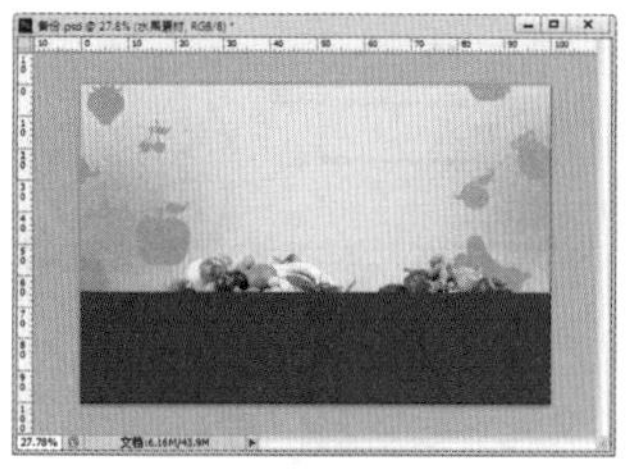

图 21-34

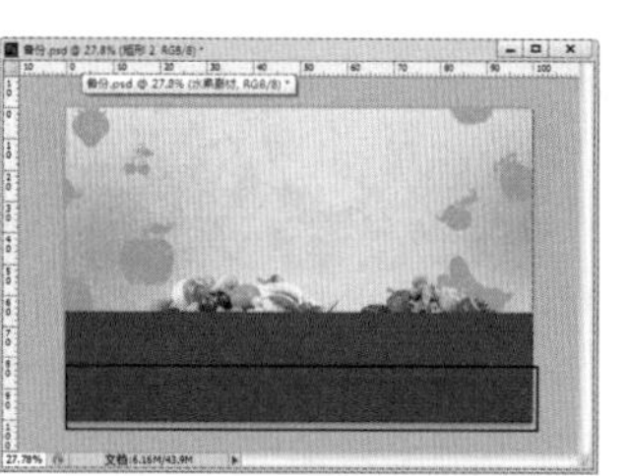

图 21-35

06 制作锯齿状边界效果。新建图层，单击工具箱中的“画笔工具”按钮，使用快捷键F5调出“画笔”窗口，在该窗口中选择一个圆形硬边圆画笔，设置“大小”为“50像素”，“间距”为136%，参数设置如图21-36所示。参数设置完成后，将光标放置在红色矩形的边缘处单击，按住Shift键将光标移动至画布的另一侧单击，如图21-37所示。

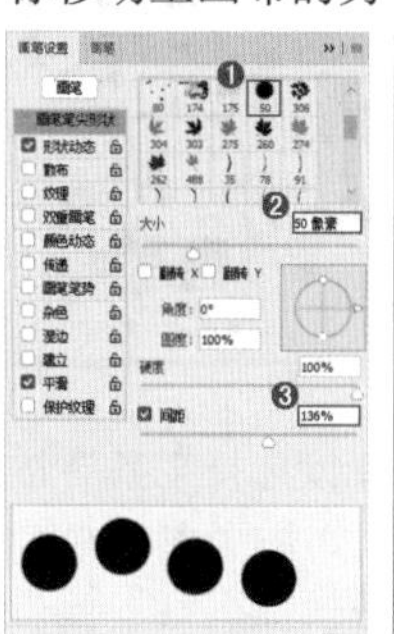

图 21-36

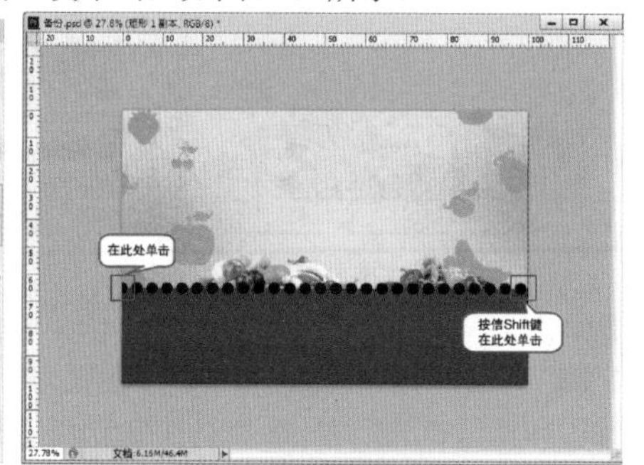

图 21-37

07 按住Ctrl键单击该图层缩览图，得到该图层选区，并将该图层隐藏，如图21-38所示。单击选择“矩形1”图层，按Delete键将选区中的内容进行删除，效果如图21-39所示。

图 21-38

图 21-39

Prat 2 制作中景

01 将素材“3.png”置入文件中，栅格化该图层，如图21-40所示。选择该图层，执行“图层>图层样式>投影”命令，设置“混合模式”为“正片叠底”，颜色为黑色，“不透明度”为75%，“角度”为120度，“距离”为3像素，“大小”为35像素，如图21-41所示，画面效果如图21-42所示。

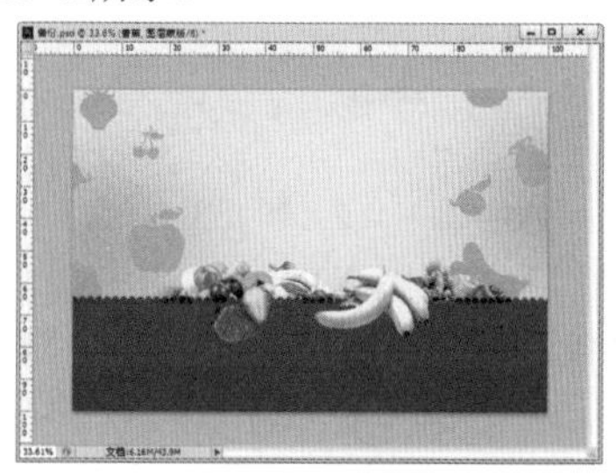

图 21-40

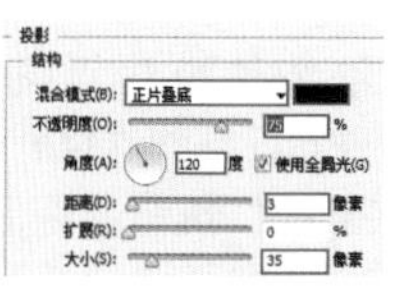

图 21-41

02 将冰激凌素材“4.jpg”置入文件中，栅格化该图层。使用钢笔工具进行抠图。单击工具箱中的“钢笔工具”按钮，在选项栏中设置绘制模式为“路径”，然后使用钢笔工具在画布中沿着冰激凌的边缘绘制大概轮廓，如图21-43所示。

图 21-42

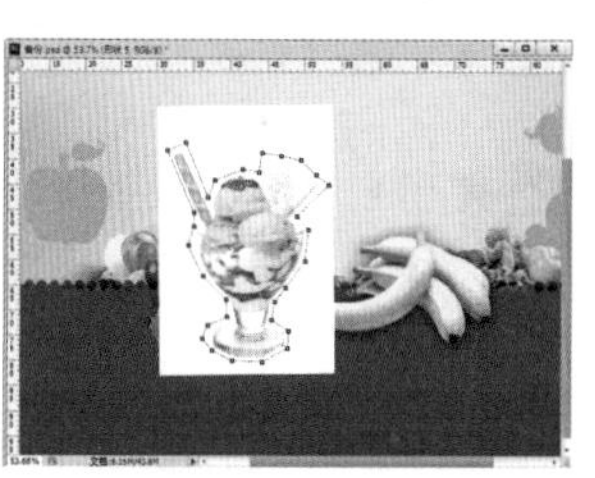

图 21-43

03 调整锚点位置。在使用钢笔工具的状态下，按住Ctrl键切换到直接选择工具，在锚点上单击选中该锚点，然后将锚点拖曳至对象边缘，如图21-44所示。在需要将“角点”转换为“平滑锚点”时，按住Alt键切换到转换点工具，在锚点上拖曳即可，如图21-45所示。

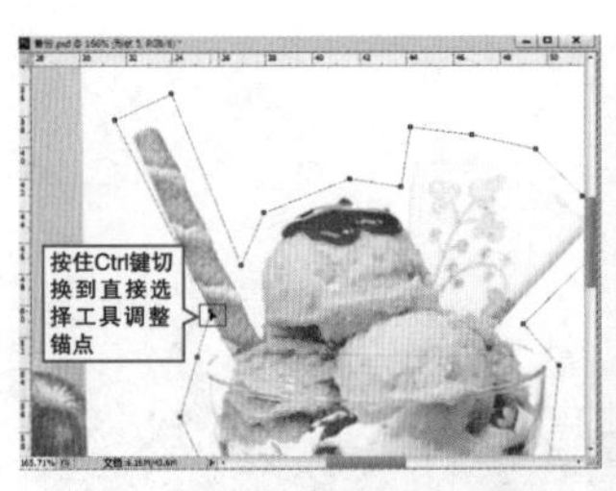

图 21-44

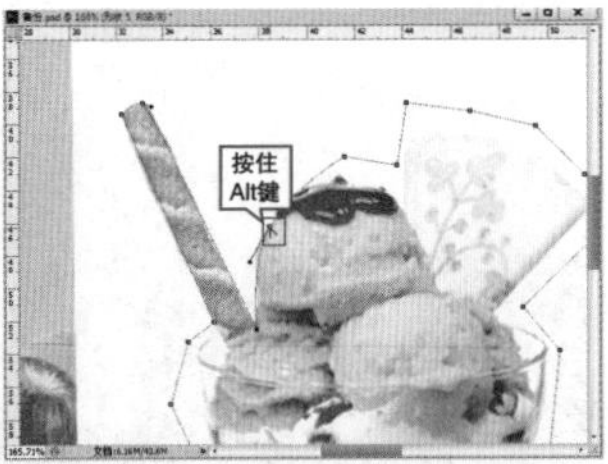

图 21-45

04 若遇到需要添加锚点的情况，可以在使用钢笔工具的状态下，将钢笔放置在需要添加锚点的路径上方，光标变为✎+形状时，单击即可添加锚点，如图21-46所示。若遇见需要删除锚点的情况，可以将光标放置在所需删除的锚点的位置，光标变为✎-形状，单击即可删除锚点，如图21-47所示。

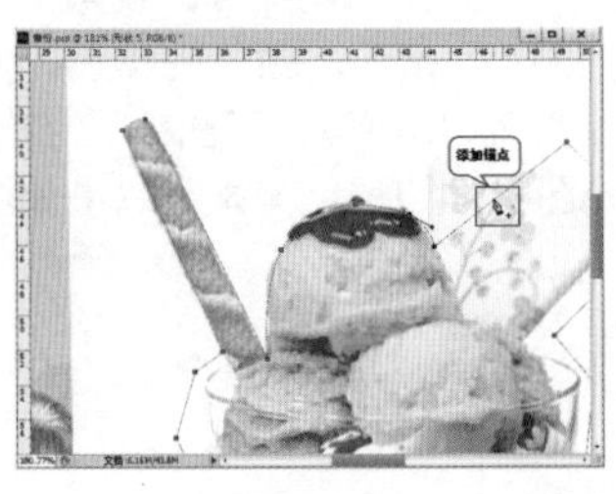

图 21-46

图 21-47

05 继续调整锚点位置，如图21-48所示。使用快捷键Ctrl+Enter得到选区，然后单击“图层”面板底部的“添加图层蒙版”按钮，基于选区为该图层添加图层蒙版，在蒙版中将白色背景进行隐藏，如图21-49所示。

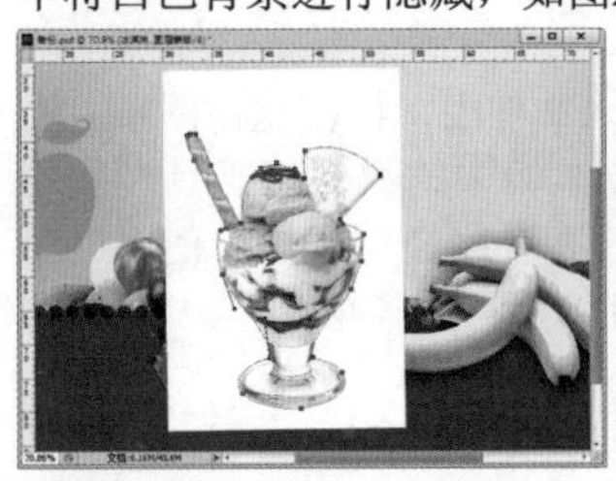

图 21-48

图 21-49

06 使用自由变换快捷键Ctrl+T，将冰激凌旋转到合适角度，如图21-50所示。为该图层添加图层样式，选择该图层，执行“图层>图层样式>描边”命令，设置“大小”为10像素，“位置”为“外部”，“混合模式”为“正常”，“不透明度”为100%，“填充类型”为“颜色”，“颜色”为白色，如图21-51所示。

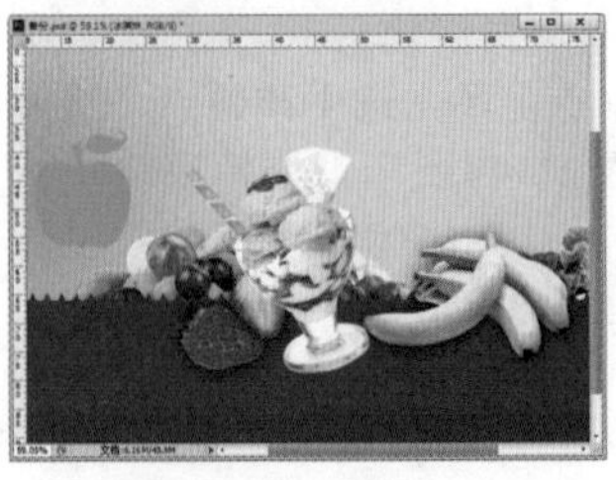

图 21-50

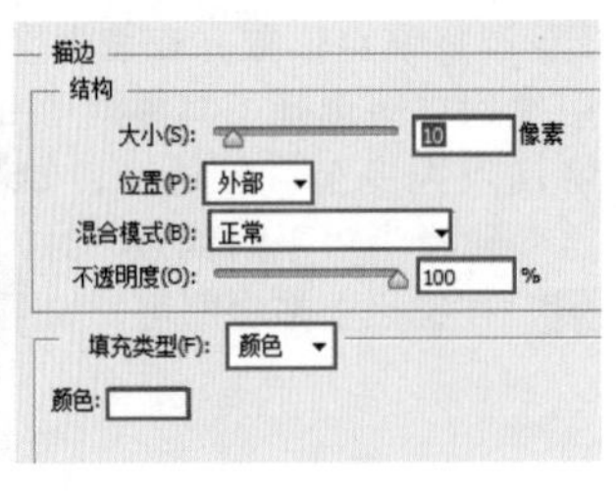

图 21-51

07 继续选中“外发光”复选框，设置“混合模式”为“正常”，“不透明度”为75%，颜色为黑色，“方法”为“柔和”，“扩展”为6%，“大小”为20像素，如图21-52所示。设置完成后，单击“确定”按钮，效果如图21-53所示。

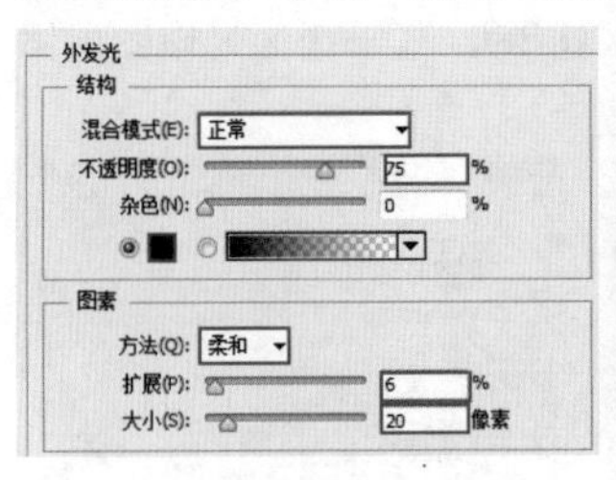

图 21-52

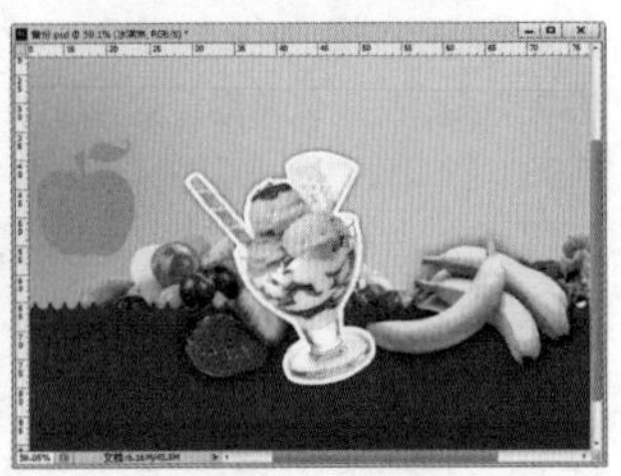

图 21-53

08 选择“冰激凌”图层，使用快捷键Ctrl+J将该图层进行复制，然后将其旋转并放大，如图21-54所示。使用快捷键Ctrl+U调出“色相/饱和度”对话框，设置“色相”为−30，设置完成后单击“确定”按钮，如图21-55所示。效果如图21-56所示。

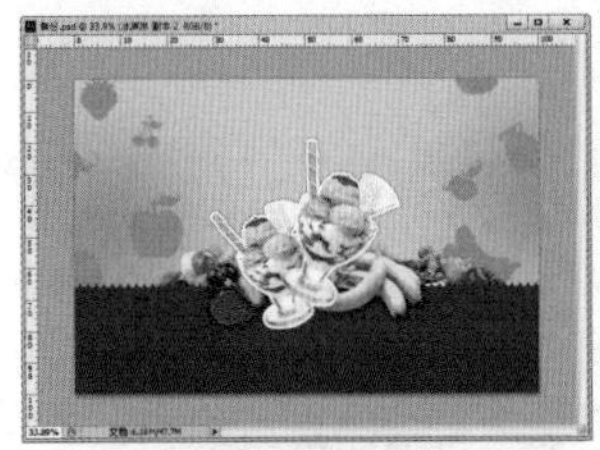

图 21-54

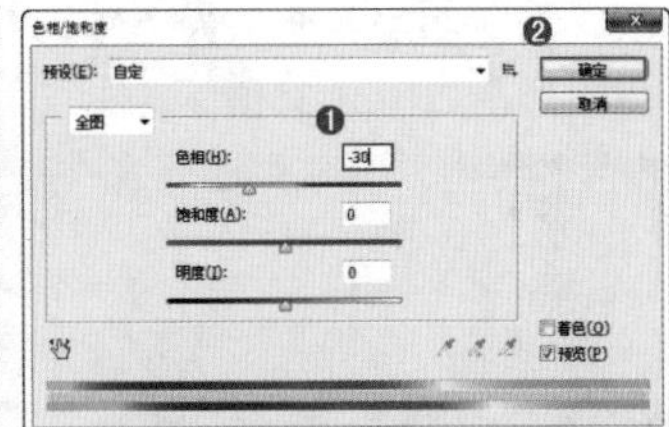

图 21-55

09 单击工具箱中的“自定形状工具”按钮，然后在选项栏中设置绘制模式为“形状”，继续单击“填充”按钮，在下拉面板中单击“渐变”按钮，继续编辑一个红色系渐变，设置渐变类型为“线性”，“角度”为169度。继续设置“描边”为白色，“描边宽度”为3点。然后再单击“形状”倒三角按钮，在下拉面板中选择一个箭头形状。最后在画布中绘制一个箭头形状，如图21-57所示。

图 21-56

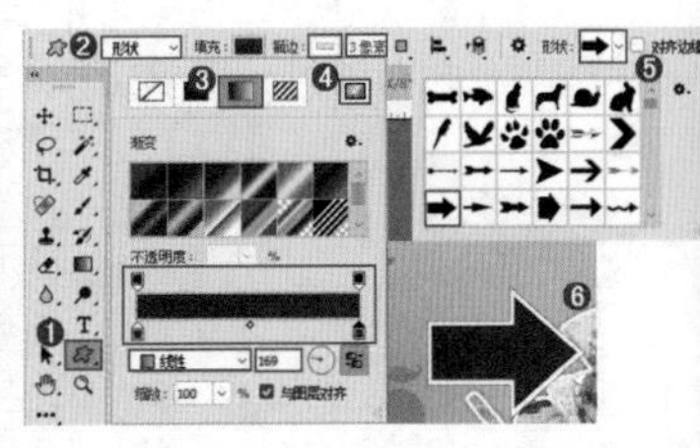

图 21-57

10 形状绘制完成后，单击工具箱中的“直接选择工具”按钮，在该形状图形上单击，显示锚点，然后更改锚点位置，如图21-58所示。单击工具箱中的“转换点工具”按钮，将角点转换为平滑点，并将制作完成的形状移动到合适位置，效果如图21-59所示。

11 为画面添加文字。单击工具箱中的“横排文字工具”按钮T，在选项栏中设置合适的字体，字号为17 点，文字颜色为白色。设置完成后在画布中单击插入光标并输入文字，如图21-60所示。选择该文字图层，单击选项栏中的“变形文字”按钮，在弹出的“变形文字”对话框中设置“样式”为“下弧”，“弯曲”为30%，“水平扭曲”为25%，参数设置完成后单击“确定”按钮，如图21-61所示。将变形后的文字移动到合适的位置，如图21-62所示。

图 21-58

图 21-59

图 21-60

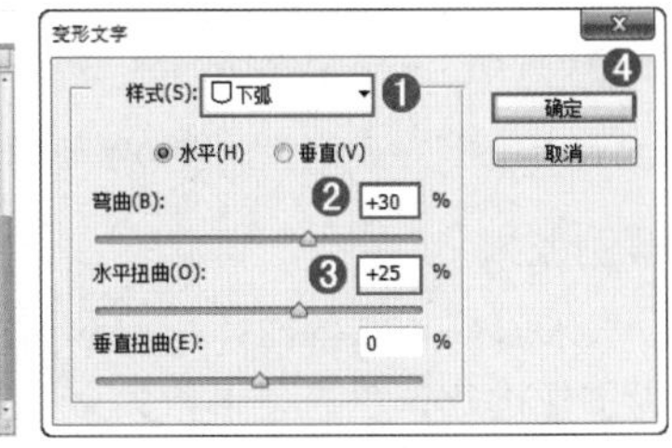

图 21-61

12 使用同样的方法制作另一处文字部分，如图21-63所示。左侧气泡装饰的制作方法和箭头装饰的制作方法相似，效果如图21-64所示。

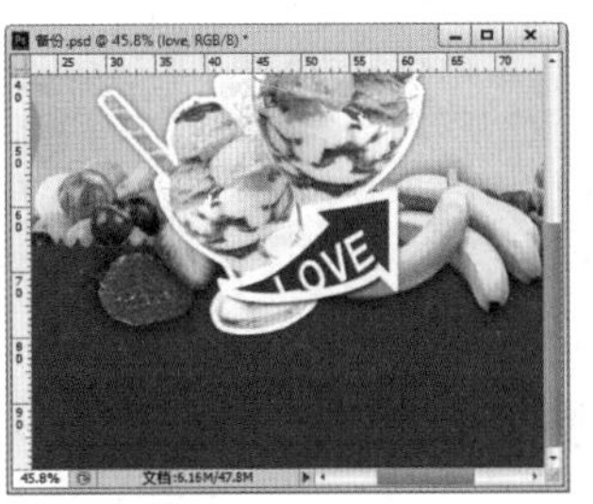

图 21-62

图 21-63

图 21-64

Prat 3 为海报添加文字

01 单击工具箱中的“横排文字工具”按钮，在选项栏中设置合适的字体、字号、文字颜色，设置对齐方式为“左对齐文本”，设置完成后在画布的下段绘制文本框，如图21-65所示。在文本框中输入文字并将部分文字选中，将其更改为黄色，效果如图21-66所示。

02 使用矩形工具绘制一个黄色的矩形形状。使用横排文字工具在其上方输入文字，如图21-67所示。使用同样的方法制作另一处相似的文字部分，如图21-68所示。

图 21-65

图 21-66

图 21-67

图 21-68

03 在画布中输入标题文字，如图21-69所示。选择该文字图层，执行“图层>图层样式>渐变叠加”命令，设置“混合模式”为“正常”，“不透明度”为100%，“渐变”为彩色系渐变，“样式”为“线性”，如图21-70所示，文字效果如图21-71所示。

04 使用同样的方法制作副标题的文字部分，本案例制作完成，效果如图21-72所示。

图 21-69

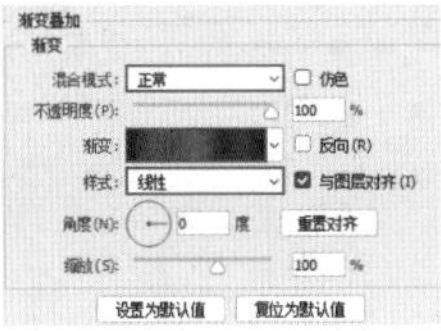

图 21-70

图 21-71

图 21-72

21.3 电影海报设计

扫码看视频

案例文件	案例文件\第21章\电影海报设计.psd
视频教学	视频教学\第21章\电影海报设计.mp4
难易指数	★★★★★
技术要点	调色命令、图层样式、"样式"面板

案例效果

本案例主要讲解使用调整图层为图像进行调色，使用相关命令和"样式"面板为文字等图层添加图层样式，并使用图层蒙版进行抠图等操作，制作的创意电影海报效果如图21-73所示。

图 21-73

Prat 1 制作背景

01 使用"新建"快捷键Ctrl+N打开新建窗口，新建一个高度为2480像素，宽度为3500像素的新文件，如图21-74所示。下面开始制作带有透视感的地板，增加画面的空间感。将地板素材"1.jpg"置入文件中，栅格化该图层。执行"编辑>变换>透视"命令，然后将"地板"进行透视处理，如图21-75所示。

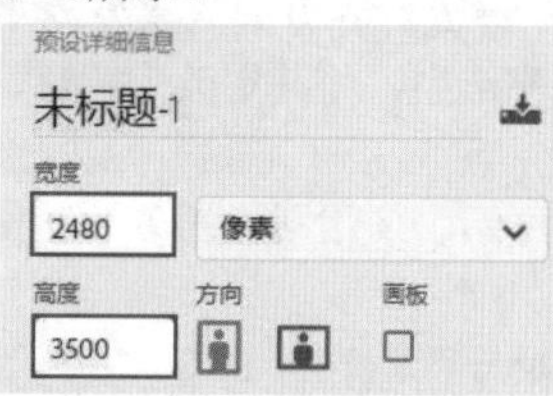

图 21-74

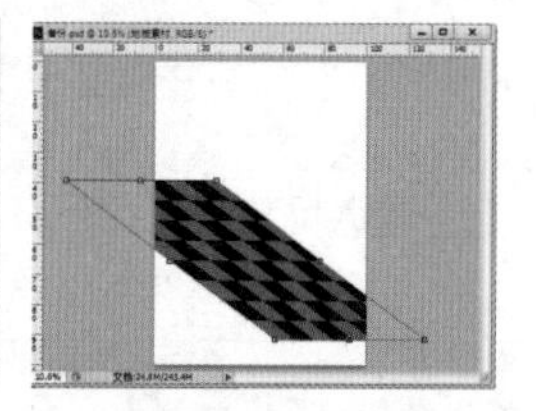

图 21-75

02 透视效果制作完成后，在画布中右击，在弹出的快捷菜单中执行"自由变换"命令，将其进行不等比缩放，透视效果制作完成，如图21-76所示。将光标放置在角点处，按住Shift键将其等比放大，放大至合适角度后，按Enter键提交当前操作，如图21-77所示。

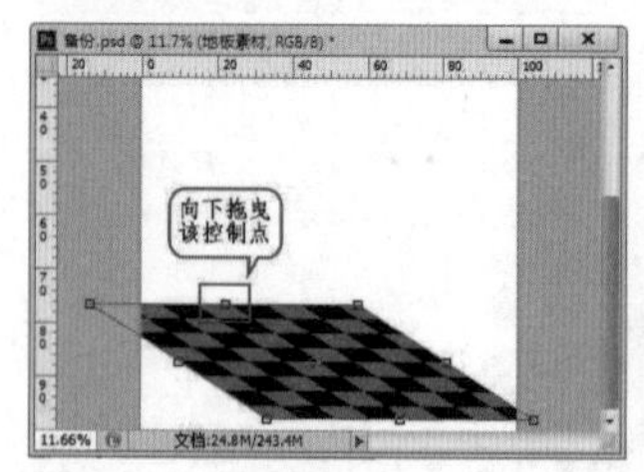

图 21-76

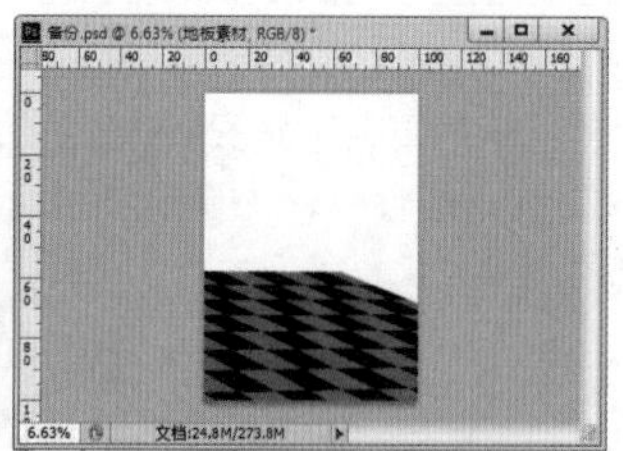

图 21-77

03 新建图层，单击工具箱中的"渐变工具"按钮，在选项栏中单击"径向渐变"按钮，在"渐变编辑器"窗口中编辑一个由黑色到透明的渐变，如图21-78所示。编辑完成后在画布中由上至下进行拖曳填充，如图21-79所示。

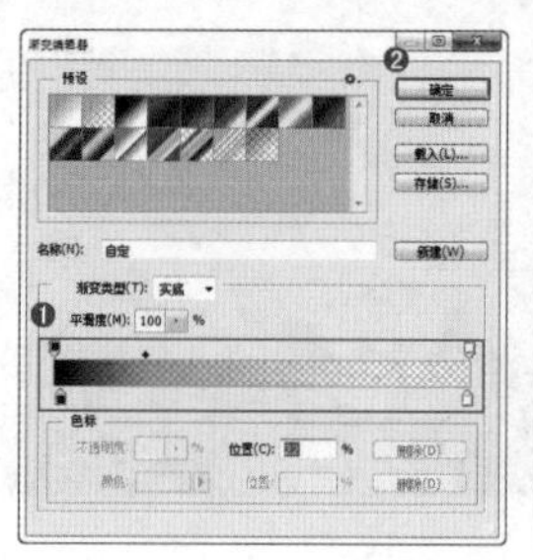

图 21-78

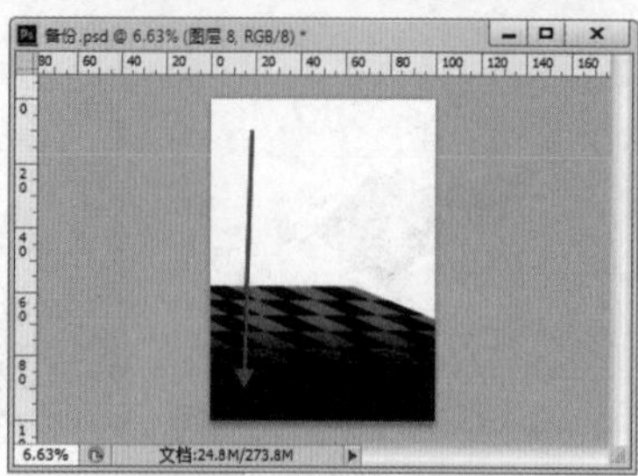

图 21-79

04 置入教室图片素材"2.jpg"，栅格化该图层。由于"地板"与"教室"的衔接处太过生硬，所以下面处理一下衔接部分。选择教室图层，单击"图层"面板底部的"添加图层蒙版"按钮，为该图层添加图层蒙版，如图21-80所示。然后使用黑色的柔边圆画笔在蒙版中进行涂抹，让衔接位置过渡得自然些，如图21-81所示。

图 21-80

图 21-81

05 为"教室"照片进行调色。执行"图层>新建调整图层>曲线"命令，调整RGB曲线形状，如图21-82所示。接着设置通道为"红通道"，调整曲线形状，如图21-83所示。调整"绿通道"曲线形状，如图21-84所示。调整"蓝通道"曲线形状，调整完成后，单击"曲线"属性面板底部的"创建剪贴蒙版"按钮，将调色效果只针对"教室"图层，如图21-85所示。此时画面效果如图21-86所示。

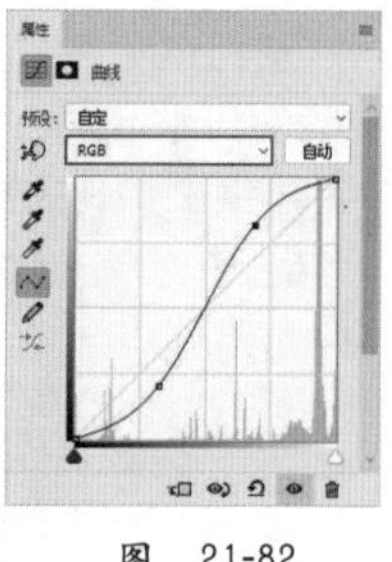

图 21-82

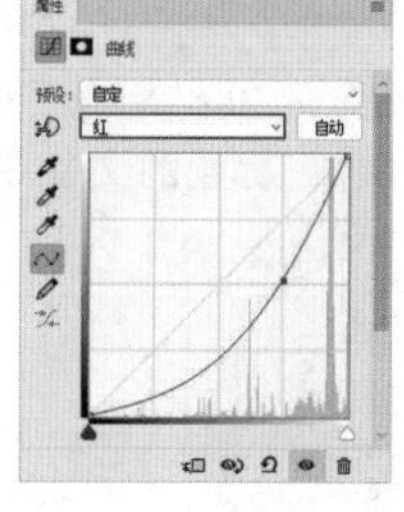

图 21-83

图 21-84

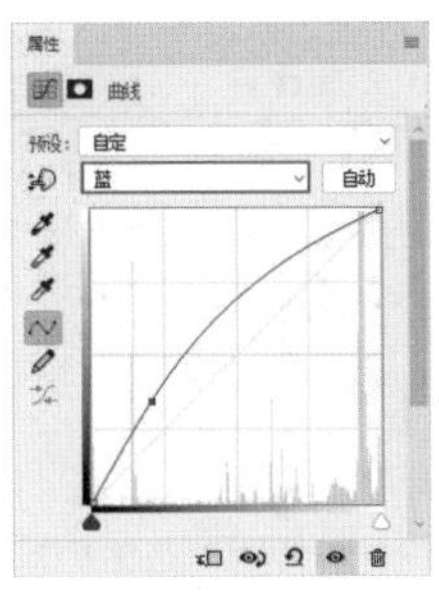

图 21-85

图 21-86

06 制作暗角效果。再次新建一个曲线调整图层，调整曲线形状，如图21-87所示，调整完成后，单击“曲线”属性面板底部的“创建剪贴蒙版”按钮，将调色效果只针对“教室”图层，效果如图21-88所示。单击该调整图层的“图层蒙版”缩览图，使用黑色柔边圆画笔在蒙版中进行涂抹，将调色效果在蒙版中隐藏，只保留4个角落的调色效果，如图21-89所示。

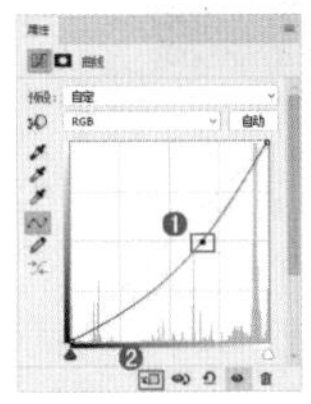

图 21-87

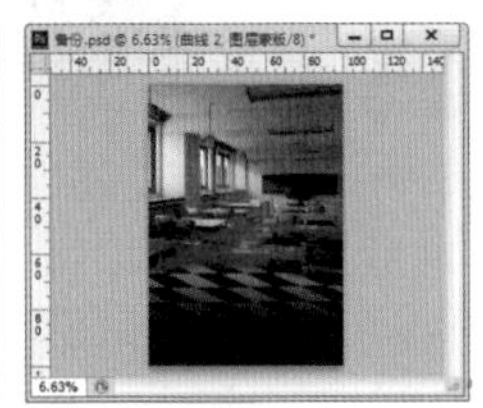

图 21-88

图 21-89

07 将素材“3.png”置入文件中，摆放至画布的上方，栅格化该图层，如图21-90所示。选择该图层，执行“图层>图层样式>外发光”命令，设置“混合模式”为“滤色”，“不透明度”为75%，颜色为黄色，“方法”为“柔和”，“扩展”为10%，“大小”为65像素，如图21-91所示。设置完成后，单击“确定”按钮，效果如图21-92所示。

图 21-90

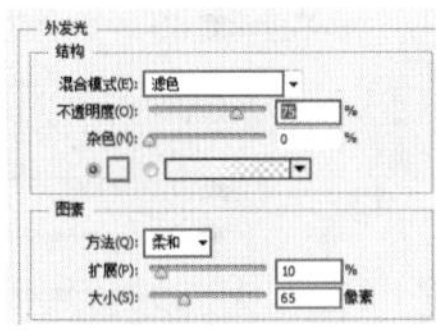

图 21-91

图 21-92

08 此时素材“3.png”的颜色和画面颜色的色调不相符，下面为旋转灯调色。执行“图层>新建调整图层>可选颜色”命令，在“可选颜色”属性面板中设置“颜色”为“中性色”，“青色”为25%，“洋红”为20%，“黄色”为−35%。参数设置完成后，单击“创建剪贴蒙版”按钮，将调色效果只针对“旋转灯”图层，如图21-93所示，效果如图21-94所示。

图 21-93

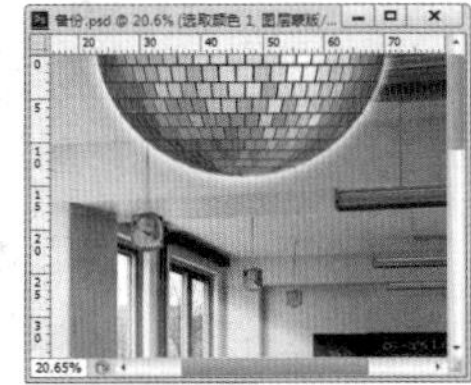

图 21-94

09 置入放射灯光素材“5.png”，栅格化该图层，如图21-95所示。选择该图层，继续单击“添加图层蒙版”按钮，为该图层添加图层蒙版并使用黑色的柔边圆画笔在蒙版中进行涂抹，在蒙版中隐藏部分“放射”效果，画面效果如图21-96所示。

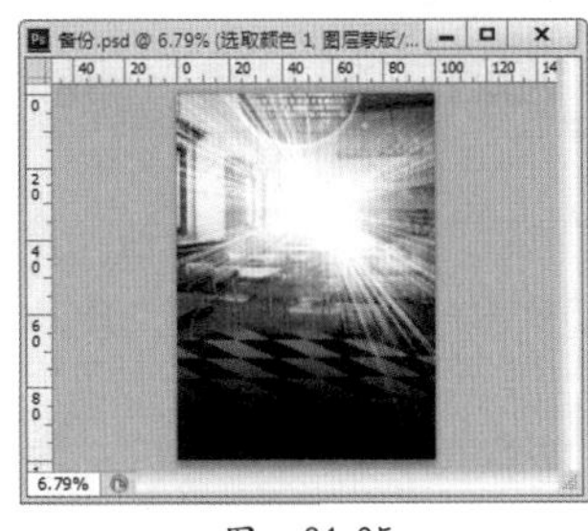

图 21-95

图 21-96

Prat 2 制作中景装饰

01 制作“撕纸”效果。新建图层，单击工具箱中的“套索工具”按钮，在画布的左上角绘制选区，如图21-97所示。将前景色设置为浅灰色，使用前景色填充快捷键Ctrl+Delete将选区填充为灰色，如图21-98所示。

图 21-97

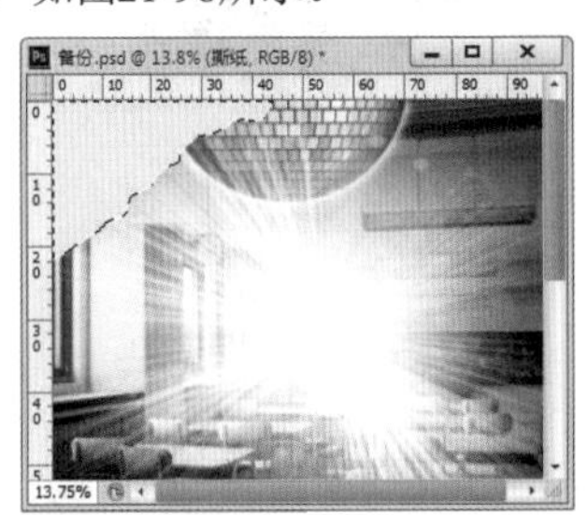

图 21-98

02 选择该图层，执行“图层>图层样式>投影”命令，在该窗口中设置“混合模式”为“正片叠底”，颜色为黑色，“不透明度”为75%，“角度”为120度，“距离”为5像素，“大小”为90像素，如图21-99所示，画面效果如图21-100所示。

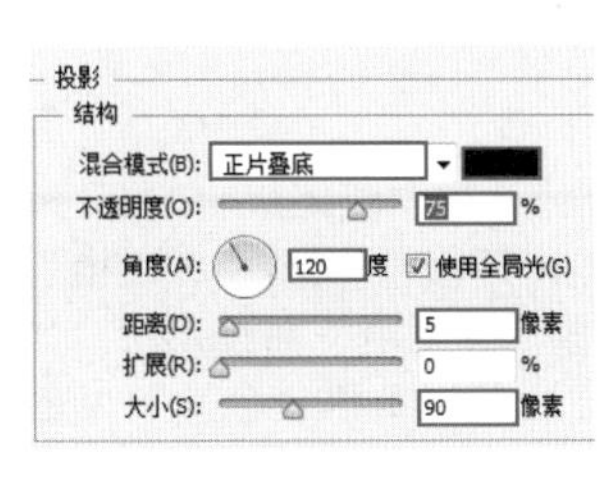

图 21-99

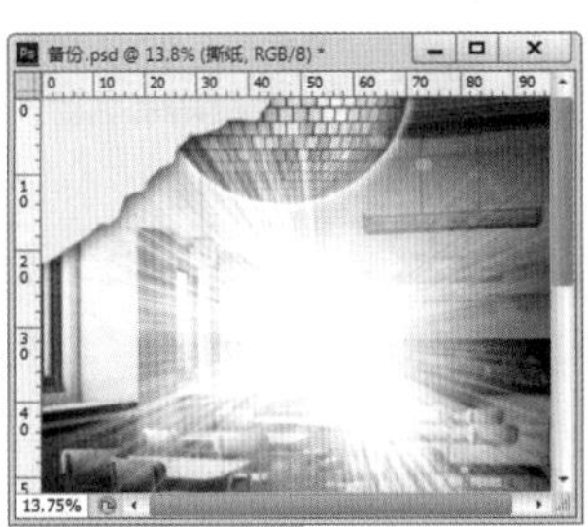

图 21-100

03 使用同样的方法制作另一处“撕纸”效果，如图21-101所示，并使用横排文字工具在画面中输入文字，将文字摆放至合适的位置，如图21-102所示。

图 21-101

图 21-102

04 将喇叭素材“5.png”置入文件中，栅格化该图层，并将该图层复制一份，将复制后的图层水平翻转后，移动到合适的位置，如图21-103所示。将铅笔素材“6.png”置入文件中，摆放至合适的位置，栅格化该图层，如图21-104所示。

图 21-103

图 21-104

05 将人物素材“7.jpg”置入文件中，栅格化该图层。单击工具箱中的“快速选择工具”按钮，将笔尖调整至合适大小，在人物上方进行拖曳，选中人物部分，如图21-105示。继续单击“图层”面板底部的“添加图层蒙版”按钮，基于选区为人像添加图层蒙版，将人物的白色背景在蒙版中隐藏，如图21-106所示。

图 21-105

图 21-106

06 为“人像”调色。执行“图层>新建调整图层>曲线”命令，调整RGB曲线形状，如图21-107所示。调整“红通道”曲线形状，如图21-108所示。调整“蓝通道”曲线形状，如图21-109所示。曲线形状调整完成后，单击“创建剪贴蒙版”按钮，画面效果如图21-110所示。

07 将人像素材“8.jpg”置入文件中，栅格化该图层。使用同样的方法进行蒙版抠图及调色处理，如图21-111所示。

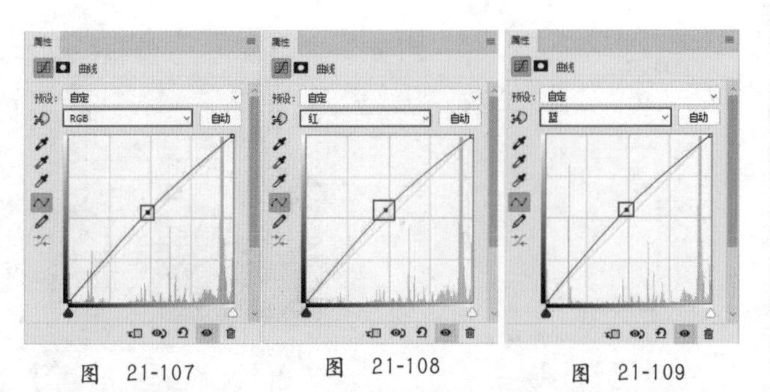

图 21-107　图 21-108　图 21-109

图 21-110

图 21-111

Prat 3　制作前景

01 将黑板素材“9.png”置入文件中，栅格化该图层。将其摆放至合适位置，如图21-112所示。选择“黑板”图层，执行“图层>图层样式>投影”命令，设置“混合模式”为“正片叠底”，颜色为黑色，“不透明度”为75%，“角度”为120度，“距离”为15像素，“大小”为10像素，如图21-113所示，画面效果如图21-114所示。

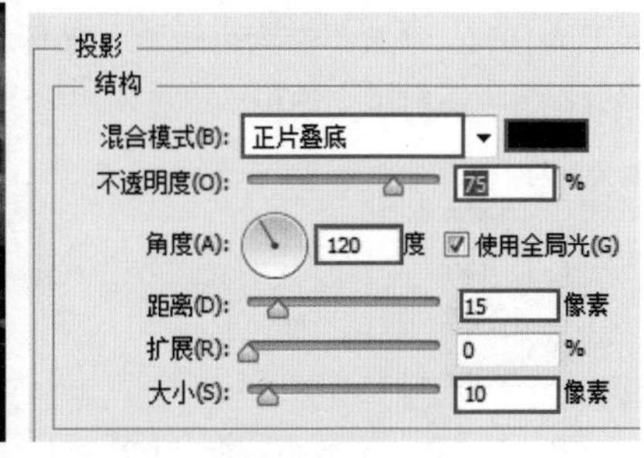

图 21-112　图 21-113

图 21-114

02 此时黑板的投影不是很明显，在这里使用画笔工具进行绘制，让黑板在画面中更加突出。在黑板图层下方新建图层并将该图层命名为“阴影”，如图21-115所示。使用黑色柔边圆画笔在画布中合适的位置进行涂抹，效果如图21-116所示。

图 21-115

图 21-116

03 执行“图层>新建调整图层>曲线”命令，在“曲线”属性面板中调整曲线形状，调整完成后单击“创建剪贴蒙版”按钮，如图21-117所示，画面效果如图21-118所示。

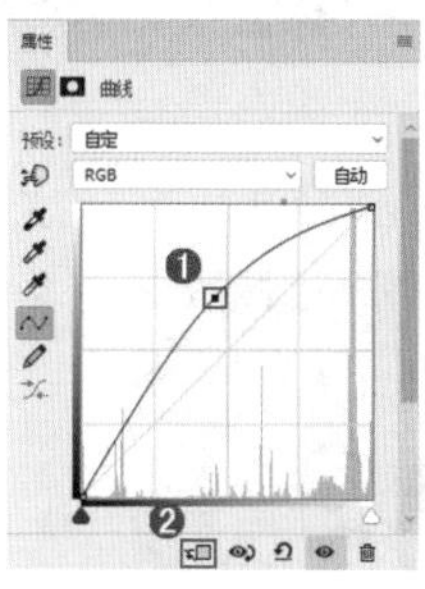

图 21-117

图 21-118

04 此时“黑板”亮度提高，单击选择该曲线调整图层的图层蒙版缩览图，在蒙版中填充黑白色系的线性渐变。此时只有黑板中心的部分被提亮，如图21-119所示。

图 21-119

05 制作画面中的炫彩文字，使用横排文字工具在画布中输入文字并将其旋转到合适角度，如图21-120所示。对文字图层执行“图层>图层样式>描边”命令，设置“大小”为5像素，“位置”为“外部”，“混合模式”为“正常”，“不透明度”为100%，“填充类型”为“颜色”，“颜色”为白色，如图21-121所示。

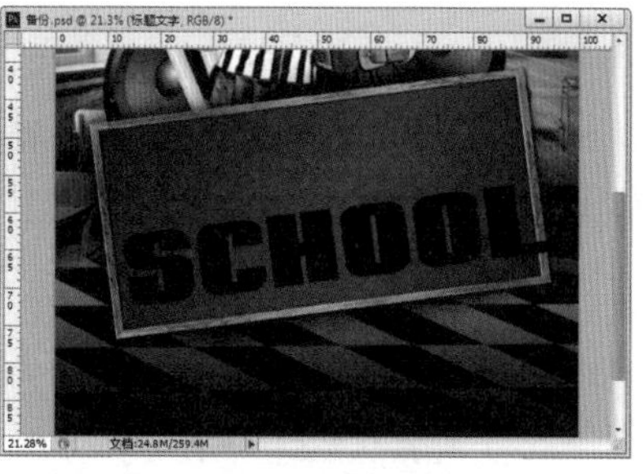

图 21-120

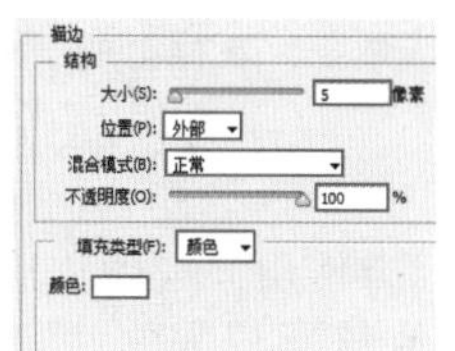

图 21-121

06 继续选中“投影” 复选框，设置“混合模式”为“正片叠底”，颜色为黑色，“不透明度”为75%，“角度”为120度，“距离”为21像素，“大小”为10像素，如图21-122所示。设置完成后，单击“确定”按钮，文字效果如图21-123所示。

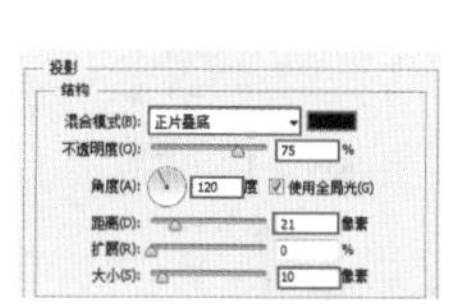

图 21-122

图 21-123

07 首先选择文字图层，使用快捷键Ctrl+J将该文字图层进行复制，并将复制后的文字层命名为“上层文字”。然后将文字颜色更改为白色。最后，在使用移动工具的状态下按2~3下键盘上的←和↑键将复制后的文字向左上轻移，如图21-124和图21-125所示。

图 21-124

图 21-125

08 使用“样式”面板为文字添加图层样式。执行“窗口>样式”命令，打开“样式”面板。选择文字图层，单击“样式”面板中的样式，文字被快速赋予绚丽的样式，如图21-126和图21-127所示。

图 21-126

图 21-127

技巧提示

如果当前“样式”面板中没有需要用的样式，可以单击“样式”面板上的菜单按钮，在下拉菜单中执行“载入样式”命令，在弹出的“载入”窗口中选择“10.asl”，即可将样式载入“样式”面板中。

09 使用同样的方法制作其他炫彩效果文字，效果如图21-128所示。

图 21-128

10 继续将卡通素材“11.png”置入文件中，栅格化该图层。为其添加刚刚载入的金色的图层样式，如图21-129所示。此时图层样式的效果与卡通小人的比例不协调，下面将样式进行缩放。执行“图层>图层样式>缩放效果”命令，在弹出的“缩放图层效果”对话框中设置“缩放”为40%，如图21-130所示，效果如图21-131所示。

11 将书本素材“12.jpg”和照片素材“13.png”置入文件中，栅格化该图层，如图21-132所示。

图 21-129

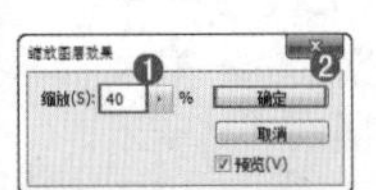

图 21-130

图 21-131

图 21-132

12 在画布中输入底部的区域文字。单击工具箱中的“横排文字工具”按钮，在画面底部绘制文本框，如图21-133所示。继续在选项栏中设置合适的字体、字号，单击“居中对齐文本”按钮，然后在画布中输入相应的文字，如图21-134所示。

图 21-133

图 21-134

13 本案例制作完成，最终效果如图21-135所示。

图 21-135

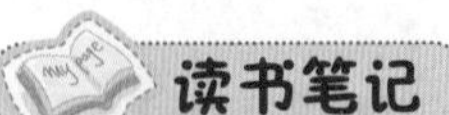

读书笔记

第22章

版式与书籍设计

本章内容简介：

封面设计和版式设计也是平面设计的一个重要方面，本章将介绍Photoshop在封面和版式设计中的应用。

本章学习要点：

- 古典水墨风婚纱版式。
- 清新风格杂志版式。
- 浪漫唯美风格书籍设计。

22.1 古典水墨风婚纱版式

案例文件	案例文件\第22章\古典水墨风婚纱版式.psd
视频教学	视频文件\第22章\古典水墨风婚纱版式.mp4
难易指数	★★★★★
技术要点	图层蒙版、选取颜色

扫码看视频

案例效果

本案例主要通过使用图层蒙版将照片融入画面中，并使用选取颜色调整命令对水墨素材进行颜色调整，效果如图22-1所示。

操作步骤

01 执行“文件>新建”命令，设置“宽度”为3300像素，“高度”为2550像素，如图22-2所示。

图 22-1

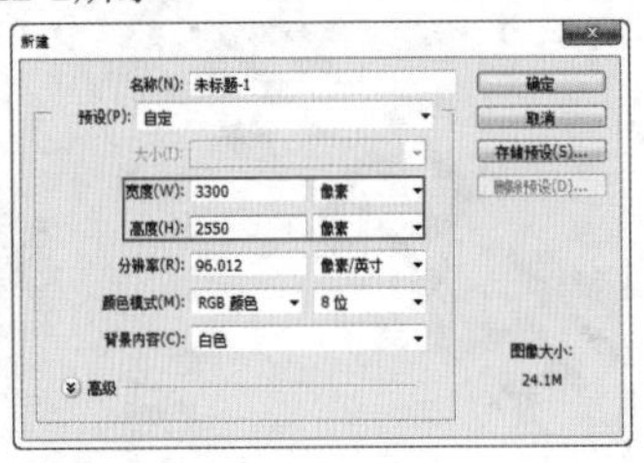

图 22-2

02 设置前景色为淡黄色，按填充前景色快捷键Alt+Delete为背景填充颜色，如图22-3所示。置入墨滴素材文件“1.png”，调整合适大小，将其放置在画面右侧，栅格化该图层，如图22-4所示。

图 22-3

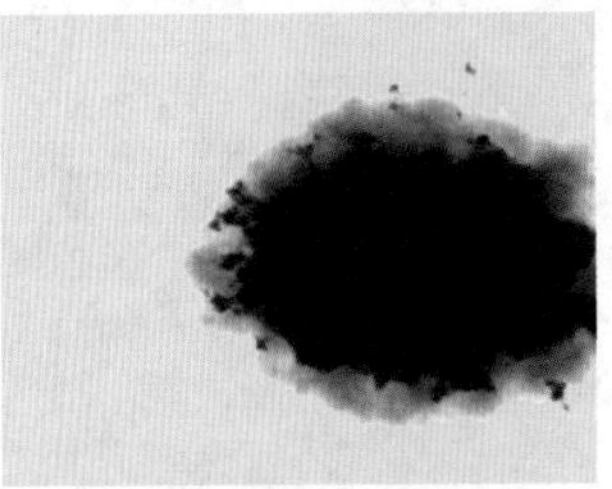

图 22-4

03 选择墨滴图层，单击“图层”面板底部的“创建新的填充或调整图层”按钮，执行“选取颜色”命令，首先设置“颜色”为“中性色”，“青色”为31%，“洋红”为16%，“黄色”为11%，“黑色”为−4%，如图22-5所示。选择调整图层，在“图层”面板上右击，在弹出的快捷菜单中执行“创建剪贴蒙版”命令，使其只对墨滴素材产生影响，如图22-6所示。

图 22-5

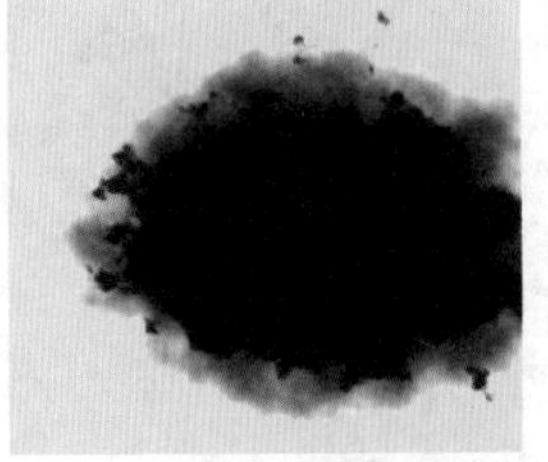

图 22-6

04 置入泼墨素材文件“2.png”，调整合适大小，将其放置在画面左上角，栅格化该图层，如图22-7所示。在“图层”面板上设置“不透明度”为74%，如图22-8所示。

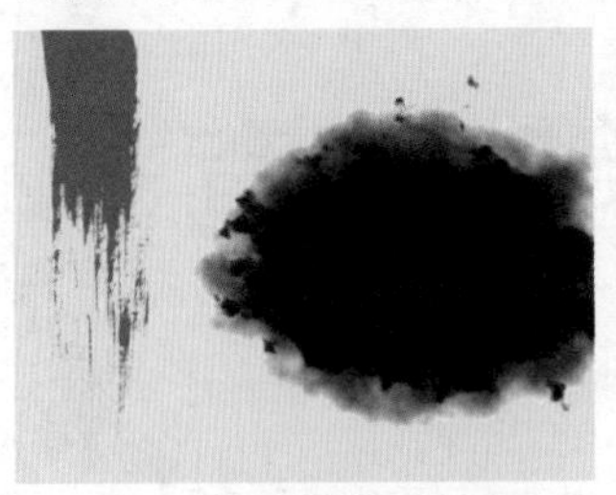

图 22-7

图 22-8

05 复制之前创建的调整图层，并放置在泼墨图层的上方，右击，在弹出的快捷菜单中执行“创建剪贴蒙版”命令，使其只对泼墨产生影响，如图22-9所示，效果如图22-10所示。

图 22-9

图 22-10

06 置入人像素材“3.jpg”，调整大小，将其放置在画面左上角，栅格化该图层，如图22-11所示。单击“图层”面板上的“添加图层蒙版”按钮，使用黑色柔边圆画笔在蒙版上进行适当涂抹，隐藏多余部分，如图22-12所示。

图 22-11

图 22-12

07 置入另外一张人像素材“4.jpg”，将其放置在画面右侧，栅格化该图层，如图22-13所示。同样为其添加图层蒙版，使用黑色柔边圆画笔在边界上进行涂抹，使其与墨滴素材更加融合，如图22-14所示。

08 单击工具箱中的“文字工具”按钮，设置一种书法字体，在合适位置上输入文字。也可以置入书法文字素材“5.png”，调整位置及大小，栅格化该图层，最终效果如图22-15所示。

图　22-13

图　22-14

图　22-15

思维点拨

版式即版面格式，具体指的是开本、版心和周围空白的尺寸，正文的字体、字号、排版形，字数、排列地位，还有目录和标题、注释、表格、图名、图注、标点符号、书眉、页码以及版面装饰等项的排法。版式设计是平面设计中的重要组成部分，我们经常在不知不觉中利用着版式。强调版面艺术性不仅是对观者阅读需要的满足，也是对其审美需要的满足。版式设计是一个调动文字字体、图片图形、线条和色块诸因素，根据特定内容的需要将它们有机组合起来的编排过程，并运用造型要素及形式原理把构思与计划以视觉形式表现出来。也就是寻求艺术手段来正确地表现版面信息，是一种直觉性、创造性的活动。它的设计范围包括传统的书籍、期刊、报纸的版面，以及现代信息社会中一切视觉传达与广告传达领域的版面设计。

22.2 清新风格杂志版式

案例文件	案例文件\第22章\清新风格杂志版式.psd
视频教学	视频文件\第22章\清新风格杂志版式.mp4
难易指数	★★★★★
技术要点	文字工具、钢笔工具

扫码看视频

案例效果

本案例主要通过使用文字工具、钢笔工具等制作清新风格的杂志版式，效果如图22-16所示。

图　22-16

操作步骤

01 执行“文件>新建”命令，设置“大小”为A4，如图22-17所示。单击工具箱中的“矩形选框工具”按钮，在画面右侧绘制一个合适大小的矩形，新建图层并填充蓝色，如图22-18所示。

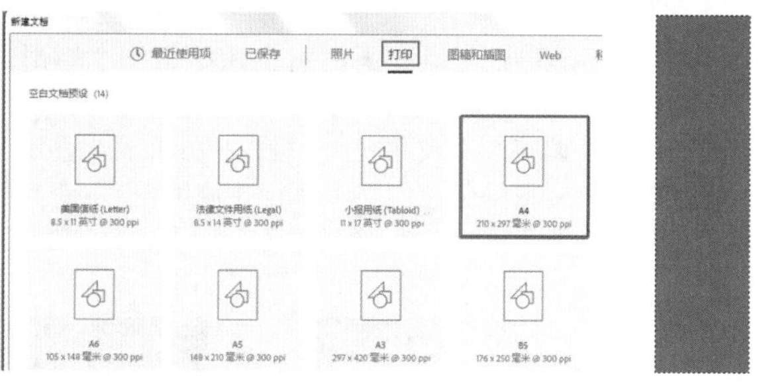

图　22-17　　图　22-18

02 执行“图层>图层样式>图案叠加”命令，设置“不透明度”为10%，调整一种合适的图案，如图22-19所示。此时蓝色矩形上出现图案效果，如图22-20所示。

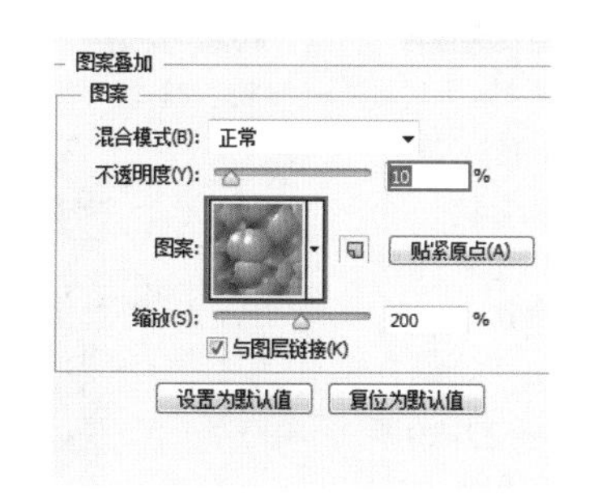

图　22-19

图　22-20

03 单击工具箱中的“钢笔工具”按钮，在选项栏中设置工具模式为“形状”，“描边”颜色为灰色，“描边粗细”为2点，在“描边选项”下拉列表中，单击“更多选项”按钮，在弹出的“描边”对话框中设置“间隙”为3，单击“确定”按钮结束操作，如图22-21所示。在画面顶部单击并按住Shift键移动到另外的位置再次单击绘制一条直线，如图22-22所示。

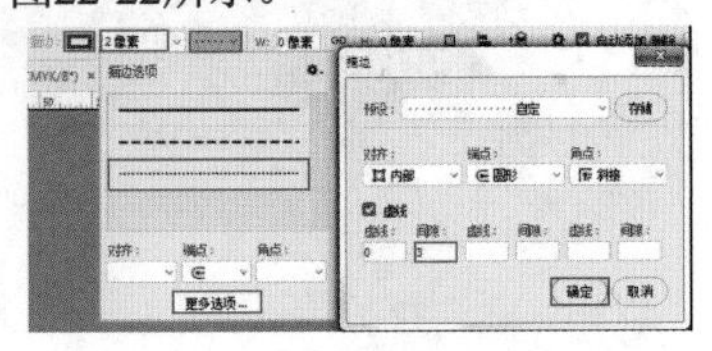

图 22-21

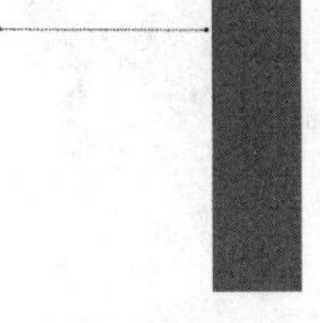

图 22-22

04 选中虚线图层，按Ctrl+J快捷键，复制出另一条虚线，并向下移动，如图22-23所示。置入纸张素材文件“1.png”，栅格化该图层。执行“编辑>自由变换”命令，调整大小及角度，如图22-24所示。

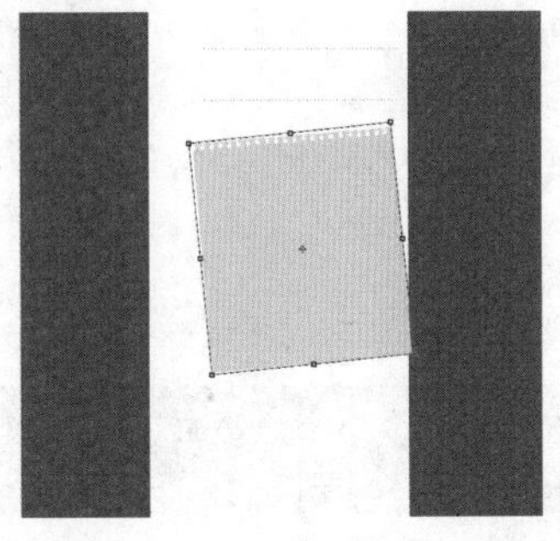

图 22-23　　图 22-24

05 再次使用矩形选框工具在画面右上角绘制一个矩形选区，新建图层并填充白色，如图22-25所示。执行“编辑>自由变换”命令，调整大小及角度，如图22-26所示。置入人像素材“2.jpg”，栅格化该图层。执行“编辑>自由变换”命令，调整大小及角度，将其移至白色矩形上，如图22-27所示。

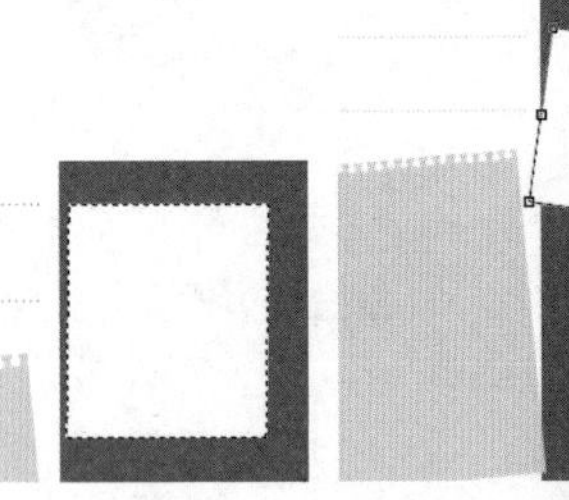

图 22-25

图 22-26

图 22-27

06 单击工具箱中的“矩形选框工具”按钮，在画面下方绘制一个大小合适的矩形选区，如图22-28所示。右击，在弹出的快捷菜单中执行“描边”命令，设置“宽度”为5像素，“颜色”为灰色，如图22-29所示。单击“确定”按钮结束操作，按Ctrl+D快捷键，取消选区，如图22-30所示。

图 22-28

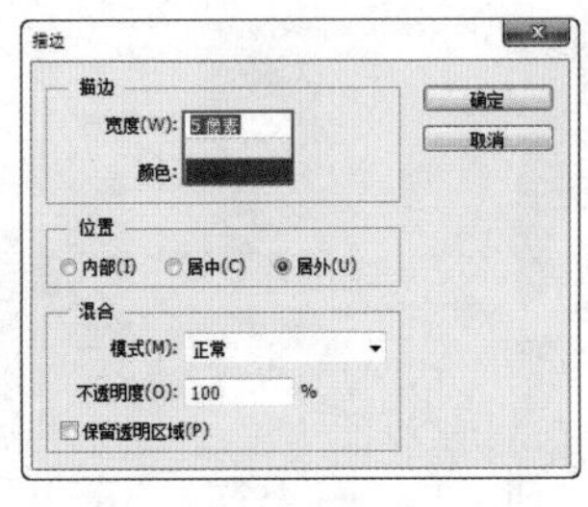

图 22-29

图 22-30

07 置入包素材“3.jpg”和化妆品素材文件“4.png”，调整合适大小及位置，栅格化该图层，如图22-31所示。

08 单击工具箱中的“横排文字工具”按钮，设置前景色为白色，调整合适字体、字号，在人像下方单击并输入点文字，如图22-32所示。继续使用横排文字工具在点文字下按住左键并向右下角拖曳，绘制一个段落文本框，如图22-33所示。

图 22-31　　图 22-32　　图 22-33

思维点拨

本案例以蓝色为主色调。蓝色是日常生活中常见的色彩，清凉感较强，被很多人喜欢。深蓝色的深远中潜藏着丰富的知性和感情，搭配浅色调，可以表现出更理智的感觉。搭配高明度色系，可以表现得较为清爽。

09 在文本框内输入文字，制作段文字，如图22-34所示。用同样的方法输入其他不同字体及大小的文字，最终效果如图22-35所示。

图 22-34

图 22-35

思维点拨：版式的布局

版式的布局决定了版式设计的核心，是整体设计思路的体现。其中主要包括骨骼型、满版型、分割型、中轴型、曲线型、倾斜型、中间型等。

- 骨骼型：规范、理性的分割方法。常见的骨骼有竖向通栏、双栏、三栏和四栏等。一般以竖向分栏为多。
- 满版型：版面以图像充满整版，主要以图像为诉求，视觉传达直观而强烈。文字配置压置在上下、左右或中部（边部和中心）的图像上。
- 分割型：整个版面分成上下或左右两部分，在一部分配置图片，另一部分则配置文字。
- 中轴型：将图形作水平方向或垂直方向排列，文字配置在上下或左右。
- 曲线型：图片和文字排列成曲线，产生韵律与节奏的感觉。
- 倾斜型：版面主体形象或多幅图像作倾斜编排，造成版面强烈的动感和不稳定因素，引人注目。
- 中间型：中间型具有多种概念及形式，分别是：直接以独立而轮廓分明的形象占据版面焦点；以颜色和搭配的手法，使主题突出明确；向外扩运动，从而产生视觉焦点；视觉元素向版面中心做聚拢的运动。

22.3 浪漫唯美风格书籍设计

案例文件	案例文件\第22章\浪漫唯美风格书籍设计.psd
视频教学	视频文件\第22章\浪漫唯美风格书籍设计.mp4
难易指数	★★★★★
技术要点	图层混合模式、图层不透明度、剪贴蒙版、文字工具

扫码看视频

案例效果

本案例主要通过使用图层混合模式、图层不透明度、剪贴蒙版、文字工具等命令制作浪漫唯美风格的书籍，效果如图22-36所示。

图 22-36

Part 1 封面、封底设计

01 新建一个透明背景的文件，单击工具箱中的“矩形选框工具”按钮，在画面中绘制一个合适大小的矩形选区，新建图层并填充白色，如图22-37所示。置入水墨画素材“1.jpg”，放置在白色矩形图层的上方，栅格化该图层，如图22-38所示。

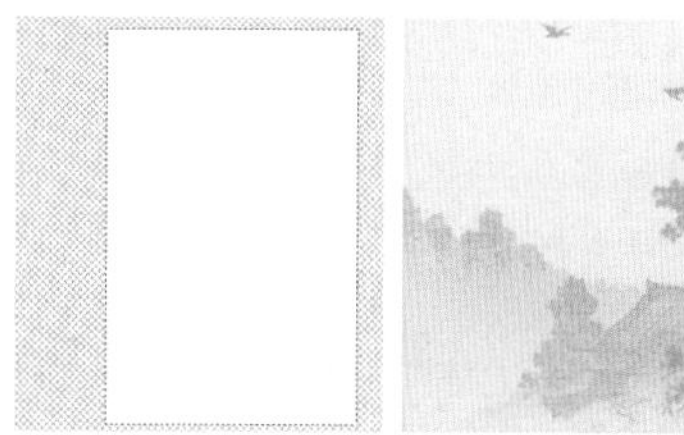

图 22-37　图 22-38

02 选择水墨画图层，在“图层”面板上右击，在弹出的快捷菜单中执行“创建剪贴蒙版”命令，调整图像的位置，如图22-39所示。设置水墨图层的“不透明度”为30%，如图22-40所示。

图 22-39　图 22-40

03 单击工具箱中的“椭圆选框工具”按钮，在画面下方绘制一个椭圆选区，新建图层并填充粉色，如图22-41所示。对粉色椭圆形图层执行“编辑>自由变换”命令，适当旋转并调整大小，如图22-42所示。

04 在“图层”面板上设置椭圆的“不透明度”为60%，如图22-43所示。用同样的方法制作另外几个椭圆形图层，摆放出层叠效果，如图22-44所示。

图 22-41　图 22-42　图 22-43　图 22-44

05 置入花纹素材“2.png”，调整合适的大小及位置，栅格化该图层，如图22-45所示。按Ctrl键单击椭圆图层缩览图载入选区，然后使用椭圆选框工具按住Shift键加选右侧的椭圆选区，得到两部分的椭圆选区，如图22-46所示。

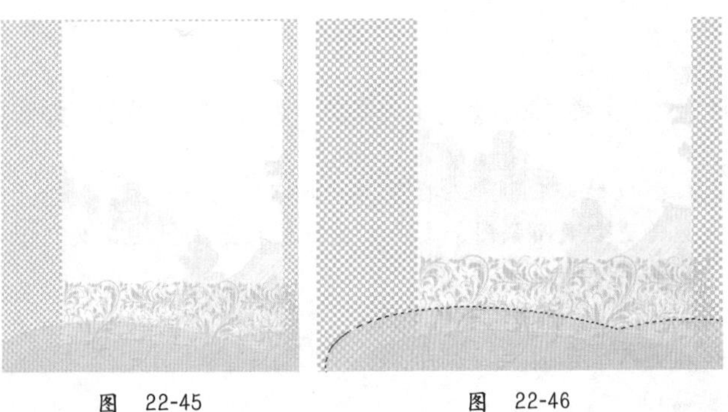

图 22-45　　图 22-46

06 选择花纹素材图层，单击“图层”面板底部的“添加图层蒙版”按钮，隐藏多余部分。设置“混合模式”为“正片叠底”，“不透明度”为40%，如图22-47所示，效果如图22-48所示。

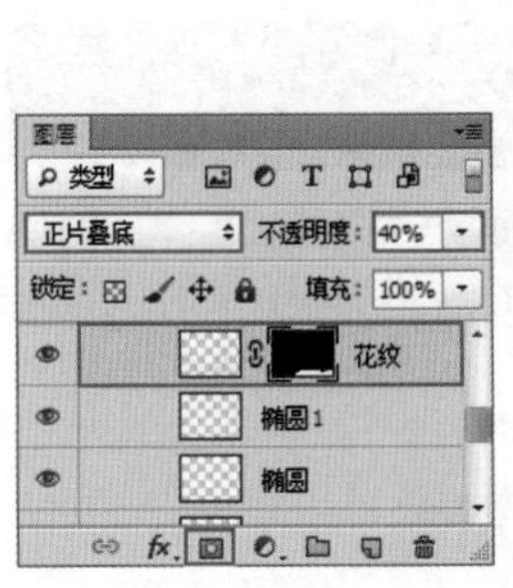

图 22-47

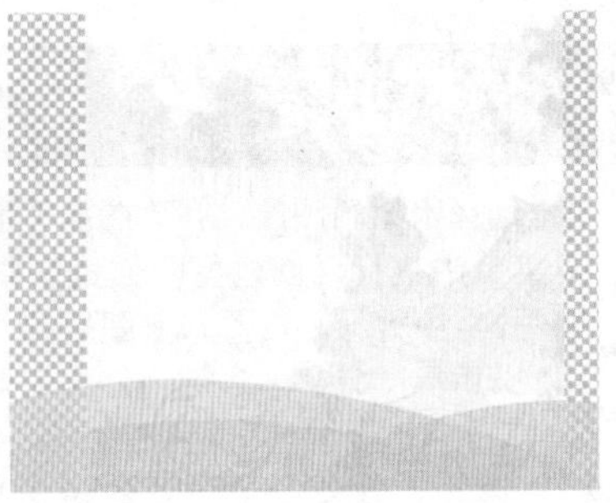

图 22-48

07 设置前景色为浅紫色，单击工具箱中的“画笔工具”按钮，设置一种合适的画笔，新建图层并绘制点状效果，如图22-49所示。设置该图层的“不透明度”为20%，如图22-50所示。

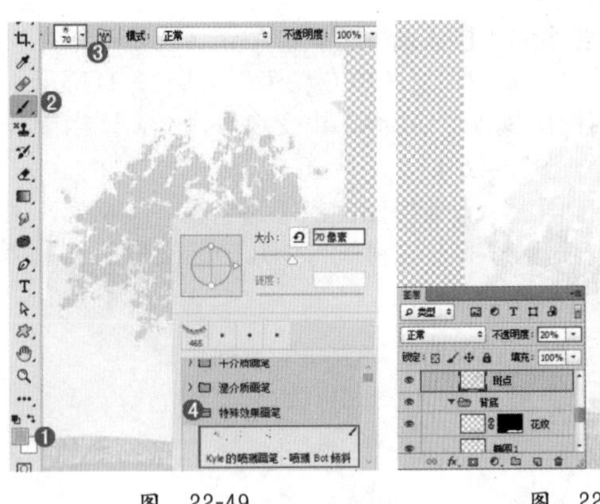

图 22-49　　图 22-50

08 置入水墨素材文件“3.png”，调整合适大小及位置，栅格化该图层，如图22-51所示。置入卡通人像素材文件“4.png”，调整合适大小及位置，栅格化该图层。为卡通人像添加图层蒙版，如图22-52所示。使用黑色柔边圆画笔在人像左下角进行涂抹，隐藏多余部分，如图22-53所示。

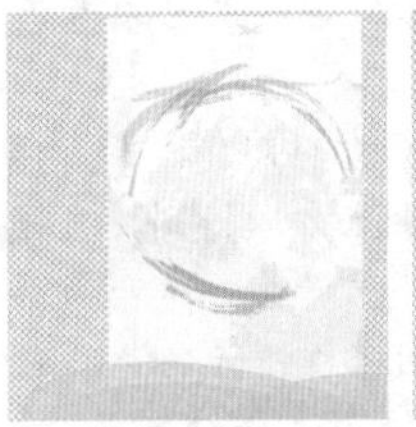

图 22-51

图 22-52

图 22-53

09 单击工具箱中的“横排文字工具”按钮，在选项栏中选择一种书法字体，分别输入“镜”“花”“娇”和“恨”4个字，如图22-54所示。

10 分别在“图层”面板中选择这4个文字图层，调整文字的大小及位置，如图22-55所示。同时选中这4个图层，在“横排文字工具”选项栏中设置文字颜色为粉色，如图22-56所示。

图 22-54

图 22-55

图 22-56

11 合并文字图层，设置文字图层的“混合模式”为“正片叠底”，并对其执行“图层>图层样式>内阴影”命令，设置“混合模式”为“正片叠底”，颜色为黑色，“不透明度”为60%，“角度”为120度，“距离”为10像素，“大小”为1像素，如图22-57和图22-58所示。

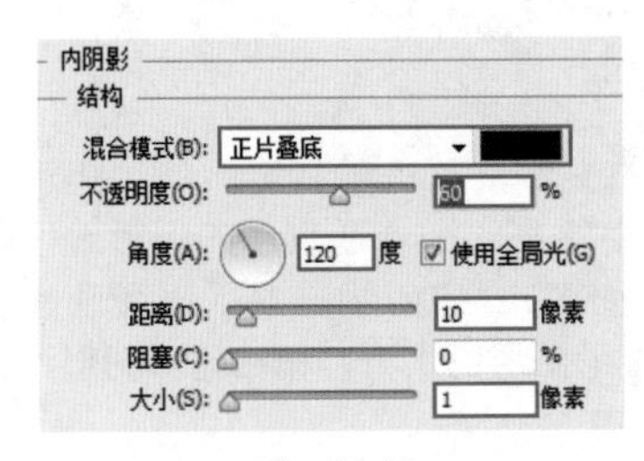

图 22-57

图 22-58

12 置入梅花花纹素材“5.png”，调整大小并放置在粉色文字图层上，设置“混合模式”为“颜色加深”，“不透明度”为65%，栅格化该图层。在梅花图层上右击，在弹出的快捷菜单中执行“创建剪贴蒙版”命令，如图22-59所示。此时花纹只出现在文字中，如图22-60所示。

13 单击工具箱中的“直排文字工具”按钮，在选项栏中设置合适的字体及大小，在主体文字左下角单击，输入竖排文字，如图22-61所示。用同样的方法继续在封面的下半部分输入其他文字信息，如图22-62所示。

图 22-59

图 22-60

图 22-61

图 22-62

14 为了便于管理，将封面部分的所有图层全部放置在一个图层组中，复制该图层组并摆放在画面左侧，如图22-63所示。由于封面封底所包含的画面元素基本相同，所以只需要删除多余部分并将已有元素的位置适当调整即可，如图22-64所示。

图 22-63

图 22-64

15 制作书脊部分。使用矩形选框工具绘制书脊部分选区，新建图层并填充白色，如图22-65所示。复制封面中的底纹素材，移动到书脊图层的位置，右击，在弹出的快捷菜单中执行“创建剪贴蒙版”命令，设置该图层的“不透明度”为30%，如图22-66所示。

图 22-65

图 22-66

16 选择矩形选框工具，单击其选项栏中的“添加到选区”按钮，在书脊上侧和下侧绘制选区。新建图层，填充粉色，如图22-67所示。再次单击工具箱中的“直排文字工具”按钮，在选项栏中设置合适的字体，输入书脊部分的文字信息，如图22-68所示。

图 22-67

图 22-68

Part 2 制作书籍效果图

01 置入书本素材文件“6.png”，调整合适大小及位置，栅格化该图层，如图22-69所示。在书本图层下新建阴影图层，使用黑色柔边圆画笔在书本下绘制阴影部分，如图22-70所示。

图 22-69

图 22-70

技巧提示

为了便于观察，可以在底部置入与书本素材颜色差别较大的图像作为背景。

02 设置阴影图层的“不透明度”为70%，如图22-71所示。复制并合并封面封底所在的图层组，使用矩形选框工具在右侧绘制书籍正面的选区，如图22-72所示。

图 22-71

图 22-72

03 按Ctrl+J快捷键复制选区内容，隐藏原始图层组，显示复制出的封面部分，如图22-73所示。选择封面部分，执行“编辑>自由变换”命令，调整大小，按Ctrl键单击四角控制点，使其与书籍模型正面更贴合，如图22-74所示。

图 22-73

图 22-74

04 按Enter键结束变换操作，如图22-75所示。用同样的方法复制书脊部分，使用“自由变换”命令，调整书脊的角度及透视感，如图22-76所示。

图 22-75

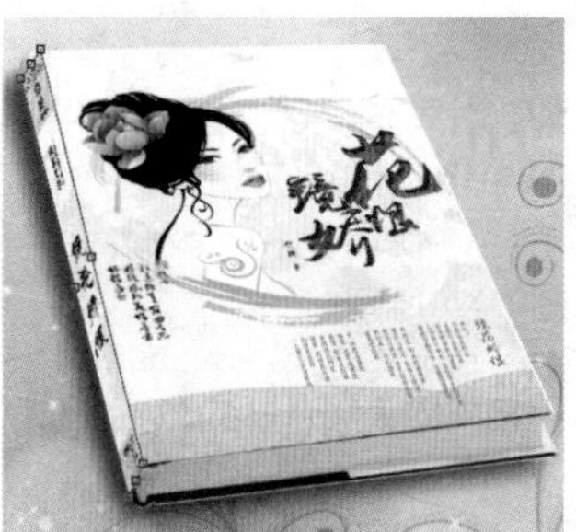

图 22-76

05 右击，在弹出的快捷菜单中执行“变形”命令，调整书脊上侧和下侧的弧度，如图22-77所示。按Enter键结束变换操作，如图22-78所示。

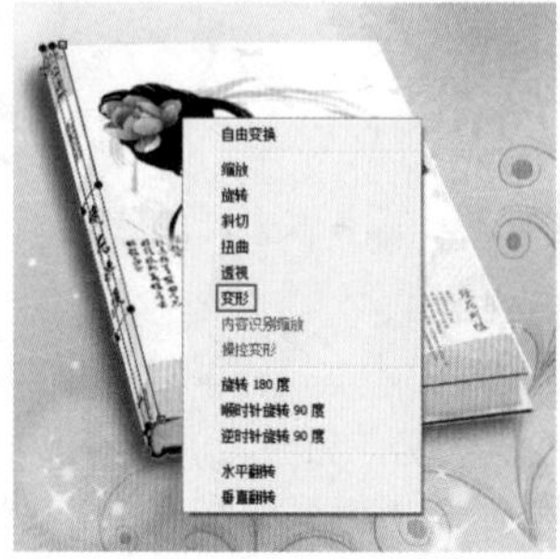

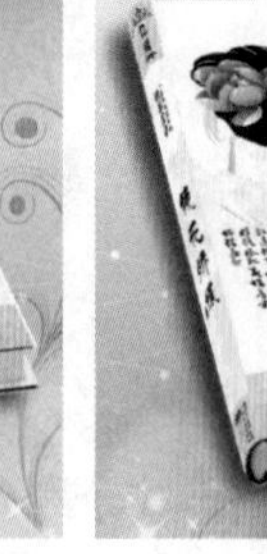

图 22-77

图 22-78

06 按Ctrl键单击书脊图层，载入书脊选区，如图22-79所示。使用渐变工具为选区填充白色到黑色再到白色的渐变，如图22-80所示。

图 22-79

图 22-80

思维点拨

书籍装帧设计是指书籍的整体设计。书籍装帧是在书籍生产过程中将材料和工艺、思想和艺术、外观和内容、局部和整体等组成和谐、美观的整体艺术。书籍装帧设计是书籍造型设计的总称。一般包括选择纸张、封面材料，确定开本、字体、字号，设计版式，决定装订方法以及印刷和制作方法等。

07 设置渐变图层的“混合模式”为“正片叠底”，“不透明度”为50%，如图22-81所示。

图 22-81

08 置入书籍素材“7.png”，调整大小及位置，栅格化该图层，如图22-82所示。用同样的方法制作另外一个书籍的透视感，最后置入背景素材“8.jpg”与前景素材“9.png”，栅格化该图层，最终效果如图22-83所示。

图 22-82

图 22-83

第23章

包装设计

本章内容简介：

包装的最原始功能是保护商品，但在经济全球化的今天，包装是品牌理念、产品特性、消费心理的综合反映，它直接影响到消费者的购买欲，是建立产品与消费者亲和力的有力手段，所以包装与商品已融为一体。包装的功能是保护商品、传达商品信息、方便使用、方便运输、促进销售、提高产品附加值。包装作为一门综合性学科，具有商品性和艺术性相结合的双重特性。

本章学习要点：

- 膨化食品包装袋设计。
- 中国红月饼礼盒设计。

23.1 膨化食品包装袋设计

案例文件	案例文件\第23章\膨化食品包装袋设计.psd
视频教学	视频文件\第23章\膨化食品包装袋设计.mp4
难易指数	
技术要点	自由变换、钢笔工具、画笔工具、剪贴蒙版等

扫码看视频

案例效果

本案例主要通过使用自由变换、钢笔工具、画笔工具、剪贴蒙版等工具制作膨化食品包装袋，如图23-1所示。

图 23-1

操作步骤

01 新建文件，首先制作包装的底色部分。使用矩形选框工具在画面中绘制合适的矩形，新建图层，填充棕色，如图23-2所示。设置前景色为黄色，单击工具箱中的“画笔工具”按钮，在选项栏中选择一种圆形柔边圆的画笔，设置合适的画笔大小，然后使用画笔在画面中合适的位置绘制，效果如图23-3所示。

图 23-2

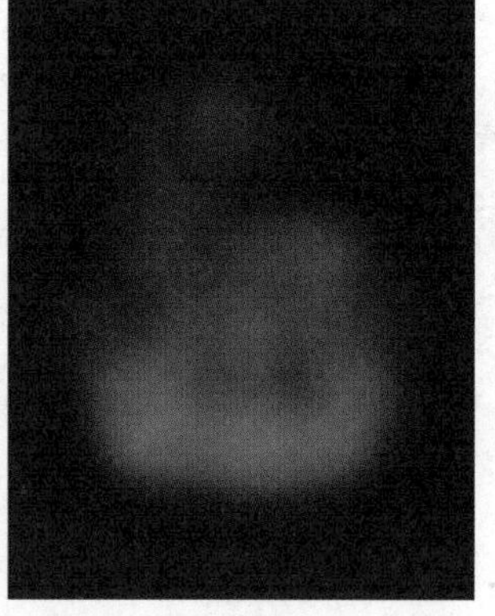

图 23-3

02 新建图层，使用矩形选框工具在画面中绘制矩形选区并为其填充前景色，如图23-4所示。使用移动工具，按住Alt键的同时多次移动复制出黄色矩形图层，如图23-5所示。

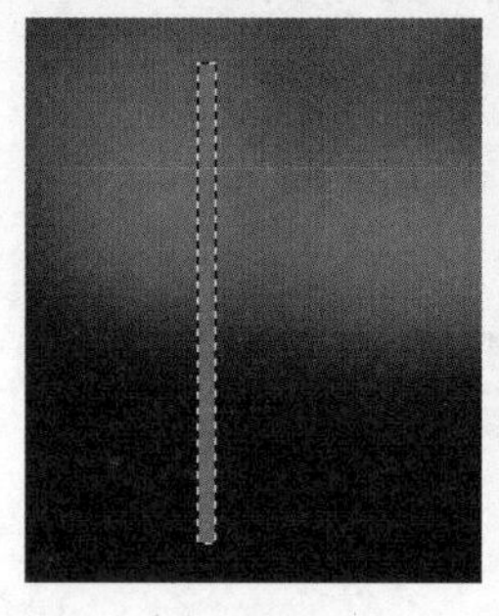

图 23-4

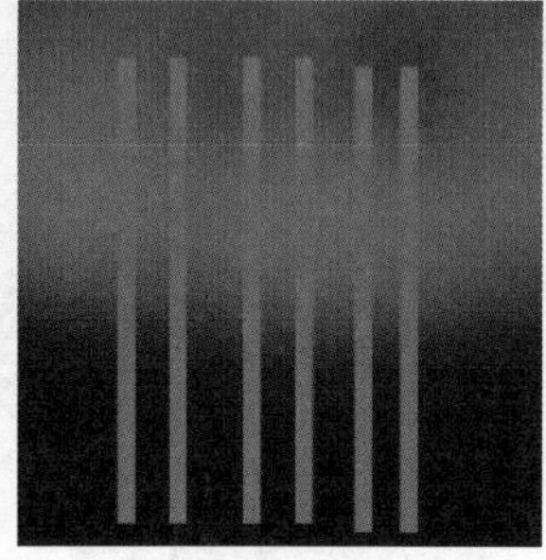

图 23-5

03 选中所有矩形图层，单击“移动工具”选项栏中的底对齐按钮以及水平居中分布按钮，如图23-6所示，效果如图23-7所示。

图 23-6

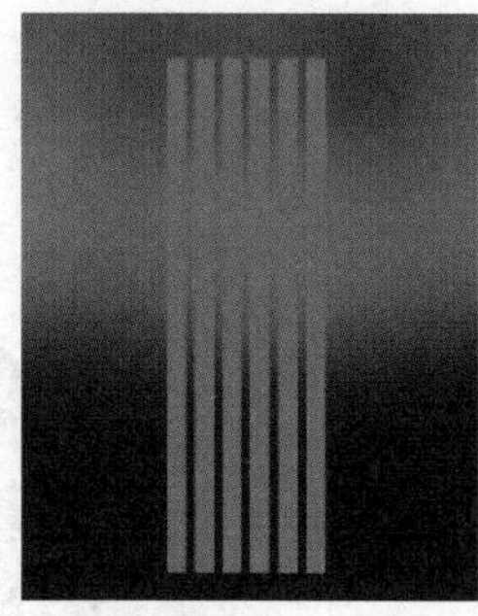

图 23-7

04 按Ctrl+T快捷键执行“自由变换”命令，右击，在弹出的快捷菜单中执行“透视”命令，如图23-8所示。调整控制点，制作出如图23-9所示的效果。按Enter键，完成自由变换操作。

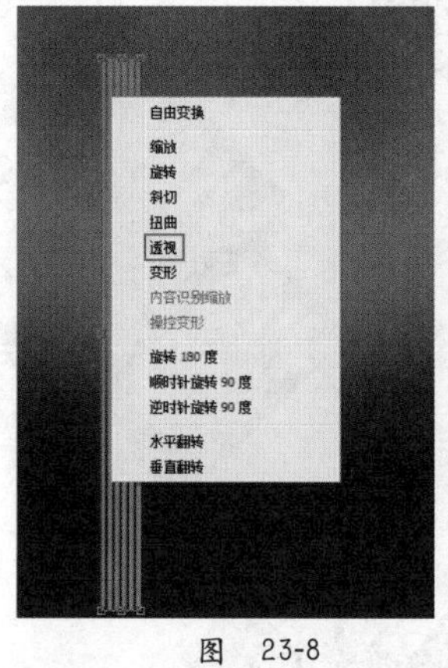

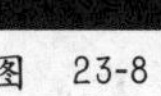

图 23-8

图 23-9

05 复制此图层，再次按Ctrl+T快捷键，将中心点移动到图形顶端中心的位置，如图23-10所示，并将其适当旋转，如图23-11所示。按Enter键，完成自由变换操作，如图23-12所示。

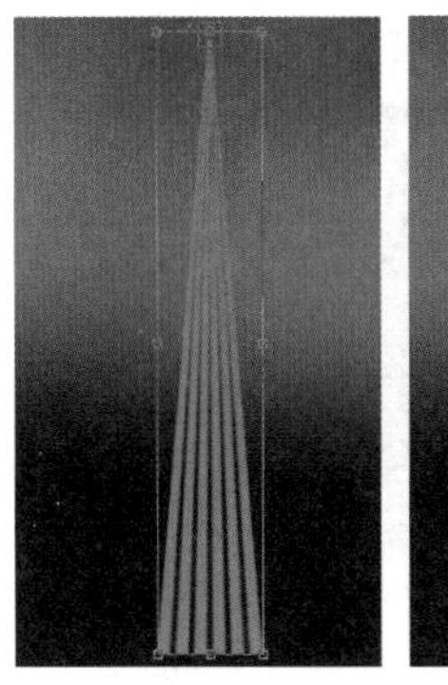

图 23-10

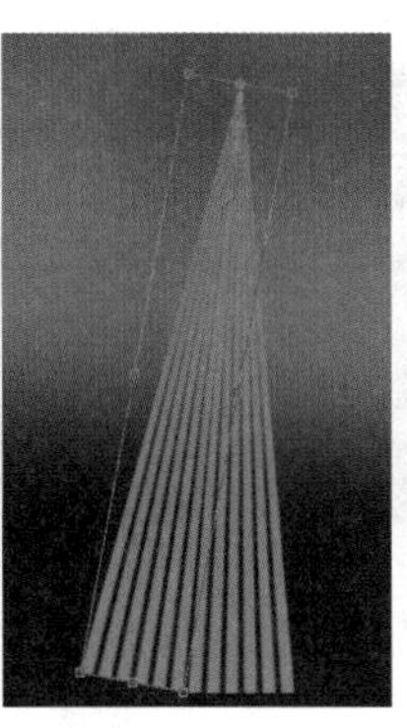

图 23-11

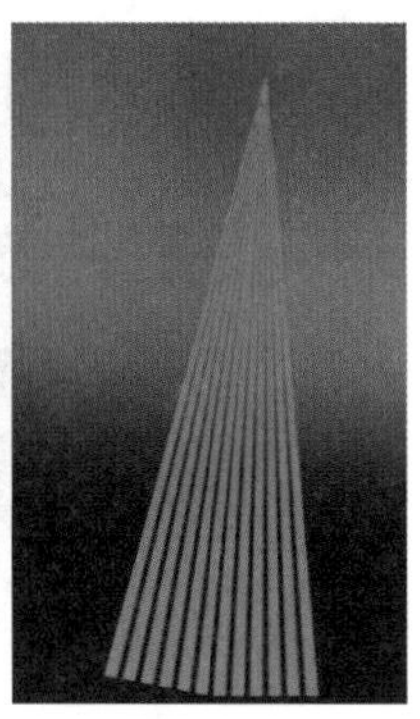

图 23-12

06 使用复制并重复上一次变换操作组合键Shift+Ctrl+Alt+T，多次使用该组合键即可以上一次的变换规律进行复制图层并进行变换操作，多次复制并旋转即可制作出放射性的圆形效果，如图23-13所示。

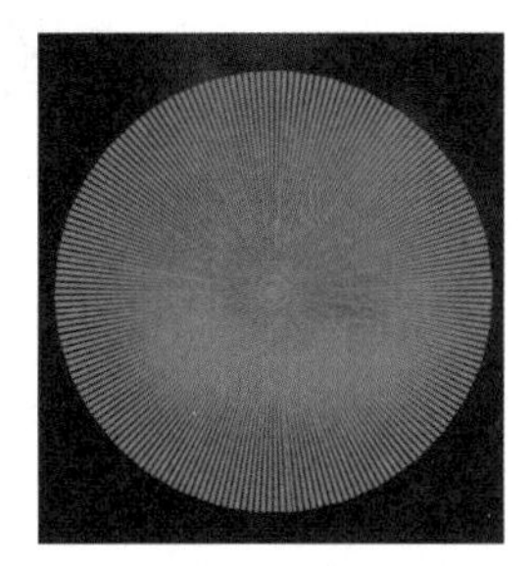

图 23-13

07 将所有旋转图层进行合并，将其移动到合适的位置，并为其添加图层蒙版，使用黑色画笔在蒙版中涂抹，将多余区域隐藏，如图23-14和图23-15所示。

图 23-14

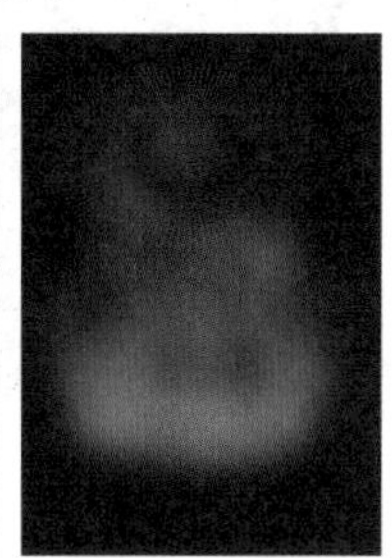

图 23-15

08 单击工具箱中的"横排文字工具"按钮，在选项栏中选择一种空心文字，在画面中输入文字，如图23-16所示。使用魔棒工具多次加选文字空心部分，新建图层，并为选区填充淡黄色，如图23-17所示。

图 23-16

图 23-17

09 将素材"1.jpg"置于文字图层的上方，栅格化该图层，如图23-18所示。然后在"图层"面板上右击，在弹出的快捷菜单中执行"创建剪贴蒙版"命令，设置"混合模式"为"深色"，"不透明度"为49%，此时素材只显示文字表面的部分，如图23-19所示。

图 23-18

图 23-19

10 使用钢笔工具在选项栏中设置绘制模式为"路径"，然后在包装的下半部分绘制形状，如图23-20所示。按Ctrl+Enter快捷键将路径转化为选区，并为其填充淡黄色，如图23-21所示。

图 23-20

图 23-21

11 选择钢笔工具，设置绘制模式为"形状"，"填充"为无，设置"描边"颜色为棕色，设置"描边"大小为3点，如图23-22所示。在画面下方绘制线条效果的纹样，如图23-23所示。

图 23-22

图 23-23

12 继续使用钢笔工具以及形状工具绘制另外一些图案，如图23-24所示。复制底部的图案，垂直翻转后移动到顶部并进行适当调整，如图23-25所示。

图 23-24

图 23-25

13 将素材"2.png"置于画面中合适的位置，栅格化该图层，如图23-26所示。使用横排文字工具输入文字，然后单击选项栏中的"创建文字变形"按钮，设置"样式"为扇形，选中"水平"单选按钮，设置"弯曲"为50%，如图23-27所示，效果如图23-28所示。

图 23-26

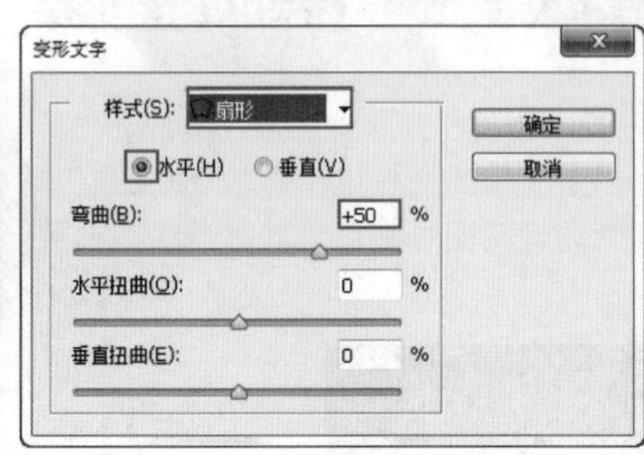

图 23-27

图 23-28

思维点拨

本案例的包装以橙色系为主色，充分地展现出了食物特有的优势。橙色系能给人以收获感，也有着能让人振作的力量，同时可以点亮空间。在自然界中，橙柚、玉米、鲜花、果实、霞光、灯彩，都有丰富的橙色。所以橙色也是用来表现食物特点的最好色彩之一。

14 制作包装袋的立体效果，复制并合并包装的平面图。为了模拟立体的膨化食品效果，需要制作出膨化食品包装呈现出的膨胀感。而膨胀感一方面可以从光泽上进行处理，另一方面也必须对其外轮廓形态进行调整。对其执行"滤镜>液化"命令，在这里可以使用向前变形工具在边缘处进行涂抹，制作出膨化食品包装的效果，如图23-29所示

图 23-29

15 新建图层，使用棕色半透明柔边圆画笔在画面中绘制阴影效果并为其创建剪贴蒙版，如图23-30所示。新建图层，使用颜色为淡黄色，使用柔边圆画笔在画面中绘制高光效果，如图23-31所示。

图 23-30

图 23-31

16 选择钢笔工具，设置绘制模式为“形状”，“填充”为无，“描边”颜色为白色，“描边”大小为3点，选择直线，如图23-32所示，在包装上方和下方绘制不同深浅的直线，如图23-33所示。

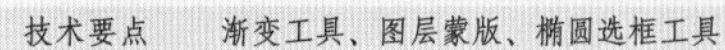

图 23-32

图 23-33

17 制作包装袋上下两侧的锯齿状效果。新建图层，使用画笔工具，按F5键，打开“画笔设置”面板，设置一种方形画笔，设置画笔“大小”为50像素，“角度”为45°，画笔“间距”为100%，如图23-34所示。使用画笔工具沿着包装袋的上下边缘绘制出锯齿效果，如图23-35所示。

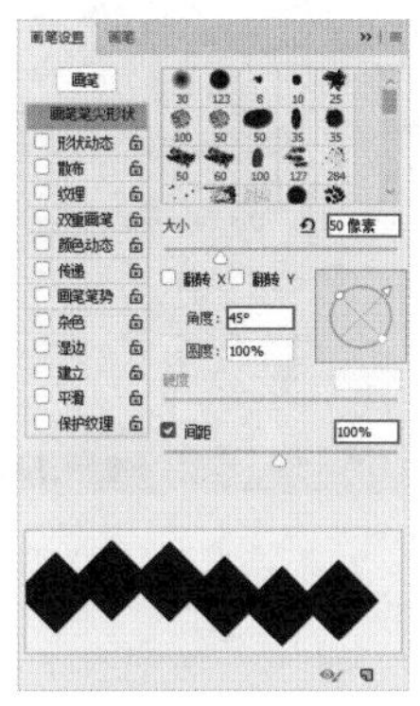

图 23-34

图 23-35

18 载入锯齿效果图层选区，如图23-36所示。隐藏画笔图层，选择平面图层，按Delete键删除选区内的内容，如图23-37所示。

图 23-36

图 23-37

19 用同样的方法制作底部边缘，置入背景素材“3.jpg”，栅格化该图层，如图23-38所示。最终效果如图23-39所示。

图 23-38

图 23-39

23.2 中国红月饼礼盒设计

案例文件	案例文件\第23章\中国红月饼礼盒设计.psd
视频教学	视频文件\第23章\中国红月饼礼盒设计.mp4
难易指数	★★★★★
技术要点	渐变工具、图层蒙版、椭圆选框工具

扫码看视频

案例效果

本案例主要是通过使用渐变工具、图层蒙版和椭圆选框工具等制作中国红月饼礼盒，效果如图23-40所示。

图 23-40

操作步骤

01 打开背景素材“1.jpg”，如图23-41所示。新建图层，单击工具箱中的“矩形选框工具”按钮，绘制合适的矩形选框，使用渐变工具，在选项栏中编辑一种红色的渐变，设置渐变模式为径向，在选区中拖曳渐变，效果如图23-42所示。

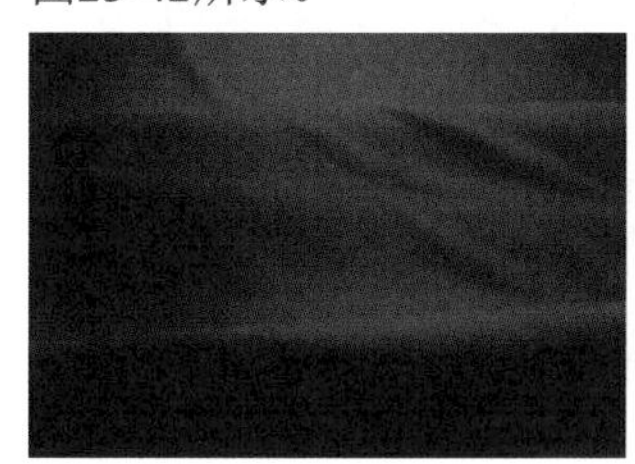

图 23-41

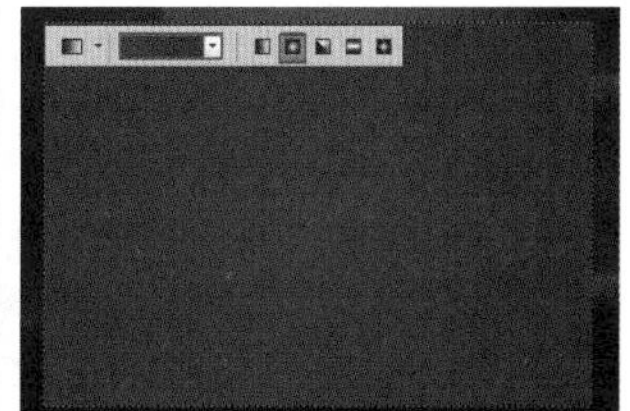

图 23-42

02 使用矩形选框工具在画面中绘制矩形选区，并为其填充深红色，如图23-43所示。将素材金色花纹“2.png”置于画面中合适的位置，栅格化该图层，如图23-44所示。

图 23-43

图 23-44

03 将底纹1素材“3.png”置于画面中合适的位置，栅格化该图层。效果如图23-45所示。将其放置在“金色花纹”图层的下方，并为“深红矩形”图层创建剪贴蒙版，如图23-46所示，效果如图23-47所示。

图 23-45

图 23-46

图 23-47

04 继续将底纹2素材“4.png”置于画面中合适的位置，栅格化该图层，如图23-48所示。为其添加图层蒙版，在蒙版中使用黑色画笔涂抹遮挡住中间深红矩形的区域，并设置图层的“混合模式”为“正片叠底”，“不透明度”为55%，如图23-49所示。

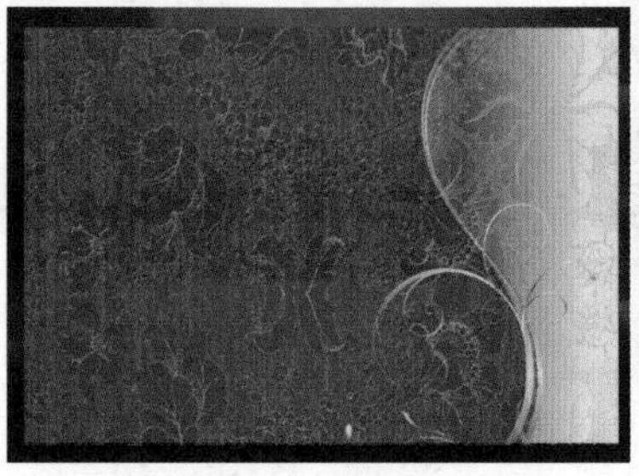

图 23-48

图 23-49

思维点拨

该案例是月饼礼盒的设计，盒面的设计以红色与黄色的结合搭配作为背景，这两种颜色的使用不仅表现了中国的传统特点，同时这两种颜色也是节日礼盒包装常用的色彩。大面积的红色搭配少量的黄色拉伸空间，使画面具有强烈的层次感。同时黄色与红色也是中国的传统色，多应用在极具传统色彩的包装上。

05 将花朵素材“5.png”置于画面中左下角的位置，栅格化该图层，如图23-50所示。新建图层，使用椭圆选框工具按住Shift键在画面中绘制正圆选区，并填充红色径向渐变，如图23-51所示。

06 新建图层，使用椭圆选框工具在画面中绘制正圆选区，填充黄色，如图23-52所示。再次使用椭圆选框工具在黄色正圆中绘制正圆选区，然后按Delete键删除选区内的部分，如图23-53所示。按Ctrl+D快捷键，取消选区。

图 23-50

图 23-51

07 执行“图层>图层样式>斜面和浮雕”命令，设置“样式”为“内斜面”，“方法”为“平滑”，“深度”为83%，“方向”为“上”，“大小”为29像素，“角度”为－42度，“高度”为30度，如图23-54和图23-55所示。

图 23-52

图 23-53

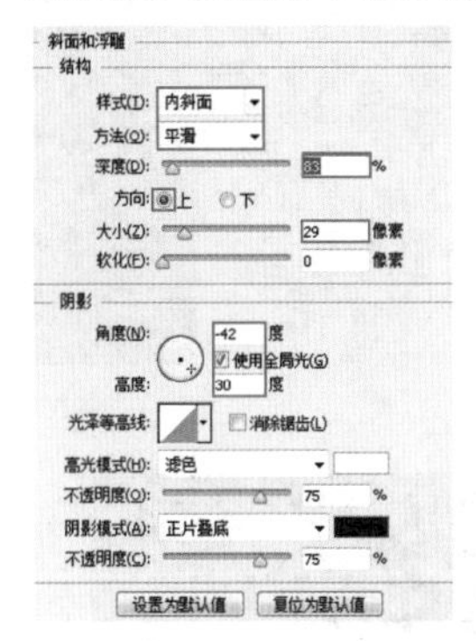

图 23-54

图 23-55

08 将花纹素材“6.png”置于画面中合适的位置，如图23-56所示。置入福字素材“7.png”，栅格化该图层，如图23-57所示。

09 对其执行“图层>图层样式>投影”命令，设置“混合模式”为“正片叠底”，“距离”为11像素，“扩展”为6%，“大小”为10像素，如图23-58和图23-59所示。

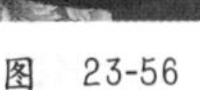
图 23-56

图 23-57

图 23-58

图 23-59

10 置入花纹素材“8.png”，载入底色图层选区，并为其添加图层蒙版，隐藏底色以外的部分，栅格化该图层，如图23-60所示。下面使用直排文字工具设置合适的字号及字体，在画面中单击输入文字，如图23-61所示。

11 选择文字图层，执行“窗口>样式”命令，打开“样式”面板，在“样式”面板中单击样式按钮，如图23-62所示，即可为文字赋予相应的效果，如图23-63所示。

图 23-60

图 23-61

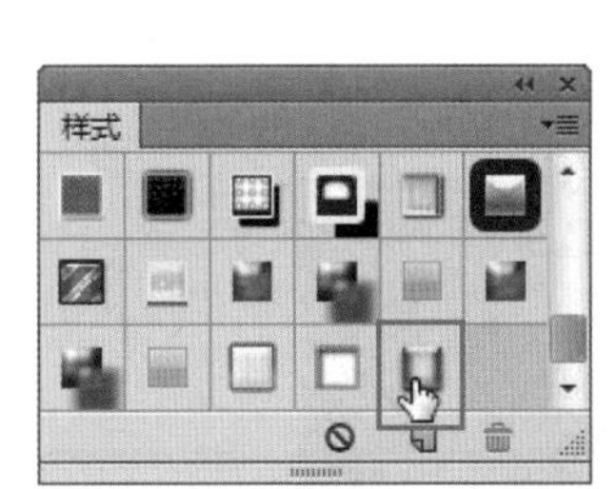

图 23-62

图 23-63

12 将印章素材“9.png”置于画面中合适的位置，栅格化该图层。继续使用直排文字工具，设置合适的颜色以及字体、字号，在画面中单击输入大量文字，并将文字调整为不同大小，如图23-64所示。载入“金色花纹”素材选区，并为文字图层添加图层蒙版，隐藏多余部分，设置图层的“混合模式”为“正片叠底”，“不透明度”为80%，如图23-65所示。

13 使用钢笔工具在选项栏中设置绘制模式为“形状”，“填充”为无，“描边”颜色为黄色，大小为5点，选择直线，如图23-66示。在画面中绘制盒子平面的边框，如图23-67所示。

14 制作包装的立体效果。新建图层，使用多边形套索工具绘制四边形选区，作为礼盒的侧面，为其填充红色系渐变，如图23-68所示。置入素材花纹“10.png”，栅格化该图层。调整合适的大小及位置，设置“混合模式”为变亮，如图23-69所示。

图 23-64

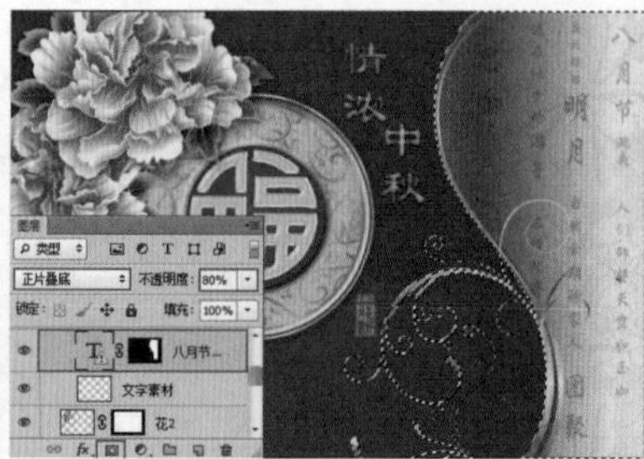

图 23-65

图 23-66

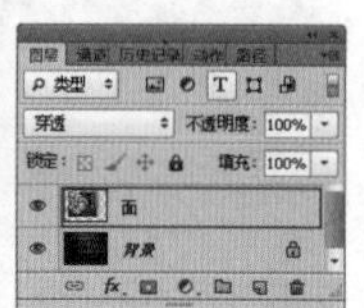

图 23-67

图 23-68

图 23-69

15 新建图层，使用渐变工具在选项栏中设置黑色到透明的渐变，设置渐变模式为线性，如图23-70所示。将侧面礼盒载入选区，使用渐变工具在选区中绘制渐变，效果如图23-71所示。

图 23-70

图 23-71

16 设置渐变图层的“不透明度”为55%，如图23-72所示。继续使用多边形套索工具制作礼盒其他的部分，如图23-73所示。

图 23-72

图 23-73

17 复制礼盒正面平面部分，按Ctrl+T快捷键，对其执行“自由变换”命令，右击，在弹出的快捷菜单中执行“斜切”命令，如图23-74所示。调整四周控制点，将其变换到合适的形状，如图23-75所示。按Ctrl+Enter快捷键完成自由变换。

图 23-74

图 23-75

18 在侧面礼盒下方新建图层，使用多边形套索工具沿礼盒边缘绘制选区，为其填充黑色，执行“滤镜>模糊>高斯模糊”命令，设置“半径”为2像素，如图23-76所示。单击“确定”按钮结束操作，设置图层的“不透明度”为75%，如图23-77所示。

图 23-76

图 23-77

19 用同样的方法制作其他包装盒，最终效果如图23-78所示。

图 23-78

第24章

创意合成

本章内容简介：

在平面设计中，可以充分发挥想象，将不相关的东西组合在一起，或以夸张的形式来表达某种特殊需要，这种行为通常称为创意行为。本章将介绍Photoshop在创意合成方面的应用实例。

本章学习要点：

- 果味饮品创意海报。
- 绚丽汽车创意合成。
- 小提琴的奇幻世界。

24.1 果味饮品创意海报

案例文件	案例文件\第24章\果味饮品创意海报.psd
视频教学	视频文件\第24章\果味饮品创意海报.mp4
难易指数	★★★★★
技术要点	渐变工具、画笔工具、图层混合模式

扫码看视频

案例效果

本案例主要使用渐变工具、画笔工具和图层混合模式等制作果味饮品创意海报，如图24-1所示。

操作步骤

01 新建文件，单击工具箱中的“渐变工具”按钮，在选项栏中设置合适的渐变颜色，设置渐变类型为线性，如图24-2所示。在画面中自下而上拖曳绘制渐变，如图24-3所示。

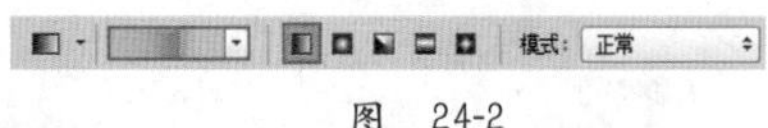

图 24-2

图 24-1

图 24-3

02 新建图层，在选项栏中编辑橘黄色系的渐变，设置渐变类型为径向，如图24-4所示。在画面中由中心向四周拖曳渐变，设置图层的“混合模式”为“正片叠底”，如图24-5所示，效果如图24-6所示。

图 24-4

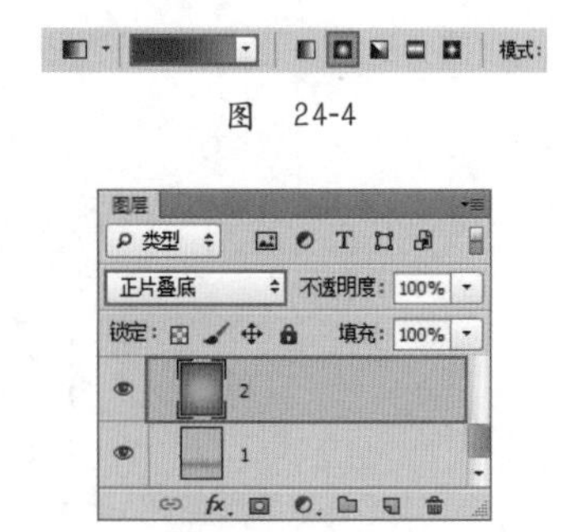

图 24-5

图 24-6

03 新建文件，使用画笔工具设置前景色为淡黄色，在画面中右击，选择一个圆形柔边圆画笔，设置画笔“大小”为1200像素，“硬度”为0%。在画面中心绘制圆形，如图24-7所示。将素材“1.png”置于画面中合适的位置，栅格化该图层，如图24-8所示。

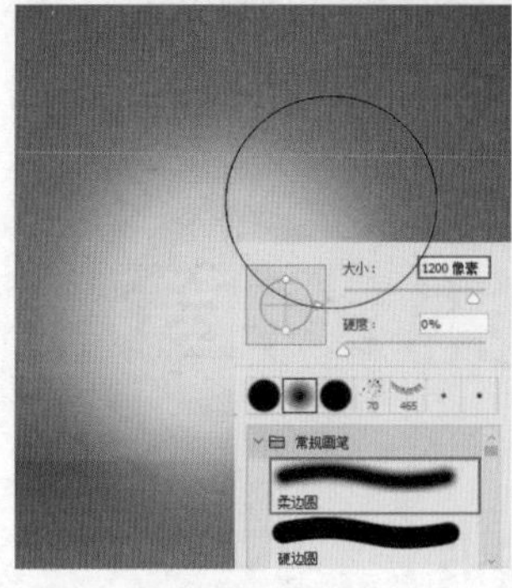

图 24-7

图 24-8

04 将瓶子素材“2.png”置于画面中合适的位置，栅格化该图层，如图24-9所示。复制瓶子素材，置于原图层底部，按Ctrl+T快捷键对其执行“自由变换”命令，将中心点移至如图24-10所示的位置，右击，在弹出的快捷菜单中执行“垂直翻转”命令，如图24-11所示。

图 24-9

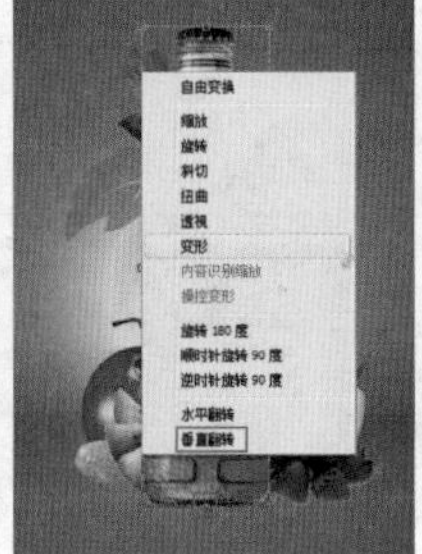

图 24-10

图 24-11

思维点拨

本案例使用了大量的橙色。橙色是介于红色和黄色之间的混合色，又称橘黄或橘色，因其具有明亮、华丽、健康、兴奋、温暖、欢乐、辉煌以及容易动人的色感。

05 选中瓶子倒影图层，单击“图层”面板底部的“添加图层蒙版”按钮为其添加图层蒙版，使用黑色柔边圆画笔在蒙版中绘制底部的区域，并设置该图层的“不透明度”为60%，如图24-12和图24-13所示。

06 对饮料中央区域进行提亮，执行“图层>新建调整图层>色相/饱和度”命令，在“图层”面板顶部创建调整图层，设置“色相”为21，如图24-14所示。使用黑色填充蒙版，并使用白色画笔在瓶子上半部分进行涂抹，选中调整图层，右击，在弹出的快捷菜单中执行“创建剪贴蒙版”命令，如图24-15所示。此时可以看到瓶子中央被提亮，使饮料产生通透的效果，效果如图24-16所示。

图 24-12

图 24-13

图 24-14

图 24-15

图 24-16

07 将水素材“3.jpg”置于画面中合适的位置，设置其“混合模式”为“滤色”，栅格化该图层，如图24-17所示，效果如图24-18所示。

08 置入橘子素材“4.png”，将其置于画面中合适的位置，栅格化该图层，如图24-19所示。下面需要制作橘子的倒影，复制“橘子”图层，执行“自由变换”命令，制作橘子的倒影部分，单击“图层”面板底部的“添加图层蒙版”按钮，为其添加图层蒙版，使用黑色画笔在蒙版中绘制底部区域，设置其“不透明度”为47%，如图24-20所示，效果如图24-21所示。

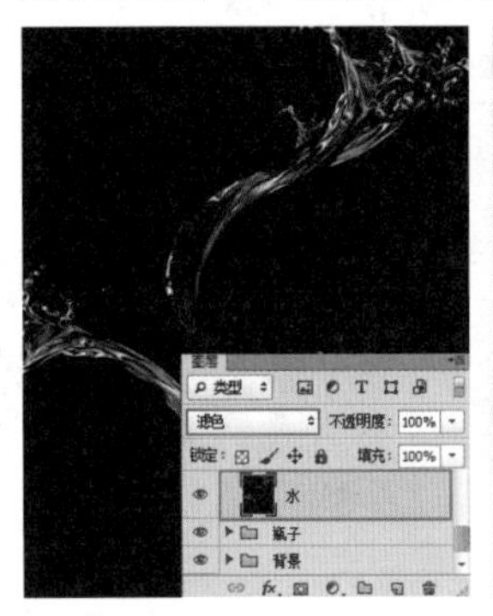
图 24-17

图 24-18
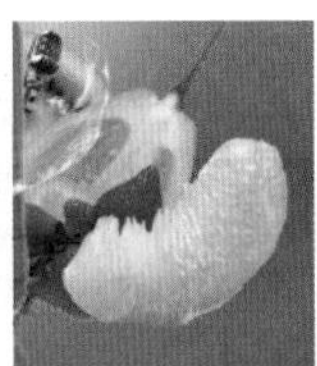
图 24-19
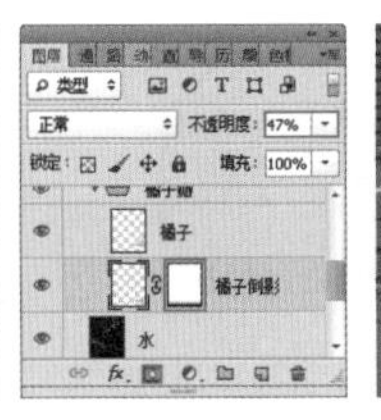
图 24-20
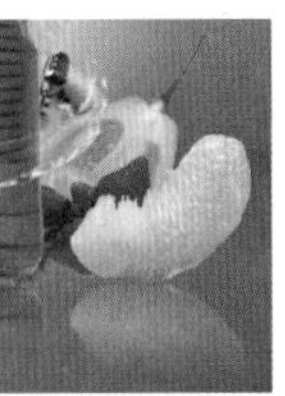
图 24-21

09 置入其余水果素材文件“5.png”，用同样的方法制作其他的水果及其倒影，栅格化该图层，如图24-22所示。置入光效素材“6.png”，将其置于画面中合适的位置，栅格化该图层。设置其“混合模式”为“叠加”，如图24-23所示，效果如图24-24所示。

10 新建图层，设置前景色为深红色，使用较大的圆形柔边圆画笔在四角处绘制，如图24-25所示。执行“图层>新建调整图层>曲线”命令，创建曲线调整图层，调整曲线形状，最终效果如图24-26所示。

图 24-22

图 24-23

图 24-24

图 24-25

图 24-26

24.2 绚丽汽车创意合成

案例文件	案例文件\第24章\绚丽汽车创意合成.psd
视频教学	视频文件\第24章\绚丽汽车创意合成.mp4
难易指数	★★★★★
技术要点	快速选择工具、钢笔工具、通道抠图、调色命令、锐化操作、加深减淡

扫码看视频

案例效果

本案例的重点在于对汽车素材的处理，很多时候在制作产品广告之前都需要进行产品素材的获取，而通常情况下都是进行拍摄。而拍摄的照片经常会出现由于各种原因而造成的缺陷，在Photoshop中可以进行很好地处理。本案例在对汽车表面明显瑕疵的修缮之后开始处理汽车色调，并且将汽车从背景中抠出，结合不同的方法打造汽车独有的金属感。最后为画面添加装饰素材。另外，本案例还讲解了3种不同的抠图方法，即分别使用了魔棒工具、钢笔工具和通道进行抠图，如图24-27所示。

图 24-27

操作步骤

01 打开背景素材“1.jpg”，如图24-28所示。首先将汽车素材置入 “2.jpg”文件中，栅格化该图层，如图24-29所示。然后将汽车从背景中抠出并调整颜色。

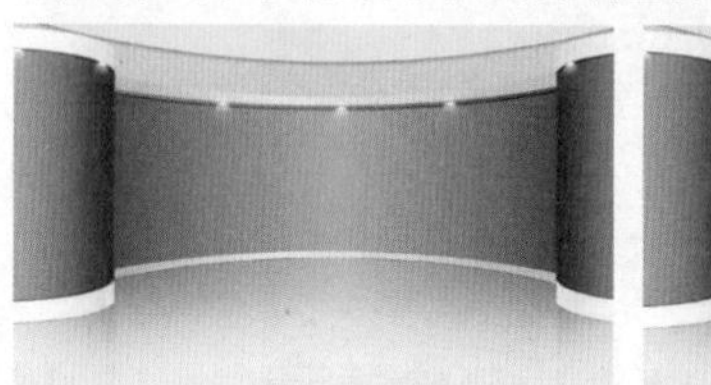

图 24-28

图 24-29

02 选择“汽车”图层，继续单击工具箱中的“魔术橡皮擦工具”按钮，在选项栏中设置“容差”为30，选中“消除锯齿”和“连续”复选框。继续在汽车白色的背景位置单击，可以看见汽车的白色背景被去除了，如图24-30所示。使用同样的方法，将后备箱支架处的白色背景去除，如图24-31所示。

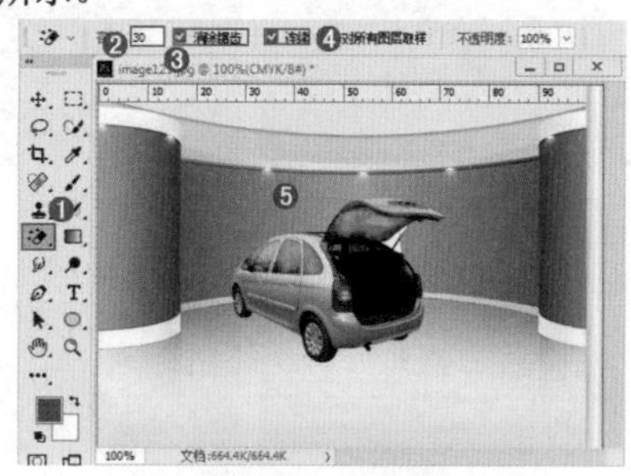

图 24-30

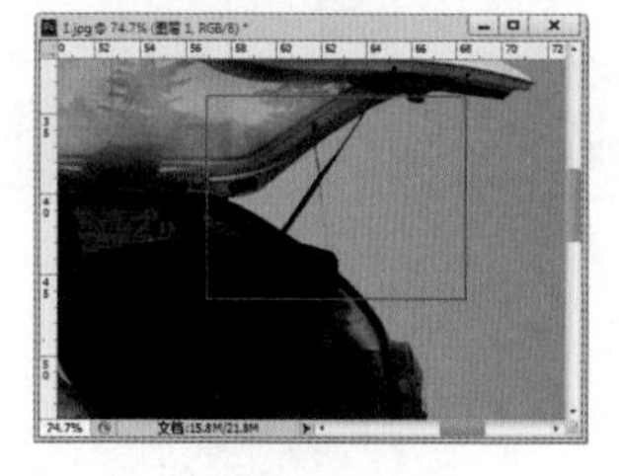

图 24-31

03 此时车窗上还有树木的投影，下面通过模糊处理，将车窗上的投影去除。选择 “汽车”图层，使用快捷键Ctrl+J复制该图层，并将复制后的图层命名为“表面模糊”，如图24-32所示。

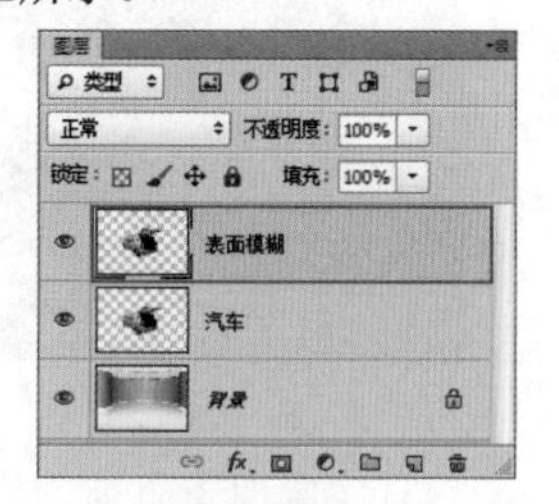

图 24-32

04 选择“表面模糊”图层，执行“滤镜>模糊>表面模糊”命令，在弹出的“表面模糊”对话框中设置“半径”为35像素，“阈值”为15色阶，单击“确定”按钮，如图24-33所示，画面效果如图24-34所示。

图 24-33

图 24-34

05 为该图层添加图层蒙版，将车身处的模糊效果在蒙版中部分去除。选择“表面模糊”图层，继续单击“图层”面板底部的“添加图层蒙版”按钮，为该图层添加图层蒙版，如图24-35所示。将前景色设置为黑色，然后单击工具箱中的“画笔工具”按钮。继续单击选项栏中的倒三角按钮，选择常规画笔组下的柔边圆画笔，设置“大小”为150像素，“硬度”为0%。继续设置“不透明度”为65%，如图24-36所示。

图 24-35

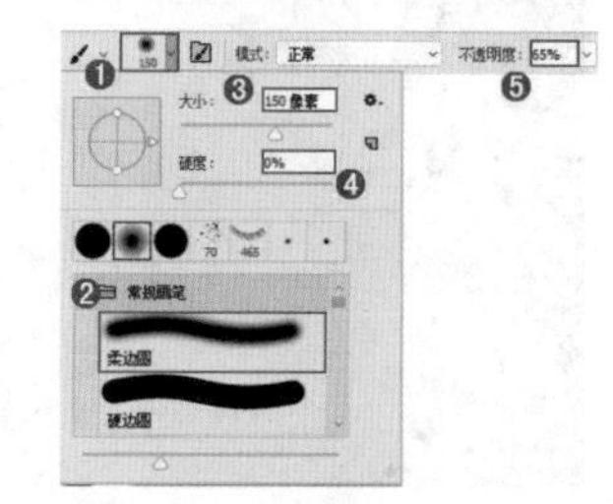

图 24-36

06 画笔设置完成后，单击蒙版缩览图，进入蒙版编辑状态。在车轮、后备箱等处进行涂抹，随着涂抹可以看见模糊的效果被部分隐藏了，如图24-37所示。

07 由于当前汽车颜色发灰，下面需要为汽车进行调色，首先需要降低画面的饱和度。执行“图层>新建调整图层>自然饱和度”命令，在“自然饱和度”属性面板中设置“饱和度”为－100。继续单击“属性”面板底部的“创建剪贴蒙版”按钮，使效果只针对“表面模糊”图层起作用，如图24-38所示，画面效果如图24-39所示。

08 此时车灯因为降低了饱和度导致变灰，在这里使用调整图层的蒙版将车灯颜色还原。使用黑色柔边圆画笔在调整图层的蒙版中进行涂抹，还原车灯的颜色，如图24-40所示。

图 24-37

图 24-38

图 24-39

图 24-40

09 因为背景的颜色为蓝色，所以车身受环境色影响反射的颜色也应该是蓝色，下面为车身添加环境色。执行“图层>新建调整图层>照片滤镜”命令，新建“照片滤镜”调整图层。在“照片滤镜”属性面板中，设置“颜色”为青色，“浓度”为5%，单击“创建剪贴蒙版”按钮，如图24-41所示，画面效果如图24-42所示。

10 车窗受环境色的影响应该比车身处更强烈些，所以要再添加一个“照片滤镜”调整图层。执行“图层>新建调整图层>照片滤镜”命令，在“照片滤镜”属性面板中，设置“颜色”为青色，“浓度”为10%，单击“创建剪贴蒙版”按钮，如图24-43所示，画面效果如图24-44所示。

图 24-41

图 24-42

图 24-43

图 24-44

11 处理后备箱处的玻璃。新建图层，单击工具箱中的“钢笔工具”按钮，在选项栏中设置绘制模式为“路径”，因为所要得到的选区分布在不同位置，在选项栏中设置路径运算为“合并形状”，如图24-45所示。设置完成后，沿着窗户的拐角处绘制路径，如图24-46所示。

12 为汽车添加图层蒙版，然后使用快捷键Ctrl+Enter得到选区，如图24-47所示。选中汽车图层的蒙版，将前景色设置为灰色，使用前景色填充快捷键Alt+Delete将选区填充为灰色，此时汽车车窗处变为半透明效果，如图24-48所示。

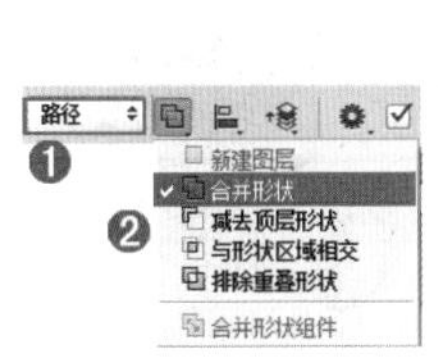

图 24-45

图 24-46

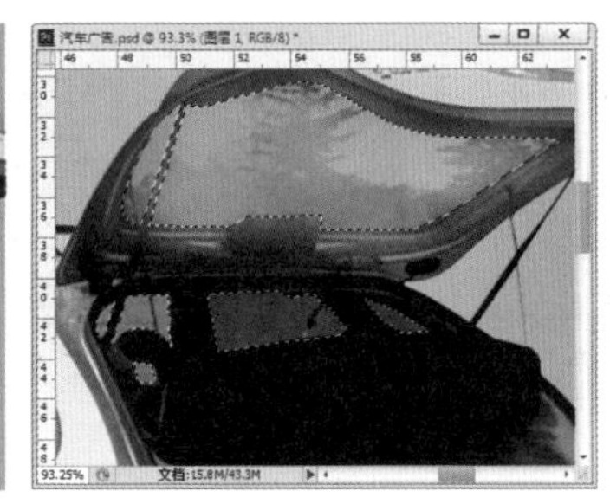

图 24-47

图 24-48

13 强化车身的金属感，先将其锐化处理。将背景图层隐藏，使用盖印组合键Ctrl+Alt+E将选中的图层合并到独立图层，并将得到的图层命名为“汽车合并”，如图24-49所示。这时就可以将之前处理汽车的图层隐藏了。选中“汽车合并”图层，执行“滤镜>锐化>智能锐化”命令，在弹出的“智能锐化”对话框中，设置“数量”为40%，“半径”为5像素，“减少杂色”为50%，“移去”为“高斯模糊”，如图24-50所示。

14 经过锐化处理，车身的金属感增强了，下面通过使用“加深”和“减淡”工具增加车身的立体感。单击工具箱中的“加深工具”按钮，在选项栏中设置笔尖为90像素的柔边圆画笔，设置“范围”为“阴影”，“曝光度”为10%，设置完成后在车轮、后备箱的边框等处进行加深处理，如图24-51所示。

图 24-49

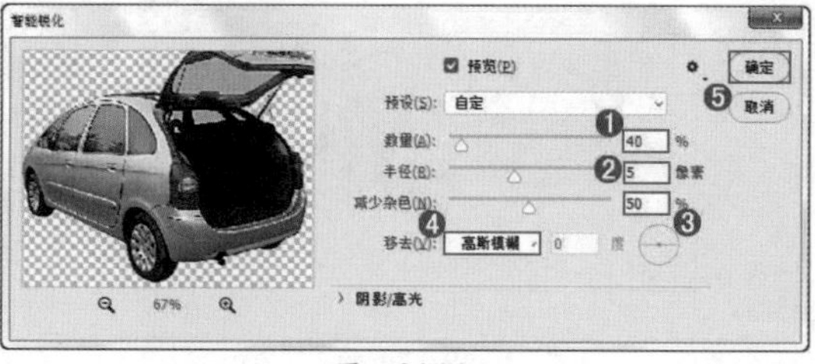

图 24-50

图 24-51

15 进行减淡处理。单击工具箱中的“减淡工具”按钮，在选项栏中设置笔尖为150像素的柔边圆画笔，设置“范围”为“中间调”，“曝光度”为20%，设置完成后在车身的高光处进行减淡处理，如图24-52所示。

16 为整部汽车进行整体的亮度调整。执行“图层>新建调整图层>曲线”命令，新建一个曲线调整图层。在“曲线”属性面板中调整曲线形状，如图24-53所示，画面效果如图24-54所示。

图 24-52

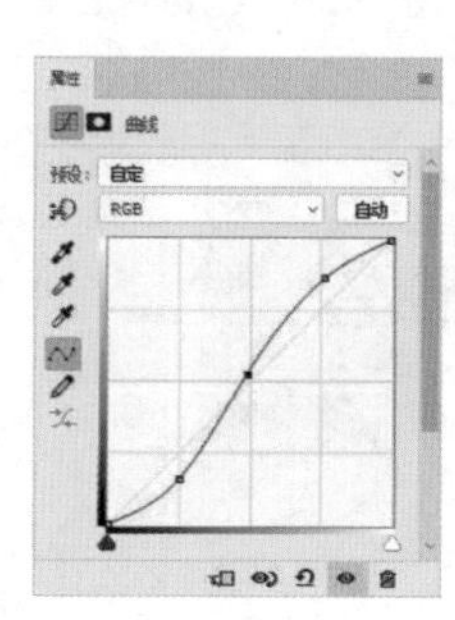

图 24-53

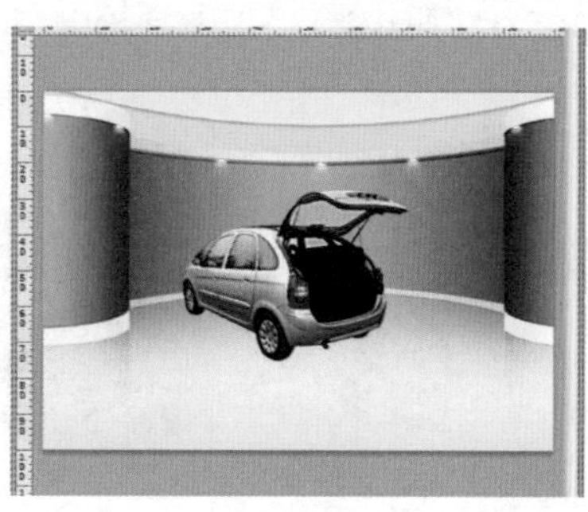

图 24-54

17 继续新建一个曲线调整图层。调整曲线形状，如图24-55所示。下面让两个调整图层都为汽车创建剪贴蒙版，效果如图24-56所示。

18 将调整完成的汽车移动到画面中合适的位置，在“汽车合并”图层的下一层新建图层。使用画笔工具降低画笔的不透明度，绘制车的投影，汽车部分制作完成，如图24-57所示。

19 将草地素材“3.jpg”置入文件中并将其摆放至合适位置，栅格化该图层，如图24-58所示。设置草地图层的“混合模式”为“滤色”，为草地添加图层蒙版，将混合模式没有隐藏的像素在图层蒙版中隐藏，效果如图24-59所示。

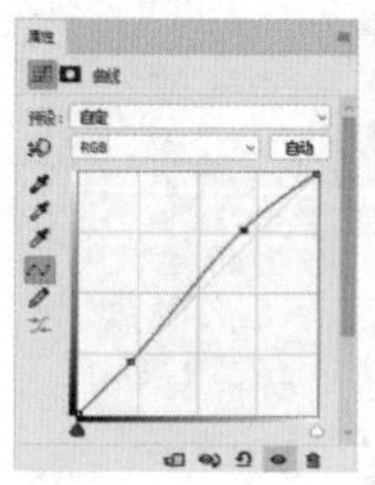

图 24-55

图 24-56

图 24-57

图 24-58

图 24-59

20 选择“草地”图层，使用快捷键Ctrl+J复制该图层，得到“草地副本”图层。将该图层的“混合模式”设置为“颜色”，如图24-60所示。选择“草地副本”图层，使用快捷键Ctrl+U调出“色相/饱和度”对话框，设置“色相”为－10，设置完成后单击“确定”按钮，如图24-61所示，画面效果如图24-62所示。

21 使用同样的方法制作树木装饰部分，如图24-63所示。将素材“5.png”置入文件中并摆放至合适位置，栅格化该图层，如图24-64所示。

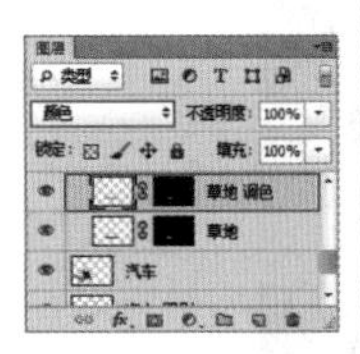
图 24-60
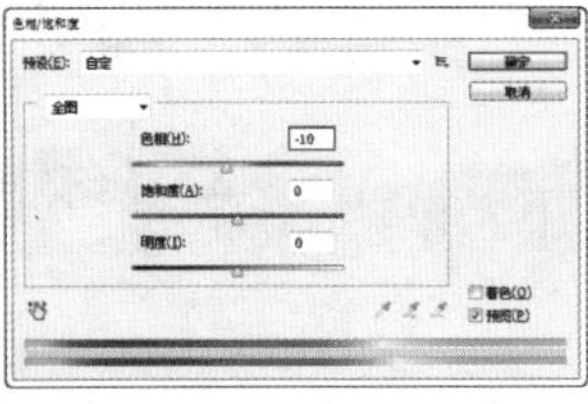
图 24-61

图 24-62

图 24-63

图 24-64

技巧提示

素材“5.png”看似复杂，其实都是素材的堆积。只有“公路”的制作稍有难度。在这里简单介绍一下“公路”的制作方法。

01使用钢笔工具设置绘制模式为“形状”，在选项栏中设置“填充”为“渐变”，并编辑一个稍深的灰色系渐变。然后在画布中绘制出公路的轮廓，如图24-65所示。轮廓绘制完成后，将这个形状图层复制，在使用钢笔工具或形状工具的状态下，在选项栏的“填充”选项中重新编辑一个稍浅一些的灰色系渐变，编辑完成后，将其向左上方轻移，效果如图24-66所示，这时公路就出现了厚度感。

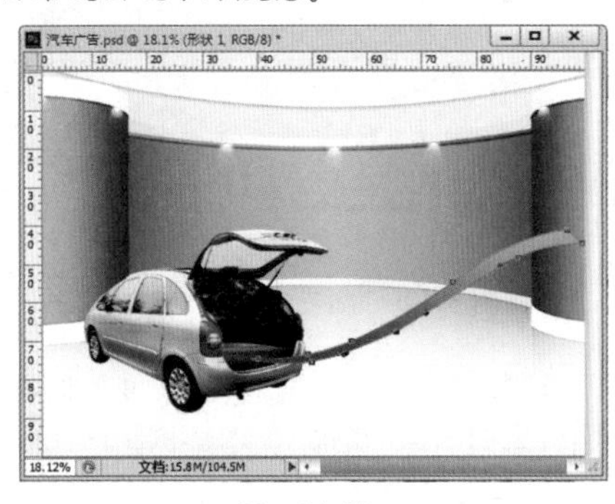
图 24-65
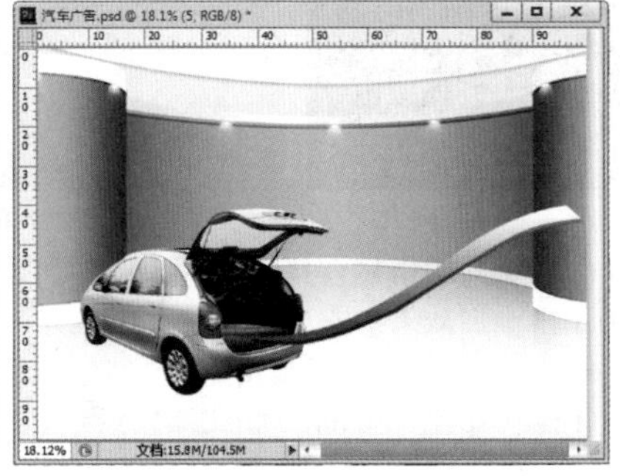
图 24-66

02单击工具箱中的“钢笔工具”按钮，设置绘制模式为“形状”，“填充”为“无”，“描边”为白色，“描边宽度”为6点，描边类型为“虚线”，设置完成后，沿着公路的走向绘制路径，绘制完成后按Esc键结束开放路径的操作，如图24-67所示。使用同样的方法制作另一条公路，如图24-68所示。

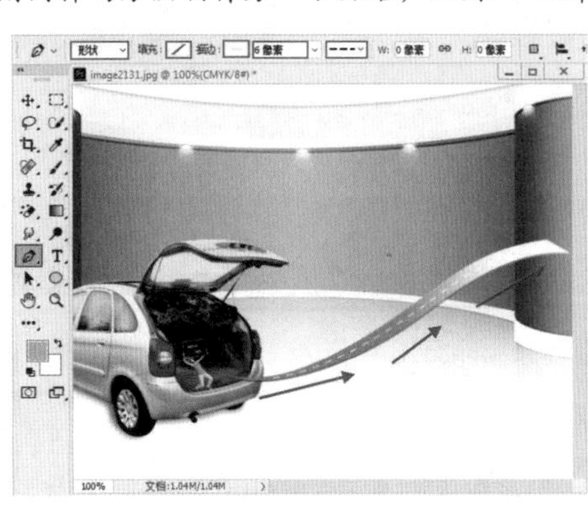
图 24-67
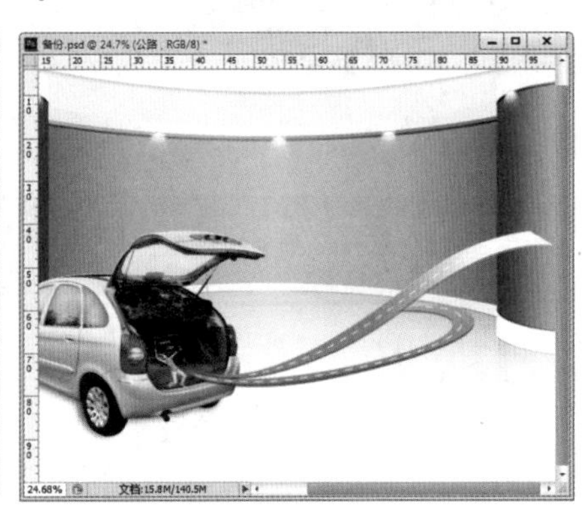
图 24-68

22 将云朵素材“6.jpg”在独立文件中打开。下面将使用通道进行云朵的抠图，进入“通道”面板，观察各个通道的信息情况。可以发现“红” 通道中的黑白对比强烈，先将“红” 通道进行复制，如图24-69所示。选择“红”通道，使用快捷键Ctrl+L调出“色阶”对话框，在该对话框中将黑色滑块和白色滑块向中间移动，如图24-70所示，画面效果如图24-71所示。

图 24-69

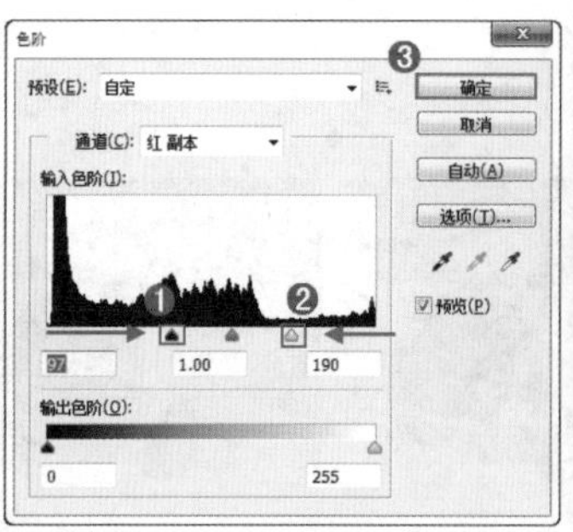

图 24-70

图 24-71

23 此时画面中除了云朵所在范围为白色以外还有一条白色的区域。在这里使用黑色的画笔将其涂为黑色，如图24-72所示。按住Ctrl键单击通道缩览图，得到白色区域的选区。回到“图层”面板，可以看见云朵的部分被选中，如图24-73所示。

24 使用快捷键Ctrl+C复制选区中的内容。回到“创意汽车广告”文件中，使用粘贴快捷键Ctrl+V将其粘贴。使用自由变换快捷键Ctrl+T调出定界框，将其适当缩放并旋转移动到合适位置，如图24-74所示。

图 24-72

图 24-73

图 24-74

25 置入装饰素材“8.png”将其栅格化，接着继续置入“气泡”素材“7.jpg”，栅格化该图层。设置该图层的混合模式为“滤色”，如图24-75所示，画面效果如图24-76所示。

26 提高画面饱和度。执行“图层>新建调整图层>自然饱和度”命令，新建一个“自然饱和度”调整图层。在“自然饱和度”属性面板中设置“自然饱和度”为100，如图24-77所示，画面效果如图24-78所示。本案例制作完成。

图 24-75

图 24-76

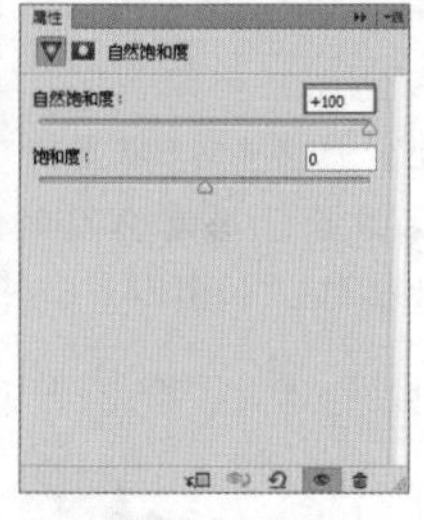

图 24-77

图 24-78

24.3 小提琴的奇幻世界

案例文件	案例文件\第24章\小提琴的奇幻世界.psd
视频教学	视频文件\第24章\小提琴的奇幻世界.mp4
难易指数	★★★★★
技术要点	图层样式、图层蒙版、调色命令

扫码看视频

案例效果

本案例主要应用到图层样式、图层蒙版、调色命令等工具制作奇幻世界中的小提琴，如图24-79所示。

图 24-79

操作步骤

01 使用新建快捷键Ctrl+N创建空白文件，单击工具箱中的“渐变工具”按钮，继续单击选项栏中的“渐变色条”，在弹出的“渐变编辑器”窗口中编辑一个蓝色系渐变，如图24-80所示。渐变编辑完成后，单击“确定”按钮。设置该渐变类型为“线性渐变”。设置完成后在画布中拖曳进行填充，如图24-81所示。

02 将云朵素材“1.png”置入文件中，栅格化该图层，如图24-82所示。选择“云朵”图层，使用快捷键Ctrl+J将该图层进行复制，得到“云朵副本”图层，将复制得到的“云朵”向右移动到合适位置，如图24-83所示。

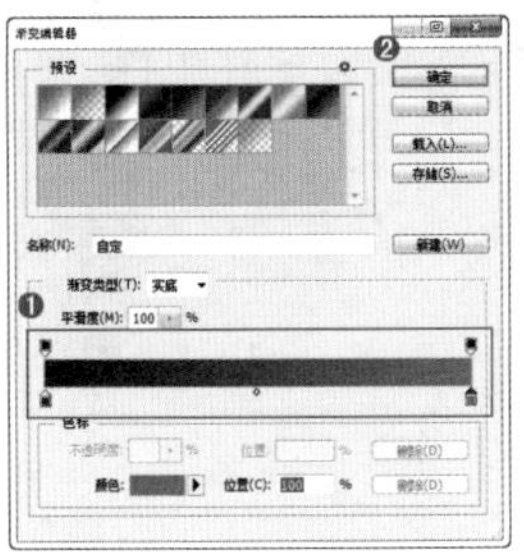

图 24-80

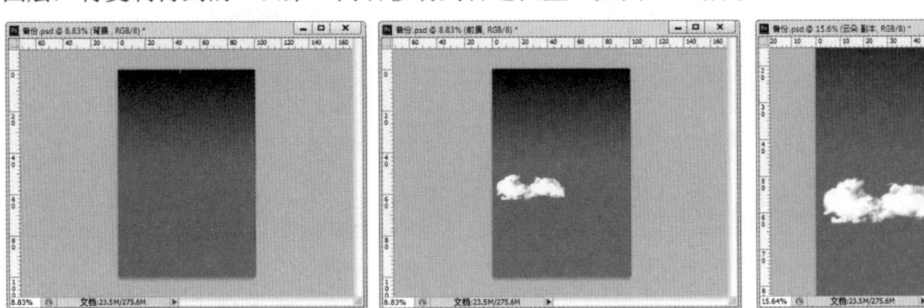

图 24-81

图 24-82

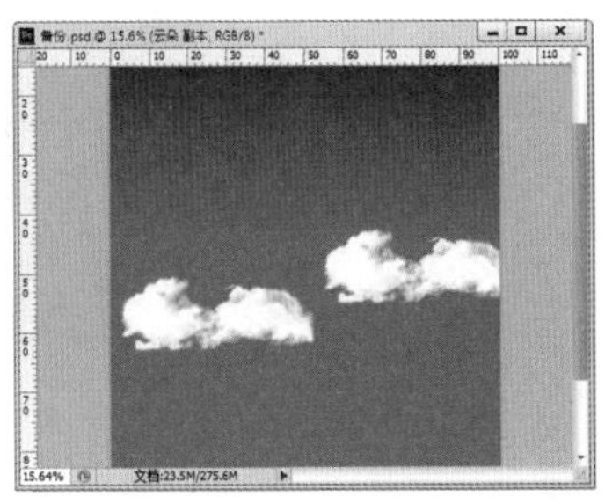

图 24-83

03 选择“云朵副本”图层，设置该图层的“不透明度”为50%，如图24-84所示，效果如图24-85所示。

04 使用同样的方法将星光素材“2.png”置入文件中，栅格化该图层。移动、复制并更改合适的“不透明度”，如图24-86所示。将雪山素材“3.jpg”置入文件中，放置在画布中间的位置，栅格化该图层，如图24-87所示。

图 24-84

图 24-85

图 24-86

图 24-87

05 使用图层蒙版将“雪山”合成到画面中。单击选择“雪山”图层，继续单击“图层”面板底部的“添加图层蒙版”按钮，为该图层添加图层蒙版，如图24-88所示。单击工具箱中的“画笔工具”按钮，继续单击选项栏中的倒三角按钮，在弹出的画笔选取器中选择“常规画笔”组下的一个“柔边圆”画笔，设置“大小”为700像素。继续在选项栏中设置“不透明度”为45%，如图24-89所示。

06 画笔设置完成后，单击“雪山”图层的蒙版缩览图，进入蒙版编辑状态。使用画笔在蒙版中进行涂抹，将雪山以外的部分在蒙版中进行隐藏，因为“雪山”图像中本来呈现雾蒙蒙的感觉，所以可以适当地将画笔的不透明度降低，将雾蒙蒙的效果有所保留，效果如图24-90所示。将土地素材“4.jpg”置入文件中，栅格化该图层。使用同样的方法为“土地”图层添加图层蒙版，将其合成到画面中，效果如图24-91所示。

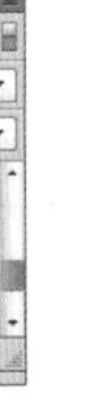

图 24-88

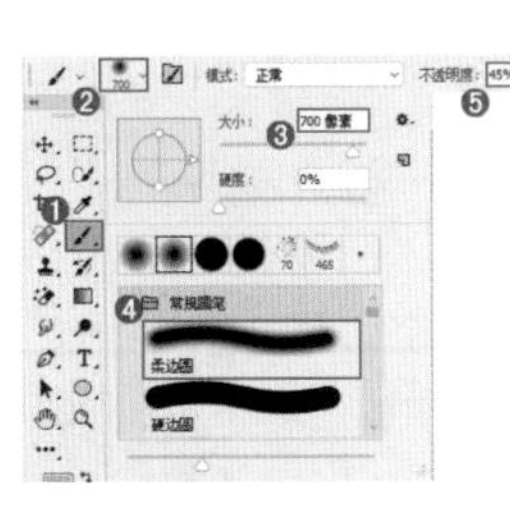

图 24-89

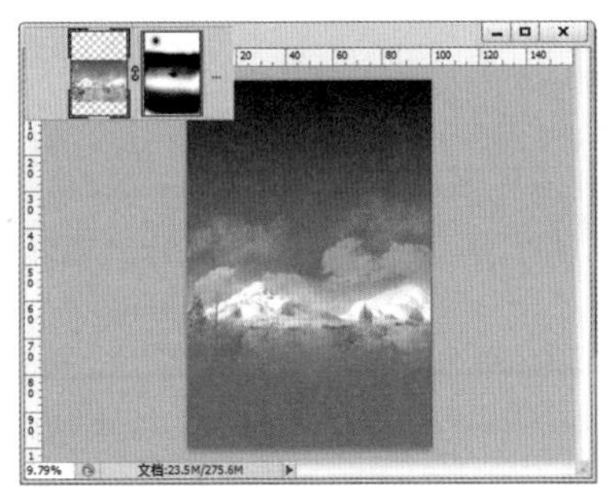

图 24-90

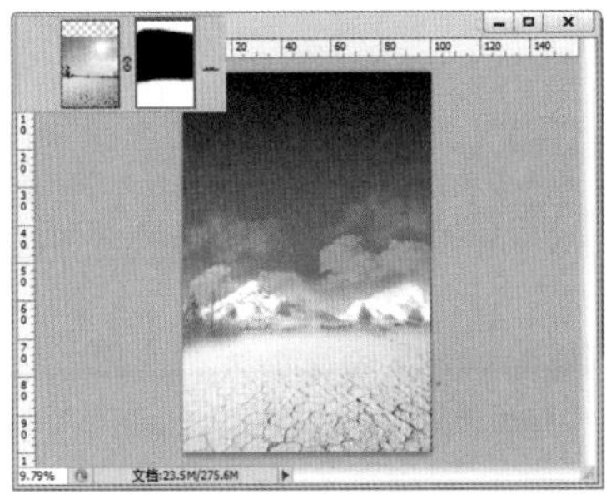

图 24-91

07 此时的“土地”颜色还有些暗，下面提高“土地”的亮度。选择“土地”图层，执行“图层>新建调整图层>曲线”命令，新建一个“曲线” 调整图层。在“曲线”属性面板中调整曲线形状，调整完成后单击“属性”面板底部的“创建剪贴蒙版”按钮，使其调色效果只针对“土地”图层，如图24-92所示，效果如图24-93所示。

08 将雕塑素材“5.jpg”置入文件中，适当旋转后摆放至合适位置，栅格化该图层，如图24-94所示。下面使用快速选择工具配合图层蒙版进行抠图。单击工具箱中的“快速选择工具”按钮，设置合适的笔尖大小，在雕塑上方拖曳鼠标得到雕塑的选区，如图24-95所示。

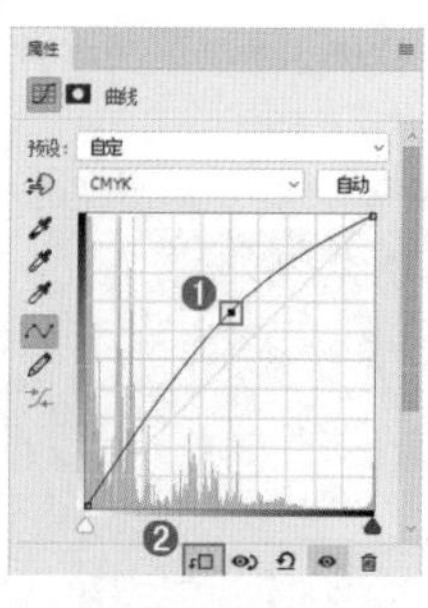

图 24-92

图 24-93

图 24-94

图 24-95

09 得到雕塑的选区后，选择该图层，继续单击“添加图层蒙版”按钮，基于选区为“雕塑”图层添加图层蒙版，此时雕塑的背景在蒙版中被隐藏，如图24-96所示。

10 提亮雕塑颜色。选择雕塑图层，执行“图层>新建调整图层>可选颜色”命令，新建一个“可选颜色调整图层”。在“可选颜色”属性面板中设置“颜色”为“中性色”，“青色”为－50%，“洋红”为－40%，“黄色”为－50%，“黑色”为－40%，设置完成后单击“属性”面板底部的“创建剪贴蒙版”按钮，参数设置如图24-97所示，效果如图24-98所示。

图 24-96

图 24-97

图 24-98

11 将“雕塑”图层与“可选颜色调整”图层进行加选，使用“盖印”组合键Ctrl+Alt+E将所选择的图层合并到独立图层。将得到的副本图层进行移动并缩放，将其摆放在画布的左侧，如图24-99所示。选择该图层，执行“编辑>变换>水平翻转”命令，将雕塑水平翻转，效果如图24-100所示。

12 使用同样的方法制作其他雕塑部分，如图24-101所示。

图 24-99

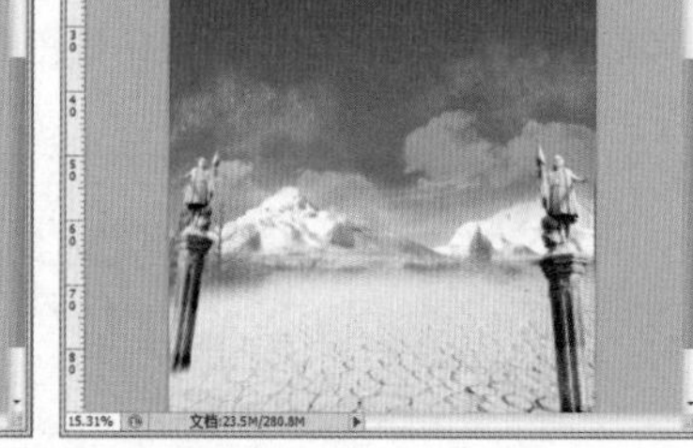
图 24-100

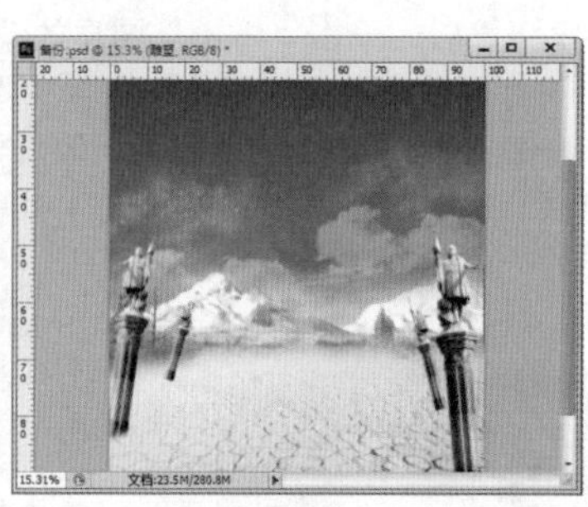
图 24-101

13 为雕塑添加光斑效果。新建图层，并命名该图层为“光斑”。单击工具箱中的“椭圆工具”按钮，在选项栏中设置绘制模式为“形状”，“填充”为淡黄色，“描边”为无。设置完成后，在雕塑的上方绘制椭圆形状，如图24-102所示。

14 为该形状图层添加图层样式，让其“亮起来”。选择该形状图层，执行“图层>图层样式>内发光”命令，设置“混合模式”为“正常”，“不透明度”为75%，颜色为淡青色，设置“方法”为“柔和”，“源”为“边缘”，“大小”为15像素，如图24-103所示。选中“外发光”复选框，设置“混合模式”为“滤色”，“不透明度”为100%，发光颜色为淡青色，设置“方法”为“柔和”，“扩展”为9%，“大小”为95像素，如图24-104所示，效果如图24-105所示。

图 24-102

15 将该椭圆形状图层进行复制，移动到相应位置。因为“近实远虚、近大远小”的原因，可以将摆放在远处的光斑缩小并降低图层的“填充”为80%，如图24-106所示，效果如图24-107所示。

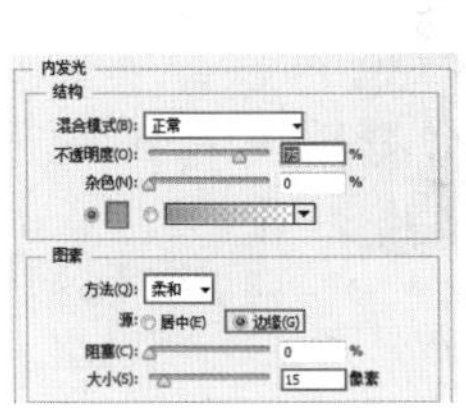
图 24-103

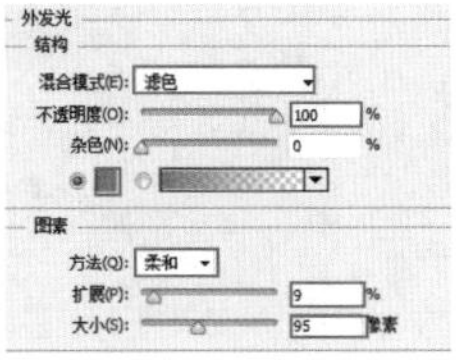

图 24-104

图 24-105

图 24-106

图 24-107

16 将马素材“5.jpg”置入文件中，摆放至合适位置，栅格化该图层，如图24-108所示。使用图层蒙版进行抠图，并为其添加投影效果，如图24-109所示。

17 将素材“7.png”置入文件中，栅格化该图层。设置该图层的“不透明度”为30%，如图24-110所示，效果如图24-111所示。

图 24-108

图 24-109

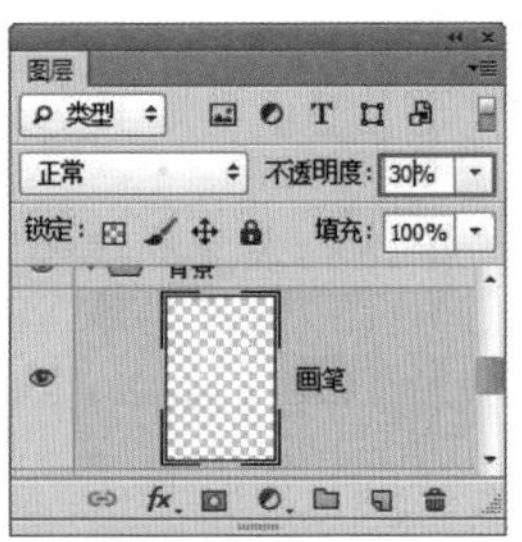

图 24-110

图 24-111

18 将小提琴素材“8.png”置入文件中，放置在画布的合适位置，栅格化该图层，如图24-112所示。下面制作小提琴的光泽感。因为光源的关系，小提琴的右侧应该为高光部分，左侧为阴影部分。执行“图层>新建调整图层>曲线”命令，新建一个“曲线”调整图层。在“曲线”属性面板中调整曲线形状，调整完成后单击“创建剪贴蒙版”按钮，使调色效果只针对小提琴图层，而不影响其他图层，如图24-113所示，画面效果如图24-114所示。

图 24-112

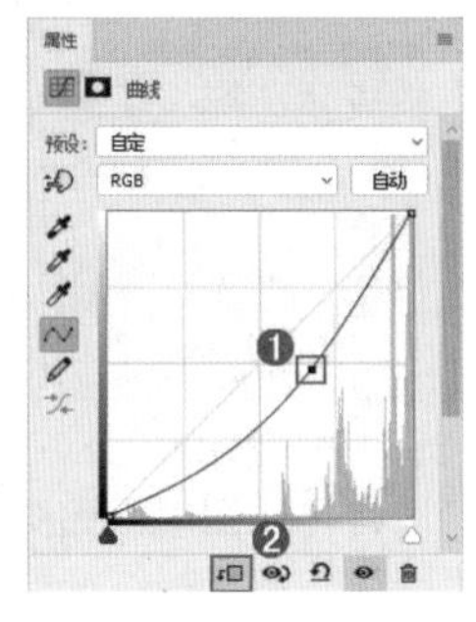

图 24-113

图 24-114

19 在蒙版中将部分调色效果隐藏。单击该调整图层蒙版缩览图，编辑一个黑白色系的线性渐变，在蒙版中进行拖曳填充，如图24-115所示，效果如图24-116所示。

20 调整小提琴高光部分。再次建立一个“曲线”调整图层，在“曲线”属性面板中调整曲线形状并单击“创建剪贴蒙版”按钮，如图24-117所示，效果如图24-118所示。

21 继续在曲线调整图层蒙版中将阴影处的效果隐藏。单击选择该调整图层蒙版，使用黑白色系的线性渐变在蒙版中进行拖曳填充，如图24-119所示，效果如图24-120所示。

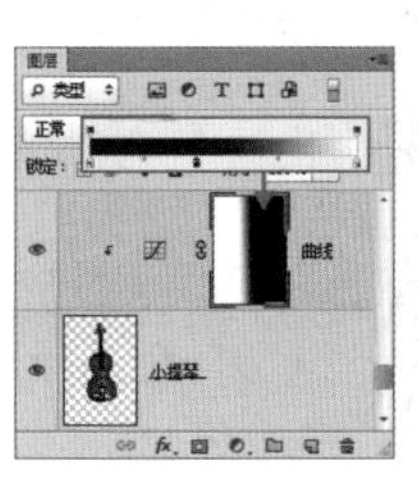
图 24-115

图 24-116

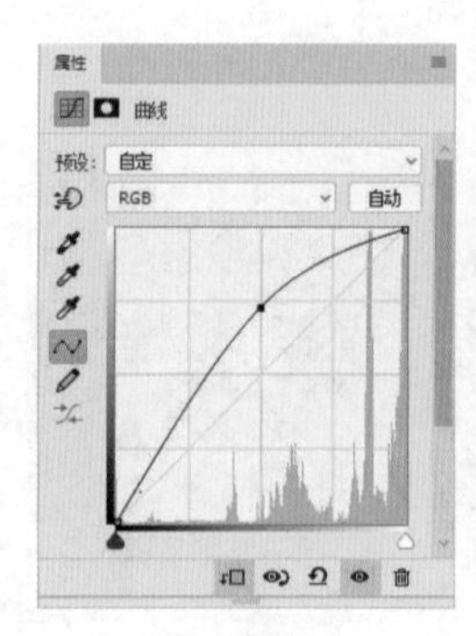

图 24-117

图 24-118

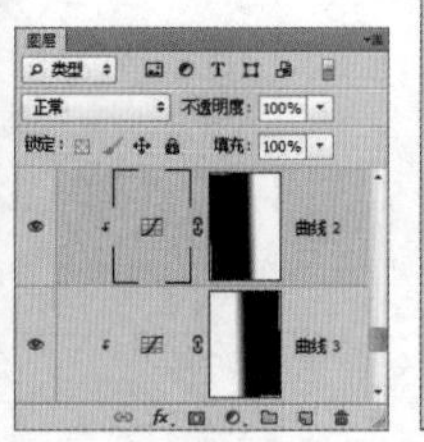

图 24-119

图 24-120

22 制作小提琴上的高光。新建图层并命名为“高光”。单击工具箱中的“套索工具”按钮，沿着小提琴右侧边缘绘制选区，如图24-121所示。使用羽化选区快捷键Shift+F6打开“羽化选区”对话框，在该对话框中设置“羽化半径”为50像素，单击“确定”按钮，如图24-122所示，羽化后的选区如图24-123所示。

图 24-121

图 24-122

图 24-123

23 将前景色设置为白色并进行填充，如图24-124所示。设置该图层的“不透明度”为80%，如图24-125所示，效果如图24-126所示。

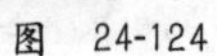

图 24-124

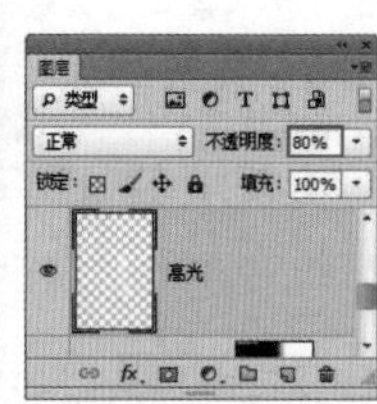

图 24-125

图 24-126

24 装饰小提琴。将藤蔓素材“9.png”置入文件中，栅格化该图层，如图24-127所示。接下来制作藤蔓的投影。将“藤蔓”图层进行复制，得到“藤蔓副本”图层。下面针对“藤蔓”图层制作投影。载入“藤蔓”图层选区，并填充深灰色。使用移动工具将“投影”向左下移动，如图24-128所示。

25 设置藤蔓阴影的混合模式为“正片叠底”，如图24-129所示，效果如图24-130所示。

图 24-127

图 24-128

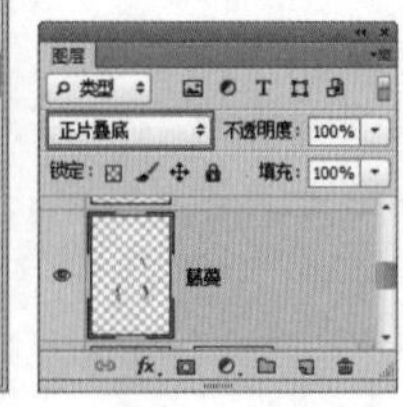

图 24-129

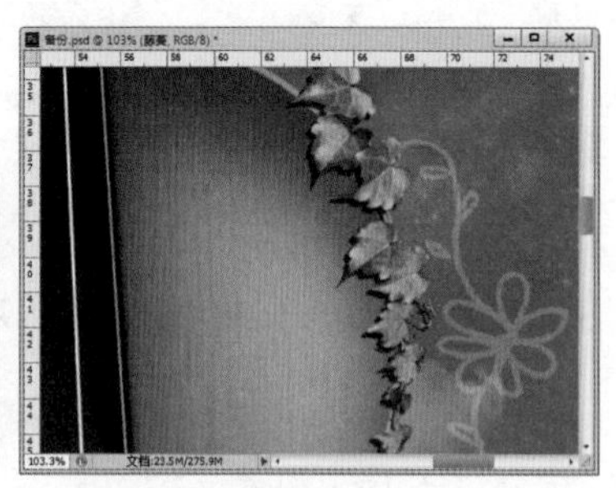

图 24-130

26 为了让投影更加真实，可以使用“高斯模糊”滤镜进行处理。执行“滤镜>模糊>高斯模糊”命令，在弹出的“高斯模糊”对话框中设置“半径”为1.0像素，单击“确定”按钮，如图24-131所示，效果如图24-132所示。

27 将藤蔓颜色调亮。执行“图层>新建调整图层>可选颜色”命令，在“可选颜色”调整图层属性面板中设置“颜色”为“绿色”，“青色”为－30%，“洋红”为30%，设置完成后，单击“属性”面板底部的“创建剪切蒙版”按钮，如图24-133所示，效果如图24-134所示。

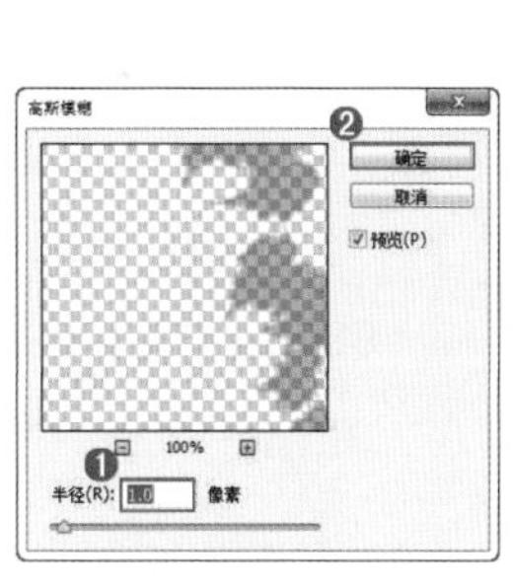

图 24-131

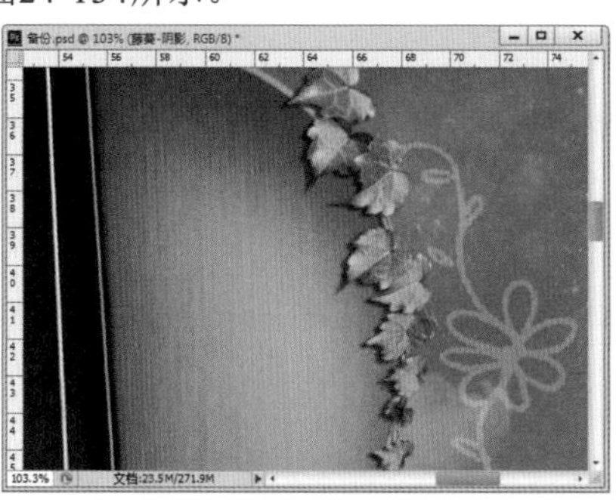

图 24-132

图 24-133

图 24-134

28 将油漆素材“10.jpg”置入文件中，栅格化该图层。放置在合适位置后使用蒙版进行抠图，如图24-135所示。接着为油漆调色，将红色油漆变为和小提琴一样的颜色。选择油漆图层，执行“图层>新建调整图层>可选颜色”命令，在“可选颜色”属性面板中设置“颜色”为“红色”，“洋红”为－45%，如图24-136所示。继续设置“颜色”为“中性色”，“洋红”为30%，“黄色”为50%，设置完成后单击“创建剪贴蒙版”按钮，如图24-137所示，效果如图24-138所示。

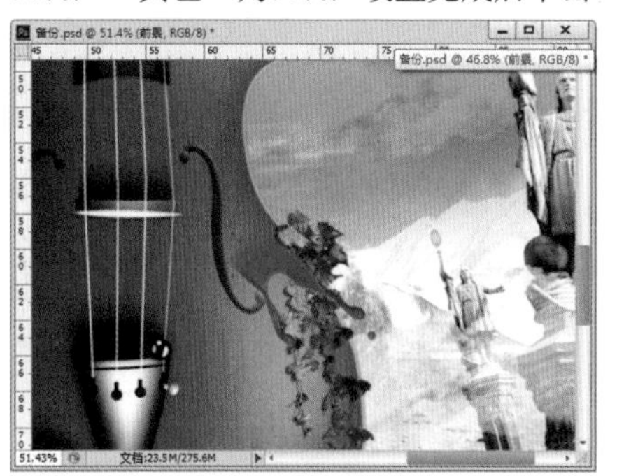

图 24-135

图 24-136

图 24-137

图 24-138

29 使用同样的方法制作另一侧油漆，效果如图24-139所示。

图 24-139

30 制作白雾效果。新建图层，命名为“白雾”。先将前景色设置为白色，单击工具箱中的“画笔工具”按钮，在画笔选取器中选择一个柔边圆画笔，设置合适的笔尖大小，设置“不透明度”为45%，设置完成后在画布中进行绘制，在绘制过程中应该避开小提琴的位置，为了增加白雾的层次感，可以适当地更改画笔的“不透明度”和笔尖大小，如图24-140所示。将素材“11.png”置入文件中，栅格化该图层，如图24-141所示。

31 增加整个画面的“自然饱和度”，执行“图层>新建调整图层>自然饱和度”命令，在“自然饱和度”属性面板中设置“自然饱和度”为100%，如图24-142所示，画面效果如图24-143所示。本案例制作完成。

图 24-140

图 24-141

图 24-142

图 24-143

Photoshop CC 常用快捷键速查

工具快捷键

移动工具	V
矩形选框工具	M
椭圆选框工具	M
套索工具	L
多边形套索工具	L
磁性套索工具	L
快速选择工具	W
魔棒工具	W
吸管工具	I
颜色取样器工具	I
标尺工具	I
注释工具	I
裁剪工具	C
透视裁剪工具	C
切片工具	C
切片选择工具	C
污点修复画笔工具	J
修复画笔工具	J
修补工具	J
内容感知移动工具	J
红眼工具	J
画笔工具	B
铅笔工具	B
颜色替换工具	B
混合器画笔工具	B
仿制图章工具	S
图案图章工具	S
历史记录画笔工具	Y
历史记录艺术画笔工具	Y
橡皮擦工具	E
背景橡皮擦工具	E
魔术橡皮擦工具	E
渐变工具	G
油漆桶工具	G
减淡工具	O
加深工具	O
海绵工具	O
钢笔工具	P
自由钢笔工具	P
横排文字工具	T
直排文字工具	T
横排文字蒙版工具	T
直排文字蒙版工具	T
路径选择工具	A
直接选择工具	A
矩形工具	U
圆角矩形工具	U
椭圆工具	U
多边形工具	U
直线工具	U
自定形状工具	U
抓手工具	H
旋转视图工具	R
缩放工具	Z
默认前景色/背景色	D
前景色/背景色互换	X
切换标准/快速蒙版模式	Q
切换屏幕模式	F
减小画笔大小	[
增加画笔大小	]
减小画笔硬度	{
增加画笔硬度	}

应用程序菜单快捷键

“文件”菜单	
新建	Ctrl+N
打开	Ctrl+O
在 Bridge 中浏览	Alt+Ctrl+O
打开为	Alt+Shift+Ctrl+O
关闭	Ctrl+W
关闭全部	Alt+Ctrl+W
关闭并转到 Bridge	Shift+Ctrl+W
存储	Ctrl+S
存储为	Shift+Ctrl+S
存储为 Web 所用格式	Alt+Shift+Ctrl+S
恢复	F12
文件简介	Alt+Shift+Ctrl+I
打印	Ctrl+P
打印一份	Alt+Shift+Ctrl+P
退出	Ctrl+Q
“编辑”菜单	
还原/重做	Ctrl+Z
前进一步	Shift+Ctrl+Z
后退一步	Alt+Ctrl+Z
渐隐	Shift+Ctrl+F
剪切	Ctrl+X
拷贝	Ctrl+C
合并拷贝	Shift+Ctrl+C
粘贴	Ctrl+V
原位粘贴	Shift+Ctrl+V
贴入	Alt+Shift+Ctrl+V
填充	Shift+F5
内容识别缩放	Alt+Shift+Ctrl+C
自由变换	Ctrl+T
再次变换	Shift+Ctrl+T
颜色设置	Shift+Ctrl+K
键盘快捷键	Alt+Shift+Ctrl+K
菜单	Alt+Shift+Ctrl+M
首选项>常规	Ctrl+K
“图像”菜单	
调整>色阶	Ctrl+L
调整>曲线	Ctrl+M
调整>色相/饱和度	Ctrl+U
调整>色彩平衡	Ctrl+B
调整>黑白	Alt+Shift+Ctrl+B
调整>反相	Ctrl+I
调整>去色	Shift+Ctrl+U
自动色调	Shift+Ctrl+L
自动对比度	Alt+Shift+Ctrl+L
自动颜色	Shift+Ctrl+B
图像大小	Alt+Ctrl+I
画布大小	Alt+Ctrl+C
“图层”菜单	
新建>图层	Shift+Ctrl+N
新建>通过拷贝的图层	Ctrl+J
新建>通过剪切的图层	Shift+Ctrl+J
创建/释放剪贴蒙版	Alt+Ctrl+G
图层编组	Ctrl+G
取消图层编组	Shift+Ctrl+G
排列>置为顶层	Shift+Ctrl+]
排列>前移一层	Ctrl+]
排列>后移一层	Ctrl+[
排列>置为底层	Shift+Ctrl+[
合并图层	Ctrl+E
合并可见图层	Shift+Ctrl+E
“选择”菜单	
全部	Ctrl+A

续表

取消选择	Ctrl+D
重新选择	Shift+Ctrl+D
反选	Shift+Ctrl+I
所有图层	Alt+Ctrl+A
查找图层	Alt+Shift+Ctrl+F
选择并遮住	Alt+Ctrl+R
修改>羽化	Shift+F6
“滤镜”菜单	
上次滤镜操作	Alt+Ctrl+F
自适应广角	Alt+Shift+Ctrl+A
镜头校正	Shift+Ctrl+R
液化	Shift+Ctrl+X
消失点	Alt+Ctrl+V
“视图”菜单	
校样颜色	Ctrl+Y
色域警告	Shift+Ctrl+Y
放大	Ctrl++
缩小	Ctrl+-
按屏幕大小缩放	Ctrl+0
100%	Ctrl+1
显示额外内容	Ctrl+H
显示>目标路径	Shift+Ctrl+H
显示>网格	Ctrl+'
显示>参考线	Ctrl+;
标尺	Ctrl+R
对齐	Shift+Ctrl+;
锁定参考线	Alt+Ctrl+;
“窗口”菜单	
动作	Alt+F9
画笔设置	F5
图层	F7
信息	F8
颜色	F6
“帮助”菜单	
Photoshop 帮助	F1

面板菜单快捷键

“3D”面板	
渲染	Alt+Shift+Ctrl+R
“历史记录”面板	
前进一步	Shift+Ctrl+Z
后退一步	Alt+Ctrl+Z
“图层”面板	
新建图层	Shift+Ctrl+N
创建/释放剪贴蒙版	Alt+Ctrl+G
合并图层	Ctrl+E
合并可见图层	Shift+Ctrl+E